GÉOLOGIE

ET

MINÉRALOGIE APPLIQUÉES

TOURS — IMPRIMERIE DESLIS FRÈRES ET Cie

BIBLIOTHÈQUE DU CONDUCTEUR DE TRAVAUX PUBLICS

GÉOLOGIE

ET

MINÉRALOGIE APPLIQUÉES

LES MINÉRAUX UTILES & LEURS GISEMENTS

PAR

Henri CHARPENTIER

INGÉNIEUR CIVIL DES MINES
DIPLÔMÉ DE L'ÉCOLE SUPÉRIEURE DES MINES DE PARIS

PARIS

Vᵛᵉ Ch. DUNOD, ÉDITEUR

LIBRAIRE DES PONTS ET CHAUSSÉES, DES MINES
ET DES CHEMINS DE FER

49, Quai des Grands-Augustins, 49

1900
1919

BIBLIOTHÈQUE DU CONDUCTEUR DE TRAVAUX PUBLICS

PUBLIÉE SOUS LES AUSPICES

DE MM. LES MINISTRES DES TRAVAUX PUBLICS
DES POSTES ET TÉLÉGRAPHES
DE L'AGRICULTURE, DU COMMERCE ET DE L'INDUSTRIE
DE L'INSTRUCTION PUBLIQUE, DE LA JUSTICE
DE L'INTÉRIEUR, DE LA GUERRE, DES COLONIES

Comité de patronage

BARTHOU	Ancien Président du Conseil, Député.
BECHMANN	Directeur. Fondateur de l'Office spécial d'Ingénieurs consultants.
BOREUX	Ancien directeur de la voie publique et de l'éclairage de la ville de Paris.
BOUVARD	Ancien directeur administratif des services d'architecture, des promenades et plantations de la ville de Paris.
CLAVEILLE	Ministre des Travaux publics et des transports.
COLMET-DAAGE	Ingénieur en chef des eaux, assainissement et dérivations de Paris.
COLSON	Conseiller d'État, Professeur à l'École des Ponts et Chaussées.
COMTE (J.)	Ancien directeur des Bâtiments civils et des Palais nationaux.
DELECROIX	Docteur en droit, Directeur de la *Revue de la Législation des Mines*.
Le **Directeur** de l'École nationale des Ponts et Chaussées.	
Le **Directeur** de l'École nationale supérieure des Mines.	
Le **Directeur** du Conservatoire national des Arts et Métiers.	
Le **Directeur** du personnel et de l'enseignement technique au Ministère du Commerce et de l'Industrie.	
BOUSQUET (du)	Ingénieur en chef du matériel et de la traction à la C¹ᵉ des Chemins de fer du Nord.
EYROLLES	Directeur de l'École spéciale de Travaux publics, du Bâtiment et de l'Industrie.

COMITÉ DE PATRONAGE

FLAMANT	Inspecteur général des Ponts et Ch. en retraite.
Dr GAUTHIER (de l'Aude)	Ancien Ministre des Travaux publics, Sénateur.
GRILLOT	Président honoraire de l'Association générale des Sous-Ingénieurs, Conducteurs et Contrôleurs des Ponts et Chaussées et des Mines.
GUILLAIN	Ancien Ministre des Colonies, Membre de la Chambre des députés.
HATON DE LA GOUPILLIÈRE	Membre de l'Institut, Inspecteur général des Mines en retraite.
M^e LE BERQUIER	Avocat à la Cour d'Appel de Paris.
LOUIS MARTIN	Avocat, Professeur libre de droit, Sénateur.
PHILIPPE	Ancien directeur de l'Hydraulique agricole au Ministère de l'Agriculture.
PONTICH (de)	Ancien Directeur des Travaux de Paris.

Le **Président** de l'Association philotechnique.
Le **Président** de l'Association polytechnique.
Le **Président** de la Société des Anciens Elèves des Ecoles d'Arts et Métiers.
Le **Président** de l'Association générale des Sous-Ingénieurs, Conducteurs, Contrôleurs des Ponts et Chaussées et des Mines.
Le **Président** de la Société des Ingénieurs civils de France.
Le **Président** de la Société française des Ingénieurs coloniaux.
Le **Président** de la Société de Topographie de France.
Le **Président** de la Société de Topographie parcellaire de France.

QUENNEC	Directeur de l'Octroi de Paris.
RESAL	Inspecteur général des Ponts et Chaussées, Professeur à l'Ecole des Ponts et Chaussées.
TISSERAND	Conseiller-maître honoraire à la Cour des Comptes.

BIBLIOTHÈQUE DU CONDUCTEUR DE TRAVAUX PUBLICS

Pierre JOLIBOIS, Fondateur
Ancien Directeur et Président du Comité de Rédaction, ancien Conseiller municipal de Paris, ancien Conseiller général de la Seine
ancien Président de l'Association des Personnels de travaux publics

Comité de rédaction

Bureau :

Président :

BONNAL — Directeur de la Compagnie des Tramways à vapeur du département de l'Aude, ancien Professeur à l'Association philotechnique.

Vice-Présidents :

DACREMONT — Ingénieur des Ponts et Chaussées.
FALCOU — Inspecteur en chef du service des Beaux-Arts de la ville de Paris et du département de la Seine.
LANAVE — Ancien ingénieur en chef des chemins de fer éthiopiens.
VIDAL — Inspecteur principal de l'exploitation commerciale des Chemins de fer.

Secrétaires :

BONDU — Commissaire du contrôle de l'État sur les Chemins de fer.
DIEBOLD — Sous-Inspecteur de l'Assainissement de Paris.
DUFOUR (Ph.) — Adjoint technique principal des Ponts et Chaussées, Lauréat de l'Académie française.
LEMARCHAND — Conseiller municipal de Paris, conseiller général de Seine.

COMITÉ DE RÉDACTION

Membres du Comité :

ARANA	Sous-Ingénieur ppal des Ponts et Chaussées, Secrétaire de *La Revue Municipale*.
AUCAMUS	Ingénieur des Arts et Manufactures, sous-ingénieur aux chemins de fer du Nord.
CANAL	Sous-Ingénieur ppal des Ponts et Chaussées.
CHABAGNY	Ingénieur des Ponts et Chaussées.
COLAS	Directeur de la Comptabilité et des Services financiers des Chemins de fer de l'État.
GRIMAUD	Ingénieur des Ponts et Chaussées.
HALLOUIN	Contrôleur général de l'Exploitation commerciale des Chemins de fer.
LÉVY-SALVADOR	Ingénieur du Service technique de l'Hydraulique agricole au Ministère de l'Agriculture.
MALETTE (G.)	Sous-ingénieur ppal des Ponts et Chaussées.
MUNSCH	Rédacteur principal à la Préfecture de la Seine.
PRADÈS	Chef de bureau du cabinet du Ministère de l'Agriculture, Membre du Conseil d'administration de l'Association philotechnique.
PRÉVOT	Ingénieur des Ponts et Chaussées (Nivellement général de la France).
REBOUL	Sous-ingénieur ppal des Mines.
ROUSSEAU (Ph.)	Secrétaire général de la Société française des Ingénieur coloniaux.
ROUX (O.)	Ingénieur des Ponts et Chaussées.
SAINT-PAUL	Sous-Ingénieur municipal, chef de section aux aqueducs et dérivations de la Ville de Paris.
SIMONET	Sous-ingénieur des Ponts et Chaussées.

A M. H. CHARPENTIER.

Cher Monsieur,

En souvenir de notre collaboration à l'étude de la topographie souterraine du bassin houiller du Pas-de-Calais, vous avez bien voulu me demander de présenter au public votre *Traité de Géologie et de Minéralogie appliquées*.

Je viens de lire avec beaucoup d'intérêt cette étude sur les gisements des minéraux utiles, que vous avez fait précéder d'un résumé succinct, mais fort substantiel, des connaissances de géologie générale utiles à l'ingénieur. J'ai reconnu, dans votre ouvrage, la trace des leçons des maîtres éminents dont vous avez suivi l'enseignement à l'Ecole supérieure des Mines; mais j'y ai surtout retrouvé avec plaisir en maints endroits, la marque des observations personnelles que vous avez recueillies et notées, lors des nombreux voyages d'étude et de mission que vous fîtes en ces dernières années, tant en France qu'à l'Étranger, notamment pour prospecter ou pour mettre en exploitation les pétroles des Carpathes et des Apennins, les lignites de l'Autriche-Hongrie et de la vallée du Rhin, les gisements manganésifères des Pyrénées, les lits ardoisiers des Ardennes belges, et divers autres gîtes houillers et métallifères.

En lisant votre ouvrage, j'ai été heureux de constater que vous aviez su adopter une classification réellement pratique reposant sur l'importance industrielle des divers minéraux que vous étudiez : c'est ainsi que vous passez en revue, en première ligne, les matériaux utilisés pour la construction, puis les minerais employés dans la métallurgie ; vous abordez ensuite le chapitre des combustibles minéraux, qui jouent un rôle si important dans l'industrie, et, à ce sujet, j'ai remarqué le soin que vous avez mis à décrire notre beau bassin houiller du nord de la France ; vous terminez ce chapitre si intéressant par une étude des plus soignées sur les hydrocarbures, pétroles, asphaltes, etc., dont l'exploitation a pris, depuis quelques années, tant de développement. Après cette description très documentée des composés du carbone et de leurs gisements, vient celle des minéraux utilisés par l'agriculture, les industries chimiques et diverses industries d'importance secondaire, et votre travail se clôt enfin par l'examen des minerais des métaux rares et des pierres précieuses.

Pour chaque minéral étudié, vous donnez des indications détaillées sur ses propriétés, sur son emploi industriel, sur son mode d'exploitation, sur le tonnage produit et sur le prix de vente, ainsi que sur la situation géologique des divers gisements où on le rencontre.

Vous faites ressortir en première ligne, dans l'étude des gisements de chaque minéral, les richesses que renferme la France, richesses qui sont, en général, assez mal connues ; puis vous examinez successivement les autres gisements de l'Europe et enfin ceux que présente le reste du monde.

Vous terminez chacune de ces descriptions consciencieuses par une bibliographie fort complète, qui évitera de longues et fastidieuses recherches à ceux de vos lecteurs qui voudront approfondir l'étude d'un minéral déterminé.

En résumé, j'ai constaté avec grand plaisir, dans tout votre ouvrage, beaucoup de méthode et de clarté ; vous avez su éviter d'encombrer vos descriptions, de termes scientifiques qui, sans utilité réelle, en auraient rendu la lecture moins attrayante.

Dans de telles conditions, il est certain que votre *Traité de Géologie et de Minéralogie appliquées*, si riche en renseignements de toutes sortes, rendra de grands services non seulement à l'ingénieur et au conducteur de travaux publics, mais encore à toute personne qui, sans avoir de réelles connaissances techniques, s'intéresse pourtant aux entreprises minières et aux industries qui en dérivent. A l'heure actuelle, ces personnes sont nombreuses, en raison de l'énorme développement qu'ont pris, en ces derniers temps, les charbonnages, la métallurgie et les travaux publics et du haut degré de prospérité que l'industrie a atteint.

Votre ouvrage sera sûrement fort bien accueilli et hautement apprécié, grâce à ses qualités que j'ai indiquées bien sommairement, il est vrai, et grâce aussi au caractère personnel qui le distingue.

Pour ma part, je tiens à vous remercier d'avoir songé à me demander de le présenter à vos lecteurs.

Votre bien dévoué,

A. SOUBEIRAN,
Ingénieur en chef des Mines.

TRAITÉ
DE
GÉOLOGIE APPLIQUÉE

PREMIÈRE PARTIE

PRÉCIS DE GÉOLOGIE GÉNÉRALE

AVEC ÉLÉMENTS

DE MINÉRALOGIE ET DE PALÉONTOLOGIE

Définition. — La *géologie* est la science qui a pour but d'étudier la structure de la croûte terrestre.

Cette étude conduit à constater la trace des transformations successives des terrains et à rechercher quelles ont été ces transformations et dans quel ordre elles se sont succédé.

La géologie traitera donc à la fois de la description des matériaux qui composent notre globe et de la formation de leur gisement. Ces matériaux se divisent en substances minérales et en substances organisées, dont l'étude appartient à des sciences particulières qui peuvent être considérées comme des chapitres de la géologie générale et qui sont : la *minéralogie* aidée de la *cristallographie* et de la *pétrographie*; la *paléontologie* éclairée par la *botanique* et la *zoologie*.

La géologie proprement dite n'est, par suite, que l'histoire des matériaux qui constituent le globe terrestre.

Ce précis de géologie comprendra les éléments de minéralogie et de paléontologie nécessaires pour définir et classer les terrains et les substances minérales rencontrées et pour déterminer leur âge.

CHAPITRE I

PHÉNOMÈNES ACTUELS

La terre a été le théâtre d'une série de révolutions dont les traces sont facilement reconnues par le géologue. Aujourd'hui encore sa forme n'a qu'une stabilité apparente ; continuellement les agents mécaniques ou chimiques en modifient l'écorce.

On conçoit que les forces actuellement en jeu sont encore celles qui ont présidé au bouleversement géologique avec parfois un redoublement de puissance.

L'étude des agents naturels qui continuent à modifier la surface de la terre doit donc être le premier objet de la géologie.

De ces agents, les uns sont *externes*, les autres *internes*.

Les premiers (atmosphère, eaux courantes, eaux de la mer, eau solide, êtres animés) ont leur principe dans la chaleur solaire ; à la faveur de cette chaleur, ils font perdre à l'écorce terrestre sa cohésion, et les matériaux qui résultent de cette désagrégation tombent, sous l'action de la pesanteur, jusqu'à ce qu'ils aient trouvé une meilleure situation d'équilibre.

Les agents internes ont leur siège dans les profondeurs de l'écorce, et leur source dans l'énergie calorifique propre du globe ; leur action se traduit par les phénomènes thermiques, volcaniques et séismiques.

§ 1. — AGENTS GÉOLOGIQUES EXTERNES

1 ACTION DE L'ATMOSPHÈRE. — L'atmosphère agit par les variations de température et surtout par les alternances de sécheresse et d'humidité ; elle peut ainsi modifier la surface

du sol et même désagréger les roches complètement. Le granite en fournit un exemple : il est formé de quartz, de mica et de feldspath ; sous l'influence de la vapeur d'eau et de l'acide carbonique de l'atmosphère, le feldspath, facilement attaquable, se décompose en silicate alcalin soluble, qui est éliminé, et en silicate alumineux insoluble, qui persiste ; l'altération de cet élément suffit pour causer lentement la désagrégation de la roche en menus fragments.

L'atmosphère agit, en outre, par sa force vive : les vents transportent ces fragments et font naître les *dunes*, monticules de sables qui atteignent jusqu'à 180 mètres de hauteur (Sahara); les dunes se forment sur les continents (dunes continentales) et sur les rivages de la mer (dunes maritimes).

L'atmosphère peut encore avoir, sur le sol, une action chimique, soit par son oxygène, soit par son acide carbonique.

2. ACTION DE LA MER. — Les eaux de la mer couvrent les trois quarts de la surface du globe; poussées constamment par les marées et les courants, elles produisent, sur les côtes, des érosions puissantes, variables avec la nature des roches, avec leur situation et la forme de leur talus; la puissance destructive des vagues dépend aussi beaucoup de l'intensité du vent.

Avec le temps, certaines côtes, minées par la vague, reculent peu à peu; c'est ce qui arrive sur les rivages français et anglais de la Manche, où le recul des falaises a pour effet d'élargir de plus en plus le Pas-de-Calais.

Parmi les matériaux provenant de l'érosion des falaises, les uns, plus durs, demeurent sur le rivage, s'arrondissent par le frottement continuel et deviennent des *galets;* d'autres, moins cohérents, forment des *graviers* en avant des galets, puis des *sables fins;* enfin les matières les plus fines ne peuvent se déposer qu'au large, là où la vague est moins agitée; elles forment ainsi, assez loin en avant des côtes, des dépôts de boues ou vases, tantôt vertes, tantôt bleuâtres.

Les galets et les sables restés près du rivage sont sans cesse en mouvement sous l'action des flots et peuvent cheminer assez loin de leur point d'origine. Dans les anses des rivages, où la mer est peu profonde et peu agitée, les sables et les galets s'arrêtent au pied des promontoires qui terminent les anses, et forment à l'entrée de la baie deux jetées ou flèches qui finissent quelquefois par se réunir, formant ainsi un *cordon littoral* et transformant la baie en une *lagune* ou un *étang*.

3. Action des eaux d'infiltration. — L'air se charge de vapeur d'eau au voisinage des océans et des grands lacs, surtout du côté des mers tropicales; entraîné par les courants atmosphériques vers les pôles, il subit un refroidissement, et une partie de la vapeur d'eau qu'il contient se précipite sur le sol à l'état de pluie ou de neige. (En Europe, la proportion d'eau de pluie tombée s'élève, en moyenne, chaque année, à la hauteur de 0^m,55.)

Si la pente du sol est faible, ou si le sol est perméable, l'eau de pluie s'infiltre promptement. Les terrains perméables sont les terrains *meubles* (sables et graviers) et les terrains *fissurés* (calcaires solides et grès).

Dans les terrains meubles il y a imbibition progressive et

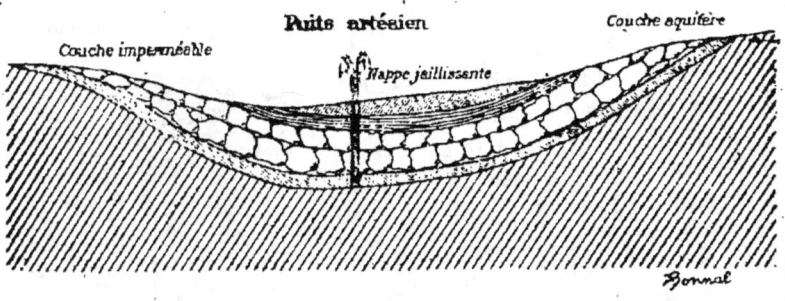

Fig. 1.

production de *nappes* d'eau, qui s'écoulent par des *sources* dans le fond des vallées et des ravins qui les entament.

Si, par exemple, on suppose un plateau dont la surface est formée de sables supportés par un lit d'argile, l'eau qui s'est infiltrée à travers la couche de sable est arrêtée par l'imperméabilité de la couche d'argile ; des sources apparaissent alors sur les flancs de la vallée aux points les plus bas des ondulations formées par l'affleurement du lit argileux.

Quand une couche perméable se trouve enclavée entre

deux autres imperméables, l'eau de pluie est retenue entre ces deux dernières et forme une nappe *souterraine*. Dès lors, si par un sondage on atteint cette nappe, l'eau jaillit à la surface du sol : c'est l'origine des sources *artésiennes* (*fig.* 1).

Dans les terrains fissurés comme les terrains calcaires, les eaux circulent à travers les fentes, les élargissent en y créant même des grottes et débouchent dans les vallées en sources abondantes; c'est ainsi qu'est formée la fontaine de Vaucluse.

En circulant dans les nombreux canaux des grès ou des calcaires, les eaux d'infiltration exercent des actions érosives qui provoquent, à la surface, des effondrements ou des éboulements.

4. ACTION DES EAUX COURANTES. — Si le sol est imperméable ou encore si la pente est trop forte, l'eau de pluie ruisselle à la surface au lieu de s'infiltrer.

Elle agit alors par sa masse et par sa vitesse, et son action dépend de la nature et du relief du terrain; l'érosion peut se traduire par des effets remarquables (piliers, pyramides, arcades, etc.).

Torrents. — Dans les pays de montagnes, le terrain est disposé de telle façon que les eaux pluviales se réunissent par de nombreuses rigoles dans une dépression qui est le *bassin de réception* d'un torrent; elles en sortent par un étroit couloir qui est le *canal d'écoulement*, et, dans ces parcours, elles ne cessent de raviner le sol et les parois du canal, tant par leur force vive que par le choc des matériaux qu'elles arrachent; en

Fig. 2. Cône — de déjection d'un torrent.

arrivant dans la vallée, elles perdent leur vitesse, et les matériaux qu'elles transportent, sables, galets, boues, s'accumulent en un amas conique qui est le *cône de adjection* du torrent (*fig.* 2). A mesure que ce cône s'allonge, la pente du torrent diminue, ainsi que sa puissance mécanique.

Ce qui distingue le torrent des autres cours d'eau, c'est sa rapidité extraordinaire, ce sont surtout ses alternatives de crues soudaines et de repos.

Rivières et fleuves. — Les eaux pluviales finissent toujours par se réunir au fond des vallées, où elles donnent naissances aux *rivières*, lesquelles forment les grandes artères appelées *fleuves*.

Dans la partie supérieure de leur cours, les rivières, à cause de la pente du terrain, ont une allure torrentielle et se livrent à un travail d'affouillement et d'érosion ; si elles disposent d'une grande masse d'eau et d'une forte pente, elles peuvent creuser des gorges profondes, telles que les *cañons* du Colorado ; si elles rencontrent des obstacles résistants, il se forme des *cataractes* ou des *rapides*, et souvent les eaux s'étendent en *lacs* derrière les barrages formés par ces obstacles.

La rivière creuse ainsi son lit jusqu'à ce que la pente ait diminué, et pendant ce travail elle ne suit pas un chenal constant. Une fois la pente réduite, elle quitte son ancien lit, ou *lit majeur*, et occupe un lit moins large, ou *lit mineur*, dont la situation change dans la vallée.

Alluvionnement. — Quand la rivière se déplace ainsi, elle est dite *divagante* ; elle a pour caractère d'attaquer les parties concaves de ses rives et de les faire ébouler ; les produits des éboulements, cailloux, graviers, sables et limons, sont entraînés par les eaux et se déposent en alluvions au fond du lit ou sur les rives convexes. C'est surtout à l'époque des crues que se forment les alluvions ; les sables et les cailloux sont violemment charriés, et les eaux débordées s'étalent sur une grande surface qu'elles recouvrent de *limon* (silicate d'alumine ferrugineux avec des parties sableuses).

Enfin la pente se réduit de plus en plus ; le lit prend une largeur uniforme, et le cours d'eau est à l'*état de régime*.

Travail des fleuves à leur embouchure. — 1° L'embouchure d'un fleuve peut être un estuaire profond, où la marée exerce son influence ; les limons apportés par le cours d'eau forment dans cette échancrure un bourrelet d'alluvions, qui tend à oblitérer l'entrée du fleuve ; cette digue, ou *barre*, se déplace sous l'action des marées ;

2° Un fleuve peut avoir son embouchure dans une mer qui n'est pas sujette à de grandes marées; les matières qu'il transporte se déposent dans l'estuaire qui est alors large et peu profond ; ces dépôts sont augmentés au moment des crues et sont favorisés par le cordon littoral ; ils forment ainsi une sorte de cône de déjection, qui devient un îlot triangulaire tournant sa pointe vers la source du fleuve et le divisant en deux branches; de là le nom de *delta*. Les deltas les plus connus sont ceux du Nil, du Rhône et du Mississipi.

5. Action de l'eau solide. — A différentes altitudes, variables avec les pays, la neige tombée pendant la saison froide ne fond point pendant l'été; elle devient *persistante* ou *perpétuelle*. La limite des neiges perpétuelles correspond à une altitude qui est de 2.700 mètres environ dans les Alpes et les Pyrénées, 3.500 mètres au Caucase, 4.800 mètres à l'Équateur.

Neige. — La neige tombant sur ces hauteurs s'accumule en masses considérables qui finissent par s'écrouler, en entraînant des pierres et des roches et en formant ainsi des *avalanches*. Mais, si la neige tombe dans un cirque d'où elle ne peut s'échapper, elle donne lieu à la formation d'un *glacier*.

Glaciers. — La neige ainsi accumulée dans le cirque ou *bassin de réception* forme bientôt un amas d'un poids considérable, et la partie inférieure s'écrase sous l'effet de la compression. Puis la compression, augmentant, abaisse le point de fusion de la neige ; celle-ci fond alors en partie, bien que la température soit inférieure à 0°. L'eau formée s'infiltre dans les interstices des cristaux de neige où elle se congèle de nouveau. La neige est ainsi transformée en une masse granuleuse parsemée de bulles d'air, et constitue ce qu'on appelle le *névé*.

Sous l'action de son poids et de la pression des neiges supérieures, le névé descend dans la gorge où débouche le cirque, fond partiellement en arrivant à une zone de moindre altitude, devient ainsi plus compact et se transforme en une glace consistante et translucide qui caractérise les *glaciers*. La glace, inextensible, se couvre de fissures et de crevasses, qui sont bientôt comblées par les chutes de neige ou par la congélation de l'eau provenant d'une fusion superficielle. Tel est, succinctement, le mécanisme de la formation d'un glacier.

Mouvement des glaciers. — Des objets perdus à la surface d'un glacier ont été retrouvés plus tard à un niveau plus bas ; les glaciers n'ont donc qu'une immobilité apparente, et leur mouvement de progression a été l'objet de mesures précises. En Suisse, la vitesse moyenne de la glace, à la surface, varie depuis 2 centimètres jusqu'à $1^m,25$ par vingt-quatre heures.

Effets mécaniques des glaciers. — Les glaciers ayant, en moyenne, une épaisseur de 30 à 40 mètres (cette épaisseur peut atteindre plusieurs centaines de mètres), on comprend que leur masse produise sur les roches encaissantes une érosion puissante ; les blocs anguleux, entraînés avec la glace, strient et polissent les roches des parois, ou bien ces dernières usent et arrondissent les graviers et les cailloux charriés. Sur le fond du glacier, l'érosion est encore plus marquée, et les roches, polies comme par une meule, prennent des formes arrondies (*roches moutonnées*). Le produit final de l'action du glacier sur son lit est une boue fine, d'un gris d'ardoise.

Effets de transport. — Le glacier entraîne dans son mouvement tous les débris de roches que la pluie, la gelée ou les avalanches détachent des escarpements qui l'encaissent ; ces débris forment le long du glacier deux traînées appelées *moraines latérales*.

Si deux glaciers se réunissent en un seul, la moraine de droite de l'un se joint à la moraine de gauche de l'autre, et de cette jonction résulte une *moraine médiane*.

Tous les produits charriés par le glacier arrivent à son extrémité, qui se termine par un escarpement à pic ; ils s'entassent au pied de cet escarpement et forment un amas demi-circulaire, qui est la *moraine frontale*, mélange de boue fine, de petites pierres, de cailloux polis et arrondis et de blocs qui ont parfois des dimensions énormes.

Extrémité des glaciers. — Le glacier, en progressant, arrive à une région dont la température est moins basse ; la glace fond, et la quantité de glace que perd ainsi le glacier peut être égale à la quantité de glace qui se forme en amont. Le glacier se termine en ce point en laissant échapper un torrent qui roule des eaux boueuses, mélangées parfois de blocs volumineux.

D'ailleurs, cette extrémité subit un déplacement continuel, car la quantité de glace qui disparaît par la fusion et celle qui est apportée par les chutes de neige varient avec les saisons.

Glaces polaires. — Dans les contrées polaires, la limite des neiges perpétuelles s'abaisse au niveau de la mer et le sol se couvre d'une immense nappe glacée. Cette nappe chemine avec une vitesse plus considérable que celle des glaciers des Alpes ; comme la pente est à peu près nulle, cette vitesse ne peut être attribuée qu'à l'énorme pression des masses supérieures. Les glaciers polaires arrivent ainsi jusqu'à la mer ; là leur extrémité, venant à surplomber, se brise avec fracas en morceaux énormes, qui deviennent des *glaces flottantes*, ou *icebergs*.

Les glaciers polaires n'entraînent que très peu de pierres, tandis que les *banquises*, glaces qui se forment le long des côtes par congélation directe de l'eau de la mer, sont chargées de boue et de pierres provenant des falaises du rivage. A la suite de violentes tempêtes, les banquises peuvent se détacher et se briser en semant au fond de la mer les débris qu'elles portaient (blocs erratiques).

6. ACTION CHIMIQUE DES EAUX. — L'eau de la mer, par son évaporation naturelle, produit les dépôts de sulfate de chaux, de sel marin (marais salants) et même de chlorure de potassium et de magnésium. Dans les mers très chaudes, les grains de sable s'incrustent de carbonate de chaux résultant de l'évaporation sur le rivage ; de même, les galets des plages s'agglomèrent en *poudingues*.

Les eaux météoriques (eaux de pluie), chargées d'oxygène, oxydent les roches qu'elles traversent ; l'oxydation est attestée par une teinte brune dans les terrains ferrugineux. Ces eaux, par leur acide carbonique, peuvent dissoudre du calcaire dans les terrains où elles ont circulé; en arrivant à l'air libre, elles s'évaporent, et le calcaire se dépose autour des herbes ou des mousses en formant des *tufs*.

Quand les eaux calcaires s'évaporent lentement sur les parois de cavités souterraines, elles produisent des *stalactites* partant de la voûte, et des *stalagmites* s'élevant du sol; ces incrustations sans cesse accrues finissent par se rejoindre et former des colonnes.

7. ACTION DES ORGANISMES. — Les organismes ont contribué, par l'accumulation de leurs dépouilles, à l'accroissement de l'écorce terrestre.

Mode de formation de la tourbe. — La tourbe est le produit de la décomposition, sous l'eau, de certains végétaux d'ordre inférieur, tels que les mousses, et, en particulier, les sphaignes. Ces mousses ont besoin, pour se développer, d'une eau limpide et d'une atmosphère humide avec une température moyenne ne dépassant pas 8° C. Dans ces conditions, elles croissent rapidement, mais elles meurent du pied; la base, constamment à l'abri de l'air, subit une décomposition incomplète et passe à l'état de tourbe. Les tourbières se développent surtout dans les régions tempérées et froides.

Lignite et houille. — Des débris de plantes ou d'arbres peuvent être charriés par les fleuves dans les deltas, ou bien des végétaux peuvent être enfouis sous des alluvions; la fibre et l'écorce de ces végétaux se décomposent à l'abri de l'air et se transforment en *lignites*.

La houille et l'anthracite proviennent aussi de la décomposition de végétaux terrestres à l'abri de l'air; mais un climat tropical régnait dans toutes les régions où s'est formée la houille. (Voir *Géologie appliquée*, chapitre des *Combustibles minéraux*.)

Action des organismes marins. — Sur les côtes, les mollusques marins, par l'accumulation de leurs coquilles, ont pu former des dépôts puissants; telle est l'origine des roches calcaires appelées *lumachelles*.

Loin des côtes on trouve, au fond de l'océan, une vase blanchâtre contenant jusqu'à 96 0/0 de carbonate de chaux; elle est constituée par de minuscules enveloppes calcaires de *foraminifères* où dominent les *globigérines*.

Dans les latitudes froides, des glaces flottantes, des algues très petites, appelées *diatomées*, et des *radiolaires* (foraminifères) forment une vase siliceuse.

Tous ces dépôts marins se forment lentement et n'atteignent qu'une faible épaisseur.

Récifs coralliens. — Les polypiers, au contraire, qui sécrètent, aux dépens du sulfate de chaux de l'eau de mer, un squelette calcaire, forment rapidement, près des côtes, des massifs calcaires puissants et solides; vivant en colonie, ils constituent une masse qui s'accroît sans cesse par le sommet ou la surface, tandis que la base meurt (*fig.* 3).

La vague comble les interstices de l'édifice, qui devient compact et forme un récif corallien.

Pour le développement des organismes coralligènes, il faut une eau exempte de sédiments en suspension, et la température ne doit pas descendre plus bas que 20° C. au-dessous de zéro; la profondeur ne doit pas être supérieure à une trentaine de mètres. D'ailleurs, les coraux se développent mieux dans une mer tumultueuse, et leur bord extérieur qui reçoit surtout les chocs de la vague est le plus vivace et le plus élevé.

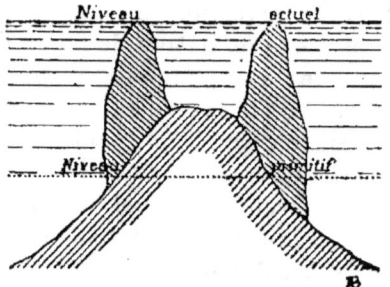

Fig. 3. — Récif corallien.

C'est ainsi que se forment les *récifs frangeants* qui sont appliqués contre la côte qui leur fournit un point d'appui, les *récifs-barrières*, à quelque distance des côtes, et les *atolls*, récifs annulaires avec lagune intérieure, qui s'élèvent en plein océan.

Sur le bord extérieur des récifs coralliens, les dépôts qui se forment sont composés de débris de coraux; ces dépôts s'agglomèrent en un calcaire compact qui peut devenir coquillier; sur le bord intérieur, abrité contre le choc des vagues, on trouve un calcaire plus tendre; et sur la plage le dépôt de carbonate de chaux autour des sables donne lieu à la formation d'*oolithes*, qui, en s'agglomérant, constituent le *calcaire oolithique*.

§ 2. — AGENTS GÉOLOGIQUES INTERNES

1. Phénomènes volcaniques. — Les volcans, qui mettent en communication la surface du globe avec les matières fluides situées au-dessous de l'écorce, se présentent sous la forme d'une montagne terminée par un orifice en forme de coupe, appelé *cratère*, où vient déboucher un canal auquel on a donné le nom de *cheminée*. Quand le volcan est à l'état de repos, l'existence du foyer interne ne se traduit que par des dégagements de fumée accompagnés de faibles explosions.

Au moment des éruptions, annoncées par des grondements du sol, le volcan lance au loin et à de grandes hauteurs des produits solides, cendres et scories embrasées, des produits liquides ou laves, et des vapeurs qui forment des nuages épais.

Cônes de débris. — Les premières projections du volcan se composent de débris arrachés à la cheminée ou au cratère; le volcan lance ensuite des fragments de lave visqueuse et des cendres qui ne sont autre chose que de la lave solidifiée dans un grand état de division. Tous ces produits retombent en averse autour de l'orifice de sortie et y font naître un *cône de débris* dont les dimensions sont variables et dont le talus a une inclinaison de 35 à 40°. Ces cônes manquent de cohésion et sont exposés à une lente destruction sous l'effort des agents atmosphériques, quand une éjection ultérieure de lave ne vient pas les consolider.

Cônes adventifs. — Au moment de l'explosion, les matières fluides peuvent s'échapper par des fentes s'ouvrant sur les flancs du volcan; il se forme ainsi plusieurs éruptions latérales dont les cendres et les scories produisent des cônes adventifs pouvant atteindre 300 mètres de hauteur.

Laves. — L'émission des laves est le fait le plus important de l'éruption. Les laves sont toutes formées de silicates; elles donnent naissance à des roches solides en se solidifiant.

Il y a les laves *acides* ou *légères*, riches en silice, en soude et en potasse, et les laves *basiques* ou *lourdes* chargées d'éléments ferrugineux qui leur donnent une coloration noire.

Les laves *lithoïdes* donnent, en se refroidissant, une roche compacte; les laves *vitreuses* donnent une roche vitreuse; la lave peut aussi être entièrement cristallisée ou renfermer des cristaux qui se détachent sur une pâte compacte. Les laves basiques, plus fluides, se solidifient lentement en traînées visqueuses ondulées: ce sont les laves cordées; les laves acides, peu fusibles, se couvrent d'une croûte de scories; la partie restée liquide dégage des gaz et des vapeurs qui déchirent la croûte et donnent à la surface un aspect rugueux (*chèvres* d'Auvergne).

Vitesse et température de la lave. — La vitesse de la lave, qui dépend de sa fluidité, varie de 1 centimètre à plusieurs mètres par seconde.

La température est très élevée et dépasse 1.000°; la lave peut conserver longtemps sa chaleur; cependant son action calorifique ne s'étend pas sur un grand rayon.

Modes d'épanchements de la lave. — 1° La lave peut couler à l'air libre par déversement; elle forme alors une nappe plus ou moins large, d'épaisseur assez uniforme, compacte à la base et celluleuse en haut; son inclinaison est faible.

2° La lave peut aussi s'échapper par des fissures du cône; elle forme alors de véritables filons souvent verticaux, sortes de murs en saillie appelés *dykes*.

3° Elle peut quelquefois sortir en coulées discontinues; c'est le cas qui se présente pour les volcans à forte pente; la lave se solidifie alors en gros blocs qui se réunissent au pied du cône.

Émanations gazeuses. — Des émanations gazeuses s'échappent soit des cratères en activité, soit de la lave incandescente.

On appelle *fumerolles* des fumées blanches qui se dégagent de la lave; elles sont d'abord sèches à cause de la température et sont surtout formées de vapeurs de sel marin; plus loin se dégage de la vapeur d'eau acide à 300 ou 400°; puis des fumerolles alcalines et des fumerolles froides où domine de la vapeur d'eau à moins de 100°, mêlée à de l'hydrogène sulfuré; en dernier lieu se produisent des émanations d'acide carbonique qui peuvent persister longtemps, même après l'extinction du volcan. On trouve de l'hydrogène et des hydrocarbures dans les produits gazeux, ainsi que des chlorures anhydres (chlorure de fer), de l'acide borique, des sulfures d'arsenic, etc.

2. Phénomènes thermaux. — On comprend sous le nom de phénomènes thermaux d'autres manifestations de la chaleur interne, localisées dans le voisinage des anciens centres volcaniques : ce sont les solfatares, les salses, les mofettes, les geysers, etc.

Solfatares. — On appelle solfatares des dégagements violents de vapeur d'eau mélangée d'hydrogène sulfuré ; ce gaz se décompose en arrivant à l'air ; une partie du soufre se dépose et l'acide sulfureux formé se convertit en acide sulfurique qui, réagissant sur les silicates des roches, forme des sulfates (alun et gypse).

Les *soffioni* de Toscane, qui fournissent de l'acide borique, sont aussi des solfatares.

Geysers. — Les geysers sont des dégagements intermittents d'eau bouillante, en jets qui peuvent atteindre 60 mètres de hauteur. L'eau provient des infiltrations et doit sa température au voisinage d'émanations chaudes issues d'un foyer volcanique souterrain ; cette eau contient en dissolution une grande quantité de silice hydratée (geysérite), qui, en se déposant autour de l'orifice de sortie, forme des concrétions abondantes.

Les éruptions des geysers sont intermittentes et ne durent que peu de temps en général. Les geysers les plus remarquables sont le Te-ta-rata (Nouvelle-Zélande), dont les eaux descendent en cascades sur une suite de terrasses siliceuses, le Grand Geyser d'Islande, et ceux du Parc national du Yellowstone (États-Unis).

Sources thermales. — Les eaux d'infiltration s'échauffent en pénétrant profondément dans un sol fissuré ; la vapeur d'eau produite les refoule vers la surface ; mais, à cause de leur température souvent élevée, elles dissolvent, dans leur trajet souterrain, des principes minéraux actifs, d'où le nom de sources *minérales* qu'on leur donne souvent.

Le débit de ces eaux est variable ; il en est de même de leur température. (Voir *Géologie appliquée*.)

Salses. — Mofettes. — Les *salses* ou *volcans de boue* sont de petites éminences cratériformes, d'où s'échappent, par éruptions discontinues, des flots d'une boue fine et salée et des gaz hydrocarbonés (*maccalube* de Sicile). Les salses de la Caspienne, près de Bakou, rejettent surtout du pétrole.

Les *mofettes* sont des exhalaisons d'acide carbonique qui caractérisent des régions où l'activité volcanique est depuis longtemps éteinte (ex.: grotte du Chien, près de Naples).

§ 3. — EXPLICATION DES PHÉNOMÈNES ÉRUPTIFS

L'influence de la chaleur solaire ne se fait sentir qu'à une très faible profondeur du sol, et on peut trouver dans chaque lieu une zone souterraine dont la température constante est indépendante des variations atmosphériques; cette zone se trouve à Paris à une profondeur de 10 mètres. Mais, si on s'enfonce de plus en plus dans le sol, on constate, quelle que soit la région, que la température augmente régulièrement de 1° par 30 ou 32 mètres. On est conduit alors à penser qu'à une certaine distance de la surface la chaleur est suffisante pour maintenir en fusion toutes les roches de l'écorce terrestre; cette distance est relativement faible en comparaison de la longueur du rayon terrestre. On admet donc l'existence d'un *noyau fluide*, reste de l'état primitif de notre globe.

De cette hypothèse on peut déduire l'explication des phénomènes volcaniques: la masse fluide interne est leur foyer; et, comme l'écorce a une épaisseur et une résistance très variables, il se produit des mouvements du sol, et la masse fluide se fait jour à travers les fissures, avec de violentes explosions quand les gaz emprisonnés acquièrent une forte tension.

A cause de l'énorme quantité de vapeur d'eau rejetée par les éruptions, on a admis aussi l'intervention des eaux marines; les terrains volcaniques étant très fissurés, les eaux, qui sont à proximité, arrivent en contact avec les masses en fusion et se transforment brusquement en vapeur.

Tremblements de terre. — La terre étant formée d'une enveloppe relativement mince et de résistance variable, entourant un noyau liquide qui se refroidit peu à peu et se contracte, il arrive que cette enveloppe se plisse et se couvre de bourrelets et de rides, ou même se distend et se déchire, à cause de son manque d'élasticité.

Les tremblements de terre sont des ébranlements très courts caractérisés par un état particulier de trépidation du sol; un bruit sourd précède souvent l'ébranlement qui se traduit par des *ondulations* et plus fréquemment par des *secousses*.

Ces secousses se font sentir à des distances variables et avec une vitesse qui dépend de la constitution des terrains; les terrains meubles, tels que les sables, propagent peu le mouvement, mais sont plus bouleversés qu'un sol formé de laves ou de roches calcaires. L'océan transmet les ébranlements plus loin que ne le font les couches rigides de l'écorce terrestre, et il se produit une vague de *translation* dont les effets sont parfois terribles.

Des *crevasses* profondes se forment dans le sol à la suite de ces secousses; elles se referment ou bien restent béantes.

Oscillations lentes. — On a observé aussi des *soulèvements* et des *affaissements* du sol; ces mouvements s'apprécient surtout le long des côtes, où le niveau de la mer fournit un point de repère fixe; ils peuvent être brusques ou se produire graduellement et lentement. Ainsi on observe un exhaussement en beaucoup de points de la côte française, en Artois, au Croisic, à la Rochelle, et surtout sur les plages de la Tunisie. Les côtes de Bretagne en général et celles de Hollande subissent, au contraire, un affaissement progressif.

Ces oscillations lentes sont pour ainsi dire insensibles et ne sont appréciables qu'après un grand nombre d'années.

CHAPITRE II

FORMATION DE L'ÉCORCE TERRESTRE

L'étude des agents internes a fait admettre l'existence d'un noyau liquide à l'intérieur de la terre. On peut expliquer sa formation, ainsi que celle de toute notre planète, suivant la magistrale théorie due à Laplace et acceptée aujourd'hui par la grande majorité du monde savant.

Théorie de Laplace. — Le système planétaire gravitant autour du soleil ne formait à l'origine, avec cet astre, qu'une nébuleuse pareille à celles que les plus forts télescopes nous permettent encore d'observer dans le ciel.

Le refroidissement de la masse cosmique, qui formait cette nébuleuse, s'effectuant par suite du rayonnement intersidéral, a eu pour résultat la concentration de la matière et l'accélération du mouvement de giration dont elle était animée. Ce sont là deux conséquences du principe de la conservation de l'énergie. Les fragments dont la concentration avait été la plus rapide se sont trouvés projetés loin du centre et ont donné naissance aux planètes.

La terre a donc subi deux phases de transformation, une première phase stellaire très courte, pendant laquelle elle jouissait d'une lumière propre, une seconde phase planétaire dans laquelle elle s'est éteinte, puis solidifiée.

Noyau central. — La solidification a naturellement commencé par l'extérieur, en emprisonnant un noyau fluide. D'autre part, à l'époque où toute la masse était liquide, les matériaux qui la composaient ont pu se disposer par ordre de densité. Les matières les plus légères et en même temps les plus réfractaires montaient à la surface, tandis que les lourdes masses métalliques bien fusibles gagnaient le centre. Seuls quelques métaux facilement oxydables se mêlaient à l'écume siliceuse de la surface, semblable aux scories qui viennent nager à la partie supérieure d'un bain métallique. Ainsi s'expliquerait la forte densité du globe terrestre, comparée à celle des couches superficielles. Les calculs basés sur la déviation de la verticale dans le voisinage d'une montagne ou sur la variation des oscillations du pendule dans un puits de mine prouvent que la densité de la terre est de 5,5 environ. Or l'eau, qui occupe la plus grande partie de la surface terrestre, a une densité égale à l'unité, et celle de la plupart des roches connues varie entre 2 et 3 ; il faut donc que les parties voisines du centre aient une densité bien supérieure. La même remarque permet de donner une explication du magnétisme terrestre. L'analyse spectrale, en révélant le secret de la composition du soleil, semble prouver en même temps que les profondeurs terrestres ne contiennent pas de corps qui nous soient totalement inconnus. Le fer y joue probablement un rôle important, grâce auquel il peut manifester ses propriétés magnétiques.

Terrains primitifs. — L'atmosphère, composée des vapeurs de tous les corps aisément volatilisables et séparée du noyau interne par une couche de matériaux très mauvais conducteurs de la chaleur, se résolvait en un liquide dont on imagine les effets corrosifs sur la pellicule solide. De plus, au moment de la condensation des chlorures et des corps alcalins, toute l'eau des océans était encore à l'état gazeux, et, rien que de ce fait, la pression atmosphérique était 250 ou 300 fois plus forte qu'elle ne l'est actuellement; on conçoit, dans ces conditions, l'importance de phénomènes analogues par leur essence aux phénomènes actuels.

De l'action cristalline due au refroidissement et de l'action de la pesanteur s'exerçant sur les particules arrachées par les érosions à la croûte solidifiée, il est résulté un terrain à la fois cristallin et stratiforme, qui a reçu le nom de terrain primitif.

Ce terrain contient tous les éléments dont est formée l'écorce terrestre ; car il n'est venu s'y ajouter par la suite que la petite quantité de matières contenues dans l'atmosphère des premiers âges, en particulier le charbon, qui devait exister à cette époque à l'état d'oxyde de carbone. Quant aux venues éruptives, elles ont amené au jour, par les cassures de l'écorce, diverses roches dont la composition chimique est semblable à celle des terrains primitifs.

Sous l'influence d'agents ne différant de ceux qui viennent d'être étudiés que par la puissance de leur action, tous ces matériaux, après divers remaniements, se sont superposés, en couches sensiblement horizontales, au moins lors de leur dépôt et ont ainsi formé les terrains ou les roches sédimentaires.

Par opposition, on appelle roches ignées les roches dues aux formations primitives ou venues postérieurement de la profondeur à travers les fractures de la croûte terrestre.

§ 1. — ROCHES IGNÉES

Composition des roches ignées. — Les roches sédimentaires provenant de la décomposition des roches ignées, il convient d'étudier d'abord ces dernières.

La silice et l'alumine, deux corps éminemment durs et réfractaires et d'une grande légèreté spécifique, ont participé plus que tout autre à la formation de la croûte primitive.

Ces substances, fondues par leur combinaison avec les oxydes métalliques, ont cristallisé ensuite. Les oxydes qui dominent dans les roches légères sont ceux des métaux les plus légers, c'est-à-dire des métaux alcalins et alcalino-terreux.

Minéraux des roches acides. — Ainsi se sont formés, à côté de la silice en excès qui s'est séparée à l'état de quartz, des minéraux de roches dites acides, parce que la silice y joue le rôle d'acide silicique. — Les types de ces minéraux sont :

Les *feldspaths*, combinaisons de silice et d'alumine avec des métaux alcalins et alcalino-terreux ; on peut citer parmi les feldspaths : l'*orthose* et le *microcline*, à base de potasse ; l'*albite*, à base de soude ; et l'*oligoclase*, contenant de la soude et de la chaux ;

Les *micas*, moins riches en silice, qui contiennent des métaux plus lourds; ils sont colorés en noir par des oxydes de fer et présentent une apparence feuilletée à cause de leur division en lamelles flexibles et élastiques;

Les *chlorites*, qui sont très voisines des micas, mais dont les lamelles flexibles ne sont pas élastiques.

Pendant cette cristallisation des silicates métalliques, les métalloïdes ont joué sans doute le rôle de dissolvants, et on en retrouve la trace dans les minéraux accessoires. Telles sont la *tourmaline*, qui contient du fluor et du bore, le *sphène* et le *rutile* où entre le titane, l'*apatite* qui renferme du phosphore et du chlore.

Minéraux des roches basiques. — Après les roches acides, il s'en est formé d'autres plus lourdes qu'on appelle roches basiques, parce qu'elles contiennent moins de 65 0/0 de silice, teneur qui est dépassée dans les roches acides.

Les minéraux qui les constituent, plus nombreux que ceux des roches légères, peuvent se grouper en quelques grandes familles :

Ce sont des feldspaths pauvres en silice, comme le *labrador* et l'*anorthite*.

Puis des minéraux où l'alumine n'entre guère qu'à l'état de mélange et dont la silice est combinée avec de fortes proportions de chaux, de magnésie et d'oxyde de fer. Tels sont : les *amphiboles*, où la magnésie l'emporte légèrement sur la chaux, et parmi lesquelles on peut citer l'*actinote* et la *hornblende;*

Les *pyroxènes*, différents au point de vue cristallographique, mais chimiquement très voisins, tels que : la *diallage* et l'*augite*, qui sont des pyroxènes clinorhombiques; l'*enstatite* et la *bronzite*, pyroxènes rhombiques;

Les *péridots*, surtout magnésiens et plus basiques que les silicates précédents : le principal est l'*olivine*.

En résumé, l'instrument essentiel de la consolidation de l'écorce terrestre, c'est la silice qui, réfractaire et saturée d'oxygène, est remarquable par la stabilité de ses combinaisons. Un rôle analogue est joué dans le monde organique par le carbone, élément constitutif de tous les corps vivants, et qui, placé près du silicium, dans la série des corps simples, est cependant remarquable par la facilité avec laquelle il se prête à des compositions et des décompositions incessantes.

CLASSIFICATION DES ROCHES IGNEES

Les roches éruptives forment dans l'histoire du globe deux séries bien tranchées. La première, commencée au début de l'ère primaire, continue pendant la première partie de l'ère secondaire; elle est caractérisée par la forte teneur en silice des roches qui la composent. L'activité interne cesse ensuite de se manifester dans les époques connues sous les noms de jurassique et de crétacée; puis, dans l'ère tertiaire et jusqu'aux temps actuels, les roches éruptives viennent de nouveau se mêler aux dépôts sédimentaires.

Cette seconde période est caractérisée par des épanchements de matières qui, encore acides au début, deviennent de plus en plus basiques et de plus en plus lourdes.

On peut tirer de là une classification des roches, en roches acides et roches basiques, divisées elles-mêmes en roches anciennes et roches modernes.

La texture (c'est-à-dire le mode d'association des minéraux), qui était cristalline au début, devient de plus en plus amorphe; c'est d'abord une pâte dans laquelle nagent des cristaux, puis où les cristaux deviennent de plus en plus rares pour ne plus laisser subsister qu'une pâte vitreuse.

D'après MM. Fouqué, Michel Lévy et de Lapparent, la texture cristalline a reçu le nom de type granitoïde, la texture intermédiaire a donné le type trachytoïde, et la texture amorphe a formé le type vitreux.

On supprimera ainsi des dénominations qui prêtent à l'équivoque, et particulièrement le nom de texture porphyrique, qui a servi à désigner des roches si différentes que les progrès de la cristallographie ne permettent plus de les classer ensemble. Le mot de porphyre, qui signifie seulement roche rouge, à cause de la couleur du porphyre rouge antique, a servi pendant longtemps à désigner toutes les roches de texture analogue, c'est-à-dire présentant de grands cristaux tranchants sur une pâte à grains indiscernables. L'examen de ces roches à la lumière polarisée montre que si, dans les unes, la pâte est amorphe, caractère qui les fait rentrer dans le groupe des roches trachytoïdes, les autres sont entièrement cristallines et se rattachent aux roches granitoïdes.

Cette distinction est importante, car la texture des microgranulites, par exemple, prouve que, dans la seconde période de consolidation, la pâte au sein de laquelle se formait la roche et les circonstances qui accompagnaient sa formation étaient les mêmes que lors de la consolidation des premiers cristaux. Pour les roches trachytoïdes, au contraire, les circonstances avaient complètement changé.

ROCHES ACIDES

A. Série ancienne. — TYPE GRANITOÏDE. — Le *granite* est un agrégat de cristaux dans une pâte qui est elle-même cristalline. Il est formé de quartz, de feldspath et de mica.

Dans le *granite porphyroïde*, des éléments de feldspath ayant jusqu'à $0^m,10$ de long tranchent sur le reste de la pâte.

Dans le *granite à amphibole* et dans le *granite chloriteux* ou *protogine*, le mica est remplacé par de l'amphibole ou de la chlorite.

Le *gneiss* est composé des mêmes éléments que le granite, mais il s'en distingue par l'orientation des lamelles de mica en lits parallèles et par l'allongement des grains de quartz. Aussi est-il schisteux et fissile. C'est l'élément fondamental du terrain primitif. On distingue le gneiss gris et le gneiss rouge.

Le *gneiss granitoïde* forme une transition ininterrompue entre le gneiss et le granite.

Le *micaschiste* est essentiellement formé de quartz et de mica. Il est encore plus feuilleté que le gneiss dont il se rapproche en se chargeant de feldspath. C'est aussi un des éléments principaux du terrain primitif.

La *granulite* est une roche rose clair dans laquelle le mica noir est remplacé par du mica blanc; en outre, le quartz et le mica, beaucoup moins abondants que le feldspath, peuvent n'être contenus qu'en inclusion dans celui-ci.

La *pegmatite* est une granulite à larges cristaux dans laquelle le feldspath, de couleur très claire, forme de grandes plages orientées uniformément.

Toutes les roches précédentes offrent ce caractère commun qu'elles se montrent en massifs ou en amas, tandis que les suivantes se présentent en nappes et en filons indiquant un épanchement de matière fluide.

Le *porphyre granitoïde* est un granite auquel de grands cristaux de feldspath donnent l'aspect porphyrique.

Dans les *porphyres microgranulitiques*, la pâte ne montre qu'au microscope polarisant sa texture cristalline ; elle contient de grands cristaux clairs d'orthose et de quartz bipyramidé.

TYPE TRACHYTOÏDE. — Le *porphyre globulaire*, formé de la même pâte que les précédents, contient de petits sphérolithes de matières amorphes ; une notable partie de la pâte est aussi amorphe.

Le *porphyre pétrosiliceux*, dont la couleur varie du brun au violet, présente des cristaux de quartz à angles vifs, associés à de l'orthose, à du mica noir ou à de l'amphibole.

TYPE VITREUX. — La *rétinite*, ou *Pechstein*, ainsi nommée à cause de son éclat résineux, est un verre naturel à cassure conchoïdale ; ses couleurs dominantes sont le brun et le vert foncé avec taches rouges. Elle contient de 63 à 73 0/0 de silice. La *sanidine*, ou orthose vitreuse, y paraît en reflets chatoyants.

Le *vitrophyre* est un Pechstein porphyrique offrant quelques cristaux bien nets dans la pâte.

B. **Série moderne.** — Les roches acides sont beaucoup moins importantes dans la série moderne. On donne le nom de *liparites* à toutes celles, quelle qu'en soit la texture, dont la teneur en silice exige la présence de quartz en liberté.

TYPE GRANITOÏDE. — Les *liparites granitoïdes* sont représentées par les granites de l'île d'Elbe et de l'Algérie, à pâte microgranulitique, où l'orthose appartient surtout à la variété vitreuse ou sanidine. Après le long repos de la période secondaire, elles caractérisent un retour à la puissance de cristallisation des premières roches acides, mais sans pouvoir arriver à la formation d'aussi grands cristaux.

TYPE TRACHYTOÏDE. — Les *liparites trachytoïdes* s'appellent encore *rhyolithes* et porphyres quartzifères. Les roches contiennent du mica noir, de l'amphibole, de l'oligoclase et du quartz ; la pâte complètement amorphe est d'une couleur claire, rosée ou violacée.

On a appelé trachytes toutes les roches d'origine volcanique caractérisées par la rudesse de leur toucher (d'où leur nom qui veut dire rude) et qui représentent l'élément acide des épanchements dont le basalte est le terme basique. On réserve plutôt aujourd'hui le nom de trachytes aux roches acides de ce groupe dont l'orthose ou la sanidine est l'élément dominant.

Les trachytes sont donc formés d'une pâte feldspathique dans laquelle sont répandus de gros cristaux de sanidine avec d'autres, plus petits, de pyroxène et de hornblende.

La *phonolite* est un trachyte dans lequel la *néphéline* ou la *leucite* remplacent en partie la sanidine. La pâte présente souvent un état de cristallisation assez avancé.

Les *andésites* comprennent presque tous les trachytes des anciens auteurs. Le feldspath qui les compose est un plagioclase et souvent du labrador. La teneur en silice y atteint 66 0/0, et le quartz se sépare parfois en cristaux. On en distingue trois espèces suivant que le minéral associé au plagioclase est le mica noir, l'amphibole ou le pyroxène.

Type vitreux. — Le type vitreux est celui qui rappelle le plus la série ancienne. Les *liparites* vitreuses sont de véritables rétinites. Les *perlites* sont des rétinites qui présentent une agglomération de petites sphères formées d'écailles concentriques apparaissant sur les surfaces de cassure comme des perles.

L'*obsidienne* ou *verre des volcans* est noire ou vert foncé, elle contient de 60 à 80 0/0 de silice. Sa composition chimique est à peu près celle de l'orthose. Sa densité est de 2,41 à 2,57.

La *ponce* est de l'obsidienne poreuse dont la densité est légèrement inférieure à 2.

ROCHES BASIQUES

A. **Série ancienne.** — Type granitoïde. — La *syénite* est un véritable granite sans quartz où l'amphibole remplace ordinairement en partie le mica qui y est toujours noir. On distingue les syénites à amphibole, les syénites à mica noir et les syénites à augite, où le pyroxène l'emporte sur l'amphibole.

La *minette*, ou *ortholite*, d'après le service de la carte géologique, est une syénite très micacée, c'est-à-dire qu'elle se compose de petits grains d'orthose soudés par du mica. Elle correspond, dans la série précédente, aux porphyres granitoïdes.

La *kersantite*, ou *kersanton*, est encore une roche foncée formée de mica magnésien avec un plagioclase au lieu d'orthose.

La *diorite* est un mélange granitoïde de plagioclase et de hornblende. On distingue la diorite à oligoclase et la diorite à labrador, suivant le plagioclase dominant.

Le *gabbro* est une roche verdâtre formée de plagioclase et de diallage.

Dans la *diabase* la diallage est remplacée par du pyroxène augite.

La diallage et le pyroxène peuvent être remplacés en partie par du péridot; on a alors des roches dont quelques-unes contiennent, en outre, du feldspath et qui sont les *péridotites*. Celles-ci se décomposent facilement en donnant une roche verte très répandue, la *serpentine*, qui n'est, en somme, qu'un silicate hydraté de magnésie.

Type trachytoïde. — L'*ortophyre* a la même composition minéralogique que la syénite et la minette; on l'appelle aussi porphyre syénitique. On en connaît des variétés noires et d'autres brunes.

La *porphyrite* accuse une structure encore plus fluidale. Le porphyre rouge antique et le porphyre vert antique rentrent dans cette catégorie, qui contient toute une gamme de porphyres verts et bleus.

Le *mélaphyre* se compose de cristaux de plagioclase, de péridot et de magnétite. C'est une roche noir verdâtre.

B. **Série moderne.** — Type granitoïde. — L'*euphotide* est l'équivalent du gabbro de la série ancienne; c'est encore un composé de plagioclase et de diallage.

La diallage peut être remplacée par du pyroxène augite; on a alors la *dolérite* correspondant à la diabase.

Les péridotites de la série moderne donnent, comme les anciennes, une série de serpentines correspondant à chacune de leurs variétés.

Type trachytoïde. — Les *basaltes* sont des roches compactes à cassure esquilleuse de couleur noire. Par le retrait, les coulées de basalte se divisent en prismes hexagonaux normaux à la surface de la coulée. Leur teneur en silice est de 43 0/0. La pâte est formée de labrador, d'augite, d'olivine et de magnétite. Les cristaux sont du pyroxène, de la magnétite et surtout de l'olivine.

Dans les *téphrites* la néphéline remplace le labrador; l'olivine est ordinairement absente.

Dans les *leucitophyres*, le labrador est remplacé par la leucite.

Type vitreux. — Le type vitreux est représenté par les vitrophyres basaltiques qu'on a distingués en *tachylites* et *hyalomélanes*, suivant qu'ils sont solubles ou non dans les acides. Ce sont des verres naturels basiques riches en péridot; leur teneur en silice est de 50 à 53 0/0.

§ 2. — ROCHES SÉDIMENTAIRES

Les formations sédimentaires sont dues à trois sortes de dépôts. Les dépôts détritiques, les dépôts chimiques et les dépôts organiques.

Dépôts détritiques. — Les dépôts *détritiques* ou *clastiques* résultent de l'action de l'atmosphère, de la mer, des eaux d'infiltration, des eaux courantes et des glaciers sur des roches préexistantes.

On peut les diviser en deux groupes : les dépôts arénacés et les dépôts argileux, suivant qu'ils sont formés de grains discernables ou que, tenus longtemps en suspension par les eaux, ils ne forment plus qu'une poussière impalpable.

Les premiers sont le plus souvent formés de silex et de roches dures, tandis que les seconds contiennent surtout des silicates alumineux et des calcaires.

Quand ils sont de formation marine, les dépôts arénacés sont des dépôts de rivage, tandis que les roches argileuses ou vaseuses sont des formations de haute mer.

1° *Dépôts arénacés*. — Suivant leur grosseur, les dépôts arénacés reçoivent le nom de blocs erratiques, galets, graviers, sables, quand ils sont à l'état de dépôts meubles.

Mais le plus souvent ces dépôts, traversés par les eaux d'infiltration, se sont agglomérés.

Les gros fragments ainsi réunis sont des brèches ou des poudingues, suivant que leurs éléments sont anguleux ou arrondis.

L'agglomération des sables par un ciment quelconque quartzeux, calcaire, ou ferrugineux, a donné les *grès*.

2° *Dépôts argileux*. — Les dépôts argileux sont constitués par des silicates d'alumine hydratés mélangés de quartz et de mica en poudre et souvent colorés par l'oxyde de fer.

Quand les éléments sont à leur plus grand degré de finesse, il en résulte un produit sans consistance, le *limon* ou *lehm*; s'il est calcarifère, c'est le *loess*.

Les *argiles* sont compactes et sans stratification, comme un précipité chimique, ou bien elles sont schisteuses. Par l'effet du métamorphisme, elles peuvent devenir feuilletées et donnent les *phyllades* et les *ardoises*.

Dépôts chimiques. — Les dépôts dont l'origine est uniquement due à un phénomène chimique occupent un espace moins important que les autres.

Les *meulières* sont dues à un dépôt chimique de silice.

Les *travertins* calcaires et les *tufs* sont formés par la précipitation du carbonate de chaux contenu dans certaines eaux.

Le *sel gemme*, l'*anhydrite* et le *gypse* prennent souvent naissance par la réaction de vapeurs sulfureuses sur le calcaire.

Les *dépôts de soufre* sont formés par la décomposition du gypse ou sulfate de chaux au contact d'hydrocarbures.

Enfin on peut encore citer la *dolomie*, les *silex* de la craie, les *nodules de fer carbonaté* du terrain houiller et les *ménilites* siliceuses de certaines marnes.

Dépôts organiques. — La plus grande partie des calcaires a été formée par la voie organique; ce sont des débris de *foraminifères*, de *polypiers*, d'*échinodermes*, de *mollusques*, avec des restes siliceux de *radiolaires*, d'*éponges* et de *diatomées*. Il en a déjà été question à propos des récifs coralliens. Il en sera parlé plus longuement dans la géologie appliquée.

Le *tripoli*, ou farine fossile, est constitué par des diatomées ou algues siliceuses.

Enfin la *tourbe*, le *lignite*, le *jais*, la *houille*, l'*anthracite* et les *huiles minérales* sont dus à des débris de plantes organisées.

§ 3. — ROCHES MÉTAMORPHIQUES

On désigne sous le nom de *métamorphisme* la modification subie par les roches (par les roches sédimentaires surtout) postérieurement à leur dépôt; cette modification est due soit à des actions mécaniques (métamorphisme mécanique), produites lors de la formation des montagnes, soit à des actions calorifiques ou chimiques exercées par les roches éruptives sur les terrains qu'elles traversaient.

Métamorphisme mécanique. — Sous l'effet des compressions énergiques développées pendant les phénomènes orogéniques, les roches sont devenues schisteuses et cristallines; c'est ainsi que des argiles molles et plastiques ont été converties en schistes ardoisiers et des calcaires amorphes en calcaires cristallins. Sous l'influence de la chaleur produite par la pression, l'eau qui imprègne les roches a été surchauffée et a dû suffire pour provoquer des cristallisations partielles et donner naissance à des minéraux dans les argiles ou les calcaires comprimés.

Métamorphisme d'influence. — Quand les roches éruptives s'épanchent à travers les sédiments, elles peuvent les modifier dans leur composition ou leur structure : 1° Si la modification est due à la chaleur de la roche injectée, elle ne se produit que sur une zone de peu d'étendue; ainsi, au contact du basalte, les grès se fendillent; dans de pareilles conditions, les calcaires durcissent, l'argile passe à l'état de *porcelanite*, la houille à l'état de *coke*; 2° quand les roches injectées sont des roches granitiques, riches en silice, de véritables actions chimiques se produisent et le métamorphisme se manifeste à plusieurs centaines de mètres du contact, car les dissolvants (eaux chaudes ou vapeur sous pression, chargées de principes actifs), qui ont concouru à la formation de ces roches, se sont répandus dans les terrains traversés.

Ainsi, au voisinage du granite et de la granulite, les

schistes deviennent *noduleux;* plus près du contact, ils deviennent *maclifères,* c'est-à-dire renferment des cristaux prismatiques de *macle* ou *chiastolite,* silicate d'alumine à peu près pur résultant de la cristallisation du silicate alumineux des schistes; au contact même, il y a formation de paillettes de mica noir.

Dans les calcaires, les granites font apparaître des minéraux nouveaux, silicates d'alumine, de chaux et de fer, dont les éléments sont empruntés à la roche éruptive et aux calcaires; tels sont les *grenats* (grossulaire, mélanite, idocrase).

§ 4. — FILONS

Les filons sont des cassures ou des fentes traversant l'écorce terrestre, qui se sont remplies de substances diverses sous l'effet de causes très variées. Les filons sont métallifères quand ces substances peuvent fournir des métaux usuels.

Les matières métalliques ont été apportées avec les masses liquides injectées, ou bien ont été déposées, par voie de sublimation, par les vapeurs émanées de ces masses; d'autre part, les eaux d'infiltration venant de la surface ont déterminé dans ces fentes des phénomènes divers, dissolutions, concrétions, cristallisations.

Là où l'air extérieur n'a pas eu accès, il s'est formé surtout, avec les gangues, des sulfures métalliques. La partie supérieure des filons a été notablement oxydée par l'air apporté par les eaux de la surface.

La puissance des filons, ou épaisseur mesurée normalement aux parois, est très variable; elle peut n'être que de quelques centimètres; elle varie aussi dans un même filon; les filons en *chapelet* présentent une série de renflements et d'étranglements.

La direction des filons est voisine de la verticale; les parois de la roche encaissante sont les *épontes,* dont l'une est le *toit* et l'autre le *mur;* entre les épontes et le filon, il y a souvent une couche de matières argileuses appelée *salbande.*

L'*affleurement* est l'intersection du filon avec la surface du sol.

Il y a des filons *stériles* composés uniquement de matériaux détritiques, résultant des roches encaissantes éboulées. Les filons métallifères sont de deux sortes : les filons *injectés* et les filons *concrétionnés*.

Les derniers sont les plus nombreux ; ils occupent des fentes bien définies et régulières dont l'épaisseur moyenne est de 3 mètres environ ; les gangues et minerais qui les constituent sont disposés en bandes parallèles aux parois et symétriquement à partir du toit et du mur par rapport à la ligne médiane. Ces substances sont à l'état concrétionné, sauf dans les cavités dites *géodes*, ou *druses*, où elles sont à l'état cristallisé. Les gangues sont formées de quartz, de calcite, de dolomie, de spath-fluor ; les minerais sont le plus souvent des sulfures, tels que la galène, la blende, les pyrites de fer et les pyrites cuivreuses.

Les filons *injectés* sont formés de substances métalliques qui se trouvaient dans la masse même de la roche et s'en sont séparées au moment où les éléments ont cristallisé. Le minerai y existe en veinules qui s'entre-croisent, ou bien s'y trouve concentré en amas. L'oxyde d'étain, ou cassitérite, et le sulfure de cuivre appartiennent à la catégorie des filons injectés.

MINÉRALOGIE ET CRISTALLOGRAPHIE

Les minéraux que l'on vient de passer en revue dans la composition de l'écorce terrestre sont déterminés non seulement par leurs caractères physiques et chimiques, mais aussi par leurs caractères extérieurs ou minéralogiques.

La minéralogie, et plus particulièrement la cristallographie, enseignent à distinguer facilement et rapidement les minéraux entre eux d'après leurs caractères extérieurs. Les minéraux affectent tous une forme particulière géométrique plus ou moins simple. C'est cette forme cristalline, et spécialement l'étude des angles polyèdres des minéraux, qui fait l'objet de la cristallographie.

Quand la forme extérieure d'un minéral se trouve dénaturée par une cause extérieure, frottement ou choc, il suffit de briser le minéral pour retrouver ses faces de clivage naturelles et en déduire sa forme primitive caractéristique.

Il est probable que l'état cristallin, toujours le même pour un même corps, provient de l'orientation identique de ses polyèdres moléculaires (*fig.* 4). L'orientation s'y maintient uniforme, suivant des surfaces planes parallèles, de sorte que les clivages se produisent toujours suivant ces surfaces.

Il existe sept systèmes cristallins principaux d'où dérivent toutes les formes primitives des cristaux ; ce sont les

 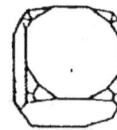 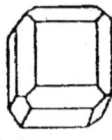 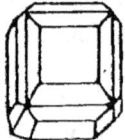

Fig. 4. — Polyèdres cristallins.

systèmes : cubique, quadratique, hexagonal, rhomboédrique orthorhombique, clinorhombique et triclinique. La forme de chacun de ces divers prismes est indiquée par son nom même.

Les tableaux ci-après, empruntés au cours de topographie professé à l'École d'Application de l'Artillerie et du Génie, par MM. les capitaines Romieux et Jardinet, renferment, avec les caractères cristallographiques des principaux minéraux, quelques indications abrégées sur leur mode de formation, leur rôle lithologique et leur emploi.

PREMIER GROUPE : MINÉRAUX

	NOMS		RÔLE LITHOLOGIQUE
Quartz (Silice)	*Silice anhydre* Au plus 1 0/0 d'eau dans le Q. silex. Densité : 2,6 Infusible au chalumeau Insoluble dans les acides et les solutions alcalines. Dureté : 7 Fait feu au briquet, en dégageant l'odeur de pierre à fusil.	Quartz hyalin.	En grains dans beaucoup de roches, en filons, en géodes (cavités tapissées de cristaux), sables, grès.
		Q. compact ou quartzite.	Paraît résulter de la métamorphisation d'anciens grès. Dans les terrains primitifs ou les terrains de transport provenant de ceux-ci.
		Q. Agate ou Calcédoine.	En filons ou en rognons géodiques dans les roches cristallines. Se trouve aussi dans le jurassique.
		Q. Jaspe.	Paraît résulter de la métamorphisation de roches argileuses très siliceuses. — Ainsi se forme de nos jours la porcelanite au contact des houillères embrasées.
		Q. Silex. Compact (Pierre à fusil).	Dans les terrains anthracifères secondaires (lits de rognons dans la craie) et tertiaires.
		Q. Silex. Carié (Pierre meulière).	En blocs ou en bancs dans les argiles tertiaires.
	Densité : 2,2 (celle du Q. artificiell. fondu).	Q. Tridymite.	Dans certains trachytes.
	Silice hydratée (3 à 15 0/0 d'eau) Densité : 1,9 à 2,3. — Soluble dans les solutions alcalines bouillantes. Dureté : 5 à 6	Q. Résinite.	Dans les terrains sédimentaires, porphyriques, filons métallifères.
		Q. terreux.	»

QUARTZEUX (SILICE)

PRINCIPAUX CARACTÈRES	EMPLOIS
Cristallin. — F. habituelle : Prisme hexagonal bipyramidé. — Doublement réfringent. — Transparent et incolore lorsqu'il est pur (cristal de roche). — Éclat vitreux dans la cassure.	Lunetterie, Verrerie, Mortiers (construction), Moellons, etc.
Grenu ou compact. — Peu d'éclat. — Couleur gris blanchâtre. — Struct. souvent pseudo-régulière en parallélipipèdes.	Pavages.
Concrétionné et souvent mamelonné. — Translucide. — Tantôt incolore, tantôt versicolore et rubanné. — Mélange intime de Q. cristallin et de Q. amorphe.	Joaillerie.
Analogue à l'agate, mais non translucide. — Généralement unicolore. — Appelé parfois silex corné.	Pierres d'ornement, de touche.
Généralement en rognons tuberculeux ou ramifiés. — Cassure esquilleuse, translucide sur les bords. — Couleur terne, quelquefois rubanné.	Moellons de blocage. Pierres à fusil.
Structure cariée, surtout dans les masses de faible dimension. — Peu translucide.	Meules, Moellons.
Connu seulement en lamelles cristallines microscopiques.	»
Non cristallisable, Éclat résineux { Opale. — Translucide et nacrée. Résinite. — Variété commune en veines, plaques, rognons, etc.	Joaillerie. »
En rognons ou en masses. Texture poreuse { Silex nectique. — Flotte sur l'eau. Tripoli (Bohême). Randanite (Auvergne).	» Poudre à polir. Fabric. de la dynamite

GÉOLOGIE.

DEUXIÈME GROUPE : MINÉRAUX SILICATÉS

[A] SILICATES

			NOMS
Feldspaths Silicates de { Al^2O^3, avec substitution partielle poss. de Fe^2O^3. ; KO, NaO, CaO .... de MgO. } Densité : 2,5 à 2,7. — Insolubles dans l'eau. Difficilement fusibles au chalumeau. — Texture généralement lamelleuse. — Dureté : 6. — Blanc mat, grisâtres, verdâtres, rougeâtres. — Éclat nacré, quelquefois vitreux.	F. Orthoclasiques 2 clivages perpendiculaires.	Variétés importantes	Orthose ou Orthoclase (65 0/0 de silice environ).
			Sanidine
			Pétunzé
			Pétrosilex
	F. Plagioclasiques 2 clivages pas tout à fait perpendiculaires. — Stries d'hémitropie.		Oligoclase (62 0/0 de silice)
			Labrador (53 0/0 de silice)
Feldspathoïdes Différant des feldspaths surtout par la forme de leurs cristaux et par leur facilité d'attaque aux acides.			Leucite appelée aussi amphigène
			Néphéline

(SILICATES DE DIVERSES BASES)
ALUMINEUX

RÔLE LITHOLOGIQUE	PRINCIPAUX CARACTÈRES
Élément essentiel des roches granitiques.	($K^2.Al^2.Si^6.O^{16}$.). Contient parfois un peu de Na. — Inattaquable aux acides. — Blanche, blanc rougeâtre, rouge de chair, verdâtre
Élément essentiel de beaucoup de roches trachytiques.	(Ryacolite, Feldspath vitreux). — Texture fendillée. — Couleur gris clair. — Éclat vitreux.
Se trouve dans les terrains granitiques.	Structure lamellaire. — S'associe au kaolin pour la fabrication de la pâte à porcelaine.
Élément fréquent des roches porphyriques. Se trouve aussi en amas ou filons dans les terrains granitiques.	Magma feldspathique avec excès de silex. — Text. compacte. — Cassure esquilleuse, quelquefois translucide sur les bords.
En cristaux ou en masses lamellaires dans les granites, gneiss, porphyres, diorites, etc.	($Na^2.Ca^2K^2Al^4.Si^9.O^{26}$.) — Contient parfois Mg. — Inattaquable par les acides.
Élément essentiel des métaphyres, basaltes, etc.	($Ca.Na^2.Al^2Si^3.O^{10}$.). — Un peu plus fusible que l'oligoclase. — Presque complètement attaqué par l'acide chlorhydrique.
Se rencontrent dans les roches volcaniques anciennes et modernes.	($K^2.Al^2.Si^4.O^{12}$.). — Syst. cubique; cristaux en trapézoèdres. — Infus. au chalumeau. Complètement attaqué par les acides sans faire gelée. — Gris clair. — Éclat vitreux. Cassure conchoïde.
	($Na.K.Al^2.Si^2.O^8$.). — Prismes hexagonaux. — Difficilement fusible. — Fait gelée dans les acides. — Incolore ou grisâtre. — Éclat vitreux. — Cassure conchoïde.

36   PRÉCIS DE GÉOLOGIE

DEUXIÈME GROUPE : MINÉRAUX SILICATÉS

(A) SILICATES

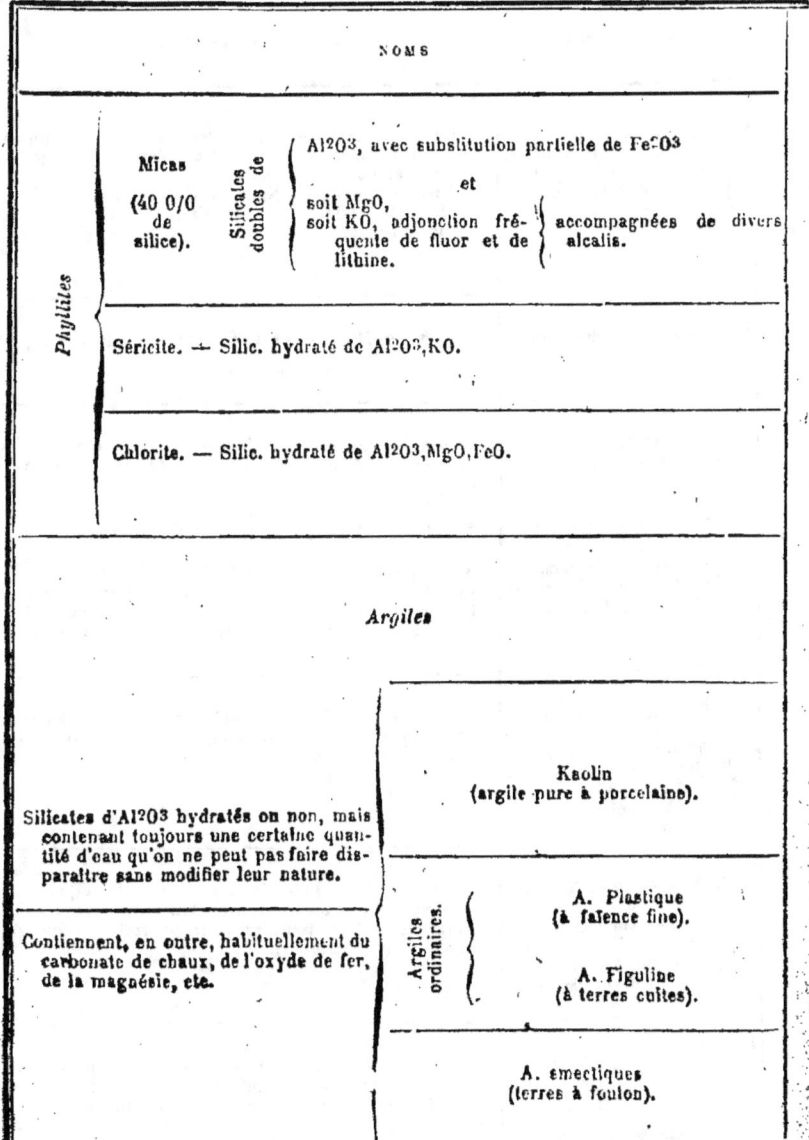

			NOMS	
Phyllites	Micas (40 0/0 de silice).	Silicates doubles de	Al^2O^3, avec substitution partielle de Fe^2O^3 et soit MgO, soit KO, adjonction fréquente de fluor et de lithine.	accompagnées de divers alcalis.
	Séricite. — Silic. hydraté de Al^2O^3,KO.			
	Chlorite. — Silic. hydraté de Al^2O^3,MgO,FeO.			
Argiles Silicates d'Al^2O^3 hydratés ou non, mais contenant toujours une certaine quantité d'eau qu'on ne peut pas faire disparaître sans modifier leur nature.			Kaolin (argile pure à porcelaine).	
Contiennent, en outre, habituellement du carbonate de chaux, de l'oxyde de fer, de la magnésie, etc.		Argiles ordinaires.	A. Plastique (à faïence fine). A. Figuline (à terres cuites).	
			A. smectiques (terres à foulon).	

FORMATION DE L'ÉCORCE TERRESTRE

(SILICATES DE DIVERSES BASES)

ALUMINEUX (suite)

RÔLE LITHOLOGIQUE	PRINCIPAUX CARACTÈRES
Élément essentiel des granites, gneiss, micaschistes, schistes argileux. — Fréquent dans certains grès et dans certains sables quartzeux.	En lames ou lamelles d'un éclat de nacre, élastiques. — Peu fusibles. — Peu attaquables aux acides. — Rayés par l'ongle. — Doux au toucher. Micas magnésiens : Noirs ou d'un brun foncé. Micas potassiques : Blanc d'argent, verdâtres, rougeâtres, bruns.
Élément essentiel des schistes sériciteux.	Paillettes verdâtres, satinées, onctueuses au toucher.
Élément essentiel de la protogine et des schistes chloriteux.	Lamelles hexagonales vert jaunâtre. — Onctueuses au toucher. — Non élastiques. — Apparence souvent grenue.
Proviennent de la décomposition des silicates alumineux et surtout des feldspaths.	Texture terreuse. — Friables lorsqu'elles sont sèches, pâteuses lorsqu'elles sont mouillées. — Happement à la langue. — Odeur argileuse. — Couleur d'un blanc terne, souvent modifiée par des matières étrangères.
Dans les terrains granitiques : sous l'action de l'air, les feldspaths des granites se décomposent en carbonates alcalins et silicate d'alumine, ce dernier insoluble (kaolin).	Blanc. — Fait difficilement pâte avec l'eau. — Mélangé de feldspath (pétunzé), il se vitrifie à moitié à la cuisson (pâte à porcelaine).
Forment dans le sol des terrains secondaires et tertiaires des couches imperméables à l'eau (terres glaises, terres fortes). — Produites par voie de transport.	Font avec l'eau une pâte plus ou moins liante qui, calcinée au rouge, prend un fort retrait et devient dure, sonore. Pulvérisées alors, fournissent la pouzzolane artificielle (mortiers hydrauliques).
En couches dans les terrains jurassique et crétacé.	Très tendres. — Très hydratées. — Font avec l'eau une pâte peu liante. — Happent peu à la langue. — Absorbent facilement les corps gras (terres à foulon).

DEUXIÈME GROUPE (*suite*) :

NOMS	RÔLE LITHOLOGIQUE
Amphibole (Silicate de CaO.MgO)	Elle figure dans beaucoup de roches cristallines. Forme à elle seule les amphibolites.
Pyroxène Silicate de CaO, MgO, FeO (50 0/0 de silice environ)	Roches volcaniques diverses. Roches ophitiques.
Variétés d'amphibole et de pyroxène	»
Péridot (ou olivine) (Silicate de MgO, FeO)	Très abondant dans certains basaltes.
Talc Silic. hydr. de MgO (62 0/0 de silice environ)	En petites masses dans les schistes séricitieux, la protogine et les roches serpentineuses.
Serpentine Silic. hydrat. de MgO, FeO	Provient souvent du péridot par décomposition.
Glauconie. Silic. hydrat. de KO, FeO	Grès et calcaires glauconieux.

FORMATION DE L'ÉCORCE TERRESTRE

(B) SILICATES PEU OU POINT ALUMINEUX

		PRINCIPAUX CARACTÈRES
Variétés importantes	Hornblende (noire) Actinote verte	($Ca^8.Mg^8.Si^9.O^{26}$). Les variétés foncées contiennent en outre FeO et Al^2O^3. — Prismes rhomboïdaux obliques avec deux clivages faciles, parall. aux faces latér. du prisme. — Densité : 2,9 à 3,5. — Assez facilement fusible. — Inattaquable aux acides.
	Augite (noir) Diallage (verte)	($Ca.Mg,Fe.SiO3$.). — Mêmes propriétés, sauf des angles un peu différents. — Toujours moins fusible que la hornblende.

Asbeste. — En filaments adhérents.

Amiante. — En filaments libres.

($Mg^2.Fe^2.Si.O^4$.). — Prisme droit à base rhombe. — Densité : 3,4. — Infus. au chalumeau. — Pulvérisé, il fait gelée avec les acides. — Cassure conchoïde. — Dureté : 7. — Jaune verdâtre.

T. foliacé : En masses de feuillets flexibles, mais non élastiques. — Onctueux au toucher. — Densité : 2,6 à 2,7. — A peine fusible sur les bords. — Dureté : 1. — Vert tendre. — Eclat nacré.

T. compact ou Stéatite. Compact ou granulaire. Très onctueux au toucher. — D'un blanc sale, parfois teinté.

Moins tendre et moins onctueux que le talc. — Densité moyenne : 2,63, lorsqu'elle est pure. — Généralement verte et souvent tachetée. — A peine fusible sur les bords très minces.

Grains verts, souvent écailleux, ressemblant à la chlorite.

TROISIÈME GROUPE : MINÉRAUX CALCAREUX

	NOMS		RÔLE LITHOLOGIQUE
Chaux carbonatée	**Chaux** carbonatée rhomboédrique ou Calcaire $CaO.CO^2$ Cristalline en formes dérivées du rhomboèdre. — Densité : 2,70 à 2,78. — Infusible lorsqu'elle est pure. — Donne de la chaux vive par calcination. A peine soluble dans l'eau pure, — un peu dans les eaux chargées d'acide carbonique. — Attaquée avec effervescence vive par les acides les plus faibles. Dureté : 3. Souvent associée à des matières étrangères (C. siliceux, argileux, etc.)	Calcaire cristallin ou spathique.	En filons, géodes, etc., dans les roches calcaires. Gangue fréquente des filons métallifères.
		C. fibreux.	Parois des cavernes et des fissures dans les roches calcaires. — Eaux courantes, et même fonds de lacs.
		C. oolithique.	En bancs puissants, surtout dans le terrain jurassique.
		C. saccharoïde.	Abondant dans les terrains primaires.
		C. compact.	Très répandu dans les terrains sédimentaires.
		C. terreux.	Très répandu dans les terrains sédimentaires surtout dans le terrain crétacé (craie).
	Chaux carbonatée prismatique ou aragonite.		Dans certaines argiles et certains filons ferrugineux. — Géodes.
Dolomie	Dolomie proprement dite $CaO,CO^2 + MgO,CO^2$ Calcaire dolomitique ou C. magnésien.	Mêmes variétés de texture que dans le calcaire.	Terrain permien et triasique. Très répandu dans le jurassique et le crétacé des contrées méditerranéennes. Origine souvent métamorphique.
	Chaux sulfatée, ou Gypse $CaO,SO^3 + 2HO$	G. cristallin. G. fibreux (albâtre gypseux). G. saccharoïde.	En couches dans les terrains triasiques et tertiaires. En amas dans les terrains secondaires de certaines régions montagneuses.

FORMATION DE L'ÉCORCE TERRESTRE

(SELS A BASE DE CHAUX, SAUF LES SILICATES)

PRINCIPAUX CARACTÈRES	EMPLOIS
Facilement clivable en rhomboèdres. — Incolore et transparent lorsqu'il est pur (spath d'Islande); souvent jaunâtre ou laiteux. — Abondant en masses plus ou moins lamelleuses. — Doublement réfringent.	Appareils polariseurs.
Formé par voie de concrétion. — Filons, stalactites, stalagmites, produits par ruissellement (albâtre calcaire, marbre fibreux). Tufs calcaires, dépôts à texture plus ou moins lâche (Travertin, tuf compact).	Ornementation. Constructions.
Petites oolithes calcaires agglomérées, avec ciment calcaire plus ou moins abondant.	Constructions quand il est bien agrégé.
Texture cristalline confuse, résultant d'actions métamorphiques. Blanc lorsqu'il est pur, ou bien diversement coloré. Il comprend les Marbres saccharoïdes : simples (uniquement calcaires); brèches (à fragments calcaires empâtés); composés (à fragments non calcaires empâtés); lumachelles (à coquilles fossiles nombreuses).	Statuaire (marbres simples les plus fins). Ornementation.
Cassure mate, — esquilleuse (tendance à l'état cristallin, — conchoïde (indice d'un mélange d'argile), — inégale. — Var. : C. lumachelle (pétri de coquilles fossiles).	Constructions. Pierres lithographiques.
Friable. — Tache habituellement les doigts. — Happe un peu à la langue. — Blanc, parfois gris ou brunâtre, composé souvent de coquilles de foraminifères (craie).	Peu susceptible d'emploi dans les constructions.
Cristallise dans le système du prisme orthorhombique. — Densité : 2,93. — Dureté : 3,75. — Cassure vitreuse.	
Soluble dans HCl avec effervescence lente. — Plus dense et plus dure que le calcaire. — Couleur propre d'un blanc laiteux, teintes claires. Avec HCl, effervescence vive qui s'affaiblit brusquement (moins de MgO que dans la dolomie).	Plus résistants que les calcaires à l'usure par frottement. (Dalles, bornes, etc.)
3 clivages, dont un très facile. — Souvent hémitrope (en fer de lance). — Densité : 2,28 à 2,33. — Fusible au chalumeau. — Peu soluble dans l'eau, soluble dans HCl étendu. — Dureté : 2. — Blanc ou à teintes claires. Textures analogues à celles du calcaire, mais jamais terreuses.	Pierre à plâtre. Quelquefois (albâtre gypseux) employé dans l'ornementation.

CHAPITRE III

§ 1. — PRINCIPES DE LA CHRONOLOGIE GÉOLOGIQUE

Age des terrains sédimentaires. — L'objet de la stratigraphie ou de la géologie proprement dite est de déterminer l'âge relatif des formations géologiques; cette détermination se fait au moyen de certaines règles qu'on va énumérer d'abord en ce qui concerne les dépôts sédimentaires.

Principe de superposition. — Dans les terrains stratifiés, formés de couches superposées, une couche est plus récente qu'une autre qu'elle recouvre, sauf dans les cas de *renversement*.

Lacunes. — L'expérience montre qu'en certains points d'une région la sédimentation peut avoir été interrompue; en chacun de ces points il y a une lacune, et, dans l'intervalle de temps qui lui correspond, des sédiments se sont formés ailleurs. Ces lacunes se manifestent par les *discordances de stratification*; quand des couches horizontales ou peu inclinées reposent transgressivement sur des sédiments plus anciens redressés, c'est qu'un phénomène de dislocation s'est produit entre la formation de deux groupes discordants, et a interrompu la sédimentation.

L'*état des surfaces* de contact des couches révèle aussi les lacunes qui ont été causées par une émersion; ainsi la marque des intempéries sur des roches indique que ces roches ont subi une exposition prolongée à l'air avant de s'immerger à nouveau et d'être recouverts par d'autres dépôts.

Si on rencontre une *discordance paléontologique*, c'est-à-dire des écarts notables entre les faunes de deux sédiments formés dans des conditions analogues, on se trouve encore en présence d'une lacune.

Caractères paléontologiques. — Fossiles. — Des restes d'animaux ou de végétaux, appartenant presque tous à des espèces disparues, se trouvent dans la plupart des sédiments et sont contemporains de leur formation; d'autre part, la paléontologie, qui a pour objet l'étude de ces restes, montre qu'à chaque époque correspondent des types spéciaux et que les types qui s'écartent le plus de ceux des temps actuels appartiennent aux sédiments les plus anciens. On a donc un moyen efficace de déterminer l'ordre de succession des couches stratifiées.

Les principaux fossiles qu'on rencontre parmi les invertébrés sont : les *trilobites*, crustacés qui disparaissent avant la fin de l'ère primaire; les *ammonites*, les *bélemnites*, les *orthocères*, etc., familles appartenant aux mollusques céphalopodes; les *lymnées*, les *turritelles*, les *cérithes*, etc., qui sont des mollusques gastéropodes; les huîtres ou *ostrea*, les *cardites*, les *trigonies*, les *plicatules*, etc., qui sont des mollusques acéphales; les *lingules*, les *térébratules*, *productus*, *spirifer*, *rhynchonelles*, etc., genres les plus importants des mollusques brachiopodes. Les oursins, les *encrines* sont des échinodermes; les *nummulites*, les *miliolites*, les *alvéolines*, les *fusulines* sont des foraminifères. Ces divers fossiles seront passés en revue ci-après, avec les terrains qu'ils caractérisent.

Age des roches éruptives. — Une roche éruptive est plus récente que les terrains qu'elle traverse en filons, ou que les couches où elle s'est intercalée en nappes.

D'autre part, quand un conglomérat contient des débris d'une roche éruptive, on peut en conclure que cette roche a fait éruption avant le dépôt du conglomérat. Ces observations ont conduit à classer les éruptions en deux grandes séries : les *éruptions anciennes*, qui se sont produites durant toute l'ère primaire et un peu au delà; les éruptions *modernes*, qui commencent avec l'ère tertiaire et continuent jusqu'à nos jours.

DISPOSITION DES TERRAINS FORMANT L'ÉCORCE TERRESTRE

Terrains sédimentaires. — Les matériaux composant les terrains sédimentaires sont en grande partie des débris de terrains primitifs, des débris organiques ou des précipités chimiques.

Ils se sont déposés sous l'action de la pesanteur en couches ordinairement horizontales et à surfaces généralement parallèles. Ces couches ou strates ont reçu les noms de bancs et assises lorsqu'elles sont très puissantes, de lits lorsqu'elles sont peu épaisses, et de feuillets lorsqu'elles sont minces et peu étendues.

L'épaisseur d'une strate peut être variable en différents points et présenter des renflements ou des étirements.

Plissements. — Sous l'influence des mouvements du sol postérieurs à leur formation et suivant la disposition des terrains de base, les couches peuvent présenter des plis de différentes formes ; les principales dispositions de ces plis sont la disposition anticlinale et la disposition synclinale (*fig. 5*).

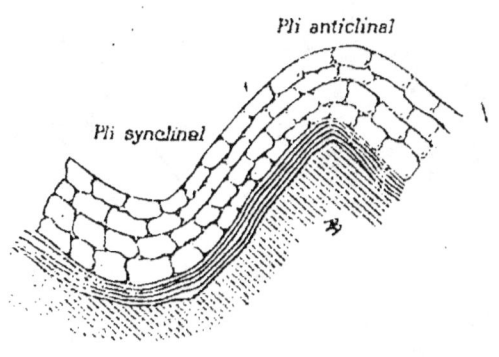

Fig. 5.

Lorsqu'une ou plusieurs couches juxtaposées sont parallèles entre elles, on les dit en stratification concordante ; lorsqu'un ensemble de couches vient se placer obliquement sur une autre couche, on dit qu'il y a stratification discordante (*fig. 6*).

Fractures. — Lorsqu'une ou plusieurs couches sont brisées, on dit qu'il y a fracture; le plan de séparation s'appelle joint.

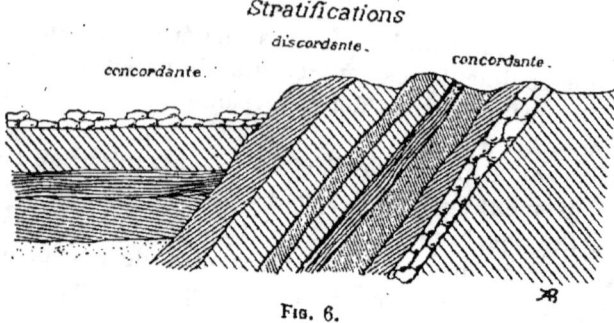

Fig. 6.

Failles. — Lorsqu'une des lèvres du joint a glissé par rapport à l'autre, le joint devient une faille (*fig.* 7).

Vallées. — Les vallées que l'on observe à la surface du sol peuvent provenir d'une déchirure au sommet d'un pli anticlinal (*fig.* 8), ou peuvent être produites par une érosion de

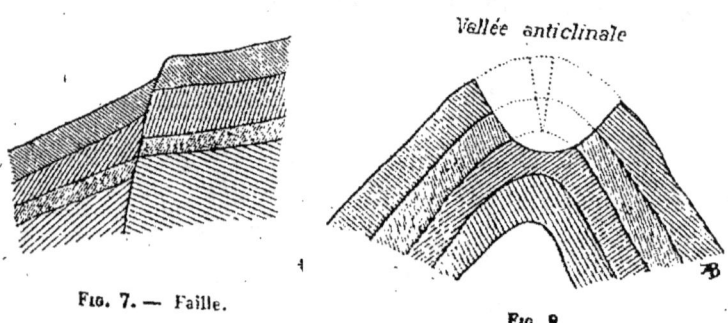

Fig. 7. — Faille.

Fig. 8.

terrains entraînés par l'eau; mais, dans bien des cas, les vallées proviennent simplement d'un plissement synclinal.

Terrains éruptifs. — Les terrains éruptifs apparaissent au milieu de terrains sédimentaires soulevés ou fissurés. Ce sont généralement des pointements de peu d'épaisseur, qui s'enfoncent sous la croûte terrestre. On les appelle alors filons ou dikes.

Les filons ont une direction assez variable : quelquefois ils sont absolument verticaux; d'autres fois ils suivent des strates de terrains sédimentaires friables, au travers desquels ils ont pu se faire jour plus facilement qu'en brisant les couches voisines trop résistantes (*fig.* 9).

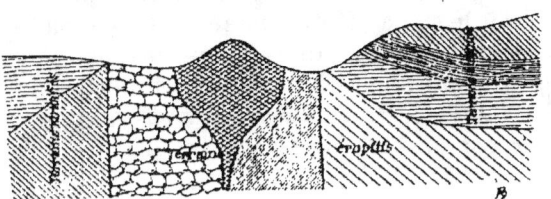

Fig. 9.

Terrains primitifs. — Dans les parties qui ont été recouvertes par les terrains sédimentaires, le terrain primitif cristallin n'apparaît qu'en pointements. Mais une grande partie des massifs montagneux les plus importants du globe est entièrement formée par ces terrains primitifs souvent stratifiés, et fissurés par toutes les dislocations qui ont affecté la croûte terrestre aux époques postérieures à leur formation.

§ 2. — GRANDES DIVISIONS GÉOLOGIQUES

A l'aide des données précédentes on a pu établir trois grands *groupes* de formations sédimentaires, correspondant chacun à une *ère* de l'histoire terrestre. Les groupes comprennent un certain nombre de *terrains;* les terrains se subdivisent en *étages* et en *sous-étages*, et ceux-ci en *assises*, puis en *lits* ou *couches*.

D'ailleurs, à la base de tous les sédiments se trouvent les roches *cristallophylliennes*, qui constituent le terrain primitif.

1. — Terrain primitif

Caractères. — Le terrain primitif ou *cristallophyllien* forme le *substratum* constant des dépôts sédimentaires; il se présente dans tout le globe avec les mêmes caractères. Ses éléments sont cristallins et stratiformes; les plus importants sont le gneiss et le micaschiste avec leurs variétés. Il fournit des sols peu fertiles, et il ne renferme point de restes organiques.

Divisions. — GNEISS. — Le terrain primitif comprend deux étages principaux : 1° l'*étage du gneiss*, gneiss gris ou granitoïde, où le mica est disséminé en larges paillettes ne formant pas des rubans continus (gneiss des Basses-Pyrénées, de Rome, du mont Blanc, de la Guyane Française).

MICASCHISTES. — 2° L'étage des *micaschistes*, superposé au premier, de composition plus variée et d'allure plus stratiforme.

On trouve, dans le terrain primitif, des amphibolites, des chloritoschistes et des séricites ou roches schisteuses à minéraux. On y rencontre aussi la staurotide, l'andalousite, le disthène (silicates anhydres d'alumine), le grenat (silicate d'alumine et de fer) et le fer oxydulé.

Le terrain primitif forme la plus grande partie du Plateau Central, en France, et une partie de la Bretagne et des Vosges; on le trouve aussi en Saxe, en Bohême, en Écosse et dans la Scandinavie; au Canada, au Brésil, en Chine, etc.

2. — ÈRE PRIMAIRE OU PALÉOZOÏQUE

Caractères. — Cette série comprend les terrains qu'on a appelés terrains de transition. En effet, la séparation n'est pas nette entre les schistes cristallins primitifs et les premiers sédiments de ce groupe; ces sédiments ont l'aspect cristallin (phyllades).

L'ère primaire a été marquée par de grands mouvements de dislocation et de nombreux phénomènes éruptifs.

Dans cette série règnent les *trilobites*, petits crustacés dont le corps est divisé longitudinalement en trois lobes, et la flore est formée de cryptogames.

Divisions. — Terrains cambrien, silurien, dévonien, permocarbonifère.

a) TERRAIN CAMBRIEN (Cambria, Pays de Galles). — Dans la

période cambrienne, les continents (sol) rudimentaires, peu propices à la vie ; la température est tropicale ; il y a très peu de fossiles ; il n'y a pas de végétaux.

- Oldhamia radiata (empreintes rudimentaires) (fig. 10).
- Paradoxides bohemicus (trilobite) (fig. 11) ;
- Lingûla Davidis
- Ardennes : Ardoises de Rimogne, schistes noirs pyriteux de Révin, quartzites de Montigny, ... schistes et .... de Deville.
- Cévennes : Phyllades de Saint-Lô (gneiss avec pourpre de Cassis) ; Schistes de Bierné ; Phyllades de Bourg-sur-Gironde (grauwackes de Petherwin, Sudde, Cornix, Brésil).

Ce terrain n'a pas trace du pays lui-même........ tableau de l'univers primordial. Dans .....

.... (dans le Délos) (fig. ...

.... La trace agonale (fig. 13).

Fig. 13. — Cardiola interrupta.

Fig. 12. — Calymène. Fig. 14. — Monograptus priodon. Fig. 15. — Monograptus turriculatus.

Distribution géographique
Bretagne : Grès armoricains ou à bilobites à la base ; fer hydroxydé ; schistes à calymènes ou ardoisiers (Angers) ;
Cotentin et Calvados : Schistes à calymènes et grès de May, calcaires de Feugerolles ;
Angleterre : Grès de Caradoc, calcaires de Llandeilo, calcaires de Dudley ;
Bohême : Schistes et grès en bas, calcaires marmoréens au dessus.

c) TERRAIN DÉVONIEN. — Dans la période dévonienne qui a été étudiée tout d'abord dans le Devonshire par Murchison, les continents s'accusent, surtout au nord.

Les dislocations du sol sont moins fréquentes.

La faune s'est appauvrie ; des massifs calcaires sont construits par les *stromatopores* (hydrozoaires) et on trouve beaucoup de restes de poissons ganoïdes. Une végétation puissante se développe (cryptogames).

Ce terrain se divise en trois étages : étage *rhénan* (à la base), étage *eifelien* et étage *famennien*.

Fossiles
Dévonien inférieur (rhénan). | Sirifer Rousseani ; Leptæna Murchisoni (*fig.* 16) ; Pleurodyctyum problematicum (polyp.) (*fig.* 17).

GÉOLOGIE.

Fossiles.	Dévonien moyen (eifélien).	Spirifer speciosus ; Calceola sandalina (polyp.) ; Spirifer Verneuilli (*fig.* 18) ;
	D. supérieur (famennien).	Rhynchonella cuboïdes ; Fougères, lepidodendrons, cyclopteris (*fig.* 19).
Distribution géographique.		Dans les Ardennes, le Dévonien inférieur est représenté par les poudingues de Fépin, les arkoses d'Haybes, les grès d'Anor (pour pavés), la grauwacke de Montigny, les grès de Vireu ; Le Dévonien moyen comprend, dans les Ardennes, des schistes à calcéoles et les calcaires marmoréens de Givet ; le calcaire de Plymouth en Angleterre ; le calcaire de l'Eifel, etc...; Au dévonien supérieur appartiennent les schistes de la Famenne (Ardennes), les psammites (grès micacés), du Condroz (Belgique), le vieux grès rouge en Angleterre ; Le dévonien se trouve encore dans les Vosges, le Var, le Languedoc (marbre de Caune), en Bretagne, au Brésil, etc.

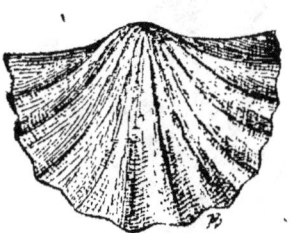
Fig. 16. — Leptaena Murchinosi.

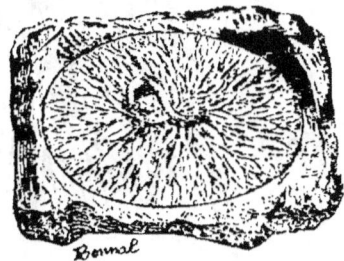
Fig. 17. — Pleurodictyum problematicum.

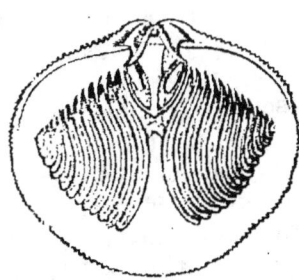

Fig. 18. — Spirifer.

d) TERRAIN PERMO-CARBONIFÈRE. — **Caractères.** — Les continents sont assis ; il règne dans tout le globe un climat tropical qui, à la faveur d'une atmosphère humide, donne lieu à une végétation puissante de cryptogames, partout les mêmes. Des pluies abondantes entraînent des débris de plantes avec des débris du sol sous-jacent; les fonds des lacs se couvrent de couches de grès, de schistes et de végétaux qui, à l'abri de l'air, se changent en houille. Dans les mers, les dépôts calcaires augmentent; ils sont dus aux foraminifères (fusulines), brachiopodes, échinodermes, polypiers.

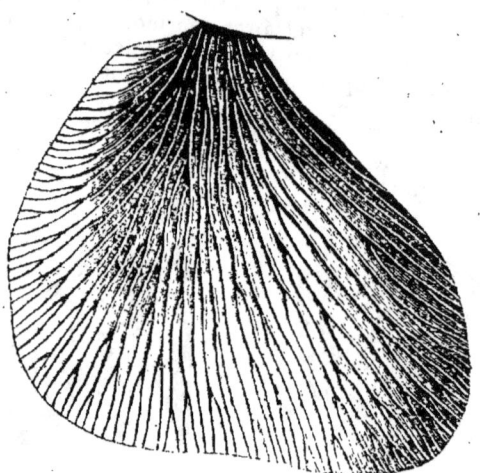

Fig. 19. — Cyclopteris.

La faune, partout uniforme, est formée de productus, de spirifers, de reptiles amphibies (labyrinthodontes) et d'insectes dont quelques-uns étaient gigantesques.

La flore est surtout composée de cryptogames de haute taille (fougères, lycopodiacées, équisétacées); il y a aussi des phanérogames gymnospermes (cycadées et conifères); il n'y a pas de monocotylédones ni de dicotylédones.

Faciès de l'Europe septentrionale et moyenne. — 1° Dans la *période anthracifère*, des mouvements du sol déterminent des sillons où la mer pénètre; il se forme là des dépôts schisteux et arénacés appelés *culms* (Hardt, Vosges, Russie); plus loin, vers le nord, ce sont des calcaires élevés par des organismes. Cet étage comprend donc deux types, l'un côtier, l'autre pélagique;

2° Dans l'*époque houillère inférieure*, la mer se retire, et sur les dépôts précédents, des pluies amènent des végétaux et des sédiments détritiques; alors se forment les riches bassins de Westphalie, de Flandre et d'Angleterre;

3° *Époque houillère supérieure*. — La mer recule de plus en plus : c'est le régime continental. Les dépôts se font non plus dans la mer, mais dans les lacs intérieurs (Plateau Central, Vosges, Bohême);

4° *Époque permienne ou penéenne*. — L'Europe est presque entièrement émergée; il ne se dépose plus que des grès rouges; la mer revient quelque temps sur les régions septentrionales, et les dernières dépressions sont comblées par du sel et du gypse (gisement de Stassfurth); il y a peu de restes organiques, d'où le nom de penéen, qui veut dire pauvre.

Facies méditerranéen. — Dans la région de la Méditerranée, des calcaires se déposent pendant toute la période.

Ordre des dépôts. — 1° Schistes et calcaires à la base (étage anthracifère); 2° poudingues, grès (grès houiller), schistes et argiles, couches de houille intercalées; 3° grès rouges (Zechstein), sel et gypse

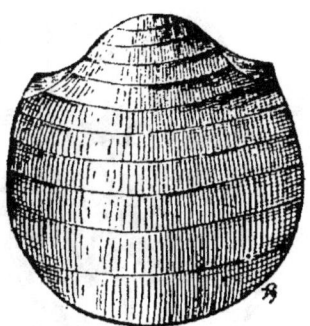

Fig. 20. — *Productus cora*.

Fossiles. { Étage anthracifère..... { Productus Cora (calcaire de Visé) (*fig.* 20), giganteus, semireticulatus ; Spirifer pinguis, striatus, glaber; Anthracosia.

GRANDES DIVISIONS GÉOLOGIQUES 53

Fossiles. { Houiller..... { Houiller inférieur. { Lepidodendron, sigillaria elegans (lycop.); Annularia, calamites, (équisét.).
Houiller supérieur (à fougères). { Pecopteris (*fig.* 21), sphenopteris, nevropteris (*fig.* 22).

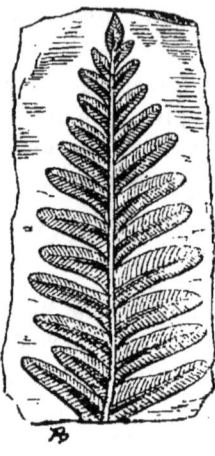

Fig. 21. — Pecopteris.

Fig. 22. — Névropteris.

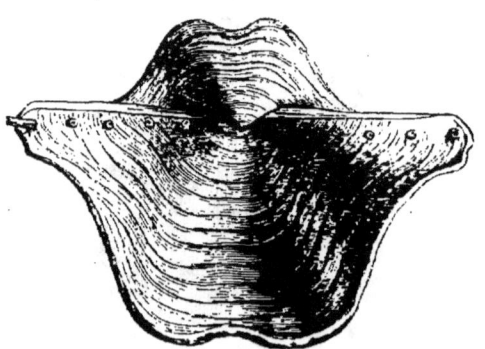

Fig. 23. — Productus horridus.

Fossiles. { Permien .... { Productus horridus du zechstein (*fig.* 23); Palæoniscus (poisson); coprolithes de reptiles.

Distribution géographique.

En France..
- Dans le bas Boulonnais on trouve des dolomies et des calcaires marmoréens (étage anthracifère);
- En Bretagne, des grès et schistes (Changé, Sablé) représentent l'anthracifère;
- Dans les Vosges, les grauwackes de Thann représentent l'anthracifère, et des grès rouges, le permien;
- Plateau Central: Grauwacke du Roannais et grès anthraciteux, pouddingues et grès du Morvan, pour l'anthracifère; traces du houiller inférieur près de Rive-de-Gier, bassins de Saint-Etienne, de Decazeville pour le houiller supérieur; schistes bitumineux d'Autun, riches en huile minérale, pour le permien;
- Le Gard a le houiller supérieur; l'Hérault a les deux étages houiller et anthracifère.

Angleterre...
- Calcaire compact de montagne;
- Grès meulier ou millstone grit, coal-measures (couches de houille), pour le houiller inférieur;
- Le houiller supérieur est peu représenté;
- Nouveau grès rouge et calcaire magnésien, pour le permien.

Distribution géographique.

Belgique....
- L'anthracifère est représenté par des calcaires bleus noirâtres (calcaires de Tournai), puis par une dolomie grise, du calcaire gris (calcaire de Visé) et des schistes noirs;
- Le houiller inférieur est représenté par des houilles maigres, demi-grasses, grasses, et des charbons à gaz (ou flénus).

Allemagne..
- En Westphalie, l'anthracifère est constitué par les *culms* (grès et grauwackes);
- Le houiller y est très développé, ainsi qu'en Silésie;
- Dans les Ardennes (bassin de la Sarre), la houille appartient au houiller supérieur; le permien est très développé avec des grès rouges et des tufs porphyriques;
- On rencontre surtout le permien, qui comprend: un grès rouge, puis un schiste bitumineux riche en minerai de cuivre (Mansfeld), et le *Zechstein*, calcaire argileux et dolomitique, gypse et sels alcalins (Stassfurth).

3. — Ère secondaire ou mésozoïque

Caractères. — L'activité interne est nulle; il y a quelques éruptions au début; il se produit seulement des affaissements ou des exhaussements lents.

C'est une ère de tranquillité, caractérisée par la rareté des conglomérats et par la puissance des masses calcaires.

C'est l'époque des reptiles et des sauriens; vers la fin de la période apparaissent des mammifères inférieurs, puis des oiseaux reptiliens.

Dans les mers dominent des ammonites et des bélemnites (céphalopodes), qui caractérisent les terrains de cette période.

La flore est moins variée et moins brillante, car le climat est plus sec; elle comprend surtout des cycadées et des conifères, et vers la fin quelques monocotylédones et dicotylédones.

Division. — TRIAS, JURASSIQUE (*infralias, lias et oolithe*), CRÉTACÉ (*infra-crétacé et crétacé*).

a) TRIAS. — Une mer largement ouverte occupe le sud et l'est de l'Europe; le nord et l'ouest sont couverts de détroits, de bras de mer ou de golfes séparant de grands espaces émergés, et dans ces contrées dominent les lacs salés et les lagunes, qui se comblent de grès, de marnes bariolées et salifères, tandis qu'au sud et à l'est des organismes marins construisent des calcaires.

Les ammonitidés font leur apparition.

Le trias se présente en Europe sous trois formes ou faciès :

1º Un *faciès pélagique* ou de haute mer (Tyrol, Alpes Autrichiennes);

2º Un *faciès continental* (Ardennes et Angleterre);

3º Un faciès mixte, formé d'un étage marin (muschelkalk) entre deux étages d'eau douce (keuper et étage vosgien).

C'est à cause des trois termes bien distincts présentés par le faciès mixte que ce terrain a reçu le nom de trias; ces trois termes s'observent surtout en Lorraine et en Allemagne.

Fossiles.
Ceratites nodosus (du muschelkalk) (*fig.* 24) et semipartitus;
Lima striata; Avicula socialis;
Encrinus liliiformis (échinod. du muschelkalk);
Terebratula vulgaris (brachiopodes du muschelkalk);
Ammonites Aon, subumbilicatus;
Os de nothosaurus (saurien du muschelkalk);
Traces de cheirotherium (batracien du grès bigarré);
Dinosauriens, oiseaux et reptiles;
Prêles, cycadées, conifères, fougères.

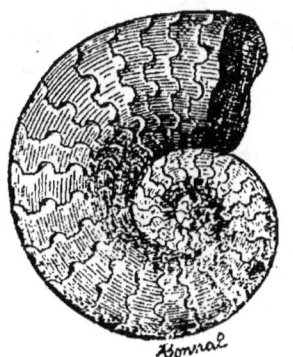 

Fig. 24. — Ceratites nodosus.

Composition et distribution.
Lorraine et Allemagne : Dans ces pays on trouve les trois étages du trias, savoir :
1° L'*étage vosgien*, à la base, qui comprend le grès vosgien à gros galets de quartz, puis le grès bigarré au dessus et le grès rouge bariolé;
2° Le *muschelkalk* (étage franconien ou conchylien), assise marine formée d'un calcaire gris, puis de gisements dolomitiques et gypseux;
3° Le *keuper*, étage des marnes irisées: c'est une assise d'eau douce ou saumâtre, composée d'argiles contenant du gypse et du sel gemme (Dieuze et Varangeville) et, au dessus, en quelques points, des lignites pyriteux;
On retrouve les grès rouges et les marnes irisées du trias au Morvan, autour du Plateau Central, dans les Pyrénées et en Espagne;
Dans les Alpes du Tyrol, les assises du trias sont toutes de formation marine; on y trouve des calcaires, des dolomies et du sel gemme.

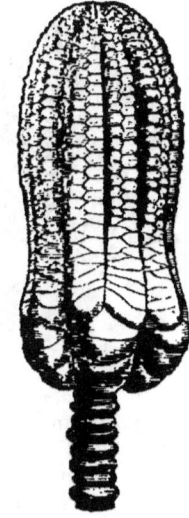

Fig. 25. Encrinus liliiformis.

b) Lias (Jurassique inférieur). — La mer revient sur l'Europe occidentale et couvre les régions émergées ; cette invasion marine ne laisse à découvert que quelques massifs anciens, Plateau Central, Armorique, Vosges ; les Alpes et les Pyrénées sont à peine ébauchées ; le reste de la France est immergé et forme trois bassins : anglo-parisien, pyrénéen, méditerranéen. Une sédimentation marine littorale commence.

Les ammonites sont nombreuses ; les bélemnites apparaissent, ainsi que les huîtres et les sauriens (plésiosaures, ichthyosaures).

La végétation a un aspect monotone (conifères, fougères et surtout des cycadées) ; il n'y a pas encore de zones climatologiques bien définies.

Division en étages. — *Rhétien* (à la base), *hettangien* : ces deux étages forment l'infra-lias ; *sinémurien* (de Semur), *liasien*, *toarcien* (de Thouars) : ces trois étages constituent le lias proprement dit.

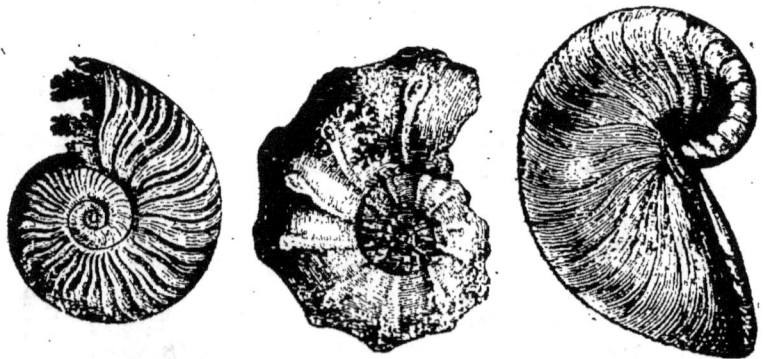

Fig. 26 et 27. — Ammonites.   Fig. 28. — Gryphœa arcuata.

Fossiles.
Avicula contorta (rhétien) ;
Ammonites planorbis, angulatus (hettangien) (*fig.* 26 et 27) ;
Pour le sinémurien, Ammonites bisulcatus, Ammonites Bucklandi, Lima gigantea, Gryphæa arcuata (*fig.* 28), Spiriferina Walcoti, Belemnites acutus, ichthyosaure et plésiosaure, ptérodactyle ;

58 PRÉCIS DE GÉOLOGIE

Fossiles.
> Pour le liasien : Gryphæa cymbium ; Ammonites raricostatus, ammonites spinatus, ammonites planicostatus, ammonites margaritatus ; Plicatula spinosa, Terebratula numismalis (*fig.* 29); Belemnites clavatus, niger, brevis, acutus (*fig.* 30).
> Pour le toarcien : Posidonia Bronnii (*fig.* 31), Belemnites irregularis, tripartitus ;
> Ammonites radians, bifrons, opalinus, serpentinus ;
> Trigonia navis.

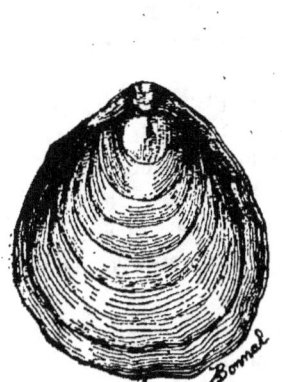  

Fig. 29. — Terebratula numismalis.   Fig. 30. — Belemnites.   Fig. 31. — Posidonia Bronnii.

Composition et distribution.
> L'étage rhétien est représenté, en Lorraine, par des grès ou arkoses ;
> Étage hettangien : Grès d'Hettange (Luxembourg); calcaire jaunâtre, dit foie de veau, et lumachelle, en Bourgogne; calcaire d'Osmanville (Normandie) ;
> Étage sinémurien : Calcaires gris bleuâtres, en Lorraine et dans les Ardennes, alternant avec des lits de marnes (lias bleu) ;
> Étage liasien : Calcaires sableux dans les Ardennes, marnes à nodules ferrugineux en Lorraine, calcaire à bélemnites en Bourgogne (calcaire à ciment de Pouilly) ;
> Étage toarcien : Argiles à Posidonia Bronnii (Ardennes), pyriteuses et bitumineuses en bas, ferrugineuses en haut. En Lorraine, les marnes à posidonia sont recouvertes d'une oolithe ferrugineuse, formant un riche gisement de peroxyde hydraté ; le ciment de Vassy provient d'un calcaire argileux de cet étage.

c) Oolithe. — Dans l'oolithe, les dépôts se forment au milieu d'un grand calme; il n'y a point d'éruptions; les organismes construisent de puissants massifs calcaires.

Le nord et l'ouest de l'Europe émergent progressivement. Les zones climatologiques ne sont pas formées; la flore est pauvre.

Dans la faune prédominent les oursins, les brachiopodes et les polypiers; les mammifères ne sont représentés que par quelques petits marsupiaux; il y a beaucoup de sauriens dinosauriens, crocodiliens, ptérodactyles, et on rencontre l'*archæopterix*, oiseau reptilien, et les premières tortues, ainsi que les poissons téléostéens.

Sous-divisions. — On peut distinguer à peu près partout les étages suivants : bajocien (de Bayeux), bathonien (de Bath), oxfordien, corallien, kimmeridgien et portlandien; ces deux derniers forment le tithonique. Les deux premiers constituent le *jurassique moyen*, les autres le *jurassique supérieur*. Voici quelques indications sur leur composition en France.

1° BAJOCIEN

Fossiles.
{ Ammonites Humphresianus (*fig.* 32) et Murchisonæ;
Terebratula perovalis, Belemnites sulcatus, Belemnites giganteus;
Trigonia costata (*fig.* 33).

 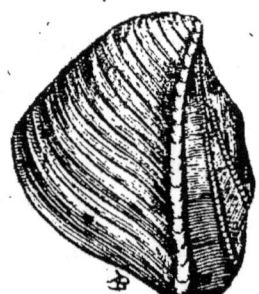

Fig. 32. — Ammonites humphresianus.   Fig. 33. — Trigonia costata.

Composition.
{ On trouve dans cet étage un calcaire pur ou argileux; on le voit en Bourgogne (calcaire à entroques), dans la Meuse et les Ardennes; avec oolithes ferrugineuses, dans le Calvados et la Franche-Comté.

2° BATHONIEN

Fossiles. Ammonites tripartitus ; ostrea acuminata (terre à foulon) ; Rhynchonella spinosa, decorata (grande oolithe); Terebratula digona, cardium (*fig.* 34).

Composition. A la base : argile ou calcaire marneux : terre à foulon ;
Au milieu : calcaire blanc à grains fins, c'est la grande oolithe fournissant les pierres de Comblanchien (Côte-d'Or), les pierres de Chaumont, Caen, Besançon, Chauvigny (Vienne); Beaulieu et Saint-Claud (Charente) ;
En haut : calcaires épais, jaunâtres.

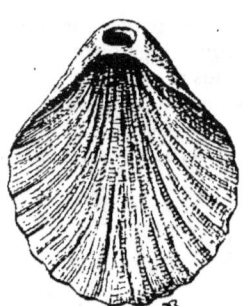 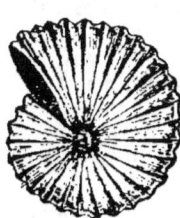 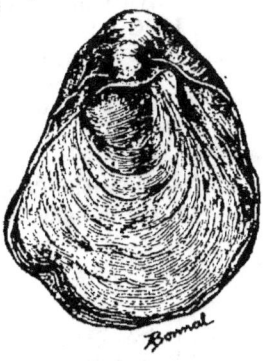

FIG. 34. Terebratula cardium — FIG. 35. — Ammonites. — FIG. 36. — Ostrea dilatata.

3° OXFORDIEN

Fossiles. Ammonites macrocephalus (*fig.* 35), coronatus, cordatus, Lamberti; Belemnites hastatus ;
Ostrea (ou gryphæa) dilatata (*fig.* 36).

Composition. Cet étage est presque entièrement argileux ; il n'offre guère de bancs durs qu'à sa base et à son sommet ;
En Lorraine et dans les Ardennes il comprend :
A la base : un calcaire marneux peu épais ;
Au dessus : des argiles à Ammonites Lamberti et Belemnites hastatus, puis des calcaires à chailles (concrétions siliceuses), lesquels, dans les Ardennes, sont remplacés par la gaize (grès tendre à silice gélatineuse);
Au sommet, il y a une oolithe ferrugineuse (Neuvizy) ;
On trouve aussi cet étage en Normandie (argiles de Dives, falaise des Vaches-Noires), aux environs de Besançon et près de Grenoble (calcaires de la Porte-de-France).

4° CORALLIEN (ou rauracien)

Cet étage est ainsi appelé parce que plusieurs de ses assises sont formées de débris de coraux ou de masses de polypiers.

Fossiles.
- Diceras arietinum ;
- Des oursins : Cidaris florigemma, Echinobrissus clunicularis, Acrosalenia spinosa ;
- Nerinea moreana, tuberculosa ;
- Ostrea solitaria ;
- Rhynchonella trilobata, pinguis

Composition.
- Le Corallien est tout entier calcaire ;
- Dans les Ardennes il est épais ; il existe là en massifs oolithiques (calcaires de Saint-Mihiel, Lérouville, Commercy), en calcaires à grains fins, lithographiques ;
- En Normandie on trouve des calcaires oolithiques à oursins et nérinées et des calcaires à polypiers (coral-rag) ;
- En Franche-Comté ce sont des bancs à polypiers surmontés par des calcaires oolithiques.

5° KIMMERIDGIEN

Fossiles.
- Ostrea deltoïdea, Ostrea (ou exogyra) virgula, Astarte Minima ;
- Pteroceras Oceani ;
- Ammonites orthoceras, Catalaunicus.

Composition.
- Cet étage est composé d'argiles ou de marnes, avec quelques rares calcaires purs ;
- On le rencontre dans les Ardennes et en Lorraine, en Normandie (argiles de Honfleur), en Franche-Comté (calcaire de Saint-Ylie et de Damparis) et dans les Charentes.

6° PORTLANDIEN

Fossiles.
- Ammonites gigas ;
- Ostrea expansa, Trigonia gibbosa.

Composition.
- Le Portlandien est composé de couches généralement calcaires, peu épaisses, dures, souvent fissurées. A cet étage, appartiennent les calcaires compacts du Barrois sur lesquels est bâti Bar-le-Duc, l'*oolithe vacuolaire* (pierres de Savonnières, de Chevillon, de Brauvilliers), les calcaires à ciment et à chaux hydraulique des environs de Grenoble et la pierre de l'Echaillon ;
- Cet étage manque en Normandie.

Composition. { En Angleterre, il comprend le calcaire de Portland et, au dessus, des calcaires argileux gris et des marnes formant les *couches de Purbeck;*
Les argiles du Pays-Bas (plaine des Charentes entre Cognac et Saint-Jean-d'Angély), avec amas de gypse et quelques bancs calcaires durs, correspondent au purbeckien de l'Angleterre.

d) TERRAIN CRÉTACÉ. — 1° *Période infra-crétacée.* — L'Europe septentrionale est d'abord émergée; la mer est à peu près la Méditerranée actuelle.

A la suite d'un affaissement, la mer envahit de nouveau l'Allemagne et le nord de l'Europe, puis le bassin de Paris, et ensuite la Normandie et l'Angleterre.

Sur le continent règnent les dinosauriens, reptiles bipèdes, dont l'un d'eux, l'*iguanodon*, a une taille gigantesque.

La flore reste jurassique; l'apparition des peupliers indique une différenciation des climats.

2° *Période crétacée.* — L'invasion marine atteint son maximum; le régime marin s'établit tranquillement; à la base se trouve une mince couche de grès grossier, de la craie mouchetée de grains verts de glauconie, puis de la craie légèrement marneuse, et, au dessus, de la craie blanche mêlée de lits de silex.

Alors se produit de nouveau une émersion des contrées septentrionales.

Dans les régions méditerranéennes, le régime reste marin, et les rudistes (mollusques acéphales) sont surtout les artisans des formations calcaires.

Les ammonites déclinent, les plantes dicotylédones angiospermes font leur apparition.

Sous-divisions. — L'infra-crétacé comprend les trois étages: néocomien (à la base), aptien, albien ou gault; le crétacé supérieur comprend quatre étages: le cénomanien (à la base), le turonien, le sénonien, le danien.

1° ÉTAGE NÉOCOMIEN

Fossiles. { Belemnites dilatatus, emerici (*fig.* 37);
Terebratula janitor, Ammonites radiatus, interruptus;
Ostrea Couloni; Toxaster complanatus (oursin);
Requienia ammonia; Spatangus retusus.

GRANDES DIVISIONS GÉOLOGIQUES

Composition. { Dans le bassin de Paris (région orientale), cet étage comprend des grès ferrugineux, géodiques, et des sables blancs ; puis des calcaires à spatangues, et, au dessus, des grès et des argiles aux couleurs vives ; au sommet, des minerais de fer oolithique (Wassy, Vandeuvre) ;
En Provence, cet étage est très développé, ainsi que dans le Gard et dans l'Ardèche (pierres de Barutel, près de Nîmes, pierres à chaux du Teil).

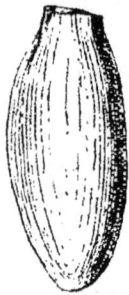 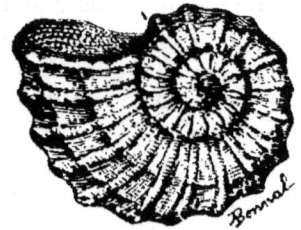

Fig. 37. — Belemnites emerici.   Fig. 38. — Ammonites mamillaris.

2° ÉTAGE APTIEN

Fossiles : Ostrea aquila, Plicatula placunea.

Composition. { Dans la partie orientale du bassin de Paris, l'aptien est formé par des argiles ; il est ferrugineux dans les Ardennes ;
A l'ouest et au nord du bassin, ce sont des argiles glauconieuses ;
De même près d'Apt.

3° ÉTAGE ALBIEN (ou gault)

Fossiles. { Belemnites minimus ;
Ammonites mamillaris (fig. 38), splendens ;
Inoceramus sulcatus.

Composition. { Dans la région orientale du bassin de Paris (Meuse et Ardennes), l'albien comprend des sables verts à la base, contenant des nodules de phosphate, puis des argiles bleuâtres (gault), puis la gaize ;
Il se trouve aussi à l'ouest et au nord de Paris et en Provence ; en Russie il est très riche en phosphate.

64 PRÉCIS DE GÉOLOGIE

4° ÉTAGE CÉNOMANIEN (à craie glauconieuse)

Fossiles. Ammonites rotomagensis (*fig.* 39), turrilites costatus (*fig.* 40), Scaphites æqualis, ostrea columba, belemnites plenus.

Composition. Dans le bassin de Paris, le cénomanien comprend : au nord et à l'ouest, une craie glauconieuse (assise de la montagne de Sainte-Catherine près de Rouen); à l'est, des sables glauconieux et des calcaires marneux gris bleuâtres; au sud, les sables et grès du Mans, le sables du Perche;
Le cénomanien se reconnaît en Provence, dans la Charente, près d'Angoulême; en Russie il est riche en phosphate noduleux.

Fig. 39.
Ammonites rotomagensis

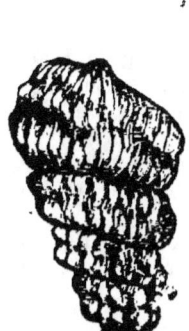 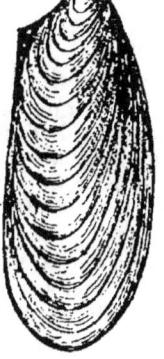 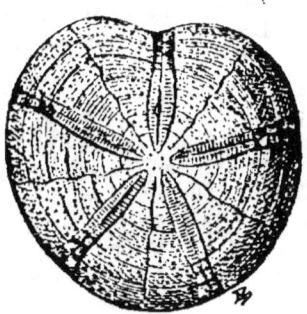

Fig. 40.   Fig. 41.   Fig. 42.
Turrilites costatus. Inoceramus labiatus. Micraster Cortestudinarium (oursin).

5° ÉTAGE TURONIEN (craie de Touraine ou craie tuffeau)

Fossiles. Inoceramus labiatus (*fig.* 41); rhynchonella Cuvieri; Hippurites organisans (rudiste).

Composition. En Touraine, la craie micacée dite *tuffeau* est de cet étage.
En Normandie et dans le Boulonnais on trouve une craie marneuse employée pour fabriquer de la chaux hydraulique.
A l'est du bassin de Paris, ce sont des calcaires marneux surtout (Valmy).

6° ÉTAGE SÉNONIEN (craie blanche)

Fossiles.
Belemnites mucronatus, belemnites quadratus (craie phosphatée de Picardie);
Micraster coranguinum, cortestudinarium (oursins) (*fig.* 42).

Composition.
On distingue deux assises : à la base, la craie à micrasters, craie noduleuse qu'on voit en Picardie (près de Péronne), en Normandie et en Touraine; au dessus, la craie à bélemnitelles, en couche puissante : craie phosphatée de Picardie (Beauval), craie de la Champagne Pouilleuse, craie de Reims, craie de Meudon;
Dans les Charentes et la Dordogne, le sénonien comprend deux sous-étages, le santonien (de Saintes) et le campanien.
De même en Provence.

7° ÉTAGE DANIEN

fossiles.
Baculites anceps;
Mosasaurus de Maëstricht.

Composition.
Le danien est représenté : dans le bassin de Paris par un calcaire en petits grains, dit *pisolithique*, qu'on observe à Meudon, Vigny, Montereau; dans le Cotentin, par un calcaire blanc jaunâtre (calcaire à baculites).
Les deux assises se trouvent dans le Hainaut (craie phosphatifère de Ciply, craie de Maëstricht où on a découvert les ossements de mosasaurus).
La craie de Royan (Charente-Inférieure), les calcaires à lignite du bassin de Fuveau, en Provence, les calcaires jaunes de Gensac (Haute-Garonne) appartiennent au danien.

4. — ÈRE TERTIAIRE, OU NÉOZOÏQUE

Caractères. — L'ère tertiaire est marquée par une différenciation des conditions physiques et biologiques, jusqu'alors uniformes; la mer est rejetée peu à peu dans ses limites actuelles; l'Europe émerge de plus en plus : c'est l'ère continentale.

Les mouvements orogéniques ont une grande amplitude, et les Pyrénées, les Alpes, les Apennins, les Carpathes, le Caucase, l'Himalaya, les Alleghanys, les Cordillères achèvent de se former.

L'activité interne, après une longue période de repos, se manifeste avec puissance : des filons se forment et déposent dans l'écorce terrestre des substances où dominent l'or et l'argent.

Les mammifères se développent vigoureusement; les ammonites et les bélemnites, disparues, sont remplacées par les gastéropodes et les acéphales. Les foraminifères (nummulites) prospèrent à la place des polypiers.

Les angiospermes prédominent parmi les plantes.

Divisions. — Pour fixer l'âge des dépôts et les distinguer, on se base sur ce principe : plus le dépôt a d'espèces encore vivantes dans la mer à laquelle on le rattache, plus il est récent; de là les noms *éocène, oligocène, miocène, pliocène*, pour caractériser les périodes de l'ère tertiaire.

a) ÉOCÈNE. — Les conditions physiques de l'époque éocène sont les suivantes : au nord, il y a lutte de l'océan et de la terre ferme, et formations d'eau douce ou d'eau salée abondantes; au sud, il n'y a que des formations marines (calcaires construits par les nummulites). Le climat est chaud, l'hiver presque nul.

Puis la mer nummulitique envahit le nord, et les saisons deviennent brûlantes jusqu'au pôle, avec des périodes pluvieuses et tempérées; la végétation devient riche et variée; il y a des palmiers en France et des cocotiers jusqu'en Angleterre.

Sous-divisions. — L'éocène comprend trois étages : le suessonien, étage inférieur (de Soissons); l'étage parisien, et le ligurien ou étage supérieur. Voici succinctement leur composition dans le bassin de Paris :

Étage inférieur ou suessonien.

1° *Sables et calcaires de Rilly, sables de Bracheux :* les sables de Rilly sont blancs et purs; les sables de Bracheux (près de Beauvais) sont gris verdâtres, riches en glauconie et chlorite.

Fossiles : Cyprina scutellaria, cucullea crassatina;
Physa gigantea (*fig.* 43), melania inquinata (*fig.* 44).

2° *Argiles plastiques et lignites pyriteux du Soissonnais.*

Fossiles : Cyrena cuneiformis (*fig.* 45 et 46);
Cerithium turris, Cerithium variabile.

3° *Sable de Cuise* (près de Compiègne); ce sont des sables fins, gris jaunâtre, dits nummulitiques.

Fossiles : Nummulites planulata (*fig.* 47);
Cerithium acutum, Turritella edita ;
Cyrenum gravesi.

GRANDES DIVISIONS GÉOLOGIQUES 67

Étage moyen ou parisien.

1° *Calcaire grossier* à la base : on y rapporte le banc de Saint-Leu, les vergelés et lambourdes (pétris de milliolites), le banc royal, le banc vert, le calcaire à cérithes (liais et cliquards).

Fossiles : Cerithium giganteum, cristatum, lapidum ;
Nummulites lævigata ;
Turritella imbricetaria (*fig.* 48).

2° *Sables et grès de Beauchamp*. — Leurs *fossiles* sont :
Cerithium mutabile, tricarinatum, Cordieri ;
Fusus polygonus, Fusus minax.

3° *Calcaires lacustres de Saint-Ouen*, dont les fossiles sont :
Limnæa longiscata (*fig.* 49), Planorbis rotundatus (*fig.* 50) ;

Fig. 43.   Fig. 44.   Fig. 45 et 46.
Physa gigantea.   Melania inquinata.   Cyrena cuneiformis.

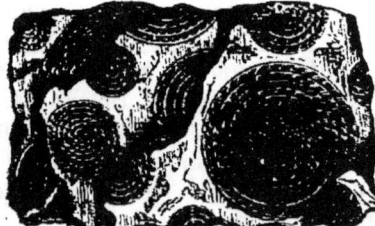

Fig. 47. — Nummulites planulata.

étage supér. { *Marnes infra-gypseuses, gypses et travertins* (Champigny);
  Fossiles : Pholadomya ludensis ;
  Pachydermes (tels que le palæotherium).

Dans les régions méditerranéennes, les dépôts sont constitués par des grès et des calcaires pétris de nummulites, milliolites, alvéolines; on les observe à Biarritz, à Nice, dans les massifs des Alpes et des Apennins, dans les Carpathes, dans les Balkans, en Grèce, en Égypte, en Algérie, en Perse.

b) Oligocène. — La période oligocène est comprise entre le principal soulèvement des Pyrénées et la fin du régime lacustre qui a

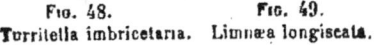

Fig. 48. Turritella imbricetaria. Fig. 49. Limnæa longiscata. Fig. 50. Planorbis rotundatus.

précédé l'invasion de la mer mollassique. Le début de la période est marqué par une invasion marine venant du nord; la mer arrive jusqu'à Bâle et jusqu'en Auvergne ; cette mer tempère le climat. Puis elle se retire ; l'Europe devient terre ferme et se couvre de grands lacs.

Dans la faune on trouve le ruminant *anthracotherium* avec le *palæotherium*; il n'y a pas de proboscidiens.

La flore est très riche et comprend des palmiers, des figuiers, des chênes, des acacias et des érables.

Sous-divisions. — L'oligocène comprend deux étages : le tongrien à la base, et l'aquitanien. Dans le bassin de Paris, l'oligocène a la composition suivante :

GRANDES DIVISIONS GÉOLOGIQUES

Étage tongrien
1° A la base, des marnes anglaises jaunes à cyrènes.
Fossile : Cyrena convexa ;
2° Des marnes vertes.
3° Meulières et calcaires de Brie (pierres de Château-Landon) ;
4° Marnes à huîtres, sables et grès de Fontainebleau.
Fossiles : Ostrea cyathula, longirostris ;
Natica crassatina (*fig.* 51), Cerithium plicatum (*fig.* 52) ;
Cytherea splendida, incrassata.

É. aquitanien.
Calcaires lacustres de Beauce et meulières de Montmorency.
Fossiles : Potamides Lamarcki ;
Limnea cylindrica ;
Planorbis cornu.

Fig. 51. — Natica crassatina.   Fig 52. — Cerithium plicatum.

c) Miocène. — Les grands lacs se sèchent, et les vallées fluviales commencent à se dessiner ; puis le sol s'affaisse et la mer envahit la Suisse, la vallée de la Loire, l'Autriche et l'Asie Mineure : on l'appelle mer *Mollassique* ou *Helvétienne*, parce que c'est dans ses eaux que s'est formée la *mollasse* (grès tendres, faciles à tailler, durcissant à l'air, entremêlés de poudingues et de conglomérats). Ensuite la mer se retire, le sol s'exhausse graduellement ; les phénomènes volcaniques sont fréquents : les Alpes, les Cordillères, l'Himalaya se soulèvent.

Le climat devient plus tempéré, et la végétation est très riche et très variée (jusqu'en Islande).

Les mammifères sont à leur apogée : proboscidiens (mastodonte, dinothorium); pachydermes (rhinocéros), nombreux herbivores.

Sous-divisions. — A la base, étage *langhien* (formation des vallées fluviatiles); étage *helvétien* (invasion de la mer Mollassique); étage *tortonien* (exhaussement du sol de l'Europe, retrait de la mer Mollassique).

Étage Langhien
Sables grossiers de l'Orléanais;
Au dessus, argiles de la Sologne;
Fossiles : Mastodonte, dinothérium, rhinocéros.

Étage Helvétien
Faluns de la Touraine, de l'Anjou, de la Bretagne, de l'Aquitaine (sables calcaires très coquilliers);
Mollasses de la Suisse et de la vallée du Rhône.
Fossiles : Ostrea crassissima, Cardita Jouannetti.

Étage tortonien
Calcaires à Hipparion, ou couches à congéries (à Pikermi en Grèce, et dans le Vaucluse).
Fossiles : Cerithium pictum, Congeria subglobosa (*fig.* 53); Hipparion (ressemble au cheval)

Fig. 53. — Congeria subglobosa.

d) Pliocène. — La Méditerranée, après une nouvelle invasion jusqu'à Lyon, se retire définitivement et s'établit à peu près dans ses limites actuelles; le régime fluvial s'accentue; les manifestations volcaniques continuent à se produire avec une grande puissance. — Le climat, très doux, devient froid

GRANDES DIVISIONS GÉOLOGIQUES

(apparition des hivers); la végétation alors s'appauvrit et émigre vers le sud.

Les éléphants, les hippopotames, les chevaux abondent avec les rhinocéros; il y a aussi des cétacés.

Sous-divisions: étages plaisancien (à la base), astien, arnusien.

Étage plaisancien — L'étage plaisancien correspond à la phase marine. On y rapporte les marnes bleues de Fréjus, de la Garoupe, du Vatican, le *crag* blanc d'Angleterre (sable coquillier).

Fossiles : Voluta Lamberti (*fig.* 54), Cyprina islandica.

Étage astien — L'étage astien correspond à l'établissement du régime fluvial. On y comprend les sables de l'Astésan, de la Bresse, de Montpellier et le *crag* rouge d'Angleterre (de Norfolk et Norwich).

Étage arnusien — L'étage supérieur est formé de graviers et de conglomérats. On y rapporte le *forest-bed* d'Angleterre, les graviers de Saint-Priest (près de Chartres).

Fig. 54. — Voluta Lamberti.

Fossiles : Elephas meridionalis, hippopotamus major...

5. — ÈRE QUATERNAIRE (PLEISTOCÈNE)

Caractères. — Dans l'ère quaternaire, l'homme fait son apparition; la flore et la faune ne changent plus, sauf l'extinction d'un certain nombre d'espèces.

Les continents ont à peu près les formes actuelles. Mais au début, à la suite d'un exhaussement du sol, il y a eu un abaissement de température dans les zones tempérées, suivi d'abondantes chutes de pluie, qui ont donné lieu à des transports rapides d'eau et à des phénomènes d'érosion et d'alluvionnement. D'autre part, les neiges formées sur les hauts sommets ont donné naissance à de grands glaciers allant de la Suisse jusqu'à Lyon, de l'Écosse jusqu'en Scandinavie, en Hollande et en Allemagne. Il y a eu deux époques glaciaires: l'une, au début de l'ère; l'autre, moins rigoureuse, à la fin; l'intervalle est l'époque *interglaciaire*; l'ensemble forme la période *diluvienne*.

Ensuite la température s'est radoucie, les cours d'eau ont pris une allure plus tranquille, et le régime actuel s'est établi.

Faune. — Elle contient les espèces suivantes : Elephas antiquus, Rhinoceros Marcki, Hippopotamus major, puis le Mammouth ou Elephas primigenius à crinière, et le renne.

Les traces de l'homme, restes de squelettes ou débris de son industrie, apparaissent à l'époque du mammouth : c'est, pour nos pays, l'âge des silex taillés, non polis, ou âge *paléolithique*, suivi par l'âge de la pierre polie ou *néolithique*, puis par l'âge de bronze et par l'âge de fer.

Dépôts. — 1° Les dépôts quaternaires formés par l'action directe des grands cours d'eau et des pluies sont des alluvions qui couvrent les vallées ou les flancs des collines et qui consistent en cailloux roulés et graviers à la base, sables et limons à la partie supérieure ; c'est surtout dans les sables et les graviers qu'ont été trouvés les fossiles.

Les limons sont : le *læss*, mélange intime d'argile et de sable en petits grains, avec un peu de carbonate de chaux et un peu d'oxyde de fer qui le colore en jaune ; au dessus est le *limon rouge* ou *limon à briques*, argileux, sans calcaire, avec des cailloux anguleux à la base ;

2° Dans les cavernes creusées sur les flancs des vallées, les eaux d'infiltration ont produit des stalactites et des stalagmites ; les pluies et les cours d'eau ont formé des dépôts de gravier, de sable et de limon, riches en débris fossiles ;

3° Les nappes glaciaires ont donné lieu, surtout dans les contrées septentrionales, à des dépôts formés d'un limon argileux rempli de silex anguleux (*terrain erratique du nord*), ou bien elles ont semé, à des altitudes variées, des blocs parfois volumineux (*blocs erratiques* de la Suisse et de la Russie).

TABLEAU RÉSUMÉ DE LA CHRONOLOGIE GÉOLOGIQUE

ÈRES	TERRAINS	ÉLÉMENTS ORGANIQUES CARACTÉRISTIQUES	ÉRUPTIONS
»	Primitif............	»	»
Primaire (Paléozoïque)	Cambrien...... Silurien........ Dévonien...... Permo-carbonifère......	Règne des trilobites dans toute la série, des poissons ganoïdes dans le Dévonien.	Granites, granulites, syénites, diorites, porphyres et porphyrites.
Secondaire (mésozoïque)	Trias............ Lias \ Oolithe } Série jurassique. Infra-crétacé. \ Série crétacée. Crétacé. }	Ammonites, bélemnites et brachiopodes. Plantes cycadées. Céphalopodes à tours déroulés et rudistes.	Euphotides, diorites. Période de repos.
Tertiaire (néozoïque)	Eocène........ Oligocène....... Miocène........ Pliocène........	Mammifères, gastéropodes et acéphales. — Plantes angiospermes.	Rhyolithes et granulites récentes. Basaltes, phonolites, andésites.
Moderne	Pleistocène ou quaternaire.	Mammouth: apparition de l'homme. Faune et flore actuelles.	Volcans de l'Italie et de l'Auvergne.

DEUXIÈME PARTIE

GÉOLOGIE APPLIQUÉE

CHAPITRE I

CONSIDÉRATIONS GÉNÉRALES

Objet de la géologie appliquée. — La géologie appliquée est le complément de la géologie pure. Celle-ci enseigne l'histoire des matériaux qui composent le globe. Elle fait le dénombrement et la classification de ces matériaux. Elle traite de la formation des calcaires, des marbres, des combustibles minéraux, des minerais métalliques et met ainsi au jour les richesses de toute nature que contient notre planète.

La géologie appliquée, qu'on pourrait aussi appeler géologie pratique, apprend le moyen de tirer parti de ces richesses.

La géologie proprement dite satisfait seulement à un besoin moral de l'esprit humain en faisant entrevoir quels phénomènes ont dû présider à la formation de l'écorce terrestre et quels cataclysmes l'ont affectée ; la géologie appliquée répond à des exigences matérielles d'une utilité plus immédiate.

C'est la science qui apprend à l'ingénieur à rechercher les matériaux utiles renfermés dans le sol et à prévoir la possibilité de leur mise en valeur.

Elle correspond à des besoins impérieux du corps et de l'esprit, tels que ceux de s'abriter dans des maisons solides, de se chauffer à l'aide de combustibles minéraux et de fabriquer avec les métaux les ustensiles utiles à la vie ménagère, à l'agriculture, à l'industrie et aux beaux-arts.

Influence de la géologie sur les conditions d'existence des hommes dans les diverses contrées. — En réalité, il n'y a pas de matières inutiles, et, si l'homme, satisfait des richesses qu'il trouve sous sa main, laisse parfois sans emploi d'abondants matériaux, il s'ingénie, dans des contrées moins favorisées, à mettre en œuvre les humbles ressources que lui indique la géologie.

A défaut du calcaire qui lui permet, en Touraine, de sculpter délicatement les beaux châteaux de la Renaissance, il construit dans les Flandres, grâce à l'argile qu'on y trouve, des maisons de briques, moins grandioses il est vrai, mais solides et peu coûteuses. En Champagne, il bâtit des habitations d'une architecture très pauvre, car il n'y rencontre que de la craie, substance poreuse et sans résistance, assez impropre à la construction. En Italie et en Grèce, les dépôts de marbres et la lave des volcans permettent, par contre, de construire, à peu de frais, de riches palais et d'étendre dans les rues ces belles dalles bien unies, qui donnent aux moindres voies un aspect propre, alors même qu'elles sont à peine entretenues.

Et il en est de même des autres pays, où le sous-sol géologique détermine l'architecture et, par suite, les conditions d'existence des habitants.

Au point de vue industriel également, la mise en pratique des méthodes de la géologie appliquée a transformé, quelquefois subitement et comme par un coup de baguette magique, des régions abandonnées de l'homme ou même inconnues de lui; telles sont la découverte de la houille dans le Nord de la France, celle du pétrole au Caucase et en Amérique, de l'or en Californie, en Australie et au Transvaal, du fer à Bilbao, etc.

Les grands dépôts de matières utilisables dans l'écorce terrestre sont des foyers autour desquels la vie humaine atteint son maximum d'intensité et d'utilisation; la science qui conduit à leur découverte et à leur mise en valeur est donc entre toutes une science de progrès et de civilisation.

Géologie appliquée à l'étude d'un gisement. — On donne

CONSIDÉRATIONS GÉNÉRALES

le nom de gîtes ou de gisements aux dépôts de matières utilisables que renferme l'écorce terrestre. C'est donc l'art de découvrir et d'étudier un gisement qui sera exposé dans ce livre.

La géologie appliquée doit, de plus, enseigner à préparer la mise en valeur des matériaux dont l'exploitation des mines, la métallurgie et la construction donneront l'utilisation industrielle.

Le gisement d'une matière quelconque étant indiqué, peut-on l'exploiter : telle est la question que l'ingénieur a souvent à résoudre. C'est la géologie appliquée qui doit répondre, et nos efforts vont tendre à donner, d'une façon aussi claire et aussi générale que possible, la solution de ce problème pour les cas principaux qui peuvent se présenter.

ÉTUDE D'UN GISEMENT

L'ingénieur chargé de présenter un rapport sur un gisement déjà découvert ou d'étudier une contrée encore vierge doit nécessairement s'inspirer des circonstances particulières qui motivent sa mission, pour la direction de ses études et la rédaction de son rapport ; mais on peut cependant donner à ce sujet des indications générales utiles.

PRÉPARATION D'UN VOYAGE D'ÉTUDES MINIÈRES

La préparation d'un voyage d'études minières exigera un temps variable, suivant l'importance des gisements à étudier ou l'étendue et l'éloignement de la région qui doit être explorée en vue de la découverte des gisements qu'elle peut contenir. On devra d'abord s'enquérir des travaux publiés sur la géologie des régions à étudier et consulter autant que possible les explorateurs qui les auraient déjà parcourues. Outre les renseignements techniques et économiques, ceux qui ont trait aux conditions climatériques et à la sécurité des routes, etc., ne devront pas être négligés. En effet, dans beaucoup de régions, la saison pendant laquelle peut s'accomplir fructueusement un voyage de recherches est nettement limitée : il faudra éviter la saison des pluies dans les régions tropicales et se munir, en vue de la traversée des régions peu sûres, des armes, des munitions, des protections diplomatiques ou militaires indispensables à la réussite de l'exploration.

Dans le cas où il s'agit de gisements déjà connus et exploités, il sera nécessaire d'étudier tout ce qui aura été publié à leur égard, de consulter, s'il y a lieu, les personnalités techniques ou financières qui auraient fait partie des conseils d'administration ou du personnel dirigeant des sociétés constituées pour l'exploitation du gisement. Après avoir étudié la géologie générale du pays à parcourir et la géologie spéciale du gisement considéré, on doit se préoccuper du matériel à emporter au point de vue des travaux de recherches à effectuer, des essais et analyses à faire sur place.

Matériel de recherches. — En ce qui concerne les recherches, il y aura lieu de s'informer, avant le départ, si des travaux de découverte ont déjà été faits, s'ils sont en nombre suffisant et s'ils ont été maintenus en bon état. Si rien n'a encore été fait, il faudra s'enquérir des ressources du pays en fait de personnel et de matériel de sondage, d'explosifs, d'outils de terrassiers, etc. Souvent il sera nécessaire d'emmener un chef mineur capable d'exécuter les travaux de sondage au moyen des appareils que l'on trouvera sur place ou que l'on emportera.

Sondages. — Il est souvent avantageux, quand il s'agit de sondages importants, de traiter avec une maison s'occupant spécialement d'entreprises de sondages, laquelle fournit alors le personnel et le matériel nécessaires. L'importance et la nature du matériel de sondage étant très variables, suivant les matières qu'il s'agit de rechercher et les terrains à traverser, il faudra s'entourer de tous les renseignements possibles à ce sujet avant le départ.

Un équipage de sonde peut en effet être très restreint s'il

s'agit de recherches superficielles ne dépassant pas quelques mètres, tandis qu'il peut atteindre une importance considérable dans le cas de recherches à grande profondeur.

Le chevalement sera réduit, dans le premier cas, à quelques poutres supportant une poulie, tandis qu'il atteindra les proportions d'un véritable édifice si le sondage doit reconnaître des niveaux très profonds ; il comprendra alors un échafaudage très résistant supportant des molettes et contenant un treuil de manœuvre à vapeur, des bureaux, des logements et des magasins.

La sonde sera très différente dans l'un ou l'autre cas, la section et la longueur des tiges variant avec la profondeur, ainsi que leur mode d'assemblage (à vis ou à enfourchement). Dans le cas de sondages importants, l'emploi de guides et de parachutes s'impose pour éviter le décentrage du trou et le voilement des tiges. La forme et la nature des outils d'attaque sont fonctions des terrains à traverser ; on opérera par battage ou par rodage au moyen d'outils tranchants ou contondants (tarières, alésoirs ou trépans).

Dans les terrains peu consistants, le tubage des trous de sonde est indispensable, surtout quand on doit assurer leur permanence. On emploiera, suivant les cas, des tubes temporaires ou des tubes définitifs ; que l'on enfoncera par simple superposition les uns au-dessus des autres, au moyen de presses spéciales. Enfin, dans les cas de grands sondages, il faudra prévoir les accidents, tels que la déviation des trous, la rupture des tiges ou des instruments d'attaque, et se munir d'outils de secours spéciaux, tels que soupe-tuyaux, caracoles, cloches, etc.

Emplacement et nombre des trous de sonde. — On emploiera surtout les trous de sonde dans les cas de couches nettement distinctes et homogènes (matériaux de construction, combustibles minéraux, etc.). L'exécution d'un trou de sonde, pour reconnaître un filon métallifère ou un amas

[1] Voir, pour plus de détails, Exploitation des Mines, par M. COLOMER (Bibliothèque du Conducteur de Travaux publics) ; — ou Cours d'exploitation des Mines, de M. HATON DE LA GOUPILLIÈRE (édition de 1897) — et les notices rédigées par les principaux entrepreneurs de sondage.

irrégulier, ne donnerait aucun résultat, car les matières à étudier sont alors en couches souvent assez minces pour que le sondage les traverse sans qu'on s'en aperçoive ou sans qu'on puisse ramener à la surface des éléments d'étude suffisants.

L'emplacement des trous de sonde sera déterminé par les indications recueillies à la surface, s'il y en a, ou par la conformation topographique de la contrée à explorer. Leur nombre variera avec leur profondeur; il devra, en principe, être aussi considérable que possible ; mais il est évident que, s'il s'agit de sondages à grande profondeur, il se réduira souvent à un ou deux, à cause de dépenses qu'entraîne l'exécution de ces travaux.

Les débris ramenés par la sonde fourniront des indications sur la composition des terrains traversés; il faudra les recueillir avec soin, les laver et en examiner les fragments à la loupe ou au microscope; on peut d'ailleurs recueillir des indications plus précises en découpant dans les terrains des carottes assez volumineuses au moyen d'outils spéciaux appelés découpeurs et emporte-pièces. S'il s'agit de produits liquides, on peut employer la pipette Bazin.

On tiendra un journal de sondage très soigné, de manière à pouvoir reconstituer tout l'historique de la recherche; les échantillons recueillis aux diverses profondeurs seront réunis et conservés en une collection géologique permettant une étude ultérieure détaillée des couches traversées; on évitera ainsi bien souvent les pertes de temps et d'argent que nécessiterait, quelques années plus tard, l'exécution de nouveaux sondages, en cas d'incertitude sur les résultats des premiers.

Cubage. — La délimitation exacte du gisement doit se terminer par l'appréciation du volume des matières en dépôt, ou cubage, et peut se faire au moyen de sondages, de fendues et de tranchées; quelquefois, si les affleurements ne permettent pas d'orienter des tranchées de recherches, il faudra procéder au creusement de puits et de galeries, si l'on prévoit que ces ouvrages pourront fournir des indications, sans que l'on soit obligé de leur donner des dimensions exagérées. Toutefois, s'il s'agit d'un gîte étendu et d'une matière d'un prix élevé on pourra pratiquer des galeries de recherches à flanc de coteau ou bien creuser un puits et conduire des bowettes de recherches de grande longueur dans diverses directions.

On procédera à des prises d'essai dans tous les points intéressants : fond de galerie, fond de puits ou de tranchées.

Il sera souvent utile de conduire un travers-bancs que l'on étendra en direction à droite et à gauche dans la veine, quand on l'aura atteinte, en ayant soin de prévoir des rampes d'écoulement pour les eaux et d'évacuation pour les déblais.

Il arrive généralement que les travaux de recherches sont utilisés pour des expertises ultérieures et même pour la mise en valeur définitive du gisement ; il faut donc veiller à ce qu'ils puissent se conserver en bon état pendant un certain temps, en boisant les galeries et les puits, s'il y a lieu.

On devra aussi, autant que possible, faciliter l'accès du fond des travaux au moyen de treuils à bennes, d'escaliers ou d'échelles dans ce fermi, tout au moins, à l'aide de quelques échelons en bois.

La prospection d'un gisement, pour être complète, doit comprendre, outre les travaux matériels de recherches qui viennent d'être indiqués, une étude approfondie de la géologie et de la géographie du pays permettant de prévoir la richesse du gisement et son exploitabilité. L'ingénieur prospecteur ne saurait trop insister aussi sur les considérations économiques de l'exploitation à venir, et il doit pouvoir analyser rapidement les matériaux et les minéraux qu'il découvre. On trouvera ci-dessous, au sujet de ces divers points, quelques indications générales, avant d'aborder l'étude de chaque minéral en particulier.

Étude géologique. — On s'attachera à faire une étude géologique aussi complète que possible de la contrée où se trouve le gisement considéré, et on dressera une carte montrant la nature des terrains et des roches avec les failles et les filons, en déterminant l'âge des diverses formations. Les filons seront suivis sur toute leur longueur au moyen de l'examen des affleurements, combiné avec les résultats des sondages et des percements de galeries. Les parties riches des filons seront notées avec soin, ainsi que toutes les variations du niveau.

d'épaisseur, de direction et de profondeur dont on pourra se rendre compte. Les renseignements que l'on recueillera sur place auprès des prospecteurs locaux et des industriels déjà établis dans le pays seront du plus grand secours dans ces recherches délicates.

L'étude géologique d'un gisement sert de base à toute son exploitation ultérieure; il ne faut donc rien négliger pour s'assurer de son exactitude. L'ingénieur prospecteur devra s'appuyer sur les travaux des géologues qui l'auront précédé; mais il aura soin de vérifier soigneusement leurs indications et de contrôler l'exactitude des cartes géologiques de la région qui, étant dressées généralement à une très petite échelle, sont susceptibles de contenir quelques erreurs pour les zones ordinairement peu étendues dans lesquelles on cherche à établir des exploitations minières.

Topographie. — Pour faire une étude géologique complète et fructueuse du gisement à explorer, il est nécessaire d'en déterminer exactement la situation topographique; dans ce but, on devra se procurer tous les plans, même les plus anciens qui auront été dressés du gisement et des travaux de recherches ou d'exploitation déjà effectués. De plus, pour les constatations rapides, l'ingénieur prospecteur devra être muni d'une boussole de poche avec talon et aiguille d'inclinaison, ainsi que d'un petit baromètre métallique pour déterminer les altitudes et repérer les points qu'il devra explorer.

Étude géographique. — L'exploitabilité d'un gisement dépend souvent de sa situation géographique; le rapport devra indiquer les centres industriels ou les agglomérations les plus importantes qui se trouvent dans la région à explorer; on y mentionnera les moyens d'y accéder par chemin de fer, par voie d'eau ou par les routes, en notant les distances comparatives et le prix de revient des divers modes de transport existant ou à établir. Si l'on se trouve au voisinage de la mer, il pourra y avoir intérêt à relier la mine au rivage par une route ou par une voie ferrée, ou à construire une estacade pour faciliter l'embarquement des minerais, surtout s'il s'agit d'une exploitation devant porter sur un tonnage considérable et exigeant des moyens de transport puissants. La facilité des communications permet d'installer les machines à peu de frais, et parfois on se trouve obligé d'abandonner des gîtes intéressants, parce que l'on est dans l'impossibilité d'amener à pied d'œuvre le matériel d'exploitation nécessaire. La difficulté des communications est d'ailleurs un obstacle à l'approvisionnement des travailleurs que l'on devra payer en conséquence, et que l'on recrutera avec peine, s'il s'agit d'un pays dénué de ressources.

Il est de la plus haute importance, avant d'entreprendre la prospection d'une contrée, de se munir des cartes à grande et à petite échelle, les mieux faites, les plus détaillées et les plus récentes qui aient été publiées sur cette région.

Hydrologie. — Une question importante est celle du régime hydrologique de la contrée. Pour certaines exploitations, il est indispensable de disposer soit d'un cours d'eau, soit de sources abondantes. Si l'on a besoin d'une force motrice considérable, il peut être très intéressant de créer des déversoirs, pour l'établissement de moulins ou de turbines destinés à servir de moteurs. On pourra ainsi actionner des dynamos, permettant de transporter sur le carreau de la mine l'énergie électrique nécessaire à la commande de ventilateurs, de bocards, voire même de machines d'extraction, ainsi qu'à l'éclairage des chantiers. Il faudra donc étudier avec soin le régime des cours d'eau avoisinants, se faire renseigner sur l'importance de leurs crues, qui peuvent être nuisibles aux travaux de la mine, ainsi que sur leurs périodes de sécheresse, qui peuvent arrêter, par manque d'eau, les usines de force motrice.

Recrutement du personnel. — La question du recrutement de la main-d'œuvre est également primordiale. Dans certains pays il existe une population, habituée de longue date aux travaux miniers, qui fournira une main-d'œuvre abondante et entendue. Dans d'autres régions, au contraire, le caractère essentiellement agricole de la population rendra impossible le recrutement sur place, et on sera obligé de faire venir à grands frais le personnel dont on aura besoin.

Si le pays est malsain, ce personnel sera très exigeant, et on devra s'attendre, surtout dans les premiers temps de l'exploitation, à le voir diminuer, par suite de la mortalité et des rapatriements.

Il faudra se rendre compte des conditions d'hygiène du pays et s'enquérir des maladies endémiques et des épidémies, si fréquentes dans les pays intertropicaux.

L'extrême chaleur et des froids rigoureux, ainsi que les saisons pluvieuses prolongées, ralentissent ou arrêtent, pendant une partie importante de l'année, les travaux de mine et les transports; on doit donc en tenir le plus grand compte dans l'établissement d'un projet d'exploitation.

Considérations économiques. — Il est nécessaire, dans une exploitation, de pouvoir disposer de bois en planches, en poutres et en poteaux, soit pour les soutènements dans les galeries, soit pour la construction de hangars ou d'habitations ouvrières, permanentes ou temporaires. On étudiera donc l'importance des forêts, et surtout la nature des essences et les dimensions des arbres qui les composent. Il sera utile aussi de connaître les centres industriels qui ont fourni le matériel des installations voisines, s'il y en a; de s'enquérir des droits de douane, des prix du fret, du moyen de déchargement dans les ports, et, en général, de tous les éléments nécessaires pour calculer, le plus exactement possible, le prix de revient des machines et des matériaux de construction, rendus à pied d'œuvre. On pourra avoir besoin de ces renseignements, pour établir des constructions métalliques, ou pour installer l'extraction ou la préparation des minerais. Aucun détail ne doit être omis, et il sera très important de connaître le prix de la main-d'œuvre, ses variations possibles et leurs causes, les besoins du pays, le développement de son industrie, ses importations et ses exportations, sa législation minière, son organisation politique et administrative, et de se rendre compte de l'accueil qu'y reçoivent les chefs d'industrie et les ouvriers étrangers. En un mot, l'ingénieur prospecteur devra s'attacher, pour l'étude d'un gisement, non seulement à des considérations géologiques, mais encore à toutes les indications susceptibles de le renseigner complètement sur le prix de revient et sur le prix de vente probables du minerai ou de la roche à exploiter.

Prise d'essai. — On devra apporter le plus grand soin dans le choix des points où l'on prélèvera les échantillons et faire tous ses efforts pour arriver à une moyenne exacte

CONSIDÉRATIONS GÉNÉRALES

par des attaques multiples. Il faut se prémunir contre les différences de compacité des diverses roches, surtout quand on prélève des échantillons au moyen de coups de mine ; la gangue que abattue par un explosif contiendra souvent plus de matières utiles que n'en contient le gisement en moyenne, parce que les sulfures et les chlorures métalliques, par exemple, sont en général plus tendres et plus portés à s'effriter et à tomber que les roches encaissantes ; on devra donc, dans ce cas surtout, multiplier les prises d'essai et mélanger une quantité importante de minerai, sur laquelle on prélèvera des échantillons définitifs, par l'une des méthodes suivantes :

Pour une prise d'essai méthodique, on fait avec le minerai un tas circulaire de 1 mètre de haut et de 3 à 10 mètres de diamètre, puis on pratique une tranchée suivant un diamètre ; on pulvérise les matières qu'on en retire,

Fig. — Prise d'essai par tas circulaire.

et on les remet dans la tranchée, après laquelle on recommence la même opération suivant le diamètre à angle droit, jusqu'à ce qu'il n'y ait plus que quelques mètres cubes de minerai, représentant bien la composition moyenne d'un tas.

On peut également faire des tas rectangulaires, suivant la méthode anglaise, ayant de 1 mètre de haut, 2 à 3 mètres de large et 8 à 10 mètres de long ; sur la surface on dessine un damier et on enlève le minerai compris dans un certain nombre de cases systématiquement choisies (Voir *fig.* 56).

Sur le minerai ainsi prélevé, on fait de nouvelles prises, jusqu'à ce qu'on n'en ait plus que la quantité voulue ;

3° Aux États-Unis, on a essayé, pour les métaux précieux, de faire des prises d'essai mécanique.

Le minerai versé dans une trémie tombe sur la pointe d'un cône ; au moyen d'une glissière ou d'un secteur évidé on isole ce qui tombe sur un dixième de la circonférence.

L'analyse chimique ou minéralogique fournit ensuite la composition exacte du minerai.

Essais sur place. — Laboratoire de voyage. — Outre les analyses, que l'on fera effectuer dans des laboratoires spéciaux, officiels ou non, il sera bon de procéder sur place à divers essais et même à des analyses rapides, surtout s'il s'agit de gisements non encore reconnus, il y aura lieu de faire les essais tantôt par voie sèche, tantôt par voie humide.

Il sera donc indispensable d'emporter avec soi un matériel de laboratoire, réduit au strict nécessaire, si la région à explorer est éloignée de tout centre industriel.

Au premier rang des appareils indispensables à tout prospecteur, il faut placer une paire de bonnes balances, avec des séries de poids correspondants. L'une, pour les pesées délicates, pourra peser, par exemple, 1 gramme au centième de milligramme près, et l'autre pourra peser 2 ou 300 grammes au centigramme près. Le laboratoire portatif devra comprendre, en outre, les ustensiles nécessaires pour pulvériser les roches (mortier en fonte, en porcelaine, pilons, marteaux, enclume en acier, ciseau à froid) et pour faire des essais par voie sèche et des coupellations (coupelles, moules à coupelles, moufles, creusets, fourneau à moufles, pinces à creusets, pinces à coupelles, pinces et brosses à boutons, tubes à essai, scarificateur, moules et pinces à scarificateur).

Pour les essais par voie humide, on prendra des capsules, des ballons d'essai, des burettes, des flacons séparateurs ; comme produits indispensables, du borax ordinaire et vitrifié, du plomb à essayer, du plomb granulé, de la litharge (10 kilogrammes), du bicarbonate de soude (10 kilogrammes), de l'azotate de potasse (2 kilogrammes), de la cendre d'os (10 kilogrammes), de l'argent en lamelles (25 grammes), de l'acide chlorhydrique (3 litres), de l'acide azotique (3 litres), de la silice, de l'ammoniaque et du sulfure d'ammonium.

On pourra fabriquer soi-même les coupelles, au moyen d'un moule spécial dans lequel on comprimera avec un mandrin la cendre d'os humide. A la rigueur, on peut préparer soi-même la cendre d'os en brûlant des carcasses de moutons ou de chevaux.

Enfin l'on devra se munir d'un microscope polarisant et de ses divers accessoires, tourmaline, mica-quart-d'onde, etc., si l'on veut procéder à un examen micrographique des roches rencontrées. Pour reconnaître rapidement les espèces minérales d'après leur dureté, on se servira d'une pointe d'acier. L'essai au tube ouvert se fera dans des tubes à essais en verre, que l'on soutiendra au moyen d'une pince en bois au-dessus de la flamme d'une lampe à alcool.

Essai au chalumeau. — Une excellente méthode d'information est l'essai au chalumeau, soit avec le borax, soit avec le sel de phosphore. Suivant l'aspect des perles obtenues, on peut déterminer la plupart des espèces minérales d'une manière très nette et très rapide; on trouvera dans l'*Agenda du Chimiste*, publié par la maison Hachette, tous les renseignements nécessaires pour les essais au chalumeau.

Il n'est cependant pas inutile de citer ici un résumé des diverses opérations de l'analyse au chalumeau, qui permettra au prospecteur de reconnaître en quelques instants le minerai qu'il aura rencontré.

ESSAI AU CHALUMEAU

RÉSUMÉ DES DIVERSES OPÉRATIONS

I. Examen du minerai chauffé dans un tube fermé.
II. —   —   —   —   ouvert.
III. Examen sur le charbon sans réactif.
IV. —   —   —   avec réactif.
V. Sur la pince à bouts de platine.
VI. Sur le fil de platine avec borax ou sel de phosphore.

I. — Examen dans le tube fermé

Gypse ($CaOSO^3 + 2Aq$). — Dégagement d'eau.
Pyrite (FeS^2). — Dégagement de S.
Mispickel (FeAsS). — Sublimé rouge de sulfure d'As, puis sublimé métallique d'As.
Cuivre gris [$SbS^3 + 4(Cu^2Fe)S$]. — Sublimé rouge de sulfure de Sb.
Cinabre (HgS). — Sublimé de sulfure de Hg. Si on le mélange à la soude, on obtient du Hg.

II. — Examen dans le tube ouvert

Smaltine (cobalt arsénical). — Sublimé d'acide arsénieux, puis fumées blanches.
Cuivre gris. — Sublimé d'oxyde d'antimoine et dégagement d'acide sulfureux.

III. — Essais sur le charbon sans réactif

1° *Réduction*

Cérusite (PbO, CO^2). — Fond et donne du plomb.

2° *Grillage*

Chalcosine (Cu^2S). — Fond, dégage de l'acide sulfureux.
Cuivre gris. — Fond, dégage de l'oxyde d'antimoine et de l'acide sulfureux.

IV. — Essais sur le charbon avec réactifs

1° *Réduction avec la soude*

Pyromorphite (plomb phosphaté). — Donne du plomb métallique.
Malachite (cuivre carbonaté vert). — Donne du cuivre.

2° *Réduction avec soude et oxalate de potasse*

Étain oxydé. — Étain.

3° *Essais sur le charbon avec réactif au nitrate de cobalt*

Gioberlite (magnésie carbonatée). — Prend une coloration rose pâle.
Zincenise (zinc hydrocarboné). — Prend une coloration verte.
Kaolin (silicate d'alumine hydraté). — Prend une coloration bleue.

V. — Essais avec la pince a bouts de platine

1° *Fusibilité*

Mésotype (hydrosilicate d'alumine et de soude). — Fond facilement et colore la flamme en jaune.
Grenat almandin (silicate d'alumine et de FeO). — Fond assez facilement et devient noir et magnétique.
Épidote (silicate d'Al^{2}O^3, Fe^{2}O^3, CaO + un peu d'eau). — Fond assez facilement en une masse noire.
Orthose (silicate d'Al^{2}O^3 et de KO). — Fond difficilement sur les bords.

2° *Coloration de la flamme*

Lépidolite (mica lithifère). — Flamme rouge.
Withérite (baryte carbonatée). — Flamme vert pâle.
Strontianite (strontiane carbonatée). — Flamme rouge.

VI. — Essais sur le fil de platine avec borax

Acerdèse (H^{2}O, Mn^{2}O^3). — Perle rouge améthyste, incolore à la réduction.
Malachite. — Perle bleue, rouge au feu de réduction.
Oligiste. — Perle jaune, vert bouteille à la réduction.
Smaltine. — Après grillage, le globule donne successivement, sur la coupelle, les réactions du fer, du cobalt et du nickel.

$$Fe = jaune$$
$$Co = bleu$$
$$Ni = brun.$$

On doit à M. Stanislas Meunier un moyen original de reconnaître exactement, sans aucune difficulté et sans analyse compliquée, tout minerai et toute roche rencontrés au cours d'une prospection. (Voir la *Lithologie pratique*, par St. Meunier; Dunod, éditeur; pages 176 à 198.)

Les prospecteurs qui auront employé une fois ce procédé d'investigation s'en serviront constamment par la suite.

DIVISIONS DE CE TRAITÉ DE GÉOLOGIE APPLIQUÉE

Après cet exposé indispensable pour fixer les idées de l'ingénieur géologue, quelle que soit la prospection qu'il peut avoir à accomplir, recherche de roches, de matériaux de construction ou de minéraux quelconques, cet ouvrage comprendra l'examen successif des divers matériaux que renferme notre globe, et qui sont susceptibles d'être utilisés par l'industrie, les arts ou les divers besoins de l'humanité, et l'indication, pour chacun d'eux, des particularités les plus intéressantes, qui ont été constatées jusqu'à ce jour dans les gisements exploités ou même seulement reconnus.

Classifications diverses. — Pour la classification des matières que l'on doit étudier dans ce traité, nous pouvions choisir entre quatre systèmes correspondant respectivement aux caractères chimiques, géologiques, géographiques et aux applications pratiques de chaque minéral.

I. La classification chimique, qui est souvent employée, présente de nombreux inconvénients pour l'étude qui nous occupe.

Des corps dont les affinités chimiques sont indéniables, comme le carbone et le bore, ont des gisements ne présentant aucune analogie. Certains éléments qu'amène la nomenclature chimique n'ont aucune importance minéralogique, l'iode, par exemple, tiré exclusivement des cendres de varech, d'ordre végétal par conséquent; d'autres, comme l'oxygène, le corps le plus répandu à la surface de la terre et celui dont l'influence chimique est prépondérante, doivent être forcément passés sous silence dans un traité de géologie appliquée.

De plus, les composés binaires se rencontrent deux fois: le chlorure de sodium, s'il est étudié à propos du sodium, devrait au moins être cité au chapitre du chlore. Les silicates sont séparés de certains aluminates auxquels les rattachent cependant une série de composés mixtes et de roches complexes.

II. D'autre part, la classification ne peut reposer sur des

caractères géologiques. Un même corps, la pyrite cuivreuse par exemple, est d'origine filonienne à Rio-Tinto, tandis qu'au Rammelsberg, dans un gisement très analogue, il est d'origine nettement sédimentaire. — L'or, l'un des métaux les plus anciens, se rencontre dans des filons de quartz appartenant à l'ère primaire dans les conglomérats cambriens des montagnes Rocheuses, par exemple; ce même métal se retrouve dans des filons aurifères de la Transylvanie, du Colorado, de l'Autriche, qui appartiennent à la fin de l'ère tertiaire.

Il en est de même pour l'étain, qui se rencontre dans des granulites dévoniennes et aussi dans des couches tertiaires de Toscane.

Le mercure, le plomb, etc., se rencontrent dans des terrains appartenant à des formations tout à fait différentes.

Certains minerais, d'origine uniquement sédimentaire, appartiennent aussi très souvent à différents âges géologiques (houille, calcaire, etc.).

III. On pourrait, à la rigueur, admettre une classification géographique permettant à l'ingénieur qui séjourne dans une contrée de retrouver facilement tous les gisements qui se trouvent dans son voisinage. Mais cette classification présente divers inconvénients :

L'ingénieur ou le conducteur de travaux publics, par exemple, n'aura besoin que de renseignements sur les matériaux de construction, granite, pierres à chaux ou à ciment, calcaires, ardoises, etc., et, dans les divers chapitres de la classification géographique, ces renseignements se trouveront noyés au milieu d'indications sur les minerais métallifères ou autres.

Ce même agent ne pourra pas embrasser rapidement, dans un ouvrage ainsi disposé, l'ensemble des gisements des matériaux qui l'intéressent, ni découvrir, par suite, les gisements des contrées voisines auxquels il pourrait avoir recours.

Si la contrée qu'il habite ne possède pas de calcaire donnant l'espèce de chaux dont il a besoin, la chaux hydraulique, par exemple, il faut qu'il puisse trouver facilement dans quelle contrée voisine il rencontrera l'argile, dans quelle autre le carbonate de chaux, qui pourront lui fournir, après mélange et calcination, la chaux hydraulique dont il aura besoin.

Il est évident aussi que la recherche ou l'étude de sources minérales, par exemple, sera facilitée si, dans un traité de géologie appliquée, on trouve au même chapitre toutes les indications sur les venues thermales, sans avoir à compulser tout l'ouvrage pour y étudier le régime des eaux minérales dans chaque contrée.

IV. En présence de la presque impossibilité d'établir une classification rationnelle, il paraît sage de se contenter d'une classification pratique.

Notre nomenclature ne comprendra, du reste, que les corps qui se présentent en masse importante dans la nature ou qui ont dans les arts une utilité particulière. On ne traitera pas de métaux tels que le ruthénium, dont l'histoire n'appartient pas plus à la géologie que sa préparation ne dépend de la métallurgie, et il a paru inutile de s'appesantir sur des corps tels que le sélénium, qui est d'un usage très restreint, non plus que sur certains autres corps, tels que ceux que l'on ne trouve, comme l'iode, que dans les eaux de la mer et en bien faibles proportions.

La plupart de ces corps sont du domaine de la chimie industrielle plutôt que de la géologie.

Classification adoptée. — La classification adoptée dans ce traité de géologie pratique est basée sur l'utilisation des matériaux. Les plus employés et les plus répandus seront examinés tout d'abord ; ainsi les premiers chapitres traiteront des matériaux de construction et des minerais employés pour la métallurgie ; les chapitres suivants comprendront les combustibles, les hydrocarbures, les minéraux employés dans les industries chimiques et dans l'agriculture et, en dernier lieu, sera placée l'étude des minerais des métaux rares et des pierres dites précieuses.

Divisions des chapitres. — Dans chaque chapitre les minéraux seront classés suivant leur importance industrielle ; pour chacun d'eux, on indiquera successivement :

1° Les caractères distinctifs du corps à étudier et les propriétés physiques et chimiques permettant de le reconnaître ;

2° Les divers usages et les conditions d'emploi du corps et de ses composés ;

3° Les divers minerais d'où il peut être tiré, avec leur géogénie, s'il y a lieu ;

4° Les gisements connus exploités ou non, la description détaillée des principaux d'entre eux et des modes d'exploitation employés, avec leur prix de revient ;

5° La production de chaque minerai pendant les dernières années avec le prix de vente, pour le monde entier, et des renseignements statistiques, économiques et commerciaux pour les principales exploitations ;

6° Une bibliographie complète pour chaque corps, permettant de trouver les renseignements les plus récents et les plus détaillés pour les matériaux et les minerais dont on veut approfondir l'étude.

L'on rencontrera, au cours de cet ouvrage, un certain nombre de renseignements empruntés aux études si documentées et si complètes de MM. Nivoit (*Géologie appliquée à l'art de l'ingénieur*), Stanislas Meunier (*Géologie pratique*), Haton de la Goupillière (*Cours d'exploitation des mines*) et de Lapparent (*Traité de Géologie*), aux documents laissés par M. Fuchs, ingénieur en chef des Mines, et surtout au cours professé à l'École supérieure des Mines de Paris par notre éminent maître, M. L. de Launay.

Nous renvoyons à ces divers auteurs ceux de nos lecteurs qui voudront étudier plus complètement un des gisements qui n'aura pu souvent être qu'effleuré dans le cadre restreint de cet ouvrage.

A ces diverses sources de renseignements nous avons joint le résultat de nos recherches et observations personnelles faites au cours de fréquentes missions et de voyages d'études dans divers pays et pour de nombreux minerais, tels que, notamment :

Les gisements hydrocarburés, pétrole, asphalte, bitume, ozokérite, etc., de la Galicie, la Hongrie, l'Italie, la Limagne, l'Hérault, les Landes, etc. ; les gisements houillers et anthracifères de France et de Belgique, les lignites de Hongrie, de Styrie, d'Autriche, d'Allemagne et d'Italie, les ardoisières des Ardennes, les gîtes manganésifères des Pyrénées; divers gisements de minerais de fer ; les minerais de plomb argentifère de Freiberg; les marbres du Boulonnais et de l'Italie et les calcaires de Soignies, d'Écaussine, etc.

Nous espérons que les lecteurs de la Bibliothèque du Conducteur de travaux publics pourront trouver dans cet ouvrage quelques renseignements qui leur seront utiles pour leurs travaux, soit comme constructeurs, pour les matériaux qu'ils auront à employer, soit comme prospecteurs, pour les gisements qu'ils auront à reconnaître en vue d'une exploitation à venir.

Le *Précis de Géologie générale* qui précède ce *Traité de Géologie et de Minéralogie appliquées* renferme des éléments de minéralogie et de paléontologie. Cet abrégé de géologie, très succinct, contient les principaux renseignements sur la formation du globe terrestre et sur les divers terrains que renferme notre planète, avec leur ordre de dépôt. On y trouvera tous les éléments nécessaires à l'étude des terrains où l'on rencontre les minéraux dont les gisements sont passés en revue dans les chapitres qui vont suivre.

CHAPITRE II

MATÉRIAUX DE CONSTRUCTION ET ROCHES EMPLOYÉES DANS LES TRAVAUX PUBLICS

Ce chapitre comprend l'étude des matériaux de construction et des matières employées dans les travaux publics; on en exceptera les minerais métalliques, qui ne sont généralement utilisés dans les constructions qu'après une transformation préalable; ces minerais feront l'objet du chapitre suivant.

On peut diviser cette étude, pour plus de facilité, en deux parties principales, d'après l'origine et la formation des matériaux:

1° Les roches ignées ou éruptives;
2° Les roches sédimentaires.

Définition. — On appelle roche une substance minérale assez répandue dans la nature pour pouvoir être considérée comme partie intrinsèque de l'écorce terrestre.

Caractères généraux des roches. — On trouvera, dans le premier chapitre de ce traité, le moyen de reconnaître la roche ou le minerai que l'on veut exploiter ou employer; on ne reviendra pas ici sur ce point; mais il est utile, en ce qui concerne particulièrement les roches, de se rendre compte rapidement de certaines de leurs propriétés et de leurs qualités relatives à l'emploi auquel elles sont destinées.

Ces diverses propriétés sont:

La dureté, la résistance, la ténacité, la flexibilité, la densité, la structure, l'homogénéité, l'altérabilité sous l'influence des éléments atmosphériques, de la chaleur ou de la gelée.

Selon la propriété prédominante dans chaque roche, on l'emploie comme fondations, comme pierre à bâtir pour les habitations ou pour les monuments plus durables, comme couverture de bâtiment, comme pavage des rues, bordure des trottoirs ou empierrement des routes, ou comme décoration des édifices.

On indiquera, pour chaque roche, les qualités qui lui sont propres et qui la font rechercher plus particulièrement pour les divers besoins des constructions ou des travaux publics.

Première partie. — ROCHES ÉRUPTIVES OU IGNÉES

On peut voir, dans le *Précis de Géologie* qui précède ce *Traité de Géologie et de Minéralogie appliquées*, que les roches éruptives ont été classées en roches anciennes et modernes, acides et basiques. Une classification aussi détaillée, indispensable pour l'étude théorique des roches, l'est beaucoup moins au point de vue de leur utilisation, qui seule intéresse le constructeur. Pratiquement la composition microscopique est indifférente ; au contraire, l'apparence peut jouer un rôle important, aussi distinguera-t-on les roches éruptives en trois catégories, suivant leurs caractères extérieurs.

On appellera *roches granitiques*, les roches formées d'éléments de grandeur de même ordre ; *porphyriques*, celles qui présentent de grands cristaux tranchant sur une pâte, quelle que soit, d'ailleurs, la nature de cette pâte ; et, enfin, *roches volcaniques* ou *laves*, les roches vitreuses sans cristaux.

1° ROCHES GRANITIQUES

Les roches granitiques sont formées de trois éléments principaux : quartz, feldspath et mica, ce dernier pouvant

MATÉRIAUX DE CONSTRUCTION

être remplacé par différents minéraux magnésiens, par exemple par de l'amphibole. Elles sont formées de cristaux soudés entre eux, qui se cassent suivant des angles très aigus, et elles présentent un poids spécifique élevé, de 2.600 kilogrammes au moins par mètre cube.

Elles ne font pas effervescence sous l'action des acides et durcissent au feu sans donner de chaux ni de plâtre.

Gisements. — Le granite (*fig.* 57), très abondant à la surface du globe, l'est certainement davantage encore aux niveaux inférieurs, puisqu'il s'est formé en profondeur sous des pressions considérables et qu'il a fallu des accidents particuliers pour l'amener au jour; de plus, comme son apparition a commencé aux époques les plus reculées de l'histoire géologique, il a dû en bien des points

Fig. 57. — Granite.

être recouvert par des formations plus récentes. Le *gneiss* et le *micaschiste*, qui sont des roches granitiques, forment l'écorce primitive qui s'est étendue sur toute la surface du globe.

Le granite apparaît principalement dans les régions montagneuses d'Angleterre, d'Écosse, de Scandinavie, de Finlande, de Bohême, de Wurtemberg et d'Espagne. En France, on l'exploite plus particulièrement en Bretagne, en Normandie, dans l'Auvergne, le Limousin, les Vosges, la Côte-d'Or, les Pyrénées et les Alpes.

A. — Granites employés dans la construction

L'usage le plus fréquent du granite est celui qu'on en fait dans les constructions. Il s'y prête parfaitement, à cause des trois propriétés qu'il réunit à un haut degré : dureté, résistance, élasticité; il les doit à ses trois éléments : le quartz, qui forme un squelette dur; le feldspath, qui constitue un élément donnant la résistance; le mica, qui lui communique son élasticité.

La résistance à l'écrasement est d'autant plus grande que le grain est plus fin : pour les granites à petits éléments prenant bien le poli, elle peut s'élever à 1.500 kilogrammes par centimètre carré; pour des granites grossiers, elle est encore de 500 kilogrammes par centimètre carré, ce qui représente sept à dix fois la résistance du marbre blanc veiné le plus dur.

L'inconvénient de ces matériaux est la difficulté de la taille, qui en élève beaucoup le prix. Le granite vaut, à Paris, de 200 à 250 francs le mètre cube. L'exploitation du granite se fait à l'aide des fourneaux de mine, au moyen desquels on en fait sauter de grands quartiers; on taille aussi les faces extérieure et supérieure, et on fait éclater avec des coins en bois qu'on imprègne d'eau pour les faire enfler.

Le granite est particulièrement propre à la construction des monuments auxquels on veut assurer la durée; on peut citer les suivants : l'abbaye du Mont-Saint-Michel, qui a été sculptée dans le granite de Normandie, malgré le voisinage des excellents calcaires du Calvados; le couvent de l'Escurial est en granite de Guadarrama; la cathédrale de Saint-Pétersbourg, la colonne de l'Empereur Alexandre et les fortifications de Cronstadt sont en granite de Finlande; malheureusement les granites de Finlande ne sont pas absolument inaltérables; au cours des variations de la température, ils s'effritent par suite de la kaolinisation du feldspath.

DIFFÉRENTES VARIÉTÉS DE GRANITE. — Différentes variétés de granite peuvent être utilement employées dans la construction :

PROTOGINE. — En Savoie, près de Saint-Jean-de-Maurienne, les carrières d'Épierre donnent un granite blanchâtre nuancé de vert appartenant à la variété dite *protogine* (fig. 58), très employée dans la région jusqu'à Lyon et Saint-Étienne. Ce granite a servi à construire le soubassement de la banque de France à Chambéry. Sa résistance à l'écrasement est d'environ 1.200 kilogrammes par centimètre carré. Son prix varie de 35 à 40 francs le mètre cube sur carrière. Les exploitations de Bonjean, dans la Côte-d'Or, produisent un très beau granite à *feldspath rose;* elles ont fourni le piédestal de la statue de Vercingétorix, à Alise-Sainte-Reine.

Fig. 58. — L'aiguille verte (mont Blanc). *Protogine*.

Leptynite. — Près d'Annonay, dans l'Ardèche, on exploite une *leptynite* très dure, blanc grisâtre, à grain fin; on en a construit les ouvrages d'art et les églises de la région.

Syénite. — La *syénite*, qui est un granite où le hornblende remplace le mica, doit à cette circonstance d'être susceptible d'un beau poli qui la rend propre à l'ornementation.

Les fûts de colonne du vestibule de l'Opéra sont en syénite rouge-corail provenant de Servance (Haute-Saône). On y trouve aussi une autre variété appelée *granite feuille morte* dont sont faites les colonnes du square des Arts et Métiers et celles de l'avenue de l'Observatoire.

Des environs de Remiremont dans les Vosges on exporte aussi, au loin, une syénite feuille morte; on peut en voir un échantillon dans le dallage du Panthéon. Le prix de revient du mètre cube poli est de 100 francs à Épinal.

Les Égyptiens préféraient pour leurs constructions le granite au calcaire, et, bien qu'ils eussent celui-ci à leur disposition, ils faisaient venir un beau granite rouge amphibolifère des environs de Syène, ville d'où vient le nom de syénite. C'est avec cette pierre qu'est édifié l'obélisque de Louqsor dont le piédestal sort des carrières de Lober dans le Finistère. De ces grandes carrières qui occupent plus de trois cents ouvriers, on tire un beau granite gris clair prenant bien le poli.

Diorite. — La *diorite*, qui contient beaucoup de mica, se polit moins facilement; mais le mica lui communique une belle couleur noire, qui la fait apprécier pour les monuments funéraires.

Kersantite. — La *kersantite*, qui décore aussi beaucoup de cimetières, se rencontre souvent dans les églises gothiques et les calvaires de la Bretagne.

Euphotide. — L'*euphotide* est exploitée dans le Piémont; elle a servi à élever la chapelle des Médicis et l'église San Lorenzo, à Florence.

Le *gneiss* et le *micaschiste* sont trop feuilletés pour entrer dans la composition des monuments. Dans le Limousin et la Toscane on les utilise comme *moellons;* ils ont l'avantage de se débiter facilement suivant des plans parallèles.

B. — Granites employés dans les travaux publics

Le granite est encore employé dans l'exécution des travaux publics; il ne craint ni l'action de l'eau douce, ni celle de l'eau de la mer, et est particulièrement indiqué pour les travaux de port et les murs de quai.

Pour le port de Cherbourg on s'est servi d'une syénite porphyroïde rose provenant des carrières de Fermonville, dans la Manche. Le prix de revient n'était que de 30 francs le mètre cube pris à la carrière.

C. — Granites pour pavage

Les qualités de résistance à l'usure et d'élasticité, que le granite doit à sa composition, le rendent encore propre à faire des dalles, des bordures, et à servir à l'empierrement des routes.

Pegmatite. — A Paris, on se sert, pour le dallage, d'un granite à grains fins, riche en mica, qu'on trouve abondamment en Normandie et en Bretagne. Des carrières de Beltière, près Vire, on tire pour l'empierrement une pegmatite, ou roche à gros cristaux, dans laquelle le quartz et le feldspath de couleur blanche prédominent.

HYALOMICTE. — L'*hyalomicte* des environs de Lamballe, en Bretagne, sert au même usage. C'est un granite sans feldspath. Aux carrières d'Épierre dont il a été question à propos de la protogine, on exploite aussi une diorite pour pavés. L'hyalomicte doit à l'amphibole une ténacité particulière; mais, à l'usage, elle devient polie et glissante.

MINETTE. — On exploite dans les Vosges, pour l'empierrement des routes, un granite micacé appelé minette, qui est brunâtre, très tenace, mais qui se désagrège quelquefois par la décomposition de ses éléments.

Le prix de revient de ces divers matériaux varie de 30 à 80 francs pris à la carrière; la taille de la face supérieure coûte 25 francs le mètre carré à Paris, transport et taille compris; pour les dalles et bordures de trottoirs, il faut compter 150 francs le mètre cube.

FELDSPATH (pétrosilex). — On peut ajouter à cette série de roches le feldspath, qui est un des trois éléments constitutifs du granite.

Le feldspath orthose est très dur et bien homogène à l'état compact; il est connu sous le nom de pétrosilex. Il est alors impur et présente des cassures écailleuses. Il ressemble au silex dont il ne peut être distingué que par sa fusibilité au chalumeau.

Le *pétrosilex* est employé spécialement pour l'empierrement des routes et la préparation du macadam. Chez les Anciens et encore aujourd'hui chez les Esquimaux, on en fait des armes et des instruments. Quelquefois il sert dans les constructions comme pierre d'appareil.

On trouve le pétrosilex, appelé aussi *Eurite*, dans les terrains cristallins primitifs des étages du gneiss et des talcschistes, notamment en *Bretagne*, au *Saint-Gothard*, au *Canada*, etc.

D. — Granites pour meules

L'emploi du granite pour la confection des meules est aussi justifié par sa grande résistance à l'écrasement et sa faible usure au frottement; mais il faut, pour les meules, du granite à grains fins qu'on trouve principalement en Hollande, en Allemagne et en Russie. En France, on trouve une variété de protogine exploitée en Savoie, qui convient à cet usage.

Les morceaux de petites dimensions sont taillés pour bordures de trottoirs.

E. — Matériaux réfractaires

Quand le mica se développe aux dépens des autres éléments, le granite devient réfractaire et peut servir à la construction des fours. Il offre d'ailleurs, dans ce cas, une dureté beaucoup moins grande et se débite à la scie à dents.

GNEISS ET MICASCHISTE. — Le gneiss sert surtout comme produit réfractaire. En Toscane, on fait aussi des matériaux réfractaires avec du micaschiste.

TALCSCHISTE. — En Moscovie, le *talcschiste* s'y prête mieux encore.

Si l'on veut classer d'après leur nature minéralogique les diverses roches granitoïdes étudiées ci-dessus, on obtient le tableau suivant :

Granites feldspathiques.........	Gneiss. Leptynite. Pegmatite. Protogine.
Granites micacés	Hyalomicte. Kersantite. Minette. Micaschiste. Talcschiste.
Granites amphiboliques.........	Amphibolite. Diorite. Syénite.
Granite pyroxénique	Euphotide.

2° ROCHES PORPHYRIQUES

Les roches porphyriques sont assez peu employées dans la construction. Ces pierres sont cependant parmi les plus dures et les plus tenaces qu'on puisse rencontrer; elles résistent bien aux chocs et à l'écrasement, mais elles sont d'une taille difficile, à acuse de leur dureté même; elles sont estimées pour l'ornementation, par suite du beau poli dont elles sont susceptibles.

On les classe généralement d'après la prédominance de l'un des éléments qui les composent, en :

Porphyre feldspathique;
— quartzifère;
— pyroxénique;
— amphibolique;
Serpentine;
Trapps.

PORPHYRE FELDSPATHIQUE. — Le porphyre feldspathique est employé à peu près uniquement comme pierre d'ornement pour la décoration des édifices. On en a fait aussi des obélisques, des vases, des baignoires, etc.

Usages. — La taille du porphyre se fait au moyen du diamant noir. Les principaux centres de cette industrie sont à Florence, à Ékaterinembourg en Russie et à Elfdalen en Suède.

Le plus estimé chez les Romains était le porphyre rouge, qui est le type caractéristique de cette roche (πορφυρα = roche rouge).

Ce porphyre, très remarquable, a été employé pour

Fig. 59. — Porphyre.

les colonnes de Sainte-Sophie à Constantinople, l'obélisque de Sixte-Quint à Rome, le palais du Quirinal et les monuments anciens de Rome, d'Aix, d'Arles et d'Orange. A Paris et en Bretagne, à Brest notamment, le porphyre (*fig.* 59) a été utilisé pour le pavage des rues, bien que la propriété qu'il a de se laisser polir facilement présente l'inconvénient de rendre les chaussées pavées en porphyre dangereuses et glissantes à la longue.

Gisements. — Il existe des gisements de porphyre feldspathique dans les Vosges, le Morvan, l'Esterel, en Corse à Girolata, et en Égypte au Djebel-Dokhan où le gisement est abandonné et pourrait difficilement être repris aujourd'hui.

Dans le Palatinat à Kreutznach, il existe un gisement de porphyre feldspathique dans lequel la roche est divisée en zones superposées formées de nappes prismatiques à éléments sensiblement verticaux de 20 centimètres de diamètre et de 3 mètres de hauteur en moyenne. On peut en conclure que le porphyre s'est étendu horizontalement lors de sa formation, ce qui peut, dans certains cas, faciliter la recherche du prolongement d'un gîte de porphyre.

PORPHYRE QUARTZIFÈRE. — Les usages du porphyre quartzifère sont les mêmes que ceux du porphyre feldspathique.

Gisements. — Les principaux gisements sont ceux de Montchérus (Nièvre), où l'on trouve un porphyre blanc verdâtre et rouge. Le massif exploitable est vraisemblablement très étendu, à en juger par les travaux qui y ont déjà été effectués. Dans le Limousin et près des gîtes stannifères du Cornwall, on trouve un porphyre quartzifère gris clair; on rencontre encore cette roche à Lessines et à Quénart, dans le Hainaut belge. C'est de là qu'elle est envoyée à Paris pour le pavage des rues.

Prix de vente. — Les porphyres quartzifères et feldspathiques sont vendus de 40 à 50 francs le mètre cube sur place, en général; leur poids est de 2.450 kilogrammes au mètre cube, et leur résistance à l'écrasement est en moyenne de 900 kilogrammes par centimètre carré.

PORPHYRE PYROXÉNIQUE. — Le porphyre pyroxénique, appelé aussi *mélaphyre*, contient, comme son nom l'indique, une pâte où le pyroxène prédomine avec des cristaux de Labrador; il ne renferme pas de quartz.

Usages. — Le mélaphyre, d'un beau vert foncé, dont le

type est le « porphyre vert antique », si apprécié en Grèce et en Italie, sert à la décoration des édifices : mosaïque de Sainte-Marie-Majeure à Rome, soubassement des colonnes du vestibule de l'Opéra de Paris; tombeau de Napoléon aux Invalides, etc.

Gisements. — Les principaux gisements du porphyre pyroxénique se trouvent dans la Laconie près de Sparte, dans les Vosges et dans l'Estérel, dans le lit de la Durance qui charrie des cailloux roulés de porphyre, provenant des Alpes.

PORPHYRE AMPHIBOLIQUE. — Le porphyre amphibolique à pâte également verdâtre est composé principalement de labrador et d'oligoclase.

Les *ophites* que l'on trouve dans les Pyrénées, et qui viennent pointer à travers le tertiaire des Landes, sont une variété de porphyre amphibolique.

Usages. — Ces porphyres durs et tenaces sont à peu près uniquement employés pour l'empierrement des chaussées.

Gisements. — On les rencontre dans les Pyrénées aux environs de Gavarnie, dans les Vosges, en Bretagne, à Dinan, etc.

SERPENTINE. — La serpentine est une roche à pâte formée de silicate de magnésie et de protoxyde de fer avec quelques éléments de diallage qui lui donnent l'aspect porphyroïde, et des veines de calcaire spathique blanc qui la font rechercher pour l'ornementation.

Propriétés physiques. — La serpentine est verdâtre ou brun marron; elle a la dureté du marbre et est susceptible d'un beau poli; mais elle a peu de cohésion et peu de résistance à l'écrasement.

Elle est souvent traversée par des fentes et, par suite, se présente rarement en blocs de grandes dimensions.

Usages. — Néanmoins on l'emploie pour faire des socles de statues et de petites colonnes; elle est même quelquefois utilisée comme pierre de taille.

La cathédrale de Florence est revêtue extérieurement de divers marbres et de plaques de serpentine.

En France, l'ancienne chartreuse de la Verne, près de Saint-Tropez, a été entièrement construite avec cette roche.

Gisements. — Les gisements de serpentine les plus connus se trouvent dans les Vosges, aux environs d'Éloyes (couleur verte avec nuances rouges variées), à Maurins dans les Hautes-Alpes (verte avec veines blanches), dans la Corse, l'île d'Elbe, la Toscane, au Prato.

La serpentine ne se décompose pas à l'air, de sorte que, dans les régions où affleure cette roche, on peut suivre facilement l'allure de son gisement en se guidant sur la végétation, qui est nulle le long des affleurements de serpentine, tandis que les massifs calcaires qui l'entourent, facilement décomposables sous l'action des agents atmosphériques, offrent aux végétaux un terrain plus propice à leur développement. Cette circonstance permet quelquefois de retrouver un filon de porphyre qui aurait été déplacé par une faille ou un bouleversement de terrains.

Prix de vente. — En Corse, près de Bastia, la serpentine est vendue à raison de 250 francs le mètre cube, sur place.

A Paris, on peut se procurer de la serpentine des Hautes-Alpes, au prix de 850 francs à 1.300 francs le mètre cube. On l'achète souvent en plaques, au prix de 35 à 50 francs le mètre carré, selon la qualité et la couleur.

Trapp. — Les trapps sont de composition assez variable, mais rentrent tous dans la catégorie des roches porphyriques. Ils présentent une pâte à grains très fins, de couleur brune ou verdâtre, et se rapprochent tantôt des porphyres amphiboliques, tantôt des mélaphyres.

Usages. — Les trapps sont employées pour l'empierrement des routes.

Gisements. — On trouve souvent les trapps au voisinage des bassins houillers, notamment à Brassac et à Commentry; on en trouve aussi dans les Vosges, en Bavière, à Oberstein, et au Canada (lac Supérieur).

Géogénie. — Les trapps se sont répandus, lors de leur formation, entre des couches stratifiées, grâce à la grande fluidité de la roche avant sa solidification.

Les terrains sédimentaires encaissants offrent moins de résistance aux agents atmosphériques; il s'ensuit assez souvent que de tels gisements (*fig.* 60) présentent l'apparence d'escaliers dont les trapps forment les saillies.

L'étendue de ces gisements, soit en nappes, soit en masses compactes, est parfois très considérable.

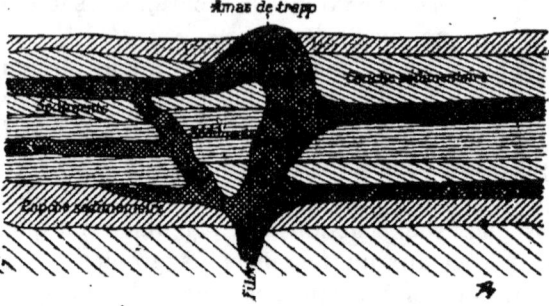

Fig. 60. — Gisement de trapp.

3° ROCHES VOLCANIQUES OU LAVES

Ce chapitre comprend les roches vitreuses sans cristaux, semblables à celles qu'on observe actuellement dans les éruptions volcaniques : laves, ponces, etc.

Ces roches se rapprochent, par leur composition minéralogique, des granites et des porphyres ; mais leurs caractères extérieurs sont bien distincts.

On peut réunir les diverses roches volcaniques en trois groupes principaux :

Les trachytes ;
Les basaltes ;
Les laves.

TRACHYTE. — Les trachytes comprendront les roches volcaniques feldspathiques, rudes au toucher (τραχυς = rude), composées d'une pâte vitreuse pouvant contenir des cristaux de pyroxène, d'amphibole, de mica et de fer oligiste.

Les variétés principales de trachyte sont : la liparite, la phonolite, l'obsidienne, la ponce et la dômite.

Usages. — On emploie les trachytes comme matériaux de construction. Ce sont des pierres très dures ayant une résistance de 300 à 900 kilogrammes par centimètre carré.

Elles peuvent servir pour les constructions et les monuments de longue durée. On s'en sert aussi pour faire des meules à grains.

La *ponce*, ou pierre ponce à l'état compact, peut être employée comme pierre de construction.

Le plus souvent elle est réduite en poudre et est employée pour le polissage de l'ivoire, de certaines pierres et de quelques métaux.

La *phonolite* est quelquefois employée comme ardoise grossière.

L'*obsidienne* a été employée pour faire des miroirs et des dards de flèches.

Le prix de vente des trachytes varie de 30 à 50 francs le mètre cube sur le lieu d'extraction.

Gisements. — Les principaux gisements de trachyte exploités se trouvent au Mont-Dore (phonolite), au Puy-de-Dôme (dômite), en Éthiopie, dans le Cantal et en Islande (obsidienne), dans les îles Lipari, dans la mer Tyrrhénienne, au Vésuve, à l'Etna, sur les bords du Rhin (ponce) et en Hongrie.

BASALTE. — Les basaltes sont des pierres noires formées principalement de pyroxène et de labrador; quand ces roches sont compactes, elles sont dures et très résistantes (jusqu'à 2.000 kilogrammes par centimètre carré); souvent elles se présentent à l'état prismatique, généralement à six pans.

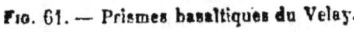

Fig. 61. — Prismes basaltiques du Velay.

Usages. — Les basaltes compacts font d'excellents matériaux de construction; mais leur couleur noire est souvent peu appréciée. Les basaltes prismatiques (*fig.* 61) sont tout désignés pour faire des bordures de trottoirs, des encadrements de fenêtres, etc. Montélimar est pavé en basalte. En Hollande, cette roche sert à la construction des digues; enfin on l'a employée quelquefois pour la confection d'objets d'art.

Gisements. — La plupart des régions volcaniques renferment des basaltes.

En Auvergne, dans le Cantal, dans le Velay, en Bohême, au Groenland, et en Islande notamment, on exploite de beaux gisements de basalte.

Lave. — Les laves sont des roches celluleuses et fendillées, rarement compactes (*fig.* 62).

Elles sont de formation récente (ère quaternaire); leur

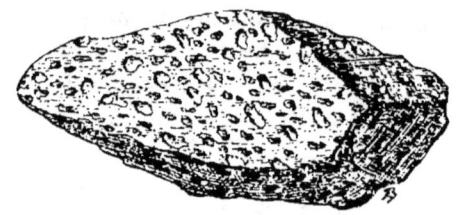

Fig. 62. — Lave.

composition se rapproche tantôt de celle des basaltes, tantôt de celle des trachytes. Agglomérées par un ciment, elles forment ce qu'on appelle des tufs volcaniques.

Usages. — On emploie souvent les laves comme matériaux de construction, à cause de la facilité avec laquelle elles prennent le mortier. Leur résistance est, d'ailleurs, assez forte, puisqu'elle atteint 300 et 400 kilogrammes par centimètre carré.

Les laves ont été employées autrefois comme dalles dans les rues de Paris; à Naples, elles sont employées au même usage; elles ont aussi servi à construire les fortifications d'Agde (Hérault) et le dôme de la cathédrale de Cologne.

Gisements. — Les gisements de lave exploités sont ceux du massif volcanique du Centre de la France, de Volvic (Puy-de-Dôme), de Vines (Aveyron), d'Agde (Hérault), d'Audernach (bords du Rhin), de l'île de la Réunion, du Mexique, de la Somma (Vésuve), etc.

La lave ordinaire (Puy-de-Dôme) se vend environ 30 francs le mètre cube sur le lieu d'extraction. La lave fine propre à la sculpture se vend jusqu'à 150 francs le mètre cube sur place.

Deuxième partie. — **ROCHES SÉDIMENTAIRES**

Les roches sédimentaires forment la plus grande partie de la surface terrestre et, sauf certaines contrées où l'action volcanique a été prépondérante, les roches éruptives n'apparaissent au milieu des terrains de dépôt que comme des massifs isolés.

Trois éléments principaux entrent dans la formation des roches sédimentaires : le calcaire, l'argile et la silice ; la houille peut aussi être regardée comme une roche sédimentaire, ainsi que les autres combustibles minéraux ; mais ils seront traités dans un chapitre spécial avec les carbures et leurs dérivés.

Classification adoptée. — Les roches sédimentaires se rencontrent dans presque toutes les formations géologiques, avec des conditions de dureté, de résistance ou d'aspect extérieur absolument indépendantes de l'étage auquel elles appartiennent.

Il est donc impossible d'adopter, pour ces roches, une classification géologique.

On les a divisées ici, d'après l'importance de leur utilisation pour les travaux publics et les constructions, en trois grandes catégories :

1° Les roches calcaires, comprenant les pierres à bâtir, le marbre, le gypse, la pierre à chaux, etc. ;

La craie, qui n'est pas employée pour les constructions, sera étudiée au chapitre des *Industries diverses* ;

2° Les roches siliceuses, comprenant le silex, la pierre meulière, le grès, les sables quartzeux, etc. ;

3° Les roches argileuses, comprenant l'argile, le pisé, le schiste et les ardoises.

I. — Roches calcaires

Caractères généraux. — Le calcaire est une roche formée de carbonate de chaux, qui tient en faibles proportions des oxydes de fer et de manganèse et qui est presque toujours mélangée d'argile et de sable.

Les calcaires compacts et les marbres sont généralement formés de coquilles noyées dans un ciment terreux ou cristallin.

On reconnaît facilement les roches calcaires aux caractères suivants :

Elles peuvent être rayées par la pointe d'un canif et elles font effervescence sous l'action d'un acide, même faible, cette réaction étant d'autant plus vive que le calcaire est plus pur.

Le calcaire, que l'on trouve dans les terrains primitifs à l'état lamellaire et saccharoïde, se rencontre avec de nombreux fossiles, trilobites, encrines, etc., dans les terrains carbonifères et permiens (marbres et calcaires gris bleuâtre) et existent en abondance dans les terrains secondaires (marbres, marnes irisées, oolithes, pierres lithographiques, pierres à chaux et craie). Les terrains tertiaires fournissent le calcaire grossier, le calcaire de Saint-Ouen, etc. ; enfin, à l'époque actuelle, il se forme encore des dépôts de calcaire dans les atolls et les conglomérats modernes.

A. — Pierres a bâtir

Les calcaires proprement dits sont les matériaux de construction par excellence ; aussi leur donne-t-on les noms de pierres à bâtir, pierres de construction et pierres de taille.

Qualités des pierres à bâtir. — Les qualités de la pierre à bâtir sont les suivantes : résistance suffisante pour supporter les poids des constructions, dureté assez grande pour conserver la netteté des arêtes et des moulures sans nuire à la facilité du travail, finesse du grain se prêtant à une ornementation délicate, homogénéité et abondance entraînant le bas prix du produit.

Pour les calcaires durs, le poids du mètre cube est de 2.200 à 2.800 kilogrammes ; la résistance à l'écrasement est de 300 à 1.000 kilogrammes par centimètre carré ; pour les calcaires tendres, le poids du mètre cube varie de 1.400 à 2.200 kilogrammes, et la résistance à l'écrasement, de 50 à

300 kilogrammes par centimètre carré; on admet que cette résistance est proportionnelle à la densité.

Les premiers se débitent à la scie sans dents avec du grès et de l'eau; les seconds peuvent se débiter avec la scie à dents.

Les variétés compactes à cassure inégale sont celles qui conviennent le mieux à l'architecture.

On distingue les pierres de liais, qui sont bien homogènes, et les roches qui contiennent des grains de mica et de quartz qui en diminuent beaucoup la valeur, les pierres gélives, qui éclatent sous l'action de la gelée, et les pierres sèches, les pierres de vilaine couleur et à grain grossier employées dans les fondations, etc.

Essai des pierres à bâtir. — L'essai d'une pierre de taille se fait ainsi :

1° On apprécie la dureté qu'elle oppose à l'action de la scie;

2° On mesure sa résistance en comprimant à la presse hydraulique un côté de dimensions déterminées;

3° On examine son degré de gélivité en en plaçant un morceau dans un mélange réfrigérant; on peut encore, ce qui est plus simple et donne sensiblement les mêmes résultats, en plonger un fragment dans une dissolution bouillante et saturée de sulfate de soude; on retire pour laisser cristalliser et on replonge de nouveau dans la liqueur pendant cinq ou six jours; il ne doit pas se produire d'éclatement.

La qualité des pierres qu'on trouve dans un pays influe à un haut degré sur la civilisation de ce pays. Les grandes villes telles que Paris, Bordeaux, Marseille, se trouvent sur le terrain crétacé qui fournit abondamment de la pierre à bâtir. Plusieurs villes remarquables plus encore par la façon dont sont construites les habitations particulières que par la beauté et la hardiesse de quelques-uns de leurs monuments : Besançon, Metz, Nancy, Dijon, Bourges, Poitiers, sont construites sur une bande de terrains jurassiques entourant le bassin tertiaire de Paris, dans lequel on trouve les excellentes pierres d'appareil de l'oolithique.

Les variétés de pierres à bâtir sont innombrables : on passera en revue les principales, en les classant, autant que faire se pourra, par dureté.

CALCAIRE COMPACT. — Les calcaires les plus durs sont les calcaires compacts. Parmi ceux-ci on compte :

La *pierre de Tonnerre* (Yonne), appartenant à l'étage du séquanien, est très compacte, jaunâtre ou grisâtre. Elle se polit facilement et s'emploie surtout en dallages, mais se prête aussi à la sculpture et à l'ornementation.

La *pierre de Comblanchien* (*Yonne*) est une pierre très analogue ; elle résiste, comme celle de Tonnerre, à des charges de 1.000 kilogrammes par centimètre carré et vaut de 50 à 60 francs le mètre cube.

La pierre renommée de *Saint-Ylie* et de *Damparis*, dans le Jura, est un calcaire très fin à cassure conchoïdale qui appartient à la base du séquanien. Elle a une couleur jaunâtre et rougeâtre par places ; mais elle est très homogène et peut se tourner et se sculpter. Elle prend un beau poli. Cette pierre, qui pèse 2.700 kilogrammes par mètre cube et résiste à des charges de 770 à 870 kilogrammes par centimètre carré, coûte 80 francs le mètre cube sur place et 100 francs à Paris tous frais payés. Le calcaire de Saint-Ylie a été employé dans beaucoup de monuments en Franche-Comté. A Paris, il a servi à la construction des ponts Saint-Michel et Solférino et de l'église de la Trinité, etc.

Le *calcaire de Sampans*, dans la même région, provient du bathonien. Il est de nuances un peu plus vives ; on l'a employé au nouvel Opéra et au Trocadéro. Il s'exporte jusqu'en Amérique, où il a servi pour la base du monument de Christophe Colomb, à Mexico.

TRAVERTIN. — Le *travertin* est un calcaire compact d'origine lacustre, formé par les matériaux abandonnés dans des eaux calcaires autour de végétaux et de mousses ; aussi contient-il un grand nombre de cavités vermiculaires présentant parfois des empreintes de feuilles. Il a une grande résistance, 600 à 900 kilogrammes par centimètre carré, qui s'allie à une grande légèreté ; de plus, il fait bien corps avec le mortier qui entre dans les cavités. C'est grâce à ces propriétés qu'il a été employé pour l'immense coupole de

Saint-Pierre de Rome et pour les voûtes de nombreuses églises modernes.

Le *travertin* dit de *Château-Landon*, dont l'usage est si fréquent à Paris, est extrait principalement de Souppes, près de Fontainebleau, où il forme de nombreux bancs de 0^m,50 en moyenne. Il vaut de 70 à 200 francs le mètre cube, sur place. On peut le voir à l'Arc de Triomphe de l'Étoile et à la fontaine Saint-Sulpice à Paris, et dans l'escalier de l'église Sainte-Gudule, à Bruxelles, etc.

LIAIS ET CLIQUART. — Le *liais* et le *cliquart* des environs de Paris ont une cassure conchoïdale, avec un grain très fin; ils ne sont pas gélifs, leur seul défaut est le peu d'épaisseur des bancs, 30 à 40 centimètres. Ils ont été très recherchés autrefois; on les retrouve dans la construction de Notre-Dame de Paris, dans la jolie chapelle du château de Versailles et dans les bas-reliefs de la fontaine des Innocents. La construction du Panthéon a contribué à l'épuisement des bancs de la Plaine-Saint-Denis, et les liais sont devenus rares dans le voisinage immédiat de Paris; on les exploite surtout actuellement dans l'Aisne et en Seine-et-Oise, à Festieux, Mont-Ganelon, Crépy, Villers-Cotterets. Leur résistance est de 300 à 500 kilogrammes par centimètre carré.

CALCAIRE CARBONIFÈRE. — Le *calcaire de Soignies et d'Écaussines* (Hainaut belge) est gris bleuâtre; il appartient au terrain houiller et doit sa coloration à une faible proportion de bitume. Il est formé de débris de crinoïdes qui lui donnent une texture cristalline et l'aspect d'un granite. Il peut être poli et sculpté comme le marbre; on l'emploie non seulement en Belgique, mais en Hollande et dans le nord de la France, en Angleterre et aux États-Unis. Il sert pour les constructions hydrauliques et les monuments funéraires, etc.

Le *calcaire de Givet* (Ardennes), qui appartient au même étage géologique, est aussi un calcaire coloré en noir par des matières bitumineuses; il est exploité sur une assez vaste échelle, mais est fréquemment gélif.

CALCAIRE A ENTROQUES. — *Gisements de la Meuse*. — Le *calcaire à entroques* doit son nom aux entroques (débris d'articulations d'encrines) dont il est formé; il fait partie de l'étage corallien. On l'exploite à Euville et à Lérouville près de

Commercy (Meuse); il peut supporter 250 à 450 kilogrammes par centimètre carré et vaut de 40 à 60 francs le mètre cube. Il résiste bien à la gelée. On en envoie beaucoup à Paris; il a été employé, sous l'Empire, aux travaux des Tuileries; on l'exporte aussi en Allemagne, où le socle de l'église d'Essen, notamment, en est formé.

CALCAIRE OOLITHIQUE. — Le *calcaire oolithique*, qui a donné son nom à tout un étage géologique, est un calcaire composé de petits grains arrondis accolés les uns aux autres à la manière d'œufs de poissons; ces grains sont très petits, un tiers de millimètre à peine; quand ils ont la grosseur d'un grain de millet, on l'appelle *calcaire miliolithique*, et *pisolithique* quand ils atteignent celle d'un pois.

Les calcaires oolithiques s'emploient beaucoup pour la construction; ils sont beaucoup moins durs à travailler que les calcaires compacts et présentent une bonne résistance. Malheureusement ils sont souvent gélifs, et il faut toujours s'en méfier sous ce rapport. On en exploite en Normandie, en Bourgogne, dans le Jura, la Lorraine, les Ardennes, etc.

Gisements du Calvados. — Un des meilleurs calcaires oolithiques est la *pierre de Caen*, dont les carrières se trouvent à Allemagne (Calvados). Outre les églises gothiques de Normandie, cette pierre a servi à construire la cathédrale de Cologne, le palais du Parlement et l'abbaye de Westminster à Londres. Elle pèse environ 2.000 kilogrammes le mètre cube, résiste à un poids de 150 à 200 kilogrammes par centimètre carré, et ne coûte que 20 francs le mètre cube sur carrière.

CALCAIRE GROSSIER. — Le *calcaire grossier* est une roche à texture peu serrée et à grains irréguliers; il est formé de coquilles et de polypiers broyés, réunis par un ciment calcaire. Il a donné son nom à un niveau de l'éocène.

Gisements de Paris. — Le calcaire grossier parisien a été largement exploité. On lui a emprunté la masse énorme de matériaux qui a été tirée des catacombes et qui a servi à construire Paris. C'est une pierre tendre et facile à couper avec la scie à dents. Il est prudent de ne l'employer que pour les étages supérieurs des édifices, car sa résistance, qui peut descendre à 30 kilogrammes, ne dépasse guère 90 kilogrammes par centimètre carré, sauf pour quelques bancs plus durs, mentionnés ci-dessous. Les ouvriers parisiens en ont fait un grand nombre de catégories :

Le *vergelé*, d'un grain très uniforme et qui conserve bien la sculpture ; il a servi à bâtir les façades du palais du Louvre, du côté de la cour et du quai. La *lambourde*, qui est très coquillifère ; elle fournit les moellons et les pierres d'appareil des constructions courantes. Ces pierres valent de 15 à 25 francs le mètre cube.

Le calcaire grossier fournit aussi des pierres de qualité un peu supérieure ; ainsi, le *banc royal*, le *banc franc* et le *banc de roche* résistent à des charges de 150 à 200 kilogrammes. Le banc de roche est remarquable par ses pierres de grand appareil. Il a servi pour les colonnes de la cour du Louvre, qui ont $3^m,50$ de fût. Il est cependant regrettable qu'on n'ait pas employé de meilleurs matériaux pour ce monument. Il en est de même du Palais de Justice, dans la construction duquel on a prodigué les pierres de qualité inférieure. Le calcaire grossier est souvent gélif et doit être examiné avec soin ; on ne s'en est pas suffisamment souvenu en construisant la cathédrale de Meaux avec du calcaire grossier d'Armentières ; aussi a-t-elle nécessité de coûteuses réparations.

TUF CALCAIRE. — Les *tufs calcaires*, beaucoup moins résistants que les travertins, ont cependant une origine analogue.

Gisements du Jura. — Ils se forment encore actuellement par voie de concrétion au voisinage de suintements et recouvrent les pentes de beaucoup de vallées, dans le Jura notamment. Ce sont des pierres très légères qui durcissent à l'air et servent à faire des voûtes de caves, des cheminées, etc., etc.

CRAIE TUFEAU. — *Gisements de la Touraine.* — La *craie tufeau* est un calcaire terreux qui contient de 30 à 50 0/0 d'argile. Il est d'une médiocre résistance et absorbe facilement l'eau. Cependant son extraction est peu coûteuse, et il se prête bien à la sculpture ; aussi la craie tufeau a-t-elle servi à construire des châteaux à Tours, Angers, etc. On ne peut guère lui imposer des charges supérieures à 75 kilogrammes par centimètre carré ; mais on a de belles pierres d'appareil à 20 francs le mètre cube.

B. — Marbres

On a longtemps appelé marbre, toute roche susceptible de prendre le poli, et on comprenait sous cette dénomination des porphyres, des anhydrites et des serpentines. Il faut réserver ce nom aux roches calcaires pouvant se polir; mais la distinction avec les calcaires proprement dits reste encore délicate; car quelques-uns de ceux-ci, comme le calcaire compact de Sainte-Ylie, peuvent recevoir un certain poli et ressemblent un peu à du marbre.

Caractères généraux des marbres. — Les marbres ont une texture compacte et une cassure lamelleuse ou saccharoïde; ils sont formés de grains cristallisés, visibles seulement au microscope; des infiltrations bitumineuses ou ferrugineuses, et des coquilles fossiles leur donnent des apparences colorées et veinées, très diverses. Ils ont été produits par un métamorphysme du calcaire dû à l'influence de la chaleur, de la pression, et de mouvements mécaniques.

Les marbres sont les calcaires les plus résistants et les plus durs; ils peuvent supporter des charges de 500 à 1.200 kilogrammes par centimètre carré et se coupent à la scie sans dents avec du grès et de l'eau; leur densité varie entre 2,60 et 2,85. — Leur dureté permet de les employer pour les constructions et pour la statuaire. On réunira, dans ce chapitre, l'étude des diverses sortes de marbres, quels que soient les usages auxquels ils sont destinés.

Parallèlement au lit de carrière, les marbres présentent le plus souvent un plan de clivage, qu'on appelle la *passe*. Suivant un plan perpendiculaire, la résistance est beaucoup plus grande et forme la contre-passe. Les plaques se taillent suivant la passe; on augmente ainsi en même temps leur flexibilité et leur résistance. On découpe des plaques de 2 centimètres et d'autres de 8 à 10 millimètres d'épaisseur, au moyen de châssis garnis de lames parallèles et mus mécaniquement; un châssis débite de 120 à 150 mètres cubes par an; son établissement avec force motrice, etc., revient à 12 ou 15.000 francs.

Marbre blanc. — *Gisements de Carrare.* — Le plus beau marbre blanc est le marbre de Carrare (Italie). C'est un calcaire saccharoïde à grains très fins, d'un éclat gras ou cireux, susceptible de prendre un très beau poli. Les carrières, qui datent de la fin de la République Romaine, fournissent encore à la consommation du monde entier. La première qualité vaut de 1.200 à 2.000 francs le mètre cube sur place ; la deuxième qualité coûte de 300 à 600 francs ; enfin, la troisième qualité ou *ravaccione*, se vend de 200 à 300 francs ; cette dernière qualité est souvent marquée de taches, avec des veines grisâtres et des paillettes de mica. Elle contient quelquefois des géodes tapissées de quartz. Une carrière fournissant du ravaccione a longtemps été exploitée pour le compte du Gouvernement Français, et quelques-uns des chefs-d'œuvre de nos sculpteurs en souffrent actuellement, car ces marbres, de qualité inférieure, ne résistent pas bien à l'action de l'air.

Gisements de Paros. — Le marbre de Paros (Grèce) jouit d'une célébrité égale au précédent ; c'est la matière de toutes les statues que nous ont laissées les Grecs ; ils l'appelaient lychnite (de λυχνος = lampe). Ce marbre a l'inconvénient d'être souvent micacé et ne fournit que des blocs de petites dimensions ; on en a cependant repris récemment l'exploitation.

Les autres gisements de marbres blancs sont les suivants :

Grèce. — L'Attique, le Pentélique et l'Hymette, ce dernier surtout, fournissaient de beaux marbres blancs à la Grèce et à Rome.

Les Anciens exploitaient encore les marbres blancs des îles de Thaso et de Proconèse, actuellement Marmara, nom tiré de la présence des exploitations de marbre. Le marbre cappadocien, blanc et très transparent, servait parfois de vitres dans l'antiquité.

Italie. — D'Italie viennent : le marbre de Gênes (*bianco de Genova*), qui vaut le carrare, celui de San Juliano près Pise, dont sont construits le Dôme, le Baptistère, la Tour penchée et le Campo-Santo ; celui du lac Majeur, qui a servi à édifier la cathédrale de Milan, etc.

L'Italie a produit, en 1896, 80.750 tonnes de marbre brut, valant 4.845.000 francs.

France. — Gisements de Saint-Béat. — En France, on trouve du marbre blanc saccharoïde à Saint-Béat sur le versant septentrional de la montagne de Rie ; il est quelquefois légèrement grisâtre, mais plus résistant que le carrare. David et Rogier le préféraient à ce dernier pour les blocs de grande dimension. Au moyen âge, on s'en est servi pour décorer la basilique de Saint-Sernin, à Toulouse. Les escaliers et le pourtour du bassin de Versailles sont construits avec ce marbre.

Espagne. — Gisements de Gabas. — On peut encore signaler les marbres blancs saccharoïdes de Gabas (Basses-Pyrénées), des monts Filfila (Algérie), des Sierras de Bacarés et d'Orio, en Espagne. Quant aux marbres blancs veinés, ils ont beaucoup moins de valeur ; on en trouve assez abondamment en France et surtout en Italie.

MARBRE NOIR. — Les marbres noirs n'ont véritablement de valeur que quand ils sont parfaitement noirs. Celui de

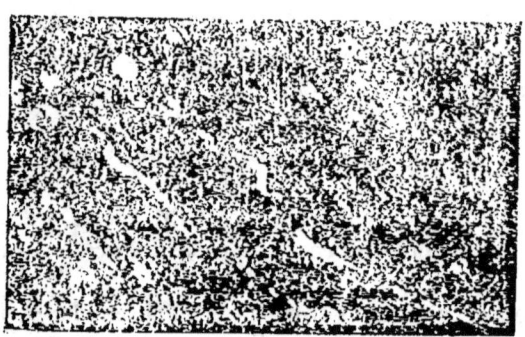

FIG. 63. — Plaque de marbre noir.

Saint-Crépin, dans les Alpes Françaises, était connu des Romains. Il en existe à Bellignies (Nord) et à Sainte-Luce (Isère), en Belgique à Namur, dans le Harz, en Angleterre, etc.

Le *noir français* présente des taches blanches sur un fond noir ; mais il est susceptible d'un poli convenable ; le *Sainte-*

Anne, au contraire, dont le fond tourne au gris, est toujours terne, aussi se vend-il de 100 à 150 francs le mètre cube sur place. Ces deux marbres servent pour les meubles, les cheminées communes, les comptoirs, les devantures de boutiques, etc.

Marbre gris. — Les marbres auxquels des infiltrations charbonneuses donnent une couleur grise uniforme ou nuancée d'autres couleurs sont très nombreux.

Gisements de Marquise (Pas-de-Calais). — Le marbre Napoléon, qu'on tire des carrières de Marquise (Pas-de-Calais), est gris brun ou café au lait. Il a servi à la construction de la colonne de la Grande-Armée, à Boulogne ; on l'a employé également pour la décoration du tombeau de Napoléon, de la Chapelle expiatoire, de la Bourse et de la Madeleine, à Paris, et des cathédrales d'Arras et d'Amiens. Il ne vaut que 400 francs le mètre cube rendu à Paris.

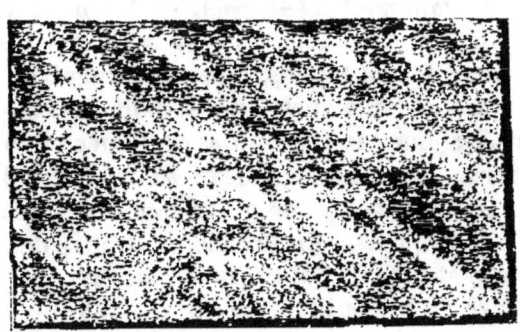

Fig. 64. — Plaque de marbre gris.

Gisements de Sarrancolin (Hautes-Pyrénées). — Le *sarrancolin*, tiré des carrières de ce nom dans la vallée d'Aure (Hautes-Pyrénées), est un marbre bréchiforme à dessins anguleux. Le gris y domine avec du jaune et du rouge. C'est un des marbres les plus estimés de France ; coupé en plaques, il vaut de 15 à 25 francs le mètre carré : les colonnes monolithes du grand escalier de l'Opéra sont en sarrancolin ; elles ont coûté 5.000 francs chaque.

Gisements de la Mayenne. — Le *sarrancolin de l'Ouest*, qui vient de la Mayenne, est aussi gris, nuancé de jaune et de rouge; mais il ne possède pas les couleurs éclatantes de celui des Pyrénées. Son bas prix permet de l'employer pour la confection des cheminées et des dessus de commodes.

Marbre jaune. — Les marbres jaunes sont rares et très chers. Les Grecs exploitaient, près de Lacédémone, un beau marbre d'une couleur jaune d'or, qui est très rare aujourd'hui. On ne trouve plus que des marbres nuancés où le jaune domine.

Gisement de Sienne. — Le marbre jaune de Sienne présente de grandes taches d'un jaune vif, irrégulières et entourées de veines plus foncées, violettes, rouges ou pourpres; il vaut jusqu'à 1.000 francs le mètre cube.

Gisement de Beyrède (Hautes-Pyrénées). — On exploite depuis longtemps à Beyrède (Hautes-Pyrénées) un marbre, dit *marbre antin*, qui est jaune à nervures rouges ou blanc à nervures jaunes et rouges.

Gisement de Philippeville (Algérie). — Le marbre de Philippeville (Algérie) a un éclat gras et brillant; il est jaune uni, mais passe vite au jaune rose et au rougeâtre. On croit en avoir retrouvé quelques traces dans les monuments anciens mis au jour par des fouilles pratiquées à Rome.

Marbre bleu. — Quand le marbre se trouve mélangé de matières charbonneuses, il prend une couleur bleue.

Gisements de France. — En France, on trouve des marbres bleus à Arbois et près de Salins (Jura), en Bretagne à Plougastel et à Brest; à Châtillon-sur-Seine, à Cannes (Aude) et en Corse à Serraggio.

Gisements de Toscane. — Le marbre bleu le plus employé vient des carrières de la Capella, près Serrovezza (Toscane); on l'appelle *bleu turquin;* c'est un marbre saccharoïde, teinté en bleu grisâtre par des matières charbonneuses (200 francs environ le mètre cube sur place).

Quand il présente, en outre de sa teinte bleue, des veines noires, on l'appelle *bardiglio;* il a d'autant plus de prix que ces veines sont plus fines; quand elles forment des dessins imitant plus ou moins des fleurs, il prend le nom de *bardiglio fiorito* et coûte plus de 300 francs le mètre cube pris à la carrière.

Marbre rouge. — *Gisements de Grèce.* — Les Romains, qui appréciaient surtout des marbres unis, exploitaient à Cynopolis, en Grèce, un marbre rouge uniforme avec quelques veines blanches. Ce marbre, appelé *rouge antique*, décore le forum et les monuments de la Voie Appienne ; on a repris, de nos jours, les anciennes carrières, mais le marbre qu'on y trouve passe vite au marron veiné de blanc et de noir, et plus souvent de gris ; il est alors assez laid.

Gisement de Caunes (Hérault). — A Caunes (Hérault), on extrait d'un magnifique gisement toute une série de marbres : Le *grand incarnat du Languedoc* est un beau marbre à grandes parties rouges et blanches. Il a servi à décorer le palais de Versailles, le Trianon, l'église Saint-Sulpice, le musée du Louvre, etc. Le marbre dit *rouge turquin* est un peu plus gris ; le *rouge français*, semblable au rouge antique est cependant moins brillant. La *griotte*, d'un rouge vif parsemé de taches blanches, passe vite à la griotte brune et à la griotte panachée ; le *cervelas* est marqué de taches blanches et grises sur fond rouge.

Ces marbres valent, en moyenne, 350 francs à Carcassonne ; mais, quand ils ont supporté le transport jusqu'à Paris, ils reviennent de 750 à 1.000 francs le mètre cube ; aussi ne peuvent-ils pas supporter la concurrence belge.

Gisements de Franchimont (Belgique). — Le marbre dit *rouge royal* de Franchimont (Belgique) est rouge panaché de gris et de blanc ; il ne coûte que 500 francs le mètre cube, rendu à Paris, où il est très employé ; il a servi au dallage de la galerie d'Orléans au Palais-Royal, à la décoration des appartements de réception du Ministère des Finances et du Musée de Versailles.

Marbres composés. — On appelle marbres composés les marbres dans lesquels il entre des matières non calcaires qui forment des veines diversement colorées.

Gisement de Campan (Hautes-Pyrénées). — A Campan, dans les Hautes-Pyrénées, on extrait un marbre qui est composé de matières saccharoïdes avec des veinules schisteuses, et des rognons coquillers entourés de schistes. Le *campan* est vert, isabelle ou rouge ; il a une très grande valeur, mais s'altère rapidement à l'air et ne doit être employé qu'à la décoration intérieure. C'est une précaution qu'on n'a malheureusement pas eue à Versailles ni au grand Trianon.

Le *portor* est un marbre à fond noir sillonné de veines feldspathiques, jaunes et brillantes comme de l'or.

Gisement de Porto-Venere (Italie). — A Porto-Venere, dans les Apennins, le portor ne coûte que 300 francs le mètre cube et peut s'extraire en gros blocs. Il s'altère aussi à l'air.

Gisement de Sauveterre (Haute-Garonne). — En France, on exploite du portor à Sauveterre (Haute-Garonne), dans la vallée de la Barousse, près Foubot (Hautes-Pyrénées), en Corse près de Saint-Florent, et à Regneville (Manche). Celui des Pyrénées ne coûte, taillé en plaques, que 10 francs le mètre carré.

Le *cipolin* est un marbre composé qui contient des paillettes de mica ou de chlorite réparties dans du calcaire saccharoïde.

Le cipolin antique, *lapis phrygias* des Romains, est veiné de blanc, de jaune doré et de gris vert. On l'a exploité en Orient.

Gisements de Connemara (Irlande). — A Connemara, près de Galloway, en Irlande, on exploite un cipolin dont les veines sont ondulées. La masse a, en outre, été pénétrée par de la serpentine d'éclat cireux et de couleur verdâtre.

Lumachelle. — Les lumachelles sont des marbres qui contiennent de nombreux débris de coquilles cristallines de diverses couleurs.

Gisement du Hainaut. — Le *drap-mortuaire* du Hainaut est un marbre à fond noir qui contient des coquilles turriculées cristallines blanches.

Gisement de Narbonne. — La lumachelle de Narbonne montre des bélemnites blanches sur un fond noir. Le marbre de l'Argonne est formé de coquilles noirâtres disséminées dans un calcaire gris blanchâtre.

Marbres brèches. — On appelle brèches, des marbres formés de morceaux anguleux de calcaire réunis par un ciment calcaire de coloration différente.

La *brèche violette antique* est un très beau marbre à fond violet noirâtre, relevé par des débris de fossiles et des fragments de calcaire de couleur brune ou jaunâtre ; il en existe quelques colonnes au Louvre.

Gisement de Villette (Isère). — Le marbre de Villette-en-Tarentaise, sur l'Isère, ressemble beaucoup à la brèche antique.

Gisement de Saint-Girons (Ariège). — Le *grand-antique* de Saint-Girons (Ariège) est une brèche formée de larges fragments angulaires noirs réunis par des veines blanches.

Le *petit-antique*, de même provenance, est formé de morceaux plus petits.

Gisements d'Aubert (Ariège), de Cascalet (Aude), de Sauveterre (Basses-Pyrénées). — La même distinction sépare le *grand-deuil* et le *petit-deuil* qui en sont des variétés et qu'on trouve à Aubert, à Cascalet et à Sauveterre.

Gisement de Serravezza (Toscane). — La brèche africaine est un marbre blanc, jaune ou bleu, traversé par des veines violettes; on l'extrait à Serravezza. On en voit de belles tables dans les appartements de Versailles; mais il résiste mal à l'air.

Gisement de Syrie. — La *brèche d'Alep* qui vient de Syrie et qui est très renommée, est formée de morceaux rouges ou jaunâtres réunis par un ciment gris tacheté de noir.

Les carrières d'Alet, près d'Aix, qui exploitent un marbre de mêmes nuances, ont profité de la ressemblance du nom.

La brèche de Verone composée de fragments bleus dans un ciment rouge, est un marbre magnifique tiré des montagnes du Trentin.

Les *brocatelles* sont des brèches à très petits éléments.

Gisement de Tortosa (Espagne). — La *brocatelle* d'Espagne, de Tortosa (Catalogne), est à fond lie de vin avec de petites taches rondes, jaunes et blanches.

La brocatelle de Sienne, très estimée aussi, a des taches violettes ou jaune orange.

Gisements de Boulogne (Pas-de-Calais) et de Moulins (Jura). — En France, on ne peut guère citer que la brocatelle de Boulogne, tachetée de brun, et la brocatelle de Moulins (Jura) gris bleuâtre, parsemée de taches jaunes avec de nombreux fossiles.

C. — Pierres a chaux, a ciment et a platre

La série des roches calcaires utilisée, dans les constructions comprend des roches tendres, qui, par suite de leur friabilité, ne peuvent être employées que broyées. Telles sont les pierres à chaux, et le gypse ou pierre à plâtre.

CALCAIRE ARGILEUX. — Les pierres à chaux sont des calcaires argileux dans lesquels l'argile s'allie au carbonate de chaux en toutes proportions. Quand la teneur d'argile est faible, le calcaire donne, par cuisson, de la chaux qui est employée avec de l'eau et du sable à la fabrication du mortier.

Si la proportion d'argile dépasse 20 0/0, le mélange prend un aspect terreux, se délite facilement et happe à la langue; il ne donne plus alors de chaux utilisable, mais peut servir à la confection du ciment et des pouzzolanes. Du reste, les propriétés variant toujours dans le même sens à mesure que la teneur en argile augmente, on peut établir l'échelle suivante :

Quand le calcaire contient moins de 5 0/0 d'argile, il donne de la *chaux grasse*, qui a la propriété de former avec l'eau une pâte grasse et foisonnante.

Si le calcaire renferme de 5 à 12 0/0 d'argile, la chaux devient *maigre*; elle donne avec l'eau une pâte courte beaucoup moins liante.

Avec une teneur de 12 à 20 0/0 d'argile, on obtient par cuisson, de la *chaux hydraulique* qui a la propriété de durcir sous l'eau. La durée de la prise varie de deux à quinze jours; elle augmente avec la teneur en argile.

Quand la proportion d'argile s'élève de 20 à 25 0/0, la chaux fait encore prise, mais elle tombe rapidement en poussière. Cependant, si on pousse la température jusqu'au point de vitrification, on obtient une chaux faisant prise en une demi-journée tout au plus : c'est le *ciment* de Portland.

Avec des calcaires tenant de 25 à 30 0/0 d'argile, on fabrique à haute température les *ciments romains*, dont la prise se fait en quelques minutes, même sous l'eau.

Préparation des ciments et de la chaux. — La fabrication de la chaux, hydraulique ou non, est facile; la seule précaution à prendre est de bien connaître la proportion d'argile initiale, de façon à obtenir la qualité de chaux qu'on recherche. L'installation des fours est toute simple. S'il y a des parties défectueuses, après avoir éteint la chaux, on les sépare par blutage.

Les ciments de Portland exigent une installation plus compliquée, car il faut broyer très fin pour avoir un produit homogène et ne gonflant pas dans les constructions; de plus, on a besoin de meilleurs fours de cuisson, car la température doit atteindre celle de la fusion du fer. Le choix de la matière est aisé; tous les calcaires contenant une quantité d'argile suffisante sont bons. Les plus estimés sont faits à Boulogne avec le calcaire portlandien.

La préparation des ciments romains est très difficile et se heurte à des difficultés inexpliquées. En France, on ne les réussit guère qu'à *Vassy*, avec des calcaires appartenant au portlandien, et à *Grenoble*.

Le ciment noir de *Pouilly* est fait avec des calcaires provenant du rhétien; ces calcaires contiennent une assez forte proportion de plâtre (jusqu'à 7 0/0).

Calcaire siliceux. — Le calcaire s'allie aussi à la silice; il se présente alors en masse blanche compacte, à cassure conchoïdale. On trouve de nombreux échantillons de calcaire siliceux dans le bassin tertiaire parisien et dans certaines formations lacustres.

Gisement du Teil (Ardèche). — Les calcaires du Teil (Ardèche), renfermant 17 0/0 de silice, donnent d'excellente chaux hydraulique, qui résiste assez bien aux eaux de la mer, dans lesquelles la chaux hydraulique se délite rapidement.

Calcaire magnésien. — On trouve souvent le carbonate de chaux associé à de la magnésie; il existe tous les intermédiaires entre le calcaire et la *dolomie* composée d'équivalents égaux de carbonate de chaux et de carbonate de magnésie.

Les dolomies sont très répandues, mais ne forment pas des couches régulières, comme le calcaire. On avait essayé d'en faire des chaux hydrauliques; on y a à peu près renoncé à cause des difficultés de la cuisson. Si on exagère tant soit peu la température, le produit se délite dans l'eau sans faire prise.

Gypse ou pierre a platre. — Le gypse, appelé aussi albâtre gypseux, sélénite et pierre à plâtre, est une roche dont l'aspect se rapproche de celui du calcaire. Le gypse saccharoïde a la texture du marbre statuaire; il s'en distingue par sa grande translucidité. Sa cassure est grenue et inégale; sa couleur, ordinairement d'un blanc éclatant, peut passer au gris et au jaune et devient même rougeâtre. On trouve aussi du gypse compact, qui a une cassure esquilleuse et une couleur blanc sale ou jaune. Le gypse se trouve généralement en grands cristaux affectant une forme de fer de lance. Le gypse est du sulfate de chaux hydraté presque pur. La variété compacte des environs de Paris comprend, en outre, de la silice et un peu de carbonate de chaux. Le gypse ne fait pas effervescence dans les acides; mais il se raye facilement à l'ongle; grâce à ces deux caractères, il se distingue du calcaire et des autres roches.

Soumis à l'action du feu, il perd son eau de cristallisation et se transforme en plâtre.

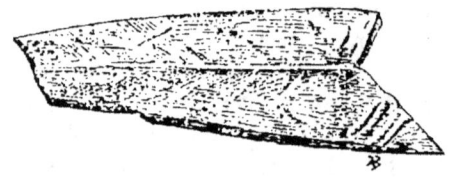

Fig. 63. — Gypse.

Formation du gypse. — Le *gypse* est sédimentaire dans les dépôts de marnes irisées qu'on trouve dans la *Meuse*, la *Meurthe* et l'*Aveyron*, ou dans les terrains tertiaires de Paris et d'*Aix* en Provence; il est postérieur aux roches qui le contiennent, dans les amas de terrains métamorphiques des Alpes et des Pyrénées; enfin il est dû à l'action des sources thermales sur le calcaire, dans certains dépôts où il est accompagné de sulfates, de dolomie, de bitume, etc.

Le gypse saccharoïde, connu sous le nom d'*albâtre gypseux*, sert à la fabrication de statuettes, socles de pendules, etc., etc. Sa valeur est, du reste, très inférieure à celle de l'albâtre calcaire, doué de plus d'éclat et de plus de solidité.

Gisement de Volterra (Toscane). — On exploite à Volterra, en Toscane, un albâtre gypseux blanc veiné de lignes brunâtres, qui était déjà connu par les Étrusques qui en ont fait un grand nombre de tombeaux.

Gisement de Lagny (Seine-et-Marne). — A Lagny, dans la Seine-et-Marne, il y a également un beau massif d'albâtre gypseux.

Gisement de Saint-Jean-de-Maurienne. — Le gypse de Saint-Jean-de-Maurienne est blanc et translucide; il a servi à orner la cathédrale de cette ville.

Gisement du Mexique. — Dans l'État de *Puébla* (Mexique), on trouve un gypse si blanc et si transparent que les anciens Mexicains le coupaient en lames comme du mica et l'utilisaient comme vitres.

Plâtre. — Le principal usage du gypse est la fabrication

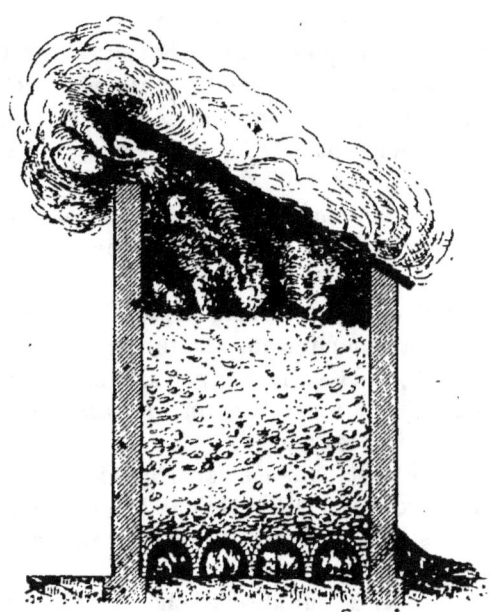

Fig. 66. — Four à plâtre.

du plâtre. Chauffé à 120° dans des fours spéciaux, le sulfate de chaux perd son eau d'hydratation; on le réduit en poudre et on le *gâche* ensuite avec 35 à 50 0/0 d'eau; il cristallise de nouveau en formant une masse compacte par suite de l'enchevêtrement des cristaux. Si la température était poussée trop haut, la pierre à plâtre perdrait son eau de cristallisation, qu'elle ne reprendrait ensuite que très lentement, elle serait, par suite, inutilisable.

Le plâtre a la précieuse propriété de faire prise presque immédiatement, aussi est-il employé dans les travaux qui doivent être faits rapidement, voûtes de caves, moulage de corniches, plafonds, scellements, etc. A Paris, on en fait une consommation qui va presque à l'abus, et dans bien des maisons il remplace la chaux et le mortier.

Gisements du bassin de Paris et d'Aix-en-Provence. — Le plâtre de Paris et celui d'Aix-en-Provence sont bien meilleurs que ceux qui sont fabriqués avec les autres variétés de gypse; ils font prise plus rapidement et résistent mieux aux agents atmosphériques; on a attribué leur qualité à la quantité de calcaire qu'ils renferment; mais les bancs de *Romainville*, par exemple, en contiennent très peu; ceux de *Montmartre* en tiennent 12 0/0, et leur qualité est à peu près la même.

C'est plutôt à la *silice gélatineuse* qu'ils contiennent, qu'il faut, paraît-il, attribuer la supériorité des plâtres de Paris et d'Aix.

Le *gypse cristallin* donne un plâtre plus fin, mais moins résistant; on s'en sert pour former l'enduit extérieur des statues.

Mélangé avec de la colle de poisson et coloré avec des acides métalliques, le plâtre donne le *stuc* qui sert, depuis l'antiquité, à imiter les marbres.

On emploie le stuc dans les constructions, pour le revêtement intérieur des cages d'escalier, des antichambres et de diverses pièces; il ne doit servir qu'à l'intérieur des maisons ou à l'abri des agents atmosphériques.

ANHYDRITE. — Le sulfate de chaux anhydre s'appelle *anhydrite* ou *gypse anhydre*.

L'anhydrite est compacte ou saccharoïde et ressemble plus encore que le gypse au marbre statuaire; sa dureté (3 à 3,5) la distingue bien du gypse. Elle est blanche ou légèrement colorée par de l'oxyde de fer ou du bitume, en gris, en rouge ou en bleu. Elle contient souvent des traces de silice, de fer ou de bitume. Elle ne fait pas effervescence avec les acides, ce qui la sépare nettement des calcaires.

GÉOLOGIE. 9

Formation de l'anhydrite. — L'anhydrite se trouve en amas dans le terrain primitif. Elle forme aussi des poches dans les calcaires de divers étages. Elle est due alors à des vapeurs sulfureuses qui ont traversé les fissures de ces calcaires en transformant des carbonates.

L'anhydrite peut se polir et se travailler comme le marbre; elle ne peut cependant pas être exposée au plein air, car alors elle se ternit et se transforme en gypse.

Gisement de Vizille (Isère). — On l'exploite à Vizille dans l'Isère. Elle a servi à faire des colonnes de 5 mètres de haut dans l'église de Haute-Combe, autour du tombeau des rois de Sardaigne. L'anhydrite de Vizille se vend à Paris au prix de 500 francs le mètre cube.

Sous le nom de marbre bleu de Wurtemberg, elle sert aussi à la décoration.

Gisement de Vulpino (Italie). — Enfin à Vulpino, près de Bergame (Italie), on trouve une anhydrite silicifère appelée *vulpinite*, à laquelle les 8 0/0 de silice qu'elle contient communiquent une jolie couleur cendrée et une dureté assez grande. On en fait des cheminées et des dessus de tables.

BIBLIOGRAPHIE DU CALCAIRE, DU MARBRE, DE LA CHAUX, ETC.

1870. *L'exploitation des marbres de Carrare, de Massamaritima et de Seravezza* (Cuyper, t. XXVII, p. 423).

1870. Dupont, *Marbre de Givet* (Bulletin de l'Académie de Belgique, 3e série, t. II).

1873. Leymerie, *Sur la position et le mode de formation des marbres dévoniens du Languedoc* (Bulletin de la Société de Géologie, 3e série, t. 1, p. 242).

1874. Leymerie, *Calcaire carbonifère des Pyrénées, marbres de Saint-Béat* (Comptes rendus de l'Académie des sciences, t. XXIX, p. 145).

1874. Coquand, *Sur les marbres blancs statuaires des Pyrénées et de la Toscane* (Comptes Rendus, t. LXXIX, p. 411).

1878. Renevier, *Sur le macigno des Apennins et le marbre de Carrare* (Bulletin de la Société vaudoise des Sciences naturelles, 2e série, t. XV, p. 92) (Lausanne).

1878. *Gypse dévonien de Russie* (Richesses minérales de la Russie. Exposition de 1878).

1879. Potier, *Gypse de l'ancien Comté de Nice* (Bulletin de la Société de Géologie, 3e série, t. VII, p. 603).

1879. Ch. Barrois, *le Marbre griotte des Pyrénées* (Annales de la Société géologique du Nord).

1879. De Tribolet, *Note sur les carrières de marbre de Saillon en Valais* (Bulletin de la Société des Sciences naturelles de Neufchâtel).
1880. Carez, *Etage du gypse auprès de Château-Thierry* (Bulletin de la Société de Géologie, 3ᵉ série, t. VIII, p. 247 et 462).
1881. Charpy, *Sur l'industrie de la marbrerie à Saint-Amour et sur les divers gisements de marbre dans le département du Jura*.
1881. Caravin-Cachin, *Découverte du gypse dans les couches du tertiaire éocène supérieur du Tarn* (Comptes Rendus, t. XCIII, n° 19, p. 753).
1882. Renevier, *Nouveau gisement de marbre saccharoïde sur Brançon en Valais* (Bulletin de la Société vaudoise des Sciences naturelles, 2ᵉ série, t. XVIII, p. 129) (Lausanne).
1882. Virlet d'Aoust, *Rapport sur les marbres et les pierres lithographiques du département de l'Aude* (Paris).
1885. Frossard, *Les marbres des Pyrénées* (Bulletin de la Société de Géologie, 3ᵉ série, t. XIII, p. 272).
1885. Decœur, *Chaux hydraulique du Teil dans l'Ardèche* (Industrie minérale, 2ᵉ série, t. XIV, p. 411 et 473).
1886. *Note sur les plâtrières de Saint-Martin, commune de Larroque (Tarn)* [à Montauban, chez Forestié].
1888. Arnaud, *Argiles gypsifères des Charentes* (Bulletin de la Société de Géologie, 3ᵉ série, t. XVII, p. 290).
1891. Thomas, *Gypses des hauts plateaux de Tunisie* (Bulletin de la Société de Géologie, 6 avril).

2° ROCHES SILICEUSES

On peut diviser les roches siliceuses en trois catégories, suivant qu'elles sont compactes, agglomérées ou meubles.

ROCHES SILICEUSES COMPACTES

Les roches siliceuses compactes sont d'origine purement chimique.

On distingue parmi ces roches le *silex*, la *meulière* et la *gaize*.

SILEX. — Les silex s'appellent encore pierres à fusil. Ils se présentent en rognons à cassure conchoïdale d'une couleur blanche, blonde ou presque noire. Leur **dureté est très grande** et ils font feu au briquet.

Le silex est formé de silice presque pure (95 à 97 0/0) mélangée d'alumine, d'oxyde de fer et d'eau. Il ne fait pas effervescence aux acides et, pour l'attaquer, on doit le traiter par le carbonate de soude à la température du rouge.

Gisements. — Les silex existent dans presque tous les terrains sédimentaires. On en trouve surtout dans le terrain jurassique, à la base de l'oxfordien, dans l'étage du grès vert et de la craie blanche et dans les différentes couches du terrain tertiaire. Ils proviennent d'un dépôt de silice qui s'est fait au sein des terrains calcaires toujours plus ou moins silicifères. La silice paraît s'être concentrée autour de noyaux organiques, quoiqu'on ne retrouve pas toujours ceux-ci à l'intérieur des silex.

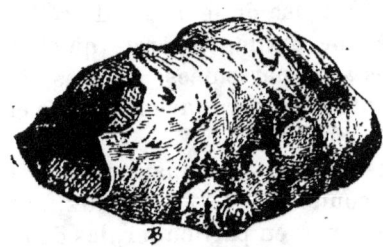

Fig. 67. — Silex.

Usages. — Le silex sert surtout à l'empierrement des routes, on l'utilise aussi au pavage, quoiqu'il s'y prête assez mal. Toulouse, Montauban, Strasbourg et Nancy sont pavés en galets de silex. Dans quelques villes du Midi de la France, dans le pays de Caux et en Picardie, on construit des maisons en silex encadré de bordures de briques, qui sont d'un effet assez pittoresque.

MEULIÈRE. — La meulière est une variété particulière de silex, qu'on trouve en masses assez importantes. Elle se présente parfois avec une texture compacte d'un gris blanchâtre et avec la dureté du silex. C'est la caillasse, dont l'emploi est proscrit dans les constructions importantes, car elle prend mal le mortier.

Mais elle présente parfois une texture caverneuse, qui peut devenir tellement lâche que la pierre ne pèse plus que 650 kilogrammes le mètre cube. Cette meulière caverneuse, appelée pierre à meule, silex molaire ou silex carié, est fréquente dans le terrain tertiaire.

Fig. 68. — Meulière.

Usages. — Les plus belles meulières caverneuses sont celles de la Ferté-sous-Jouarre, qui sont surtout employées à la confection des meules de moulins. Mais elles sont aussi fort estimées pour la construction, à cause de leur grande résistance à l'écrasement, unie à une grande légèreté qu'elles doivent aux cavités dont elles sont parsemées. De plus, le ciment, pénétrant dans les cavités, fait corps avec la pierre et donne une maçonnerie bien homogène.

A Paris, la meulière est prescrite pour la construction des fosses d'aisance et celle des égouts. Elle sert aussi aux fondations de beaucoup de monuments; en particulier, les deux théâtres de la place du Châtelet, le Tribunal de Commerce, l'Opéra et l'Hôtel-Dieu reposent sur des assises en meulière. Les parements des ponts National, d'Austerlitz, des Invalides, de l'Alma et ceux du Petit-Pont sont faits en meulières piquées et en ciment de Poissy. Ces pierres viennent des carrières de *Ponthiéry* et d'*Orgenoy*, entre Juvisy et Corbeil, qui envoient journellement leurs produits par la Seine.

Les carrières de Buchet et de Brunoy fournissent aussi des pierres très régulières, qui ont servi à construire la plupart des quais de Paris; mais l'herbe qui y a poussé, dans les cavités, amène de l'humidité et expose les pierres aux effets de la gelée. La meulière vaut de 10 à 13 francs le mètre cube sur carrière. (Voir l'étude de M. Colomer, sur *les Pierres meulières des environs de Paris, Revue technique*, 1894).

Gaize. — La gaize est une des roches les plus légères que l'on connaisse; sa densité n'est que de 1,48; elle est verdâtre, très tendre et se délite à l'air en se divisant en petits fragments. C'est une roche siliceuse contenant un peu d'argile et des grains de glauconie qui lui donnent sa couleur. La silice qu'elle contient offre ce caractère particulier d'être soluble dans la potasse comme la silice gélatineuse.

Gisement de l'Argonne. — La gaize se trouve dans l'Argonne où elle forme une vaste lentille d'une centaine de mètres d'épaisseur, due certainement à une précipitation chimique.

Usages. — Cette roche donne d'assez mauvais matériaux de construction, par suite de l'altération que lui fait éprouver l'atmosphère; on l'emploie cependant à l'intérieur. Mais elle est surtout utilisée comme produit réfractaire, à cause de la forte proportion de silice qu'elle contient ; on en a fait des cheminées, des fours de boulanger, des fours à chaux et même des hauts-fourneaux.

On a cherché à l'employer aussi dans la confection de mortiers hydrauliques ; mais on n'y a qu'à moitié réussi, à cause des écarts de composition qu'elle présente.

ROCHES SILICEUSES AGGLOMÉRÉES

BRÈCHES. — On appelle brèches, des conglomérats formés le fragments anguleux réunis par un ciment quelconque. Si les fragments sont arrondis, la roche prend le nom de *poudingue*. Les brèches siliceuses sont d'un usage assez rare, à cause de la difficulté que l'on éprouve à les travailler.

Cependant à *Polignac*, dans la Haute-Loire, on exploite une brèche siliceuse formée de débris de roches volcaniques et ne pesant que 2.000 kilogrammes le mètre cube. Elle ne coûte que 25 francs le mètre cube ; elle a servi notamment à la construction de l'église du Puy.

La *brèche universelle* est composée de fragments de roches très diverses, granite, porphyre et pétrosilex, agglomérés par un ciment feldspathique. C'est une des roches les plus dures et en même temps les plus riches en couleurs qui existent. Les Égyptiens l'exploitaient en Arabie près de *Kéré* ; ils en ont fait le sarcophage d'Alexandre, qui a 15 mètres de tour et qui est couvert d'hiéroglyphes. Au musée du Louvre, on voit des bases de colonnes et une statue de prisonnier barbare faites de cette matière.

On trouve aussi des brèches, moins belles, il est vrai, dans le Hainaut et dans les Vosges entre *Thann et Guebwiller*.

La *brèche rouge violacé de Vizille* est une roche analogue ; elle est d'un polissage difficile ; elle est colorée par des morceaux de calcaire rouge et de serpentine verte. Elle vaut 1.000 francs le mètre cube rendue à Paris, en comptant une centaine de francs de transport.

GRÈS. — Les grès sont des pierres qui offrent souvent moins de résistance à l'écrasement que les calcaires et qui surtout font difficilement corps avec le mortier ; aussi ne peuvent-ils que rarement être employés à la construction.

MATÉRIAUX DE CONSTRUCTION   135

Les grès sont composés de grains de quartz réunis par un ciment.

D'après la nature du ciment on a des grès siliceux, argileux ou calcarifères

Origine. — Le grès provient de roches quartzeuses anciennes qui ont été détruites et dont les éléments ont été ressoudés plus tard par la précipitation chimique d'un ciment. Aussi les grès contiennent-ils fréquemment du mica, du feldspath, de la serpentine et d'autres débris des roches auxquelles a appartenu le quartz.

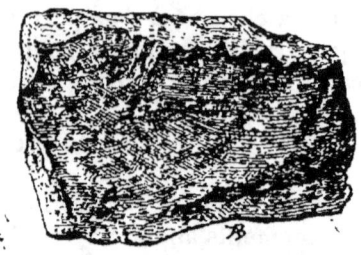

Fig. 69. — Grès.

QUARTZITE. — Les quartzites sont des grès siliceux dans lesquels la pâte soude si bien les grains que le tout a parfois l'apparence d'une masse compacte. Ils contiennent souvent des cristaux de quartz et de feldspath, qui leur donnent l'aspect de porphyres. Parfois aussi ils présentent des lits de chlorite et de mica, qui leur donnent une apparence schisteuse.

Fig. 70. — Amas de quartzites.

Les quartzites appartiennent aux terrains paléozoïques; on les rencontre aussi fréquemment dans l'étage anthracifère des Alpes.

Usages. — On a employé, pour le tombeau de Napoléon aux Invalides, un grès rouge très dur (quartzite de Finlande), qui a pris le poli du marbre.

Plus souvent, on l'utilise comme pavés. La *montagne du Roule*, près de Cherbourg, fournit les pavés dits de la Manche, très employés à Paris, où leur prix varie de 120 à 260 francs le mille, suivant les dimensions.

Gisements de Cherbourg. — Dans la Manche on emploie les produits de la carrière du Roule comme matériaux de construction, et on en a construit la jetée du port de Cherbourg.

Gisements des Ardennes. — On exploite aussi très activement, comme pavés, les quartzites, dans les Ardennes. Dans le Wurtemberg, on trouve des grès siliceux très durs qui ont servi à construire la cathédrale gothique de Cologne.

Gisements du bassin de Paris. — Les grès du bassin tertiaire parisien, de Fontainebleau et de Beauchamp sont formés de grains quartzeux très fins, réunis par un ciment siliceux ou calcaire. Ils sont trop lourds et se prêtent trop mal à la taille pour être employés à la construction, mais ils font d'excellents pavés.

GRÈS BIGARRÉ. — Le grès vosgien de la partie inférieure du trias et le grès bigarré du même étage sont des grès à ciment argilo-siliceux. Ils fournissent des matériaux qu'on peut employer à la construction. Leur poids est de 2.000 kilogrammes par mètre cube environ, et leur résistance à l'écrasement de 250 à 500 kilogrammes par centimètre carré.

Usages. — Le grès bigarré a servi a construire la cathédrale de Strasbourg ; le soubassement de l'ancien Palais de l'Industrie de Paris était en grès bigarré de Phalsbourg.

Gisements des Vosges. — Le grès de *Voivres*, dans les Vosges, se divise en plaques qu'on appelle *laves*, assez minces pour servir à la couverture des bâtiments, mais cependant friables et un peu lourdes pour cet usage.

Gisements du Wurtemberg. — Dans le *Wurtemberg* on trouve du grès vosgien assez siliceux pour qu'on l'utilise comme pierre réfractaire pour la construction des fours.

GRAUWACKE. — La grauwacke est un grès formé de fragments de quartz et de roches éruptives réunis par un ciment argileux et parfois argilo-siliceux. Elle est grise, jaune ou rougeâtre, c'est une roche qu'on trouve dans les terrains anciens de la Bretagne et des Ardennes, et qui ne sert que sur place pour des constructions sans importance.

Grès houiller. — Le grès houiller est d'un grain plus grossier que la grauwacke. Il se trouve en couches puissantes dans le terrain houiller; il est coloré en gris par le bitume et devient plus foncé par exposition à l'air. Il pèse 2.100 kilogrammes par mètre cube et résiste à des charges de 250 kilogrammes par centimètre carré. Il vaut de 35 à 40 francs sur carrière. Il a servi à construire la ville de Saint-Étienne et plusieurs autres villes de la Loire et de la Haute-Loire.

Grès calcarifère. — La *molasse* est un grès soudé par une pâte calcaire qui peut représenter le tiers de la masse. C'est une roche très friable, mais qui durcit à l'air. Elle pèse 2.000 kilogrammes par mètre cube et s'écrase parfois sous des charges de 100 kilogrammes par centimètre carré. Pourtant elle prend bien le mortier et est très employée pour les constructions dans le sud-ouest de la France. Les carrières de *Rhune*, près Ascain, ont fourni la molasse avec laquelle on a édifié le phare de Biarritz et le port de Bayonne. En *Dauphiné* et en *Savoie*, on s'en sert beaucoup aussi. Enfin Genève, Berne et plusieurs villes de la Suisse ont été construites avec la molasse. A Carcassonne et à Brives, beaucoup de maisons sont faites d'un grès calcarifère.

Le Macigno est aussi une sorte de molasse qui a servi à bâtir le palais Pitti, à Florence; il a fourni les dalles des rues de Pise et de Florence.

Arkose. — L'arkose peut être rapproché des grès par sa composition; c'est une arène granitique contenant encore tous les éléments du granite qui ont été ressoudés sur place. On le trouve dans les *Vosges*, les *Ardennes*, le *Morbihan*; on s'en sert comme pavés et comme matériaux d'empierrement pour les routes.

ROCHES SILICEUSES MEUBLES

Sable quartzeux. — Les sables sont un produit de la désagrégation des roches. Le quartz est celui des éléments des roches éruptives et sédimentaires qui résiste le mieux aux actions physiques et chimiques; il est donc naturel que la plupart des sables soient quartzeux. Le sable quartzeux est formé de grains de quartz quelquefois arrondis, plus souvent anguleux. Quand il est pur, il est d'un blanc éclatant, mais il est souvent mélangé à d'autres substances et surtout à des paillettes de mica.

Usages. — L'emploi le plus important du sable pour les constructions est la confection du mortier; pour qu'il y soit tout à fait propre, il ne doit pas contenir d'argile.

Moyen de reconnaître un bon sable. — On s'en aperçoit aisément au simple toucher; dès qu'il contient un peu d'argile, il salit les doigts. De plus, en approchant de l'oreille une pincée de sable qu'on écrase entre les doigts, on entend un grésillement d'autant plus net que les grains sont plus anguleux et le sable plus propre à la confection du mortier. Le sable étant incompressible peut servir aux fondations et au pavage; là encore il faut qu'il soit bien exempt d'argile. Au contraire, lorsqu'il sert à rendre étanche le fond des canaux ou à arrêter des suintements, la présence de l'argile est une qualité.

Gisements. — Les carrières de *Fontainebleau* fournissent des quantités considérables de sable quartzeux qui sont aussi utilisés pour la verrerie et la cristallerie (Voir le chapitre des *Industries diverses*).

On peut aussi utiliser, pour le mortier, le sable de la mer; mais il faut avoir soin au préalable de l'étendre en lits peu épais et de l'exposer à la pluie, afin qu'il puisse se débarrasser des sels déliquescents qu'il contient et qui conserveraient l'humidité dans le mortier des maçonneries.

GRAVIER. — Quand la dimension des grains dépasse 3 millimètres, les sables deviennent des graviers. Les grains de gravier sont généralement arrondis. Ils servent de ballast pour les voies de chemins de fer. Ils doivent alors être exempts de matières terreuses qui s'opposeraient à l'infiltration des eaux, et de sable qui ferait de la poussière. Les graviers sont aussi employés pour les constructions en béton, et pour l'empierrement de certaines chaussées; mais il faut éviter d'employer pour ce dernier usage des graviers dont le volume serait un peu trop considérable, car ils produiraient l'usure rapide des roues des voitures et des sabots des chevaux; ils rendraient d'ailleurs pénible la marche des piétons.

3° ROCHES ARGILEUSES

Les roches argileuses sont formées essentiellement de silicate d'alumine hydraté.

On peut les ranger, d'après l'importance de leur utilisation dans les constructions et les travaux publics, en argile terreuse, phyllades et schistes.

ARGILE A BRIQUES

Propriétés physiques et chimiques. — L'*argile* terreuse proprement dite provient de matières qui se sont déposées après avoir été longtemps tenues en suspension dans les eaux à l'état boueux. Pure, l'argile est réfractaire, c'est-à-dire que non seulement elle est infusible, mais qu'elle se contracte au feu. La présence des oxydes métalliques lui fait rapidement perdre cette propriété. L'argile est plastique, c'est-à-dire qu'elle se laisse facilement modeler. Séchée au feu, elle devient cassante et dure au toucher. Dès qu'elle a perdu son eau de combinaison, elle perd toute sa plasticité. L'argile est reconnaissable au goût par sa saveur sèche. On la définit en disant qu'elle happe à la langue. Elle a aussi une odeur particulière, l'odeur argileuse.

Il existe un grand nombre de variétés d'argiles :

Les argiles plastiques, le kaolin, l'argile sableuse, la marne, l'argile bitumineuse, l'argile figuline, l'argile calcarifère, etc.

Pour les constructions on n'emploie guère que les argiles figuline et calcarifère impures. Les autres variétés sont employées pour la poterie, la faïencerie, l'amendement des terres, etc., et seront passées en revue dans des chapitres ultérieurs, avec les matériaux employés dans les arts industriels et dans l'agriculture.

La terre à briques est une argile figuline impure. L'argile figuline sert aussi à faire les faïences communes et les poteries. On l'emploie pour la construction à l'état de pisé, c'est-à-dire délayée dans de l'eau et fortement tassée. Cette maçonnerie est surtout employée dans les départements du Rhône, de l'Ain et de l'Isère. Mais la principale application de l'argile est la fabrication des briques. Les briques confectionnées dans des moules des plus simples sont ensuite séchées au soleil, puis cuites en grands tas. Dans beaucoup d'endroits et surtout en Belgique, en Hollande, dans le Nord et le Pas-de-Calais, les briques sont les matériaux de construction courants. On fabrique aussi, avec l'argile, des tuiles pour la couverture des maisons et même de certains monuments, toutes sortes de poteries pour la construction et des tuyaux de canalisation. On en fait encore, en Hollande, des pavés pour les routes.

Les argiles les plus propres à faire de la brique sont généralement brunes ou rougeâtres, par suite de la présence d'oxydes de fer. Ce sont ces matières ferrugineuses, qui, par la cuisson, donnent à l'argile la teinte rouge des briques.

La qualité des briques dépend de la composition et de la pureté de l'argile employée pour leur fabrication; mais on peut l'améliorer en comprimant fortement l'argile dans les moules et en la cuisant dans des fours spéciaux (fours Hoffmann) au lieu de la cuire en tas. Il existe actuellement un assez grand nombre de briqueteries mécaniques, qui fournissent, pour les constructions, des matériaux bien homogènes, à un prix de revient généralement plus bas que les briques faites à la main et cuites en tas.

La même argile peut être employée dans la confection de tuiles pour couvertures de maison. Des moules spéciaux permettent de donner à ces tuiles toutes les formes voulues.

La brique est universellement employée dans les constructions, même dans les pays où la pierre à bâtir se trouve en abondance. Cela tient à la facilité de sa fabrication et, par suite, à l'économie de son emploi.

Pisé. — L'argile, quand elle n'est ni trop grasse ni trop maigre, est employée crue, à l'état de pisé, pour des constructions de peu d'importance.

Il existe même des maisons de cinq étages, entièrement construites en pisé, dans le centre de la France; mais il faut avoir soin de recouvrir le pisé d'un enduit qui le préserve de l'action des agents atmosphériques.

Inconvénients des terrains argileux pour les constructions. — L'argile, qui rend de si grands services pour l'édification des maisons, présente de graves inconvénients, lorsqu'elle constitue le sol sur lequel on doit exécuter des constructions ou des travaux publics.

Quand les dépôts argileux du sol sont à l'abri des agents atmosphériques, ils se maintiennent bien et conservent une dureté suffisante pour les fondations; mais, quand ils ont été exposés à l'air, ils prennent facilement l'humidité et se délayent rapidement.

Il arrive ainsi que de grandes masses de terrains se déplacent par glissement, généralement après une saison pluvieuse, entraînant avec eux ou disloquant les constructions qui les surmontent.

Il est donc nécessaire de masquer rapidement avec des maçonneries la surface des terrains argileux, afin d'éviter le fendillement superficiel qui se produirait sous l'action du soleil et faciliterait ultérieurement l'infiltration des eaux.

BIBLIOGRAPHIE DE L'ARGILE

1874. Schlœsing, *Sur la constitution des argiles et kaolins* (*Comptes Rendus*, t. LXXIX, p. 376 et 473).
1880-1881. Fontanues, *Terrains des environs de Bollène* (*Bulletin de la Société de Géologie*, 3ᵉ série, t. IX, p. 438).
1887. Le Chatelier, *Constitution des argiles* (*Comptes Rendus de l'Académie des Sciences*).

PHYLLADES

Les **phyllades, ou** schistes ardoisiers, **sont** des roches schistoïdes feuilletées, dont le nom est tiré du grec (φυλλον = feuille).

Les phyllades constituent des assises puissantes dans divers terrains. Ils appartiennent au cambrien et au silurien dans les *Ardennes* et dans le *Maine-et-Loire*, à la base du terrain houiller à *Briançon*, dans les Alpes, et aux terrains nummulitiques à *Glaris*, en Suisse.

Ce sont des argiles compactes, devenues schisteuses par compression et métamorphisme.

ARDOISES. — Quand les phyllades peuvent être fendus en

lames très minces, on leur donne plus spécialement le nom d'ardoises.

Propriétés physiques et chimiques. — Les ardoises sont des phyllades de couleur grisâtre, bleutée, violacée ou rougeâtre. Leur pâte est fine, compacte et homogène.

Elles sont formées par un silicate d'alumine impur, riche en débris organiques et contenant des traces de chaux, de magnésie, de titane et 3 0/0 d'eau environ.

Leur densité varie de 2,61 à 2,95.

La dureté varie depuis celle du gypse, pour les phyllades satinées, jusqu'à celle du marbre, quand elles passent insensiblement aux schistes argileux, en perdant leur éclat. La résistance à la rupture, assez faible dans les ardoises, augmente très rapidement avec l'épaisseur. M. Blavier a trouvé, en opérant sur des ardoises de $0^m,25$ de côté, que, pour des épaisseurs respectives de 1, 3, 5 et 7 millimètres, les charges de ruptures étaient 8, 50, 120 et 179 kilogrammes. Il y a donc intérêt à employer des ardoises aussi épaisses que les charpentes peuvent les supporter.

Les bonnes ardoises se fendent facilement en feuilles très fines et rendent au choc un son de cloche.

L'ardoise a la propriété de s'altérer difficilement à l'air et de pouvoir se diviser en feuilles très minces et cependant très résistantes.

Schistosité. — Cette dernière particularité s'appelle la schistosité ; c'est le caractère principal de l'ardoise.

La schistosité est le résultat d'efforts mécaniques postérieurs au dépôt des phyllades ; elle affecte souvent une direction différente de la stratification, et elle est plus ou moins accentuée, selon que l'on se trouve dans des parties du gisement plus ou moins affectées par ces efforts mécaniques.

La compression des schistes ardoisiers s'étant généralement exercée dans plusieurs sens, on remarque ordinairement sur les ardoises une seconde schistosité moins nette, qu'on appelle le *longrain* et qui sert d'indication pour l'abatage et le fendage des ardoises.

Certaines qualités d'ardoises s'imprègnent facilement d'humidité et ne peuvent pas se conserver longtemps; car, à la première gelée, elles se brisent presque immanquablement.

Ces sortes d'ardoises ne peuvent pas être employées pour la couverture des maisons.

Usages. — Les ardoises, grâce à leurs **propriétés de schistosité**, de résistance et d'imperméabilité, sont employées, selon leur qualité et leur couleur, à faire des tableaux noirs grisâtres pour les écoles, des revêtements de salles de bains et de laiteries, des pavages, des mangeoires pour les chevaux, des tables de billard, etc. ; mais leur principal usage est la couverture des maisons et des monuments.

Cuites ou vernissées, elles servent à la décoration intérieure des habitations.

Géogénie. — Ces matériaux, si résistants et cependant si fissiles suivant leur plan principal de clivage, ont été formés, dès l'ère primaire, par des argiles très ténues, qui se sont trouvées comprimées entre des lits de quartzites et de grès, puis redressées, amincies, repliées et enfin transformées par la compression et par la chaleur due au frottement des roches, en ardoises solides et lamelleuses, telles qu'on les trouve dans les divers gisements exploités actuellement.

Gisements. — Malgré la **concurrence** que lui font et les tuiles mécaniques et les couvertures métalliques, l'ardoise se trouve employée à de grandes distances de ses centres principaux de production, qui ne sont, somme toute, pas très nombreux.

En France, les principaux gisements ardoisiers sont ceux des Ardennes et de l'Anjou :

Les Ardennes. — A *Fumay, Haybes* et *Rimagne*, on trouve des ardoises de bonne qualité, violettes ou rouges (silurien inférieur et cambrien). Les ardoisières, bien que considérées comme carrières, y sont exploitées par puits inclinés ou descenderies, jusqu'à de grandes profondeurs, à cause de la forte inclinaison des bancs (50°).

Les ardoises de Fumay ont été employées pour le nouvel Hôtel de Ville de Paris. Celles de Rimagne ont servi à couvrir la Bibliothèque nationale.

Les autres gîtes des Ardennes sont **ceux de Deville et de Monthermé.**

Les ardoises taillées des Ardennes se vendent actuellement 24 francs le mille, sur carrière.

L'Anjou. — Les exploitations les plus importantes sont celles de l'Anjou. Les ardoises de cette région, qui font l'objet d'une exploitation considérable, renferment malheureusement un peu de pyrites qui s'oxydent à l'air et rendent la roche pulvérulente au bout d'un certain nombre d'années. Ce sont surtout des ardoises bleues qu'on trouve dans l'Anjou (terrain silurien), à *Trélazé*.

On exploite, entre Angers et Segré, des veines de schistes ardoisiers souvent fortement redressées, dont la puissance atteint 100 mètres et qui sont interstratifiées dans des schistes siluriens. Ici les bancs de grès des Ardennes manquent complètement. Il existe de nombreuses fentes, veines de quartz, cassures, etc.

Les principales exploitations sont : Trélazé (la Grand'Maison, les Fresnais, les Grands-Carreaux, l'Hermitage) et Saint-Barthélemy. L'exploitation, entreprise primitivement à ciel ouvert, se fait aujourd'hui souterrainement en pratiquant de grands vides ($60 \times 60 \times 100$ mètres) éclairés à la lumière électrique. Cette méthode, employée aux Grands-Carreaux depuis 1832, est dangereuse, parce que les grandes voûtes qu'elle crée risquent de s'ébouler ; elle est remplacée par la méthode en remontant, à la Grand'Maison et à la Forêt (Segré).

Autres gisements ardoisiers. — On trouve d'autres gisements ardoisiers en France dans les régions suivantes :

La *Savoie*, formations beaucoup plus récentes (terrain jurassique).

Les *Alpes*, terrain anthracifère et nummulitique.

Le *Dauphiné*, la *Seine-Inférieure*, la *Corrèze*, la *Mayenne*, la *Manche* à Saint-Lô, la *Bretagne* à Redon, la *Loire-Inférieure* au Grand-Auverné, le *Maine-et-Loire* à Noyant-la-Gravoyère, le *Calvados* à Cherbourg.

En *Belgique*, le prolongement du bassin de Fumay et d'Haybes est mis en exploitation depuis quelques années aux environs d'Oignies.

En *Allemagne*, dans le Harz et en Saxe, on trouve aussi des gisements ardoisiers.

En *Angleterre*, il existe des gisements considérables d'ardoises dans le Pays de Galles. Les ardoisières du Pays de

Galles, très activement exploitées, appartiennent au cambrien inférieur (carrières de *Penrhyn*, de *Llanberis* et d'*Arthog*) ou au silurien (ardoisières de *Palmerston* et de *Llechwedd* dans le district de Blaenau, et d'*orthin* dans le district de Festiniog, appartenant aux assises de *Llandeilo*). Les ardoisières du *Shropshire* appartiennent aux couches siluriennes de *Wenlock*. On exploite à ciel ouvert ou souterrainement par gradins inclinés avec piliers abandonnés (Festiniog), par tranches horizontales, également avec piliers abandonnés (Corris) et par gradins renversés avec ou sans piliers abandonnés (Crœsor).

SCHISTES

Propriété des schistes. — Les schistes, tout en ayant la même texture feuilletée que les phyllades, sont moins fissiles que ces derniers et s'en distinguent par la facilité avec laquelle les agents atmosphériques les réduisent en argile.

Le schiste est une pierre tendre, sauf dans ses variétés siliceuses passant au jaspe. Sa composition chimique se rapproche beaucoup de celle des phyllades : 60 à 70 0/0 de silice, 15 à 20 0/0 d'alumine ; le reste est de l'oxyde de fer, de la magnésie et de l'eau.

Gisements et usages. — On rencontre les schistes dans les terrains anciens et particulièrement dans les couches siluriennes. Ils peuvent servir à la construction et forment des moellons de hauteur uniforme et des lits bien plats ; mais pour le parement ils sont trop irréguliers et doivent être dressés à la scie, ce qui augmente beaucoup le prix de revient. On a bâti ainsi plusieurs villages de l'Anjou et des Ardennes.

Les schistes peuvent aussi servir à faire des dallages, des appuis de fenêtres et des marches d'escaliers. Les espèces siliceuses qui sont les plus dures sont celles qui conviennent le mieux pour ces usages.

L'inconvénient principal des schistes dans les constructions, c'est qu'ils ne prennent pas très bien le mortier ; on ne les emploie que dans les pays où les autres pierres font absolument défaut.

BIBLIOGRAPHIE DES ARDOISES

1879. Coste, *Mémoire sur le gîte ardoisier d'Argut-Dessus* (Haute-Garonne (chez Chaix, à Paris).

1879. Maumerie, *Sur la composition de l'ardoise* (*Comptes Rendus*, t. LXXXIX, p. 243) (Paris).

1881-1882. Lahoussaye, *Note sur le terrain ardoisier de Rimagne* (*Annales de la Société géologique du Nord*, t. IX, p. 28) (Lille).

1882-1883. Gosselet, *Communication sur les veines ardoisières de Fumay* (*Bulletin de la Société de Géologie*, 3ᵉ série, t. XI, p. 343) (Paris).

1883. Blumard, *les Carrières d'ardoises à Angers* (*la Nature*, nᵒˢ 525-544, p. 130) (Paris).

1884. Larivière, *Voyage aux ardoisières du Pays de Galles* (*Annales des Mines*, 8ᵉ série, t. VI, p. 505).

1889. Nivoit, *l'Industrie des Ardennes*.

1889. Autissier, *Notice sur les ardoisières de Rochefort-en-Terre* (Morbihan) (Saint-Étienne-Théolier).

1891. Ichon, *Sur l'exploitation souterraine des ardoisières d'Angers* (*Bulletin de la Société de l'Industrie minérale*, 3ᵉ série, t. IV).

1896. *Les Ardoisières*, par Watrin, contrôleur des Mines, à Mézières.

CHAPITRE III

MINÉRAUX EMPLOYÉS DANS LA MÉTALLURGIE

LE FER ET SES MINERAIS

PROPRIÉTÉS PHYSIQUES. — Le fer est un métal d'un blanc grisâtre, ductile, malléable; c'est un des plus tenaces des métaux usuels; on peut le réduire en fils très fins et en lames très minces (un fil de fer de 2 millimètres de diamètre ne rompt que sous une charge de 250 kilogrammes). Le fer est doué d'une légère odeur et d'une saveur métallique caractéristiques.

La densité du fer fondu est de 7,25; elle varie de 7,40 à 7,90 lorsqu'il est forgé et écroui.

Le fer fond entre 1.500 et 1.600°. Avant d'atteindre cette température, il se ramollit et devient pâteux; on peut alors le façonner sous le marteau et le souder à lui-même. En se solidifiant, le fer pur cristallise en un assemblage de petits grains brillants et prend par l'étirage et le laminage une texture fibreuse. Cet état fibreux est celui qui correspond à son maximum de résistance et de ténacité. Avec le temps, il redevient lentement cristallin ou lamelleux; les vibrations répétées accélèrent cette modification de la structure du métal, qui le rend cassant et impropre à résister aux chocs sans se briser.

Le fer possède au plus haut degré les propriétés magnétiques (propriété d'être attiré par un aimant) et reste lui-même aimanté quand il a été sous l'influence d'un aimant. Le fer pur, ou fer doux, se désaimante et perd toute propriété attractive aussitôt qu'il cesse d'être sous cette influence; il n'en est pas de même de l'acier qui ne se désaimante plus, à moins qu'on ne le porte au rouge.

Le fer est bon conducteur de la chaleur et de l'électricité; sa chaleur spécifique est de 0,1188. D'une dureté considérable, le fer raye le spath d'Islande, mais est rayé par le verre.

Propriétés chimiques. — Le fer peut s'unir directement avec tous les métalloïdes autres que l'azote.

Il est inaltérable dans l'air sec à la température ordinaire. Dans l'air humide, il se forme lentement à sa surface de la rouille ou hydrate d'oxyde ferrique. Dès que le dépôt de rouille a commencé à se produire, l'oxydation devient plus active.

Quand le fer s'oxyde à une température élevée, le produit de la combustion est de l'oxyde magnétique (Fe^3O^4), le seul qui soit stable à haute température. Cet oxyde (oxyde des battitures) est celui qui se détache du fer incandescent en brillantes étincelles sous le choc du marteau. C'est le même oxyde qui se produit par le choc d'un silex sur une lame de fer (d'un fer à cheval sur un pavé, par exemple).

Le fer décompose la vapeur d'eau au rouge; il se dégage alors de l'hydrogène et il se forme de l'oxyde magnétique. Le fer pyrophorique (sesquioxyde réduit en poussière impalpable par l'hydrogène, qui s'enflamme spontanément au contact de l'air) décompose l'eau lentement à 15° et rapidement à 100°. Enfin le fer est considéré en médecine comme un spécifique souverain dans le traitement de la chlorose et de l'anémie.

Usages. — Soit à l'état de fonte, soit à l'état de fer pur, soit enfin transformé en acier, le fer est le métal dont l'usage est le plus répandu. Il est employé dans nos habitations où il tend de plus en plus à remplacer le bois et même la pierre; et il joue le rôle principal dans la construction de nos machines, de nos outils, de nos moyens de transport, de nos armes et de nos appareils scientifiques.

Fonte. — La *fonte* est un carbure de fer provenant directement de la fonte du minerai; elle contient environ 95 0/0 de fer, 2 à 5 0/0 de carbone et quelques autres matières, telles que silicium, phosphore, azote, soufre et manganèse. Les propriétés de la fonte varient suivant sa composition et surtout suivant que le carbone s'y trouve à l'état de mélange ou de combinaison.

De là, diverses variétés de fontes formant toute une gamme, du doux au dur cassant, mais que l'on a classées en deux types principaux, la fonte grise et la fonte blanche.

Le fer s'obtient en enlevant à la fonte, par des procédés qui ne seront pas décrits ici, le carbone qu'elle contient.

MINERAIS

Les principaux minerais de fer sont les suivants :

Oxydes. — Les minerais oxydés les plus répandus sont la magnétite ou fer oxydulé (Fe^3O^4), l'oligiste ou hématite rouge, qui est un sesquioxyde de fer anhydre (Fe^2O^3); enfin la limonite, appelée hématite brune ou fer oolithique, qui est un sesquioxyde hydraté (Fe^2O^3HO).

Carbonate. — Le carbonate de fer, ou sidérose ($FeCO^3$), porte aussi le nom de fer spathique.

Sulfures. — Le principal minerai sulfuré est la pyrite de fer (FeS^2) que l'on traite pour fer, après en avoir extrait le soufre (fabrication de l'acide sulfurique); on peut citer encore la marcassite, ou pyrite blanche, et le mispickel, ou fer arsenical, qui est un sulfoarséniure de fer.

Silicates. — Le silicate de fer entre dans la composition de la plupart des roches éruptives.

Ces divers minerais se trouvent répandus en abondance sur toute la surface du globe et dans presque toutes les formations géologiques. On ne doit considérer comme minerais de fer proprement dits que ceux qui sont industriellement exploitables, c'est-à-dire les oxydes, les carbonates et aussi les sulfures qui sont employés à la fabrication de l'acide sulfurique avant de donner leur métal à l'industrie.

GÉOGÉNIE

On ne peut pas assigner à la venue des minerais de fer un âge unique et déterminé, car les nombreux gisements de fer connus appartiennent à des époques très différentes. En Scandinavie, les minerais de fer abondent dans les terrains primitifs. Le cambrien (Norwège, Asturies, Krivoï-Rog), le silurien (Cotentin, Bretagne, Espagne, Bohême, Eisenerz), le dévonien (Nassau, Harz, Devonshire) sont également riches en minerais de fer. D'autre part, les terrains secondaires, comme le trias (Allevard, Gard, Ardèche), et les terrains tertiaires, comme l'éocène et l'oligocène (terrains sidérolithiques) sont très riches en fer. On aura l'occasion, à propos des nombreux gisements qui seront énumérés ou décrits, de revenir sur la géogénie des plus importants d'entre eux.

GISEMENTS

On peut diviser les gisements de minerais de fer en quatre types principaux :

I. *Gîtes d'inclusion en amas.* — Gîtes d'inclusion en amas dans certaines roches, telles que les péridotites et les serpentines (Taberg, Suède).

II. *Gîtes de contact.* — Gisements filoniens dus à des sources hydrothermales et dans lesquels la séparation entre le métal et la roche éruptive est souvent tellement accentuée qu'on ne reconnaît plus de lien entre eux. Dans certains de ces gîtes que l'on appellera gîtes de contact, la liaison entre le filon et la roche est cependant assez nette (Oural, Banat, Traversella).

III. *Filons proprement dits.* — Au contraire, si la séparation est bien accusée, on a affaire à des filons proprement dits (Rancié, Allevard).

IV. *Amas stratiformes.* — On décrira, sous le nom de gisements stratiformes, les gisements nettement sédimentaires résultant, soit de l'action des venues d'eaux acides sur des calcaires stratifiés préexistants, comme dans le Cumberland et l'Erzberg styrien (gîtes de substitution), soit d'un épanchement superficiel de ces eaux, comme à l'île d'Elbe et à la Tafna (gîtes d'épanchement).

I. — Gîtes de fer en inclusion dans les roches

Les gîtes d'inclusion sont, en général, constitués par des amas de magnétite en inclusion dans des péridotites (*Taberg* en Suède) ou dans des serpentines (comme dans le *val d'Aoste*). La formation de ces gisements semble due à l'intervention d'actions ignées, en présence d'un milieu basique et d'un réducteur magnésien ou calcaire; le fer aurait pu, grâce à ces circonstances, cristalliser en magnétite et le phosphore éliminé aurait cristallisé à part à l'état d'apatite.

II. — Gîtes de contact

Les gîtes de contact forment la transition entre les gîtes d'inclusion et les gîtes filoniens proprement dits. Ils sont constitués par des amas de magnétite au contact, soit de diorites ou de calcaires jurassiques (*Banat*), soit de syénites (*Visokaya Gora*); la magnétite de *Traverselle* se trouve en filons au contact de syénites. Dans les gisements de contact, la magnétite est accompagnée de sulfures, notamment de chalcopyrite, et beaucoup de mines, d'abord exploitées pour fer, l'ont été ensuite pour cuivre (*Traverselle, Mednoroudiansk*). Il semble que l'on doive attribuer la formation de ces gisements à une combinaison des actions hydrothermale et ignée; les métaux dissous auraient été d'abord précipités à haute température en milieu basique réducteur par les roches calcaires encaissantes, puis auraient cristallisé.

Gisements de Banat, Hongrie, Serbie. — On rencontre, dans le *Banat*, la *Hongrie* et la *Serbie*, une bande de terrain, longue de 300 kilomètres, dans laquelle se trouvent de nombreux amas d'oxyde de fer. Ces amas sont au contact de diorites d'âge intermédiaire entre le néocomien et le miocène. Entre les diorites et les calcaires qu'elles traversent se trouve une brèche composée de calcaire avec feldspath et quartz cimentés par du grenat. C'est dans cette brèche, appelée gangue par les mineurs, que l'on trouve de nombreux minerais oxydés et sulfurés de fer, de cuivre, de plomb et de zinc, exploités principalement à *Rezbanya* (Hongrie), *Moravicza, Dognaska, Oravicza* (Banat) et en Serbie.

La Hongrie a produit, en 1897, 1.421.129 tonnes de minerai de fer.

Oural. — Près de Nijni-Taguil, à *Visokaya-Gora* et à *Blagodat*, on exploite des amas de magnétite avec chalcopyrite dans des syénites au contact de calcaires siluriens; le minerai renferme une certaine proportion de phosphore à l'état d'apatite; les impuretés (soufre et phosphore) existent en proportions très variables et atteignent 0,75 0/0 de soufre, et 0,90 de phosphore en certains points. On trouve également dans les minerais, du zinc à l'état de franklinite, du cobalt oxydé manganésifère et du vanadium.

La production des 650 mines de fer de l'Oural a été, en 1896, de 1.346.273 tonnes. Les autres districts les plus importants sont : la Russie méridionale (1.258.797 tonnes en 1896) et la Pologne (296.482 tonnes en 1896).

Traversella. — A *Traversella*, près d'Ivrée (Piémont), l'oxyde magnétique et la chalcopyrite associés forment des amas enchevêtrés et des filons au contact de l'éclogite et de la syénite, dans les micaschistes. Il se détache, des amas principaux, des ramifications filoniennes atteignant jusqu'à 30 mètres de puissance et renfermant des zones de minéraux parallèles aux parois avec géodes internes. Le minerai est en général de la magnétite avec gangue de calcite ou de quartz; souvent la proportion de pyrites est assez importante pour former des gîtes de cuivre; la chalcopyrite a pour gangue une chlorite analogue à celle de la Prugne (Allier). La venue ferrugineuse paraît nettement postérieure à celle du cuivre, qui est liée à une venue serpentineuse.

III. — Gîtes filoniens proprement dits

Canigou (*Pyrénées-Orientales*). — On exploite aux environs de la chaîne du *Canigou*, dans les Pyrénées-Orientales, au contact de schistes siluriens, un certain nombre de filons qui fournissent des hématites à la surface, et du fer spathique en profondeur. La pureté de ces minerais, d'âge probablement éocène, les faisait rechercher, au début de l'emploi du procédé Bessemer, pour la fabrication de l'acier. Ces gîtes doivent être considérés comme filoniens, à cause de leurs ramifications profondes dans les calcaires encaissants, de la variation de leur puissance et de leur disposition en colonnes; d'ailleurs, les amas importants de ce gîte se trouvent presque exclusivement à la rencontre des filons métallifères avec les masses de calcaire.

On trouve surtout dans ces filons le fer hydroxydé brun, le fer oligiste, l'hématite rouge, l'hématite brune et le fer magnétique. En profondeur, on trouve le fer spathique dont provient l'hématite de la surface, par oxydation. Les deux groupes principaux de gisements du Canigou sont ceux de *Batère* et de *Prades*; dans le groupe de Batère on exploite surtout un fer spathique carbonaté manganésifère (concessions de *Ballestang, La Pinouse, Sarrat-Magre, Las Indis*, etc...). Dans le district de Prades, les concessions sont réparties sur trois lignes à peu près parallèles. La concession de Puymarens indépendante des groupes précédents, contient des couches de fer magnétique dont la puissance atteint 150 mètres.

En 1875, le département des Pyrénées-Orientales a produit 6.700 tonnes de fer spathique, 6.900 tonnes de fer oxydulé, 39.000 tonnes d'hématite brune et 3.000 tonnes de fer oligiste.

Rancié (Ariège). — La mine de *Rancié*, dans le canton de Vicdessos (Ariège), offre des amas filoniens d'hématite dans des calcaires liasiques; le calcaire encaissant est un calcaire gris bleuâtre stratifié en bancs feuilletés avec salbande argileuse régulière au toit.

On distingue le *minerai ferru*, très abondant où l'hématite brune domine avec gangue silicieuse, le minerai carbonaté noir et quelques mélanges de ces minerais. Les crevasses formées lors du plissement des couches ont été remplies de fer carbonaté blond par un phénomène de substitution que la porosité des parois encaissantes a favorisé.

Le département de l'Ariège a produit, en 1895, environ 15.000 tonnes d'hématite brune, dans deux concessions.

Allevard (Isère). — On trouve à *Allevard* (Isère) des filons de carbonate de fer très réguliers et puissants avec gangue de quartz ou de dolomie ferrugineuse recoupant des schistes cristallins et des grès triasiques. La sidérose cristallisée ou simplement cristalline y est accompagnée de pyrite de cuivre et de blende; à la surface, elle est souvent transformée en hématite ou en fer oligiste. Il existe un gisement analogue à *Saint-Georges-d'Hurtière* (Savoie).

Le département de l'Isère a produit, en 1895, 15.700 tonnes de minerai spathique cru et 15.400 tonnes de minerai spathique grillé. En 1898, la production n'était plus que de 12.000 tonnes de minerai cru.

Espagne. — Les gisements de fer des provinces de *Murcie* et d'*Almeria* se rapprochent de ceux des Pyrénées. On y trouve de l'hématite en filons dans les schistes et en amas dans les calcaires; le fer spathique, peu abondant à la surface, domine en profondeur, notamment aux mines *Ferreria* et de *Fraternidad* (Almeria). Dans les schistes le minerai est du fer hydraté rouge brun, terreux et tendre contenant jusqu'à 55 0/0 de fer et de 2 à 5 0/0 de manganèse sans soufre ni phosphore; dans les calcaires on trouve de la *mine douce*, minerai hydraté noir, tendre, tenant 56 0/0 de fer et de 5 à 10 0/0 de manganèse.

La production de la province de Murcie a été, en 1897, de 470.000 tonnes; et celle de la province d'Alméria, de 300.000 tonnes de minerai de fer.

Gisement de Zorge (Harz). — On trouve en filons les minerais de fer oxydés ou carbonatés dans des roches très diverses.

On peut citer comme exemple de filons de fer oxydé, le gîte de Zorge dans le Harz, qui renferme, dans des diabases, des veines d'hématite très irrégulières, souvent sans salbandes distinctes.

Iron-Mountain (Missouri). — Le gisement d'Iron-Mountain est un exemple de veines de fer oligiste dans un mélaphyre porphyroïde surmonté d'un dépôt détritique.

IV. — GISEMENTS STRATIFORMES

Ainsi qu'il a été indiqué plus haut, ce chapitre doit passer en revue, sous le nom de gisements stratiformes ou sédimentaires, un certain nombre de gisements de minerais de fer résultant soit de l'action de venues d'eaux acides sur des calcaires stratifiés préexistants comme dans le Cumberland et l'Erzberg styrien (gîtes de substitution), soit d'un épanchement superficiel de ces eaux (gîtes de l'île d'Elbe et de la Tafna).

Il est probable que, dans le cas des gîtes de substitution, les eaux ferrugineuses ont transformé en carbonate de fer le carbonate de chaux du calcaire qui les a absorbées grâce à sa porosité.

On a groupé ci-dessous, pour chaque contrée, les divers gisements stratiformes d'après l'âge des formations géologiques dans lesquelles on les rencontre.

Gisements de la France. — Il existe à la *Valmy* et à *Saint-Roman* (Ardèche) des gîtes de fer carbonaté dans les micaschistes.

En 1895, le département de l'Ardèche a fourni 19.000 tonnes de minerai de fer.

Le fer est assez abondant dans le silurien en France; on le rencontre à l'état d'hématite rouge oolithique phosphoreuse ou d'oligiste accompagné de grenat, en couches interstratifiées au milieu de schistes ou de quartzites. La gangue est quartzeuse.

On peut citer parmi ces gisements ceux de Segré, de Rougé, de Diélette, etc.

Segré (Maine-et-Loire). — On trouve entre Château-Gontier et Angers, près de *Segré*, des bandes de silurien comprenant des schistes ardoisiers et des quartzites à bilobites dans lesquels sont interstratifiés des lits de fer oxydulé ou de fer oligiste; le fer oxydulé tend à dominer en profondeur, et il existe, à la surface du sol, des épanchements hydroxydés.

On trouve dans les départements voisins (Mayenne, Ille-et-Vilaine, Loire-Inférieure, Côtes-du-Nord) des dépôts superficiels d'hématite pauvre schisteuse contenant des rognons plus riches : à *Rougé* par exemple, près de Châteaubriant (Loire-Inférieure), où l'on exploite des poches sidérolithiques.

Diélette (Manche). — Parmi les gisements siluriens de la Manche, la mine sous-marine de *Diélette* est la plus intéressante. On y trouve six couches verticales de magnétite et d'oligiste mélangés. Ces minerais sont analogues à ceux de

Suède et se rencontrent dans des terrains métamorphisés par le granite, très probablement siluriens. La quatrième et la sixième couches, seules exploitées, ont fourni un minerai à gangue de chlorite et de calcite. La mine, que nous avons visitée en 1891, n'est plus exploitée aujourd'hui.

Saint-Rémy (Calvados). — Les mines de Saint-Rémy (Calvados) fournissent de l'hématite rouge sensiblement phosphoreuse avec de la silice et de l'alumine, sans calcaire ni manganèse. On n'emploie ces minerais en métallurgie qu'à l'état de mélanges. Le gisement est interstratifié entre les schistes à calymènes et les grès armoricains. Les mines de fer du Calvados produisent environ 100.000 tonnes de minerai par an.

On rencontre, en France, quelques gisements de fer triasiques, notamment dans le Gard et dans l'Ardèche (Merzelet); mais ces gisements sont peu importants.

Saône-et-Loire. — Le Creusot exploite, dans le département de la Saône-et-Loire, les gisements de *Mazenay et de Changes*, situés dans la partie supérieure de l'hettangien. Les minerais à gangue calcaire y forment une lentille de 8 kilomètres de long sur un kilomètre de large. Leur puissance varie de 0^m,50 à 2 mètres.

La production des mines de Mazenay et de Changes, qui avait été de plus de 250.000 tonnes en 1870, a été, en 1898, de 126.000 tonnes seulement de minerais bruts et lavés.

Meurthe-et-Moselle. — Il existe à la frontière de la France, de l'Alsace-Lorraine et du Luxembourg, un gisement de minerai de fer, situé dans le toarcien, auquel la découverte des procédés de déphosphoration a donné un développement considérable. La région française de ce gisement comprend les deux groupes de *Nancy* et de *Briey* (l'Orne et Longwy) (Meurthe-et-Moselle).

Le département de Meurthe-et-Moselle est traversé du sud au nord par une longue ligne de collines aboutissant près de Metz. Ces collines sont constituées par des argiles liasiques surmontées de bancs calcaires appartenant à la base de l'oolithe. Les couches d'argile et de calcaire y sont rarement homogènes; elles sont composées de bancs de qualités différentes; on trouve à leur contact de l'oxyde de fer hydraté à texture oolithique, tenant de 30 à 35 0/0 de fer et de 0,2 à 1 0/0 de phosphore. Les oolithes de ces gîtes sont reliées par un ciment d'argile, de calcaire et de silico-aluminate de fer. Ce ciment, de couleur très variable, suivant sa composition, tient jusque 35 0/0 de fer. Au-dessous de 30 0/0, le minerai n'est utilisable que comme calcaire ferrugineux. Dans ce cas on recherche surtout les minerais à gangue calcaire. La puissance dépasse rarement 3 mètres et on ne peut pas exploiter avec fruit les couches ayant moins de 1 mètre.

Nancy. — Les principales concessions sont, dans le groupe de Nancy : celles de *Chavigny* (247.000 tonnes en 1895), du Val-de-Fer (246.000 tonnes), de *Marbache* (146.000 tonnes), de *Ludres* (122.000 tonnes), de *Bouxières-aux-Dames* (102.000 tonnes), de la *Fontaine-des-Roches* (98.000 tonnes), etc., soit en tout dix-huit concessions exploitées ayant produit 1.330.000 tonnes, en 1895, et 1.672.600 tonnes, en 1898.

Longwy. — Dans la région de Longwy, treize mines et seize minières exploitées ont fourni en 1895 : les premières, 1.419.000 tonnes ; et les secondes, 329.000 tonnes.

Les principaux centres sont : *Hussigny* (440.000 tonnes), *Saulnes* (281.000 tonnes), *Moulaine* (150.000 tonnes), *Tiercelet* (199.000 tonnes), *Micheville* (193.000 tonnes), *Godbrange* (186.000 tonnes), *Longlaville* (114.000 tonnes).

L'Orne. — Dans la région de l'Orne, d'importants travaux sont en cours pour exploiter les gisements (dix-neuf concessions) dont la mise en valeur a été retardée par la profondeur des couches (150 à 200 mètres) et par la nature fortement aquifère des morts-terrains que les puits d'extraction ont à traverser. Les régions de Longwy et de l'Orne, actuellement réunies par les dernières concessions instituées, forment le bassin dit de *Briey*, qui a produit, en 1898, 1.776.083 tonnes de minerai de fer.

Parmi les autres gisements toarciens de fer connus en France, on peut citer ceux de *Nogent* (Haute-Marne), de *Saint-Priest* et de *Ferrières* (Ardèche), de *Villebois* (Ain), de la *Verpillière* (Isère) et de *Neuzac* (Aveyron). Tous ces gisements sont inexploités.

Il existait en France, à la base du bajocien, un certain nombre de gisements d'oolithe ferrugineuse aujourd'hui abandonnés ; on peut citer notamment les gîtes d'*Ougney*

(Jura), d'*Isenay*, *Vandenesse*, *Gimouille* (Nièvre) et de *Mandalazac* (Aveyron).

Privas (Ardèche). — A Privas, on exploite une couche lenticulaire dépendant du calcaire à entroques et une autre couche appartenant aux marnes siliceuses de l'oolithe inférieure. Le minerai passe souvent au silicate de fer.

La Voulte. — On exploite à la Voulte (Ardèche) un gisement callovien formé de bancs ferrugineux interstratifiés dans des marnes schisteuses et répartis dans trois niveaux appelés *banc du mur*, couche oolithique de minerai rouge; *banc moyen*, couche oxydée épaisse de 7 mètres et riche en minerais rouges feuilletés, et *banc du toit*, minerai lithoïde, pauvre et d'épaisseur médiocre.

Vassy (Haute-Marne). — Outre la limonite de *Métabief*, dans le Jura (néocomien) et le niveau ferrugineux du bas Boulonnais (wealdien), les principaux minerais français du crétacé sont la couche rouge de *Vassy* et les minerais milliolithiques de *Champagne*, situés dans l'urgonien. On trouve aux environs de Vassy du minerai de fer hydroxydé dont les oolithes sont cimentées par une pâte argilo-siliceuse renfermant des coquilles d'eau douce. La couche rouge est une argile marine durcie appartenant, d'après ses fossiles, à la partie supérieure de l'urgonien. On donne également le nom de minerais de Vassy à des minerais à grains très fins (milliolithiques) existant à la base des argiles aptiennes.

La production du département de la Haute-Marne a été, en 1895, de 90.000 tonnes de minerai hydroxydé oolithique brut et de 43.500 tonnes de minerai lavé.

On trouve encore, en France, des hématites brunes en grains dans l'aptien, notamment au *Bois des Loges*, près de Grandpré (Ardennes) et à Blangy (Aisne).

Dun-le-Roi (Cher). — A Dun-le-Roi, on trouve un gisement complètement encaissé dans des calcaires jurassiques.

Les poches ont été élargies par des eaux répandues sur le sol. On peut admettre que le fer a été apporté à l'état de sulfures qui auraient été transformés en sulfates près de la surface. L'acide sulfurique a corrodé le calcaire, et le fer a été précipité en présence de la chaux.

La production de ces minerais est d'environ 2.000 tonnes par an pour le département du Cher.

Berry. — Enfin il existe, en divers points de la France, des poches superficielles creusées dans des calcaires oligocènes et remplies de minerai de fer hydroxydé cimenté par de l'argile rouge. Tel est le minerai du *Berry* en grains, de couleur ocreuse. On le trouve soit dans des poches superficielles, soit dans des gîtes souterrains calcaires ou argileux. Les poches sont en forme d'entonnoirs disposés, la pointe vers le bas, dans les calcaires jurassiques; elles affleurent souvent au jour et sont remplies d'argile ocreuse empâtant des grains de minerai qui ont au plus 8 millimètres de diamètre.

Gisements de l'Algérie. — *Mokta-el-Hadid.* — La Compagnie de Mokta-el-Hadid possède en Algérie, outre les gisements de Tabarka et de la Tafna (Voir plus loin), le gîte très impor-

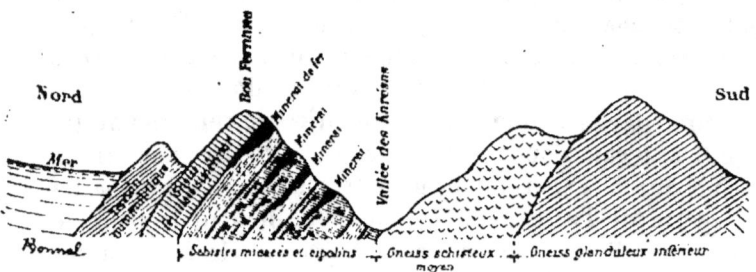

Fig. 71. — Coupe nord-sud du gisement de Mokta-el-Hadid (d'après M. Parran).

tant de *Mokta* (Aïn Mokra), situé à 35 kilomètres du port de Bône, auquel il est relié par un chemin de fer. On trouve à Mokta des couches et des amas de magnétite et d'oligiste manganésifères au milieu des cipolins du terrain primitif, sur une longueur de 2 kilomètres environ. Le gisement est interstratifié par substitution à des bancs calcaires entre des gneiss et des schistes micacés grenatifères. La formation du gîte est due à une action métamorphique provenant de sources hydrothermales (action postérieure au dépôt initial des terrains); les couches présentent des élargissements lenticulaires et des amincissements entre les calcaires et les argiles ou les schistes imperméables.

A 500 mètres à l'ouest du premier amas aujourd'hui épuisé on a exploité un second amas qui a fourni 800.000 tonnes, mais dont l'épaisseur s'est réduite à 1 mètre.

On extrait deux variétés de minerai appelées, l'une minerai rouge, l'autre minerai gris. Ce dernier, qui domine en profondeur, ne contient pas de manganèse et a une teneur en fer moins élevée que l'autre variété. Les travaux qui ont eu lieu pendant longtemps à ciel ouvert, à cause du faible plongement des couches, sont aujourd'hui presque complètement souterrains.

Beni-Saf, la Tafna. — La Compagnie de Mokta-el-Hadid exploite, en outre, près de l'embouchure de la Tafna, la mine de *Beni-Saf*, où l'on trouve des lentilles d'hématite paraissant résulter d'épanchements sur des schistes liasiques gris ou roses très métamorphisés. Le minerai est une hématite rouge foncé ou bleu noirâtre très friable, riche en fer (65 0/0), tenant 2 à 3 0/0 de manganèse, sans soufre ni phosphore.

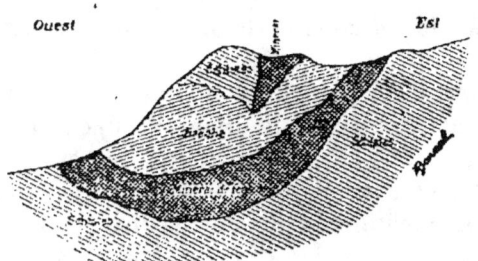

Fig. 72. — Gisement de Beni-Saf (coupe verticale).

Les lentilles ont jusqu'à 100 mètres de puissance sur 4 à 500 mètres de longueur. La figure ci-dessus montre l'allure du gîte dans sa partie occidentale.

Le minerai est exporté, surtout en Amérique.

La production des mines de Mokta-el-Hadid a été de 89.000 tonnes en 1895; celle des mines de la Tafna a été, la même année, de 224.000 tonnes valant 8 francs la tonne.

En 1896, l'Algérie a produit en tout : 374.476 tonnes de minerai de fer.

Gisements de la Tunisie. — *Tabarka.* — La Compagnie de Mokta a la concession de gîtes encore inexploités situés dans l'île de *Tabarka* et sur le territoire des *Meknas*, dans la Kroumirie, sur les confins de la province de Constantine et de la Tunisie. Le minerai de ces gisements repose sur des marnes ou des argiles marneuses du suessonien et forme des poches et des couches discontinues; il consiste principalement en hématites brunes ou rouges, riches en manganèse et en fer oligiste micacé. La teneur en fer ne dépasse pas 55 0/0 pour les minerais du territoire des Nefzas; mais celui des Meknas est plus riche. Ces gîtes ont été formés par des venues hydrothermales.

Gisements de l'Espagne (Bilbao). — On doit rattacher à l'étage de la craie un des gîtes de fer les plus importants du monde : celui de *Bilbao* (Biscaye), exploité par un certain nombre de Compagnies minières espagnoles et étrangères. Son développement a été extrêmement rapide depuis la fin de la guerre carliste, qui avait arrêté les travaux. Un port très important a été créé sur le Nervion, pour l'enlèvement des minerais de Bilbao.

On extrait des gisements de Bilbao trois variétés de minerais :

1° Le *campanil* (cloche), ainsi nommé à cause de la sonorité de ses fragments; c'est un minerai rouge pourpre avec de beaux cristaux de spath calcaire; ce minerai, qui est le moins siliceux et le moins hydraté, est très recherché; il formait la grosse lentille du gîte de Triano; mais il est rare aujourd'hui;

2° La *vena*, minerai de surface, tendre, rouge sombre, qui recouvre souvent le rubio; on le trouve surtout en veines isolées dans le campanil ou le rubio;

3° Le *rubio*, minerai brun ou jaunâtre, plus dur que la vena, presque aussi riche qu'elle, mais caverneux et argileux.

On trouve aussi à Bilbao du fer carbonaté, qui existe en filons en rapport avec le campanil. Le *rubio* et la *vena* sont postérieurs au campanil. On a considéré le gisement comme un gîte de substitution produit par des épanchements éocènes; mais cette théorie ne se vérifie pas complètement par les faits observés.

En général, on rencontre à Bilbao des amas d'hématite intercalés par substitution entre des grès schisteux ou micacés cénomaniens (mur) et des calcaires argileux turoniens (toit). Cependant ce mode de gisement comporte de nombreuses exceptions, car on trouve souvent du *rubio* ou du carbonate décomposé, en couches sur des assises de grès, ou encore du *campanil* sur des assises calcaires ou substitué aux calcaires; en d'autres endroits même, le minerai est en rapport avec des marnes.

Les minerais les plus riches se trouvent dans le calcaire, et les mines les plus importantes sont, autour de Bilbao : *Miravella, El Morro, Ollargan*, et autour de Sommorostro, à 12 kilomètres de Bilbao : *Triano, Galdanès*.

Le gîte de Triano a 4.000 mètres de longueur et une largeur qui varie de 150 à 1.000 mètres.

La production des deux principales Compagnies minières de Bilbao était, en 1895, de 911.400 tonnes de rubio pour la *Orconera Iron ore C°*, et de 404.000 tonnes de rubio pour la Compagnie Franco-Belge.

Le district de Bilbao a produit, en 1897, 5.170.000 tonnes de minerai (dont 957.000 tonnes pour la Orconera Iron ore C°).

On citera pour mémoire les gisements siluriens d'hématite rouge de *Villa Canas* (Andalousie). — En 1897, la production de toute l'Espagne a été de 7.468.000 tonnes, dont 800.000 tonnes provenaient de la province de Santander, 470.000 de celle de Murcie, 330.000 de celle de Séville et 300.000 de celle d'Almeria. — Sur cette production, 5.000.000 de tonnes ont été exportées en Angleterre, 1.000.000 de tonnes en Allemagne et 500.000 tonnes en France.

Gisements du Portugal. — On a exploité à *Santiago* (province d'Alemtejo, Portugal) des amas d'oligiste et de magnétite en relation avec des calcaires du terrain primitif très analogues aux gîtes de Mokta et de la Suède. Les amas de minerai en général un peu manganésé à gangue quartzeuse et calcaire se sont rapidement amincis en profondeur.

Gisements de l'Allemagne. — *Elbingerode (Harz).* — A Elbingerode, on exploite les amas de *Buchenberg* (hématite rouge) et de *Tannichen* (fer carbonaté); le premier est intercalé entre des tufs de diabases et des phyllades du dévonien; l'hématite rouge y est accompagnée quelquefois de sphérosidérite. A

Tannichen, le fer carbonaté très fossilifère est intercalé dans les tufs de diabases.

Silésie. — En Silésie, les minerais de fer triasiques sont activement exploités; il en existe surtout dans le muschelkalk inférieur et aussi dans le houiller, le keuper et le tertiaire.

Le muschelkalk renferme des amas irréguliers d'hématite brune impure (25 0/0 de fer) dans les calcaires et les dolomies (*Tarnowitz, Beuthen,* etc.). Le minerai est une ocre jaune et quelquefois des rognons manganésifères que l'on trouve au milieu de la dolomie dans des poches (mulden) de 300 à 600 mètres cubes, ou bien dans des cavités (neste) creusées dans le wellenkalk; ces nids ne renferment qu'une trentaine de mètres cubes de minerai.

Lorraine allemande. — Le district minier de la Lorraine allemande est, au contraire, très étendu (41.000 hectares).

La partie la plus riche du bassin s'étend depuis la frontière luxembourgeoise jusqu'à une petite distance au sud de l'Orne, qui coule de l'ouest à l'est entre Thionville et Metz, à 22 kilomètres au sud de la frontière du Grand-Duché (exploitations de *Moyeuvre* et d'*Hayange*). Les couches jaune et grise dominent; cette dernière, qui s'étend dans tout le bassin, atteint souvent une puissance de 4 mètres. Les sondages pratiqués sur le plateau d'Aumetz, durant ces dernières années, ont fait découvrir de ce côté le prolongement du gisement d'*Esch-sur-l'Alzette* sur une étendue de 3.500 hectares. Les couches ont parfois 20 mètres d'épaisseur (à *Tressange,* par exemple), et la teneur atteint 40 0/0. A *Hayange,* dans la concession de *Wendel,* on exploite la couche grise.

Une nouvelle voie ferrée partant de *Fentsch* traversera le plateau pour rejoindre le réseau actuel à Audun-le-Tiche. On peut estimer à 900.000.000 tonnes, le cube total de minerai contenu dans le plateau d'Aumetz (12.200 hectares exploitables).

Luxembourg. — Bien que le bassin minier du Luxembourg ait une superficie limitée (3.666 hectares), l'industrie minière y a pris de bonne heure un grand développement à cause des conditions très favorables qu'on y a rencontrées pour exploiter à ciel ouvert les couches qui affleuraient. Les gisements se divisent en deux groupes séparés par l'Alzette : celui de *Belvaux-Lamadelaine* à l'ouest et celui d'*Esch-Rumelange* à l'est.

On y trouve, à fleur du sol et se prolongeant au sud et à l'ouest dans la direction de la Lorraine avec une pente de 1 à 2 0/0, diverses couches exploitées sous le nom de couches noire, grise, jaune, rouge et rouge sablonneuse. La couche *noire* a un bon rendement, mais elle est très aquifère ; la *minette rouge*, qui est un excellent minerai, sera très vite épuisée ; la *couche rouge sablonneuse*, qui s'étend à l'est du bassin, ne peut pas s'exploiter à cause de la pauvreté du minerai qui est, de plus, trop siliceux ; la *couche grise* s'étend seule dans tout le bassin. La teneur moyenne des couches principales est de 40 0/0 à Lamadelaine : elle est un peu moins élevée à l'est (Rumelange). La couche de *minette jaune* mesure, aux environs de Dudelange, 2 à 3 mètres de puissance ; elle contient 37 0/0 de fer, 8 0/0 de silice, 14 0/0 de chaux et 4 0/0 d'alumine.

L'extraction, qui était de 722.000 tonnes seulement en 1868, a été, en 1896, de 4.758.000 tonnes, dont plus de 2 millions ont été exportées, et, en 1897, de 5.349.000 tonnes. Le nombre des sièges en exploitation était, en 1896, de soixante-deux, occupant 5.000 ouvriers.

Gisements de l'Autriche-Hongrie. — *Nucic (Bohême)*. — La Société métallurgique de Prague et la Société métallurgique de Bohême exploitent à *Nucic* (Bohême) des couches de minerai à structure oolithique (chamoisite grenue à gangue siliceuse) interstratifiées dans des schistes siluriens bariolés et des tufs de diabase. La teneur varie de 45 à 60 0/0 avec 2 0/0 d'acide phosphorique.

Erzberg Styrien et Carinthien. — On peut rattacher au dévonien les célèbres gisements de fer spathique de l'Erzberg Styrien et Carinthien encaissés dans des calcaires qui ont subi une imprégnation ferrugineuse irrégulière.

Le minerai de fer se présente dans l'Erzberg Styrien à l'état de lentilles de sidérose dans des masses calcaires intercalées elles-mêmes entre les grauwackes dévoniennes et les schistes permiens de Werfen. Le gisement, d'une puissance considérable, est attenant à la montagne de *Reichenstein*.

Le minerai est entouré de calcaire pauvre ou complètement stérile qui existe aux éponles et aussi en zones dans la masse même du gîte. La teneur du minerai grillé est de 50 0/0 de fer avec 0,01 0/0 de phosphore. L'exploitation de la mine d'Eisenerg a lieu principalement par un découvert très étendu.

L'Erzberg Carinthien présente une ligne de gisements, parallèle à celle de l'Erzberg styrien (*Olsa*, *Hüttenberg*, *Lolling*, etc.). Une autre ligne parallèle de gisements analogues se trouve au sud de cette dernière, dans la Carniole (*Selenitza*, *Jauerburg*, etc.).

Gisements de la Suède. — La Suède renferme de nombreux gîtes de minerais de fer très riches situés dans le laurentien ou dans le huronien représentés par des gneiss et des leptynites rouges. La zone où se trouvent les principaux gisements (Järnbäraland) s'étend du nord-est au sud-ouest dans les gouvernements de Gefle, Kopparberg, Vestmanland et Orebo. Au nord de la province de Bothnie, on trouve les riches gisements de *Luosavara*, *Gellivara*, etc...

Les minerais sont surtout de la magnétite et de l'oligiste tenant de 40 à 50 0/0 de fer, et très peu de phosphore (0,02 0/0 en moyenne).

On distingue trois catégories de minerais :

1° Le *minerai sec* (laurentien de Gellivara, huronien de *Norberg*, *Striberg*, etc.) à gangue quartzeuse ou alumineuse. Ce minerai est composé surtout d'oligiste avec un peu de magnétite ; il est exempt de calcaire et se rencontre dans des gneiss feldspathiques ou quartzeux, des leptynites ou des micaschistes.

2° Les *minerais calcaires* formés de magnétite pure à gangue d'arendalite exploités à *Kallmora*, à *Norberg*, à *Nordmark*, à *Persberg*, etc. On ne doit ajouter du calcaire à ces minerais pour le traitement au haut-fourneau que si la gangue est un silicate très riche en quartz.

3° Le *minerai de magnétite manganésifère* (haussmannite, carbonate de manganèse) à gangue calcaire avec imprégnation de pyrite (*Dannemora*, *Swartberg*, etc.). Ces minerais manganésés ou minerais noirs sont recherchés pour la fabrication de l'acier ; mais ils contiennent du soufre en quantité suffisante pour nécessiter un grillage.

Le minerai de Taberg (près de Jonkoping) se trouve au milieu des gneiss; il consiste en une péridotite formée de magnétite, d'olivine, d'apatite, etc., et il contient 5 0/0 d'acide titanique, ce qui rend sa réduction moins facile.

A *Norberg*, qui est le centre le plus ancien (xive siècle) et le plus important d'extraction du fer en Suède, les minerais des trois catégories se présentent dans des poches en général assez régulièrement alignées, soit dans les dolomies, soit dans les leptynites. A *Persberg*, centre moins important, mais aussi ancien que celui de Norberg, les conditions de gisement sont analogues; le minerai est formé de magnétite avec proportions variables d'hématite, de grenat et de pyroxène; la puissance du gîte varie de 20 à 50 mètres. A *Dannemora*, où l'exploitation remonte au xiiie siècle, la magnétite, à gangue soit de calcaire, soit de grenat et d'amphibole, forme une série de lentilles dans une bande de calcaire intercalée dans des halleflinta à faciès porphyrique; la bande exploitée a 200 mètres de large sur 2 kilomètres de long; les minerais assez pyriteux subissent un grillage préalable. Les mines de Dannemora sont malheureusement situées dans le voisinage du lac Grufsjon, qui menace sans cesse de les envahir.

Depuis quelques années les minerais sulfureux de plomb, de zinc et de cobalt sont assez activement exploités dans le district de Dannemora.

La production de la Suède en minerais de fer en roche a été, pour l'année 1894, de 1.926.500 tonnes, soit une augmentation de 445.000 tonnes par rapport à 1893. En 1897, cette production a atteint 2.087.000 tonnes. En 1895, la Suède a exporté 800.000 tonnes de minerai de fer, dont 639.000 en Allemagne. L'exploitation des minerais du Norrland a pris une grande extension depuis qu'on a créé un débouché sur l'Océan par la construction de la ligne de Gellivara; la ligne ancienne ne pouvait guère transporter que 600.000 tonnes, le port de la Baltique où elle aboutit étant fermé quatre mois de l'année.

Gisements de la Russie. — *Krivoï-Rog.* — Des gisements de fer silurien très importants existent à *Krivoï-Rog* au confluent de la Saksagagne et de l'Ingouletz, affluent du Dnieper. Les mines se trouvent sur les confins des provinces de Kerson et d'Ekaterinoslaw. Dans une grande cuvette granitique de 8 kilomètres sur 30 kilomètres, on rencontre des schistes et des quartzites siluriens dans lesquels sont interstratifiés des amas lenticulaires de fer oligiste schistoïde, d'hématite rouge et brune et surtout de fer oxydulé magnétique. Ces lentilles, au nombre de quatre, ont de 20 à 60 mètres d'épaisseur. La gangue est quartzeuse et les minerais, qui ont un rendement pratique de 55 0/0, ne contiennent que des traces insignifiantes de soufre et de phosphore ; l'exploitation a lieu à ciel ouvert. Ce gisement a pris un grand développement à cause de sa situation à proximité du bassin houiller du Donetz.

Gisements de la Grande-Bretagne. — Les minerais de fer stratiformes se présentent, dans la Grande-Bretagne, en amas dans le calcaire carbonifère. Le voisinage de la houille a donné à ceux de ces gisements qui étaient exploitables un intérêt énorme. Tel est le cas pour l'*hématite* du Cumberland, le *blackband* d'Ecosse et du Staffordshire et les *kohleneisenstein* de Westphalie. Les lentilles de sphérosidérite existant dans des couches de houille en Silésie et en France sont, au contraire, inexploitables en général.

Cumberland. — Les minerais riches (50 à 60 0/0 de fer) et purs du Cumberland ont joué un rôle prépondérant en sidérurgie pendant les premières années qui ont suivi la découverte du procédé Bessemer. On y trouve l'hématite dans le granite, dans les schistes ou dans les calcaires anciens; mais c'est dans le calcaire carbonifère que l'on rencontre les principaux amas de minerai dans les districts de *Whitehaven* et de *Furness*. Les amas d'hématite sont situés soit au toit (Parkside), soit au mur du calcaire (Bigrigg). A Parkside, l'exploitation date de 1854; une couche horizontale de 35 mètres de puissance située au mur du calcaire fournit une hématite rouge et bleue très pure (55 0/0 de fer sans soufre ni phosphore) compacte, appelée : *Blue pourpre ore*, de texture globulaire et concrétionnée.

La figure ci-après montre la succession des terrains à la mine de *Parkside* qui est située à 10 kilomètres du port de Whitehaven.

A New-Parkside on trouve les mêmes terrains recouverts par les terrains de transport et par un conglomérat siliceux et argileux rouge, d'âge permien. La couche d'hématite qui a 13 mètres de puissance s'amincit et se termine dans une faille.

L'amas de *Hod-Barrow* est reconnu sur 750 mètres de long et 150 mètres de large ; sa puissance varie de 15 à 30 mètres. Cet amas est situé dans le calcaire carbonifère recouvert, ici

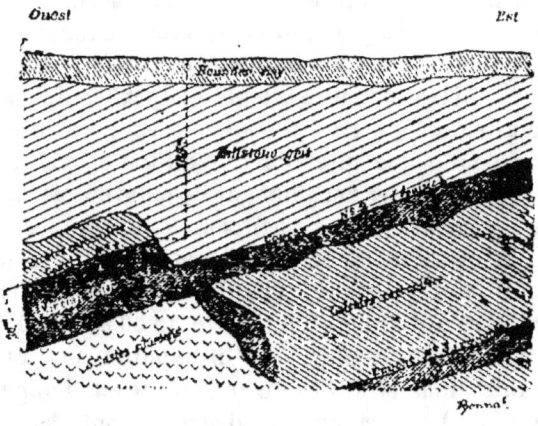

Fig. 73. — Coupe O. E. du gisement de Parkside.

comme à New-Parkside, par le conglomérat permien et les terrains de transport.

La production du Cumberland était, en 1896, de 1.279.558 tonnes de minerai de fer.

Parmi les autres districts de la Grande-Bretagne, on peut citer:

Le *Cleveland* qui avait produit 5.678.368 tonnes en 1896; le *Lancashire*, 816.570 tonnes; et l'*Ecosse*, 983.670 tonnes.

La production totale de la Grande-Bretagne s'est élevée à 13.787.878 tonnes en 1897.

L'Angleterre importe néanmoins plus de 5 millions de tonnes de minerai de fer d'Algérie, d'Espagne, etc... L'importation d'Espagne en Angleterre a atteint près de cinq millions de tonnes en 1897.

Gisements de l'île d'Elbe. — Les célèbres gisements de fer de l'*île d'Elbe* étaient déjà exploités du temps des Romains. Ces gisements sont compris dans des schistes micacés cambriens que recouvrent des schistes siluriens, des poudingues de l'époque permo-carbonifère et des terrains appartenant à l'infralias. Ces dépôts superficiels résultent de l'épanouissement de filons et contiennent de l'oligiste et de l'hématite avec du fer oxydulé et de la pyrite.

Les schistes forment le mur du gîte, et les calcaires sont au toit; les minerais les plus purs sont inclus dans les calcaires. Le gîte de *Rio-Albano* (peu exploité) a une puissance variant de 10 à 50 mètres sur une étendue superficielle de 65 hectares. Le gîte de *Vigneria*, très ancien, est presque épuisé.

Le plus connu des gîtes de l'île d'Elbe est celui de *Calamita*; le minerai de fer accompagné de cuivre y est en relation avec des *pyroxénites* et des *ilvaïtes* métamorphisées; la puissance du gîte atteint 50 ou 60 mètres avec une étendue de 500 mètres de largeur sur 1.000 de longueur. La teneur en fer des minerais de l'île d'Elbe varie de 60 à 64 0/0.

Gisements des Etats-Unis. — On exploite aux États-Unis d'importants amas stratifiés de magnétite et d'oligiste dans le laurentien. Les principaux districts sont ceux du lac Champlain, du haut plateau de New-York et New-Jersey et de Cornwall (Pensylvanie).

Lac Champlain. — Dans le premier de ces districts on trouve au milieu des gneiss laurentiens des monts Adirondack, des amas de magnétite mélangés d'apatite, d'une puissance de 1 à 15 mètres; la puissance de la formation augmente vers le nord dans le prolongement canadien.

Haut plateau de New-York et de New-Jersey. — Dans le haut plateau de New-York et de New-Jersey, on trouve soit de la magnétite pure, soit des zones riches en magnétite au milieu de gneiss syénitiques.

Cornwall. — A *Cornwall* (Pensylvanie) on exploite des couches laurentiennes de magnétite avec sulfures de cuivre et minerais de cobalt.

Lac supérieur. — Les mines d'hématite rouge du lac Supérieur sont exploitées aujourd'hui avec une grande activité dans le Michigan et le Wisconsin, surtout aux environs de

Marquette. Les couches d'hématite rouge sont intercalées entre des quartzites et des phyllades huroniens; les amas exploités à ciel ouvert ont de 5 à 30 mètres de puissance et ne sont pas nettement séparés des quartzites encaissants.

L'exploitation de ces minerais a pris, depuis quelques années, une grande extension dans les districts du *Gogebu* et du *Mesabi* (Minnesota) notamment, et *Port-Marquette* sur le lac Supérieur est devenu un centre d'embarquement très important d'où le minerai part pour les usines de Pensylvanie.

Lehig Valley. — On exploite dans la *Lehig Valley*, sur le versant oriental des Alleghanys, de nombreux amas d'hématite brune dans les calcaires siluriens.

Production des États-Unis. — En 1895, le district du lac Supérieur a produit 1.606.000 tonnes de minerai de fer.

La production totale du minerai de fer aux États-Unis, en 1895, a été de 16.213.732 tonnes d'une valeur de 95 millions de francs. Sur cette production, l'hématite rouge représente 78,5 0/0; l'hématite brune, 13 0/0; la magnétite, 8 0/0; et le carbonate de fer, 0,5 0/0. — Le seul district de Michigan a produit, en 1896, 5.726.441 tonnes d'hématite rouge; le **Minnesota** en a fourni 4.352.626 tonnes (dont 3.082.973 pour le district du Mesabi), et l'Alabama, 1.722.148 tonnes; ce dernier État a produit, en outre, en 1896, 352.000 tonnes d'hématite brune.

La même année, la production de la fonte aux États-Unis atteignait 8.761.097 tonnes, avec près de 200 hauts-fourneaux en feu, dont plus de la moitié en Pensylvanie. En 1897, la production de la fonte atteignait 9.807.123 tonnes, dont 6.091.801 **tonnes de fonte pour Bessemer acide.**

BIBLIOGRAPHIE DU FER

1870. Mussy, *Ressources minérales de l'Ariège* (*Annales des Mines* 6ᵉ série, t. XVII, p. 237).
1871. Jannetaz, *Sur les minerais de fer pisolithiques des environs de Paris* (*Bulletin de la Société de Géologie*, 2ᵉ série, t. XXVIII, p. 197.)

1871. Levallois, *Sur le minerai de fer en grains (Bulletin de la Société de Géologie*, 2ᵉ série, t. XXVIII, p. 183).
1873. Lesley, *The iron ores of the South mountains in Pensylvania (American Journal*, t. XIII, p. 3).
1873. *Nouveaux Gisements de minerai de fer dans le nord de la Russie (Cuyper*, t. XXXIX, p. 213).
1874. Smith, *Sur les minerais de fer de la Suède (Meeting of iron and steel institute*, à Barrow).
1875. Sauvage, *Sur les minerais de fer du lac Supérieur (Annales des Mines).*
1875. Rocour, *Note sur le gisement et l'exploitation du minerai de fer de Mokta-el-Hadid (Cuyper*, t. XXXVIII, p. 205).
1875. Fabre, *Sur le sidérolithique de la Lozère (Bulletin de la Société de Géologie*, 3ᵉ série, t. III, p. 583).
1877. Tichborne, *On the formation of magnetic oxide by the dissociation of ferrous salts (Proceedings of the Irish Academy*, 2ᵉ série, t. III, p. 79) (Dublin).
1877. C. de Stefani, *L'oligisto e gli altri minerali che si trovano al capo calafuria (Bolletino del real Comision geologica d'Italia*, t. VIII, p. 72) (Rome).
1878. Kendall, *Iron ores of great Britain (Publication of the geologic. Survey).*
1878. Rigaud, *Minerais de la Haute-Marne (Annales des Mines*, t. XIV).
1879. Baills, *Note sur les mines de fer de Bilbao (Annales des Mines*, 7ᵉ série, t. XV, p. 209).
1880. Bourson, *les Mines de Sommorostro (Boletin de la Comision des mapa geologica de Espana*, t. VI, p. 304).
1880. Ch. Hall, *Magnetic iron ores of the Laurentian system in Northern New-York* (Albany).
1880. Wodsworth, *On the origin of the iron ore of Marquette district Lake Superior (Proceeding. A. Boston*, t. XX, p. 470).
1880. Davy, *Note géologique sur les minerais de fer de l'arrondissement de Segré (Bulletin de l'Industrie minérale*, 2ᵉ série, t. IX).
1880. Newberry, *the Genesis of the ores of iron* (New-York).
1880. Huddleston, *On the geological history of iron ores (Proceedings of the geologist's Association).*
1880. De Grossouvre, *Sur le métamorphisme des calcaires jurassiques, au voisinage des gisements sidérolithiques (Bulletin de la Société de Géologie*, 3ᵉ série, t. IX, p. 277).
1881. Dauton, *Note géologique sur les minerais de fer de l'Anjou (Bulletin de l'industrie minérale*, 2ᵉ série, t. X, p. 597).
1882. Mallet, *On the iron ores (Geological survey of India*, t. XV, p. 94).
1883. Six, *Sur l'origine et le mode de formation des minerais de fer liasiques (Société géologique du Nord*, t. X, p. 121).
1883. Bleicher, *Minerais de fer de Lorraine (Bulletin de la Société de Géologie*, 3ᵉ série, t. XII, p. 46).

1884. Braconnier, *Mémoire sur les couches de minerais de fer de l'arrondissement de Prades (Pyrénées-Orientales)*.
1884. Brustlein, *Fer de Laponie (Industrie minérale; Comptes Rendus*, juillet).
1884. Mallet, *On the iron ores (Records of the geological survey of India*, t. XVI, p. 24) (Calcutta).
1884. Czyzskowski, *Les minerais de fer dans l'écorce terrestre (Bulletin de la Société de l'Industrie minérale*, 2ᵉ série, t. XIII, p. 481).
1884. Hock, *Mines de fer de l'Espagne (Cuyper*, t. V, p. 510 et 150).
1884. Czyzskowski, *Le minerai de fer de la Russie (Bulletin de la Société de l'Industrie minérale*, t. XIII, p. 292).
1884. Peyre, *Gisement de fer carbonaté du Gard (Bulletin de la Société de l'industrie minérale*, 2ᵉ série, t. XIII, p. 5).
1885. De Roebe, *Mines de fer du Luxembourg (Cuyper*, t. IX, p. 583).
1885. Chapmann, *On some iron ores in Central Ontario (Proceeding and transactions of the Royal Society of Montreal*, t. III, p. 9) (Montréal).
1886. Babu, *Les amas filoniens de Traverselle* (Mémoire manuscrit à l'Ecole des Mines).
1886. De Grossouvre, *Gisements de fer en grains du centre de la France (Annales des Mines)*.
1886. Primat, *Mémoire manuscrit sur les gisements de fer de l'île d'Elbe* (Ecole des Mines).
1886. Lotti, *Mémoire descriptif de la Carte géologique d'Italie* (Ile d'Elbe), avec bibliographie.
1888. Coste, *Mémoire sur l'industrie du fer à Nijni Taguil* (Manuscrit à l'Ecole des Mines de Paris).
1888. Habets, *Mines de Bilbao (Cuyper*, t. IV, p. 1).
1889. Stanislas Meunier, *Sur la bauxite et les minerais sidérolithiques (Bulletin de la Société de Géologie*, p. 64).
1889. H. Charpentier, *Journal de voyage. Notes sur les gisements de fer de l'Ardèche* (Ecole des Mines).
1889. G. Maurice, *Notice sur le minerai de fer de Dielette* (Parisot, 101, rue de Richelieu, Paris).
1890. Friedel, *les Gisements de fer de la Tafna; Journal de voyage* (Ecole des Mines).
1890. Carnot, *Analyses de divers minerais de fer (Annales des Mines*, 1890).
1892. De Launay, *Notes de voyage inédites* (Ecole des Mines), et *Traité des gîtes métallifères* (Baudry, éditeur, p. 633, t. I).
1899. Hjalmar-Lundbohm, *Les gîtes de minerais de fer de Karunavaara et de Luossavaara en Suède (Revue universelle des Mines*, octobre).

LE CUIVRE ET SES MINERAIS

Propriétés physiques et chimiques. — Le cuivre est un métal rouge susceptible d'un beau poli. Dureté, 2,5 à 3. Densité, 8,8; — 8,95 après écrouissage. Il fond vers 1.150° et brûle avec une flamme verte. Très ductile, très malléable, tenace, bon conducteur de la chaleur et de l'électricité, il est inoxydable à l'air sec.

Usages. — Le cuivre s'emploie seul ou en alliages. A l'état isolé, on l'appelle cuivre rouge pour le distinguer du laiton; on l'emploie pour la construction des foyers de locomotives, pour le doublage des navires, pour la fabrication des ceintures d'obus à balles; on en fait aussi des tuyaux pour la vapeur, des alambics, des appareils pour sucrerie et raffinerie, des ustensiles de cuisine. Enfin la fabrication de fils et câbles électriques ainsi que des dynamos en consomme des quantités considérables.

ALLIAGES

A l'état pur le cuivre se travaille aisément au marteau et à la filière, mais il ne peut se couler; aussi le mêle-t-on généralement au zinc et à l'étain.

1° *Alliage de cuivre et de zinc.* — Les principaux alliages du cuivre et du zinc sont le laiton, le similor, le métal du Prince-Robert, le chrysocale, le tombac et le maillechort.

Le laiton ($Cu = 67$, $Zn = 33$) est beaucoup moins cher que le cuivre; aussi est-il beaucoup plus employé que le cuivre rouge. Quand il est destiné à être tourné, on y ajoute un peu de plomb ($Cu = 63$ à 65, $Zn = 33$ à 35, $Pb = 2$ à $2,5$), qui le rend plus sec et l'empêche de s'arracher sous l'outil comme le cuivre, dont le travail au tour demande des précautions spéciales.

Pour les fils destinés à servir de conducteurs pour le téléphone, on augmente la ténacité du laiton en y ajoutant un peu d'étain (Cu = 64,2, Zn = 35, Pb = 0,40, Sn = 0,40).

Le principal emploi du laiton est la fabrication des épingles. Cette industrie, qui utilise environ la moitié du zinc livré au commerce, produit annuellement 225 milliards d'épingles qui, au prix moyen de 1 franc par 3.000 épingles, représente une valeur de 75 millions.

Le laiton sert encore à fabriquer des boutons; des tubes pour suspensions, des garnitures de lampes ou de meubles, des robinets, des instruments de physique, etc.

Le similor et le métal du Prince-Robert, qui contiennent 80 à 88 0/0 de cuivre et de 20 à 12 0/0 de zinc, et le chrisocale (Cu = 92, Zn = 6, Sn = 2) servent à fabriquer des bijoux faux.

Le tombac ou cuivre blanc (Cu = 97, Zn = 2, As = 1) sert à fabriquer des compas et des instruments de physique.

Le maillechort (Cu = 50, Zn = 25, Ni = 25) a la couleur et la sonorité de l'argent; on fabrique en maillechort des pièces d'argenterie que l'on argente par les procédés galvanoplastiques : cafetières, plats, surtouts de table, garnitures de couteaux; on l'emploie aussi beaucoup pour la sellerie et pour la construction des appareils de physique; on en fait des réflecteurs, des monnaies, des enveloppes de balles, etc.

2° *Alliages du cuivre et de l'étain.* — *Bronzes.* — Les alliages du cuivre et de l'étain sont connus sous le nom général de bronzes; leurs propriétés varient d'une manière continue, suivant la proportion des deux métaux qu'ils renferment.

Le bronze des monnaies et des médailles, qui ne doit pas être cassant, est celui qui renferme le plus de cuivre (Cu = 95, Sn = 4, Zn = 1).

Dans le bronze à canons on augmente la proportion d'étain, ce qui donne un métal d'une ténacité remarquable (Cu = 90,1, Sn = 9,9).

Le bronze des tamtams et des cymbales (Cu = 80, Sn = 20) et le bronze des cloches (Cu = 78, Sn = 22) doivent leur sonorité à la quantité plus forte d'étain qu'ils renferment.

En augmentant encore la proportion d'étain, on obtient le bronze des miroirs et des télescopes (Cu = 67, Sn = 33), qui est très dur et susceptible d'un beau poli, mais qui a perdu toute ténacité et ne résiste pas au choc.

3° *Alliages du cuivre et de l'aluminium.* — *Bronzes d'aluminium.* — Avec l'aluminium, le cuivre forme un alliage appelé bronze d'aluminium (Cu = 90 à 95, Al = 10 à 5), à la fois tenace, dur et léger, d'une belle couleur jaune d'or et susceptible d'un beau poli.

On en fait des coussinets de machines, des objets d'orfèvrerie, des chaînes de montres, des flambeaux, des couverts, etc.

SELS DE CUIVRE

Le sulfate de cuivre, appelé aussi vitriol bleu ou couperose bleue, est l'objet d'un commerce important. Il est employé pour le sulfatage des vignes et pour le chaulage des blés, pour la teinture en noir des laines et des soies, et pour la fabrication de certaines couleurs. La galvanoplastie en consomme de grandes quantités.

Les autres sels de cuivre employés en teinture sont le vert de Brunswick (oxychlorure de cuivre), le vert de Scheele (arsénite de cuivre), le vert de Schweinfurth (acéto-arsénite de cuivre), la cendre bleue ou bleu de montagne (hydrocarbonate de cuivre), le vert minéral (carbonate bibasique).

La malachite est un carbonate bibasique naturel que l'on trouve particulièrement en Sibérie; on l'emploie comme pierre d'ornement dans la construction et on s'en sert pour fabriquer des coupes et des vases.

MINERAIS

Les principaux minerais de cuivre sont les suivants :
1° Le *cuivre natif;*
2° Les *oxydes* et les *carbonates*, dont les principaux sont : la *cuprite* (oxyde cuivreux Cu^2O) translucide, rouge foncé, fusible, soluble dans l'acide nitrique; la *malachite* (carbonate de cuivre), translucide, vert, fusible sur le charbon, soluble

dans les acides; l'*azurite*, autre carbonate de cuivre translucide, brun, soluble dans les acides, fusible dans la flamme d'une bougie.

3° Les *sulfures purs*, qui ne contiennent que du cuivre et du fer : *chalcopyrite* ($CuFeS^2$), sulfure de cuivre et de fer, qui tient généralement de 32 à 34 0/0 de cuivre et 29 à 32 0/0 de fer (jaune d'or foncé, fusible sur le charbon, soluble dans l'acide azotique); *phillipsite* ou *cuivre panaché* ($Cu^6Fe^2S^6$), rouge bronze, fusible sur le charbon et soluble dans l'acide nitrique, sulfure de fer et de cuivre, qui renferme 55,6 0/0 de cuivre; *chalcosine* (Cu^2S), sulfure de cuivre, qui renferme 79,8 0/0 de cuivre, noir de fer, éclat métallique faible, fusible dans la flamme d'une bougie, soluble dans l'acide azotique.

4° Les *sulfures impurs*, ou cuivres gris, qui renferment 15 à 48 0/0 de cuivre mélangé à d'autres corps, arsenic, antimoine, fer, argent; les principaux sont la *tétraédrite*, cuivre gris, qui comprend deux variétés, l'une antimoniale, la *panabase* $[(Ag,Fe,Zn,Cu)^8Sb^2S^7]$, l'autre arsénicale, la *tennantite* ($4Cu^2SAs^2S^3$), gris de fer, fondant sur le charbon en bouillonnant, soluble dans l'acide azotique; la *freibergite;* la *bournonite* ($3Cu^2S, Sb^2S^3 + 2PbS, Sb^2S$), antimonio-sulfure de plomb et de cuivre qui contient 42 0/0 de plomb et 13 0/0 de cuivre, et souvent une assez forte proportion d'argent, minerai d'un gris métallique, fusible sur le charbon, soluble dans l'acide azotique.

GÉOGÉNIE

Les gisements de cuivre sont rarement inclus dans une roche éruptive; mais ils accompagnent presque toujours des roches basiques lourdes, de couleur vert foncé, magnésiennes et ferrugineuses : diorites, diabases, etc.

Le fait que le cuivre accompagne toujours des roches basiques et qu'il se présente ordinairement à l'état de sulfure et jamais à l'état de chlorure prouve que les venues cuivreuses correspondent à une époque où la roche déjà refroidie en partie avait perdu ses chlorures et où elle dégageait des sulfures conformément à l'ordre de succession que l'on a nettement établi pour le dégagement des fumerolles volcaniques.

Les oxydes et les carbonates proviennent de l'altération des sulfures; ils existent toujours dans la partie haute des filons et sont dus par conséquent à une action externe.

Les sels de cuivre étant très solubles ont été parfois dissous après coup et ont donné naissance à des gîtes sédimentaires.

GISEMENTS

On peut diviser les gisements du cuivre en quatre catégories :

1° *Gîtes incorporés à la roche*. — Le minerai fait corps avec la serpentine qui l'a amené au jour;

2° *Gîtes filoniens*. — Le cuivre se présente en filon, à l'état de sulfure avec une gangue généralement quartzeuse. Le terme extrême de la série donne les grands amas pyriteux;

3° *Gîtes de départ*. — Le minerai est séparé de la roche, diorite ou diabase, mais reste à son contact;

4° *Gîtes sédimentaires*. — Le cuivre est contenu dans des couches dont l'imprégnation est contemporaine des terrains encaissants.

I. — Gîtes incorporés a la roche

Les principaux gîtes de minerais de cuivre incorporés à la roche sont les suivants :

Gisements de la France. — Gisement de la *Prugne* (Allier). — On a trouvé au milieu du bassin carbonifère de la Prugne (Allier) un grand filon cuivreux qui recouvre des schistes et des microgranulites; le remplissage est de la chlorite contenant un peu d'opale et de zircon; on a exploité à la Prugne deux amas de chalcopyrite et de phillipsite qui ont fourni du cuivre et de l'argent. La mine est aujourd'hui abandonnée; aux environs, on rencontre des filons inexploités de pyrite de cuivre.

Gisements de l'Italie. — A *Rocca Tederighi* (province de Grosseto), le minerai, en veines ou en blocs compacts, se rencontre dans des serpentines qui traversent les terrains éocènes.

A *Sestro Levante* (province de Gênes) on exploite quelques veines de chalcopyrite et de phillipsite au contact de serpentines.

A *Monte Calvi* (Toscane) on trouve de la chalcopyrite dans des filons d'augite qui traversent des marbres blancs liasiques, avec une gangue de quartz et de calcite.

Monte Catini. — *Monte Catini di Val di Nievole* est situé dans la province de Lucques, à environ 50 kilomètres à l'ouest de Florence. Le minerai de cuivre de Monte Catini, déjà exploité par les Étrusques et par les Romains, est contenu dans un filon complexe orienté de l'est à l'ouest, qui traverse un gabbro verdâtre ou roussâtre appelé *gabbro rosso*, produit d'une éruption serpentineuse. Le remplissage est constitué soit par de la serpentine, soit par un conglomérat de mélaphyre et de serpentine avec une argile onctueuse.

Le cuivre se présente souvent, à Monte Catini, en masses de chalcopyrite (5 à 10 mètres cubes); on trouve aussi des boules de chalcosine formées d'un noyau de pyrite de cuivre recouvert d'une première enveloppe de phillipsite (cuivre panaché) et d'une seconde enveloppe de chalcosine et de cuivre natif.

La serpentine paraît être due à la métamorphisation d'une péridotite cuprifère accompagnée de mouvements des épontes qui ont amené la concentration du minerai primitivement disséminé dans la masse.

La forme du gisement est celle d'un coin s'élargissant en profondeur; son toit est assez réglé, mais il est assez pauvre; quant au mur, il présente des boursouflures irrégulières où l'on trouve le cuivre panaché concentré en lentilles de $0^m,10$ à 2 mètres d'épaisseur, longues parfois de 15 à 20 mètres.

L'irrégularité du gisement rend l'exploitation très difficile; des travaux de recherches très dispendieux succèdent aux périodes de prospérité pendant lesquelles on a exploité un amas important fournissant un minerai riche et homogène, les amas étant seuls exploitables

Les minerais riches extraits de la mine contiennent 7 0/0 de cuivre en moyenne; on a aussi traité d'anciennes haldes dont la teneur est de 1 0/0 en moyenne.

La production du cuivre en Italie a été la suivante en 1894 et en 1896 :

Minerai :

	Tonnes.		Francs.
En 1894,	90.886,	représentant une valeur de	2.228.145
1896,	90.408	— —	2.123.595

Gisements de la Corse. — *Ponte Alle Lecchia.* — Ce gisement, abandonné aujourd'hui, est analogue à celui de Monte Catini. Il se rattache à une puissante éruption de roches magnésiennes, recouvrant des calcaires et des schistes jurassiques. Le minerai (chalcopyrite et phillipsite) avec gangue quartzeuse, se présente en filons dans les euphotides; il est plus disséminé dans les chlorites et les serpentines; enfin on rencontre quelques nodules de minerai concentré, dans les argiles, comme à Monte Catini.

II. — Gîtes filoniens

Les gîtes de cuivre d'origine hydrothermale et filonienne sont très répandus. Les quatre formes principales sous lesquelles le cuivre peut se présenter en amas ou en filons sont :

1° La chalcopyrite;
2° La pyrite de fer cuivreuse;
3° Le cuivre natif;
4° Le cuivre gris.

1° **Filons de chalcopyrite.** — La chalcopyrite est souvent accompagnée de phillipsite, quelquefois de chalcosine, et, dans les parties hautes, de blende et de galène. La gangue est ordinairement du quartz, souvent de la sidérose. Aux affleurements on trouve des métaux précieux sous forme de minerais oxydés argentifères ou aurifères (Namaqualand, Colorado et Styrie).

Principaux gisements. — Les principaux gisements de chalcopyrite sont les suivants :

Algérie (Kef-oum-Théboum);
Silésie (Kupferberg);
Autriche (Kupferplatten, Alpes styriennes, Carinthie, Waschgang, Gross-flagrant);
Norwège (Télémark);
Afrique australe (Namaqualand);
États-Unis (Montana, Arizona).
Australie (Burra-Burra, Nouvelle-Zélande, Tasmanie).

Gisements de l'Algérie. — *Description du gisement de Kef-oum-Théboul.* — A Kef-oum-Théboul, près de la frontière tunisienne, à 5 kilomètres de la mer, on exploite des filons complexes de cuivre, de blende et de galène argentifère.

La présence d'éléments étrangers (quartz, argile blanche avec divers sulfures métalliques) rend la préparation mécanique du minerai très délicate.

La teneur en argent diminue rapidement en profondeur. Une tonne de minerai brut donne environ 700 kilogrammes de minerai de fusion.

Gisements de la Silésie. — En Silésie, le Kupferberg présente des filons cuivreux (chalcopyrite, phillipsite, chalcosine, gangue quartzeuse, dont la formation a précédé celle des cuivres gris) à filons plombifères et barytiques de la même région.

Gisements de l'Autriche. — Près de Kitzbuchel, à Kupferplatten et à Mitterberg, dans le Tyrol, on exploite des filons-couches de sulfures divers contenant surtout de la chalcopyrite accompagnée parfois de cinabre avec une gangue de sidérose; ils recoupent des phyllades et des grauwackes d'âge silurien.

En Autriche, on a encore exploité dans les Alpes styriennes un gisement filonien de chalcopyrite aurifère appartenant à la période permo-triasique.

En Carinthie, on exploite, aux mines de Waschgang, dans la vallée de Möll, de la chalcopyrite en larges couches tenant jusqu'à 15 0/0 de cuivre dans des filons de quartz; ces minerais, de même que ceux de Gross Flagrant, près Saxenburg, sont aurifères.

Les diverses mines de cuivre autrichiennes ont produit :

Minerai :

	Tonnes		Francs
En 1894,	7.235, représentant une valeur de..		585.582
1896,	6.823 —	—	573.864

Métal :

	Tonnes		Francs
En 1894,	1.311, représentant une valeur de..		1.564.021
1896,	1.001 —	—	1.161.203

Gisements de la Hongrie. — A *Kotterbach*, à *Slovinka* et à *Gollnitz* on rencontre des filons-couches analogues aux précédents.

La production du cuivre en Hongrie a été la suivante :

Métal :

	Tonnes		Francs
En 1894,	271, représentant une valeur de..		338.417
1896,	160 —	—	193.150

Gisements de la Norwège. — Dans le district de Télémark, près de Konsberg (Norwège), on a exploité autrefois des filons situés dans la granulite et renfermant de la chalcopyrite, de la phillipsite, de la chalcosine avec un peu d'argent et d'or. Ces mines sont aujourd'hui abandonnées.

Gisements de l'Afrique australe. — On a découvert dans le Namaqualand (Afrique australe), sous un chapeau de fer, des filons de chalcopyrite, de phillipsite et de chalcosine à gangue quartzeuse, recoupant des schistes anciens et des granites; ils sont souvent aurifères.

Gisements des Etats-Unis. — *Description des gisements du Montana.* — Dans le territoire de Montana on exploite, près de Butte-City, des filons d'or, d'argent et de cuivre (gangue quartzeuse) d'une richesse exceptionnelle, découverts il y a environ vingt ans. C'est là que se trouve la célèbre mine d'*Anaconda*, qui occupe plus de six mille ouvriers.

Le territoire de Montana est un des centres de production

du cuivre les plus importants du monde, bien que son exploitation ne date que de 1882.

Le cuivre s'y rencontre dans des filons ouverts dans un granite dioritique. Le sulfure noir de cuivre, qui forme la partie supérieure des filons, se mélange en profondeur de chalcopyrite et disparaît presque entièrement vers 200 mètres.

La gangue est quartzeuse. Les filons, parallèles et orientés en général suivant la direction est-ouest, sont très réguliers et peu inclinés. Le filon principal, celui d'Anaconda, a une dizaine de mètres d'épaisseur; il a été reconnu sur 600 mètres en direction et 300 mètres en profondeur. Les épontes sont cependant, en général, mal définies, et les mineurs se basent sur les conditions d'exploitabilité pour la limite à assigner aux travaux dans ces filons. Il y a passage progressif du minerai à la roche, et l'on suppose que le granite a pu être attaqué dans une de ses fissures et décomposé jusqu'à une certaine distance par dissolution des éléments basiques tout d'abord, puis feldspathiques ensuite. La teneur du minerai en argent augmente en profondeur et atteint 1 kilogramme et demi par tonne.

La production du cuivre métallique dans le territoire de Montana a été de 83.050 tonnes en 1894 et de 107.600 tonnes en 1897, alors qu'elle n'atteignait que 27.000 tonnes en 1886.

(Voir plus loin la production totale de l'Amérique du Nord.)

Description des gisements de l'Arizona. — On trouve dans le territoire d'Arizona d'importants filons de chalcopyrite. La chalcopyrite est oxydée à la surface au contact de calcaires cambriens et de trachytes verts. A la partie supérieure, on trouve des oxydes et des carbonates à gangue ferrifère et manganésifère; la chalcopyrite apparaît en profondeur.

Les filons du groupe de l'Arizona ont une gangue quartzeuse contenant des sulfures de plomb et de zinc; l'exploitation est relativement récente et le minerai est très recherché, à cause de la pureté et de la haute conductibilité électrique du métal qu'il fournit. Les filons ont jusqu'à 5 mètres de large et sont remplis d'argile et de minerai.

La teneur du minerai diminue en profondeur. L'analyse moyenne de ces minerais donne les résultats suivants :

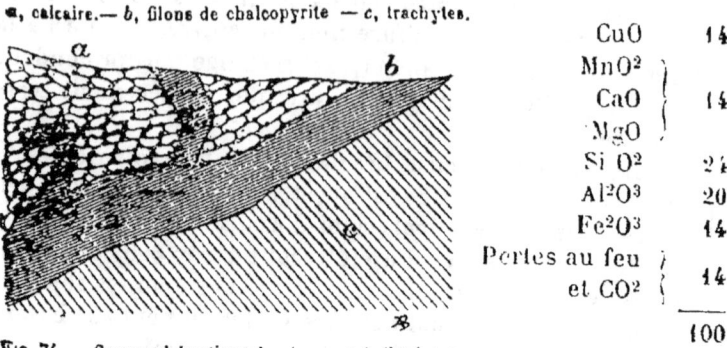

a, calcaire.— *b*, filons de chalcopyrite — *c*, trachytes.

CuO	14
MnO^2	
CaO	14
MgO	
SiO^2	24
Al^2O^3	20
Fe^2O^3	14
Pertes au feu et CO^2	14
	100

Fig. 74. — Coupe schématique du gisement de l'Arizona.

En profondeur, on rencontre un sulfure de cuivre noir ou mattite avec une bande de quartz friable.

A 100 mètres environ, la teneur utile est réduite à 10 0/0, et les scories deviennent plus acides.

La production de l'Arizona, qui était de 5.000 tonnes de cuivre en 1886, a atteint 20.200 tonnes en 1894, et 36.750 en 1897.

La production totale du cuivre métallique aux États-Unis a été la suivante

Métal :

	Tonnes			Francs
En 1896,	217.639,	représentant une valeur de.		255.016.985
1897,	231.421	—	—	281.028.275

Nous croyons utile, étant donnée l'importance de la production du cuivre aux États-Unis, de donner ci-après quelques indications de détail sur cette exploitation en Amérique.

GÉOLOGIE APPLIQUÉE

RÉSULTATS DES PRINCIPALES MINES DE CUIVRE EN 1897 (AMÉRIQUE)

NOMS	PRODUCTION en tonnes métriques du cuivre fin	RECETTES totales en francs	DÉPENSES						TONNES de MINERAI traitées	PROPORTION du cuivre extrait DU MINERAI traité
			EXTRACTION	FUSION transport et commission	CONSTRUC-TIONS	RECHER-CHE	ACHAT de terrains	TOTAL des dépenses		
(Michigan) Atlantic Mining C°	tonnes 2318	francs 2.877.905	2.009.035	335.810	187.230	24.740	35.000	2.591.815	357.705	0,648 0/0
Central Mining C° 1	277	345.560	321.110	71.760	»	»	»	442.870	»	»
Franklin Mining C°	1319	1.601.585	1.341.920	215.905	»	»	»	»	119.774	»
Osceola Consolidated C°	4309	6.690.280	»	»	»	»	»	5.378.275	401.968	1,07 0/0
Quincy Mining C° 2	7677	9.454.190	4.453.660	1.072.355	92.330	»	»	5.847.355	492.268	1,56 0/0
Tamarak	9072	11.306.705	»	»	1.024.960	»	»	9.179.050	554.688	»
Anaconda. { Cuivre	60.010	86.328.830	28.629.990	»	1.937.655	»	»	54.910.000 3	1.430.903	»
{ Argent	192.845									
{ Or	0,615									
Boston et Montana, Consolidated Copper and Silver Mining C° 4	2.772	34.745.485	»	»	»	»	»	19.563.300	»	»

1 Mine en amas, pas de découverte, avenir peu brillant. — 2 Minerai extrait, 547.137 tonnes. Dividende payé en 1897, 4.000.000 francs. — 3 Dividende, 15.000.000 de francs en 1897. — 4 Cette mine a 1.300.000 tonnes de minerai de cuivre à extraire.

PRODUCTION DU CUIVRE FIN (AMÉRIQUE DU NORD, ÉTATS-UNIS)

	1894	1897
	tonnes	tonnes
États-Unis....................	166.000	231.400
Détail des États-Unis. { Californie......	20.200	36.750
Arizona........	57	6.400
Montana.......	83.050	107.600
Michigan......	51.950	66.150
Colorado.......	2.960	4.280
Divers.........	7.785	10.220

Gisements de l'Australie. — *Burra-Burra.* — A Burra-Burra, les schistes anciens métamorphisés sont traversés par de riches filons de cuivre d'une dizaine de mètres d'épaisseur, à gangue quartzeuse, sous un chapeau de fer hydroxydé à la surface; on trouve d'abord des oxydes et des carbonates de cuivre, puis des oxychlorures, du cuivre panaché et de la chalcopyrite.

Au sud-est de l'Australie on a remis en exploitation, en 1897, les mines de *Cobar* dans la Nouvelle-Galles du Sud. Le Great Cobar Mining Syndicate y possède de grandes mines avec quatre cent cinquante ouvriers et deux fourneaux à water-jacket de 60 tonnes en marche. Production en 1897 : 63.864 tonnes de minerai, ayant donné 2.699 tonnes de cuivre (les mattes sont raffinées à Lithgow dans une usine récemment construite), 30.424 onces d'argent fin et 12.414 onces d'or fin; on peut encore citer dans la Nouvelle-Galles du Sud les mines de *Burraga*, dans les monts Abercrombie, dont les mattes sont raffinées aussi à Lithgow.

En Nouvelle-Zélande, on peut citer la mine *Champion*, dans la vallée d'Aniseed (Nelson Province), où l'on exploite des minerais à 7,5 0/0 de cuivre (chrysocolle à la surface) avec pyrites et poches de cuivre natif en profondeur.

La Compagnie des mines de *Chillagoe* (Queensland) ne doit entrer en fonctionnement qu'en 1900, quand le chemin de fer reliant ces mines à Herberton sera achevé.

On a fait, en 1897, d'importantes découvertes dans l'Australie du Sud, dans le district de *Beltana*; dans la même région se trouvent des mines importantes dont les produits (minerai tenant 20 0/0 de cuivre) sont transformés en cuivre et sulfate de cuivre à Wallaroo. La Wallaroo and Moonta Smelting Cº a l'intention d'installer une fonderie de plomb pour traiter 300 tonnes par semaine.

En *Tasmanie*, la Mount Lyell Mining and Railway Cº a fondu en six mois (1897), 41.507 tonnes et va installer le traitement électrolytique. Elle a extrait 43.099 tonnes de minerai dont 38.890 proviennent des travaux à ciel ouvert, et le reste des galeries. Les convertisseurs, alimentés par cinq fours, ont traité 5.745 tonnes de mattes, qui ont donné 2.953 tonnes de cuivre fin, 271.036 onces d'argent et 43.034 onces d'or. Une once-troy pèse $31^{gr},1035$.

Production de l'Australie. — La production du cuivre en Australie a été la suivante :

Nouvelle-Galles du Sud

Minerai et régule :

	Tonnes		Francs
En 1894,	590,	représentant une valeur de..	311,175
1896,	15	— — ..	1.875

Cuivre en lingots :

	Tonnes		Francs
En 1894,	1.582,	représentant une valeur de..	1.515.850
1896,	4.524	— — ..	5.005.900

Queensland

Minerai :

	Tonnes		Francs
En 1894,	422,	représentant une valeur de..	439.550
1896,	589	— — ..	526.050

Tasmanie

Minerai :

	Tonnes		Francs
En 1894,	127,	représentant une valeur de..	125.000
1896,	52	— — ..	57.250

Victoria

Minerai :

	Tonnes		Francs
En 1894,	492,	représentant une valeur de..	369.050

2° Amas de pyrite de fer cuivreuse. — Le cuivre se trouve souvent en imprégnation dans de la pyrite de fer formant de grands amas intercalés dans les terrains sédimentaires. Au point de vue de l'étude et de la recherche de ces gisements, il est utile de signaler qu'ils sont toujours au milieu de schistes, qu'ils sont recouverts à la surface par un chapeau de fer hydroxydé et qu'enfin il arrive souvent qu'ils se coincent en profondeur ; leur teneur en cuivre se maintient d'une manière assez constante entre 2 et 3 0/0.

Ces amas ont une formation mal déterminée ; quelques-uns, comme celui du Rammelsberg (Harz), sont nettement sédimentaires ; mais, dans la plupart des cas, l'amas pyriteux, simplement intercalé dans des schistes, les recoupe en de nombreux endroits ; l'amas ne présente aucune trace de stratification interne et est accompagné de veines quartzeuses et de roches éruptives. Dans certains gisements on constate [en Scandinavie (Fahlun, Vigsnaes, etc.)] des phénomènes d'interstratification accompagnant des fractures filoniennes. On peut admettre que les amas pyriteux ont une origine hydrothermale et profonde ; ils seront décrits à la suite des gisements filoniens.

Les principaux gisements de pyrite de fer cuivreuse sont les suivants :

Suède (Fahlun) ;
Norwège (Röraas, Foldal, Vigsnaes) ;
Espagne et Portugal (Rio-Tinto, Tharsis, San-Domingos, Lagunazo, Confessionario, la Zarza, Aguas-Tenidas.

Gisements de la Scandinavie. — Les amas de pyrite de fer cuivreuse sont très fréquents dans la péninsule scandinave, dans le terrain primitif. Les plus importants sont ceux de Fahlun, en Suède et de Röraas et de Vigsnaes, en Norwège.

Description du gisement de Fahlun (Suède). — L'exploitation du gisement de pyrite de fer cuivreuse de Fahlun, au nord-ouest de Stockholm, remonte au XIVe siècle. Ce gisement se trouve dans des gneiss du terrain primitif, redressés et bouleversés par des veines de leptynite.

L'amas principal, aujourd'hui à peu près épuisé, mesurait

240 mètres du nord-ouest au sud-est, 160 mètres du nord-est au sud-ouest, et 320 mètres de profondeur; il était entouré d'une roche talqueuse bréchiforme, appelée *scholl*, qui semble être le remplissage d'une faille.

Il existe à Fahlun deux sortes de minerai :

1° Le minerai tendre, ou *blotmalm*, analogue au minerai de Rio-Tinto et formé de pyrite de fer cuivreuse avec une très faible proportion de quartz;

2° Le minerai dur ou *hartmalm*, un peu plus riche en cuivre; le quartz y est plus abondant. Ces minerais sont aurifères et depuis longtemps on en a extrait, chaque année, quelques kilogrammes d'or. L'or extrait est contenu dans du quartz laiteux et est toujours accompagné d'un séléniosulfure de bismuth et de plomb, d'une couleur blanche éclatante qui révèle sa présence.

Le minerai de Fahlun, traité par la voie humide, après grillage, fournit du cuivre, de l'argent et de l'or.

On produit également, à Fahlun, de l'acide sulfurique et du sulfate de fer.

La production du cuivre en Suède a été la suivante :

Minerai :

	Tonnes
En 1894	25.710
1896	24.351

Description du gisement de Röraas (Norwège). — Le gîte de Röraas est situé entre Throndhjem et Christiana; l'exploitation, commencée vers le milieu du xviie siècle, est encore assez active. Il existe à Röraas plusieurs concessions dont les plus connues sont Storvarts-Grube et Kongens-Grube. Cette dernière fournit surtout de la pyrite de fer.

A Storvarts-Grube, le minerai est intercalé au milieu des schistes, et le gisement a une apparence presque sédimentaire. A Kongens-Grube, au contraire, le gîte est très redressé, et il recoupe nettement les schistes voisins, entre lesquels il envoie des ramifications.

A Storvarts-Grube, le terrain encaissant est un schiste chloriteux, souvent grenatifère, de l'époque huronienne.

Le minerai de Kongens-Grube contient environ 5 0/0 de

cuivre; il se compose de pyrite de fer et de pyrite de cuivre associées à de la pyrite magnétique et à de la blende.

Fig. 75. — Coupe du gîte de pyrite cuivreuse de Konge's Grube (Röraas).

La formation des gîtes de Röraas est due, sans doute, à des venues sulfureuses sous-marines correspondant au dépôt des schistes; mais, cette action s'étant continuée après leur solidification, l'amas est devenu nettement filonien.

Gîte de Vigsnaes. — Le gîte de Vigsnaes se trouve au sud-ouest de la Norwège; il consiste en un filon ramifié dans des schistes cambriens, **au contact** de gabbros à saussurite.

Le minerai est une pyrite de fer cuprifère, avec quartz, blende et calcite. Sa teneur est de 40 0/0 de cuivre; au milieu de sa masse, on trouve des blocs de schistes isolés de 1 mètre sur 3 mètres et à moitié imprégnés de minerai.

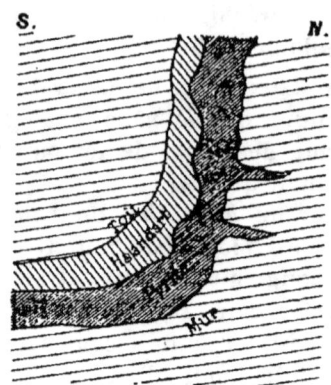

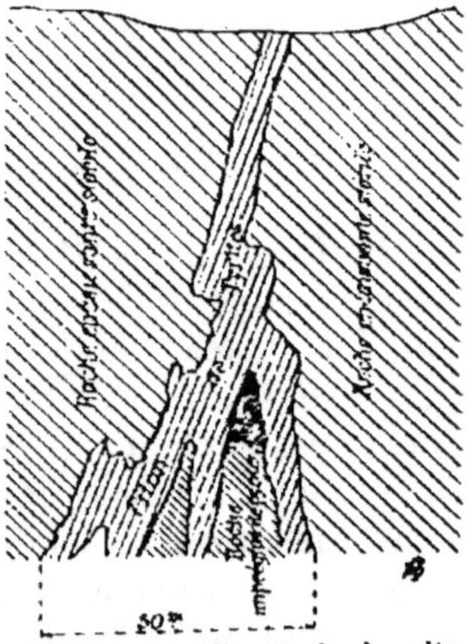

Fig. 76. — Coupe verticale du gîte de pyrite cuivreuse de Vigsnaes (d'après M. Paske).

En Norwège, 2.000 hommes ont été employés, en 1897, à la production de 90.000 tonnes de pyrite. Les usines de Röraas et de Sulitelma ont produit 1.025 tonnes de cuivre en lin gots; le reste des minerais norwégiens, traités dans des usines étrangères, a produit 1.975 tonnes de cuivre pur. On peut citer, outre les mines d'Aamdal (Télémarck), qui ont donné 1.450 tonnes de pyrite (20 0/0 de cuivre), celles d'Alten (Finmark) avec 400 tonnes de pyrite à 10 0/0 de cuivre, et celles de Bosmo, avec 20.000 tonnes de pyrite contenant 50 0/0 de soufre et un peu de cuivre.

La production du cuivre en Norwège a été la suivante :

Minerai :

	Tonnes		Francs
En 1890,	18.769,	représentant une valeur de..	969.300
1894,	20.226	— — ..	961.200

Métal :

	Tonnes		Francs
En 1890,	466,	représentant une valeur de..	627.750
1894,	907	— — ..	756.000

Gisements de l'Espagne et du Portugal. — Les importants gisements de pyrite cuivreuse, situés dans la province d'Huelva (Espagne) et d'Alemtejo (Portugal), déjà activement exploités par les Anciens, sont compris dans une bande large de 20 kilomètres, orientée est-ouest, allant de Séville jusqu'à l'Océan Atlantique, au sud de Lisbonne ; les terrains traversés par ces gisements sont le silurien et le carbonifère ; de nombreux pointements de microgranulites et de porphyres mettent en évidence l'activité éruptive ancienne de la région. Les mines les plus connues sont les suivantes :

Tharsis, qui comprend quatre amas assez importants, dont un inexploité ;

San-Domingos (Portugal), où l'on n'exploite qu'un seul amas vertical de 500 mètres sur 60 mètres, contenant des intercalations schisteuses ;

Lagunazo, où l'on exploite à ciel ouvert un amas de 150 mètres sur 15 mètres ;

Confessionario : cet amas, qui ne contient que de la pyrite de fer cuivreuse à 51 0/0 de soufre, n'est exploité que pour la fabrication de l'acide sulfurique ;

La Zarza, où l'on exploite des schistes imprégnés sans amas,

Aguas Tenidas : à Aguas Tenidas, les filons atteignent une teneur en cuivre de 5 à 6 0/0;

Et enfin *Rio-Tinto* qui est le plus important.

Gisements de Rio-Tinto. — Le gisement de Rio-Tinto, exploité par une Compagnie anglaise, est situé dans la province de Huelva, au sud-ouest de l'Espagne, au milieu de schistes et de phyllades argileux appartenant à l'époque carbonifère.

Au contact de la pyrite se trouvent des pointements de porphyres dioritiques.

Les deux amas principaux sont le filon *Norte* et surtout le filon *San-Dionisio* prolongé par l'amas du Sud, qui est la partie la plus importante du gisement; on exploite à ciel ouvert cette partie méridionale du gîte dont les dimensions en plan sont de 1/2 kilomètre sur 120 mètres; la profondeur reconnue est de près de 200 mètres.

Le filon Norte, exploité au début par galeries souterraines, est attaqué à ciel ouvert depuis quelques années; il a été reconnu sur 2.000 mètres de longueur et 150 mètres de largeur.

Le minerai est formé de pyrite de fer à 2,5 0/0 de cuivre en moyenne avec un peu de chalcopyrite et divers sulfures. La masse, qui ne présente pas trace de cristallisation ni de sécrétion sur les épontes, est recoupée par des filets plus riches en cuivre (chalcopyrite et phillipsite).

On fond à Rio-Tinto, dans des fours à manche, tous les minerais de la région dont la teneur en cuivre dépasse 6 0/0 ; ceux dont la teneur varie de 3 à 6 0/0 sont exportés en Angleterre (Swansea); ceux qui tiennent moins de 3 0/0 sont traités sur place. Enfin ceux qui contiennent du plomb sont abandonnés à cause de la difficulté du traitement. Tous contiennent de l'or, mais en si faible quantité qu'on ne l'extrait qu'à San-Domingos.

A Rio-Tinto comme à Tharsis, les amas sont composés de pyrite de fer cuivreuse recouverte de chapeaux d'oxydes métalliques, parmi lesquels domine la limonite. Les sulfures se sont oxydés au contact de l'eau et de l'air, et les sulfates solubles sont redescendus dans le filon pendant que restaient seuls, à la partie supérieure, les terres rouges et les squelettes d'oxyde de fer.

Les **sulfates** redescendus au-dessous de la zone oxydante du niveau hydrostatique ont subi une réduction et ont formé en un grand nombre de points des zones riches intercalées entre le chapeau de fer et la partie inférieure du filon, qui a conservé sa teneur moyenne normale.

On doit donc, à Rio-Tinto, diriger les travaux de recherches de façon à s'approcher le plus possible du plan inférieur des eaux, afin d'atteindre le filon dans sa partie la plus riche.

Le prix de revient des exploitations de Rio-Tinto peut être établi comme suit, d'après M. Cumenge :

	TRAVAUX à CIEL OUVERT	TRAVAUX SOUTERRAINS
Abatage, main-d'œuvre, surveillance, explosifs.........	0,80	2 »
Cassage, triage, chargement, transport..	1,20	1,75
Entretien des outils, du matériel roulant et de la voie......................	0,50	0,75
Total...............	2,50	4,50
Amortissement du découvert et des déblais stériles	1 »	»
Frais d'exploitation d'une tonne de pyrite.	3,50	4,50
Calcination, lavage, cémentation........	3,20	3,20
Frais totaux d'exploitation et de traitement d'une tonne de pyrite..........	6,70	7,70

En 1897, la Compagnie de Rio-Tinto a extrait 1.388.026 *long-tons* (teneur moyenne de 2,81 de cuivre), dont 575.733 tonnes ont été traitées sur place et ont fourni 20.826 tonnes de cuivre ; le reste a été exporté et a donné 13.098 tonnes de cuivre (le long-ton pèse $1.016^{kg},018$). Le bénéfice de la Compagnie a été de 24.690.000 francs. On estime que la Compagnie a soixante-dix ans de production devant elle (au taux d'extraction de l'année 1897).

Tharsis, en 1897, a produit 565.945 long-tons, dont 310.702 ont été exportés. Cette Compagnie a exporté 8.000 tonnes de cuivre précipité. Le bénéfice a atteint 9.600.000 francs.

La Compagnie d'Aguas-Tenidas n'a extrait que 155.000 tonnes en 1897 (au lieu de 205.000 en 1896).

Au total, l'Espagne, en 1897, a exporté 822.570 tonnes de minerai de cuivre et 217.545 tonnes de pyrites de fer.

La production totale du cuivre en Espagne a été la suivante en 1896 :

Pyrites :

Tonnes	Francs
2.358.284, représentant une **valeur de**.	11.762.190

Minerai de cuivre et de colbalt :

Tonnes	Francs
992, représentant une valeur de.	119.040

Métal :

	Tonnes			Francs
Fin........	6, représentant une valeur de.			6.000
En mattes.	16.378	—	—	4.913.510
Précipité..	29.873	—	—	20.776.020

En Portugal, les mines de la Compagnie Mason et Barry Limited ont extrait 177.549 tonnes de minerai et exporté 267.000 tonnes avec un bénéfice de 1.250.000 francs.

La production du cuivre en Portugal a été la suivante :

Minerai :

	Tonnes			Francs
En 1894,	321, représentant une valeur de.			19.770
1896,	436	—	—	52.675

Cément :

	Tonnes			Francs
En 1894,	6.924, représentant une valeur de.			2.493.375
1896,	3.453	—	—	2.339.485

Pyrites de cuivre :

	Tonnes			Francs
En 1894,	247.246, représentant une valeur de.			1.891.640
1896,	207.440	—	—	1.820.795

Gisements de l'Italie. — Le Gouvernement Italien exploite à Agordo (Vénétie) un amas de pyrite cuivreuse, qui est situé dans des schistes argileux et dont l'âge géologique est incertain. Le minerai exploité est un mélange de pyrite de fer, de pyrite de cuivre, de galène, de blende et de quartz, tenant 1,70 0/0 de cuivre.

Le prix de revient du minerai d'Agordo, que nous trouvons dans un ouvrage de M. Haton de la Goupillière (déjà un peu ancien, il est vrai) est le suivant.

Prix de revient à la tonne :

	Francs
Travail au chantier	2.489
Roulage, extraction	1.264
Travail au jour	0.379
Travaux au rocher	0.276
Machinistes, charpentiers, remblayeurs	1.984
Surveillance	0.598
Achat de matériel	2.253
Frais divers	0.074
Frais d'exploitation totaux	9.317
Frais de métallurgie	8.224
Frais d'administration	11.146
Prix de revient total	28.687

Ce prix de revient est forcément très élevé, étant donné que l'exploitation est faite par le Gouvernement, ce qui entraîne des frais d'administration très considérables.

3° **Cuivre natif.** — Les gisements types du cuivre natif sont les célèbres mines de l'Amérique du Nord et du lac Supérieur en particulier, qui ne sont surpassées en importance que par les mines du Montana.

Description du gisement du lac Supérieur. — Les gisements du lac Supérieur sont les plus connus.

Les principales mines se trouvent dans la presqu'île de Keweenaw (*Calumet and Hecla*, où les puits appelés *Red-Jackets* ont été approfondis, en 1899, jusqu'à 1.493 mètres, *Central Mine, Copperfels*, etc.), dans la région d'Otonagon et sur la Rive canadienne, au nord du lac.

Le cuivre se trouve dans des roches éruptives, diabases et mélaphyres, associées à des schistes précambriens dans lesquels elles sont intercalées. Ces roches, poreuses et facilement attaquables, ont été imprégnées, jusqu'à une assez grande distance, par des eaux thermales chargées de cuivre, qui circulaient dans les fentes. L'existence de ces eaux est mise en évidence par de nombreuses zéolithes ; l'argent accompagne souvent le cuivre, malgré la différence de fusibilité des deux métaux. La précipitation cuivreuse est une cémentation produite par la magnétite contenue dans la pâte augitique des diabases.

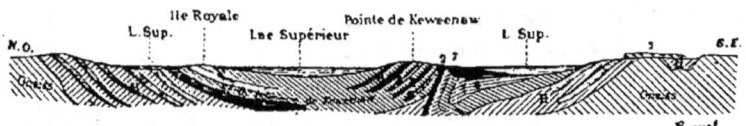

Fig. 77. — Coupe de la région du Lac supérieur.
B, Quartzites et minerai de fer (huronien) : — 1, Diabases, gabbros et mélaphyres. — 2, Porphyres quartzifères. — 3, Diabases et mélaphyres amygdaloïdes. — 4, Grès et conglomérats intercalés. — 5, Mélaphyres amygdaloïdes et diabases. — 6, Schistes et grès rouges. — 7, Grès de Postdam (cambrien discordant).

Credner et V. Groddeck, qui ont étudié, ainsi que W. Irving, la région du lac Supérieur, y ont distingué, plusieurs modes de gisement du cuivre.

1° *Filons de fracture.* — Les filons de fractures exploités uniquement dans la presqu'île de Keweenaw, riches et puissants dans les mélaphyres (jusqu'à 10 mètres de puissance) deviennent moins puissants dans la diorite dure et sont stériles dans les grès ; le cuivre y est accompagné d'argent natif, de quartz et de calcite (Copperfels).

2° *Dépôts en couches.* — Le cuivre se présente également sous forme de ciment métallifère, comme dans les conglomérats fameux de la mine de Calumet and Hecla, où le cuivre métallique a remplacé en certains points de gros cailloux feldspathiques.

On trouve aussi le cuivre à l'état de grains formant le remplissage des amygdales des bancs de mélaphyres et de diabases (lac Portage). A la mine de Concordia, le cuivre se présente dans des roches à épidote, sous forme de houppes ou de grains et aussi quelquefois en grosses masses.

L'exploitation est assez difficile, car il faut dépecer les gros blocs de minerai, après les avoir dégagés à la poudre, des roches encaissantes. A Central Mine, on a extrait un bloc de 1.000 tonnes, et à Minnesota Mine un bloc de 800 tonnes a exigé dix-huit mois de travail. On rencontre fréquemment des blocs de 50 à 60 tonnes; on les découpe à la tranche, et trois hommes, dont deux frappeurs, ne coupent dans un poste qu'une longueur de 20 centimètres sur 30 centimètres de profondeur.

Pour débarrasser les petits morceaux de leur gangue de calcite, on les chauffe au rouge et on les étonne à l'eau froide.

M. Irving, qui a étudié tout particulièrement ces gisements, donne les indications suivantes pour la recherche des gisements de cuivre :

1° On doit s'attaquer de préférence aux diabases altérées et amygdaloïdes contenant surtout de l'épidote, de la prehnite et de la chlorite; celles où l'on trouve de la laumonite, sont rarement riches, et celles où la calcite prédomine sont presque toujours stériles;

2° Parmi les grès et les conglomérats, on doit toujours s'attacher aux bancs minces intercalés au milieu des diabases.

Dans la région du lac Supérieur, les minerais provenant des mines de Sudbury (Ontario), de Capelton et Eustis près Sherbrook (Québec), etc., sont fondus par la British Colombia Smelting et Refining C°, à Trail-Creek, et par la Compagnie des Mines de Hall. Les mattes de Trail-Creek sont expédiées à Butte (Montana). En 1897, la Compagnie des Mines de Hall a fondu 49.314 tonnes de minerai ayant donné 1.703 tonnes de cuivre, 957.206 onces d'argent et 708 onces d'or (1 once-troy pèse $31^{gr},1035$).

A *Capelton*, dans la province de Québec, on a extrait 37.000 tonnes de pyrites cuivreuses; la mine *Albert*, de la Nichole C°, a atteint une profondeur de 600 mètres; et la mine *Eustis*, une profondeur de 690 mètres.

A Terre-Neuve, les mines de *Tilt-Cove* ont extrait, en 1897, 70.000 tonnes de minerai (bénéfice, 700.000 francs); d'autres gisements existent à *Betts-Cove* et à *Little-Bay*.

La production du cuivre dans cette partie de l'Amérique du Nord a été la suivante, durant ces dernières années :

Canada

Métal :

	Tonnes			Francs
En 1894,	3.509,	représentant une valeur de.		3.698.295
1897,	6.033	—	—	7.508.300

Colombie britannique

Métal :

	Tonnes		Francs
En 1894,	432, représentant une valeur de.		238.210
1897,	2.415	— —	1.131.290

4° **Filons de cuivre gris.** — Les filons de cuivre gris sont accompagnés de métaux précieux et donnent la plupart du temps, au début, de beaux résultats d'exploitation.

Mais leur gangue de sidérose est gênante pour la préparation mécanique; de plus, ils s'appauvrissent rapidement en profondeur avec transformation du cuivre gris en chalcopyrite. On parlera, au chapitre de l'*Argent*, des cuivres gris très argentifères comme ceux de la Bolivie et du Mexique.

Les principaux gisements de cuivre gris sont les suivants :

Espagne (Sierra-Nevada);
Mexique;
Algérie (Milianah, Mouzaïa, Tenès, Bou-Amram, Djebel-Teliouïne, Babor);
Bosnie (Prozors, Kresevo);
Tyrol (Brixlegg).

Sierra-Nevada (Espagne). — On a exploité dans la région voisine des grandes cimes de la Sierra-Nevada, des filons de cuivre gris très argentifère, contenant 1 0/0 d'argent, qui recoupent des micaschistes et des schistes anciens. Il y a eu substitution de la chalcopyrite peu argentifère au cuivre gris en profondeur, ce qui a amené l'abandon des mines. Il existe autour de Santa-Felicia d'autres gîtes qui pourront être exploités après l'ouverture de la ligne de Grenade à Murcie. Sur le versant sud de la Sierra-Nevada, il existe encore quelques gisements généralement inexploitables, sauf ceux de *Saint-André*, qui peuvent donner 7 **0/0 de** cuivre et 150 grammes d'argent à la tonne.

Algérie. — On peut citer en Algérie deux groupes de gisements de cuivre gris : celui du massif de Milianah (*Mouzaïa, Tenès*) et celui qui se trouve au sud de Bougie (*Bou-Amram*,

Djebel Teliouïne et *Babor*). Tous ces gîtes se sont rapidement coincés en profondeur ; ceux de Djebel-Teliouïne ont seuls donné quelques résultats.

Bosnie, Tyrol. — On a étudié des gisements de cuivre gris situés à *Kresevo* et à *Prozors* (Bosnie); on y trouve le cuivre gris associé à du cinabre, presque toujours en quantité insuffisante pour que l'exploitation soit possible.

La production y a atteint, en 1894, 270 tonnes, représentant une valeur de 337.992 francs ; en 1896, elle n'était plus que de 206 tonnes.

Enfin on traite à l'usine à cuivre de Brixlegg (Tyrol) des cuivres gris antimonieux à gangue barytique, contenant du mercure, du cobalt et du nickel, et provenant de la vallée de l'Untérinn, qui se trouve à peu de distance au sud-ouest de Kleinkogl.

III. — Gîtes de départ ou de contact

Les principaux gîtes de départ, c'est-à-dire formés au contact de roches éruptives, sont les suivants :

Russie, Oural (Tourinsk, Mednoroudiansk, Gumechewsk);
Nassau ;
Banat (Rezbanya, Orawicksa et Morawicza);
Serbie (Offenbanya, Rodna);
New-Jersey ;
Chili et Bolivie (Cerro de Ternaga, Cerro-Blanco, Porotos, etc.).

Oural. — La région de l'Oural comprend plusieurs gisements situés dans la partie montagneuse et sur les derniers contreforts du côté de la Sibérie.

A *Tourinsk* (district de Bogoslowsk), au nord de la chaîne, le minerai complexe, formé de pyrite de fer et de cuivre, de chalcosine et de phillipsite, de cuivre gris et de minéraux oxydés, forme deux filons parallèles de 2 à 6 mètres d'épaisseur, au contact de diorites et de calcaires appartenant au silurien supérieur. Les minéraux oxydés titrent de 10 à 15 0/0 de cuivre; mais les filons s'appauvrissent en profondeur et tiennent, en moyenne, 3 0/0 de cuivre. La gangue est tantôt quartzeuse, tantôt calcareuse.

A *Mednoroudiansk* (district de Nijni-Taguil), on exploite activement des minerais oxydés (malachite, azurite, cuprite, etc.), situés dans des terrains du même âge que ceux des minerais de Bogoslowsk.

A *Gumechewsk* (district d'Ekaterinenbourg), près de l'usine de Polewsk et autour de l'usine de Kamensk, on trouve des gisements analogues.

Description du gisement de Mednoroudiansk. — A Mednoroudiansk, des argiles fortement imprégnées de malachite, d'azurite, de cuprite, de phosphate et de silicate de cuivre, remplissent une poche de plus de 100 mètres de largeur, creusée dans le calcaire silurien.

La roche avoisinante est de couleur vert foncé; elle est formée de feldspath décomposé et de chlorite tenant 1 à 2 0/0 de cuivre; c'est un produit de la décomposition des syénites de la région. Au contact des calcaires corrodés et de cette roche, se trouve une argile rouge très répandue dans le district et qui contient le cuivre.

On peut admettre que la formation du minerai est due à l'action d'eaux acides sur un gîte contenant du fer magnétique associé à de la pyrite de cuivre et à de l'apatite. On retrouve, en effet, au milieu de l'argile rouge, des fossiles du calcaire, moins attaquables par les acides que la masse environnante.

La teneur moyenne du minerai est d'environ 2 à 3 0/0 de cuivre, et l'extraction annuelle atteint 1.200 tonnes de cuivre environ.

L'exploitation est parvenue à une profondeur de 200 mètres sans que la composition du minerai ait changé.

La production du cuivre, en Russie, a été au total de 5.419 tonnes en 1894, représentant une valeur de 6.604.000 francs, et de 5.416 tonnes en 1895.

Nassau. — On trouve dans le Nassau, au milieu de diabases, des filons de chalcopyrite accompagnée de galène et de blende, qui s'appauvrissent rapidement en pénétrant dans les schistes et les grès du dévonien inférieur. Les frais d'exploitation y sont évalués à 30 francs par mètre carré de surface filonienne. La préparation mécanique donne 35 0/0 de cuivre, et 20 0/0 dans les cas de gangue quartzeuse.

Banat et Serbie. — Il existe, dans le Banat et la Serbie, une bande de 300 kilomètres de long constituée par des roches éruptives, qui, d'après Niedzwieski, sont des diorites; on y rencontre des amas métallifères de contact, contenant, entre autres sulfures, de la pyrite de fer, de la chalcopyrite et de la blende.

Les principaux districts miniers de ces régions sont ceux de *Resbanya, Morawicza* et *Orawicksa*, dans le Banat, d'*Offenbanya* et de *Rodna* dans le Siebenburgen.

New-Jersey. — On trouve à New-Jersey, au contact de diorites dans les grès du trias, des minerais constitués par de la phillipsite, de la cuprite et de la chrysocole mamelonnée avec du cuivre natif.

Chili et Bolivie. — Le Chili et la Bolivie renferment une quantité considérable de gisements fournissant des minerais de cuivre riches; le Chili, seul, compte cent cinquante fonderies de cuivre et d'argent.

Les gisements du Chili forment deux groupes distincts : Le premier est situé dans le nord, près de Valparaiso, sur la Cordillère de la côte. Les filons, qui sont situés au milieu de roches éruptives, contiennent de la pyrite de cuivre plus ou moins riche en or. La principale mine est celle du *Cerro* de *Tamaya* près de Tongoy, port situé au nord de Valparaiso. Le filon le plus important a 2 ou 3 mètres de puissance; il est situé dans une diorite, et il contient de la chalcopyrite et du cuivre panaché renfermant des parcelles d'or métallique.

Le deuxième groupe de gisements, situé plus au sud, dans le voisinage de la côte, se trouve à une grande altitude dans des terrains secondaires stratifiés, en relation avec des porphyres à augites (*Cerro-Blanco, Porotos*, etc.). Le minerai est un mélange de sulfures de cuivre, de plomb, de zinc et d'argent. L'argent est souvent exploitable. Le cuivre ne peut être extrait avec bénéfice que lorsque sa teneur est supérieure à 7 0/0; les frais d'exploitation sont augmentés par ce fait, que, pour atteindre les minerais riches, il faut traverser des zones pauvres de minerais mouchetés (rameos), qu'on ne peut pas vendre à cause des frais de transport. On a essayé de soumettre à une préparation mécanique les baldes de ces minerais pauvres abandonnés sur le carreau des mines ; les lavages mécaniques, appliqués aux schlamms, donnent lieu à des entraînements qui occasionnent d'énormes pertes de minerai, et le manque d'eau empêche d'employer, comme en Espagne, la cémentation, qui serait la véritable solution. Le manque de moyens de transport et l'instabilité des institutions politiques sont les deux causes qui ont empêché l'exploitation du cuivre de prendre un plus grand développement au Chili, qui est cependant le pays du monde où le cuivre est le plus répandu.

La production du cuivre au Chili a été la suivante :

Cuivre en barres :

	Tonnes		Francs
En 1894,	19.840,	représentant une valeur de.	21.861.190
1896,	20.992		

Minerai exporté brut :

	Tonnes		Francs
En 1894,	11.106,	représentant une valeur de.	2.221.135
1896,	6.159		

IV. — Gisements sédimentaires

Les gisements de cuivre sédimentaires sont assez fréquents, à cause de la solubilité des sels de cuivre et particulièrement du sulfate. Le cuivre entraîné par ce sel est facilement réduit et précipité soit par les matières organiques, soit par les dégagements hydrocarburés.

Les gîtes sédimentaires sont plus réguliers que les autres ; ils ne sont pas sujets à s'appauvrir subitement, et leur exploitation se fait à niveau constant, sans approfondissements brusques.

On rencontre ces gisements dans la plupart des terrains depuis le primaire jusqu'au tertiaire ; on passera en revue ci-dessous les plus connus, en suivant l'ordre chronologique de formation des terrains qui les renferment.

1° Dévonien. — *Allemagne (Harz).* — Dans le bas Harz (Rammelsberg) on exploite de la pyrite de fer cuivreuse d'âge dévonien.

Description du gisement de Rammelsberg. — Sur le flanc de la montagne de Rammelsberg, au sud de Goslar (Harz), affleure une couche de pyrite de fer cuivreuse, située au milieu des couches dévoniennes renversées.

La puissance de cette couche est de 15 mètres en moyenne avec quelques renflements.

Bien que l'exploitation remonte à dix siècles, on n'a pas encore dépassé la profondeur de 300 mètres.

Les raisons qui font ranger ce gîte parmi les gîtes sédimentaires sont les suivantes : Les traces de stratification sont très nettes dans la pyrite et en concordance avec celles des schistes avoisinants; de plus, le toit actuel, qui se trouvait sous le gîte avant le renversement, est imprégné de matières cuivreuses jusqu'à une certaine profondeur, tandis que le mur est tout à fait stérile.

On peut supposer que des eaux sulfureuses se sont fait jour au fond d'un golfe et y ont aggloméré de fines poussières de sulfures; le renversement a été produit par des plissements postérieurs à la consolidation des terrains.

La production totale du cuivre en Allemagne a été la suivante :

Minerai :

	Tonnes			Francs
En 1894,	588.195,	représentant une valeur de.		20.300.195
1897,	700.519	—	—	23.762.860

Mattes :

	Tonnes			Francs
En 1894,	676,	représentant une valeur de.		134.603
1897,	315	—	—	71.900

Métal :

	Tonnes			Francs
En 1894,	25.722,	représentant une valeur de.		27.337.770
1897,	29.408	—	—	37.726.880

2° Permien. — *Russie, Bohême.* — Les grès cuprifères de Perm et de la Bohême septentrionale contiennent de l'oxyde de cuivre; ils appartiennent à l'assise permienne appelée Rothliegende, ou grès rouge.

Bolivie. — A *Corocoro* (Bolivie), la même assise renferme du cuivre natif.

3° **Zeichstein.** — *Allemagne* (Mansfeld, Westphalie, Hesse).— Dans les schistes du *Mansfeld*, de la *Westphalie* et de la *Hesse*, on trouve du sulfure de cuivre appartenant au zeichstein.

France. — En France, dans les *Alpes-Maritimes*, on a exploité des sulfures de cuivre provenant du même niveau.

4° **Grès bigarrés.** — *Prusse rhénane.* — A Saint-Avold et à *Mitschernich*, le minerai est un grès bigarré qui fournit de la galène associée à de l'oxyde de cuivre.

5° **Tertiaire.** — *Caucase.* — Dans le Caucase, à *Akhtala* et à *Allahverdi*, le sulfure de cuivre, qui se trouve en couches dans le terrain tertiaire, paraît cependant être en rapport avec les roches éruptives, si fréquentes dans cette période géologique.

On peut citer encore, en Russie, les gisements de *Redabeg* et de *Kalakent*, d'âge incertain, qui se trouvent au contact de roches éruptives; ils sont situés à 60 kilomètres au sud-ouest d'Elisabethpol et à 45 kilomètres de la station de Dalliar sur le Transcaucasien. Pour obtenir la force motrice nécessaire aux usines de préparation mécanique, on a établi une pipe-line par où arrive le naphte liquide du Caucase que l'on emploie comme combustible, concurremment avec l'anthracite du Donetz, le bois et le charbon de bois. La tonne métrique de naphte, refoulée dans des tuyaux en acier par deux stations munies de pompes Worthington, revient à 22 fr. 20; l'anthracite sur wagon à Redabeg revenait à 39 francs la tonne en 1898; le charbon de bois revient à 24 fr. 40; et le bois à 8 fr. 85.

Le minerai se compose de pyrite de fer, de cuivre et de blende; on le trouve dans des quartz trachytiques qui recoupent des diorites; la blende et le sulfate de baryte qui l'accompagnent rendent son traitement difficile (pour le détail du traitement, voir le *Mineral Industry* de 1898, pages 248 et 249). On a fondu, en 1897, 36.855 tonnes de minerai; l'usine de traitement électrolytique de Kalakent peut produire environ 500 tonnes de cuivre électrolytique par an.

Gisement tertiaire du Boléo. — Au Boléo, dans la basse Californie (Mexique), le cuivre appartient au terrain tertiaire; on l'y trouve à l'état d'oolithes d'oxyde et de carbonate appelés boléos et contenant de 25 à 40 0/0 de cuivre.

La Compagnie française du Boléo a produit, en 1897, 172.330 tonnes de minerais, tenant de 5 à 11 0/0 de cuivre; ses 7 fourneaux ont passé 170.965 tonnes ayant donné 9.986 tonnes de mattes et 3.612 tonnes de cuivre noir, ce qui correspond à 10.330 tonnes de cuivre pur.

V. — Schistes bitumineux cuprifères

Mansfeld (Saxe prussienne). — L'exploitation des gisements du Mansfeld remonte au xiiie siècle. Ce gîte permotriasique occupe les versants sud et sud-est du Harz. L'assise qui contient le cuivre est située à la base du zechstein, très bien développé dans le Mansfeld (schistes cuivreux et calcaires).

La couche de schistes cuivreux a 0^m,50 de puissance. Le minerai, formé de pyrite cuivreuse, de cuivre panaché et de cuivre gris, est disséminé en fines parcelles qui tranchent en jaune d'or, en violet rouge ou en gris sur la couleur noire des schistes; la partie inférieure, sur une hauteur de 10 centimètres environ, est celle qui contient le plus de poussière de minerai appelée « speise » par les mineurs. La teneur moyenne en cuivre est de 2,5 0/0, et si l'exploitation est rémunératrice, c'est grâce à la proportion d'argent contenue dans le minerai, qui atteint 5 kilogrammes par tonne de cuivre.

On a extrait en 1896, au Mansfeld, 650.985 tonnes de minerai ayant coûté en moyenne 31 fr. 25 la tonne. Dans le district de *Gluckauf*, le prix de revient descend à 14 fr. 80; mais il atteint 45 fr. 50 dans le district de *Schafbreiter*. Les quatre usines de fusion de cette région ont traité 642.738 tonnes de minerai en 1897. Leur consistance est la suivante :

1° Kochhütte, 4 à 5 fours à 4 tuyères (109 tonnes par jour);
2° Krughütte, 3 à 4 fours à 6 tuyères (156 tonnes par jour);

3° Eckhardshütte, 4 à 5 fours à 3 tuyères (93ᵗ,4 par jour);

4° Kupferkammerhütte, 2 à 3 fours à 6 tuyères (139ᵗ,3 par jour).

Les 642.738 tonnes de minerai ont fourni 50.000 tonnes de mattes, soit 78 kilogrammes par tonne de minerai. On a tiré par tonne de minerai 32 kilogrammes de cuivre et 179 grammes d'argent. La dépense de combustible a été de 359 kilogrammes par tonne de minerai traité.

On grille le minerai dans des fours à cuve, et les gaz servent pour la fabrication de l'acide sulfurique (50 à 66° B.). La matte grillée est ensuite fondue dans des fours à réverbère (spurofen). En 1896, on a passé dans ces fours 47.696 tonnes de matte grillée, 1.228 tonnes de minerai cru, 1.268 tonnes de minerai sableux, qui ont produit 23.762 tonnes de matte seconde (spurstein) et 748 tonnes de copper-bottoms. Le spurstein contenait par tonne 739 à 773 kilogrammes de cuivre et 7^{kg},885 d'argent. On grille le spurstein et on le traite par le procédé Ziervogel.

Les résidus de désargentation contenaient, en 1896, 23^{gr},9 d'argent par quintal de cuivre. Ces résidus, tenant 74 0/0 de cuivre, ont été réduits et raffinés à Gottesbelohnungshütte et à Saigerhütte. Les copper-bottoms ont été traités par l'électrolyse à Oberhütte.

Prix du cuivre. — Le prix du cuivre a une répercussion considérable sur un grand nombre d'industries, qui travaillent ce métal ou emploient des appareils en cuivre. Aussi ce prix est-il rendu très variable depuis une vingtaine d'années surtout, par des tentatives de spéculation et d'accaparement. Le prix du cuivre, qui variait entre 2.000 et 2.300 francs la tonne en 1870, n'était plus que de 1.000 à 1.100 francs en 1886-1887. Alors se produisit une hausse considérable causée par la spéculation et, en quelques mois, les anciens cours de 1870 furent de nouveau atteints et se maintinrent pendant toute l'année 1888. La baisse subite qui se produisit en janvier 1889 les ramena bientôt aux environs de 1.200 francs. — On assiste, depuis l'année 1898, à une nouvelle hausse due à l'augmentation considérable de la consommation du métal et à l'action des spéculateurs; le prix de 2.000 francs a été de nouveau atteint (1.850 francs à la fin de l'année 1899). Mais les hausses sont forcément limitées par les réouvertures de mines moins riches, qui se produisent chaque fois que le métal atteint des cours permettant à ces mines d'exploiter avec bénéfices. Les deux principaux marchés du cuivre sont New-York et Londres.

Production du cuivre dans le monde entier. — La production du cuivre dans les diverses parties du monde a été la suivante en 1897 :

	Tonnes.
Europe	84.215
Asie	23.368
Afrique	7.590
Amérique	279.013
Océanie	18.491
Total	412.677

représentant une valeur d'environ 700.000.000 de francs.

BIBLIOGRAPHIE DU CUIVRE

1873. Deshayes, *Gisement de cuivre de Charrier, près la Prugne* (*Bulletin de la Société géologique*, 3ᵉ série, t. 1, p. 504).
1873. Tchoupin, *Journal des Mines*, t. II, p. 88 et 318 (*Cuivre de l'Oural*).
1874. Jannetaz, *Minerai de cuivre de la Nouvelle-Calédonie* (*Bulletin de la Société géologique*, 3ᵉ série, t. III, p. 54).
1877. Boulangier, *Un gîte de cuivre en Auvergne* (Agnat et Azerat) (*Industrie minérale*, 12 juillet).
1877. Henry, *Gîtes de cuivre gris* (*Industrie minérale*, 14 juillet).
1879. Czyszkowski, *Explication sur les gîtes récemment découverts au sud de Bougie* (*Industrie minérale*, t. III, 4ᵉ livraison).
1879. Dieulafait, *Diffusion du cuivre dans les roches primordiales et les dépôts sédimentaires qui en procèdent* (*Comptes Rendus*, t. LXXXIX, p. 453).
1881. Willimot, *Sur quelques mines de la province de Québec* (*Commission de géologie et d'histoire naturelle du Canada*).
1882. Fuchs, *Note sur les gisements de cuivre du Boléo* (*Association française pour l'avancement des sciences*, t. XIV, page 410 Grenoble).

[1] Les titres d'ouvrages antérieurs à 1870 ont été supprimés dans cette liste déjà si longue. On pourra en retrouver quelques-uns dans le *Traité des Gîtes minéraux* de Fuchs et Delaunay (chez Béranger).

1883. Firket, *Découverte de la chalcopyrite à Mood-Fontaine* (Rahier). In-8°. Extrait des *Annales de la Société géologique de Belgique*.
1883. Bero, *Zinc et Cuivre aux États-Unis* (Cuyper, t. II, p. 129).
1887. *Le Cuivre au Japon* (Annales des Mines, p. 531).
1887. Deumié, *Sur les gisements de pyrite cuivreuse de la province d'Huelva* (Industrie minérale).
1887. Babu, *Note sur le Rammelsberg* (Annales des Mines d'octobre).
1888. Cumenge et de la Bonglise, *Rapport sur la mine de Calumet and Hecla*.
1888. Olivier, *Mines de cuivre de Charrier* (Revue du Bourbonnais).
1889. B. Lotti (traduit par A. Cocheteux), *la Genèse des gisements cuprifères des dépôts ophiolithiques tertiaires de l'Italie* (Bulletin de la Société géologique de Belgique, Mémoires, Bruxelles).
1889. De Launay, *Industrie du cuivre dans la région d'Huelva*. (Annales des mines, novembre avec bibliographie détaillée).
1892. *Les mines de cuivre d'Ashio, au Japon* (Bulletin des Annales des Mines, 9° série, t. I, p. 385).
1892. Dorion, *Cuivre du cercle d'Aïn-Sefra* (Sud oranais). Imprimerie Schiller.
1892. Leproux, *Gisements minéraux du Caucase* (Annales des Mines, 9° série, t. II, p. 510).
1892. C. Vallier, *le Chili minier, métallurgique et industriel* (Mémoires de la Société des Ingénieurs civils de France).
1894. Weiss, *Origines, gisements et propriétés du cuivre* (Baillère, à Paris).
1895. A. Lacroix, *Sur quelques minéraux des mines de Boléo en Californie* (Bulletin du Muséum d'Histoire naturelle).
1897. Gérard-Lavergne, *l'Industrie du cuivre en Russie* (Génie civil, t. XXXI, p. 103).
1897. Couharevitch, *Étude sur l'industrie du cuivre en Russie* (Revue universelle des Mines, 3° série, t. XXXIX, p. 22 et 144).
1898. Ballivian, *El cobre en Bolivia* (La Paz).

LE PLOMB ET SES MINERAIS

Propriétés physiques. — Le plomb est un métal gris bleuâtre d'un éclat métallique prononcé; très mou, il se raie à l'ongle et laisse une trace grise sur le papier. Densité : 11,37, très peu modifiée par le laminage et le martelage. Le plomb fond entre 330 et 335° et émet des vapeurs sensibles au rouge ; il peut être distillé au-dessus de 1.000°. Malléable, ductile, possédant une ténacité faible et une élasticité nulle, il est mauvais conducteur de la chaleur et de l'électricité.

Propriétés chimiques. — Inattaquable à l'acide sulfurique, il a l'inconvénient de former des composés toxiques au contact de l'eau et de certains acides.

Usages. — Le plomb s'emploie pur ou à l'état d'alliage. Pur et laminé en feuilles, il sert à couvrir des édifices, à doubler des cuves ou des réservoirs. Dans la fabrication de l'acide sulfurique, c'est à l'intérieur de chambres dites chambres de plomb, que s'opère la transformation de l'acide sulfureux en acide sulfurique. Transformé en tuyaux, le plomb sert pour les conduites d'eau et de gaz; il sert aussi à la fabrication des balles et du plomb de chasse (avec un ou deux millièmes d'arsenic).

Alliages. — On emploie, pour la fonte des caractères d'imprimerie, un alliage contenant 80 0/0 de plomb et 20 0/0 d'antimoine.

Les planches à graver la musique contiennent de 70 à 75 0/0 de plomb, 5 0/0 d'étain et de 20 à 25 0/0 d'antimoine. L'alliage que l'on emploie pour le clichage renferme 31,25 0/0 de plomb, 18,75 0/0 d'étain et 50 0/0 de bismuth.

Parmi les alliages de plomb, on peut citer encore : celui des cuillers et des flambeaux, qui contient 20 0/0 de plomb et 80 0/0 d'étain ; le métal d'Alger, renfermant 26 0/0 de plomb, 69,5 0/0 d'étain et 4,5 0/0 d'antimoine ; et le métal blanc, qui contient une proportion de plomb variant de trois à quatre parties, pour seize parties d'étain et trois à neuf parties de zinc.

Soudures. — La soudure des plombiers est composée de 33 0/0 d'étain et de 66 0/0 de plomb. Celle des ferblantiers comprend 50 0/0 d'étain et 50 0/0 de plomb.

Alliages fusibles. — L'alliage fusible de Darcet, qui fond à 94°, contient cinq parties de plomb pour trois d'étain et huit de bismuth. L'alliage de Wood, fusible entre 66 et 71°, contient deux parties de plomb, quatre d'étain, une de cadmium et sept à huit de bismuth. On obtient un alliage fusible à 53°, en mélangeant neuf parties d'alliage de Darcet à une partie de mercure. Les alliages fusibles qui servent pour les générateurs de vapeur (plombs de sûreté) contiennent huit parties de bismuth mélangées à des proportions de plomb qui varient de cinq à trente-deux parties, et à une proportion d'étain assez variable.

Oxydes. — Le plomb forme des oxydes dont la plupart sont utilisés dans l'industrie; les principaux sont :

Le *protoxyde de plomb* ou *litharge*, qui sert à préparer l'acétate de plomb employé dans la fabrication de la céruse. Ce protoxyde entre aussi dans la préparation de certaines peintures jaunes; il rend siccative l'huile de lin. L'*oxyde salin* ou *minium*, entrant dans la composition du cristal, du flint-glass et du strass auxquels il donne leur pouvoir réfringent et leur fusibilité, sert à la préparation de peintures pour la protection de certains métaux contre l'oxydation; on l'emploie pour la couverte des faïences et des poteries; enfin il entre, mélangé à la céruse, dans la composition d'un mastic destiné à luter les joints des machines à vapeur.

Sulfure de plomb. — Le sulfure appelé *galène* sert à former le vernis des poteries grossières, en se transformant pendant leur cuisson en un silicate fusible; mais le vinaigre et divers aliments acides attaquent ce vernis plombeux; il peut en résulter de graves accidents d'intoxication.

Chlorure de plomb. — Le chlorure donne au contact de l'air des oxychlorures, tels que le *jaune de Cassel*, le *jaune de Turner* et le *jaune minéral*, employés en peinture.

Carbonate de plomb ou céruse. — Le carbonate, très employé en peinture, donne une couleur d'un beau blanc, couvrant bien, mais ayant l'inconvénient de noircir sous l'action de l'acide sulfhydrique. Sa préparation cause souvent des indispositions dangereuses (coliques de saturne ou coliques de peintre).

MINERAIS DE PLOMB

Les principaux minerais de plomb sont :

I. La *galène*, sulfure de plomb (PbS), qui contient théoriquement 86,6 0/0 de plomb. La galène, qui est le minerai de plomb le plus répandu dans la nature, est fréquemment argentifère, et quelques-uns des gîtes qui seront décrits sont, en réalité, des mines d'argent (Eureka et Leadville en Amérique; Przibram en Bohême). La gangue a ici une grande importance, à cause de la préparation mécanique, qui est facile avec la chaux fluatée, mais plus difficile avec le quartz et surtout avec la barytine ou la pyrite.

II. Les minerais carbonatés, dont le principal est la *cérusite* ($PbCO^3$), contiennent théoriquement 77,3 0/0 de plomb. Ils sont plus faciles à traiter que les sulfures, mais sont beaucoup moins riches en argent; leur teneur en argent diminue rapidement en profondeur.

III. On peut citer enfin comme minerais secondaires l'*anglésite*, sulfate de plomb ($PbSO^4$), la *bournonite*, antimoniosulfure de plomb et de cuivre ($CuPbSbS^3$), et la *pyromorphite*, chlorophosphate de plomb ($Pb^5Ph^3O^{12}Cl$).

D'ailleurs, on trouve ces divers minerais associés à beaucoup d'autres, tels que ceux de zinc, de fer, de cuivre, de nickel, de cobalt, etc.

Géogénie. — On admet aujourd'hui que le plomb a commencé à se déposer à l'état de sulfure et que les autres minerais dérivent du sulfure, par voie de décomposition limitée en général à la surface. On ne peut pas préciser sous quelle forme le plomb a été amené par les eaux; le sulfure étant insoluble dans l'eau, on est porté à croire qu'il a été amené à l'état de dissolution dans un sulfure alcalin. Dans les terrains calcaires, on peut admettre que le sulfure ne s'est pas immédiatement transformé en carbonate; il a pu se précipiter en présence du sulfure de calcium produit par l'action de l'acide sulfurique en excès sur la calcite, le sulfate de chaux ayant été entraîné par les eaux. Comme pour le zinc, on doit en effet distinguer les gîtes situés dans des terrains inattaquables, granites, gneiss, quartzites, de ceux qui sont situés dans des calcaires attaquables. Ces derniers sont ultérieurement transformés, par l'altération des sulfures, en carbonates ou en sulfates.

L'altération des sulfures peut être attribuée soit à l'action d'eaux chargées d'acide carbonique, soit à une transformation des sulfures par l'oxygène de l'air en sulfates solubles, qui ont donné lieu à des phénomènes de transport et qui ont pu former des carbonates par des dissolutions de carbonates alcalins ou de carbonates de chaux, en présence de l'air. L'argent subit une transformation parallèle; mais une partie des sels d'argent solubles est entraînée par les eaux, ce qui explique que les minerais oxydés soient moins riches en argent que les sulfures.

GISEMENTS

Les gisements de plomb sont généralement filoniens; mais ils se présentent en allures très variées et se transforment progressivement, jusqu'à devenir, dans quelques cas particuliers, de véritables gîtes sédimentaires.

On peut partager les gisements de plomb en trois catégories principales :

I. Les filons et les champs de filons ou champs de fractures dans des roches inattaquables;

II. Les gisements de plomb dans les calcaires avec phénomènes de substitution;

III. Les gîtes sédimentaires.

I. — FILONS ET CHAMPS DE FRACTURES

La première catégorie comprend des fractures simples et des séries de fractures parallèles ou entrecroisées.

Elle compte un nombre de gisements considérable, tant en France qu'à l'Étranger.

Gisements de la France. — *Pontpéan (Ille-et-Vilaine).* — A Pontpéan, non loin de Rennes, on rencontre un filon puissant traversant les schistes anciens, qui fournit de la galène et de la blende argentifères, ainsi que de la pyrite intimement mélangées. On observe à Pontpéan trois colonnes d'épaisseurs irrégulières, dont deux paraissent se réunir en profondeur. La puissance réduite du filon est de 4 à 6 centimètres environ.

Le gîte qui est en relation avec une diorite tranformée, en maints endroits, en tuf, est recoupé par deux failles argileuses. Il y a eu réouverture stérile du filon, et les éponles ont été fortement dérangées; on a trouvé le schiste du toit rejeté au mur, à une profondeur de 160 mètres.

L'exploitation de cette mine est très difficile, tant à cause des venues d'eau considérables qu'on y rencontre, qu'à cause de la diminution de la teneur en argent en profondeur. La marche des travaux dépend essentiellement du prix des métaux et du mode de préparation, qu'on a dû changer pour réduire les pertes en plomb et en argent. La mine occupait, en 1895, un millier d'ouvriers et produisait 18.500 tonnes de minerais, dont 15.000 tonnes de galène argentifère, 2.400 tonnes de blende et 1.100 tonnes de pyrite argentifère, sans compter 12.000 tonnes de schlamms argentifères, abandonnées à cause du cours trop bas des métaux.

Pontgibaud (Puy-de-Dôme). — A Pontgibaud on exploite des filons de galène postérieurs au carbonifère, contenant de la blende, de la pyrite et du cuivre gris, avec adjonction de quartz, de baryte et de fluorine. Ces filons recoupent les granites.
— A *la Brousse*, qui est la principale mine, la fracture située au milieu des gneiss, a une ouverture de 14 mètres; le filon est unique avec de très faibles bifurcations; les parties riches se présentent sous forme de colonnes séparées par des zones stériles. Au-dessous de 200 mètres, le filon s'amincit et s'appauvrit en argent en même temps que l'inclinaison passe de 80° à 50°.

En 1895, la mine de Pontgibaud occupait 306 ouvriers, dont 188 au fond et 118 à la surface. La production était de 1.750 tonnes de plomb argentifère.

Vialas (Lozère). — Le champ de filons de Vialas est aujourd'hui sans intérêt industriel; mais il est très intéressant au

MINÉRAUX EMPLOYÉS DANS LA MÉTALLURGIE

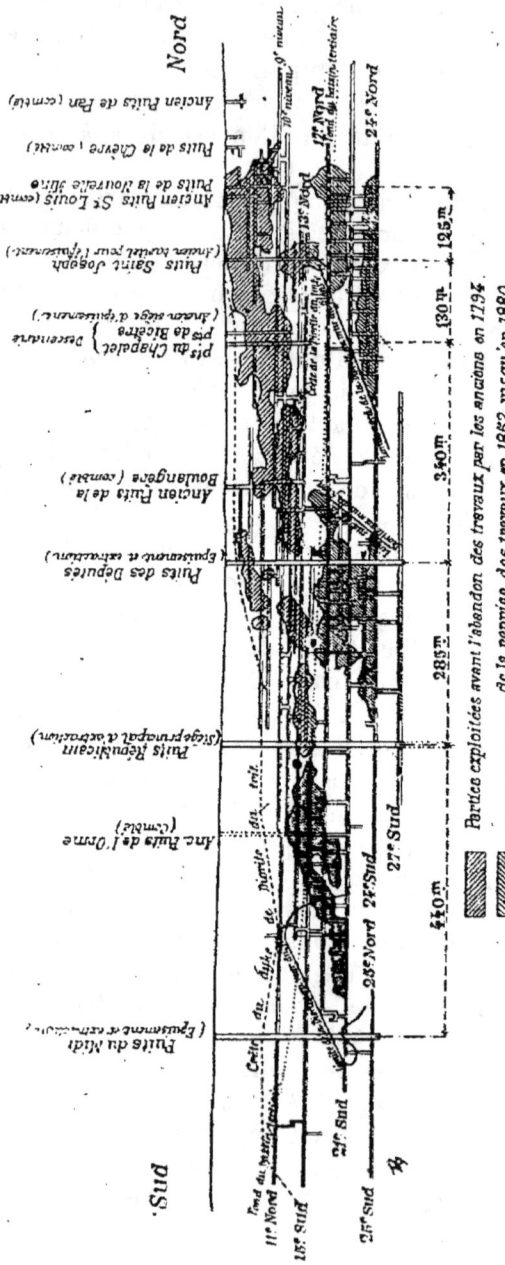

Fig. 68. — Coupe verticale de la mine de Pontpéan (d'après Fuchs).

point de vue théorique. Les filons de galène argentifère accompagnée de pyrite, de chalcopyrite et de blende, recoupent des micaschistes et des granites; la gangue est tantôt de la barytine ou de la calcite, et tantôt du quartz.

Rivot a distingué à Vialas neuf systèmes de fractures qui indiquent que la succession des venues est la suivante: galène pauvre avec quartz, galène avec calcite, galène avec barytine, galène argentifère.

La mine de Vialas, qui appartient à la Société de Mokta-el-Hadid, est inexploitée.

Huelgoat et Poullaouen (Finistère). — A Huelgoat et à Poullaouen, l'abondance des venues d'eau a interrompu l'exploitation.

Le grand filon de Huelgoat recoupe des schistes dévoniens, des microgranulites et des grauwackes siluriennes. Comme dans le Cornwall, les parties les plus riches se rapprochent de l'inclinaison maxima; elles sont en général intercalées dans des roches dures.

Le filon de Poullaouen est mal défini; il recoupe les schistes et les grauwackes.

Le minerai dominant est la galène argentifère avec blende et pyrite; mais on a trouvé, à Huelgoat, des minerais rares, des bromures, iodures et chlorures d'argent et même de l'argent natif.

On trouve, en France, quelques autres gisements plombifères pour la plupart inexploités; tels sont ceux de *Notre-Dame-de-Laval* et de *Rouvergue* dans le Plateau Central, au nord de la Grand'Combe, de *Buech* et de *Pradal*, de *Marvejols*, dans la Lozère, d'*Aurouze* (Haute-Loire). Le gisement de *Malines* (Gard), surtout exploité pour zinc, n'a fourni, en 1895, que 930 tonnes de plomb argentifère. Des filons plombifères ont été autrefois exploités à *Chabrignac* (Corrèze) et à *Chitry-les-Mines* (Morvan).

On peut citer encore les gisements de *Seix*, du *Pouech* et d'*Aulus* (Ariège), de *la Châtre* (Indre), d'*Arguts* (Haute-Garonne), de *Pesey* et de *Macot* (Savoie), de *Caleuzana*, de *Pietralba* et de *Paterno*, près de Bastia (Corse). La production totale du plomb en France a été de 9.000 tonnes en 1897.

Gisements de la Tunisie. — On trouve, en Tunisie, quelques gisements de plomb dans des calcaires nummulitiques (tertiaire), notamment au *Djebel Reças*, à quelques kilomètres de Tunis.

Gisements de l'Allemagne. — On rencontre, en Allemagne, de nombreux gisements de plomb ; mais les plus importants sont ceux de la Silésie, dont il sera parlé au chapitre du Zinc, et surtout les champs de filons complexes du Harz et de la Saxe, qui sont décrits ci-dessous.

Parmi les autres gisements de galène d'Allemagne on doit signaler ceux des Vosges : *Markich* (gneiss), *Saint-Nicolas* (dévonien) ; ceux du nord de l'Alsace : *Lembach, Windstein, Katzenthal* ; ceux du Palatinat : *Schönau, Bundenthal, Erlenbach* ; ceux de la Forêt-Noire et du duché de Bade : *Hofen, Kirchhausen, Henbronn, Saint-Ulrich, Zähringen, Neuweier* et *Görwihl*. Les principaux filons de plomb exploités se trouvent sur le Rhin, entre Coblentz et Bingen, et sur la Lahn. On rencontre dans le *Nassau* de nombreux filons de quartz, de blende et de galène recoupant des schistes (*Ems, Holzappel, Obernhoff*).

Une suite de filons plombifères se développe entre Namur et Aix-la-Chapelle (*Corphalie, Engis, Moresnet, Altenberg, Bleiberg*) ; mais la plupart sont surtout exploités pour calamine (voir le chapitre du Zinc).

On doit cependant noter qu'à Bleiberg (Belgique) des filons de blende et de galène recoupent le terrain houiller et le calcaire carbonifère. Ces gisements ont une allure très irrégulière et, de plus, leur exploitation est gênée par des venues d'eau d'une abondance considérable.

Il est intéressant d'étudier particulièrement les régions du Harz et de la Saxe qui sont, avec celles de Przibram, de Joachim-tall et de la Bohême, les types classiques des champs de filons et des champs de fractures complexes.

Harz. — Le plateau du Harz est composé en majeure partie de terrains anciens ; il comprend deux bassins : l'Oberharz et l'Unterharz, et trois grands gisements : le Rammelsberg, décrit plus haut comme gîte sédimentaire de cuivre, Clausthal et Saint-Andreasberg (Oberharz).

A *Saint-Andreasberg*, le champ de fractures est situé dans les schistes et les grauwackes siluriens. On y distingue des filons de minerais d'argent, de fer et de cuivre, et des failles stériles, ou *ruschels*, remplies de schistes et d'argile, ayant jusqu'à 60 mètres de puissance. Les filons sont concentrés dans une zone à peu près elliptique, limitée au nord et au sud par deux puissants ruschels (Neufangen et Edelleuter ruschels). Il existe deux systèmes principaux de filons argentifères recoupés et déviés par des ruschels.

On trouve à Saint-Andreasberg, dans une gangue de calcite, de la galène, de la blende, de l'arsenic natif, des arséniures et des antimoniures d'argent.

A *Clausthal* on distingue environ dix faisceaux (gangzüge) de fissures enchevêtrées, recoupant le dévonien et le culm, mais ne pénétrant jamais dans le permien. Des rejets très accentués mettent, en certains endroits, le culm au toit et le dévonien au mur. On connaît trois principaux systèmes de filons : celui de l'Est H_{12} (Hora = 12), le faisceau moyen H_9 et le faisceau du Sud H_7 ; chacun d'eux comprend un filon principal (hauptgang) atteignant jusqu'à 20 mètres de puissance, avec des ramifications secondaires.

Les filons, en général fortement inclinés, sont remplis de *gangtonschiefer*, roche noire, schisteuse et tendre, contenant les imprégnations et les veines de minerais (galène argentifère, blende, chalcopyrite).

Les minerais divers sont l'objet de traitements très perfectionnés dans des usines appartenant pour la plupart à l'État (Clausthal, Altenau, Lautenthal dans l'Oberharz).

La production du Harz supérieur en plomb et litharge a été de 10.000 tonnes en 1896 ; celle du Harz inférieur n'a atteint que 5.000 tonnes.

Saxe. — La région montagneuse qui s'étend autour de Freiberg (Erzgebirge) comprend près de deux mille filons, répartis en plusieurs groupes recoupant les gneiss et correspondant à des venues métallifères successives. Les sources thermales, très abondantes dans cette région, ont joué un rôle très important dans sa minéralisation. On distingue en Saxe, plusieurs séries de filons qui seront examinées successivement :

1° Filons sulfurés anciens (champs de fractures de Freiberg et de Marienberg) ;

2° Filons à remplissage de barytine et de fluorine (Annaberg);

3° Filons à remplissage sulfuré récent (Schneeberg);

4° Filons d'étain (Voir chapitre ultérieur.)

1° *Freiberg*. — La région de Freiberg est constituée par des gneiss gris recoupés par des veines, d'ailleurs peu abondantes, de granite, de granulite et de porphyre. Les deux principales mines de plomb sont celles d'*Himmelfahrt* et d'*Himmelfürst*; cette dernière offre des exemples de filons de diorite recoupant les roches ci-dessus. Au nord, on rencontre les filons métallifères riches dans les gabbros; ces filons s'appauvrissent dans les schistes. On distingue les filons orientés de 0° à 90° (H_0 à H_6), en général riches (H_3, dits *stehende*, H_6, dits *morgen*), et les filons de 90° à 180°, stériles ou pauvres (H_9, dits *spath*, et H_{12}, dits *flache*). L'exploitation se fait à de grandes profondeurs; quelques puits ont plus de 600 mètres. Il est impossible de s'étendre, dans le cadre de cet ouvrage, sur ce gisement si complexe, que l'on trouvera parfaitement étudié dans quelques traités spéciaux, notamment dans le *Traité des Gîtes métallifères* de MM. Fuchs et Launay (p. 587 à 599, t. II). Les deux principales venues, au point de vue de l'exploitation, sont la venue sulfurée ancienne S et la venue argentifère A. La venue S comprend trois groupes caractéristiques dont le tableau suivant donne le détail.

Edlequartz formation ou formation du quartz noble, surtout au Nord et au Nord-Ouest de Freiberg, dans les porphyres de Braunsdorf et le gabbro de Siebenlehn.	Quartz grenu laiteux et cristallisé avec mispickel et minéraux argentifères.	Mines de Gesegnete-Bergmanns-Hoffnung et de Segengottes. (Voir figures ci-après.)
Kiesige formation ou formation de la pyrite cuivreuse, au Nord et à l'Est de Freiberg.	Quartz ancien grenu avec pyrite et mispickel, blende noire, galène, pyrite de fer et de cuivre, quartz blanc laiteux, mais pas de quartz à minéraux argentifères.	Mines d'Himmelfahrt, de Gersdorf, de Braunsdorf, de Morgenstern et de Friedrich.

Edlebraunspath formation ou formation du braunspath noble au Sud et au Sud-Ouest de Freiberg.	Quartz ancien grenu avec blende noire et pyrites, manganèse carbonaté, dolomie rose et blende dolomitique jaunâtre.	Mines de Beschert-Glück.

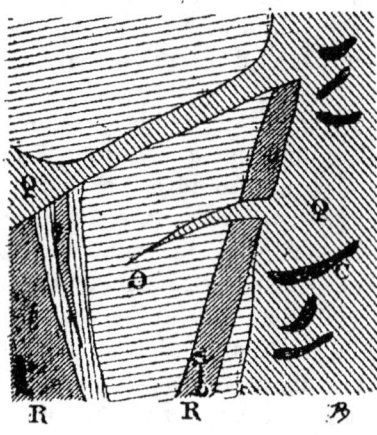

C = Fluorine.
O = Gneiss rouge.
Q = Quartz à druses argentifères.
R = Blende.

Fig. 79. — Coupe de la mine Gesegnete à Braunsdorf.

La venue argentifère A, presque aussi importante, a fourni des amas très riches en argent. Les minerais se rencontrent

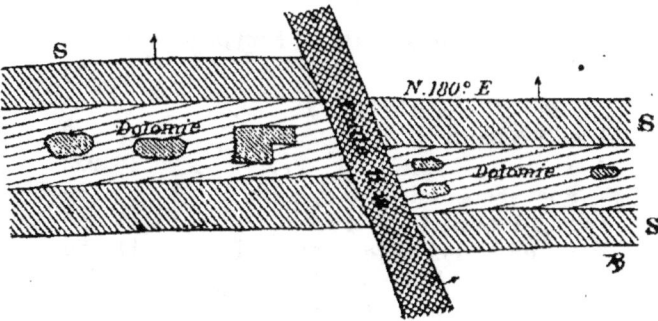

Fig. 80. — Coupe de la mine Segengottes.

au croisement des filons réouverts, barytiques ou stériles, avec les filons S; ils renferment de l'argent rouge antimonial et arsénical, de l'argent sulfuré et de l'argent natif avec de la dolomie. Les autres venues, sulfurées, barytiques et ferrugineuses, la venue de galène pauvre et la venue de calcite, sont bien moins importantes que les venues A et S. La production du district de Freïberg a été de 6.900 tonnes en 1897.

District de Marienberg. — Les minerais se trouvent, à Marienberg, dans les gneiss recoupant des grünsteins et des microgranulites. On y rencontre la venue argentifère A, composée d'argent rouge, d'argent sulfuré et d'argent natif avec un peu de galène riche.

2° *Annaberg.* — Dans les gneiss d'Annaberg on retrouve des venues de composition analogue à celles de Freiberg, mais d'une importance beaucoup moindre. Les venues ferrugineuses, barytiques et argentifères sont, à Annaberg, les seules importantes, à l'exclusion de la venue sulfureuse.

3° *Schneeberg.* — Aux environs de Schneeberg on trouve surtout des filons avec remplissage sulfuré, exploités pour cobalt, nickel et bismuth, et situés au milieu de micaschistes et de schistes argileux. Les filons anciens se changent en galène et en quartz dans les micaschistes et restent stériles dans les schistes argileux.

Production du plomb en Allemagne. — La production des divers districts de l'Allemagne, en plomb métallique, se décompose comme suit pour l'année 1897 :

Westphalie et Province Rhénane

	Tonnes	
Stolberger Gesellschaft............	16.803	
Rhein Nassau...................	6.368	
Mechernich....................	19.973	
A Poensgen und Söhne, Call......	7.385	
Emser Blei und Silberwerke.......	6.100	
Blei und Silberhütte, Braubach....	11.586	
TOTAL.........		68.215

Silésie

	Tonnes	
Walther Croneckhütte............	8.179	
Friedrichshütte.................	16.349	
TOTAL.........		24.528
A reporter......		92.743

Report......		92.743

Harz

Harz supérieur..................	10.033	
Harz inférieur...................	4.939	
Total............		14.972

Saxe

Freiberg......................	6.867	
Ci............		6.867
Rothenbacherhütte, Siegerland....	506	
Anhaltische Blei und Silberwerke..	2.396	
Nordd. Aff. Hamburg.............	69	
Mansfelder Gewerkschaft..........	208	
Total..........		3.179
Production de l'Allemagne.....	Tonnes.	117.761

Gisements de l'Autriche. — Outre les champs de filons complexes de la Bohême étudiés ci-après, on peut citer, en Autriche, les mines de la Carinthie (*Raibl*, *Bleiberg* et *Windish Kappel*) et du Tyrol (*Pfundererberg*).

On exploite également des filons de galène mélangée à d'autres minerais, dans le Banat, en Hongrie et en Transylvanie (*Schemnitz*, *Kremnitz*, *Kapnik*, *Nagiag*, *Offenbanya*).

Gisements de la Bohême. — Les deux gisements bohémiens de Przibram et de Mies sont situés : le premier au sud-est, le second au nord-ouest du vaste triangle formé par les terrains siluriens qui constituent le centre du plateau de la Bohême.

Przibram. — Les mines de galène argentifère de Przibram sont exploitées depuis le xive siècle, et l'on y travaille aujourd'hui à des profondeurs considérables.

Les puits Adalbert et Maria y atteignent 1.200 mètres.

Les filons métallifères traversent des schistes et des grauwackes siluriens et ont été disloqués par un glissement énergique des couches. Ces filons, très nombreux et de directions très variables, sont en général encaissés dans des grunsteins (diabases) et ont été tous affectés par la venue sulfureuse, qui est ici la seule métallifère. L'action des sources minérales a eu, à Przibram, une grande importance.

Outre la galène fortement antimoniale et argentifère, et la blende argentifère, on rencontre à Przibram la bournonite (filon Francisci), la wulfénite, la cérusite, la pyromorphite et la pechblende (puits Anna). La gangue est du quartz ou du fer carbonaté. La richesse des filons subit des variations en profondeur. Le filon Adalbert notamment, qui s'était appauvri pendant assez longtemps, a présenté un enrichissement véritable vers 650 mètres.

La production des usines de Przibram, qui appartiennent à l'État, a été, en 1897, de 21.000 tonnes de plomb métallique ayant donné 31.000 kilogrammes d'argent.

Mies. — A Mies, les exploitations sont partout abandonnées; les filons de galène peu argentifère avec blende et pyrite recoupaient des schistes quartzifères, traversés eux-mêmes par des microgranulites et des basaltes.

Joachimsthal. — A Joachimsthal, à 16 kilomètres au nord de Carlsbad, les filons métallifères forment un champ beaucoup moins compliqué que celui de Freiberg; ils sont situés dans des micaschistes qui enveloppent le massif de gneiss saxon.

On rencontre à Joachimsthal des venues qui rapprochent ce gîte de ceux de Schneeberg et de Freiberg; notamment les venues de bismuth natif, de smaltine, de nickeline et de pyrite en veines minces, avec gangue de quartz saccharoïde, et la venue d'argent natif et de pyrargyrite, formant imprégnation. Enfin la venue de calcite caractéristique du gisement de Joachimsthal fournit de l'urane. La pechblende (filon Francisci) y est accompagnée de pyrite, de galène et surtout de calcite rouge. Ces filons se sont réouverts à diverses reprises et ont parfois été affectés par des plissements en relation avec des sources thermales (Carlsbad, Tœplitz); ainsi les travaux du douzième étage du puits Einigkeit (540 mètres) ont été inondés pendant deux ans, à la suite de la rencontre d'une source thermale.

Le district de Mies a produit, en 1897, environ 3.000 tonnes de plomb.

Gisements de l'Espagne. — Dans la catégorie de gisements qui sont examinés en ce moment, on peut citer ceux de *Linarès-la-Carolina* (Jaen), de *l'Horcajo* et de *Castuera* (Ciudad Real), de *Carthagène*, de *Mazarron* et d'*Aguilas* (Murcie).

Linarès-la-Carolina. — Malgré le manque de capitaux et la mauvaise marche suivie pour l'exploitation (d'ailleurs contrariée par les venues d'eau et le manque de moyens de transport), le district de Linarès est, avec celui de Carthagène, le principal centre de production du plomb en Espagne.

La construction de la ligne ferrée Linarès-Almeria a ouvert un débouché à ces minerais, qui sont très purs, et dont la vente est encore facilitée aujourd'hui par la hausse du plomb.

Les filons recoupent le granite (*Linarès*, N.-E., S.-O.) et les terrains anciens, schistes cambriens et siluriens (la *Carolina*, E.-O.). D'autres filons moins intéressants se rencontrent à *Valdeinferno* et *Palazuelos* (S.-E., N.-O.), à l'est de la Carolina; ils sont peu puissants, et leur richesse diminue quand ils passent du granite aux schistes. Les filons nord-sud sont stériles dans cette région. Il est à noter que les filons riches qui sont presque verticaux contiennent, aux affleurements et jusqu'à une certaine profondeur, des minerais de cuivre qui disparaissent en général vers 80 mètres de profondeur.

A Linarès, l'affleurement des filons est masqué par un banc de grès; l'affleurement, quand il se produit, est constitué par une masse de quartz avec pyrite et carbonate de fer, et de cuivre, mais sans galène. Le minerai se présente par zones (bolsadas), qui se maintiennent en général constantes en profondeur, avec des appauvrissements qui semblent correspondre à des étranglements successifs des filons. Les gangues sont composées de quartz avec barytine, calcite et sidérose. Les filons, très nombreux, sont presque verticaux et présentent des failles, des élargissements et des rétrécissements fréquents. Il existe environ vingt-quatre filons (épaisseur réduite, $0^m,05$ à $0^m,15$), qui fournissent des minerais marchands contenant 75 à 80 0/0 de plomb et 150 à 250 grammes d'argent par tonne de minerai, après préparation mécanique.

La longueur des filons atteint plusieurs kilomètres. Le filon n° 3 a 12 kilomètres de long (mine Arroyanès appartenant à l'Etat). Le filon n° 4, exploité sur 11 kilomètres de long, a été reconnu sur 300 mètres de profondeur (épaisseur réduite, $0^m,10$); les bolsadas ont 50 à 60 mètres de profondeur sur 30 à 40 mètres de longueur.

A la Carolina on rencontre quelques filons dans le granite; mais la plupart, surtout ceux de l'ouest, recoupent soit des schistes cambriens, soit des schistes ou des quartzites siluriens; ils sont moins verticaux qu'à Linarès, affleurent tous (chapeau de quartz), sont très puissants et très ramifiés, mais ne présentent que peu de failles ou de dislocations.

La gangue est du carbonate de plomb et du quartz mélangé de débris des roches encaissantes.

Les minerais, après préparation, titrent 77 0/0 de plomb et 460 grammes d'argent à la tonne. L'épaisseur réduite des filons est de $0^m,05$ à $0^m,07$ de galène.

Il existe, à la Carolina, une trentaine de filons dont la longueur varie de 1 à 12 et même parfois à 20 kilomètres.

A la *Romana* et à *Almagro*, dans la province de Ciudad-Real, sur le versant de la Sierra-Morena, on exploite des filons de galène très argentifère, contenant jusqu'à 800 grammes d'argent aux 100 kilogrammes de plomb.

L'Horcajo. — Les importantes mines de l'Horcajo (province de Ciudad-Real) exploitent un système de filons de galène très argentifère, fortement inclinés, recoupant les schistes siluriens et les quartzites. On y constate des rejets produits par des filons croiseurs quartzeux.

Deux filons ont été jusqu'ici exploités : *Nuovo Peru* et *Ana Maria*. Le Nuovo Peru, attaqué sur 1.200 mètres de longueur et 300 mètres de profondeur, présente les mêmes caractères qu'Ana Maria ; sa gangue est du quartz pur.

On y rencontre la disposition en colonnes ou en lentilles signalée à Linarès; la teneur en plomb varie de 65 à 70 0/0 ; la teneur en argent est de 450 à 500 grammes par 100 kilogrammes de plomb.

Castuera. — Les filons de galène de Castuera (Badajoz), dont l'exploitation remonte à une très haute antiquité, forment un champ de fractures au milieu des quartzites et des schistes siluriens.

Les uns (Minas Florès) sont peu argentifères, mais fournissent une galène très pure; les autres (Tetuan Gammonita) sont riches en argent (200 à 700 grammes par tonne). On y trouve des carbonates jusqu'à 60 mètres de la surface, puis des colonnes de galène (épaisseur réduite, $0^m,06$).

Les Compagnies de Peñarroya et d'Aguilas sont les principales Sociétés exploitantes.

Les mines de la province de Badajoz prennent beaucoup de développement, et des gisements importants ont été découverts, en 1897, dans le district de *Puebla de Alcores*, à *Capilla* et à *Garlitos;* dans cette dernière localité, les minerais tiennent jusqu'à 2 kilogrammes d'argent à la tonne. Les minerais du district de Mazarron tiennent environ 58 0/0 de plomb et 750 grammes d'argent par tonne.

Région de Carthagène. — La province de Murcie (*Carthagène, Mazarron*) renferme, dans la sierra de Carthagène, d'importants dépôts métallifères fournissant en abondance du plomb, du zinc et du fer, et appartenant à toutes les catégories de gisements : amas, filons proprement dits, gîtes d'imprégnation dans les calcaires, etc. Mais ces divers gisements ont une origine commune nettement filonienne.

La sierra de Carthagène, qui longe la mer à l'ouest de la ville offre une série de sommets calcaires dominant des vallées schisteuses; on y rencontre le minerai sous forme de petites poches (bolsadas), de grands amas affleurant (crestones), de couches interstratifiées (capas) ou encore de filons véritables. Des filons tertiaires de galène riche en argent (*Mazarron*) recoupent les trachytes; d'autres filons de galène et de blende peu argentifères sont situés au milieu des schistes. Comme exemple de filons riches en argent, on peut citer ceux des districts de Mazarron et d'Aguilas (*Esperanza, Santa Ana*), en général puissants, mais irréguliers en direction. La teneur en argent est de 110 grammes seulement, aux 100 kilogrammes de plomb.

Les capas, ou gîtes interstratifiés, sont situés dans des terrains offrant la succession de couches suivante, en partant de la base :

Schistes avec un peu de blende inexploitable;

Silicate de fer avec 8 à 10 0/0 de plomb (galène);

Schistes et enfin calcaires avec couches d'oxyde de fer manganésé et de carbonate de plomb argentifère, ou amas de calamine, galène et sidérose.

Les silicates ont une grande importance, car ils se trouvent à faible profondeur, faciles à extraire et à laver.

Le fer manganésé est exploité jusqu'à 20 mètres de profondeur par des tâcherons (partidanos), qui abandonnent le minerai contenant du zinc. Le fer plombeux est vendu à un bon prix, comme fondant, aux usines à plomb.

En général, l'exploitation est conduite sans plan bien défini par des sociétés pauvres qui gaspillent le minerai.

Production du plomb en Espagne. — La production du plomb métallique en Espagne a été, en 1897, de 189,000 tonnes se décomposant comme suit:

Murcie	90.000	tonnes
Jaen (Linarès)	40.000	—
Cordoba	30.000	—
Alméria	11.000	—
Guipuzcoa	5.000	—
Divers	13.000	—
Total	189.000	tonnes

La quantité d'argent extraite peut être évaluée à plus de 200.000 kilogrammes. En 1898, la production du plomb a atteint 193.764 tonnes.

Gisements de l'Italie. — On parlera, dans le chapitre du *Zinc* des gisements plombeux d'Iglésias (Sardaigne).

On peut encore citer en Italie les filons de minerais de plomb du Val Trompia, de Pallanza, de Brescia, de la province de Côme et de la Toscane (Montieri, Serra Bottini, Scabiano).

Toscane. — On exploite en Toscane, à *Bottino*, un filon quartzeux de galène argentifère avec sulfoantimoniure de plomb recoupant les schistes anciens.

Gisements de la Grèce. — En Grèce, on exploite dans les mines du *Laurium*, des filons de galène mélangée de blende et des amas de galène et de calamine interstratifiés dans des calcaires et des schistes siluriens (Voir le chapitre du *Zinc*). — La production du plomb en Grèce a atteint 15.946 tonnes, en 1897.

Gisements de la Sibérie. — Près du lac Baïkal (*Nertschinsk*), on exploite des galènes avec tellurures d'argent et de plomb recoupant des calcaires et des schistes.

Les filons et les filons-couches de *Kolivan* (Tomsk), situés en général dans des roches siluriennes, dévoniennes et carbonifères, recoupées par des éruptions de granite, de microgranulite et de porphyre à augite, fournissent du plomb et de l'argent associés à l'or, au cuivre et au zinc. La gangue est barytique et quartzeuse.

A *Iméoff*, dans un filon reconnu sur 340 mètres de long, avec une puissance de 2 à 100 mètres, on a trouvé : or et argent natifs, kérargyrite, argyrose, argent rouge, cuivre natif, cuivre gris, chalcosine, chalcopyrite, galène, blende et pyrite.

Gisements des États-Unis. — On trouve aux États-Unis un certain nombre d'exemples de filons de galène argentifère et aurifère à gangue quartzeuse, notamment à *Rossie* (Saint-Lawrence) et surtout à *Bingham* (Utah) dans les chaînes de Wahsatch et de O'Quirrh (Old Telegraph Mine). Le gîte de Bingham est un filon-couche au milieu de quartzites houilliers avec remplissage de sulfures (galène et pyrite de fer principalement) et avec gangue siliceuse.

Dans le Colorado, on exploite, outre les importants gisements de *Leadville* (Voir p. 230), un certain nombre de filons de galène argentifère à gangue quartzeuse avec blende, pyrite de cuivre et de fer argentifère, et minerais d'argent (filons des monts *Sherman, Brown, Republican-Leavenworth*, des comtés de *Park Fremont*, de *Summit*, de *Red-Cloud-Malvina-American*, du *comté de Boulder* (tellurures) et du district de *Caribon*.

II. — GISEMENTS DE PLOMB DANS LES CALCAIRES AVEC PHÉNOMÈNES DE SUBSTITUTION.

Les venues métallifères qui se sont produites dans les roches facilement attaquables ont amené dans ces roches des imprégnations plus ou moins profondes, et il y a eu substitution de la galène à la calcite. C'est le cas d'un certain nombre de gisements qui seront passés ci-après en revue.

Gisements de l'Angleterre (Derbyshire et Cumberland). — Les gisements anglais du Derbyshire et du Cumberland, autrefois activement exploités, n'ont fourni respectivement, en 1897, que 5.150 tonnes et 8.500 tonnes de galène préparée. Les filons de galène encaissés dans le calcaire carbonifère s'y sont rapidement appauvris en profondeur.

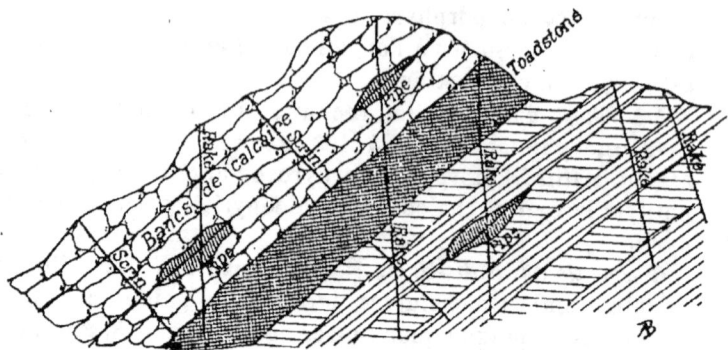

FIG. 81. — Coupe schématique d'un gisement plombifère du Derbyshire.

Gisements de l'Autriche : Littai. — On trouve à *Littai* (Carniole) la galène associée au cinabre à l'état d'imprégnation dans la grauwacke de Gailthal. Le minerai, tantôt compact, tantôt bréchiforme, est composé de galène, de blende, de pyrite de fer et de cuivre, et enfin de cinabre qu'on trouve dans des fentes. On y rencontre de nombreux rejets formés par des failles.

On explique la formation du gîte que l'on croit d'âge triasique par l'action d'une venue sulfureuse sur une couche de carbonate de fer intercalée dans la grauwacke ; l'acide carbonique ainsi mis en liberté aurait donné lieu à la formation abondante de carbonate de plomb que l'on a constatée dans ce gisement. L'exploitation ne date que de 1878.

Quant au terrain carbonifère situé au-dessous de ce gîte, il renferme une grande quantité de carbonate de fer.

La production de Littai a été, en 1897, de 1.320 tonnes de plomb.

Raibl et le Bleiberg. — On trouve encore de la galène en Autriche, à *Raibl* et dans les célèbres mines du *Bleiberg carinthien*, dans le Villach. La galène en filons, à la limite du trias et du terrain primitif, y est accompagnée de minerai de molybdène (wulfénite).

La production du district de Raibl a été, en 1897, d'environ 1.700 tonnes de plomb.

Gisements de la Suède : Sala. — Les mines très anciennes de Sala sont situées au nord de Stockholm, sur la ligne ferrée de Stockholm à Fahlun. La galène argentifère y forme des lentilles d'imprégnation, d'épaisseur irrégulière, concentrées dans une couche de calcaires dolomitiques anciens.

Le minerai contient de 3 à 4 0/0 de galène et 0,70 0/0 d'argent. On trouve également à Sala, de la blende, de la pyrite de fer, du mispickel, du sulfure d'antimoine et de l'argent, soit à l'état natif, soit à l'état de sulfure ou d'antimoniure. Le minerai est accompagné de veines de calcite.

Gisements des États-Unis. — Les États-Unis produisent une quantité considérable de plomb, fourni surtout par les gisements d'imprégnation. La plupart des exploitations des États-Unis doivent leur développement à la forte teneur en argent du minerai. On trouve la galène dans le haut Mississipi, en fentes verticales, en filons-couches ou en poches dans les calcaires siluriens de Trenton, qui couvrent une vaste superficie dans le Wisconsin (Mineral Point), l'Illinois et l'Iowa. Un certain nombre de mines de galène argentifère se trouvent dans l'Utah (Emma mine), dans les calcaires dolomitiques du carbonifère, au milieu des monts Wahsatch ; mais c'est principalement dans le Nevada (Silver state) et le Colorado, que l'exploitation des minerais de plomb argentifères et aurifères a pris une grande extension. On décrira ici les gisements des deux districts d'Eureka (Nevada) et de Leadville (Colorado).

Eureka (Nevada). — Au voisinage d'Eureka, dans des montagnes comprises entre les monts Wahsatch et la chaîne où se trouve le Comstock Lode, on rencontre les deux districts de Prospect-Mountain et de Ruby-Hill ; les deux principales Compagnies exploitantes sont la « Eureka consolidated Mining Company » et la « Richmond consolidated ».

Les minerais sont contenus dans des calcaires siluriens et surtout cambriens ; des sources thermales ont rempli les fissures des calcaires et ont donné lieu à des phénomènes de substitution très développés. Au-dessus du niveau hydrostatique, le remplissage est formé de galène avec de l'anglésite, de la cérusite et de la wulfénite; la gangue est du fer hydroxydé avec un peu de quartz et de calcite; au-dessous du niveau hydroxydé, on ne trouve plus que des sulfures : galène, blende, pyrite, etc.

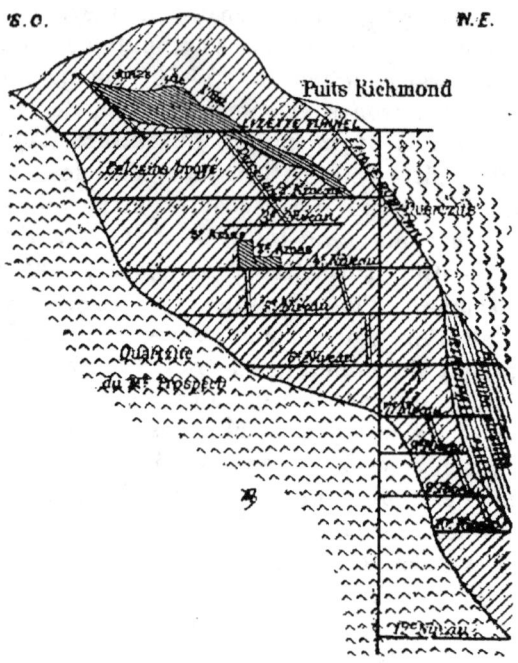

Fig. 62. — Coupe de la mine Richmond Consolidated.

Les calcaires cambriens renferment, à Prospect-Mountain et à Ruby-Hill, des intercalations de schistes, et reposent sur des quartzites cambriens; ils ont subi des dislocations, qui ont laissé subsister des fissures et qui ont facilité la circulation des eaux métallifères. A la mine Eureka, les minerais sont surtout abondants au contact des quartzites et du calcaire broyé; sur d'autres points, comme à Richmond Mine, les minerais sont, au contraire, disséminés dans le calcaire broyé. Le principal minerai est du carbonate de plomb argentifère et aurifère; on distingue le carbonate rouge (fer hydroxydé, anglésite, cérusite, 150 à 250 francs d'or et d'argent par tonne) et le carbonate jaune (fer hydroxydé, sulfate et chloro-arséniate de plomb, 500 francs de métaux précieux par tonne).

Leadville (Colorado). — A Leadville, les minerais sont concentrés dans le calcaire dolomitique carbonifère, qui a été séparé des calcaires siluriens et des quartzites cambriens, sur lesquels il repose, par une venue de porphyre gris; le tout est dominé par une masse de porphyre blanc, et l'ensemble de toutes ces couches repose sur une base de granite et de gneiss. Les eaux sulfurées ont pénétré dans le calcaire le long des fissures et l'ont corrodé; des altérations de surface ont transformé les sulfures en carbonates ou en oxydes.

Le minerai, où prédominent le carbonate de plomb et la galène, contient également un mélange de sulfate de fer, d'anglésite et de pyromorphite. L'argent est rare à l'état natif; mais il se présente sous forme de chlorobromures et de chloroiodures mélangés, dans les calcaires magnésiens. L'or natif est fréquent. La gangue se compose de silice ou de silicates (fer, manganèse, alumine).

Les trois principaux groupes miniers sont ceux de *Iron Hill*, de *Carbonate Hill* et de *Fryer Hill;* ce dernier est célèbre par la richesse en argent de ses minerais.

La production des mines de Leadville décroît rapidement, et l'on prévoit l'épuisement du gîte dans un avenir prochain.

Les mines de Leadville ont produit moins de plomb, en 1897, que les années précédentes, parce que la baisse de l'argent a fait fermer beaucoup de mines d'argent dont les minerais contenaient du plomb; d'autre part, les grands gisements de plomb argentifère de Leadville sont épuisés; les anciennes mines de Fryer, Carbonate, Iron et Rock Hills, sont fermées, et l'Arkansas-Valley-Smelting C° alimente les fours de son usine de Leadville avec du minerai de Cœur-d'Alène (Idaho). Il existe dans le Colorado sept usines à plomb, dont deux à Denver, trois à Pueblo, et une à Durango.

Le Colorado a produit au total, en 1897, environ 37.000 tonnes de plomb contre 47.000 en 1896.

L'Idaho a produit, en 1897, 53.000 tonnes de plomb dont

50.676 tonnes proviennent de Cœur-d'Alène, et le reste des mines de Wood River et autres. Les mines de *Cœur-d'Alène* ont fourni 105.000 kilogrammes d'argent; la Consolidated Tiger and Poorman C° a produit à elle seule plus de 80.000 tonnes de minerai ayant donné environ 15.000 tonnes de minerai préparé.

Dans le *Missouri* qui a produit, en 1897, 60.000 tonnes de minerai de plomb, les principales mines se trouvent dans le district de *Saint-François*. Les minerais de la Motte contiennent 11 0/0 de plomb et ceux de Bonne-Terre 7 0/0 seulement; on les amène, par une préparation soignée, à une teneur de 70 0/0.

Dans le *Montana* (11.800 tonnes en 1897), les principales mines sont celles de *Cumberland*, *Yellowstone* et *Great Eastern Judge*.

Les mines de *Magdalena* et de *Kelly*, dans le *Nevada*, produisent du carbonate de plomb et de la galène que l'on traite dans les usines de la Graphic Mining and Smelting C°, à Magdalena, et de la Cerillos Smelting C°, à Cerillos, dans la province de Santa-Fé.

Dans l'*Utah*, la production des trois usines en marche, en 1897, a été de 22.000 tonnes environ. Les minerais proviennent du district de *Bingham Çanyon* et de la mine *Silver King*, près de Park City. Il existe, à Salt Lake City, trois usines à plomb assez importantes : la Germania (trois fours de 50 tonnes et deux de 100 tonnes), la Pensylvania (de même puissance) et l'usine Hanauer (quatre fours de 40 tonnes).

III. — Gisements sédimentaires

Bien qu'il soit difficile de distinguer nettement, des gîtes d'imprégnation, les rares gisements de plomb sédimentaires que l'on connaît, on peut classer dans cette troisième catégorie certains gisements qui semblent dus au dépôt de métaux en dissolution dans les eaux de bassins où se sont formés des sédiments. On décrira, comme type de ces gîtes, les grès plombifères de *Commern*, de *Mechernich* et de *Saint-Avold* (Provinces rhénanes), et on rattachera à ce chapitre quelques notes sur divers gîtes plombifères peu connus ou récemment découverts (Turkestan, Transvaal, etc.).

Commern (Eifel). — Près de Commern, dans l'Eifel, on trouve des grès bigarrés surmontant des couches dévoniennes; la partie inférieure de ces grès bigarrés est constituée par des conglomérats et des grès noduleux plombifères.

Les principales exploitations de grès noduleux avec galène sont situées au *Bleiberg*, près de *Mechernich*, non loin de Cologne. Les grès métallifères blancs avec grains quartzeux cimentés par de l'argile ou du calcaire, renferment en général de la galène, rarement de la cérusite, quelquefois du minerai de cuivre (azurite, malachite); la teneur en argent du plomb de l'Eifel est très faible : 27 grammes par 100 kilogrammes.

Saint-Avold. — Des gisements analogues existent près de *Sarrelouis*, entre *Saint-Avold* et *Wallerfangen;* la galène, un peu chargée de blende, est accompagnée de cérusite et de molybdate de plomb.

Turkestan. — Dans le Turkestan, la Société russe des Mines du Turkestan s'occupe de développer l'exploitation des mines de plomb et de cuivre découvertes dans le district de *Taschkent*.

Transvaal. — On trouve en abondance, paraît-il, dans le *Transvaal*, des minerais de plomb contenant de 300 à 450 grammes d'argent à la tonne et de 50 à 70 0/0 de plomb. Une Compagnie (Rand Central Reduction C°) a été formée pour leur exploitation.

Caucase. — En Russie, la Compagnie des mines d'Alagir a obtenu la concession de mines de plomb argentifère dans le Caucase (district de *Vladskarkas*).

Mexique. — La plus grande partie des minerais de plomb du Mexique proviennent des mines de la *Sierra-Mojada* et sont traités à Kansas-City. Parmi les principales mines, on peut citer celles de *Velardena* et celles de *Mapimi* (Compania Minera de Peñoles), qui sont reliées au Central-mexicain par un embranchement à voie étroite de 32 kilomètres; une de ces mines atteint 510 mètres de profondeur. Les principales usines de fusion sont celles de Mapimi (Durango), de Monterey, de San Luis Potosi et d'Aguas Calientes. La production du plomb au Mexique a été de 71.637 tonnes en 1897.

Prix du plomb. — Le prix du plomb a beaucoup varié depuis vingt-cinq ans. Le plomb de qualité supérieure, qui valait en moyenne à Londres 600 francs par tonne en 1873, a valu 365 francs en 1879, 280 francs en 1884, 350 francs en 1888, 252 francs en 1894 et 323 francs en 1897. — Le mouvement de hausse a continué de 1897 à 1900, et, à la fin de 1899, le plomb valait plus de 400 francs.

Prix des minerais de plomb. — La valeur des minerais de plomb dépend du prix du plomb métal et du cours de l'argent, la plupart des galènes étant argentifères.

Pour obtenir la valeur d'un quintal de minerai de plomb, il faut retrancher de la valeur du plomb et de l'argent qu'il contient les frais de fusion, de désargentation, d'escompte à 5 0/0 et de transport.

Soient :

M, la valeur du quintal de minerai en francs;
P, la teneur en plomb;
K, une constante pour perte au traitement métallurgique, qui varie de 6 à 8;
m, le prix du quintal de plomb métallique;
A, le prix de l'argent;
q, le poids de l'argent au quintal de minerai;
F, les frais de fusion;
f, les frais de désargentation;
t, les frais de transports et autres.

La valeur d'un quintal de minerai sera donnée par la formule :

$$M = \frac{(P - K)m}{100} + Aq - F - f - t$$

Pour étudier la valeur d'un filon, on apprécie sa longueur, son épaisseur réduite, c'est-à-dire sa valeur par mètre carré de surface suivant le plan du filon, sa richesse en plomb et en argent, au moyen d'essais de préparation mécanique; on établit enfin le devis des dépenses F, f, t, etc., sur la même base.

Pour reconnaître la valeur totale du filon au mètre carré en un point, on fera le même calcul pour la blende et on ajoutera les deux résultats.

On déterminera avec soin jusqu'à quel point il faudra pousser la préparation mécanique pour que les frais de traitement du minerai, augmentés des pertes en argent au lavage, restent inférieurs à l'augmentation de valeur qui résulte de la préparation.

On pourra donc, pour chaque mine étudiée, déterminer quelle devra être l'épaisseur réduite minima nécessaire pour qu'un filon soit exploitable avec bénéfices. On peut citer, comme exemple, le cas des mines de Pontpéan (Ille-et-Vilaine) où une épaisseur réduite de 5 à 6 centimètres, avec une teneur de 52 0/0 de plomb et 1 kilogramme d'argent par tonne, permet une exploitation rémunératrice.

PRODUCTION DU PLOMB DANS LE MONDE ENTIER

	1896	1897
	tonnes	tonnes
France	8.232	9.000
Autriche-Hongrie	11.680	11.100
Belgique	17.222	14.800
Allemagne	113.792	117.761
Grande-Bretagne	57.200	60.000
Italie	20.786	20.500
Espagne	170.790	176.000
Grèce	15.180	15.946
Etats-Unis	158.479	179.369
Canada	10.977	17.698
Mexique	63.000	71.637
Nouvelle-Galles du Sud	30.000	22.000
TOTAUX	677.338	715.811

BIBLIOGRAPHIE DU PLOMB [1]

1870. Mussy, *Ressources minérales de l'Ariège* (*Annales des Mines*, 6ᵉ série, t. XVII).
1870. Blanchard, *Mine de Vallauris* (*Cuyper*, t. XXVII, p. 170).

[1] On n'a indiqué dans cette bibliographie que les ouvrages spéciaux postérieurs à 1870. Les ouvrages plus anciens, bien que parfois très complets, présentent un intérêt moins immédiat.

1870. Michel Lévy et Choulette, *Champs de filons de la Saxe et de la Bohême septentrionale* (Annales des Mines, 6° série, t. XVIII, p. 117).
1874. Villié, *Rapport sur les mines de Zell-sur-Moselle* (Besançon).
1875. *Mines de plomb et d'argent de Przibram* (Cuyper, t. XXXVIII, p. 501).
1876. Combet, *Rapport sur les mines de zinc et de plomb argentifère des Arguts*.
1876. Ledoux, *Rapport sur les mines de la province de Carthagène*.
1877. Vieiva, *Mines de plomb des Pyrénées* (Arguts).
1879. Lecornu, *Mémoires sur les filons de plomb du Derbyshire* (Annales des Mines, 7° série, t. XV, p. 1).
1880. Fuchs, *Rapport sur les mines de Pontpéan* (à Rennes, chez Caillot).
1880-1881. Lebesconte, *Note sur la faille de Pontpéan* (Bulletin de la Société géologique, 3° série, t. IX, p. 157).
1881. Capacci, *Mines et Usines du Harz* (Cuyper).
1883. Lukis, *Origine des filons métallifères de Poullauen* (Bulletin de la Société des études scientifiques du Finistère, Morlaix).
1883. Garnier, *Mines de Vialas* (Industrie minérale, 2° série, t. XI, p. 995).
1884. Laveleye, *le Plomb aux Etats-Unis* (Cuyper, t. V, p. 560).
1884. Termier, *Sur les éruptions du Harz* (Annales des Mines, 8° série, t. V, p. 243).
1886. Davy, *Mines de Huelgoat et de Poullaouen* (Bulletin Société géologique, 3° série, t. XIV, p. 900).
1886. Lukis, *Notes sur les mines de Poullaouen* (Bulletin Société géologique, p. 909).
1886. Stuart-Menteath, *Gîtes métallifères des Pyrénées occidentales* (Bulletin de la Société géologique, 3° série, t. XIV, p. 587).
1887. Blanchard, *les Mines de plomb argentifère de Bottino, près de Serravezza, en Toscane* (Bulletin de la Société de l'industrie minérale de Saint-Etienne, 3° série, t. I, p. 201).
1892. Lodin, *Etude sur les gîtes métallifères de Pontgibaud* (Annales des Mines, 9° série, t. I, p. 389).
1893. F. Desquiens, *Laverie des mines de plomb argentifère de Bouillac dans l'Aveyron* (Génie civil, t. XXII, p. 202, avec planches).
1893. N. de Filkowitch, *Note sur les mines de plomb argentifère et de blende de Sadou dans le Caucase* (Génie civil, t. XXIII, p. 393).
1894. Winslow, *Lead and zinc deposite* (Geological Survey).
1896. Czyszkowski, *Les Venues métallifères de l'Espagne*.
1898. Bourbon, *Note sur un filon plombo-auro-argentifère de Villevieille* (Puy-de-Dôme).

LE ZINC ET SES MINERAIS

Propriétés physiques. — Le zinc est un métal d'un blanc bleuâtre, cassant et à texture cristalline, devenant, entre 100 et 130°, ductile et malléable, ce qui permet de le laminer en feuilles minces. Densité = 6.87, pouvant s'élever à 7.2 par le martelage ou le laminage. Le zinc fond vers 410°. A 1040°, il entre en ébullition, s'enflamme et brûle, en produisant une flamme blanc bleuâtre éclatante, d'où s'échappent de légers flocons blancs d'oxyde infusible qui se répandent dans l'air. D'une mollesse particulière, le zinc encrasse la lime.

Propriétés chimiques. — Le zinc est très peu altérable à froid dans l'air sec ; il se recouvre, dans l'air humide, d'une couche d'hydrocarbonate d'oxyde de zinc qui, peu épaisse et imperméable, préserve des altérations, le reste du métal. Mis en contact avec un métal comme le cuivre ou le plomb, il décompose rapidement l'eau acidulée d'acide sulfurique ; il se produit alors de l'hydrogène et du sulfate de zinc.

Usages. — La possibilité de le réduire en feuilles très minces et sa densité comparativement peu élevée ont fait préférer le zinc au plomb pour la couverture des toits. On emploie également le zinc pour les gouttières, les baignoires et quantité d'ustensiles ; mais il doit être exclu de certains usages domestiques, car il forme, avec les acides, des sels vénéneux. Il compose généralement l'élément électro-positif des piles industrielles. Beaucoup d'objets en fer, et particulièrement les fils télégraphiques, sont recouverts de zinc et protégés contre la rouille au moyen d'une immersion dans un bain de ce métal (galvanisation).

Alliages. — Le zinc forme avec le cuivre, seul ou uni à d'autres métaux, de nombreux alliages dont les principaux, bronze, laiton, maillechort, ont été indiqués au chapitre du *Cuivre*. Il faut citer encore les alliages très durs employés pour les locomotives et composés de : cuivre, 6,10 ; zinc, 62,64 ; étain, 11,32 ; plomb, 19,94 ; les soudures fortes, fusibles à divers degrés, et les poudres à bronzer pour peintres. Il entre 1 0/0 de zinc dans les monnaies de billon. Enfin, le zinc employé pour certaines piles est amalgamé et assure ainsi de la durée aux éléments et de la régularité au courant.

Oxyde de zinc. — L'oxyde de zinc est employé en peinture, sous les noms de blanc de zinc et de blanc de neige. Délayé dans l'huile de lin rendue siccative, il remplace avantageusement la céruse pour la peinture de l'intérieur des appartements. Employée au dehors, la peinture au blanc de zinc est peu résistante ; mais, en délayant l'oxyde de zinc, additionné d'un peu de carbonate de soude, dans une dissolution à 58° Baumé, de chlorure de zinc, on obtient une peinture solide, séchant rapidement et couvrant autant que la céruse.

La préparation de la peinture à l'oxyde de zinc, qui ne noircit pas sous l'influence des vapeurs sulfhydriques, ne fait courir aux ouvriers aucun des dangers résultant de l'emploi de la céruse.

Sulfure de zinc. — On emploie quelquefois, pour remplacer la céruse, un mélange de sulfure de zinc et de sulfure de baryum.

Chlorure de zinc. — Le chlorure de zinc est extrêmement avide d'eau. Mélangé à du sulfate de zinc ou à du sulfate de baryte avec de la fécule, il forme un stuc très solide.

Sulfate de zinc. — Le sulfate appelé vitriol blanc ou couperose blanche est employé dans la peinture et dans la teinture des indiennes ; on s'en sert aussi pour rendre les huiles plus siccatives.

MINERAIS DU ZINC

Les deux principaux minerais du zinc sont la *calamine* et la *blende*.

On donne dans l'industrie le nom de *calamine* à des minerais qui sont, en réalité, composés d'un mélange de *calamine* ou hydrosilicate de zinc ($H^2Zn^2SiO^5$) et de *smithsonite* ou carbonate de zinc. La calamine est un minerai superficiel dont le traitement est beaucoup plus facile que celui de la blende ; malheureusement, la calamine est par cela même beaucoup moins abondante que la *blende* ou sulfure de zinc. La blende cristallise en cubes, mais il en existe une variété hexagonale appelée *wurzite*. Ce minerai est d'un traitement plus difficile et plus onéreux que la calamine, car il doit subir un grillage préliminaire, destiné à oxyder le zinc qu'il renferme.

Parmi les autres minerais de zinc, beaucoup moins abondants, on peut citer la *zincite* (oxyde de zinc, ZnO), la *zinconise* ou calamine terreuse (hydrocarbonate de zinc, $H^4Zn^3CO^8$) et la *franklinite*, sorte de spinelle de fer, de zinc et de manganèse [(Zn.Fe.Mn) (FeMn)^{2}O^4] tenant de 10 à 25 0/0 de zinc, alors que les teneurs en zinc sont de 80,2 0/0 pour la zincite, de 66,9 0/0 pour la blende, de 53,7 0/0 pour la calamine et de 52 0/0 pour la smithsonite. La *willemite* (silicate de zinc), la *goslarite* (sulfate de zinc) ($H^{14}ZnSO^{14}$) et l'*adamine* (arséniate de zinc) ($H^2Zn^4As^2O^{10}$) sont des minéraux relativement rares.

GISEMENTS

On trouve la blende tantôt dans des filons, tantôt dans des couches sédimentaires, seule ou associée avec de la galène. L'âge des filons est très variable : les importants filons du Cornwall et de la Sardaigne sont post-siluriens; ceux des Bormettes, dans le Var (blende et galène argentifère), sont probablement triasiques; ceux de Sakamody (Algérie) et de Santander (Espagne) sont post-crétacés. D'autre part, parmi les gîtes de zinc sédimentaires, on trouve : dans les gneiss, ceux d'Ammeberg (Suède); dans le permien, ceux de la province de Carthagène (schistes micacés avec lentilles de blende); dans le trias, les blendes de Silésie, dont la croûte superficielle s'est décomposée en calamine.

Géogénie. — La formation des gîtes filoniens semble due au dépôt de sulfures métalliques, maintenus en dissolution, grâce à la présence d'un acide ou de sulfures alcalins en excès. Les eaux acides ont également eu une part dans la formation des gîtes sédimentaires de la blende : beaucoup de ces gîtes sont des gîtes de substitution formés par la pénétration, dans des bancs calcaires, de la blende qui s'est souvent changée en calamine. C'est dans les calcaires que l'on rencontre les gisements de calamine; la transformation du carbonate de chaux en calamine s'est faite soit directement, soit par suite de la pénétration du sulfure de zinc dans le calcaire et de sa transformation en calamine, sous l'influence d'eaux superficielles. Il est rare qu'un gisement calaminaire ne se transforme pas en amas de blende à une certaine profondeur; aussi paraît-il rationnel d'attribuer la formation de la calamine à l'action d'eaux superficielles qui, à une époque relativement récente, ont pénétré dans les calcaires blendeux datant d'une époque ancienne; le sulfate de zinc, dissous avec un excès d'acide sulfurique, a donné lieu à un phénomène de double décomposition; il s'est ainsi formé de la calamine que les eaux ont entraînée. Le zinc a dû être emprunté comme le cuivre et bien d'autres métaux à des fumerolles de roches à l'état igné.

Les gisements de zinc paraissent être d'un âge intermédiaire entre celui des gisements de cuivre et celui des gisements de plomb.

On examinera ici successivement les principaux gisements filoniens de zinc et quelques gîtes sédimentaires que l'on énumérera autant que possible suivant leur ordre d'importance, en étudiant, aussitôt après les gisements français, les mines célèbres du Laurium et de la Sardaigne.

Gisements de la France (Ardèche et Gard). — Le long de la limite sud-est du Plateau Central se trouvent un certain nombre de gisements de zinc, parmi lesquels on doit citer ceux d'*Alais*, de *Saint-Laurent-le-Minier* et des *Malines* dans le Gard, de *Merglon* dans la Drôme, et de *Saint-Cierge* dans l'Ardèche. La seule de ces exploitations qui soit prospère est celles des Malines; les anciennes usines ont été transportées en Belgique, et il n'existe plus dans la région que deux usines appartenant à la Société de la Vieille-Montagne et situées dans l'Aveyron, l'une à Viviez où l'on traite des minerais importés de Laurium ou de Sardaigne, l'autre à Panchot où sont les ateliers de laminage.

Le gisement des Malines près Saint-Laurent-le-Minier (bajocien) comprend un grand filon dit de *Castelnau* (blende, galène, pyrite avec barytine), qui recoupe des calcaires surmontés par les dolomies des Malines et affleure sur 500 mètres de longueur ; ce gisement comprend, en outre, une série d'amas situés au voisinage des Avinières dans les dolomies de l'oolithe inférieure ; le minerai, riche en zinc, plomb et argent, comporte des calamines d'espèces variées avec de la *blende*, de la *galène*, de la *smithsonite*, de l'*hydrozincite*, etc... L'exploitation de ce gisement est très prospère.

En 1895, le département de l'Ardèche a fourni 410 tonnes de galène argentifère brute et 13 tonnes de blende et galène triées.

La même année, le département du Gard a fourni 36.000 tonnes de minerai de zinc (calamine et blende plombeuse) et 930 tonnes de galène argentifère.

On peut citer, pour mémoire, les gisements des *Avinières* et de *Mas Rigal* (gîtes de substitution et d'imprégnation de la calamine dans les dolomies du lias), de *Maudesse* (blende dans les dolomies quartzeuses de l'infralias), de *Fons-Bouillans*, du *Mas de Beaugis*, du *Mas la Combe* et de la *Coste Durfort*. Ces gisements sont pour la plupart abandonnés ou près d'être épuisés.

Groupe d'Alais. — Les gisements formant le groupe d'Alais proprement dit (infralias) sont ceux de *Clairac* (blende et galène dans des calcaires noirs siliceux liasiques), de *Clarpont* près de Bessèges (blende et calamine), de *Cendras*, de *Pallières* (amas de blende, calamine et galène, et filons recoupant des calcaires liasiques), et de *Rousson*, près de Salindres. Tous ces gîtes, peu ou pas exploités, renferment ou ont renfermé des minerais en général pauvres, de composition très irrégulière et contenant de la barytine, qui produit du sulfure de baryum, d'où usure rapide des creusets employés pour le traitement du minerai.

Drôme. — A *Merglon* (Drôme) on exploite, dans des marnes et des calcaires oxfordiens formant la montagne de Piémont, des poches de minerai peu importantes et un grand filon formé d'amas successifs de carbonate de zinc.

La production du département de la Drôme a été de 4.500 tonnes de calamine, en 1895.

Gisement du Laurium (Grèce). — Dès la plus haute antiquité, les gîtes du Laurium fournissaient du plomb et de l'argent. Aujourd'hui ils sont exploités par une Compagnie

MINÉRAUX EMPLOYÉS DANS LA MÉTALLURGIE 241

française fondée en 1875 et par une Société grecque qui traite les amas des scories argentifères abandonnées par les anciens exploitants. La Compagnie française possède, outre de nombreux fours de calcination pour la calamine, plusieurs ateliers de préparation mécanique et une usine à plomb.

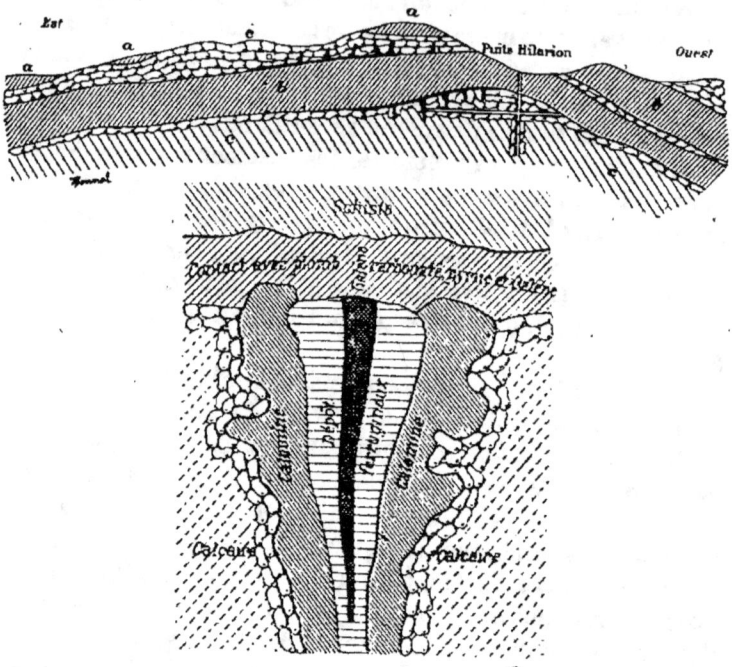

Fig. 83. — Coupe Est-Ouest du gisement du Laurium, d'après MM. Daubrée et Huet et coupe verticale d'un griffon du Laurium.

Sur une base de granite reposent, au Laurium, des bancs alternés de schistes phylladiens et de calcaires saccharoïdes; tantôt la séparation des couches est nette; tantôt, au contraire, il y a pénétration des schistes dans les calcaires, ou inversement. De nombreux plissements ont, d'ailleurs, bouleversé ces terrains, et l'on trouve en maints endroits des filons d'une roche euritique décomposée, renfermant des proportions variables de cuivre.

GÉOLOGIE. 16

On distingue au Laurium deux catégories bien distinctes de gîtes :

1° Les amas interstratifiés à la surface de contact des schistes et des calcaires, surtout au contact des schistes inférieurs ;

2° Les filons ou griffons qui traversent les calcaires et quelquefois les schistes sous la troisième couche de contact.

Les griffons des contacts supérieurs ne contiennent que de la calamine avec des vides dans le calcaire ou dans l'amas calaminaire. Au troisième contact, on trouve, au contraire, des amas de galène entourés d'un dépôt ferrugineux, puis d'une gaîne de calamine.

Le minerai est arrivé sans doute à l'état de sulfure ; le calcaire attaqué a donné lieu à une formation de gypse et de calamine.

Les calamines sont ordinairement pauvres à la surface, où elles se présentent sous la forme d'un calcaire blanchâtre ou d'une roche feuilletée grise. Les minerais du troisième contact sont beaucoup plus purs et tiennent de 60 à 63 0/0 de zinc (minerai calciné) ; on les trouve en roches dont l'aspect rappelle la meulière, ou en feuillets blancs compacts. On peut croire que la formation de ces gisements est due à l'action incrustante d'un liquide minéralisateur, venu de la profondeur, sur des calcaires situés sous les bancs imperméables de schistes du troisième contact, ce qui explique que ce contact soit seul exploitable. En effet, la minéralisation des calcaires des contacts supérieurs n'a pu avoir lieu que grâce au passage du liquide minéralisateur à travers les schistes ; le liquide est donc arrivé dans ces calcaires notablement appauvri.

Si l'on appelle P le prix de vente ; p, le prix du zinc brut au cours du jour, et z, la teneur en zinc pour 100 du minerai marchand, on a pour le prix de vente de la calamine au Laurium :

$$P = 0{,}95\, p\, (0{,}8z - 4 - 65\, [1]$$

[1] La constante 65 représente les frais de transport à l'usine et de traitement. Le facteur 0,95 tient compte d'un bénéfice de 5 0/0

Le prix de revient varie avec la profondeur d'extraction, la teneur du minerai et la perte à la calcination. On peut compter sur un prix de revient (frais généraux compris) de 18 fr. 90 sur le carreau de la mine pour une tonne de minerai calciné à 75 0/0; pour le minerai à 25 0/0, ce prix de revient s'élève à 46 fr. 50 environ, à cause des frais de triage qui sont plus considérables.

En 1896, la production des mines du Laurium a été la suivante :

Plomb argentifère.....................	7.822 tonnes
Minerais de zinc.....................	27.163 —
Minerais de fer manganésifères..	73.549 —
Minerais divers.....................	9.807 —
Total.............	118.341 tonnes

Gisements de la Sardaigne. — Iglésias. — En Sardaigne, c'est dans les calcaires siluriens de la province d'Iglésias que se trouvent les gisements principaux de zinc et de plomb. Les filons de galène argentifère et de blende se présentent soit isolés, soit accompagnés d'amas calaminaires au contact des calcaires et des schistes. Les gîtes contenus dans les schistes sont trop minces pour être exploités; ceux des calcaires sont beaucoup plus puissants et se distinguent en filons proprement dits, de facture ou de contact, et en amas de calamine.

Dans les filons on observe très nettement, en Sardaigne l'existence de colonnes riches et une diminution de la teneur en argent, concurremment avec l'augmentation de la blende, en profondeur; les carbonates et les silicates riches

assuré au fondeur; et le facteur 0,8, d'une perte moyenne de 20 0/0 au traitement.

Quand il s'agit de blende, la formule devient :

$$P = 0,95p\ (0,8z - 1) - T,$$

T représentant les frais de transport à l'usine et de traitement, qui sont très variables.

(calamine) sont, au contraire, voisins de la surface, sans cependant affleurer.

Montevecchio. — A 30 kilomètres au nord d'Iglésias, les trois filons de galène argentifère et de blende de *Montevecchio* recoupent les schistes et les grauwackes siluriens qui enveloppent les granites d'Arbus. Le seul filon exploité, qui a 60 mètres de puissance, comporte au toit et au mur deux veines minéralisées renfermant huit puissantes lentilles de galène, tenant 80 0/0 de plomb et 800 grammes d'argent à la tonne; la teneur en argent diminue en profondeur, tandis que la teneur en blende augmente.

Monteponi. — Les Carthaginois, les Romains et les Espagnols ont successivement exploité la mine de Monteponi (au sud-ouest d'Iglésias), qui fournissait de la galène et de la calamine. La Société actuelle de Monteponi lave les menus abandonnés de ces anciennes exploitations.

Les autres gisements de zinc de la Sardaigne se trouvent à *San Benedetto* (San Giovanni), à la *Duchessa*, à *Malacalzetta* et à *Nebida*.

Malfidano. — La Société de Malfidano exploite les gîtes de *Malfidano*, de *Caïtas*, de *Planu-Sartu* et de *Genna-Arenas*. A Planu-Sartu, cinq veines principales de calamine sont interstratifiées dans une falaise de calcaires de 100 mètres de hauteur; on rencontre aussi des bancs alternés de calcaire et de calamine compacte ou lamelleuse tenant de 40 à 50 0/0 de zinc. Une couche de minerai de fer et un puissant filon de galène quartzeuse sont interstratifiés dans des calcaires, comme la calamine qui renferme de nombreuses mouches de galène.

A *Caïtas*, il existe une masse considérable de calamine pure. A *Malfidano*, on trouve, au contraire, une suite d'amas de calamine blendeuse affleurant au fond d'un ravin; le long de ces amas, règne une faille très longue remplie d'une brèche argilo-calcaire. Le minerai se présente en colonnes coniques orientées la pointe en bas. L'amas principal de Malfidano, qui a 80 ou 100 mètres de longueur et 15 à 20 mètres de hauteur, est recoupé par des filons de galène quartzeuse ou carbonatée. La blende augmente rapidement en profondeur, ainsi que la galène. L'épaisse couche d'alluvions, qui couvre le fond de la vallée, fait croire qu'il existait autrefois en cet endroit un lac dont les eaux ont joué un rôle dans la formation de la calamine.

On peut citer pour mémoire les gîtes de *Sedda-Cherchi*, de *Cucuru-Taris* et de *Planu-Dantis* (au contact des schistes et des calcaires siluriens).

Production de l'Italie. — L'Italie a produit, en 1897, 122.000 tonnes de minerai de zinc, provenant presque entièrement des mines de la Sardaigne.

Gisements de l'Allemagne. — En Allemagne, le long du Rhin, on trouve un certain nombre de gisements de zinc, soit dans le permien, dans les environs d'Osnabruck ou de Munster, à *Kumper*, *Holtkamp* et *Overmeier* (minerais de zinc et de fer dans la dolomie du zechstein), soit dans le trias où l'on rencontre les calamines de Wiesloch, avec galène, blende et cadmium, intercalées dans les calcaires du muschelkalk. La puissance des couches de minerai atteint 7 mètres sur des longueurs de 600 à 700 mètres, pour le plus grand dépôt, et de 140 mètres pour le plus petit (sur 70 mètres de largeur).

Prusse Rhénane. — Les deux groupes de gisements de zinc de la Prusse Rhénane sont exploités par la Société de la Vieille-Montagne. L'un des groupes (*Bensberg*) est situé au contact des calcaires de l'Eifel avec les schistes dévoniens (Lenne Schiefer) ; l'autre groupe (*Siebengebirg*) est situé dans les schistes, grès et grauwackes à spirifères du coblentzien, séparés des schistes et psammites bariolés de Moresnet, par les schistes de Wissembach. A *Altglück*, dans le groupe du Siebengebirg, le minerai à gangue quartzeuse est formé de blende avec un peu de galène. A la partie riche, qui se trouve dans la grauwacke, succèdent rapidement des veinules pauvres, dès que le filon pénètre dans les schistes.

Dans les régions de l'Eifel et de la Moselle, à *Silbersand* (coblentzien), on a exploité un filon de blende et de galène qui s'enrichit au point d'intersection avec un croiseur rempli de minéraux arsénieux et antimonieux.

On exploite des filons de blende dans le lenneschiefer à *Overath*, *Immekepel* et *Altenbruck*.

D'autres filons de blende, situés dans les granites et les

gneiss, sont exploités à *Wiesbaden* et à *Arnsberg*, sur le Rhin, à *Schönau* et à *Freiberg*, en Saxe, etc.

D'autres gisements de zinc sont exploités en Allemagne dans le calcaire carbonifère : calamines de *Nérins* et d'*Eupen* près d'Aix-la-Chapelle, blendes de *Busbach*, d'*Hassenberg*, de *Walheim*, de *Walhorn*, etc., sur la rive gauche du Rhin.

Silésie. — Le bassin de la haute Silésie (cercles de Tarnowitz et de Beuthen), situé sur la frontière de la Russie, de l'Autriche et de l'Allemagne, comprend de nombreuses mines de zinc et de plomb dont les minerais sont traités sur place, grâce à l'abondance du combustible.

Les principales mines de zinc sont celles de *Neue Helene*, *Wilhelmsglück*, *Samuelsglück*, etc., en Prusse (cercle de Beuthen). La galène que l'on extrait des mines de zinc est vendue aux mines de l'État (Friedrichsgrube à Tarnowitz), dont les usines de traitement sont : Friedrichshütte, à Tarnowitz, et Walter Cronek, près de Rosdzin. Les minerais de calamine pure sont épuisés, et on ne traite que de la blende ou des mélanges de blende et de calamine ; la teneur moyenne est de 20 0/0 aux fours ; mais la présence du fer et du plomb détériore les creusets, qui se percent rapidement. Les variations de densité rendent la préparation mécanique difficile.

Le muschelkalk, compris entre le grès bigarré et le keuper, comprend à sa partie inférieure un lit de dolomie renfermant les minerais de zinc, de plomb et de fer, surtout près des affleurements ; en profondeur, on ne trouve que des sulfures. Le mur est constitué par du calcaire (sohlenkalkstein), et le toit par de la dolomie stérile. Le bassin affecte la forme d'une cuvette elliptique ayant de 2 à 4 kilomètres entre Beuthen et Scharley (S.-N.) et 22 kilomètres de Michowitz à Czelads (O.-E.). On trouve successivement, en partant des affleurements, de l'hématite brune, puis de la calamine blanche reposant sur le sohlenkalkstein et à laquelle succède de la calamine rouge ; au delà, la blende apparaît et devient de plus en plus abondante, jusqu'à ce qu'elle reste seule avec de la galène et de la pyrite.

La calamine blanche forme des petits amas allongés ou glanduleux ; sa cassure est quelquefois schisteuse. La calamine rouge, formée d'un mélange de limonite zincifère et de dolomie avec céruse et galène, forme une couche dont la puissance atteint jusqu'à 15 mètres; la teneur du minerai varie de 10 0/0 à 45 0/0.

La galène, dans le district de Scharley, tient 3 0/0 de plomb (minerai préparé).

Dans ces gisements, les eaux superficielles ont transformé les sulfures en sulfates qui se sont précipités, soit comme celui de zinc, par substitution immédiate au calcaire à l'état de calamine, soit comme celui de fer, après entraînement vers la surface où il s'est transformé en hématite.

La production des mines de zinc situées sur le territoire de l'Empire d'Allemagne a atteint 664.000 tonnes en 1897, en diminution de près de 70.000 tonnes sur l'année 1896.

Gisements de l'Espagne. — On exploite en Asturie, dans les provinces de Guipuzcoa et de Santander, d'importants amas de calamine, intercalés dans un calcaire crétacé. A *Récocia, la Nestosa, Udias, Comillas*, etc., le minerai est de la smithsonite blanche avec de la zinconite et du silicate de zinc. En profondeur, on trouve de la blende en rognons ou en boules avec de la barytine.

Dans les *Picos de Europa* (districts d'Andara et d'Aliva) il existe, dans le calcaire carbonifère, des gisements très étendus de calamine, soit blanche et translucide, soit opaque et ressemblant à du calcaire; on y trouve également de la blende en rognons dans des argiles superficielles.

La production des minerais de zinc, en Espagne, a atteint 74.000 tonnes en 1897, dont 40.000 environ ont été exportées.

La Société royale asturienne a extrait 20.000 tonnes des mines de Réocin, et 7.200 tonnes des mines de la Florida et de Udias.

Gisements de la Suède (Ammeberg). — La Société de la Vieille-Montagne exploite en Suède, dans le gouvernement d'Orebrö, près du lac Wettern, les mines de zinc d'*Ammeberg*, dont les minerais sont transportés et traités dans les usines continentales de la Société.

On trouve à Ammeberg la blende en lentilles, à l'état d'imprégnations dans un gneiss schisteux (hälleflinta) rubané, où elle est mélangée à du feldspath et à du quartz. Les lentilles sont irrégulières et minces, mais s'étendent à une profondeur de 200 mètres; leur épaisseur autour des centres d'exploitation de Nygrufva et de Knalla varie de 8 à 13 mètres. La teneur moyenne est de 43 0/0 de zinc et de 5 à 7 0/0 de galène. Au-dessous d'une teneur de 20 0/0, le minerai n'est plus exploitable. On l'extrait au moyen de galeries pratiquées dans le hälleflinta, qui est très résistant. Une grande galerie d'écoulement de 4.000 mètres de longueur a permis d'assécher le gîte jusqu'à 225 mètres de profondeur; des pompes épuisent l'eau des couches inférieures. L'atelier de préparation mécanique d'Ammeberg peut traiter 40.000 tonnes de blende et de galène par an.

La géogénie du gîte d'Ammeberg est difficile à établir : les veines de blende suivent, en général, tous les accidents de la schistosité des roches encaissantes dont elles ont rempli les vides. Le dépôt blendeux semble être postérieur aux schistes et aux grès, qui ont été métamorphisés en gneiss après plissement.

On rencontre, à Ammeberg, de puissants filons de granulite qui recoupent l'amas blendeux et les gneiss auxquels ils sont postérieurs.

En 1897, les mines de la Suède ont fourni 66.600 **tonnes de minerai de zinc.**

Gisements de la Russie. — En Russie, on a trouvé des gisements de blende dans le gouvernement de Kutaïs, à *Tschiatury*.

Les mines de Boleslaw (Société de Sosnowice) ont produit, en 1897, 19.250 tonnes de calamine (silicate et carbonate); et celles de l'État, 27.600 tonnes. Les usines de l'État, gérées par Dervis Pomeranzow et C°, et celles de la Société de Sosnowice (usines Paulma) ont produit : les premières 2.930 tonnes, et les secondes 3.330 tonnes de zinc métallique.

A *Boleslaw*, dans la Pologne russe, au voisinage des gisements de Silésie, on exploite une colline de dolomie imprégnée de calamine d'une manière irrégulière; le gîte est d'une teneur faible; mais il est très étendu; on y trouve de la blende et de la galène en veines complexes.

Gisements de la Belgique. — Le gîte de zinc et de plomb de

Moresnet, connu sous le nom de *la Vieille-Montagne*, fait partie d'une série de gisements répartis le long d'une zone comprise entre Philippeville et Aix-la-Chapelle. La formation de ces gisements est, sans doute, due à l'action d'eaux thermales sur des calcaires compris entre des terrains moins perméables (grès et schistes); ces calcaires imprégnés auraient subi ensuite un métamorphisme superficiel. Les eaux ont pénétré, par des fractures, jusqu'aux divers gîtes. Tantôt les fractures sont stériles (dans le houiller et les schistes), tantôt elles sont minéralisées, comme au Bleiberg (dans les calcaires).

L'amas de *Welkenraedt*, près d'Aix-la-Chapelle (250 mètres de longueur), est un amas de substitution, très incliné et très plissé, situé sous des schistes houillers imperméables (comme au Laurium) et au toit du calcaire carbonifère auquel le minerai s'est substitué. La calamine, qui occupe la partie inférieure du gisement, est recouverte de minerai de fer ou d'argile avec hématite; à la partie supérieure on trouve, près des schistes, de la blende, de la galène et de la pyrite à l'état de rognons et de veines dans de l'argile noire; cette partie sulfurée forme le toit du carbonifère sur plus de 2 kilomètres au-delà de la zone calaminifère.

Philippeville. — A Philippeville, les inclusions de blende et de galène s'étendent sur près de 4 kilomètres de longueur, dans des calcaires compris entre les phyllades et les calcaires du dévonien.

Vieille-Montagne. — A la Vieille-Montagne (Moresnet), la calamine occupe la partie Nord d'une cuvette formée de calcaire carbonifère intercalé entre des calcaires dolomitiques (toit) et des schistes dévoniens; on constate, dans ces schistes, une épaisse couche d'intercalation de dolomie quartzeuse. Le calcaire dolomitique du toit est compact; il n'en est pas de même de la dolomie quartzeuse du mur, qui est poreuse et qui laisse passer des eaux d'infiltration, très gênantes pour l'exploitation.

Le gîte de Moresnet est divisé en deux amas (Nord et Sud) par une intercalation de calcaire dolomitique. La calamine qui remplit le gîte est un mélange de carbonate et de silicate.

La production des mines situées sur le territoire belge a été, en 1897, de 11.000 tonnes de minerai de zinc.

Gisements de l'Angleterre. — En Angleterre, on exploite la calamine dans le calcaire carbonifère à *Minera* (Denbighshire) et à *Nenthead* (Cumberland).

Les deux districts du Denbighshire et du Cumberland ont fourni, en 1897, environ 9.000 tonnes de minerai de zinc (rendement moyen, 35 0/0 à la fonderie).

Gisements des Alpes. — On trouve dans les terrains permo-triasiques de nombreux gisements de zinc, qui se présentent sous la forme de filons complexes dans les schistes, d'imprégnations dans les grès et d'amas calaminaires dans les calcaires.

Un certain nombre de ces gisements sont situés dans les Alpes; les plus connus sont ceux de *Raibl* en Carinthie, du *Bleiberg Carinthien* et de *Villach.*

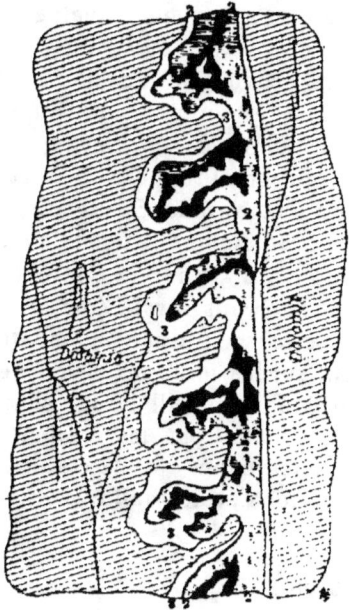

Fig. 84. — Remplissage de poches à Raibl (d'après Poszepny).
1, galène; 2, blende; 3, noyau de dolomie spathique.

Raibl (Carinthie). — A Raibl, les gîtes de galène et de blende se trouvent dans une dolomie située sous des schistes marno-argileux. Ces gîtes, qui forment de petites poches en chapelet le long des failles, sont constitués par des noyaux de dolomie entourés de galène, puis de blende. Les gîtes de calamine sont des produits de substitution à des calcaires, le long des fentes. La calamine est du carbonate rouge anhydre ou blanc hydraté.

Ces minerais sont traités à Cilli et à Sagor (ligne de Laybach à Marbourg).

Tyrol (Sterzing). — Le gîte de blende de *Sterzing*, dans le Tyrol, peut être rapproché de celui d'Ammeberg. On y trouve, interstratifié dans les micaschistes, un amas blendeux, mélangé à de la galène, avec des pyrites de fer et de cuivre et du fer magnétique.

Ponte di Nossa. — Près de Bergame, les gisements de Ponte di Nossa (Premolo, Dossena, Gorno, etc.) renferment de la calamine incluse dans des poches et des fractures de calcaires dolomitiques (trias) intercalés sous un lit de schistes entre les calcaires de Dachstein et les dolomies de Raibl.

Gisements de l'Algérie. — Parmi les gîtes de zinc exploités en Algérie dans la chaîne du petit Atlas, les principaux sont ceux de *Sakamody* (blende cimentant une brèche de débris de schistes) et de *Guerrouma* (blende et galène dans une gangue chargée de sulfate de baryte et de fer spathique). La production des diverses mines de l'Algérie a été, en 1897, de 17.600 tonnes de minerais de zinc.

On peut citer pour mémoire les gisements de *Hammam-N'bails* (calcaires nummulitiques), dans la province de Constantine, et ceux de *Gharbo*, de *Sidi Dayem*, etc., analogues à ceux de Guerrouma.

Gisements des États-Unis. — La production du zinc s'est beaucoup développée depuis quelques années, aux États-Unis. Les principales régions productrices sont le *Kansas*, le *Missouri*, l'*Illinois* et l'*Indiana*, qui comprennent quatorze usines dont les principales sont : la Nevada Spelter C°, à Nevada ; la Balmer Smelting C° et la Robert Lanyons sons Spelter C°, à Iola ; la Empire Zinc C°, à Joplin ; la Cherokée Lanyon Spelter C°, à Rich Hill ; et la Swansea vale Zinc C°, à Sandoval. L'exportation du minerai en Europe augmente également et porte principalement sur les minerais riches de New-Jersey préparés par le procédé Wetherill et sur ceux du district de Joplin (Missouri), achetés par les fondeurs de Swansea (Angleterre). De nouvelles usines ont été établies récemment dans les districts de Galena et de Joplin.

BIBLIOGRAPHIE DU ZINC

1859. Parran, *Gîtes de zinc du Gard* (*Annales des Mines*, 5ᵉ série, t. XV, p 47).
1863. *Le gîte calaminaire de la Vieille-Montagne* (*Bulletin de la Société géologique*, t. XX, p. 314).
1868. *Blende d'Ammeberg* (*Cuyper*, t. XXII, p. 421).
1872. Ledoux, *Le Laurium* (*Revue des Deux Mondes*, février).

1876. Laur, *Les Calamines* (Industrie minérale, 2ᵉ série, t. V, p. 275 et 413).

1879. Oppermann, *Sur la préparation mécanique des minerais de zinc à Ammeberg* (Annales des Mines, 7ᵉ série, t. XI, p. 361).

1880. Csziskowski, *La blende dans les Pyrénées orientales et la région du Canigou* (Industrie minérale, t. II, p. 8 et 369). —

1881. De Bechevel, *Sur l'industrie du zinc en Silésie* (Mémoire manuscrit à l'École des Mines).

1883. Simonet, *Le Laurium, Etude sur les dépôts métalliques* (Bulletin de la Société de l'Industrie minérale, 2ᵉ série, t. II, p. 641).

1884. Béco, *Zinc et cuivre aux Etats-Unis* (Cuyper, t. II, p. 129).

1885. Dieulafait, *Explication de la concentration des minerais de zinc dans les terrains dolomitiques* (Comptes Rendus, t. C, p. 815, Paris).

1885. Pellé, *Sur le zinc en Silésie* (Mémoire manuscrit à l'École des Mines).

1892. C. De Launay, *Histoire de l'Industrie minière en Sardaigne* (Annales des Mines, 9ᵉ série, t. I, p. 511).

1897. M. Bernard, *Note sur le gisement de la Caunette et sur le traitement de ses minerais* (Annales des Mines, 9ᵉ série t. XI, p. 597).

L'ÉTAIN ET SES MINERAIS

Propriétés physiques. — L'étain est un métal blanc; quand il est pur, son éclat rappelle celui de l'argent. Frotté, il dégage une odeur désagréable de marée. Sa ténacité et son élasticité sont faibles, sa texture est solide et cristalline; il est très malléable et peut être réduit en feuilles minces sans s'écrouir; c'est le plus fusible des métaux usuels (228°). Il n'est pas volatil, et il cristallise en refroidissant; il est assez mauvais conducteur de la chaleur et de l'électricité. Densité = 7,3; chaleur spécifique = 0,05623.

L'étain est flexible; il fait entendre, lorsqu'on le courbe, un craquement caractéristique appelé « cri de l'étain », qui semble dû au frottement de cristaux les uns contre les autres.

Propriétés chimiques. — L'étain à froid ne s'altère que très peu à l'air ordinaire, et, au contact des acides, il ne donne que des sels non vénéneux s'ils sont absorbés à petite dose. Chauffé à 200° environ, il s'oxyde à la surface en donnant un mélange de protoxyde et de bioxyde d'étain; à une température très élevée, il se transforme en bioxyde avec incandescence.

Ce métal se combine directement avec presque tous les métalloïdes. Il décompose l'eau à 100° en présence des alcalis avec lesquels le bioxyde d'étain peut se combiner; au rouge, il décompose l'eau pure en donnant de l'hydrogène et du bioxyde d'étain. Il ne décompose pas l'eau en présence des acides étendus.

Usages. — L'inaltérabilité de l'étain dans l'air et dans les liquides usuels et l'innocuité de ses sels (absorbés à faible dose) le font employer pour la fabrication d'une foule d'ustensiles destinés à contenir des denrées alimentaires.

L'étain était connu dès la plus haute antiquité; il est mentionné par Homère et par Hérodote; il était employé en Chaldée, en Asie Mineure, en Égypte et aussi dans la Gaule, en Espagne et surtout dans les Iles Britanniques.

On le réduit en feuilles minces dont on se sert pour envelopper le chocolat, le thé, etc. Il sert à l'étamage des vases de cuivre et de fer employés pour la cuisine. Les cuillers et les ustensiles de fer battu sont également étamés.

Une mince couche d'étain appliquée sur de la tôle de fer donne ce qu'on appelle le fer-blanc.

Le *moiré métallique* s'obtient par le lavage, avec de l'eau régale, de la surface du fer-blanc. On enlève ainsi la couche superficielle de l'étain, et l'on rend visible la surface cristallisée d'étain et de fer qui constitue le moiré.

Au moyen âge, l'étain jouait, dans la vie courante, un rôle considérable : on en faisait des plats, des bassins, des brocs, des aiguières, etc., que l'art ornementait. De nos jours les étains d'art semblent reprendre une certaine faveur, et les magasins de bronzes et d'objets d'art en exposent de beaux spécimens.

Pour le rendre plus facile à travailler et aussi dans un but de lucre, on ajoute à l'étain une certaine quantité de plomb. Cet alliage est d'autant plus vénéneux qu'il contient une plus grande proportion de ce dernier métal. Il est donc prudent d'exclure les ustensiles faits de cet alliage pour conserver des denrées susceptibles de former, avec le métal, des sels dangereux.

Alliages. — L'étain entre dans un grand nombre d'alliages, dont on citera seulement les principaux :

Le bronze (cuivre et étain en proportions variables), pour cloches, statues, objets d'art, monnaies, etc.;

La soudure des plombiers, qui contient 2/3 de plomb et 1/3 d'étain;

La soudure des ferblantiers, qui est formée de 50 0/0 de plomb et 50 0/0 d'étain;

L'alliage pour vaisselle et robinets, qui contient 8 0/0 de plomb et 92 0/0 d'étain.

L'amalgame d'étain a longtemps servi à étamer les glaces sous le nom de tain.

On emploie encore l'étain dans la proportion de 8 à

10 0/0 pour donner de la ténacité et de la finesse aux caractères d'imprimerie.

Enfin il entre une petite quantité d'étain dans le laiton destiné à la fabrication des épingles.

Bioxyde. — Le bioxyde d'étain est employé dans la composition des émaux et du vernis des faïences.

La *potée d'étain*, dont on se sert pour polir les marbres, les onyx, etc., est un alliage d'étain et de plomb, calciné à l'air et réduit en bioxyde.

Bisulfure. — Le bisulfure d'étain, appelé aussi *or mussif*, est employé pour bronzer les ornements, les statuettes en plâtre, en bois, etc.; on en frotte les coussins des machines électriques pour augmenter leur puissance.

Chlorures. — Le protochlorure d'étain est employé en teinture comme rongeant. Mélangé en quantités égales avec le bichlorure, il produit dans une dissolution de sels d'or un précipité violet appelé *pourpre de Cassius*, dont on se sert pour la coloration du verre et de la porcelaine.

Le bichlorure d'étain est utilisé en peinture pour rehausser certaines couleurs et pour en fixer d'autres qui exigent un mordant.

MINERAIS DE L'ÉTAIN

Le principal minerai d'étain est le bioxyde d'étain ou cassitérite (SnO^2 : densité = 3 à 3,3; transparent, translucide, opalin, brun clair à noir, insoluble, infusible), que l'on trouve dans des filons, accompagné de wolfram et de mispickel, ou dans les alluvions.

La stannine (sulfate d'étain) est un minéral exceptionnel.

Géogénie. — Les gisements d'étain en inclusions et en filons sont presque toujours concentrés à la périphérie de massifs de granulites. Les sels d'étain ont été maintenus en dissolution par les agents minéralisateurs puissants contenus dans les granulites en fusion agissant sous pression; ils se sont cristallisés en même temps que les granulites et, au moment du refroidissement de la roche, les eaux ont entraîné les fumerolles stannifères dans toutes les fissures et fractures antérieures ou postérieures à la venue granulitique. Il est très probable que l'étain est arrivé à l'état de chlorures ou de fluorures volatils, ce qui l'a fait monter à la surface du bain ; les sulfures (plomb, cuivre) que l'on trouve au voisinage des gîtes d'étain ne sont venus qu'après, alors que le magma igné était à une température inférieure à celle du début. L'acide fluorhydrique a dû jouer un rôle important dans la minéralisation des gîtes stannifères, car on trouve, dans la plupart des gîtes, des minerais fluorés associés à la cassitérite. On reviendra sur ces considérations théoriques à propos de la description des principaux gîtes d'étain.

GISEMENTS

L'étain ne formant que des sels insolubles a cristallisé à l'état de cassitérite, dans des roches éruptives (granulites) ou dans des filons et n'offre pas d'exemple de remise en mouvement par voie chimique ; les gîtes sédimentaires d'étain proviennent d'une concentration mécanique sous l'influence des densités. On a donc à considérer trois catégories de gisements : 1° ceux où les cristaux sont inclus dans la roche ; 2° les filons ; 3° les alluvions.

GÎTES STANNIFÈRES D'INCLUSION ET GÎTES FILONIENS

Gisements de l'Angleterre. — Cornwall et Devon. — On examinera en premier lieu les gisements classiques du Cornwall (ou Cornouailles) et du Devon où l'on trouve la cassitérite, soit dans des filons proprement dits, soit dans des stockwerks, au voisinage d'une granulite à mica blanc et de schistes dévoniens souvent métamorphisés par les granulites. Il y a ici rapprochement du cuivre et de l'étain dans le même gisement. De la granulite se détachent de puissants filons d'elvan (granulite à grains très fins), contenant de la cassitérite, de la pyrite de fer et de la chalcopyrite ; l'ensemble est recoupé par deux systèmes de filons, l'un riche en or et en étain dirigé sensiblement est-ouest, l'autre, plus récent, faisant avec le premier un angle de 90° environ.

Les mines les plus riches se trouvent sur les flancs nord

MINÉRAUX EMPLOYÉS DANS LA MÉTALLURGIE

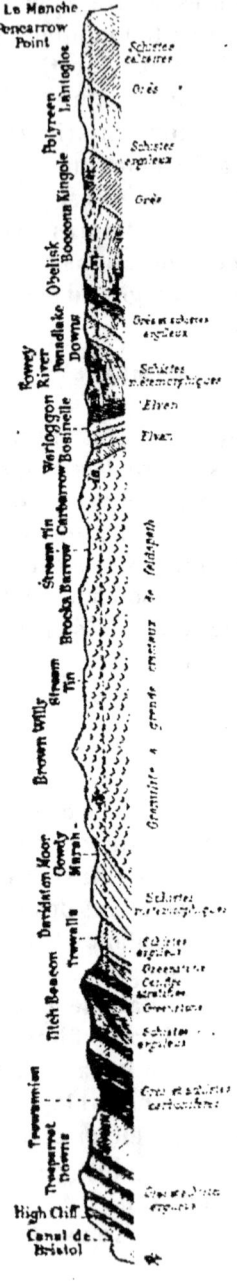

Fig. 85. — Coupe longitudinale du gisement du Cornwall, du canal de Bristol à la Manche.

et sud des massifs granulitiques, entre Penzance et Dartmoor, au voisinage du contact des schistes et de la granulite. On y trouve le cuivre et l'étain tantôt réunis, tantôt indépendants; il existe aussi, dans cette région, des filons de plomb argentifère.

A la surface, on constate l'existence d'un chapeau de fer (gossan) assez riche en étain oxydé; si l'on s'enfonce en profondeur, le cuivre augmente, puis disparaît entre 350 et 450 mètres pour faire place à l'étain, pour lequel il y a enrichissement jusque vers 625 mètres.

On distingue trois catégories de filons d'étain:

1° Les filons proprement dits (tinlodes) recoupant les killas, l'elvan et la granulite;

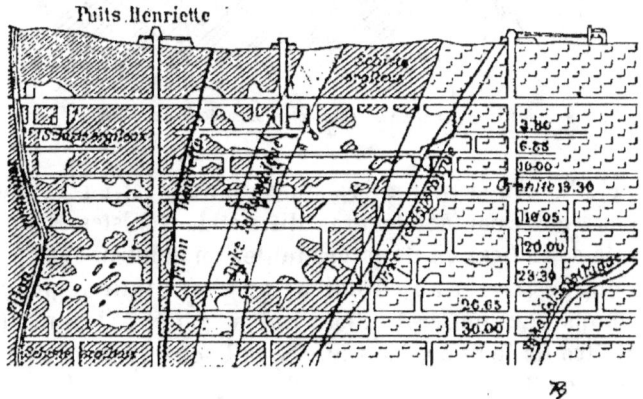

Fig. 86. — Coupe de la partie supérieure de la mine Dolcoath au Cornwall (d'après Davies).

2° Des réseaux de veines (tinfloors) répandus dans la granulite et dans les schistes (mine Dolcoath);

3° Les stockwerks, amas ou filons constitués par des séries de veines très rapprochées, dans l'elvan ou la granulite.

A Wheal-Uny, le Great Flat Lode a, pour toit, le schiste (killas) et, pour mur, la granulite; la fracture principale A est remplie par des fragments de schistes chloriteux avec ciment de quartz et de pyrite de fer; une fente parallèle présente un remplissage argileux; la cassitérite imprègne la roche voisine.

A *West-Basset* et à *South-Condurrow*, le filon est contenu uniquement dans la granulite; A se ramifie, et H disparaît.

A *Old-Huel-Vivian*, le filon qui contient à la fois du cuivre et de l'étain s'enrichit au contact de nombreux croiseurs. En

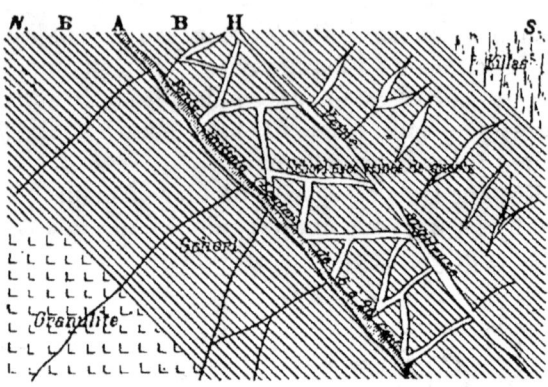

Fig. 87. — Coupe verticale de la mine de Wheal-Uny.

résumé, la venue stannifère du Cornwall est en relations étroites avec le contact des granulites et des schistes. Il y a eu, après la solidification de la granulite, un mouvement de dislocation, postérieur au dévonien, qui s'est continué pendant longtemps. Le minéralisateur qui a pénétré la granulite paraît être ici le fluor, bien que le fait soit moins nettement établi qu'en Saxe.

La production de l'étain en Angleterre a été, en 1897, de 4.524 tonnes, représentant une valeur de 7.283.400 francs.

Gisements de la France. — *La Villeder.* — Le gisement de la Villeder (Morbihan) se présente sous la forme d'un amas enchevêtré de veines de quartz blanc laiteux avec inclusions liquides formant un stockwerk analogue à celui de Zinnwald, dans la granulite à mica blanc. La direction des filons est à peu près celle de la ligne de contact Nord-Sud de la granulite avec des schistes lustrés et fissiles probablement cambriens, qui sont fortement métamorphisés au voisinage de la granulite. On peut rapprocher cette région stannifère de celle du Cornwall; mais le cuivre fait ici défaut. La cassitérite est accompagnée à la Villeder de mispickel et de blende, de tourmaline (rare), de mica blanc, d'apatite et d'émeraude. Il existe trois filons principaux parallèles et presque verticaux; la partie la plus riche se trouve au voisinage des épontes.

On trouve aussi un peu de minerai dans les alluvions des rivières avoisinantes.

Le gisement de la Villeder a fourni une assez grande quantité d'étain; mais actuellement les affleurements sont épuisés et les travaux ont été abandonnés, il y a une dizaine d'années, à la suite d'un krach financier.

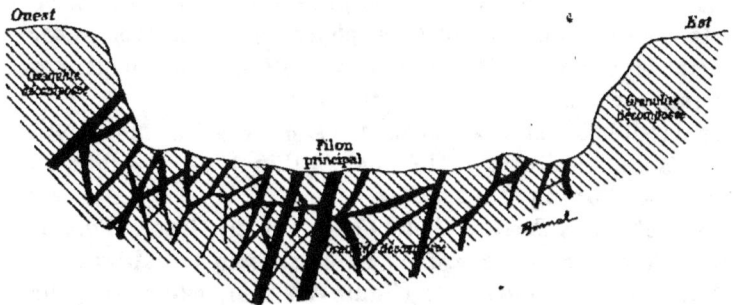

Fig. 88. — Coupe verticale de la tranchée de la Villeder, d'après Renouf.

Il existe cependant des installations importantes à la Villeder, entre autres une laverie et un puits de 200 mètres de profondeur, qu'on avait l'intention de pousser jusqu'à 400 mètres, dans l'espoir de retrouver une zone riche en profondeur, comme dans les gisements du Cornwall; mais le fonçage du puits a été arrêté, faute de capitaux.

Plateau Central. — Les gisements stannifères du Plateau Central français, analogues à ceux de la Saxe, se trouvent au voisinage d'une granulite éruptive recoupant des gneiss et un granite à mica blanc. Les principaux sont ceux de *Vaubry* au nord de la chaîne de Blond, de *Cieux*, au sud de la même chaîne, et de *Montebras* dans la Creuse.

A *Vaubry*, les systèmes de veines quartzeuses, grisâtres, formant stockwerk dans la granulite, se multiplient et se prolongnet dans les gneiss et les amphibolites voisins.

La cassitérite se trouve près des éponles, accompagnée de quartz, de wolfram, de mispickel, de fluorine, etc., avec des traces d'or invisibles, de l'urane et du molybdène.

A *Cieux* (Haute-Vienne), l'étain, accompagné des mêmes minéraux et de tourmaline, se trouve au contact des éponles d'un filon de quartz, existant à la limite de la granulite et du granite.

Le massif de granulite stannifère de *Montebras* (Creuse) (300 mètres sur 40 mètres) contient de l'étain disséminé (teneur $= 4$ à 5 millièmes), qui se concentre au mur et surtout au toit.

La granulite y est entourée de granite pinitifère et est en contact avec une granulite porphyroïde à pâte rose avec quartz bipyramidé. Des filons stannifères recoupent ces diverses roches.

La cassitérite est accompagnée, à Montebras, de montebrasite, d'amblygonite (exploitée pour lithine), de wavellite, de turquoise, d'urane et d'apatite.

Le kaolin des *Colettes* (Allier) contient des traces d'étain.

On citera encore en France la cassitérite tantalifère des pegmatites de *Chanteloube* (Haute-Vienne), exploitée pour feldspath.

Gisements de la Saxe et de la Bohême. — *Altenberg, Geyer, Weiss-Andréas, Zinnwald, Schlaggenwald, Graupen.* — On a trouvé, dans la région aujourd'hui épuisée de l'Erzgebirge, sur la frontière de la Saxe et de la Bohême, de nombreux amas ou stockwerks ; les veines y sont très nombreuses et imprègnent à leur voisinage, la granulite, dont la teneur reste d'ailleurs peu élevée. Certains de ces amas ont une étendue considérable, notamment ceux de Zinnwald (1.350 mètres de long sur 500 mètres de large) et d'Altenberg (900 mètres $\times$ 900 mètres).

A *Altenberg*, le stockwerk stannifère se trouve au milieu d'un massif de granulite sur lequel il a produit un métamorphisme spécial en formant un zwitter (ou stockwerksporphyr). Le zwitter est une roche foncée formée de mica et de quartz avec grains de cassitérite, de mispickel, de bismuth natif, de fluorine, etc. ; sa teneur en étain varie de 1/3 à 1/2 0/0.

Le zwitter, ainsi que le porphyre et la granulite voisins, sont recoupés par des filons remplis par la roche encaissante; celle-ci est altérée et ferrugineuse et contient de l'argile rouge avec du mica; les épontes sont riches en étain.

A *Geyer*, gisement analogue à celui d'Altenberg, on trouve des veines de quartz et de cassitérite au contact de micaschistes et d'une granulite enveloppée d'une zone métamorphisée à cristaux gigantesques (stockscheider).

On rencontre du kaolin dans certaines parties de ce gisement.

Dans la même région, à *Zinnwald*, la granulite stannifère à grains fins est souvent kaolinisée et renferme des inclusions d'hyalomicte; elle forme, au milieu d'une masse de porphyre, un dôme surbaissé, dont le sommet a été enlevé à l'affleurement. Les filons, qui correspondent à des fentes de retrait, sont horizontaux sous la partie supérieure du dôme de granulite et plongent ensuite doucement dans tous les sens. D'autres filons verticaux, de direction N.-E.-S.-O., rejettent les premiers.

On peut citer enfin les filons de quartz et de cassitérite de *Graupen* et les veines de granulite elvanique stannifère avec stockwerks de *Schlaggenwald*.

La production de l'Allemagne a été de 929 tonnes d'étain métallique en 1896.

Gisements de l'Espagne et du Portugal. — *Galice, Zamora.* — Dans la province de Galice à l'est d'Orense, au voisinage de *Vianna del Bollo*, ainsi qu'à *Zamora* (Portugal), des granulites en massif contiennent de l'étain en faible quantité, comme à Montebras.

En Espagne, les principales mines d'étain sont dans la Galice. Celles des provinces d'Orense et de Santiago sont difficiles à exploiter, à cause du manque de moyens de transport.

A *San-Luis de Potozzi*, en Amérique et en Bolivie (5.994 tonnes en 1897), l'étain, contemporain du tertiaire, se trouve au milieu de trachytes.

Dans l'île d'Elbe, aux États-Unis, au Mexique (39 tonnes en 1895), au Japon (50 tonnes en 1896) et en Chine, on trouve aussi quelques gisements filoniens d'étain. Ceux de la Chine, en général assez mal exploités, semblent être cependant très importants.

GÎTES D'ALLUVIONS

Gisements des Détroits d'Australie et d'Indo-Chine. — Les alluvions des Détroits d'Australie et d'Indo-Chine fournissent aujourd'hui la plus grande partie de l'étain consommé.

Dans ces gisements, les sables stannifères provenant de la désagrégation des granulites vont se concentrer, grâce à leur densité élevée, dans des alluvions distantes d'environ un kilomètre, des chaînes de montagnes.

Les principaux gisements des Détroits sont ceux de Bangka, de Billiton et de Pérak.

Bangka et Billiton. — A Bangka (île située entre Sumatra et Bornéo), l'étain très pur (99,96 d'étain) est fourni par une couche de 1 mètre de puissance, reposant sur des granulites, des granites et des schistes métamorphiques et recouverte par des sables et des argiles. Il ne reste à Bangka et à Billiton que 200.000 tonnes de minerai environ à extraire, dont le dixième se trouve à Billiton. La production est de 13.000 tonnes environ par an (14.224 tonnes en 1897).

Pérak. — A Pérak (presqu'île de Malacca), la couche stannifère (2 à 3 mètres), recouverte de terre végétale et d'alluvions pauvres (3 à 7 mètres), repose sur un sous-sol kaolineux supporté par des roches granitiques en place. Sa teneur varie de 1 à 6 0/0, mais elle atteint rarement 6 0/0.

L'exploitation a lieu par tranchées à ciel ouvert, perpendiculaires à l'axe de la vallée. Après débroussaillement de la jungle, on rejette le stérile en arrière, et le minerai est monté à dos d'hommes jusqu'aux ateliers de lavage.

Le prix du mètre cube de terres remuées s'élève jusqu'à 5 fr. 75, bien que la main-d'œuvre soit à bas prix ; mais les coolies chinois, dont les exigences sont minimes, donnent souvent un rendement très faible. Le prix de revient de la tonne d'étain métallique est, en moyenne, le suivant :

	Francs
Abatage, extraction, épuisement	875
Préparation mécanique	42
Métallurgie	233
Amortissement, transport à l'embarquement	50
Redevances à l'État	320
TOTAL	1.520

En 1881, le prix de vente a dépassé 2.000 francs, et la production a été de près de 10.000 tonnes, ce qui égalait celle du Cornwall et du Devonshire.

A Pérak, quelques filons d'étain en réseau très serré recoupent un granite blanc, à tourmaline, très peu micacé. Ces filons n'ont jamais été exploités. Les alluvions seules sont utilisées.

Ces gisements se prolongent dans la péninsule Malaise jusqu'à la latitude de Bangkok ; mais le sud-ouest est plus productif.

Les Détroits ont produit, en 1896, 53.964 tonnes d'étain métallique.

Gisements de l'Australie. — En dehors des gîtes des Détroits on peut citer, en Australie, comme gîtes d'alluvions, ceux de *Vegetable Creek* dans la Nouvelle-Galles du Sud, et de *Levern-River* dans le Queensland.

On doit ajouter qu'en Australie on exploite, depuis environ vingt-cinq ans, des gîtes stannifères avec quartz et granite euritique (Victoria), ou bien avec quartz et granite rougeâtre à mica blanc (Queensland). Dans la Nouvelle-Galles du Sud, l'étain, accompagné de wolfram, de topaze et de tourmaline, est associé à du granite.

En Tasmanie, on exploite les filons d'étain dans une eurite porphyrique. Les principales mines d'étain de Tasmanie sont celles de *Mount-Bischoff* et de l'*Anchor Tin Mining C°* ; la Mount-Bischoff C° a distribué, depuis sa fondation jusqu'au 30 juin 1897, plus de 41 millions de dividendes ; elle a produit, dans le premier semestre de 1897, 1.205 tonnes d'étain métallique, obtenues par le traitement de 1.750 tonnes de minerai.

En Australie, la production de l'étain a été la suivante, en 1896 :

	Tonnes	Francs
Tasmanie	3.867 valant	4.021.975
Nouvelle-Galles du Sud.	1.737 —	2.480.300
Queensland	1.579 —	1.556.925
Victoria	47 —	45.525

La production de l'étain dans le monde entier a été de 82.000 tonnes environ en 1896. A la fin de 1899, l'étain valait 2.800 francs la tonne.

BIBLIOGRAPHIE DE L'ÉTAIN

1841. Daubrée, *Sur Zinnwald et Altenberg* (Annales des Mines, t. XIX, p. 61, 72 et 83).
1845. Daubrée, *Gîtes d'étain* (Annales des Mines, 3ᵉ série, t. XX, p. 65 ; voir aussi Annales des Mines, 4ᵉ série, t. XVI p. 29).
1859. Mallard, *Sur la découverte de l'étain à Montebras* (Bulletin de la Société des sciences naturelles de la Creuse).
1859. Mallard, *Gîtes stannifères du Limousin et de la Marche* (Annales des Mines, 6ᵉ série, t. X, p. 321).
1867. *Le minerai d'étain dans l'Amérique du Nord* (Bull. Annales des Mines, 6ᵉ série, t. XVIII, p. 572).
1869. Daubrée, *Sur le kaolin stannifère de la Lizole et d'Echassières* (Comptes Rendus, 10 mai 1869).
1874. De Gouvenain, *Sur l'étain d'Echassières* (Comptes Rendus, t. LXXIV, p. 1032).
1878. *Sur l'étain des Détroits* (Annales des Mines, 7ᵉ série, t. IX, p. 119).
1881. Dufréné, *Sur l'histoire de la production et du commerce de l'étain* (Annales du Génie civil).
1882. Errington de la Croix, *les Mines d'étain de Perak* (Archives des missions, 3ᵉ série, t. IX).
1883. Moissenet, *Etude sur les filons du Cornwall* (Annales des Mines).
1886. Reilly, *Sur les gisements de l'étain au point de vue géologique* (Comptes Rendus, t. CIV, p. 606).
1886. De Morgan, *Note sur la géologie et sur l'industrie minière du royaume de Perak et des pays voisins* (Malacca) (Annales des Mines, 8ᵉ série, t. IX, p. 368).
1888. Errington de la Croix, *les Mines d'étain de Sélangor (presqu'île Malaise) et les Concessions d'Ayer-Stain*.
1897. F. Schiff, *Les Mines d'étain de Mount-Bischoff en Tasmanie* (Génie civil, t. XXX, p. 167).
1897. Bel, *Les Gîtes minéraux de l'Indo-Chine centrale* (Bulletin de l'industrie minérale, 3ᵉ série, t. XII, p. 381).

LE NICKEL ET SES MINERAIS

Propriétés physiques. — Le nickel est un métal blanc grisâtre à cassure fibreuse, très dur, ductile, laminable, forgeable et très tenace; il est moins fusible que le fer; sa densité, qui est de 8,3 quand il est fondu, peut s'élever à 8,7 par l'écrouissage; chaleur spécifique $= 0,10863$. Le nickel conduit assez bien la chaleur et l'électricité. Il est magnétique à la température ordinaire et perd cette propriété vers 250°.

Propriétés chimiques. — Le nickel ne s'oxyde à l'air qu'à une température élevée. Sous l'influence de la chaleur, il se combine avec le charbon et donne une espèce de fonte. Il se combine avec le chlore, le soufre et l'arsenic, et se dissout dans les acides sulfurique et chlorhydrique. Comme le fer, le nickel, provenant de son oxyde réduit par l'hydrogène, est pulvérulent et s'enflamme au contact de l'air.

Usages. — A l'état de métal pur, le nickel est employé pour la fabrication des monnaies d'appoint et pour celle des ustensiles de cuisine. L'orfèvrerie fabrique des pièces de nickel pur argenté.

Alliages. — Divers États emploient, pour la fabrication de leurs monnaies d'appoint, un alliage formé de 25 0/0 de nickel et de 75 0/0 de cuivre. La France doit frapper en 1900 des pièces de nickel de 0 fr. 20. Ce même alliage sert actuellement pour la confection des étuis des balles de petit calibre.

L'alliage appelé maillechort, ou packfong, utilisé pour la fabrication d'une foule de petits objets de coutellerie, d'horlogerie, etc., est composé de 50 0/0 de cuivre, 25 0/0 de zinc et 25 0/0 de nickel. Cet alliage est encore employé sous le nom d'*alfénide* ou de *ruolz*, pour la confection de couverts et d'objets divers (orfèvrerie Christofle), qu'on recouvre d'argent par électrolyse. Le nickel entre dans la composition de l'argent allemand et dans beaucoup d'alliages utilisés par l'industrie.

On a créé, depuis 1884, sous le nom de *ferromaillechorts*, des maillechorts dans lesquels le fer remplace le zinc.

On emploie dans l'équipement militaire, dans la sellerie, ainsi que pour les fils de résistance électrique, les câbles, etc., un alliage composé de 11/12 d'acier et 1/12 de nickel.

Enfin la *métallurgie* emploie le nickel dans la proportion de 1 à 5 0/0 de nickel, pour la fabrication des aciers destinés au blindage des navires et employés pour les grosses pièces de forge, pour les outils, les pièces de machines et les abris contre la mousqueterie. Les plaques de protection du nouveau canon de campagne français de $0^m,075$, faites avec cet alliage, peuvent être bosselées, mais non traversées par les balles des fusils modernes, tirées à 500 mètres de distance.

Chlorure. — Le chlorure de nickel est utilisé pour la fabrication d'encres sympathiques. (Les caractères tracés avec l'encre à base de chlorure de nickel, invisibles à froid, apparaissent en jaune intense lorsqu'ils sont chauffés et disparaissent en refroidissant.)

Sulfate. — Pour le nickelage destiné à préserver, contre l'altération à l'air, certains métaux oxydables, on emploie le sulfate double de nickel et d'ammoniaque décomposé par l'électrolyse.

MINERAIS DU NICKEL

Il s'est produit, dans la métallurgie du nickel, diverses phases dues aux découvertes successives de minerais nouveaux. On exploitait uniquement, il y a cinquante ans environ, les arséniures et les arsénio-sulfures dont les principaux sont la nickeline ($NiAs$), appelée aussi nickel arsenical ou kupfernickel et tenant de 40 à 55 0/0 de nickel. Ce minerai, qui abonde en Saxe, dans le Cornwall, etc., est souvent accompagné d'annabergite [arséniate hydraté de nickel ($H^{16}Ni^3As^2O^{16}$)], qui se présente en masses cristallisées et fibreuses, et de chloanthite ou nickel gris (arséniure de nickel $NiAs$), d'un gris métallique à enduit vert, fusible sur le charbon, soluble dans l'acide azotique.

On découvrit ensuite la présence du nickel dans les pyrites de fer magnétique, qui en contiennent de 3 à 5 0/0 (Écosse, Suède, Piémont).

La découverte du minerai de la Nouvelle-Calédonie, en 1876, introduisit sur le marché le métal provenant du traitement de la garniérite, qui est une variété de pimélite (silicate d'alumine nickélifère de couleur verte), contenant de 8 à 12 0/0 de nickel à l'état cru.

Il y a une dizaine d'années enfin, l'application du procédé Manhès aux pyrites nickélifères, dont on venait de découvrir d'importants gisements, marquait une nouvelle phase dans le développement de l'industrie du nickel. Les pyrites de nickel cobaltifères sont soumises à un grillage incomplet, qui sépare le cobalt et le soufre; on peut les traiter ensuite par le silicate de potasse; le nickel non soluble tombe au fond sous forme de speiss.

La plupart des minerais du cobalt, qu'on étudiera dans un chapitre ultérieur, contiennent du nickel en quantité souvent exploitable.

GÉOGÉNIE ET GISEMENTS

Le nickel est, comme le fer, un métal de profondeur qui est parvenu à la surface à l'état d'inclusion dans des roches ferrugineuses et magnésiennes. On le trouve associé à des roches vertes, diorites, gabbros, péridotites, souvent transformées en serpentines; il est parfois accompagné par de la chalcopyrite, de la magnétite et du fer chromé en faible proportion.

Les gisements d'hydrosilicates ont été formés par concentration des éléments nickélifères des roches, grâce à l'influence de phénomènes, postérieurs ou non à leur solidification. Les pyrrhotines nickélifères ont été produites par l'action de venues hydrothermales sulfurées, sur les serpentines et les gabbros. Enfin, dans les champs de fractures compliqués, dont il sera question à propos du Harz et de la Saxe, on rencontre le nickel mélangé à d'autres métaux. Ce sont ces derniers minerais qui sont les moins riches (3 à 4 0/0 au maximum); puis viennent ensuite, par ordre de richesse croissante, la pyrrhotine et les hydrosilicates.

I. — Silicates de nickel

Gisements de la Nouvelle-Calédonie. — Sur la côte est et dans le sud de l'île de la Nouvelle-Calédonie, on trouve un vaste massif de serpentines et de schistes serpentineux dans lequel sont réunis des gisements de nickel, de cobalt et de fer chromé. Il existe dans le flanc des collines, des nappes d'argile rouge provenant de la décomposition des serpentines et d'amas de minerai de fer. Le minerai de nickel est un silicate hydraté magnésien (garniérite) de couleur vert pomme à l'état pur, probablement produit par l'action des eaux sur les roches. On le trouve dans les fissures de la serpentine, le long de vasques argileuses analogues à celles qui, dans le Nassau, renferment du phosphate et du manganèse. Le gisement renferme des couches

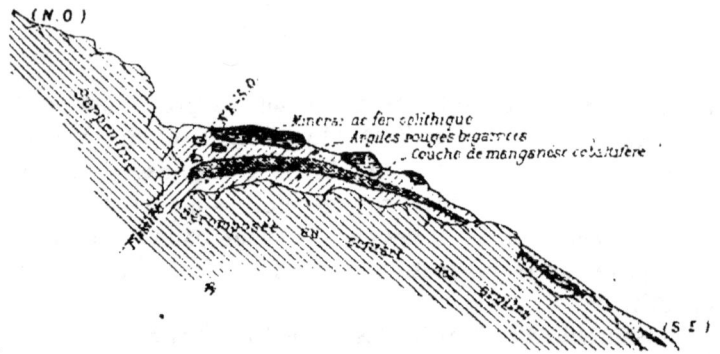

Fig. 89. — Coupe verticale de la mine Persévérance (Nouvelle-Calédonie).

de manganèse cobaltifères, des amas de minerai de fer oolithique et des grains de fer chromé (chrome d'alluvions des mineurs). On distingue en Nouvelle-Calédonie trois types de minerais :

1° Les minerais durs, vert d'émeraude, contenant 20 0/0 de NiO et 5 0/0 d'eau ;

2° Les minerais un peu friables, vert jaunâtre, contenant 12 à 15 0/0 de NiO, et 12 à 15 0/0 d'eau;

3° Les minerais très friables, blanc bleuâtre, contenant 6 à 8 0/0 de NiO, et 20 0/0 d'eau.

Les principaux districts miniers sont ceux de *Thio* (mines *Santa-Maria, Moulinet, Rosa, Belvédère, Benaucourt*), de *Nakety* (mines *Boulangère, Bienvenue*), de *Kanoua* (mine *Dorée*) et de l'*île des Pins*.

Les terrains que l'on rencontre en Nouvelle-Calédonie sont les suivants :

Au nord, terrains schisteux anciens, avec schistes quartzeux et talqueux;

A l'ouest, terrains secondaires et tertiaires avec schistes houillers et houille.

A l'est et au sud, serpentines avec nickel, cobalt et chrome.

Le nickel se rencontre en silicate hydraté magnésien en concrétion ; mais on ne le trouve ni sulfuré ni arsénié.

Le minerai déposé par les eaux contient:

	Pour 100
Nickel	26
Magnésie	13
Silice	45
Eau	13
Fer	3
	100

Le minerai trié et lavé contient 10 à 20 0/0 de nickel, avec une gangue de serpentine renfermant 1 à 2 0/0 de nickel.

Des vasques remplies d'argile rouge, au bord de la mer (qui désagrège les roches et forme le sugar-rock), renferment, en stratification confuse, des minerais de fer à la surface, et, en dessous, du manganèse cobaltifère et, moins fréquemment, du nickel qui se trouve, en profondeur, au contact de serpentines fissurées, notamment à la mine Gasconne (*fig.* 90).

La concurrence du Canada a fait diminuer la production de la Nouvelle-Calédonie, qui a exporté en 1896 : 37.467 tonnes de minerai de nickel (au lieu de 45.614 tonnes en 1893); et les propriétaires des mines de *Katepehai* offraient, en 1897, le minerai (teneur : 8 0/0) à raison de 13 fr. 75 l'unité, franco bord dans un port américain quelconque. La mine de *Si Reis* (Louis Bernheim), située à 45 kilomètres de la côte ouest à laquelle elle est reliée par une voie ferrée, a embarqué, en 1897, environ 1.000 tonnes de minerai par mois.

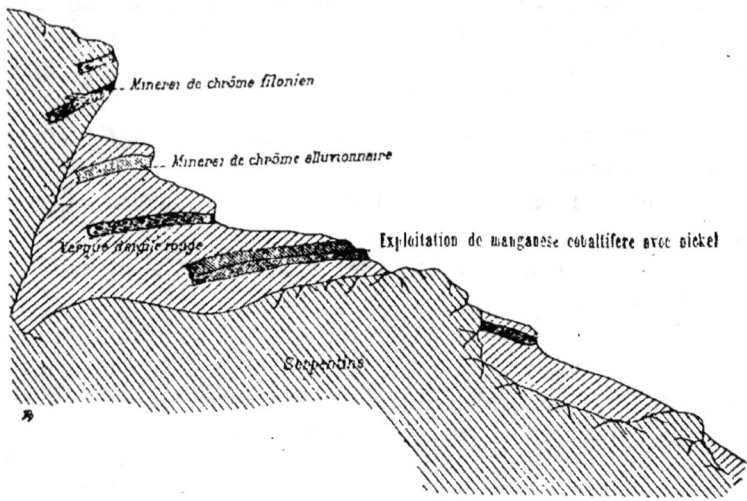

Fig. 90. — Coupe verticale de la mine Gasconne (Nouvelle-Calédonie), d'après M. Levat.

L'exploitation du nickel de la Nouvelle-Calédonie, en 1889, comportait deux usines et occupait 1.000 ouvriers. La production y était, à cette époque, de 20.000 tonnes. En 1893, la production était de 69.614 tonnes, et, en 1895, elle n'était plus que de 29.623 tonnes.

L'affinage se fait en Europe, au Havre notamment.

Gisements divers d'hydrosilicates. — En Espagne, près de *Malaga*, il existe un gisement de pimélite tenant 9 0/0 de Ni. En Russie, à *Rewdansk*, près d'Ekaterinenbourg dans l'Oural, il existe un filon vertical de 2 mètres de puissance recoupant des chloritoschistes et des serpentines, et rempli de quartz avec pimélite (12 0/0 de nickel) et anabergite. Enfin on trouve également du nickel dans des roches vertes, en *Nouvelle-Zélande*.

On peut citer d'autres gisements de silicate de nickel

(pimélite) aux *États-Unis*, dans le sud de l'Orégon (comté de Douglas), et en *Californie*, où ils sont associés au cinabre dans les serpentines et les schistes serpentineux de *New-Almaden*.

Il n'y a pas actuellement de mines d'hydrosilicates de nickel exploitées aux États-Unis, celles de *Lancaste-Gap* étant fermées. Le nickel métallique produit aux États-Unis provient des speiss de nickel et de cobalt résultant du traitement des minerais de plomb de Mine-la-Motte et de gisements étrangers.

II. — Pyrites magnétiques nickélifères

Gisements de l'Italie. — On trouve, en Italie, dans le Piémont, des gisements de pyrrhotine nickélifère contenant souvent un peu de chalcopyrite; ces minerais sont en relation avec des serpentines, des diorites et des euphotides (mines de *Mont-Cruvin*, de *Besighetto*, de *Mezzenile* et de *Cabianca*).

Dans le *val Lesia*, on peut citer les mines aujourd'hui abandonnées de *Varallo*, *Valmaggia*, *Cevia*, *Locarno* et *Parone*. La teneur maxima était de 4,5 0/0 de nickel, à Varallo; à Locarno et à Parone, où la pyrrhotine était accompagnée de sulfure de nickel, de chalcopyrite, de magnétite et de limonite, la teneur atteignait 5,5 à 6 0/0; les filons s'y trouvaient au contact de diorites et autres roches vertes avec des gneiss.

Sardaigne. — Il existe à *Gonos-Fanadiga*, dans le district d'Iglésias, un filon quartzeux recoupant des schistes siluriens et renfermant de la nickéline, de la millérite et des arsénio-sulfures avec de la pyrrhotine nickélifère. La teneur, qui est de 7 0/0 aux affleurements, atteint 20 0/0 à 20 mètres de profondeur; les teneurs en cobalt et en bismuth augmentent de 2 à 5 0/0.

Gisements d'Allemagne. — On trouve dans les mines d'*Horbach* et d'*Urberg* (Bade), au milieu des schistes dioritiques, de la pyrrhotine tenant 2,5 0/0 à 12 0/0 de nickel associé à de la pyrite et à de la chalcopyrite; on y trouve aussi des minerais spéciaux de nickel et de cobalt, tels que la *wolfachite*

$[2NiS^2 + 3Ni(AsSb)]$ et l'*horbachite* $[(FeNi)^2S^3]$. A *Saint-Blasien*, dans la Forêt-Noire, on a exploité autrefois (1870 à 1880) des minerais tenant 2 0/0 de nickel.

Gisements de la Scandinavie. — On trouve en Scandinavie, au Canada, etc., les minerais sulfurés, tels que la magnétite, la chalcopyrite, la pyrrhotine ou pyrite magnétique nickélifère, concentrés autour des gabbros ou dans les fahlbandes (zones de schistes broyés).

L'exploitation des pyrrhotines nickélifères de Scandinavie, arrêtée à la suite de la découverte des minerais de Nouvelle-Calédonie, a repris depuis quelques années une certaine importance.

Les principales mines étaient, en Norwège, celles de *Ringérike* et de *Bamble* près de Skien.

A Ringérike, la pyrrhotine nickélifère forme des imprégnations lenticulaires dans des schistes amphiboliques et des micaschistes.

On extrait, de la pyrite magnétique, 2 0/0 de nickel et des pyrites de fer et de cuivre.

A *Ronsas*, dans le Smalène, on trouve la pyrrhotine et la chalcopyrite concentrées au contact et à l'intérieur d'un gabbro recoupant des schistes. Enfin la présence des pyrrhotines nickélifères a été constatée aux environs de Kragero et de Christiansand.

En Suède, on a exploité, dans les gneiss de *Klefva* (Smaland), de la pyrite magnétique en imprégnations, tenant en moyenne 1,5 0/0 de nickel. Près de *Sagmyra*, entre Falun et le lac Siljan (Kopparberg), on a exploité des filons de pyrite magnétique contenant, à *Stattberg*, 0,25 0/0 et, à *Kusa*, 0,75 0/0 de nickel.

La production en Scandinavie a été la suivante :

Minerai :

	Tonnes			Francs
En 1890,	8.131	représentant une valeur de	.....	231.100
1894,	2.355	—	.....	72.000

Métal :

	Tonnes			Francs
En 1890,	71	représentant une valeur de	.....	236.250
1894,	103	—	.....	317.250

Gisements du Canada. — On trouve, près de *Sudbury* (Ontario), des amas lenticulaires de pyrrhotine et de chalcopyrite, en contact avec des diorites qui souvent forment la gangue.

Le minerai, qui tient de 3 à 4 0/0 de nickel, est exploité à ciel ouvert ou par galeries.

Au Canada, il existe d'autres gisements de pyrrhotine nickélifère dans les serpentines d'*Oxford* et dans le calcaire magnésien de *Sterry-Hunt* où le nickel (3 à 4 0/0) est accompagné de blende et de fer chromé.

L'Oxford Copper C°, à Bayonne, traite des mattes du Canada; elle possède la seule usine produisant du nickel, de l'oxyde de nickel et du sulfate de nickel, en dehors des American Nickel Works, à Camden, qui produisent, en plus, de l'oxyde de cobalt.

Au Canada, le district de Sudbury (Ontario) a produit, de 1891 à 1897, 540.000 tonnes de minerai, dont 477.000 environ ont été fondues sur place et ont fourni du nickel, du cuivre, du cobalt et du platine. Les principales mines, qui appartiennent à la Canadian Copper C°, sont : *Travers mine* (Drury), *Copper-Cliff mine* et *Vermillion mine*.

La production du nickel au Canada, avait été, en 1894, de 2.225.995 kilogrammes, valant 9.354.790 francs; elle a été, en 1897, de 1.813.321 kilogrammes, valant 6.995.8880 francs.

Gisements des États-Unis. — Aux États-Unis, certaines pyrrhotines nickélifères mêlées d'arséniures, telles que celles de la mine *Wallace* sur le lac Huron, sont très riches en nickel (jusqu'à 14 0/0). En Pensylvanie, où les mines sont nombreuses, la mine *Lancaster Gap* fournit des pyrites tenant de 1,5 à 2 0/0 de nickel. On peut citer aussi les mines de *Troy* (Vermont), de *Texas* (Pensylvanie) et de la *Motte* (Missouri).

A *Chatham*, près de Middletown (Connecticut), on exploite des arséniures riches en nickel et en cobalt (teneur maxima, 9 0/0); enfin le traitement des minerais de cuivre du lac Supérieur fournit des speiss nickélifères, que l'on traite notamment à Camden, près de Philadelphie.

On a trouvé des minerais de nickel dans la République Argentine (pyrrhotine nickélifère et chalcopyrite de la

Sierra de Salamanque), au Chili (mines de *Huasco-Chanarchillo*, Atacama), en Sibérie et aux Indes (région de l'*Arvali: Oodeypoore*).

III. — Arséniures et sulfures de nickel.

Gisements de la France. — En France, les minerais de nickel (*niccolite* et *rammelsbergite*) d'*Allemont* (Dauphiné) et du *Mont-d'Ar*, près des Eaux-Bonnes, sont inexploités.

Gisements de la Suisse. — Le Valais renferme un certain nombre de gisements de nickel; ceux du *Val d'Annivier*, près de Sierre, fournissent un exemple de fahlbandes pyriteuses analogues aux brandes de Schladming; on y trouve de la chloantite, de la nickéline, de la cobaltine, du mispickel cobaltifère, du bismuth natif, etc.

Sur d'autres points du Valais, au *Kaltberg*, à *Plantorenz*, à *Zerbitzen*, à *Gand Paz*, à *Gollyre*, on trouve un minerai formé de niccolite, de rammelsbergite, de cobaltine, etc., riche en nickel.

Gisements de l'Allemagne. — On trouve, en Allemagne et surtout en Saxe, dans les mines des environs de *Lindenau*, *Schneeberg*, *Zschorlau* et *Neustättel*, un grand nombre de filons, dans les micaschistes et les phyllites, où le nickel et le cobalt sont associés avec des minerais de plomb et d'argent sous forme d'arséniures et de sulfures, tels que la *niccolite*, la *gersdorfite* ($NiS^2 + NiAs^2$), la *millérite* (NiS^2), la chloantite [$(NiCoFe)As^2S^2$].

A *Markirch* (Vosges) et à *Sciltbach* (Forêt-Noire), le nickel et le cobalt se trouvent, dans des filons, associés à l'argent.

Des filons quartzeux nickélifères recoupent les schistes micacés à *Nieder Regensdorf* (près de Liegnitz), dans le *Riesengebirge* et près de *Gerbstädt*, *Sangerhausen* et *Hettstädt*, dans le Mansfeld.

D'autres filons contenant des minerais de nickel, de cobalt, de plomb, de cuivre et de bismuth, recoupent le dévonien moyen près d'*Altenrath*, et le dévonien inférieur à *Busenbach*, *Schönstein*, *Wingershardt*, *Müsen* (Siegen) et à *Rohnard*.

A *Nanzenbach*, près de *Dillenburg* (Nassau), la mine *Hülfe-*

Gottes a fourni autrefois un minerai formé de dolomie avec sidérose, chalcopyrite, millérite, bismuthine, pyrite de fer, hématite rouge et quartz.

La production du nickel en Allemagne a été de 820 tonnes en 1896.

Gisements de la Hongrie. — A *Dobsina* (Hongrie), on exploite des filons situés au contact de phyllades quartzifères verts et d'un gabbro très broyé qui, par endroits, s'est transformé en serpentine. Les filons, peu distincts de la roche encaissante, ont jusqu'à 8 mètres de largeur et fournissent un minerai dont la teneur atteint 17 0/0 de nickel et 5 0/0 de cuivre; la gangue est soit de la sidérose, soit de la calcite.

Gisements de la Styrie. — Le gisement de *Schladming* (Styrie) est rendu intéressant par la présence de *brandes* (fahlbandes, en Suède), c'est-à-dire de zones de schistes métamorphisés très riches en sulfure de nickel ou d'argent; les brandes s'enrichissent aux points où elles rencontrent des filons. Il existe à Schladming six brandes principales contenant de la pyrite, de la pyrrhotine et du mispickel; leur largeur varie de $0^m,50$ à 30 mètres. Les filons sont à gangue calcaire et contiennent des nids de cuivre gris, de mispickel et de minerais argentifères; aux points où ces filons recoupent les brandes, on trouve des poches de minerai de nickel formé de nickeline, de cobaltine, de chloantite, de smaltine, etc. La teneur du minerai trié est de 1 0/0 de nickel et de 0,5 à 1 0/0 de cobalt.

Les mines de *Leoyang* (Salzbourg) fournissent des arséniures de nickel accompagnés de pyrites nickélifères ou cobaltifères.

Gisements de la Grande-Bretagne. — On peut citer encore les minerais de nickel de *Merthyr Tydwil* (Angleterre) et de *Craigmiur* près d'Inverary (Écosse), où l'on trouve un minerai spécial, la *pentlandite* (NiS + nFeS), contenant de 7 à 22 0/0 de nickel. Le calcaire carbonifère du *Flintshire* contient également de nombreux amas de cobalt nickélifère (mine de *Voel Hiraddog*). La production du nickel en Angleterre a atteint environ 2.000 tonnes en 1896.

Gisements de l'Espagne. — On trouve, en Espagne, des minerais de nickel, dans la *Galice* (près du cap Ortegal) [zaratite $Ni^2(HO^1)CO^2 + 4Aq$]; on en trouve aussi à *Gistain* dans les Pyrénées (province de Huesça) et près de *Malaga* (pimélite à 9 0/0 de nickel).

Le prix du nickel, en 1880, était de 12 francs le kilogramme; aujourd'hui le prix est descendu à 5 francs, mais la consommation s'est beaucoup accrue.

BIBLIOGRAPHIE DU NICKEL

1876. Heurteau, *Richesses minérales de la Nouvelle-Calédonie* (Annales des Mines, 7ᵉ série, t. IX, p. 235).
1876. *Mines de nickel de la Nouvelle-Calédonie* (Cuyper, t. XXXIX, p. 185).
1878. Ratte, *Roches et Gisements métallifères de la Nouvelle-Calédonie.*
1880. Luc Léo, *Le Nickel en 1880 à la Nouvelle-Calédonie.*
1881. Deshayes, *Gîtes métallifères des Alpes valaisannes* (Génie civil).
1885. Porcheron, *Nickel en Nouvelle-Calédonie* (Industrie minérale, 2ᵉ série, t. XIV, p. 89).
1885. Garnier, *Notice historique sur la découverte du nickel en Nouvelle-Calédonie* (Industrie minérale, 2ᵉ série, t. XIV, p. 126).
1887. Garnier, *Les Gisements de cobalt, nickel, chrome et fer en Nouvelle-Calédonie* (Société des Ingénieurs civils).
1891. Garnier, *Mines de nickel, cuivre et platine du district de Sudbury* (Mémoire de la Société des Ingénieurs civils, mars 1891).
1891. Sella, *Sur la présence du nickel natif dans les sables du torrent Elvo, près de Biella (Piémont)* (Comptes rendus de l'Académie des Sciences).
1892. L. Pelatan, *Les Mines de la Nouvelle-Calédonie* (Génie civil, t. XIX, p. 351, 369, 386, 406 et 439, et t. XXI, p. 327, 347, 360).

LE MANGANÈSE ET SES MINERAIS

Propriétés. — Le manganèse est un métal d'un gris blanchâtre, dur et cassant, rayant l'acier et le verre. Il possède une certaine ténacité et se laisse entamer par la lime. Densité $= 7,2$ environ; chaleur spécifique $= 0,1217$.

Le manganèse pur est inaltérable à l'air sec à la température ordinaire; chauffé, il est rapidement recouvert d'une couche d'oxyde. Il se délite au contact de l'air humide et il décompose l'eau à $100°$. Les acides étendus le dissolvent avec dégagement d'hydrogène.

Usages. — Les propriétés défectueuses du manganèse ne permettent pas d'en tirer parti à l'état pur. On n'emploie dans l'industrie que quelques-uns de ses alliages et de ses composés.

Alliages. — On obtient un bronze manganésé, susceptible de résister à une forte tension, en mélangeant 11 0/0 de manganèse au cuivre raffiné du Mansfeld.

Un mélange de 88 parties de cuivre, avec 6 parties d'étain, 3 de zinc et 3 de cupromanganèse, donne un alliage qu'on peut courber à angle droit sans qu'il se produise de fissure.

En réduisant des mélanges d'oxyde de manganèse et de minerais de fer, on obtient des ferromanganèses employés pour la transformation du fer en acier par le procédé Thomas.

On produit un métal très dur, mais se travaillant encore avec assez de facilité, avec un alliage de 80 0/0 de cuivre, 10 0/0 d'étain et 10 0/0 de manganèse.

Principaux composés : bioxyde. — Le bioxyde de manganèse, ou pyrolusite, est employé dans les verreries. A faibles doses, sous le nom de savon des verriers, il sert à blanchir le verre coloré par le fer et les matières charbonneuses. A dose plus élevée, il donne au verre une belle teinte violette.

Il sert encore à la préparation de l'oxygène et à celle du

chlore. Enfin, par l'ébullition, il rend siccatives les huiles employées pour délayer les couleurs.

Permanganate de potasse. — Le permanganate de potasse se prépare en chauffant ensemble dans un creuset de fer deux parties égales de bioxyde de manganèse et de chlorate de potasse avec une partie un quart de nitre dissous dans un peu d'eau. Le permanganate de potasse (caméléon minéral) est employé pour reconnaître et doser l'acide sulfureux qui peut se trouver dans l'acide chlorhydrique du commerce.

Le permanganate, qui est employé aussi comme oxydant, transforme l'acétylène en acide oxalique à la température ordinaire.

MINERAIS DU MANGANÈSE

Le manganèse se trouve dans la nature à l'état d'oxydes, de carbonates et de silicates. Le principal minerai de manganèse est la *pyrolusite* [bioxyde de manganèse (MnO^2)]; les autres minerais sont la *braunite* (Mn^2O^3), l'*hausmannite* (Mn^3O^4), l'*acerdèse* (Mn^2O^3HO), la *psilomélane*, qui est un oxyde de manganèse contenant jusqu'à 17 0/0 de baryte, le carbonate de manganèse ou *diallogite*, la *rhodonite* [silicate de manganèse ($MnSiO^3$)] et la *friédélite*, qui est un silicate de manganèse hydraté.

Géogénie. — On ne peut guère fixer d'époque pour la formation des minerais de manganèse; on les a trouvés dans le cambrien aussi bien que dans le miocène et dans divers terrains d'âge intermédiaire.

Il semble qu'il faille attribuer aux concentrations superficielles et aux dépôts oolithiques une origine différente de celle des filons et des épanchements. Dans le premier cas, les carbonates en dissolution dans les eaux de source contenant de l'acide carbonique en excès ont pu précipiter, par suite du dégagement de cet acide. Pour les filons et les épanchements on peut admettre que le manganèse apporté par des eaux acides chargées de silice s'est précipité à l'état d'oxyde ou de carbonate sous l'action d'une base, d'un calcaire encaissant, par exemple.

GISEMENTS

On peut rapporter les gîtes manganésifères à trois types principaux :

1° Filons avec gangue calcédonieuse et couches interstratifiées de silicate de manganèse ou de carbonate de manganèse (Merionetshire, Pyrénées, Ariège);

2° Couches sédimentaires se présentant sous formes d'imprégnations ou de minerais oolithiques (Caucase, Sardaigne, Espagne);

3° Gîtes provenant de concentrations locales dans les argiles et les dépôts récents, produites par des infiltrations d'eaux ou par des érosions (Nassau, Amérique).

I. — Gîtes filoniens

Gisements de la France (Hautes-Pyrénées). — Il existe dans les Hautes-Pyrénées quelques gisements de manganèse peu ou pas exploités, tels que ceux de *Germ, Vielle-Aure, Louderville* et la *Serre-d'Azet*. Ces gisements sont souvent formés de mouches de minerai et de poches en forme d'entonnoirs, qui disparaissent en profondeur.

Formation du minerai dans les Hautes-Pyrénées. — Plusieurs hypothèses ont été émises sur le mode de formation probable des minerais de manganèse dans les Hautes-Pyrénées; il nous semble utile d'insister sur ce point, parce que c'est d'après le mode de formation du gisement qu'on peut déterminer les conditions de son dépôt et, par suite, orienter les recherches à venir et préparer l'exploitation.

Les roches manganésifères que nous avons eu l'occasion d'examiner dans cette région ne sont pas d'aspect éruptif; elles ne se distinguent guère de certaines roches encaissantes que parce qu'elles ne renferment pas d'éléments détritiques. Elles ne sont pas concrétionnées; elles sont interstratifiées, mais en amas irréguliers et non veinés; il ne s'ensuit pas absolument qu'elles soient contemporaines des roches encaissantes; elles ont pu être formées par des sources minérales silicifères chargées de manganèse, qui ont dissous et décomposé certaines couches, moins résistantes que les autres.

C'est ainsi qu'au contact des dépôts de manganèse on voit, dans quelques gîtes des Hautes-Pyrénées, des schistes pourris et presque partout de l'argile. Cette argile, ou silicate d'alumine hydraté, peut provenir, ainsi que l'ont constaté au laboratoire MM. Ebelmen et Fournet, de la décomposition lente des silicates multiples des terrains anciens, par l'acide carbonique et l'oxygène; cette décomposition doit être attribuée à la présence du bicarbonate de manganèse provenant de sources minéralisées au contact de filons ou de cassures profondes.

Les dépôts de minerai doivent donc provenir d'eaux chargées de sels de manganèse. Ces eaux ont été certainement amenées le long des fissures en relation avec le grand plissement des Pyrénées, auxquelles les gisements connus dans la région sont parallèles dans leur ensemble. De plus, nous avons pu constater qu'au voisinage des dépôts manganésifères les terrains encaissants étaient tourmentés et profondément bouleversés, ce qui confirme l'hypothèse de venues profondes.

D'ailleurs les dépôts, bien qu'interstratifiés, se présentent, en général, en forme d'entonnoirs dont le fond se raccorde à la fissure qui a dû amener les eaux silicatées.

La plupart des gisements pyrénéens se trouvent arrêtés en profondeur à des étranglements dont les parois se trouvent tapissées de cristaux roses de silicate de manganèse.

Le calcaire qui forme ces parois n'est nullement altéré, et les schistes ne présentent aucune trace de scorification ni de fusion, ce qui écarte l'hypothèse d'une origine ignée pour ces dépôts manganésifères.

Il reste donc acquis que des fissures profondes, orientées généralement N. 25° à 30° O., ont amené au jour des eaux chargées de silice et de manganèse, qui ont déposé au milieu de lits schisteux et parfois calcareux, des amas de silicate de manganèse.

Le minerai primitif serait, selon nous, à *Vielle-Aure* notamment, le silicate de manganèse (rhodonite = $MnSiO^3$), rose, fleur de pêcher et brun, translucide et à éclat vitreux, et aussi le silicate hydraté (friedélite $= MnSiO^4H$).

Grâce à la réaction d'une base, en particulier au voisinage du calcaire, le manganèse apporté par les eaux siliceuses a dû se précipiter, en certains points, à l'état de carbonate (diallogite), rose franc plus ou moins foncé; le carbonate prend souvent à l'air une couleur brune; on lui donne alors le nom de minerai chocolaté. Enfin, associée à la téphroïte (péridot manganésien), la diallogite donne un minerai connu sous le nom de *viellaurite* (48,95 de téphroïte + 51,05 de diallogite), tenant environ 63 0/0 de MnO, soit 49 0/0 de manganèse métal.

Quant aux minéraux de pyrolusite, qui ont été exploités dans tous les points où le manganèse venait affleurer, ils contiennent, en moyenne, 80 0/0 de MnO^2, ce qui correspond à 65 0/0 de manganèse métal.

La pyrolusite a été formée par l'oxydation du minerai primitif au contact de l'air, et il n'est pas rare de rencontrer dans un même bloc de minerai la série des transformations subies ou en train de s'effectuer, silicate, carbonate et oxyde de manganèse.

Divers gisements des Hautes-Pyrénées, dans lesquels on avait exploité autrefois les oxydes seuls, sont actuellement repris pour l'exploitation du carbonate et du silicate dont on tire parti pour la métallurgie (spiegel, ferro-manganèse, etc.).

Les schistes dévoniens de la région contiennent des bancs interstratifiés de *génite*, composée de quartz calcédonieux avec rutile et apatite. Quelques-uns de ces bancs sont riches en rhodonite et en friedélite. On y rencontre des poches d'argile, comme d'ailleurs dans la plupart des gîtes de manganèse.

Rimont (Ariège). — Près de *Rimont* (Ariège), dans les mines de *las Cabesses*, on exploite un gisement en amas assez riche de carbonate de manganèse, intercalé dans le dévonien et provenant sans doute de la décomposition d'un silicate par l'acide carbonique.

Romanèche (Saône-et-Loire). — La plus importante mine de manganèse, en France, est celle de *Romanèche* où l'on exploite des filons de psilomélane d'âge infraliasique. Le gisement comprend deux petits filons (n° 1 et n° 2), réunis par un gîte de contact (grand filon), situé dans une faille entre le granite et des argiles tertiaires formant le toit. On a trouvé également, à Romanèche, des amas dont le plus important repose sur les ardoises infraliasiques; le toit est constitué soit par des calcaires à gryphées, soit par des argiles ou des sables. Les petits filons sont irréguliers; les épontes sont peu marquées, et l'on se trouve souvent en présence d'un vrai stockwerk formé de veines disséminées dans le granite; il existe, de plus, des filons croiseurs quelquefois exploitables. Le grand filon, qui est très régulier, a un mur de granite. Le minerai très dur, qui est de l'oxyde hydraté barytifère (psilomélane), a pour gangue les roches encaissantes accompagnées de quartz, de fluorine, d'oxyde de fer, etc.

On exploite, en outre, en France, de la pyrolusite dans les concessions de *Gouttes-Pommiers*, près Saligny (Allier), et de *Luzy* (Nièvre).

En France, la production du minerai de manganèse a été :

	Tonnes			Francs
En 1894,	32.751,	représentant une valeur de....		1.004.375
1895,	30.871	—	—	»
1896,	31.318	—	—	928.585
1897,	37.212	—	—	»

Gisements de l'Allemagne. — On peut citer, comme gisements filoniens de manganèse en Allemagne, ceux d'*Ilfeld* (Harz) où l'on trouve, dans des porphyrites intercalées au milieu du grès rouge, des veines, inexploitables d'ailleurs au-dessous de 20 mètres, contenant de l'acerdèse avec pyrolusite, braunite, hausmannite et psilomélane à gangue de braunspath et de barytine.

En Allemagne, le tonnage du minerai exploité a atteint :

	Tonnes			Francs
En 1894,	43.702,	représentant une valeur de.....		582.060
1896,	45.062	—	—	600.775
1897,	46.427	—	—	»

Gisements de l'Italie. — *Saint-Marcel* (*Piémont*). — Les amas manganésifères du val d'Aoste et du val Tournanche sont situés dans les gneiss (à *Saint-Marcel*, val *Tournanche*, *Tourgnon*, *Bardonèche*); ils sont exploités depuis plus d'un siècle On trouve, à Saint-Marcel, la braunite, l'hausmannite et la pyrolusite, accompagnées de carbonate de manganèse rouge et de *spessartine* (grenat). L'amas, qui avait 5 mètres d'épaisseur à la surface, est profond de 100 mètres; les éléments des gneiss encaissants ont été transformés en *rhodonite* et en *piémontite* (épidote manganésifère).

En Italie, la production du minerai de manganèse a été :

	Tonnes			Francs
En 1894,	760,	représentant une valeur de	.....	23.500
1896,	1.890	— —	.....	82.250

Et celle du minerai de fer manganésifère :

	Tonnes			Francs
En 1894,	5.810	représentant une valeur de	.....	46.480
1896,	10.000	— —	.....	100.000

Gisements de l'Angleterre. — *Merionetshire.* — Depuis 1886, on exploite dans le Merionetshire, à *Harlech* et à *Barmouth*, des gisements de carbonate de manganèse, formant trois veines dont une de 3 kilomètres de longueur, et deux de 1.500 mètres, dans des quartzites et des grès gris cambriens; on trouve, dans cette région, une teneur de 30 à 32 0/0 de manganèse avec 18 à 19 0/0 de silice.

Dans le *Devon* et le *Cornwall* il existe des veines de manganèse dans le silurien et des amas dans le dévonien.

La production du minerai de manganèse en Angleterre a été :

	Tonnes			Francs
En 1894,	1.838,	représentant une valeur de	.....	18.500
1896,	1.097	— —	.....	15.325

II. — Gîtes sédimentaires

Gisements de la Russie. — En Transcaucasie, à *Tchiatura*, dans la vallée du Kvirila (à 130 kilomètres de Poti), on exploite, dans des grès et des sables tendres éocènes, une série de couches formées soit de pyrolusite et d'acerdèse pulvérulente, soit de pyrolusite en grains oolithiques, soit encore d'argile renfermant des rognons de pyrolusite. La couche, dont la puissance totale varie de 2 à 5 mètres, une étendue reconnue de 120 kilomètres carrés (2 tonnes au mètre carré environ).

Ce gisement, que l'on peut considérer comme un gisement de rivage, de même que les dépôts de fer oolithique, est dû à une précipitation chimique.

Le prix des minerais des mines de Tchiatura (Russie) était, en 1897, de 8 fr. 50 la tonne en gare de Tchiatura sur la ligne du Transcaucasien. Les mines sont prospères, et de nouveaux gisements viennent d'être découverts. Elles ont produit 231.868 tonnes en 1897. La teneur varie de 46 à 56 0/0.

En Russie, le tonnage du minerai de manganèse extrait a atteint :

	Tonnes			Francs
En 1893,	268.621,	représentant une valeur de..		2.345.500
1895,	203.081	—	—	1.942.640
1897,	231.868	—	—	

Il existe d'autres gisements de manganèse dans le Caucase, notamment ceux de *Croscha*, dans des grès calcaires (jurassique supérieur), et ceux des environs de *Tiflis*, dans un calcaire brécholde sénonien.

Actuellement la majeure partie du manganèse employé dans le monde entier provient des mines du Caucase, qui arriveraient bientôt à tuer toute concurrence, si la pyrolusite qu'elles renferment ne contenait pas de phosphore, ce qui diminue sa valeur pour la métallurgie.

Aujourd'hui le minerai de Tchiatura, à 50 0/0 de manganèse, se vend environ 37 francs, rendu sur bateau; et celui à 70 0/0, 50 francs environ, selon sa teneur en silice. Au-dessus d'une certaine teneur en silice, on retranche, pour calculer le prix de vente, une unité de Mn par unité de silice en excès.

Le prix de revient du minerai de manganèse rendu sur bateau peut être calculé comme suit pour les mines de Tchiatura :

	Francs
Minerai rendu en gare de Tchiatura............	8,50
Transport de Tchiatura à Poti................	18 »
Chargement sur bateau à Poti................	4 »
Frais généraux et divers....................	5 »
TOTAL.......................	35,50

Le fret jusqu'à Marseille coûterait, en plus, 16 francs.

Gisements de l'Espagne. — Dans les couches horizontales miocènes formant la partie nord-ouest du plateau de la Serena, dans la province de Ciudad Real, à *val de Peñas*, on exploite des minerais tenant de 40 à 60 0/0 de manganèse, formés de bioxyde et de sesquioxyde de manganèse et intercalés dans des argiles blanches. L'exploitation est peu active, parce que les minerais contiennent du phosphore, et

Fig. 91. — Coupe nord-sud des gisements du Ciudad Real.

qu'au centre des terrains siluriens en forme de cuvette, qui entourent les couches de manganèse, il existe une nappe d'eau qui arrête le développement des travaux en profondeur.

En Espagne, la production du minerai a atteint :

	Tonnes		Francs
En 1894,	340,	représentant une valeur de..	2.610
1896,	38.265	— — ..	268.660

Gisements de la Sardaigne. — Au Capo-Rosso, dans l'île de San-Pietro (Sardaigne), on exploitait autrefois des minerais de manganèse, constitués par un mélange de bioxyde et de sesquioxyde, dans des argiles intercalées entre deux nappes de trachytes. Ce gisement, dont la formation semble due à un dépôt chimique provenant de sources thermales, est abandonné depuis le développement pris par les gisements du Caucase.

D'ailleurs, l'exploitation était gênée par des venues d'eau considérables.

III. — Gîtes de concentration

Gisements de l'Allemagne. — Nassau. — Les nombreuses mines de manganèse du Nassau, situées dans la vallée de la

Lahn, sont surtout groupées autour d'*Elbingerode* et d'*Eckholshausen*. Le minerai (pyrolusite, psilomélane) est contenu, comme le phosphate exploité dans la même région, dans des poches d'argile superficielles recouvrant des grès et des schistes du dévonien inférieur moyen, avec des calcaires dolomitiques et des schistes à cypridines (famennien). L'exploitation a lieu à ciel ouvert ou par des puits peu profonds.

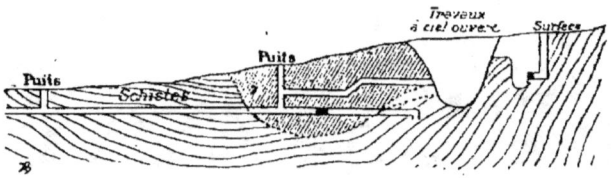

Fig. 92. — Coupe verticale de la mine d'Elbingerode (d'après Davies).

Gisements de la Belgique. — En Belgique, on exploite, dans la vallée de la Lienne, des minerais tenant 20 0/0 de fer et 20 0/0 de manganèse.

Le tonnage du minerai exploité en Belgique a atteint :

	Tonnes		Francs
En 1894,	23.048,	représentant une valeur de..	277.700
1896,	23.265	—	»
1897,	28.372	—	»

Gisements de la Grèce. — En Grèce, il existe deux groupes de mines : l'un, à *Capevani*, dans les Cyclades, exploité par une Compagnie française, et le second, situé à *Fourkovieni*, exploité par une Société anglaise.

La production du manganèse en Grèce a été la suivante :
Minerai de fer manganésifère :

	Tonnes		Francs
En 1894,	76.277,	représentant une valeur de..	»
1897,	182.850	—	2.495.900

Minerai de manganèse :

	Tonnes		Francs
En 1894,	50.573,	représentant une valeur de..	669.770
1897,	11.868	—	»

Gisements des États-Unis. — Le bassin de *Crimora* (Virginie) est, d'après Davies, un dépôt de lavage provenant d'une érosion des grès cambriens de Potsdam (mines de *Crimora*, exploitées depuis 1876, et du *Mont-Athos*).

En Géorgie, à *Cartesville*, on exploite à ciel ouvert ou par de petits puits, un minerai argileux provenant de la décomposition de grès d'âge inconnu (mines *Dade*).

Les minerais de *Batesville* (Arkansas) contiennent 50 0/0 de manganèse un peu phosphoreux (0,15 0/0 de phosphore). On peut citer encore les hématites manganésifères du *lac Supérieur*, les couches manganésifères siluriennes d'*Iron Mountain* et la pyrolusite du *Warm-Springs* (Caroline du Nord).

Sans compter les minerais de plomb argentifère de *Leadville*, qui contiennent du manganèse, les États-Unis ont produit, en 1897, environ 160.000 tonnes de minerai de manganèse, dont 50.000 tonnes pour le New-Jersey, 80.000 tonnes pour le Michigan et le Wisconsin et 19.000 pour le Colorado. Dans ce dernier État, les minerais proviennent des mines de Leadville; ils contiennent en moyenne 30 0/0 de manganèse et sont absorbés par des aciéries de Chicago et de Puebla (Colorado).

Aux États-Unis, le tonnage de minerai exploité a atteint :

	Tonnes		Francs
En 1896,	165.126	représentant une valeur de..	1.695.415
1897,	156.787	— —	»

Gisements du Chili. — Au Chili, il existe des gîtes importants de manganèse dans la province de Coquimbo, notamment à la *Servena*, sur le chemin de fer d'Elqui ; la teneur varie de 35 à 45 0/0 en moyenne et atteint souvent 50 0/0.

Le tonnage du minerai exploité au Chili a atteint : en 1894, 47.994 tonnes et, en 1896, 26.152 tonnes.

Gisements du Brésil. — De nouvelles mines de manganèse ont été ouvertes au Brésil durant ces dernières années, et, en 1897, on a exporté 8.500 tonnes de minerai tenant 50 0/0 de manganèse environ. Les mines situées dans la province de *Miguel* appartiennent à la Airosa C°. Il existe aussi quelques gisements exploités, dans les provinces de *Minas-Geraes*, de *Matto-Grosso* et de *San-Paulo*.

On doit citer aussi les gîtes de minerais de manganèse de la *Bosnie* (5.344 tonnes en 1897), de l'*Autriche-Hongrie* (3.950 tonnes en 1896), de la *Turquie* (49.000 tonnes en 1896), de la *Suède* (2.056 tonnes en 1896) et de l'*Australie, Queensland* (403 tonnes en 1897).

BIBLIOGRAPHIE DU MANGANÈSE

1884. Dieulafait, *Manganèse dans les marbres cipolins* (Comptes Rendus, t. XCVIII, p. 634).
1885. Dieulafait, *Applications des lois de la thermochimie aux phénomènes géologiques. Minerais de manganèse* (Comptes Rendus, t. C, p. 609, 644, 676).
1885. Dieulafait, *Origine et mode de formation des minerais de manganèse. Leur liaison au point de vue de l'origine avec la baryte qui les accompagne* (Comptes Rendus, t. C, p. 324).
1885. Igelstroem, *Braunite des mines de Jacosberg dans le Wermland en Suède* (Bulletin de la Société minéralogique de France, t. VIII, p. 421).
1887. Chapuy, *Manganèse en Russie* (Mémoire manuscrit à l'École des Mines).
1889. Beaugey, *Manganèse des Hautes-Pyrénées* (Bulletin de la Société de Géologie, 3ᵉ série, t. XVII, p. 297).
1891. Leproux, *Gisements divers du Caucase* (Mémoire manuscrit à l'Ecole des Mines).
1892. A. Leproux, *Note sur les principaux gisements minéraux de la région du Caucase* (Annales des Mines, 9ᵉ série, t. II, p. 491).
1893. Ad. Carnot, *Minerais de manganèse analysés au bureau d'essai de l'Ecole des Mines de 1845 à 1893* (Annales des Mines, 9ᵉ série, t. IV, p. 189).
1898. A. Pourcel, *Note sur les gisements de manganèse de Tchiatour* (Annales des Mines, t. XII, p. 119).
1898. Rojado-Ribeiro, Lisboa, *O Manganez no Brazil* (Jornal do Commercio, Rio de Janeiro).
1898. Lisboa, *O Manganez no Brazil* (Rio de Janeiro).

CHROME ET FER CHROMÉ

Propriétés physiques et chimiques. — Le chrome est un métal d'un gris d'acier, qui peut prendre un bel éclat par le polissage. Il est cassant, très dur, et il raye le verre. Densité $= 6$.

Il ne s'oxyde pas à la température ordinaire, mais il s'oxyde facilement quand on le chauffe au rouge sombre. Il décompose l'eau au rouge et, à froid, en présence des acides. Attaqué par l'acide sulfurique étendu et par l'acide chlorhydrique, il donne un sel de chrome, et l'hydrogène se dégage.

Le chrome présente plusieurs analogies avec le fer, auquel il est souvent associé (fer chromé).

Usages. — Le chrome est employé en métallurgie. Introduit dans l'acier en faible proportion, il en augmente la dureté. L'acier chromé est employé surtout pour la fabrication des cuirasses de navires et des tourelles des forts et pour les projectiles d'artillerie.

Oxydes. — Le sesquioxyde de chrome anhydre est employé pour la peinture sur porcelaine et pour la coloration du verre.

Le sesquioxyde hydraté (vert Guignet) sert pour l'impression des tissus et des papiers peints.

Sels. — Le chromate neutre de potasse, d'un beau jaune, est doué d'un grand pouvoir colorant et est un oxydant énergique ; il donne, avec les sels de plomb, un précipité, connu sous le nom de jaune de chrome, très employé en peinture.

Le bichromate de potasse est aussi employé comme colorant. Il sert en photographie pour les tirages au charbon.

En dissolution dans l'acide sulfurique, il est employé pour la formation des piles dites au bichromate de potasse.

MINERAIS DU CHROME

Le minerai de chrome primitivement exploité était la crocoïse (chromate de plomb $PbCrO^4$), rouge, translucide, à éclat adamantin, fusible au chalumeau; on en trouve des gisements dans l'Oural, au Brésil, en Hongrie et dans les Philippines.

Aujourd'hui le seul minerai de chrome utilisé est, en réalité, le fer chromé $(Fe,Mg)O(Cr,Al)^2O^3$, noir de fer, éclat faiblement métallique, infusible au chalumeau.

GÉOGÉNIE ET GISEMENTS

On trouve le fer chromé en grains ou en amas dans les serpentines résultant de l'altération des roches à péridot. Les gisements sont d'étendue très restreinte, et le fer chromé y est accompagné de silice opalescente et de chrysotile. On peut donc rattacher la formation de ces gisements à des venues d'eau récentes.

Grèce et Turquie d'Asie. — Il existe, dans l'île de *Métclin* et dans l'*Eubée*, des nids de fer chromé dans la serpentine. Des gisements analogues sont exploités sur le versant sud de l'Olympe de Bythinie (Turquie d'Asie), à *Dagh-Hardi*, *Topouk*, etc.

On exploite aussi le chrome dans le *villayet d'Aïdin*, près de Makri. Le minerai à 50 0/0 y revient à 90 francs la tonne franco bord au port d'embarquement.

La production du fer chromé en Grèce était de 1.600 tonnes en 1896 et de 563 tonnes en 1897; et celle de la Turquie, de 20.137 tonnes en 1896, et de 11.551 tonnes en 1897.

Banat. — Les minerais de fer chromé gris noirâtre de la province d'*Orsova*, le long de la Bosnie (Banat) se trouvent dans de la serpentine recoupant des calcaires crétacés en amas de 300 à 400 mètres de longueur, coïncés à moins de 100 mètres de profondeur; ils sont mélangés d'argile et de dolomie et tiennent de 35 à 50 0/0 de chrome.

La production de la Bosnie a été d'environ 450 tonnes de chromite en 1896 et de 396 tonnes en 1897.

Oural. — On exploite dans les serpentines, sur le versant est de l'Oural (*Goroblagodatsk*), des amas de 20 mètres de puissance et des filons de fer chromé de 40×6 mètres, avec une profondeur maxima de 20 mètres. Les minerais contiennent 50 0/0 d'oxyde de chrome mélangé de serpentine et de magnétite.

La production du minerai de chrome, en Russie, était d'environ 7.000 tonnes en 1896.

États-Unis. — On trouve aux États-Unis, en Californie à *Almaeda*, *Placer*, *San-Luis-Obispo*, etc., le fer chromé, associé à de l'opale et à du chrysotile.

La production des États-Unis était de 713 tonnes en 1896, et de 152 tonnes seulement en 1897.

Lac Noir. — Depuis 1894 on exploite au lac Noir (canton de *Colraïne*) des gisements de fer chromé dans des serpentines, contenant des gîtes d'amiante. La production de la Colraïne Mining C° a atteint 2.097 tonnes en 1897 (7.000 tonnes depuis 1894); les gîtes de *Santa-Lucia* (Obispo) n'ont fourni que 50 tonnes en 1897.

Terre-Neuve. — A Terre-Neuve, on exploite des dépôts de minerai de chrome à *Bluff Head*, sur la côte ouest, dans une diorite, recoupée par des lits de serpentine; au contact de la serpentine, on trouve de la chromite contenant 49,9 0/0 d'acide chromique et 6,9 0/0 de silice avec 7,5 d'alumine, 18,5 de magnésie et 17,2 de fer. — La teneur exigée par l'industrie, en acide chromique, est de 50 0/0 ; on paie 4 à 5 francs par unité en plus. Il est vrai que le minerai est déprécié de plus de 5 francs par unité en moins de 50 0/0 ; une forte teneur en silice diminue aussi la valeur du minerai.

En 1897, on a extrait à Terre-Neuve 2.300 tonnes de minerai, dont la moitié tenait de 40 à 50 0/0 d'acide chromique, et le reste de 35 à 40 0/0.

Nouvelle-Galles du Sud. — Dans la Nouvelle-Galles du Sud, on exploite du minerai de chrome à la mine *Helena*, à 12 kilomètres à l'est de Colac. Teneur moyenne : 50 0/0.

La production a été de 3.500 tonnes de fer chromé en 1897, pour toute cette province.

Nouvelle-Calédonie. — Les serpentines de la Nouvelle-Calédonie renferment des veines filoniennes de fer chromé, et l'on exploite aussi, dans les fissures argileuses de la serpentine, des grains arrondis de fer chromé (fer chromé dit d'alluvion).

La production dépassait 15.000 tonnes de fer chromé en Nouvelle-Calédonie, en 1896.

BIBLIOGRAPHIE DU CHROME

1878. *Fer chromé de l'Eubée* (Annales des Mines, 7e série, t. XIII, p. 589).
1883. Élisée Brotte, *Sur le chrome de la Turquie d'Asie*.
1889. *Description géologique des îles de Metelin et de Thasos* (Archives des Missions scientifiques).
1898. De Launay, *Note sur les gisements de fer chromé de la province de Québec* (Bulletin des Annales des Mines, 9e série, t. XIII, p. 617).
1898. Garnier, *Gisements de cobalt, chrome et fer de la Nouvelle-Calédonie* (Société des Ingénieurs civils).

L'ANTIMOINE ET SES MINERAIS

Propriétés physiques. — L'antimoine est un métal blanc d'argent, très cassant, se laissant facilement pulvériser. Il fond vers 450° et se volatilise au rouge blanc; sa vapeur exhale une odeur de graisse. En refroidissant lentement, il cristallise en rhomboèdres.

Lorsqu'on le fond et lorsqu'on le laisse refroidir lentement à l'abri de l'air, les cristaux de sa surface ont l'aspect de feuilles de fougère. Densité $= 6,715$; chaleur spécifique $= 0,05077$; il conduit mal la chaleur et l'électricité.

Propriétés chimiques. — L'antimoine est inoxydable à l'air, à la température ordinaire; il s'oxyde au rouge, en répandant des vapeurs blanches, qui se condensent en poudre blanche, connue sous le nom de fleurs argentines d'antimoine.

L'antimoine ne décompose l'eau qu'au rouge; il se dissout lentement dans les acides sulfurique et chlorhydrique concentrés et chauds. L'acide azotique, en l'oxydant, le transforme en acide antimonique. L'antimoine se dissout dans l'eau régale contenant un excès d'acide chlorhydrique, en donnant du chlorure d'antimoine. Doué d'une grande affinité pour le chlore, il s'enflamme dans ce gaz lorsqu'on l'y projette en poudre et se convertit en protochlorure et en perchlorure d'antimoine. Le soufre, le phosphore et l'arsenic peuvent également se combiner avec lui.

Usages. — Dur et fragile, l'antimoine n'est utilisé qu'à l'état d'alliage. Il donne de la dureté aux métaux avec lesquels on l'allie.

Alliages. — L'antimoine entre dans l'alliage des caractères d'imprimerie et dans celui des planches stéréotypes. Le métal anglais *pewster* en contient 8 0/0 avec 87 0/0 d'étain, 4 0/0 de cuivre et 1 0/0 de bismuth.

L'antimoine entre en petites proportions dans le *métal d'Alger* et dans le *métal de la Reine*. L'*alliage de Réaumur* contient 70 0/0 d'antimoine et 30 0/0 de fer; on emploie en Angleterre un bronze d'antimoine pour la fabrication des coussinets de wagons.

Enfin une application importante de l'antimoine est celle qui en a été faite dans certaines parties des cartouches de guerre.

Oxyde. — L'oxyde d'antimoine dissous dans le bitartrate de potasse constitue l'*émétique*, très employé en médecine comme vomitif.

Sulfures. — Le *kermès* également employé en médecine est un oxysulfure d'antimoine. La poudre de sulfure d'antimoine sert à la préparation du *kohl*, avec lequel les femmes d'Orient peignent leurs sourcils en noir. L'oxysulfure entre aussi, sous le nom de vermillon d'antimoine, dans la préparation des toiles et des papiers peints. C'est une couleur très solide et qui couvre bien.

Chlorures. — Le protochlorure d'antimoine, ou *beurre d'antimoine*, est employé en médecine comme caustique. Il sert aussi à bronzer les armes et le cuivre pour les préserver de l'oxydation. Précipité dans l'eau, il constitue la poudre d'*algaroth*, qui est un oxychlorure d'antimoine.

Sels. — On emploie l'antimoine précipité d'un de ses sels par le zinc ou par le fer, sous le nom de *noir de fer*, pour bronzer les métaux et donner aux statuettes de plâtre un aspect métallique.

L'alliage de *sérullas* est utilisé pour la préparation des radicaux métalliques de l'antimoine. Il est obtenu en fondant 6 parties d'émétique avec 1 partie d'azotate de potasse.

L'antimoniate de quinine est employé en médecine.

Le *jaune de Naples*, le *jaune minéral de Mérimée* et le *jaune de Pinard* sont des antimoniates de plomb.

MINERAIS DE L'ANTIMOINE

Le principal minerai d'antimoine est la *stibine* (sulfure d'antimoine Sb^2S^3, couleur gris de plomb, se laissant rayer à l'ongle); la stibine est assez fusible, et sa gangue quartzeuse est très adhérente; on peut encore citer la *sénarmontite* (oxyde d'antimoine Sb^2O^3, incolore et translucide, fusible, volatil et attaquable dans les acides) et la *kermésite* (oxysulfure d'antimoine $2Sb^2S^3 + Sb^2O^3$, rouge, soluble, fusible). L'antimoine existe également dans un grand nombre de minerais complexes d'or, d'argent et de cuivre, tels que les *cuivres gris* (panabase, freibergite), l'*argent rouge* (Ag^3SbS^3), la *bournonite* ($CuPbSb.S^3$), la *boulangérite* ($Pb^3Sb^2.S^6$); on produit une certaine quantité d'antimoine dans les usines où sont traités ces divers minerais.

GÉOGÉNIE ET GISEMENTS

La stibine se trouve en général dans des filons quartzeux, à l'état de mouches irrégulières et quelquefois de lentilles peu étendues; les filons sont accompagnés, comme ceux d'étain, par une roche à mica blanc, à minéraux cireux, verdâtres, produits par l'action des eaux acides.

La stibine semble avoir été formée par l'action de l'eau sur des fumerolles, comme l'a démontré Sénarmont en chauffant en vase clos à 300°, en présence d'eau pure, un mélange d'antimoine et de soufre. En outre, certains gisements (Arnsberg, en Westphalie) semblent d'origine sédimentaire, et l'antimoine accompagne l'or, l'argent et le cuivre dans des filons complexes. On trouve des gîtes de différents âges (terrains primitifs, siluriens, dévoniens, tertiaires). Il y a donc eu plusieurs venues distinctes d'antimoine.

I. — GÎTES FILONIENS

Gisements de la France. — Il existe, dans le Plateau Central, un grand nombre de filons de stibine dont la plupart sont abandonnés. On peut citer les deux filons de *Nades* (Bourbonnais), qui recoupent les micaschistes et dont la gangue est quartzeuse; les filons de *Bresnay*, près de Souvigny (Allier), dans la granulite à mica blanc; les filons de *Villerauge* (Creuse), recoupant la grauwacke du Culm; les filons de *Saint-Yrieix*, situés dans l'axe de filons de granulite recoupant des schistes micacés ou amphiboliques; ceux de *Chanac* (Corrèze), dans des schistes argileux noirâtres; les filons de quartz antimonieux de *Valfleury* (Loire), dans des gneiss se rattachant à la granulite; ceux de *Malbosc* (Ardèche), dans des micaschistes reposant sur le granite.

Enfin on peut citer un groupe de gisements plus riches, exploités dans l'arrondissement de *Brioude* (Freycenet, la Fage, Marmeissat, Chazelles), dans le canton de *Massiac* (Luzes et Ouche dans le Cantal) et à la *Licoulne* (Haute-Loire). Ce sont des filons quartzeux verticaux de $0^m,20$ à $0^m,30$ d'épaisseur, intercalés dans le terrain primitif (gneiss, granite) et renfermant des lentilles de stibine accompagnées de sulfure de fer (Fe^2S^3); ces filons sont séparés par des massifs stériles de 10 à 15 mètres; on trouve aux affleurements des oxydes d'antimoine que l'on traite à Brioude ou que l'on exporte.

La production de l'antimoine en France a été la suivante :

Minerai :

	Tonnes		Francs
En 1894,	6.144,	représentant une valeur de..	406.155
1896,	5.675	— — ..	342.720

Métal :

	Tonnes		Francs
En 1894,	1.012,	représentant une valeur de..	680.120
1896,	969	— — ..	651.085

Hongrie. — On exploite à *Mazurka* (Hongrie), dans les montagnes granitiques séparant les vallées de la Grau et de la Waag, un filon dont la puissance varie de $0^m,05$ à 4 mètres avec failles de rejet nombreuses, recoupant le granite, qui est altéré au contact (formation du minéral vert cireux dont il a été parlé plus haut et transformation du mica noir en mica blanc). Le remplissage comporte deux bandes latérales de quartz avec stibine au centre; sur certains points le braunspath s'est interposé, lors d'une réouverture le long d'une des épontes. Le quartz est aurifère et la stibine est accompagnée de pyrite, de blende, de galène, de chalcopyrite, de braunspath et de calcite

On trouve encore en Hongrie les filons de Bisztra et de

Botza (Bries), dans les granites, et d'Aranyidk (Kaschau), dans les schistes.

La production de l'antimoine en Hongrie a été la suivante :

Minerai :

	Tonnes		Francs
En 1894,	1.265, représentant une valeur de...		144.339
1896,	862	— — ...	64.482

Antimoine et régule :

	Tonnes		Francs
En 1894,	385, représentant une valeur de...		261.748
1896,	650	— — ...	397.170

En Autriche, il existe aussi quelques gisements d'antimoine qui ont produit :

Minerai :

	Tonnes		Francs
En 1894,	696, représentant une valeur de..		164.715
1896,	905	— — ..	193.510

Antimoine et régule :

	Tonnes		Francs
En 1894,	279, représentant une valeur de...		225.416
1896,	422	— — ...	274.117

Portugal. — En Portugal, on exploite les filons de *Tajada* et de *Gondomar* (sulfures à 70 0/0), de *Carrega* (minerais de 25 à 50 0/0), de *Casa Branca*, dans l'Alemtejo, etc...

La production du Portugal en minerai d'antimoine a été la suivante :

Minerai :

	Tonnes		Francs
En 1894,	803, représentant une valeur de..		244.760
1896,	595	— — ..	144.585

Allemagne. — En Allemagne, on exploite les filons de *Gold Kronack* et de *Wolfsberg* (schistes siluriens du Fichtelgebirge), de *Salzbourg* (schistes anciens de la Forêt-Noire); les mines et usines de l'Erzgebirge, du Harz, de Joachimsthal, d'Andreasberg et de Przibram, fournissent de l'antimoine comme produit secondaire.

La production de l'antimoine en Allemagne a été la suivante :

Antimoine avec manganèse :

	Tonnes			Francs
En 1894,	424,	représentant une valeur de..		326.220
1897,	1.665	—	— ..	1.053.720

Gisements filoniens divers. — On trouve encore de l'antimoine en filons (en général sulfures, quelquefois oxydes), en Angleterre (*Cornouailles*), en Suède (*Sala*).

On peut citer aussi les gîtes filoniens, reconnus et exploités en Espagne, à *San-Martino de Villalonga;* en Asie-Mineure, aux environs de *Smyrne;* à Bornéo, dans la partie anglaise (*Sarawak, Tagui, Tambusan*); au Mexique, dans le district d'*Altar* (Sonora), d'où l'on a exporté, en 1896, 3.234 tonnes de minerai valant 160.465 francs.

En Australie, dans la Nouvelle-Galles du Sud (*Munga* et *Armidal*) et dans la province de *Victoria*, on exploite des filons d'oxyde et de sulfure d'antimoine recoupant le dévonien; la production y a été, en 1894, d'environ 1.300 tonnes de minerai représentant une valeur de près de 500.000 francs, et, en 1897, de 200 tonnes seulement, valant 100.000 francs environ.

Parmi les filons d'antimoine tertiaire, les principaux sont ceux de *Felsobanya* (Hongrie), où l'on rencontre des conglomérats de frottement avec des fragments des épontes cimentés par du quartz, de la pyrite, de la blende, etc.; ceux d'*Ani-Bebbouch* et de *Djebel-Taia*, en Algérie (province de Constantine); ceux de *Pereta* (Toscane), dans les calcaires de l'éocène supérieur, qui ont été métamorphisés par des vapeurs sulfureuses.

II. — Gîtes sédimentaires

Il existe, en outre, un certain nombre de gîtes considérés comme sédimentaires par les géologues qui les ont visités et décrits, mais dont la formation pourrait s'expliquer aussi bien par une venue hydrothermale postérieure.

On trouve à *Charmes* (Ardèche) de la dolomie triasique imprégnée de stibine en veines ou en nodules, généralement en amas irréguliers.

A *Arnsberg* (Westphalie), la stibine, qui forme des couches minces de $0^m,07$ à $0^m,20$, dans les schistes siliceux du culm, est accompagnée d'un schiste coloré en noir par des particules carbonifères; la pyrite y est fréquente; la blende, la calcite et la fluorine sont exceptionnelles. Le minerai est homogène au milieu et bifurque vers les épontes; il est connu sur 80 hectares de superficie environ.

Algérie. — Le gîte de *Djebel-Hamimat* ou de *Sidi-Rgheiss* (Constantine), encaissé au milieu de calcaires noirs et d'argiles néocomiennes inférieures, fournit des oxydes d'antimoine en amas irréguliers; le minerai est compact, grenu, cristallisé ou disséminé; il existe aussi du sulfure en houppes.

La production de l'antimoine en Algérie a été la suivante :

Minerai :

	Tonnes		Francs
En 1894,	175, représentant une valeur de..		26.000
1896,	658 — — ..		94.785

États-Unis. — Aux États-Unis (Utah), sur le *Coyote Creek*, on trouve de la stibine en dépôt de $0^m,02$ à $0^m,80$ dans un grès tendre au-dessus d'un banc calcaire et d'un dépôt de conglomérats.

La production de l'antimoine aux États-Unis a été la suivante :

Métal :

	Tonnes		Francs
En 1896,	556, représentant une valeur de..		423.585
1897,	680 — — ..		536.250

Prix en 1897 : 0 fr. 35 en moyenne, la livre anglaise ($453^{gr},60$).

Les principales mines sont situées dans l'*Utah*, le *Montana*, l'*Idaho*, la *Californie* et le *Névada*.

Prix des minerais. — On vend, à Londres, l'antimoine à l'état de sulfure naturel : les premières qualités de minerais dosent 50 0/0 d'antimoine métallique (régule d'antimoine); les minerais à 30 0/0 se vendent difficilement. Les minerais oxydés sont soumis à une dépréciation, à cause de leur titre moins élevé et des frais de leur traitement. Les principales impuretés de l'antimoine sont le plomb et l'arsenic.

Si l'on considère un minerai pauvre, le prix de chaque centième de teneur en antimoine est de 3 fr. 50 à 4 francs ; mais, pour les minerais plus riches, le prix de l'unité augmente rapidement jusqu'à 8 et 10 francs pour les minerais à 50 0/0.

Soient : p, le prix de la tonne ;
t, la teneur en centièmes (dosage par voie sèche);
a, le déchet de fabrication ;
c, le cours du régule en francs par tonne ;
f, les frais de fusion et le bénéfice du fondeur, par tonne.

On a (d'après M. Burthe) :

$$p = \frac{t}{100}\left(1 - \frac{1}{a}\right)(c - f).$$

En Angleterre, $f = 450$ francs environ ; et a varie de 9 à 50, quand la teneur varie de 60 à 20 0/0.

BIBLIOGRAPHIE DE L'ANTIMOINE

1855. Gruner, *Classification des filons du Plateau Central et description des anciennes mines de plomb du Forez* (Société d'agriculture de Lyon, 23 novembre).
1869. Ville, *Gîtes minéraux de l'Algérie* (Annales des Mines, 6ᵉ série, t. XVI, p. 461).
1878. Carnot, *Gîte de Chanac* (Corrèze) (Annales des Mines, 7ᵉ série, t. XIII, p. 394).
1892. Burthe, *Sur la vente des minerais et du sulfure d'antimoine* (Annales des Mines, 9ᵉ série, t. II, p. 172).
1893. P. Burthe, *Notice sur la mine d'antimoine de Freycenet* (Annales des Mines, 9ᵉ série, t. IV, p. 15).

ALUMINIUM

On étudiera, dans ce chapitre, uniquement l'aluminium métallique et les minerais qui servent à le produire. Ses autres minéraux : les oxydes d'aluminium (rubis, saphir, etc...) seront passés en revue au chapitre des *Pierres précieuses;* les aluns, les argiles, les kaolins, etc..., seront examinés dans les chapitres relatifs à leur emploi industriel.

Propriétés physiques. — L'aluminium est un métal d'un blanc légèrement bleuâtre. Il est très ductile et très malléable et peut être réduit en feuilles extrêmement minces par le battage. Sa dureté et sa ténacité égalent celles de l'argent; il fond à 600° et n'est pas sensiblement volatil aux hautes températures. Sa densité, très faible, est de 2,56 (à peu près celle du verre et de la porcelaine); et sa chaleur spécifique est de 0,128. Il est très sonore et conduit bien la chaleur et l'électricité.

Propriétés chimiques. — L'aluminium est absolument inaltérable à l'air, même à une température élevée, et il résiste aux agents qui attaquent nos métaux usuels. Il ne décompose pas l'eau et ne noircit pas, comme l'argent, sous l'influence de l'acide sulfhydrique. Les acides sulfurique et azotique concentrés n'attaquent pas à froid ce métal; mais ils le dissolvent très lentement à chaud. L'acide chlorhydrique est le dissolvant de l'aluminium, sur lequel il réagit même à froid.

Usages. — L'emploi de l'aluminium se trouve tout indiqué lorsqu'on a besoin à la fois d'une grande légèreté, d'inaltérabilité à l'air et d'une certaine élégance. On fabrique avec ce métal, depuis longtemps, malgré le prix élevé qu'il avait conservé jusqu'à ces dernières années, des instruments d'optique et de lunetterie; on en fait des services de table, des clefs, des instruments de chirurgie, etc.

Des essais sont faits, maintenant que les prix de l'aluminium sont à peine plus élevés que ceux des métaux usuels, pour le remplacement, par l'aluminium, des pièces métalliques lourdes et oxydables qui entrent dans l'équipement du soldat. Les bidons, les marmites, les quarts et les gamelles à l'usage de l'armée seront probablement fabriqués désormais avec ce métal si léger, si propre et d'une si parfaite innocuité.

L'aluminium est employé en métallurgie comme purificateur du fer et du cuivre.

Enfin, malgré les critiques qui ont été faites contre l'emploi de l'aluminium, dont des échantillons insuffisamment purs avaient donné des mécomptes assez nombreux, particulièrement dans l'usage des ustensiles culinaires, il est certain que ce métal, qui jouit de propriétés si remarquables, sera dans peu d'années d'un usage courant.

On commence déjà à utiliser l'aluminium pour la construction des maisons. En 1899, à Chicago, on a entrepris la construction d'une habitation en aluminium dans l'un des quartiers les plus fréquentés de la ville. La maison sera formée d'un bâti en fortes poutres de fer, avec garnissage en plaques de bronze d'aluminium, tenant 20 parties d'aluminium pour 10 de cuivre. Ce bronze a un coefficient de dilatation extrêmement réduit. L'édifice aura une hauteur de 64 mètres et comportera dix-sept étages. La façade sera garnie de plaques de 5 millimètres d'épaisseur, soigneusement polies.

L'expérience indiquera si ce genre de construction peut préserver les habitants contre le froid et la chaleur, et si la sonorité des parois ne réserve pas quelques surprises plutôt désagréables aux futurs locataires.

Alliages. — La moindre proportion d'aluminium ajoutée à certains métaux — cuivre, fer, acier, etc., — en augmente la dureté et l'homogénéité.

L'alliage connu sous le nom de *bronze d'aluminium* est doué de l'éclat de l'or et de la ténacité du fer ; il contient ordinairement 90 0/0 de cuivre et 10 0/0 d'aluminium ; il est employé pour la fabrication de coussinets, de tuyaux, d'instruments de physique, etc. Sa belle couleur a permis de l'utiliser dans l'orfèvrerie.

Le *laiton d'aluminium* est formé de 2/3 de bronze d'aluminium et de 1/3 de zinc.

D'ailleurs, les alliages d'aluminium varient comme proportion, suivant l'emploi auquel ils sont destinés.

L'alliage *mitis* est un acier très ductile et très dur contenant 0,05 à 0,10 0/0 d'aluminium.

MINERAIS ET GISEMENTS

Bien que l'aluminium soit un des corps les plus répandus de la nature, le nombre de ses minerais utilisables industriellement est restreint. Les deux principaux sont la *bauxite* et la *cryolite*. La bauxite est un hydrate ferrifère d'alumine, qui contient 40 à 80 0/0 d'alumine, 0 à 20 0/0 de fer et 15 à 50 0/0 d'eau; on l'emploie aussi comme argile réfractaire, et il sert pour la préparation de l'alun et du sulfate d'alumine. La *cryolite* est un fluorure double d'aluminium et de sodium ($6NaFl + Al^2Fl^6$). L'*alumine pure* naturelle ou corindon (saphir, rubis) est employée en joaillerie; celle dont on a besoin dans la métallurgie de l'aluminium, est extraite artificiellement de l'alun, du kaolin ou de l'aluminate de soude.

Bauxite. — En dehors du gisement des *Baux de Provence*, près de Mouriès (Bouches-du-Rhône), où elle a été signalée par Berthier dès 1821 et d'où elle a tiré son nom, la bauxite est exploitée: dans la Lozère près de *Mende*; dans l'Ariège à *Péreilhes*; à *Saint-Chinian* et à *Villa-Veyrac* dans l'Hérault; à *Madriat, Boudes* et *Augnat*, en Auvergne; on en trouve également: en Irlande, à *Belfast*; dans le Piémont, à *Mozze*; en Autriche, à *Wochein*; au *Canada*, aux *États-Unis*, etc.

Gisement des Baux. — Aux Baux, on exploite à ciel ouvert ou en galeries, un banc rose ou blanc de bauxite, de 6 mètres d'épaisseur, sous un calcaire gris à cyclophores (oxfordien). La bauxite repose sur les assises supérieures de l'urgonien. Elle a une structure pisolithique qui diminue avec la teneur en fer; on y trouve du rutile, du fer titané et du corindon. La bauxite blanche, que l'on trouve au milieu de la bauxite rose, est de l'alumine hydratée pure.

La bauxite de Saint-Chinian (Hérault), qui repose sur l'infralias, est recouverte par le danien; celle de *Cantagals*, près de Villa-Veyrac (Hérault), repose sur des calcaires gris jurassiques; elle est recouverte par les couches à physes de la Bégude.

La bauxite a une origine hydrothermale; mais on ne peut pas préciser la réaction chimique à laquelle elle doit son origine.

Production de la bauxite. — En 1897, la France a produit 42.000 tonnes de bauxite; elle en avait produit seulement 33.820 tonnes en 1896, et 26.032 tonnes en 1894.

En Irlande, la production de la bauxite, qui était de 10.500 tonnes en 1895, est montée à 13.349 tonnes en 1897.

Les États-Unis ont donné 21.000 tonnes de bauxite en 1897, contre 17.369 tonnes en 1896; et, en particulier, la Pittsburg Reduction C^o, dont les usines sont situées à New-Kensington et à Niagara-Falls, produisait, en 1897, 1.814.400 kilogrammes d'aluminium à 98 0/0.

Cryolite. — *Gisement d'Ivigtut.* — On ne connaît encore actuellement qu'un seul gîte de cryolite exploité industriellement, celui d'Ivigtut près de la baie d'Arksut (Groenland oriental); on y exploite un filon de 100 mètres de longueur sur 1 mètre d'épaisseur maxima; la cryolite s'y rencontre, accompagnée d'étain, de sidérose, de fluorine, de wolfram et de pyrite.

La production du district d'Ivigtut était de 12.287 tonnes en 1895; elle a fléchi à 6.058 tonnes en 1896, par suite de l'amoncellement des glaces, qui gênait l'exploitation.

A *Miask* (Oural), on trouve de la cryolite accompagnée de topaze, de fluorine et d'un fluorure d'aluminium et de silicium (chiolite).

Prix de l'aluminium. — Le prix de l'aluminium et de ses minerais a beaucoup diminué de 1880 à 1900, depuis qu'on prépare ce métal électrolytiquement et non plus chimiquement. Ainsi, en 1880, l'aluminium métal se vendait 150 francs le kilogramme; il est vrai qu'à cette époque la production totale ne dépassait pas 2.500 kilogrammes. En 1887, le kilogramme d'aluminium ne valait plus que 60 francs, et 20 francs en 1890.

En 1894, les statistiques indiquent pour la France une production de 270.000 kilogrammes d'aluminium, avec une valeur de 1.372.000 francs, soit 5 francs environ par kilogramme, et, en 1896, 370 tonnes valant 1.295.000 francs, soit 3 fr. 50 par kilogramme environ.

Quant à la bauxite, qui valait 55 francs la tonne en moyenne, en 1890, rendue aux usines, elle ne valait plus, de 1895 à 1897, qu'une trentaine de francs au point de consommation, ou 6 à 7 francs prise à la mine ou à la carrière. — Les statistiques indiquent en effet, pour la France, une production de 26.032 tonnes de bauxite, en 1894, avec une valeur de 162.940 francs, et de 32.820 tonnes en 1896, valant 244.165 francs.

BIBLIOGRAPHIE DE L'ALUMINIUM

1870. Fabre, *Sur les failles et fentes à bauxite dans les environs de Mende* (Bulletin de la Société géologique, 2ᵉ série, t. XXVIII, p. 516).
1872. Collot, *Sur la bauxite de Saint-Chinian, dans l'Hérault* (Bulletin de la Société géologique, 3ᵉ série, t. III).
1880. Collot, *Sur la bauxite d'Olhères* (Description géologique des environs d'Aix en Provence).
1881. Dieulafait, *Sur la bauxite de Provence* (Comptes Rendus, t. XCIII, p. 804).
1885. Roule, *Sur le terrain lacustre ancien de Provence* (Annales des sciences géologiques et Comptes Rendus du 7 février 1887).
1887. Collot, *Sur l'âge de la bauxite* (Comptes Rendus, 10 janvier 1887).
1887. Collot, *Age des bauxites du sud-est de la France* (Bulletin de la Société géologique, 3ᵉ série, t. XV, p. 331).
1887. Augé, *Note sur la bauxite* (Bulletin de la Société géologique, 3ᵉ série, t. XVI, p. 345).
1888. Stan. Meunier, *Sur la bauxite* (Bulletin de la Société géologique, 3ᵉ série, t. XVII, p. 61).
1889. P. Gourret et A. Gabriel, *La bauxite et les étages qui la recouvrent dans le massif de Garbaban* (Comptes Rendus, t. CVI).
1890. Richards, *Aluminium history occurence, prospecties, etc.* (London, Sampson Low).
1895. Garnier, *l'Aluminium et le nickel* (Revue Scientifique).

LE MERCURE ET SES MINERAIS

Propriétés. — Le mercure est un métal d'un blanc très brillant, liquide à la température ordinaire; il fond à — 39° et bout à + 357°. Densité = 13,60 à l'état liquide et 14,40 à l'état solide. Il est inoxydable à l'air humide.

Usages. — Le mercure sert au traitement métallurgique des minerais d'or et d'argent dans les procédés dits de l'amalgamation. On en emploie aussi une certaine quantité pour la construction d'appareils de physique, baromètres, thermomètres, cuves à mercure des laboratoires, etc.

Il servait aussi pour la dorure; mais ce procédé, très nuisible à la santé des ouvriers, est presque entièrement remplacé par la dorure galvanique.

Alliages. — Les alliages du mercure portent le nom d'amalgames. L'*amalgame d'étain* forme ce qu'on appelle le tain des glaces. Pour le préparer, on fait couler du mercure sur une feuille d'étain, et on applique la glace par dessus.

L'*amalgame de bismuth*, formé d'une partie de mercure et de quatre de bismuth, adhère encore plus fortement au verre; il sert à faire des boules argentées.

L'argenture est souvent préférée maintenant à ces amalgames, à cause de l'insalubrité des vapeurs mercurielles.

Sels de mercure. — On emploie des quantités considérables de mercure à la fabrication du vermillon. Le vermillon, poudre rouge très éclatante, est du sulfure de mercure. Le plus estimé est celui qui vient de Chine où l'on emploie un mode de fabrication inconnu en Europe. A la mine d'Idria, en Autriche, on le fabrique en grand en faisant chauffer un mélange de mercure et de soufre; on broie et on porphyrise ensuite le *cinabre* artificiel (Hg_2S) ainsi obtenu.

Le *calomel*, ou sous-chlorure de mercure, sert en médecine comme vermifuge et comme purgatif.

Le *sublimé corrosif* est du protochlorure de mercure. Il a la propriété de rendre imputrescibles les substances organiques.

Le *fulminate de mercure*, ou cyanure de mercure, est employé pour les amorces.

Enfin la médecine utilise différents onguents mercuriels.

Tous ces usages sont assez limités; aussi le mercure n'atteint-il que des prix relativement peu élevés, malgré sa rareté.

La consommation des dix dernières années est restée sensiblement constante et égale à 120.000 bouteilles ou 4.000 tonnes. L'usage a prévalu de compter ainsi par bouteilles (bottle, flask ou fiasco), à cause de la façon constante dont s'est effectué le transport du mercure dans des bouteilles en fer contenant $34^{kg},65$.

Le grand marché du mercure est à Londres; son prix varie entre 5 et 7 francs le kilogramme.

MINERAIS DU MERCURE

Le véritable minerai de mercure est le *cinabre*, ou protosulfure de mercure, d'une couleur rouge caractéristique; il est parfois accompagné d'un sulfure amorphe gris, appelé métacinabre.

On connaît encore la *tiemannite*, qui est un séléniure, et l'*onofrite* (séléniosulfure); un sulfoantimoniure, la *livingstonite*; un tellurure, la *coloradoïte*; deux chlorures, le *calomel* et la *coccinite*, et des amalgames d'or et d'argent.

Géogénie. — Le sulfure de mercure, au lieu de s'être déposé dans de larges fentes de fracture, comme les sulfures de beaucoup d'autres métaux, remplit en général des réseaux de petites veinules le long d'une direction filonienne principale. Le terrain encaissant se trouve ainsi transformé en une sorte de stockwerk, dans lequel on trouve des amas lenticulaires assez peu développés. Parfois aussi le cinabre imprègne le terrain, grès ou schiste, par porosité. Grâce à la rareté du mercure, on est amené à exploiter des gisements dont la teneur ne dépasse pas 1/2 0/0.

Qu'il soit en veinules ou en imprégnations, le cinabre ne paraît pas avoir été déposé par substitution, et nous admettrons avec M. Becker, qui a spécialement étudié la question, qu'il a été apporté et déposé **par** des venues hydrothermales. Sans doute était-il à l'état de sulfure double de mercure et de sodium, sel soluble qu'on retrouve dans les geysers actuels de la Californie, appelés *steamboatsprings*. Ce sulfure double peut dissoudre l'or, la pyrite de fer et celle de cuivre, corps qui accompagnent souvent le cinabre.

Le cinabre se rencontre dans presque tous les terrains : silurien, carbonifère, permien, trias, tertiaire ; on l'a trouvé aussi dans différentes roches : porphyres, trachytes et basaltes.

Quant à l'âge des venues mercurielles, il est difficile à préciser, comme celui de tous les dépôts filoniens. On peut cependant assigner une origine récente à presque tous les dépôts de cinabre. Les seuls gisements auxquels on puisse attribuer, d'ailleurs sans preuves certaines, une origine ancienne, **sont ceux d'Almaden et d'Oviedo, en Espagne, et ceux de la Bavière et du Palatinat.**

A défaut d'ordre géologique, on adoptera un ordre géographique (France, Europe, Asie, Amérique, Australie) pour l'examen des divers gisements de mercure. On décrira avec plus de détails les mines importantes d'Almaden (Espagne), d'Idria (Carniole), de Sièle (Toscane) et de Sulfur-Bank et New-Almaden (Californie).

DESCRIPTION DES GISEMENTS

Gisements de la France. — On n'exploite en France aucun gîte de mercure ; cependant on en trouve en divers endroits.

A *Ménildot*, dans la Manche, une mine a été ouverte de 1730 à 1742 sans résultat appréciable.

A *la Mure* (Isère), des tentatives faites de 1850 à 1854 n'ont pas eu plus de succès.

Dans l'Isère, le cinabre a encore été rencontré à *Challanges*, dans des veines de galène et de blende, et à *Allemand*, avec un amalgame d'argent.

On trouve aussi du cinabre à *Peyrat* (Haute-Vienne), dans du granite.

En Corse, près du cap *Corse*, le cinabre est associé à de la stibine, dans des granulites.

Gisements de l'Algérie. — En Algérie, on trouve quelques gisements de mercure ; dans le département de Constantine :

A *Bir-Beni-Salah*, au sud de Coleo, où l'on rencontre du cinabre et de la galène dans des gneiss.

A *Taghit*, au sud-ouest de Batna, dans des filons de cinabre de blende et de galène, dans le terrain néocomien;

Enfin à *Ras-El-Ma*, auprès de Jemmapes, où il existe des filons de cinabre et de barytine, dans des calcaires liguriens.

La dernière seule a donné lieu à une exploitation qui est, du reste, aujourd'hui abandonnée.

Gisements de l'Espagne. — Outre la mine d'*Almaden*, sur le versant nord de la Sierra-Nevada, dans la province de Ciudad Real, le seul gisement espagnol qui ait une importance industrielle est celui de *Mieres*, dans les Asturies.

Almaden. — Le gîte d'Almaden contient la plus ancienne **mine de mercure : il était** connu quatre cents ans avant Jésus-Christ; depuis l'invention de l'amalgamation, la production s'y est sans cesse accrue. Le gisement s'enrichit constamment en profondeur.

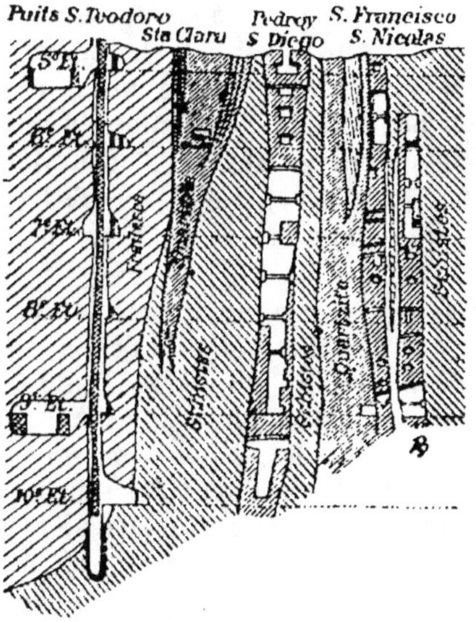

Le cinabre imprègne trois couches de quartzites siluriens, d'une épaisseur de 8 à 10 mètres; les couches, encaissées dans des schistes siluriens et dans une brèche de quartz, de serpentine, de schiste et de calcaire avec ciment felspathique appelée frailesca (V. *fig*. 93), sont très redressées et forment les **trois filons de** *San-Pedro y San-Diego*, *San-Francisco* et *San-Nicolas*. A partir de 200 mètres de profondeur, leur régularité est beaucoup plus grande; vers 260 mètres, les deux derniers filons semblent se confondre.

Le gisement est divisé, par les mineurs, en trois catégo-

Fig. 93. — Coupe sud-nord du gisement d'Almaden (d'après M. Küss).

ries : le minerai pauvre, qui tient de 1 à 7 0/0 de mercure; le minerai moyen, de 8 à 20 0/0; le minerai riche, dont la teneur peut aller jusqu'à 85 0/0.

Le gîte est exploité par étages de 25 mètres, et, dans chaque étage, par tranches de 3^m,50 environ. Le douzième étage a été préparé en 1895. On enlève les foncées de deux en deux et on les remplace par un massif de maçonnerie, reposant sur une voûte très surbaissée. De cette façon on peut enlever jusqu'aux dernières parcelles du minerai. Le chiffre élevé des frais d'exploitation, 100 à 105 francs par tonne, y compris la mise en bouteilles, est, du reste, moins grevé par ce muraillement (qui ne revient qu'à 17 francs par tonne, fournitures comprises) que du fait même de l'abatage. Un piqueur, payé 4 à 5 francs par jour, ne peut travailler que quatre heures par jour et pendant sept à huit jours seulement chaque mois, tant sont délétères les vapeurs mercurielles.

La production du district d'Almaden a été de 16.076 tonnes de minerai en 1896, donnant 41.330 bouteilles, soit 1.426.188 kilogrammes de mercure, avec un rendement moyen de 8,87 0/0. En Espagne, la production du mercure a été, en 1897, de 49.540 bouteilles, dont 47.357 pour *Almaden* (en augmentation de 6.027 sur 1896), 1.600 pour *El Porvenir* (Mieres), 472 pour l'*Union Astuariana* et 111 pour la *Soterrana* (Pola de Leña).

Gisements de l'Allemagne. — A la fin du siècle dernier, l'Allemagne produisait une certaine quantité de mercure. — Mais les mines de la *Bavière* et du *Palatinat* n'ont pas pu descendre au-dessous de 200 mètres sans que leur appauvrissement les rende inexploitables. Elles consistaient en filons et en imprégnations de cinabre dans des schistes gris et des conglomérats du permien supérieur. La dernière mine exploitée, celle de *Potsberg*, près d'Altengrau, est fermée depuis longtemps.

Gisements de l'Italie. — Le gisement de *Vallalta*, en Vénétie, dans la province de Belluno, est connu depuis de longues années; son exploitation avait été reprise en 1856; mais, depuis 1880, elle est abandonnée définitivement. Le gîte se trouve au contact de microgranulites et de grès et schistes triasiques. Le cinabre était en veinules dans un conglomérat spécial, sorte de brèche de frottement, formée lors de l'ouverture du filon. Le plus grand amas exploité avait 30 mètres d'épaisseur et une teneur moyenne en mercure de 0,5 0/0.

En Toscane, la mine de *Levigliani*, près de Seravezza, est très ancienne; la couche y est disséminée dans des veines irrégulières de quartz. La mine de *Jano*, près de Volterra, où le cinabre imprègne des schistes bitumineux, n'a pas donné les brillants résultats qu'elle avait fait entrevoir.

Mais les mines du mont Amiata ont pris, depuis 1880, un magnifique essor. En particulier, celles de *Siele* et de *Cornacchino* viennent directement, comme chiffre de production, après celle d'Idria en Autriche.

Siele. — La mine de Siele, appelée *Diaccialetto*, est située sur la rive gauche du torrent de Siele. Le gisement se trouve dans des couches calcaires triasiques qui sont plus ou moins marneuses. On exploitait d'abord des petits filons et des petites couches de spath calcaire mélangé de cinabre, et la mine avait déjà fait faillite quand on trouva, à la profondeur de 50 mètres, des couches argileuses dont l'une, dite *Grand-Diga*, contient de 35 à 90 0/0 de mercure.

A la mine de *Cornacchino*, sur le mont Penna, le gisement

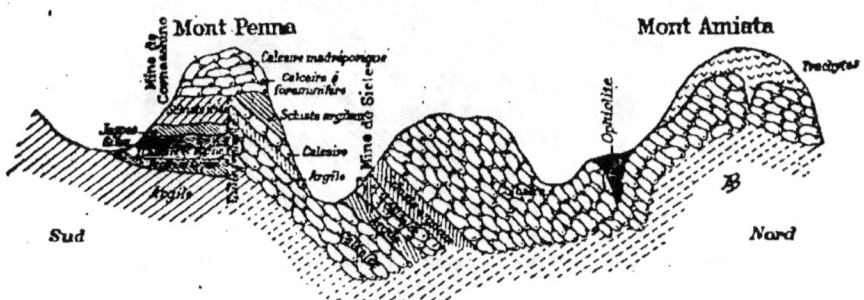

Fig. 94. — Coupe nord-sud des Mines de Siele et Cornacchino
(d'après M. Jasinski).

se trouve aussi dans des couches argileuses, au milieu du calcaire nummulitique.

Les deux mines de Siele et de Cornacchino ont produit ensemble, en 1890, 449 tonnes de mercure, valant sur place 2.920.000 lires et, en 1897, séparément : Siele, 150 tonnes, et Cornacchino, 50 tonnes de mercure.

Une nouvelle Compagnie s'est formée en 1897, pour exploiter les mines de mercure d'*Abbadia* (Toscane).

L'Italie produisait au total, au moyen de onze mines, en 1894, 258 tonnes de mercure métal, représentant une valeur de 1.135.200 lires, et, en 1896, 186 tonnes valant 874.200 lires.

Gisements de l'Autriche. — La mine d'Idria (Carniole) est la plus importante d'Europe après celle d'Almaden.

Idria. — Le gisement d'Idria est exploité par le Gouvernement Autrichien depuis le milieu du XVI° siècle. En 1865, il semblait épuisé et ne trouva pas acheteur à 3.300.000 francs ; mais, dès l'année suivante, la production reprit, et elle fournit actuellement à l'Autriche un bénéfice annuel de 800.000 francs.

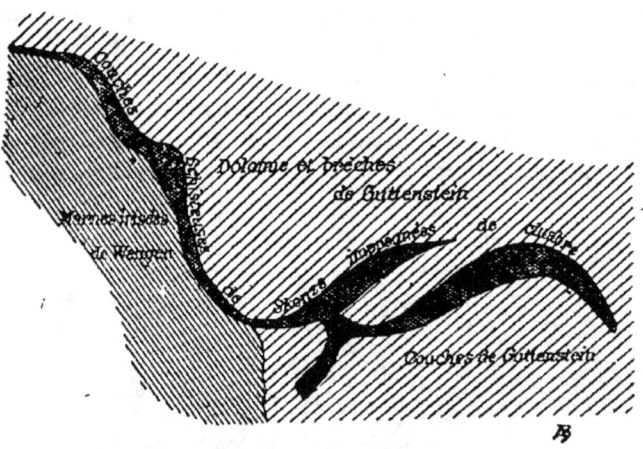

Fig. 95. — Coupe verticale du gisement d'Idria (district du nord-ouest).

Le gisement se divise en deux districts : celui du nord-ouest et celui du sud-est. Dans le premier, le cinabre imprègne des couches schisteuses triasiques, appelées couches de *Skonza* ; ces couches plongent entre les marnes irisées de *Wengen* et les dolomies de *Guttenstein* jusqu'à une profondeur de 280 mètres, puis se divisent en deux branches, l'une montant et l'autre descendant à travers le calcaire.

La branche inférieure est en relation avec le district sud-est, où la couche affecte la forme d'une cuvette renversée.

Le mercure est très irrégulièrement disséminé : il forme parfois des amas lenticulaires, puis disparaît complètement.

Le calcaire dolomitique du toit est souvent imprégné de mercure, grâce à une infinité de veinules qui partent des couches de Skonza. Dans certains endroits, on trouve même du mercure natif.

L'arrivée au jour, du mercure à Idria, semble s'être produite par des fissures provenant d'un mouvement postérieur au trias supérieur. Le sulfure de mercure en dissolution s'est concentré dans les schistes poreux et dans les fissures des grès.

Le minerai le plus riche, le *stahlerz*, contient 75 0/0 de mercure; mais la teneur moyenne n'est que de 0,84 0/0. La production annuelle d'Idria est d'environ 550 tonnes de mercure métal. On peut encore citer, en Carniole, le gisement de *Potocnig*, près de la ville de Neumarkt. On y trouve le cinabre en veinules et en petites mouches dans un schiste noir du muschelkalk. Production annuelle, 20 tonnes de mercure environ.

La mine de *Littaï*, près de Marburg, d'où l'on tire de la galène avec de la cérusite, produit aussi du cinabre qui enveloppe les noyaux de galène et qui paraît dû à une venue postérieure.

On peut rappeler pour mémoire les mines de la *Bosnie*, qui produisaient 5 tonnes de mercure en 1891 et 1/2 tonne en 1895. Une Compagnie anglaise s'est formée, en 1897, pour exploiter des gisements de mercure nouvellement découverts en Croatie, à *Trystin*.

La production totale du mercure, en Autriche, a été, en 1894, de 519 tonnes, représentant une valeur de 2.641.795 francs, et provenant de 84.127 tonnes de minerai.

En 1896, la production du mercure a atteint en Autriche 564 tonnes valant 2.874.237 francs, et provenant de 83.305 tonnes de minerai.

Gisements de la Hongrie. — En Hongrie, les filons-couches de *Grobe* et *Drozdziakow*, à *Kotterbach*, et celui de *Kahlchoh*, à Szlovinka, exploités comme filons de chalcopyrite, contiennent du cinabre et du cuivre gris mercuriel, avec de la stibine, minéral toujours associé au mercure dans ces régions. Les filons de *Dobschau* et de *Metzenseifen*, voisins des précédents, sont exploités uniquement pour mercure.

La production totale de la Hongrie, qui était de 26 tonnes en 1883, est tombée à 10 tonnes en 1890. En 1896, elle n'était plus que de 1.100 kilogrammes, valant 5.590 francs.

Gisements de la Russie. — Dans le sud de la Russie, près de *Nikitoffka*, au centre du bassin houiller du Donetz, sur la voie ferrée de Koursk-Kharkow (gouvernement d'Ekaterinoslaw), le mercure a été signalé dès 1879. Une exploitation y a été entreprise, en 1886, et a pris une extension rapide. Le cinabre imprègne un banc de grès houiller très incliné; il tient en moyenne 0,80 0/0 de mercure et a fourni, en 1893, 201 tonnes de mercure valant 1.102.420 francs.

En 1895, la production s'est élevée à 434 tonnes représentant une valeur de 1.855.000 francs seulement.

Gisements de la Chine. — Le mercure paraît abondant en Chine, où l'on fabrique de grandes quantités de vermillon. Les mines, très importantes, paraît-il, sont inconnues; tout au plus peut-on affirmer qu'elles sont dans la province de *Kwei-Chau*, récemment ouverte au commerce étranger.

En *Corée*, notamment dans la province de *Hoang-Hai*, il existe aussi des gisements de mercure qu'on exploite, comme en Chine, en allumant des feux dans des trous creusés au milieu des roches imprégnées de cinabre et recueillant le mercure qui se distille et se condense sur la surface de la roche.

Gisements des îles de la Sonde. — Dans l'île de Bornéo, il existe d'importantes mines de mercure à *Tégora*, dans le district de Sarawak; le cinabre y est contenu dans un schiste argileux en masses irrégulières; il est accompagné de pyrite et de stibine. La production annuelle dépasse 2.000 bouteilles.

Gisements du Japon. — Au Japon, il existe quelques gisements de cinabre, entre autres celui de *Shizu*, dans la province d'Hirado. Le minerai se rencontre en veines minces, au milieu de roches éruptives.

La production du mercure au Japon a été de 2.141 tonnes en 1893. En 1895, elle est tombée à 481 tonnes. Les renseignements pour les années suivantes ne nous sont pas encore parvenus.

Gisements de la Californie. — Les mines de Californie, découvertes vers 1845, après avoir produit 2.800 tonnes en 1875 et révolutionné le marché du mercure, se sont rapidement épuisées, et produisent à peine 20.000 bouteilles, soit à peu près 650 tonnes de mercure par an actuellement.

Les gisements de mercure s'y présentent sous une forme nettement filonienne, dans des terrains divers, du trias au tertiaire. Le cinabre est accompagné de pyrites, de matières bitumineuses de quartz résinite ou d'opale, etc...

Les principales mines sont celles de *Sulphur-Bank*, près du lac Clear; celles des districts de *Knoxville* et de *Ohathill* tout à fait épuisées, et enfin celles de *New-Almaden* et de *New-Idria*.

Sulphur-Bank. — Sulphur-Bank, dans la Californie, est une colline recouverte de soufre, qu'on exploita d'abord, sans grand succès, comme mine de soufre. En 1873, on reconnut que le soufre recouvrait un gisement de cinabre. Le minerai y est pauvre; il contient 1 0/0 seulement de mercure; mais l'exploitation, qui se fait à ciel ouvert, est facile. Le cinabre est généralement amorphe, accompagné de pyrite avec des matières bitumineuses, de la silice et de la calcite. Le terrain encaissant est le néocomien; il est bouleversé par des phénomènes volcaniques récents, coulées de basalte, sources chaudes, lacs de borax. L'eau des sources chaudes contenant des carbonates, des borates, des chlorures et des sulfures alcalins, est capable de dissoudre le cinabre, sous une pression suffisante. Il est possible que ce soient des sources analogues qui aient amené le minerai; celui-ci aurait été précipité par diminution de pression. Le rendement, qui diminue beaucoup, est d'environ 1.500 bouteilles chaque année.

New-Almaden. — La mine de New-Almaden est la plus ancienne de la Californie. Le cinabre y imprègne le terrain néocomien profondément métamorphisé. Le calcaire et les grès, recoupés en tous sens par les veinules du minerai, forment des stockwerks alignés le long de filons irréguliers.

Le mercure est accompagné de silice, de matières bitumineuses et de pyrite. Les galeries sont très étendues, et la mine a déjà fourni de grandes quantités de minerai. En 1874, elle paraissait épuisée, lorsqu'on a trouvé de nouveaux filons, moins riches, il est vrai, mais plus réguliers. La production totale de New-Almaden a été, jusqu'en 1899, d'environ 1 million de bouteilles. En 1897, elle était de 4.700 bouteilles.

Gisements du Mexique. — On a étudié les moindres gisements de mercure du Mexique, à cause de l'intérêt qu'ils avaient pour l'amalgamation des minerais d'argent; mais les résultats n'ont pas été brillants au début. Tout au plus pourrait-on citer, jusqu'en 1894, les gîtes de mercure de *San-Onofrio* et de *Guadalcazar*, qui se trouvent dans des calcaires crétacés.

Mais d'importants gisements de mercure, découverts en 1894, sont exploités dans le district de *Moctezuma*, à 115 kilomètres au nord-ouest de San-Luis de Potosi. La première mine ouverte (Dulces-Nombres) a été louée, moyennant une redevance mensuelle de 15.000 francs, par la Société des Mines de mercure de Guadalcazar. La mine de *Guadalupana*, à deux kilomètres de Dulces-Nombres, a été ouverte en 1897; le minerai exploité contient une forte proportion de mercure. Les autres principales mines du Mexique sont celles de *Nuevo-Potosi*, exploitées également par la Société de Guadalcazar, et de *Huitzuco* (État de Guerrero). Une nouvelle mine a été ouverte, dans l'État de Durango, en 1898.

Gisements du Brésil. — On commence à exploiter, au Brésil, de grands dépôts de minerai tenant de 1 à 2 0/0 de mercure, près de *Nazareth*.

Gisements de la Colombie. — En Colombie, quelques travaux ont été entrepris dans le district de *Kamloops*, au nord du lac de ce nom. Le minerai, à gangue dolomitique, est contenu dans une roche tertiaire très acide, d'origine volcanique. On connaît aussi des gîtes de mercure près de *Cruces*, dans l'isthme de Panama et dans la vallée de *Santa-Rosa* (province d'Antioquia).

Gisements du Pérou. — Le Pérou a été un pays grand producteur de mercure; mais ses gisements sont aujourd'hui abandonnés. Dans la province d'Ancachs, la mine de *Santa-Cruz* a été arrêtée par suite de dégagements abondants d'acide carbonique. Dans le district d'Huancavelica, dont la mine la plus riche était celle de *Santa-Barbara*, on trouvait le mercure en imprégnations dans du grès. Le cinabre était cinabre était accompagné de minerais **arsénicaux**, avec gangue de calcite et de barytine.

Australie. — En Australie, on a découvert d'importants gîtes de cinabre dans la Nouvelle-Galles du Sud, à *Noggriga-Creek*, et dans la Nouvelle-Zélande près de Thames, à *Manga-kirikiri-Creek*.

La production de mercure (métal) dans le monde entier a été de 3.709 tonnes en 1895, et de 4.275 tonnes en 1897.

BIBLIOGRAPHIE DU MERCURE

1871. De Monasterio y Correa, *Mines d'Almaden* (Revue universelle des Mines et Annales des Mines, 7° série, t. I, p. 443).
1874. Virlet d'Aoust, *Sur le gisement du cinabre à Almaden et au Mexique* (Bulletin Société géologique, 3° série, t. II, p. 416).
1874. Jannetaz, *Sur le mercure métal, trouvé dans les terrains récents* (Bulletin Société géologique, 3° série, t. II, p. 416).
1876. Hollande, *Sur le mercure de Corse* (Bulletin Société géologique, t. IV, p. 31).
1876. Leymerie, *Mercure dans les Cévennes* (Toulouse, Académie des Sciences, 7° série, t. VIII, p. 132).
1878. Blake, *Sur les gisements de cinabre en Californie et au Névada* (Bulletin de la Société de l'Industrie minérale).
1878. Kuss, *Mémoire sur Almaden* (Annales des Mines, 7° série, t. XIII, p. 39 ; t. XV, p. 524).
1878. Rolland, *Les gisements de mercure de Californie* (Bulletin Société minérale, n° 6, et Annales des Mines de septembre).
1880. Petiton, *Note sur la mine de mercure de Siele en Toscane* (Annales des Mines, 7° série, t. XVII, p. 35).
1883. E. de Launay, *Mémoire sur Idria* (Manuscrit à l'Ecole des Mines).
1889. Briard, *Journal de voyage sur les Mines de Mieres* (Manuscrit à l'Ecole des Mines).
1889. Hoskold, *Mémoire général sur les Mines de la République argentine*.
1891. Weiss, *Usine à mercure de Nikitoffka* (Mémoire manuscrit à l'Ecole des Mines).
1894. Calderon, *Recientos trabajos sobre el origen y formacion de los depositos de mercurios*, (Madrid Actas de la Sociedad **Espagñola de** historia *naturale*).

CHAPITRE IV

LE CARBONE ET SES COMPOSÉS
COMBUSTIBLES MINÉRAUX ET HYDROCARBURES

Carbone. — Le carbone est un corps simple, solide, non métallique, entrant dans la composition d'un grand nombre de substances minérales :

1° Comme corps simple avec ou sans azote (diamant, graphite);

2° Combiné avec l'hydrogène (carbures d'hydrogène, gaz naturels, pétrole, bitume, asphalte, ozokérite, ambre);

3° Combiné avec l'oxygène, l'hydrogène, l'azote et parfois avec un peu de soufre (anthracite, houille, jais, lignite, tourbe).

Les divers composés du carbone qui se trouvent à l'état naturel, soit en couches, soit en imprégnations dans la terre, seront étudiés dans ce chapitre.

Seuls, les gisements de diamant (carbone pur) et de jais (variété de lignite) seront examinés plus loin avec les pierres précieuses.

GRAPHITE

Propriétés physiques et chimiques. — Le graphite naturel est, à l'état pur, composé presque exclusivement de carbone avec des traces d'oxyde de fer, d'azote, de silice et d'alumine. Il est généralement connu sous les noms de *plombagine* et surtout de *mine de plomb*, parce que, comme le plomb, il présente un aspect métallique et laisse sur le papier des traces noires et brillantes, d'où son nom, tiré de γραφειν : écrire. Il est cristallisé en petites paillettes d'un gris d'acier, ou en masses feuilletées, onctueuses au toucher et se laissant rayer par l'ongle. La densité des graphites les plus purs, qui proviennent de Ceylan et du Canada, et qui contiennent jusqu'à 99,8 0/0 de carbone, est de 2,26 ; elle varie entre 1,80 et 2,40 pour le graphite des autres provenances. Ce corps ne brûle que dans l'oxygène, à une température élevée ; il conduit bien la chaleur et l'électricité.

Usages. — On emploie à la fabrication des crayons, sous le nom de mine de plomb, les variétés grenues de graphite les plus pures ; les gros morceaux sont sciés en baguettes prismatiques que l'on introduit dans des gaines de bois. Les petits morceaux pulvérisés et la poussière provenant du sciage sont, après mélange avec de la gomme ou de la colle de poisson, comprimés en briquettes destinées elles-mêmes au sciage pour la fabrication des crayons.

Pulvérisé et traité par des procédés spéciaux, le graphite donne une pâte qui, moulée, constitue le crayon conté.

Certaines qualités de graphites sont employées comme combustible en métallurgie (Rhode-Island).

On confectionne des creusets réfractaires avec des graphites impurs auxquels on ajoute de l'argile jusqu'à la proportion d'un tiers ; on choisit pour cet usage les graphites écailleux ne contenant pas de chaux et surtout pas de fer, pour éviter la formation de silicates fusibles et de colorations ocreuses. En poussière fine et délayée dans un peu d'huile, la mine de plomb sert à noircir les objets en fer, en fonte ou en tôle. Elle les préserve de l'oxydation et leur donne, par le frottage, une surface brillante de métal neuf.

titue le cambouis employé, sous le nom de *vieux oing*, au graissage des essieux de voitures, des tourillons, des engrenages, etc. On emploie aussi le graphite, seul et bien pulvérisé, pour adoucir le frottement des pistons dans les cylindres des machines soufflantes.

On s'en sert également pour la garniture des moules de fonderie, et, en galvanoplastie, pour métalliser les sulfures non conducteurs des moules et empêcher leur adhésion avec le métal déposé.

GISEMENTS

Bien que le graphite soit abondant dans la nature, notamment dans les micaschistes et les schistes anciens métamorphiques, il n'existe qu'un nombre limité de gisements industriels, en Sibérie, en Bohême, aux États-Unis, au Canada, à Ceylan, etc...

On peut diviser les gisements de graphite en trois catégories, d'après les indications géologiques de leur formation.

1° Graphite dans les roches éruptives cristallines (Sibérie, district d'Irkoutsk);

2° Graphite dans les gneiss et les micaschistes (Bohême, Etats-Unis, Canada);

3° Graphite dans les terrains anciens, tels que les grès siluriens (Cumberland), le dévonien (Ceylan) et le houiller (New-Mexico).

I. — Graphite dans les roches éruptives cristallines

Sibérie. — On trouve du graphite en Sibérie dans les monts *Batougol*, près d'Irkoutsk, au milieu des schistes anciens (graphite terreux avec 50 0/0 d'argile) et dans les granulites, d'où l'on extrait des blocs purs de 30 à 40 centimètres (97 0/0 de carbone) d'un graphite facile à tailler et à débiter en crayons (Mine Alibert). Le climat rigoureux a fait abandonner ces gisements et a empêché l'exploitation de ceux de *Touroukhansk*.

Gisements divers. — On a trouvé aussi du graphite dans le Turkestan russe près de *Kouldja* et de *Serguipol*, ainsi que dans la Russie d'Europe près de Krivoï-Rog, à *Tcheronnaia* sur la rive gauche de l'Ingouletz, et non loin de là, à *Mironovka*, près de Petrovo, etc... Il en existe aussi dans les granites des Pyrénées (*mont Labour*), dans les diorites de *Barèges*, et dans le porphyre du *Harz;* M. Friedel a reconnu du graphite dans des échantillons de diamant; la présence du graphite a été également constatée dans des mines de diamant du Cap, près de *Kimberley*, par M. Moulle.

II. — Graphite dans les gneiss et les micaschistes

Bohême. — En Bohême, le graphite se trouve à *Krümmau* où on en fait une exploitation souterraine, et à *Schwartzbach*, entre des gneiss et des micaschistes, dans une zone d'amphibolites analogue à celle du Plateau Central français. Le gisement de Schwartzbach se trouve au voisinage de calcaires cristallins en amas, couchés suivant la stratification et couverts par une imprégnation ferrugineuse de quelques centimètres. Le graphite extrait est affiné, c'est-à-dire trié, broyé et soumis à une séparation par densité dans des cuves à eau.

On trouve des gîtes analogues à *Sivojanow* (Bohême), à *Muhldorf* (basse Autriche), à *Passau* (Bavière) et à *Pistau* (Moravie).

L'Autriche a produit, en 1896, 35.972 tonnes de graphite valant brut, sur le carreau de la mine : 3.041.145 francs.

Tonkin. — On trouve du graphite au Tonkin dans les gneiss, à *Yen-Bay* sur les bords du fleuve Rouge. Les gisements reconnus semblent importants; mais leur exploitation était à peine commencée en 1899.

États-Unis. — On a découvert, en 1883, à *Ticonderoga* (New-York), des bancs de graphite interstratifiés dans les gneiss de Blackhead Mountain. Les veines, de 2 à 20 centimètres, alternent avec des gneiss et plongent à 45°, jusqu'à plus de 100 mètres de profondeur. Le minerai est préparé comme celui de Bohême et sert surtout à la fabrication des creusets.

Il existe aussi des gîtes de graphite dans le Massachusetts, à *Sturbridge* et dans l'Etat de New-Jersey, ainsi qu'en Californie, à *Senwa*. On a extrait aux États-Unis, en 1897, 450.487 kilogrammes de graphite cristallisé, valant 225.435 francs.

Les États-Unis produisaient, en 1885, 200 tonnes de graphite valant 910 francs la tonne, et, en 1890, 6.000 tonnes valant 600 francs la tonne.

Nouvelle-Angleterre. — On exploite à *Rhode-Island* (New-England) des couches de houille métamorphisée en graphite. A *Cumberland-Hill* et à *Cranston*, ce graphite, intermédiaire entre le graphite et l'anthracite, est employé en métallurgie (procédé Eames).

Canada. — Au Canada (*Lochaber* et *Buckingham*), le graphite imprègne des gneiss, au voisinage de calcaires cristallins, comme en Bohême. Le graphite, en paillettes ou en amas, est accompagné de calcite, de quartz, de pyroxène, d'apatite et de sphène, provenant sans doute de l'action de l'acide titanique sur le calcaire.

On trouve des gisements analogues au val d'*Andlau* (Vosges), à *Visen* (Portugal) et près d'*Oran* (Algérie).

III. — GRAPHITE DANS LES TERRAINS ANCIENS

Angleterre. — Les mines, aujourd'hui abandonnées, de *Borrowdale* et de *Kesswick* (*Cumberland*) fournissaient du graphite formant des veines dans des grès et des schistes. A *Cummoch*, on exploitait des lentilles de graphite dans des gneiss. Les mines de graphite du Cumberland donnaient au xvie et au xviie siècle, un bénéfice net annuel d'un million de francs.

Ceylan. — Le graphite des gisements de Ceylan, assez importants, est aujourd'hui supplanté sur le marché par le graphite américain. Les mines principales sont situées autour de *Colombo*, au sud de Ceylan, probablement dans le dévonien.

BIBLIOGRAPHIE DU GRAPHITE

1872. Dionys Stur, *Graphite de Moravie* (*Verh. der K.K. geol. R.*).
1877. Obalski, *Rapport sur les mines du Canada*.
1879. Bonnefoy, *Gîtes de graphite de la Bohême méridionale* (*Annales des Mines*, t. XV, p. 157).
1887. *Mineral resources of the United States*, p. 351 et 672.

COMBUSTIBLES MINÉRAUX

Les combustibles minéraux, que l'on pourrait plus proprement appeler combustibles végétaux minéralisés, sont composés de carbone avec de l'oxygène, de l'hydrogène et de l'azote en proportions variables. Selon les conditions de leur dépôt, ils contiennent plus ou moins de matières terreuses et d'impuretés diverses, qui forment les cendres, résidu de leur combustion.

D'après leur composition chimique, leur âge, leur mode de formation et leur usage, on les distingue en quatre catégories :

L'anthracite, la houille, le lignite et la tourbe.

Géogénie. — Les premiers de ces combustibles ont été formés par la transformation de matières végétales après transport, macération et dépôt dans des eaux profondes. Le lignite et la tourbe ont été formés, au contraire, dans des estuaires et des marais peu profonds.

Rapidité de la formation des dépôts de combustibles. — On pensait autrefois que le temps de formation des dépôts de combustibles avait été très considérable (près de dix siècles pour 1 mètre de combustible); mais les expériences de M. Fayol, à Commentry, ont démontré que la formation avait dû être beaucoup plus rapide et que certains bassins houillers avaient pu être formés en quelques centaines d'années.

On étudiera successivement chacune des quatre catégories de combustibles indiquées ci dessus, en commençant par celles dont le dépôt est généralement le plus ancien et la formation la plus complète.

I. — ANTHRACITE

On appelle anthracites les combustibles minéraux qui sont les plus éloignés de leur origine végétale.

Bien qu'il y ait eu de nombreuses théories relatives à l'origine de la houille et de l'anthracite, les observations et les expériences de MM. *Grand'Eury* et *Fayol* ont démontré bien nettement que ces combustibles minéraux sont formés de résidus végétaux posés à plat et superposés d'une façon nette et constante, ce qui implique l'action d'un véhicule liquide.

Ces résidus végétaux sont des feuilles, des lambeaux d'écorces, des fragments de troncs ou de rameaux de plantes terrestres et non aquatiques. Les terrains dans lesquels poussaient ces plantes et ces arbres étaient certainement très humides et favorisaient, avec le climat tropical des époques anciennes, le développement énorme de la végétation.

Les plantes enlevées par des torrents, avec des graviers et de la vase, ont été transportées souvent à de grandes distances et se sont accumulées dans des lacs ou des deltas renfermant des eaux tranquilles, où les matériaux se sont déposés en se séparant suivant leur densité. Selon la rapidité des torrents, la profondeur des lacs et la puissance de la végétation à l'époque des crues, les dépôts formés ont produit des couches de combustible plus ou moins puissantes et plus ou moins barrées de lits de sables (transformés en grès) et de boues argileuses (transformées en schistes).

Les anthracites ne sont pas toujours les plus anciens combustibles comme formation géologique; mais ce sont ceux qui présentent l'état le plus parfait de carbonisation. La plupart des anthracites peuvent être considérés comme des houilles métamorphisées (*Etudes de M. Gruner sur le bassin houiller d'Ahun, et de MM. Chaper et Moissenet sur les combustibles du Colorado, etc...*). D'ailleurs, dans les régions montagneuses et dans le voisinage des roches éruptives, comme dans les Alleghanys et dans le massif alpin, les combustibles minéraux sont généralement de l'anthracite. En s'éloignant de ces régions, le combustible devient bitumineux et passe à la houille.

Propriétés physiques et chimiques de l'anthracite. — L'anthracite (du grec ανθραξ, charbon) est une roche noire, quelquefois amorphe, possédant un demi-éclat métallique assez vif, malgré son aspect vitreux. L'anthracite est d'autant plus apprécié qu'il est plus dur; quelquefois friable sous la pression des doigts, il exige souvent un choc assez fort pour être brisé. Cassure conchoïdale. Dureté $=2$ à $2,5$. Densité $=1,30$ à $1,75$. Infusible au chalumeau et inattaquable par les acides, l'anthracite se dissout cependant dans un mélange d'acide nitrique et de chlorate de potasse à chaud, en donnant des acides bruns. Sa combustion ne peut guère être obtenue qu'avec une masse assez considérable d'anthracite et sur des grilles avec bon tirage; mais elle donne alors beaucoup de chaleur.

L'anthracite brûle par la surface, lentement, sans fondre et sans se déformer, avec une flamme très courte, rougeâtre et peu éclairante; il ne dégage que peu de fumée, se fend et décrépite au feu. La composition élémentaire de l'anthracite est la suivante : 90 à 95 0/0 de carbone pur, 1,25 à 4 d'hydrogène, et 1,50 à 4,25 d'oxygène et d'azote. — L'anthracite se montre composé de cellules et de fibres non déformées (d'après M. Gümbel) et quelquefois associées à des débris de fusain.

La combustion en vase clos produit (cendres déduites) 88 à 94 0/0 de carbone fixe et 12 à 6 0/0 de matières volatiles. Dans le Centre et le Midi de la France, on trouve cependant des charbons tenant jusqu'à 15 0/0 de matières volatiles et brûlant comme de l'anthracite.

Usages. — L'anthracite est utilisé principalement pour le chauffage domestique dans des foyers fermés.

Les menus sont employés, à cause de la lenteur de leur combustion, pour la cuisson de la chaux destinée aux usages agricoles et pour la fabrication des briques.

L'anthracite a un pouvoir calorifique qui atteint 9.000 à 9.200 calories. Un kilogramme d'anthracite pur peut vaporiser de 8 kilogrammes à $8^{kg},500$ d'eau. Enfin l'anthracite est employé en métallurgie pour la fabrication de la fonte; mais cette application exige des conditions particulières qui ne sont pas remplies par tous les anthracites exploités.

Pour être métallurgique, l'anthracite, qui ne donne que du coke pulvérulent, doit être employé à l'état cru. Il est donc indispensable qu'il ne soit pas friable, afin de ne pas s'écraser dans les hauts-fourneaux. Il doit se présenter en morceaux de la grosseur de deux poings environ et ne pas trop décrépiter. Les anthracites de Pensylvanie, qui décrépitent moins que ceux d'Europe, ont pu être appliqués au chauffage des locomotives et utilisés avec succès pour la métallurgie dans les hauts-fourneaux; ceux du pays de Galles ont été aussi employés dans la métallurgie; mais il ne semble pas que les essais aient été très satisfaisants; les hauts-fourneaux qui avaient été établis à cet usage en Angleterre ont été abandonnés en 1898. Des essais analogues ont dû être repris en 1899 en Russie. On fait actuellement des essais en Indo-Chine pour employer les anthracites dans la métallurgie du fer, soit à l'état cru pour les anthracites durs, soit à l'état d'agglomérés pour les anthracites friables.

GISEMENTS D'ANTHRACITE

L'anthracite se rencontre principalement dans les terrains dévonien et carboniférien et dans le silurien. Il en existe aussi dans certains bancs métamorphisés qu'on a rattachés au jurassique. Mais la période trilobitique semble être la période propre à l'anthracite

Gisements de la France (Dauphiné). — En France, il existe des gisements d'anthracite dans la *Savoie* et le *Dauphiné;* M. Élie de Beaumont les rattache aux couches jurassiques métamorphiques des Alpes; mais ils semblent appartenir plutôt à l'étage stéphanien, ainsi que ceux que l'on rencontre en Suisse. On y a fait, depuis quelques années, un certain nombre de recherches qui pourront leur donner un développement appréciable. Du côté de *la Mure* (Isère), quelques sondages ont amené des découvertes toutes récentes dans des terrains qui correspondent au faisceau inférieur de Saint-Étienne et qui pourraient être fructueusement exploitables. La production du bassin de la Mure (cinq couches principales, de $0^m,50$, $6^m,00$, $1^m,00$, $1^m,50$ et $0^m,60$ de puissance moyenne) a été, en 1898, de 223.000 tonnes d'anthracite valant environ 16 francs la tonne. Les gisements de la Haute-Savoie (*la Moëd*) se retrouvent en Suisse, au col du *Chardonnet* (Valais).

Roannais. — Dans le Roannais on trouve un important dépôt de **grès anthracifère** de 300 mètres de puissance environ, appartenant au houiller inférieur (Culm des Anglais, époque dinantienne), caractérisé par des encrines, des calamites et des lépidodendrons, assez rares d'ailleurs. Les fougères, si abondantes dans le véritable terrain houiller, manquent ici complètement. Le grès anthracifère du Roannais contient un certain nombre de couches d'anthracite assez irrégulières qui affectent une allure en chapelet. Le bassin est sillonné de dykes de porphyre feldspathique qui le découpent en sections de peu d'étendue. La puissance des veines d'anthracite varie de $0^m,50$ à 2 mètres avec quelques renflements locaux atteignant jusqu'à 7 mètres. L'anthracite y est généralement assez schisteux et à éclat un peu terne et tient 8,5 0/0 de matières volatiles et de 10 à 25 0/0 de cendres. Ce charbon brûle difficilement, mais ne décrépite pas au feu. Il est utilisé pour la cuisson de la chaux et un peu pour le chauffage domestique. On l'a employé, vers 1857, pour la métallurgie du fer.

Les principales concessions du Roannais sont celles de *Bully*, de *Jœuvres*, de *Combres* et de *Charbonnière*. Elles sont actuellement inexploitées, bien qu'elles renferment encore un assez fort tonnage de combustible et que les affleurements seuls aient été déhouillés.

Bassins du Gard, de la Loire et de Blanzy. — Les couches inférieures des bassins houillers de la Loire, du Gard, du Creusot et de Blanzy sont anthracifères. Dans ces bassins, des recherches récentes ont fait entrevoir des richesses nouvelles, qui pourront être en pleine exploitation dans quelques années.

Massif armoricain et basse Loire. — Dans l'ouest de la France, les départements de la *Mayenne*, de la *Sarthe*, de la *Loire-Inférieure*, des *Deux-Sèvres* et de la *Vendée* renferment de petits bassins anthracifères malheureusement très limités.

Les dépôts carbonifériens y forment une étroite traînée dans des plis de grès dévonien.

A cette formation se rattachent les anthracites de *Montigné-l'Huisserie* (Mayenne), que Triger et de Verneuil considèrent comme antérieurs au véritable terrain houiller, ainsi que ceux de *Solesmes, Maupertuis, Gomer* et *Fercé*, dans la Sarthe.

Le calcaire marin de cette région est recouvert, en certains points, par des assises de schistes et de grès qui renferment les anthracites de *Poillé* et de la *Bazouge-de-Chemeré*, avec la flore du culm. Le bassin de la basse Loire, de la Vendée et du Poitou est formé également par une bande étroite de carbonifère encaissée dans des assises dévoniennes. A la base se trouvent des schistes avec débris de lamellibranches, des poudingues et des grauwackes à stigmaria. Au-dessus, on trouve, dans la Vendée et le Poitou, les gisements de *Faymoreau*, de *Vouvant*, de *Saint-Laurs* et de *Chantonnay*. Cette formation qui se continue au sud-ouest, atteindrait, entre Chalonnes et Rochefort, d'après M. Bureau, une épaisseur de plus de 1.000 mètres et contiendrait vingt-cinq couches d'anthracite dont huit seulement seraient exploitables. Les couches plongent toutes vers le Nord, et les inclinaisons sont de plus en plus fortes quand on va du Sud au Nord du bassin.

Les gisements de la région occidentale de la France contiennent des couches généralement très minces, très inclinées, à allure en chapelet et sillonnées de nombreuses failles. Le combustible qu'on en extrait est une houille anthraciteuse souvent impure et chargée en cendres.

Sur trente-neuf concessions houillères accordées dans l'ouest de la France, treize seulement sont exploitées et fournissent ensemble une centaine de mille tonnes seulement de combustibles minéraux.

Nord de la France. — L'important bassin houiller du Nord et du Pas-de-Calais renferme, dans sa partie septentrionale, un faisceau de veines de houille maigre se rapprochant, par leur composition, de l'anthracite ; mais il n'existe, en réalité, de houille anthraciteuse que près de la frontière belge, dans le département du Nord. Cette houille est exploitée aux environs de Vieux-Condé, dans les concessions du Nord du bassin, exploitées par les Compagnies d'Anzin et de Nœux-Vicoigne ; elle appartient à la partie inférieure de l'étage houiller.

Le faisceau de *Vieux-Condé* comprend une vingtaine de veines exploitables, tenant de 7 à 11 0/0 de matières volatiles et de 3 à 7 0/0 de cendres. La fosse de Vieux-Condé, appartenant à la Compagnie d'Anzin, a recoupé le terrain houiller à 27 mètres de la surface. L'exploitation, commencée en

1853, est parvenue, aujourd'hui, à une profondeur de près de 500 mètres. Les mines de *Flines-les-Raches* et la fosse n° 3 d'*Ostricourt*, situées à la limite nord du bassin, près de Douai, produisent également de la houille anthraciteuse tenant de 8 à 10 0/0 de matières volatiles et crépitant légèrement à l'allumage. La houille anthraciteuse du Nord est employée pour le chauffage domestique, pour la cuisson des briques, pour la préparation de la chaux, etc.

La production de l'anthracite, en France, a été en 1898 d'environ 1.600.000 tonnes, dont 302.287 tonnes comme suit : Hautes-Alpes, 10.700 ; Isère, 210.287 ; Loire-Inférieure, 19.040 ; Maine-et-Loire, 14.608 ; Mayenne, 34.798 ; Sarthe, 2.258 ; Savoie, 10.417 ; Haute-Savoie, 179.

Pour les autres départements producteurs d'anthracite : l'*Ardèche* (Martrimas), la *Côte-d'Or*, l'*Aude* (bassin de Ségure), l'*Hérault* (Castanet et Saint-Geniès), la *Loire*, le *Nord*, le *Puy-de-Dôme* et la *Saône-et-Loire*, d'après la production totale de houille et d'anthracite, et la proportion moyenne d'anthracite extrait, on peut estimer la production totale à 1.300.000 tonnes pour 1898.

Gisements de la Belgique. — En Belgique, ce n'est guère que dans le Nord du bassin de Charleroi que l'on rencontre du charbon maigre anthraciteux appelé en certains points du pays *terre-houille*, à cause de sa nature friable et de la forte proportion de menus et de poussiers qu'il renferme. Cette qualité de charbon se trouve surtout dans la partie orientale du bassin, dite région de la *Basse-Sambre* (concessions de *Gemeppe*, de *Bonne-Espérance*, de *Tamines*, de *Petit-Try*, de la *Rochelle* et *Charnois*, de la *vallée du Piéton*, etc.).

Gisements de la Grande-Bretagne. — En Angleterre, dans le *Pays de Galles* (*Carmarthenshire* et *Glamorganshire*), on exploite de l'anthracite, qui est très recherché pour les foyers domestiques et pour la fabrication des briquettes.

C'est de l'anthracite de bonne qualité, donnant très peu de cendres et ne tachant pas les doigts ; il renferme des parties brillantes analogues à du graphite, mais d'un noir plus foncé. Il se rapproche beaucoup de l'anthracite de notre Plateau Central. Le terrain houiller inférieur, auquel appartiennent les couches d'anthracite du Pays de Galles, est désigné, en Angleterre, sous le nom de *lower coal measures* et repose sur les grès grossiers du *millstone grit*.

Le terrain des *lower coal measures* est formé de grès, de schistes, d'argile et de minerais de fer, alternant avec des couches d'anthracite de 0^m,30 à 1^m,50. Ces couches, d'allure très régulière, reposent sur des lits d'argile (*underclay*) assez réfractaire; le toit est souvent formé d'argile très siliceuse, à grain fin (*gannister*), employée pour le revêtement des appareils réfractaires. La flore des *lower coal measures* est caractérisée par l'abondance des sigillaires; le genre nevropteris et les cordaïtes y sont assez communs.

L'une des principales mines d'anthracite du Pays de Galles est celle de *Gwanncae-Gurwen*, au nord de Swansea; on y exploite deux couches principales de 1^m,20 de puissance qui produisent des morceaux de grandes dimensions (lumps) qu'on broie à la machine pour obtenir des fragments dits têtes de moineaux, très appréciés pour le chauffage domestique. Le menu est utilisé pour les fours à chaux.

L'exportation des combustibles du Pays de Galles est facilitée par le voisinage de la mer et par l'aménagement spécial des ports de Cardiff et de Swansea. L'anthracite était vendu dans ces deux ports, *franco* bord, environ 15 shillings par tonne, en 1898, alors qu'il était livré à 8 ou 10 shillings seulement, en 1888 (produits doublement criblés).

En 1898, en 1899 et en 1900, les prix ont augmenté à la suite de la grève des mineurs du Pays de Galles de 1898 et de la guerre du Transvaal qui ont amené une pénurie de combustible assez prolongée en Angleterre et sur le continent.

Il existe, en Angleterre, d'autres gisements d'anthracite dans le comté de *Pembroke* et sur la côte nord du *Devonshire*, au-dessus des grès à goniatites de Coldon-Hill, qui surmontent une assise assez mince de calcaire noir à posidonies. On désigne le charbon de ces gisements sous le nom de *culm*, et les couches encaissantes sous le nom de *culmiferous beds* ou *culm measures*. Ce même nom de culm a été appliqué par extension, dans les autres contrées, à une série de terrains voisins des schistes à posidonies. On exploite aussi, dans la Grande-Bretagne, les gisements anthracifères de l'*Ayrshire* en Écosse, appartenant au culm inférieur. Les couches de combustible y sont généralement assez puissantes (de 2 à 6 mètres).

Gisements de la Russie. — En Russie, le bassin houiller du *Donetz*, dont le faciès et la flore correspondent à ceux du westphalien, renferme à sa base des couches anthraciteuses dont l'exploitation prend, depuis quelques années, une grande extension (bords du lac *Onéga* et bassins secondaires de *Garoditsché* et de *Groucherka*).

Gisements de l'Espagne et du Portugal. — On doit citer encore en Europe les gisements de houille anthraciteuse d'*Espagne*, qui ont produit, en 1896, 14.895 tonnes avec une valeur de 133.940 francs, et ceux de *Portugal*, qui ont produit, la même année, 8.743 tonnes, valant 89.720 francs.

Gisements de l'Indo-Chine. — En Indo-Chine et au Japon, on trouve des gisements d'anthracite qui semblent appartenir au culm, dont on retrouve la flore. Actuellement on fait des recherches dans les environs d'Hanoï pour reconnaître l'exploitabilité des gisements de *Quang-Trieu* et de *Thaï-Nguyen* où l'on espère rencontrer de la houille faisant coke, ou, tout au moins, un anthracite suffisamment dur pour être employé à l'état cru pour la métallurgie. L'utilisation des charbons du Tonkin pour la métallurgie permettrait de mettre en valeur les importants gisements de minerai de fer que contient notre colonie, et l'Indo-Chine pourrait être appelée, par la suite, à approvisionner de fer et d'acier tous les pays d'Extrême-Orient, ce qui la ferait entrer dans une ère de prospérité incalculable, si la Chine persiste à ne pas faire profiter l'industrie des importantes richesses minérales qu'elle renferme. On trouve de l'anthracite au Japon dans l'île d'*Amakusa*. Les gisements de combustible de l'Extrême-Orient appartiennent en général au dinantien; ils sont formés de bassins bien plus limités qu'en Europe et subordonnés à des noyaux de terrains anciens. Ils sont entourés de sédiments marins qui se retrouvent, jusqu'à l'Europe méridionale, à travers l'Asie centrale, l'Arménie et la Russie, dans toute l'ancienne dépression méditerranéenne.

Gisements de l'Amérique (Pensylvanie). — En Pensylvanie, les gisements d'anthracite sont encaissés dans un terrain dit subcarbonifère, correspondant à l'étage dinantien d'Europe.

Le subcarbonifère repose sur le dévonien; il est formé de

600 mètres de grès et de conglomérats, recouverts par 800 mètres de schistes argileux rougeâtres, avec quelques lits de grès et de calcaires impurs. Le houiller est composé de couches de 1 à 3 mètres, avec sept couches calcaires intercalées, dont deux contiennent des fossiles marins.

Ce bassin houiller, qui porte le nom de *bassin des Apalaches*, a subi de nombreux plissements et des renversements analogues à ceux du bassin franco-belge.

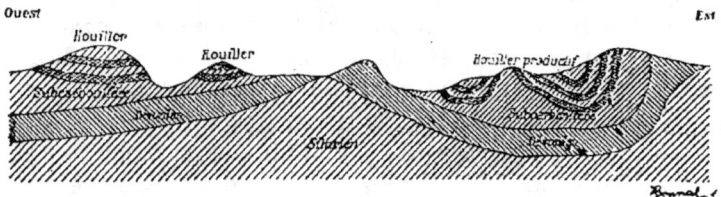

Fig. 96. — Coupe Ouest-Est du bassin des Apalaches.

Le bassin des Apalaches a une étendue considérable ; on y cite la couche de Pittsburg, de 2 mètres de puissance moyenne, qui a été suivie sans interruption, sur une surface longue de près de 400 kilomètres et large de 180 kilomètres. On connaît dans ce bassin vingt-cinq couches d'anthracite donnant une puissance totale moyenne de 21 mètres, notamment dans le gisement de Pottsville, au sud du bassin.

Les couches de combustible affleurent sans morts-terrains, ce qui simplifie beaucoup l'exploitation. L'anthracite de Pensylvanie est vitreux, à cassure conchoïdale dans tous les sens, à fragments à bords tranchants; il est complètement homogène et très pur. Il décrépite peu au feu; on l'emploie pour le chauffage domestique et pour le foyer des locomotives. Bien qu'il ne donne pas de coke métallurgique, il est suffisamment dur pour pouvoir être employé à l'état cru dans les hauts-fourneaux, pour la métallurgie du fer.

La production de l'anthracite en Pensylvanie a atteint 51.390.000 tonnes métriques en 1897, valant 450.440.000 francs.

En dehors des gisements de Pensylvanie, l'Amérique renferme des gisements d'anthracite dans le *Colorado*, le *Rhode-Island*, la *Virginie* et le *Massachusetts;* mais ces bassins sont beaucoup moins importants que celui des Apalaches. Le Colorado a produit, en 1899, 34.781 tonnes valant 527.280 francs.

II. — HOUILLE

Propriétés et caractères. — Le nom de houille, donné au charbon de terre, semble être tiré du mot saxon *Hulla*, ou encore de *Houillos*, nom d'un maréchal-ferrant de Plénevaux (Belgique), qui, le premier, eut l'idée d'employer, comme combustible, les pierres noires de charbon minéral, jusqu'alors inutilisées. La houille est une roche charbonneuse, opaque, d'un beau noir de velours, amorphe, à structure généralement feuilletée. Sa densité varie de 1,25 à 1,50. Sa dureté est assez faible (2 à 2,25); souvent même la houille peut s'écraser dans les doigts. Elle brûle facilement avec une flamme plus ou moins grande et produit généralement, après distillation, du coke ou charbon poreux de dureté variable, grisâtre, à surface mamelonnée; cependant certaines houilles ne donnent qu'un résidu charbonneux pulvérulent.

La houille diffère de l'anthracite en ce qu'elle contient ordinairement plus de matières volatiles et qu'elle donne par distillation du goudron, matière bitumineuse que ne produit pas l'anthracite. Elle est très peu hygrométrique; cette propriété la distingue de certains lignites noirs qui se rapprochent beaucoup de la houille par leur aspect et leur pouvoir calorifique.

Composition de la houille. — La composition de la houille est assez variable, suivant l'âge et les conditions de formation de chaque gisement. La combustion en vase clos donne des résultats compris entre les limites suivantes : 50 à 92 0/0 de carbone fixe et 50 à 8 0/0 de matières volatiles, cendres déduites.

L'analyse élémentaire donne pour 100 parties :

Carbone, 72 à 93; oxygène, 20 à 2; hydrogène, 6 à 4; Azote, 2 à 1.

Les matières volatiles renferment jusqu'à 12 0/0 d'eau et jusqu'à 15 0/0 de goudron ou de bitume. Le goudron de houille est produit en grand dans les usines à gaz; on en retire la benzine, la naphtaline, l'aniline, l'acide phénique et ses dérivés. Quant aux matières volatiles, obtenues par la distillation de la houille, elles se composent d'hydrogène pur, d'hydrogène carboné, d'hydrogène sulfuré, d'ammoniaque, d'azote et d'oxyde de carbone.

Cendres. — Les cendres qui restent après la combustion complète de la houille, proviennent de matières terreuses (argile, sable, oxyde ou pyrite de fer, sulfates de chaux, phosphates et arséniates), qui se trouvent dans le charbon de terre, dans la proportion de 1 jusqu'à 30 0/0 (généralement de 5 10 0/0).

Les charbons les moins chargés en cendres sont les plus recherchés; mais on tient compte aussi, dans l'emploi des diverses houilles, de la nature de leurs cendres.

Ainsi les charbons à cendres ferrugineuses et calcaires, fortement colorées, doivent être les plus recherchés, parce que leurs cendres fondent et coulent sans encrasser les grilles ni étouffer le feu. Les cendres blanches, au contraire, sont peu fusibles et se séparent en poussières qui ralentissent la combustion en couvrant le feu.

Quant aux charbons à cendres à moitié fusibles, on doit éviter de les employer, car leurs cendres fondent sans couler, empâtent les barreaux des grilles et enveloppent les parcelles charbonneuses à demi consumées, en produisant ce qu'on appelle des mâchefers.

Diverses variétés de houille. — **Leurs propriétés, leurs usages.** — On classe généralement les houilles d'après leurs proportions relatives de carbone fixe et de matières volatiles. Chacune des catégories correspond à une utilisation particulière, soit pour le chauffage domestique, soit pour la fabrication du gaz, soit pour la forge, soit pour les grilles de générateurs, soit pour la fabrication du coke.

Chaque pays et chaque centre d'exploitation adoptent une classification particulière; mais les divisions généralement adoptées peuvent être ramenées aux catégories suivantes, établies en partant de la houille maigre, variété la plus voisine de l'anthracite, c'est-à-dire la plus dépourvue de gaz; la houille maigre est celle que l'on rencontre généralement dans les parties les plus profondes des bassins houillers:

Houille maigre et houille anthraciteuse (*steam-coal* des

Anglais, *sandkohle* des Allemands, et *litantrace per locomotive e macchine navale* des Italiens);

Houille quart-grasse ou maigre flambante;

Houille demi-grasse (*household-coal, halbfette kohle, litantrace per macchine fisse*);

Houille trois-quarts-grasse (*charbon dur* des Belges);

Houille grasse à courte flamme (*coking coal, fett oder cokeskohle, litantrace per fucina*);

Houille grasse maréchale (*litantrace per fucina*);

Houille grasse à longue flamme;

Houille à gaz proprement dite (*gas-coal, gasund flammekohle, litantrace per gas*);

Houille demi-sèche, ou *flénu gras*;

Houille sèche, ou *flénu proprement dit*.

Cette classification est généralement adoptée dans l'industrie; mais il y a lieu d'observer que plusieurs des catégories ci-dessus diffèrent peu l'une de l'autre, soit par leur composition, soit par leur emploi. Dans certains gisements, par exemple, la houille grasse à longue flamme sera employée comme houille maréchale, et la houille demi-grasse sera employée pour la fabrication du coke, alors que la houille grasse à courte flamme est seule employée pour cet usage dans d'autres bassins houillers. On trouvera ci-dessous les propriétés principales de chacune des catégories de houille.

Houille maigre. — La houille maigre, que l'on appelle quelquefois houille anthraciteuse, s'allume assez difficilement; elle décrépite un peu au feu, comme l'anthracite, lorsqu'on cherche à activer sa combustion; elle brûle avec une flamme courte et bleuâtre, en ne produisant que peu de fumée; elle ne s'agglutine pas au feu. Elle est généralement plus dure et plus dense que les houilles grasses et demi-grasses (poids : 850 kilogrammes par mètre cube). Son pouvoir calorifique varie de 9.200 à 9.500 calories. Un kilogramme de houille maigre peut vaporiser environ $8^{lit},900$ d'eau.

Elle tient de 8 à 11 0/0 de matières volatiles. Le résidu qu'elle laisse après distillation est pulvérulent.

On l'emploie, mélangée à de la houille grasse et à du brai, pour la fabrication des agglomérés. On s'en sert aussi pour la fabrication des combustibles gazeux, pour le chauffage domestique et pour la cuisson de la chaux et des briques.

Ce n'est pas un bon combustible pour les grilles de générateurs, à moins qu'on n'emploie des grilles spéciales, avec une soufflerie ou un bon tirage.

Houille quart-grasse. — La houille quart-grasse, appelée aussi houille maigre flambante, s'allume un peu plus facilement que la précédente, mais ne brûle qu'avec un bon tirage, en produisant une flamme courte, blanc bleuâtre, et en dégageant parfois une légère odeur de goudron; elle donne très peu de fumée.

Sa teneur en matières volatiles est d'environ 11 à 14 0/0.

Mélangée à 25 0/0 de charbon gras, elle fournit un combustible excellent pour les chaudières à vapeur. Elle est employée, sans mélange, pour le chauffage domestique.

Houille demi-grasse. — La houille demi-grasse tient, en moyenne, de 14 à 18 0/0 de matières volatiles; elle s'agglutine un peu et se boursoufle légèrement avec un feu vif, en formant ce qu'on appelle le *chou-fleur*. Elle brûle, avec une flamme assez courte, blanche, et donne peu de fumée. Elle est moins dure à allumer que la houille quart-grasse. Un kilogramme de houille demi-grasse peut vaporiser 9 litres d'eau.

Quelquefois on rencontre des houilles demi-grasses, qui peuvent faire coke, mais à la condition qu'on opère la distillation dans des fours à sole et à parois chauffées, dont l'activité est exaltée jusqu'à sa limite la plus élevée; bien qu'agglutinés alors en masses passablement soudées, les fragments conservent encore, après la cuisson, leur figure primitive, à peine effacée par une demi-fusion. La houille demi-grasse est le combustible par excellence pour les générateurs à vapeur et surtout pour les générateurs tubulaires. Elle est également très employée pour le chauffage domestique.

Houille trois-quarts-grasse, ou charbon dur. — La houille trois-quarts-grasse a généralement un éclat un peu plus vif que la précédente; elle peut donner de bon coke; elle est un peu dure à allumer, ce qui la fait appeler quelquefois *charbon dur* (Belgique). On l'emploie pour le chauffage domestique.

Houille grasse à courte flamme, ou houille à coke. — La

houille grasse à courte flamme est à peu près semblable à la précédente; elle donne généralement du coke métallurgique de qualité supérieure, ce qui la fait souvent nommer *houille grasse à coke*. On l'emploie aussi pour les verreries. Les fines sont utilisées pour la forge. Un kilogramme de houille à coke peut vaporiser $8^{lit},250$ d'eau.

La teneur en matières volatiles varie de 16 à 23 0/0 environ pour les houilles trois-quarts-grasses et les houilles à coke.

Houille maréchale. — La houille maréchale, ou charbon de forge, est noire, à éclat vif, à texture lamelleuse, avec un aspect pailleteux. Elle s'allume facilement. Elle donne, sur foyer chargé et avec faible tirage, une flamme assez longue et fuligineuse. C'est, en somme, une houille grasse à longue flamme, très fusible. Sa densité est de 750 à 800 kilogrammes par mètre cube. Dans le foyer, les morceaux se gonflent, fondent et s'agglomèrent en une masse poreuse et continue.

Il est donc facile à l'ouvrier, qui conduit un feu de forge alimenté par de la houille maréchale, de disposer la masse agglomérée en voûte pour entourer la pièce à forger.

Cette houille est trop collante pour être utilisée au chauffage des appareils à vapeur; elle encombrerait à la longue le foyer et arrêterait la circulation de l'air. On l'emploie cependant sur les grilles, après l'avoir mélangée à 50 0/0 de houille quart-grasse, ou à diverses proportions de charbon maigre ou demi-gras.

Houille grasse à longue flamme. — La houille grasse à longue flamme est un peu plus dure que la précédente; elle pèse de 700 à 750 kilogrammes par mètre cube.

Elle donne d'assez bon coke en fours clos; mais ce coke est léger et poreux, et moins facilement utilisable en métallurgie, que le coke de la houille grasse à courte flamme.

Elle est employée aussi pour brasseries et fours à reverbère. La teneur en matières volatiles des houilles grasses à longue flamme et maréchales varie de 23 0/0 jusqu'à 32 0/0 environ. Le pouvoir calorifique est de 8.500 à 8.800 calories.

L'exploitation de la houille grasse est assez délicate, à cause de la friabilité des morceaux. Beaucoup de couches ne donnent que des menus; mais, grâce à leurs propriétés collantes, ces menus s'agglomèrent tout de suite au feu, et le charbon gras conserve sa valeur, quelles que soient les dimensions de ses fragments.

Houille à gaz proprement dite. — Les houilles à gaz, dont se rapproche le cannel-coal anglais, sont les plus riches en hydrogène. Elles ont une texture compacte et une cassure franchement conchoïdale. Elles ont une grande sonorité au choc. Dans les foyers elles brûlent avec une flamme blanche assez longue et dégagent une grande quantité de gaz. Un kilogramme de houille à gaz peut vaporiser $8^{lit},500$ d'eau environ. Elles s'agglutinent facilement, ce qui les rend d'un emploi difficile dans les gazogènes. Les houilles à gaz ont une composition assez variable, selon le gisement auquel elles appartiennent ; en général, elles tiennent de 28 à 36 0/0 de matières volatiles.

Houille demi-sèche. — La houille demi-sèche, appelée aussi en Belgique et dans le Nord de la France, *flénu gras*, tient de 30 à 40 0/0 de matières volatiles. Elle est riche en oxygène. Elle est compacte et assez dure et pèse 700 kilogrammes au mètre cube. Elle donne du coke bien formé, mais très friable ; elle n'en produit que 60 0/0 environ, alors que le charbon maigre donne plus de 90 0/0 de résidu charbonneux pulvérulent.

Le flénu gras brûle avec une flamme longue et enfumée, en s'agglutinant un peu. Ce charbon est employé pour la fabrication du gaz. On s'en sert aussi pour le chauffage domestique et pour les grilles des générateurs à vapeur.

Houille sèche. — La houille sèche, dite flénu sec, s'enflamme très facilement et brûle avec une flamme longue, vive et enfumée ; les morceaux ne fondent pas et ne se collent pas entre eux. Par la calcination en vase clos on obtient un coke très léger et pulvérulent, qui se consume rapidement et qui n'est pas utilisable dans l'industrie. La houille sèche est d'un aspect plus terne que les houilles grasses ; elle est aussi plus dure et plus compacte que ces dernières. C'est un charbon flambant qui brûle rapidement et ne tient pas au feu. Il vaporise 7 litres et demi d'eau par kilogramme. Sa teneur en oxygène est de près de 20 0/0. C'est la houille la plus oxygénée.

La houille sèche est surtout employée pour la fabrication

du gaz (330 litres de gaz par kilogramme de charbon). On s'en sert pour les verreries, la cuisson des produits réfractaires, les fours à gaz, la navigation, etc. Sa teneur en matières volatiles va de 38 à 50 0/0. On peut rattacher à la variété des houilles à gaz le *cannel-coal* et le *boghead*. Mais ces derniers sont plutôt des hydrocarbures, et on les étudiera dans le chapitre des *Hydrocarbures solides*.

Classification de la houille par grosseurs. — La valeur de la houille ne dépend pas seulement de sa nature grasse ou maigre, mais elle est aussi fonction, surtout pour les houilles maigres et quart-grasses, de la proportion de morceaux de telle ou telle dimension, que l'on peut livrer à l'industrie.

On répartit généralement, au moins en France, les charbons d'après les catégories suivantes :

Gros, houille et gros carrés. — Morceaux retenus au-dessus de barreaux de grilles espacés de 200 millimètres environ.

Gailleterie. — Morceaux retenus sur des grilles de $0^m,080$, après enlèvement du gros.

Gailletin. — De $0^m,040$ ou $0^m,050$ à $0^m,080$.

Têtes-de-moineaux ou petit-grêle lavé. — De $0^m,030$ à $0^m,040$ ou $0^m,050$ (catégorie très appréciée principalement pour les charbons maigres).

Braisettes. — De $0^m,015$ à $0^m,030$.

Criblés. — Charbons obtenus en éliminant du tout-venant, ce qui peut passer à travers certaines dimensions de grilles à écartement inférieur à 2 ou 3 centimètres. Certains charbons de cette catégorie sont classés par lavage dans des lavoirs à feldspath.

Fines, menus grelassons lavés ou non lavés, grains, grenus, braisettes, noisettes, etc. — Les fines sont la catégorie qui passe à travers les grilles des criblés ; elles contiennent des morceaux de 1 à 3 centimètres et des *poussiers*. Elles servent principalement à la fabrication des agglomérés et du coke. Quand elles contiennent une assez forte proportion de morceaux, elles sont employées avantageusement dans les chaudières.

Tout-venant. — On appelle tout-venant le charbon tel qu'il sort de la mine sans classement, mais quelquefois après enlèvement du gros.

Les catégories moyennes qui peuvent être employées à la plupart des usages sans être ni broyées ni agglomérées sont les plus appréciées.

Le gros, qui semblerait à première vue plus avantageux, ne peut généralement pas être employé sans un cassage spécial, d'où dépense supplémentaire de main-d'œuvre et production de poussier. On comprend donc aisément qu'il y ait lieu, lorsqu'on étudie les conditions d'exploitabilité d'un gisement houiller, d'examiner avec soin la proportion de chaque catégorie de grosseur que pourra fournir le charbon envisagé. On devra prendre à cet effet des échantillons aussi loin que possible des affleurements, car le combustible y est souvent terreux et effrité.

GISEMENTS DE HOUILLE

Un même bassin, et souvent une même concession, pouvant renfermer plusieurs variétés de houille, il serait illogique d'étudier chacune de ces variétés séparément.

Le mieux est de passer en revue les divers bassins houillers d'après leur ordre géographique, en indiquant très rapidement pour chacun d'eux la ou les variétés de combustibles qu'il renferme, l'âge géologique du gisement, sa nature, sa richesse et les conditions de son exploitation, s'il y a lieu.

GISEMENTS HOUILLERS DE LA FRANCE

En France, où l'on compte soixante bassins houillers distincts, couvrant 3.500 kilomètres carrés, le bassin de beaucoup le plus important est celui du Nord et du Pas-de-Calais, qui fait partie d'une longue bande houillère s'étendant de la Westphalie jusqu'en Angleterre, en passant par la Belgique et la France. Ce bassin s'étend en France de l'est à l'ouest, sur une longueur de 100 kilomètres environ ; il mesure dans le département du Nord, jusqu'à 15 kilomètres de largeur. Dans le Pas-de-Calais, sa largeur va en diminuant vers l'ouest, après avoir atteint 14 kilomètres environ dans le méridien de Lens. A la limite des deux départements, le bassin se rétrécit et ne mesure plus que 6 kilomètres. L'exploitation est faite par vingt-cinq Compagnies houillères avec 124 fosses actuellement en activité et une production de plus de 20 millions de tonnes. La production de ce bassin augmente, depuis une dizaine d'années, d'environ 1 million de tonnes tous les ans.

Nord. — Le bassin houiller du département du Nord comprend, entre autres concessions, celles de la Compagnie d'Anzin, qui constituent la plus grande exploitation de toute la France et qui, par l'ancienneté et l'importance de leurs travaux, sont universellement connues.

Dans le département du Nord, le dépôt houiller s'est formé sur le calcaire carbonifère, qui tapisse le détroit franco-westphalien de l'époque dévonienne.

Nature des terrains. — Le calcaire carbonifère repose en stratification concordante sur les assises dévoniennes ; il appartient à l'étage dinantien, et le terrain houiller qu'il renferme forme l'étage dit westphalien.

Le terrain houiller est formé de psammites et de schistes avec couches de houille. On ne connaît pas sa puissance, car les puits les plus profonds de la région n'ont même pas atteint 1.000 mètres, alors que la puissance du terrain houiller, dans les environs de Mons, près de la limite du département du Nord, serait de près de 3 kilomètres. Les couches de houille ont une puissance exploitable variant de $0^m,30$ à 2 mètres. Elles ont généralement des schistes au toit et au mur, quelquefois des grès au toit, mais jamais au mur.

Nature de la houille du Nord. — On rencontre, dans le département du Nord, une grande partie de la série des houilles, à partir de la houille maigre anthraciteuse jusqu'aux charbons gras à gaz.

La répartition, en profondeur, des différentes sortes de houille, est bien nette : les houilles les moins riches en matières volatiles sont les couches inférieures. Quant à la répartition en surface, elle a été produite par un phénomène de transgressivité des couches, avec émersion graduelle de la partie nord-est du bassin (étude de MM. Potier et Zeiller).

Les assises de la base du terrain houiller reposent en

stratification transgressive sur le calcaire carbonifère; les premiers faisceaux houillers se sont déposés dans le nord-est du détroit franco-belge, et les couches de houille qui se sont formées plus tard se sont étendues de plus en plus loin vers l'Occident, de sorte que, dans la partie orientale et la partie septentrionale, on rencontre les couches de charbon maigre, et que l'on ne retrouve qu'au sud-ouest les veines de houille grasse. Dans le centre du bassin, en certains points, on peut recouper, dans un même puits, la succession des diverses catégories de charbon.

Failles principales. — Le bassin houiller a été affecté par

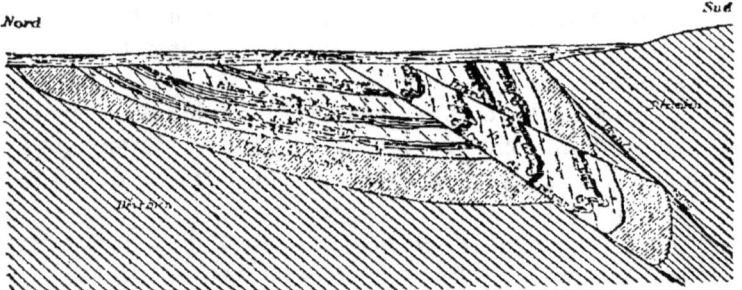

Fig. 97. — Coupe nord-sud du bassin houiller du nord de la France.

de nombreuses dislocations dont quelques-unes sont caractéristiques de la région franco-belge.

Un premier mouvement de terrains, occasionné par une poussée du sud, a amené contre le bord sud du bassin, le long d'une faille dite Grande faille du Midi, ou faille Eifélienne, les assises gédinniennes de la base, qui s'adossaient primitivement aux phyllades cambriens de la crête du Condros; puis un refoulement de la partie sud du bassin a produit une fracture et un renversement des couches houillères, carbonifériennes et dévoniennes, qui sont venues, après glissement le long d'une faille appelée faille Limite, recouvrir le centre du bassin, ainsi que le montre la figure ci-dessus. La partie supérieure du lambeau renversé a été enlevée ensuite par érosion.

Le terrain houiller du Nord appartient au houiller moyen;

on retrouve cependant un peu de houiller inférieur dans la zone anthraciteuse de Vieux-Condé, près de la frontière belge.

Morts-terrains. — La formation houillère est, dans presque toute l'étendue du bassin, recouverte de couches crétacées qui varient de quelques mètres jusqu'à 100 ou 200 mètres de puissance; ces couches renferment, à leur base, des dièves imperméables qui garantissent les travaux d'exploitation contre les venues d'eau de la surface.

Tourtia. — Sous ces morts-terrains, on rencontre généralement un lit de cailloux roulés et de roches diverses, provenant de l'érosion des terrains anciens. Ce lit, appelé tourtia, correspond au cénomanien supérieur et ne mesure, en général, que 1 à 2 mètres de puissance. En certains points, particulièrement dans la vallée de Vicq, il est accompagné d'un grès vert aquifère (torrent de Vicq), qui atteint près de 200 mètres de puissance et constitue un danger pour les exploitations, à cause des masses énormes d'eau qu'il renferme.

Mines d'Anzin. — Les mines d'Anzin, qui sont en exploitation depuis le commencement du XVIIIe siècle, sont les plus importantes du bassin (surface concédée, 28.055 hectares). Elles extraient annuellement près de 3 millions 1/2 de tonnes de houille.

En 1898, l'extraction des mines d'Anzin a atteint :

  948.546 tonnes de charbons gras.
1.333.524   —   de demi-gras....   } 3.168.007 tonnes.
  886.837   —   de quart-gras et maigres.......

En 1899, l'extraction a été de 3.154.000 tonnes.

Le bénéfice de l'exploitation, dans le courant de cette même année, en comptant les bénéfices des usines à agglomérés et des fours à coke, a été de 9.033.590 fr. 18. Sur cette somme, on a distribué aux actionnaires près de 6 millions et demi de francs, le reste étant employé, en partie, pour la création de nouveaux sièges d'exploitation.

La Compagnie d'Anzin occupe, tant au fond qu'au jour,

plus de douze mille ouvriers et paye annuellement, sans compter les traitements des ingénieurs et employés, près de 17 millions de francs de salaires.

Elle exploite, au moyen de vingt fosses en activité, des charbons maigres et quart-gras aux fosses Léonard, Lagrange, Thiers et Chabaud-Latour, des demi-gras dans la région de Somain, du charbon gras à courte flamme aux fosses Réussite, l'Enclos et Hérin, et des charbons à gaz aux fosses Renard et Rœulx (plus de cent puits ont été creusés dans les concessions de la Compagnie d'Anzin).

Autres charbonnages du Nord. — Les autres houillères du département du Nord sont :

Aniche : 11.850 hectares; 1.179.879 tonnes en 1898, contre 860.180 tonnes seulement en 1890.

Les variétés de houille extraites des mines d'Aniche sont : aux fosses Gayant, Bernicourt, Notre-Dame, Dechy et Saint-René, la houille demi-grasse et grasse, cette dernière recherchée pour la fabrication du coke, pour la forge et pour les verreries (18 à 28 0/0 de matières volatiles); et aux fosses Saint-Louis, Fénelon, E. Vuillemin, l'Archevêque et Renaissance, une houille à courte flamme donnant peu de cendres, ne collant pas et ne fumant pas (12 à 15 0/0 de matières volatiles) : cette houille est recherchée pour les générateurs à vapeur et pour la fabrication des agglomérés.

L'Escarpelle. — Production, 735.000 tonnes en 1898 contre 465.000 tonnes en 1890. — Houille grasse (pour coke et verreries) aux fosses nos 3, 5 et 7; houille demi-grasse aux fosses nos 1 et 2, recherchée pour le chauffage domestique et pour les agglomérés; houille demi-grasse et maigre à la fosse n° 6, pour chauffage domestique.

Douchy. — Production, 407.500 tonnes en 1898; houille grasse maréchale recherchée pour forges, coke, fours à réverbère, chauffage domestique, générateurs, verreries.

Flines-les-Raches. — Production, 150.000 tonnes de houille maigre pour chauffage domestique et générateurs (en 1898).

Vicoigne. — 137.000 tonnes de houille maigre (en 1898) pour chauffage domestique, cuisson de la chaux et des briques.

Thivencelles (Fresnes-Midi). — 125.000 tonnes de houille demi-grasse (en 1899), provenant de la fosse Saint-Pierre, pour foyers de générateurs, et de houille maigre, provenant de la fosse Soult, employée pour la réduction des minerais de zinc et le grillage des pyrites, la fabrication des briquettes et la cuisson des briques et de la chaux.

Azincourt. — En 1898, 115.000 tonnes de houille grasse maréchale employée pour coke, verreries, etc.

Crespin nord. — Environ 70.000 tonnes de houille à gaz.

Marly (en préparation, n'a commencé à produire qu'en 1899-1900).

Ces diverses houillères augmentent leur production tous les ans sans arriver cependant à satisfaire aux besoins de la consommation, qui nécessite actuellement l'importation de 10 millions de tonnes de houille par an, en France. Le bassin du Nord, a produit, en 1899, au total, 6 millions de tonnes de houille, alors qu'il ne produisait que 5.030.000 tonnes en 1890.

L'exploitation de la houille dans le Nord est grevée par les travaux d'aérage que nécessite la présence du grisou dans les couches profondes et par les travaux d'épuisement occasionnés par la présence des couches aquifères.

Néanmoins, les couches de charbon, étant généralement très minces ($0^m,40$ à 1 mètre en moyenne), ne nécessitent pas l'emploi de remblais ni de boisages coûteux, et, somme toute, l'industrie houillère est exceptionnellement prospère depuis 1898, le prix de vente moyen à la tonne étant de 12 à 16 francs, selon la nature du combustible (15 à 20 francs, alors que le prix de revient est de 7 à 11 francs, suivant les Compagnies exploitantes).

Bassin houiller du Pas-de-Calais. — Le bassin du Pas-de-Calais est le prolongement vers l'ouest du bassin du Nord; toutes les observations présentées pour ce dernier sont applicables au Pas-de-Calais, avec cette différence que les morts-terrains y sont plus épais (100 à 150 mètres en moyenne) et que, par suite du phénomène de transgressivité indiqué plus haut, les couches anthraciteuses ont disparu; par contre, apparaissent les houilles sèches, qui sont inconnues dans le nord-est du bassin français.

Les veines de houille exploitées ont de $0^m,30$ à 1 mètre de puissance en moyenne.

Le bassin du Pas-de-Calais s'étend de Douai, à l'est, où il

se raccorde au bassin du Nord, jusqu'aux environs d'Aire sur la Lys, à l'ouest, où le bassin se rétrécit et disparaît à l'extrémité occidentale de la concession de Fléchinelle.

Les principales houillères du Pas-de-Calais sont les suivantes :

Mines de Lens et de Douvrin. — La Compagnie de *Lens* vient d'atteindre, en 1899, le tonnage de 3 millions de tonnes exploitées au moyen de onze fosses (quatorze puits d'extraction), alors qu'elle n'extrayait que 1.643.105 tonnes en 1890 et 700.000 tonnes seulement en 1875 (superficie : 6.939 hectares).

Ce chiffre énorme de 3 millions de tonnes n'a été atteint, en France, que par les mines de Lens et par celles d'Anzin.

Les mines de Lens, étant de création relativement récente (1853), ont pu être organisées suivant les derniers perfectionnements de l'art des mines. En tant que machines, installations du jour et travaux du fond, on peut les citer comme une exploitation modèle.

Lens extrait, par ses fosses Saint-Louis et Élisabeth, des charbons à gaz tenant de 30 à 36 0/0 de matières volatiles et se rapprochant beaucoup des flénus.

Par ses autres fosses, situées au midi de la faille centrale, qui s'étend de l'est à l'ouest, dans presque toute la longueur du bassin du Pas-de-Calais, la Compagnie de Lens exploite toute la série des houilles grasses depuis les houilles à gaz jusqu'aux houilles à coke.

Au nord de la faille centrale, appelée aussi faille Reumaux, il y a un saut brusque dans la teneur des veines en matières volatiles ; au voisinage de cette faille on trouve une région peu riche, stérile même en certains points ; et, dans la région nord de la concession, on ne trouve plus que des veines demi-grasses, quart-grasses et maigres, à Vendin-le-Vieil et à Douvrin.

Bruay. — Les mines de Bruay possèdent le gisement le plus régulier du bassin, et leurs veines, affectées de très peu d'accidents, se poursuivent, toutes parallèles, sur de très grandes étendues.

L'exploitation des mines de Bruay a été longtemps arrêtée dans son développement par les venues d'eau considérables qui ont envahi les travaux à plusieurs reprises. Mais aujourd'hui la mine est armée de pompes extrêmement puissantes, tant au fond qu'au jour, et il n'est pas probable, dans l'état actuel des choses, qu'une venue d'eau, quelque importante qu'elle soit, puisse causer un arrêt prolongé ou un dommage sérieux aux mines de Bruay.

Le charbon exploité dans cette concession est de la houille demi-sèche très estimée dans l'industrie (flénu à 35 0/0 de matières volatiles, aux fosses 1, 3, 4 et 5). La fosse 2 a exploité un gisement de houille trois-quarts-grasse pour générateurs.

Tonnage extrait en 1899 : 1.630.000 tonnes, contre 878.000 tonnes seulement en 1890.

Courrières. — Les mines de Courrières renferment des veines très régulières dans la partie sud-est de la concession, un peu brouillées à l'ouest et moins riches au centre.

Production : 1.900.000 tonnes en 1899.

Cette concession est d'une exploitation relativement aisée, et, par suite, le prix de revient de la houille peut y être assez faible. Cette condition, jointe à la richesse du gisement, fait de Courrières le charbonnage qui a peut-être le plus bel avenir de tout le Pas-de-Calais.

Courrières produit toutes les qualités de houille, depuis les houilles maigres de la fosse n° 8 au nord, jusqu'aux houilles grasses à longue flamme des fosses du midi, sauf la houille à coke proprement dite. Cette situation très avantageuse permet à la Compagnie de Courrières de faire face à toutes les demandes de l'industrie et de n'être tributaire d'aucune autre Compagnie, pour les mélanges qu'elle peut avoir à faire entre des houilles maigres et grasses.

Grenay. — Cette mine exploite toute la série des houilles, depuis les houilles grasses jusqu'aux quart-grasses, au moyen de huit fosses, qui ont produit ensemble 1.480.000 tonnes en 1899.

Noeux. — 1.376.029 tonnes en 1898. — Exploitation des plus prospères, possédant toutes les qualités de charbon, depuis les houilles demi-sèches jusqu'aux maigres.

Marles. — 1.127.000 tonnes de houille demi-sèche **et grasse** en 1899, contre 760.000 tonnes seulement en 1890.

Liévin. — Cette mine exploite dans le sud du bassin, en partie sous les terrains renversés, des veines grasses à gaz et demi-sèches. Production = 1.153.000 tonnes en 1899, contre 675.105 tonnes en 1890. Cet accroissement énorme de tonnage promet de continuer encore pendant quelques années ; les travaux du midi de la concession ont en effet démontré, en 1897, que le bassin se prolongeait sous le dévonien renversé, beaucoup plus loin au sud qu'on ne l'avait admis jusqu'à ce moment, et une extension récente de la concession de Liévin va probablement être suivie d'un développement nouveau du tonnage extrait. On peut citer encore, dans le Pas-de-Calais, les mines de *Meurchin*, 455.000 tonnes en 1898 ; celles d'*Ostricourt*, 206.000 tonnes ; de *Drocourt*, 540.000 tonnes ; de *Ferfay*, 165.000 tonnes ; etc.

Le Pas-de-Calais a produit, en tout, en 1899, 14.500.000 tonnes de charbon, au moyen de soixante-quinze puits d'extraction. La production n'était que de 7.877.214 tonnes en 1890.

Le prix moyen de vente, qui était de 16 francs par tonne en 1890, est descendu à 10 francs en 1895 ; il est remonté à 16 fr. 50 en 1899, et il atteignait environ 18 francs au début de l'année 1900.

De nombreux sondages entrepris au midi du bassin, vers *Cuincy*, *Willerval*, *Souchez*, *Aix*, *Bouvigny*, *Bengin*, *Ourton*, etc., depuis et même avant la découverte récente faite à Liévin, permettent d'espérer que de nouvelles richesses houillères seront bientôt reconnues et mises en exploitation à des profondeurs variant de 800 à 1.200 mètres.

Bassin du Boulonnais. — A l'extrémité orientale du département du Pas-de-Calais, on exploite à *Hardinghen* un lambeau de terrain houiller qui doit être le prolongement du bassin franco-belge et peut servir de point de repère pour un raccordement avec le bassin anglais.

De nombreuses recherches ont été effectuées, aux environs de ce petit lambeau houiller, entre les années 1894 et 1897, à la suite de la découverte d'une veine de houille dans le fond d'un sondage fait à Douvres, lors des études entreprises pour l'exécution d'un tunnel sous la Manche

De tous les sondages forés, à cette époque, dans le Calaisis un seul rencontra, près de Wissant, une petite lentille de terrain houiller, qui est probablement inexploitable.

La concession d'*Hardinghen* a produit, en 1899, environ 1.000 tonnes de houille. Non loin de là, à *Ferques*, près de Marquise, on vient de commencer l'exploitation d'un gisement de houille, enfermé sous des terrains renversés, formés par le calcaire Napoléon, le calcaire du Haut-Banc et la dolomie de Hure. Quelques grattages avaient déjà été faits dans ce gîte et dans la concession de *Fiennes*, voisine de celle de Ferques, il y a quelques années, au voisinage de la faille qui a amené les terrains anciens au-dessus des couches en place.

Bassin de la Loire et de Saint-Étienne. — Après le bassin houiller du Nord, le plus important en France est celui de la Loire.

Il fait partie de l'étage houiller **supérieur**, ainsi que la plupart des bassins français, autres que celui du Nord et du Pas-de-Calais.

Le bassin de la Loire renferme un dépôt houiller de plus de 2.000 mètres d'épaisseur, contenant une puissance réduite de veines de houille de 50 à 80 mètres, selon les districts.

Ces veines sont généralement beaucoup plus puissantes que celles du nord de la France : elles ont une puissance moyenne de 3 à 4 mètres, allant parfois jusqu'à 15 mètres.

Le bassin de la Loire repose en stratification discordante sur une vaste dépression du terrain primitif et s'étend du nord-est au sud-ouest sur une longueur de 46 kilomètres, depuis le bord du Rhône jusqu'aux rives de la Loire.

D'après Grüner, le terrain houiller de Saint-Étienne peut se diviser en un certain nombre de faisceaux plus ou moins productifs.

En partant des terrains primitifs de la base, on rencontre d'abord une brèche de 20 à 200 mètres de puissance, qui est composée de granite, de gneiss et de micaschistes. Au-dessus on recouperait successivement :

Le *faisceau de Rive-de-Gier*, avec poudingues et grès grossiers, puis grès fins avec quelques couches de houille mesurant ensemble 12 mètres de puissance en moyenne. Ce faisceau est épais d'une centaine de mètres;

Le *faisceau de Saint-Chamond*, stérile, qui s'étend entre Rive-de-Gier et Saint-Étienne, sur une épaisseur de 800 mètres. Il est constitué, en partie, par des galets de quartz blanc;

Le *faisceau inférieur de Saint-Étienne*, qui atteint 800 mètres d'épaisseur avec une dizaine de couches, dont quelques-unes mesurent de 3 mètres jusqu'à 12 mètres de puissance;

Le *faisceau moyen de Saint-Étienne*, épais de 300 mètres, qui contient huit couches de 10 mètres de puissance totale;

Le *faisceau supérieur de Saint-Étienne*, épais de 200 mètres, qui compte une dizaine de couches mesurant ensemble 18 mètres de charbon.

Le tout est surmonté par un banc permien stérile, de près de 500 mètres de puissance, formé d'argiles et de quartz micacé.

Sur les soixante-douze concessions accordées dans ce bassin, quarante-trois seulement sont exploitées et ont été réunies entre les mains d'une dizaine de Compagnies dont les principales sont :

La *Compagnie de Roche-la-Morlière et Firminy*, qui exploite des houilles à très longue flamme (38 0/0 de matières volatiles), des houilles à gaz (32 à 36 0/0 de matières volatiles) et des houilles grasses à courte flamme donnant du bon coke (18 à 24 0/0 de matières volatiles). La production était, pour ces dernières années, de 800.000 tonnes environ par an;

La *Compagnie de Montrambert et la Béraudière* : charbons à gaz proprement dits (32 à 36 0/0 de matières volatiles), tenant de 3 à 10 0/0 de cendres. — Production annuelle : 700.000 tonnes environ;

La *Compagnie des houillères de Saint-Étienne*, avec sept puits d'extraction : production en 1898 : 598.000 tonnes de charbons à gaz proprement dits, de charbons de forge, de charbons à coke, de houilles grasses et de houilles demi-grasses, tenant de 14 à 18 0/0 de matières volatiles;

La *Compagnie des Mines de la Loire* : production : 656.000 tonnes en 1898;

La *Compagnie de Rive-de-Gier* : production en 1898 : 50.000 tonnes de houilles grasses ternes à longue flamme, dites *rafforts*, spéciales à cette région et employées surtout au chauffage domestique.

Les autres exploitations du bassin sont celles de *Saint-Chamond*, de la *Chazotte*, etc.

La production totale du bassin de la Loire a été de 3.863.000 tonnes en 1898.

Bassin houiller du Gard. — Le bassin houiller du Gard appartient aussi à l'étage houiller supérieur ; il s'étend sur une superficie de 12.000 hectares, mais n'affleure que sur les deux tiers de son étendue, le reste étant recouvert par le trias ou par des calcaires jurassiques.

Il repose directement sur les schistes précambriens. A la base du bassin, on trouve un conglomérat à gros blocs reliés par une pâte argileuse. Cette assise, épaisse de 200 à 300 mètres, renferme des rognons d'anthracite, des nodules de fer carbonaté et des paillettes d'or. Elle est surmontée par l'étage de Bessèges, puissant de 800 mètres environ, contemporain de celui de Rive-de-Gier et le plus riche du bassin.

Au dessus se tient l'étage de la Grand'Combe, puissant de 500 mètres et séparé du précédent par des assises de grès sableux et de schistes fissiles.

L'étage supérieur est celui de Portes, puissant de 600 mètres, reposant sur une assise de 300 mètres de terrains stériles qui recouvrent l'étage de la Grand'Combe. Le tout est surmonté, en certains points, par une assise de poudingues avec galets de porphyre.

Le bassin est coupé en deux, par la montagne du Rouvergue. A l'ouest se trouvent les concessions de *Rochebelle*, de la *Grand'Combe*, de *Portes* et de *Cessous*, dans la vallée du Gardon ; à l'est, celles de *Bessèges*, de *Gagnières*, de *Trélys* et de *Lalle*, dans la vallée de la Cèze. Le bassin du Gard a produit, au total, 2.199.000 tonnes de houille en 1898.

Les *mines de Rochebelle*, situées dans la partie occidentale du bassin, près d'Alais, comptent vingt-cinq couches de charbon, dont la puissance totale est de 40 mètres environ. Ce charbon, demi-gras près de la surface du terrain houiller, devient plus maigre en profondeur (15 à 18 0/0 de matières volatiles). Il est très apprécié pour le chauffage domestique et pour les chaudières à vapeur ; il sert aussi à la fabrication des agglomérés.

En 1898, Rochebelle a fourni 300.000 tonnes de houille, au moyen de deux puits d'extraction.

Les *mines de la Grand'Combe* extraient des charbons gras, tenant 22 à 24 0/0 de matières volatiles. Mais, en profondeur, on n'y rencontre plus que des houilles demi-grasses.

Près du massif de Rouvergue, les veines deviennent plus maigres encore (10 0/0 de matières volatiles). La production de la Grand'Combe a été de 799.000 tonnes en 1898.

Aux *mines de Bessèges*, dans la partie orientale du bassin, on a déjà reconnu vingt couches de houille tenant ensemble 25 mètres de combustible.

La production de Bessèges, en 1898, a été de 534.000 tonnes de houille grasse.

Bassin houiller de Saône-et-Loire. — Le bassin houiller de Blanzy-Creusot, long de 40 kilomètres, fait partie d'une bande houillère encore mal connue, qui s'étend jusqu'aux Vosges vers Ronchamp.

Les deux principales Compagnies exploitantes de ce bassin sont celles de *Blanzy*, à l'ouest (Montceau), et du *Creusot*, au centre, vers Monchanin.

Dans la *concession de Blanzy* on exploite quatre veines de houille dont la puissance varie de 8 mètres à 30 mètres.

Ces couches, selon la région et la profondeur où on les rencontre, ont une teneur très variable en matières volatiles. De 38 0/0 dans les parties hautes du bassin, elles tombent à 12 et 8 0/0 en profondeur, principalement vers le sud-ouest.

On obtient ainsi, dans cette concession, des houilles sèches à longue flamme et des houilles maigres anthraciteuses. Mais ces combustibles sont très impurs, ce qui nécessite l'installation de lavoirs puissants et coûteux.

Les menus anthraciteux lavés servent à la fabrication d'agglomérés, très appréciés pour la navigation.

La Compagnie de Blanzy a produit 1.699.000 tonnes en 1898.

Les *mines du Creusot* ne produisent que des houilles anthraciteuses et quart-grasses (82.000 tonnes en 1898). Ces derniers produits, ainsi que les menus d'anthracite, sont employés dans la métallurgie; l'anthracite gros est vendu pour les foyers domestiques. La concession de *Montchanin*, exploitée par la Société du Creusot, produit de la houille grasse, (80.000 tonnes en 1898).

Le gisement d'Épinac, près d'Autun, dans le nord de Saône-et-Loire, produit, sur 6.241 hectares concédés, environ 110.000 tonnes de combustible par an : houille maigre à courte flamme, au puits Hottinguer, vers le sud du bassin; houille grasse maréchale, au puits de la Garenne, vers le nord; et houille sèche à longue flamme au puits Bonnard, à l'est.

Bassin du Bourbonnais. — Dans le Bourbonnais on rencontre le pli synclinal carboniférien du Roannais, qui se prolonge jusque dans la Creuse.

Tout le long de ce pli se trouvent des lentilles houillères peu étendues (Buxière-la-Grue, etc.), avec une flore plus récente que celle de Commentry.

Le bassin de *Commentry*, situé au sud du Bourbonnais,

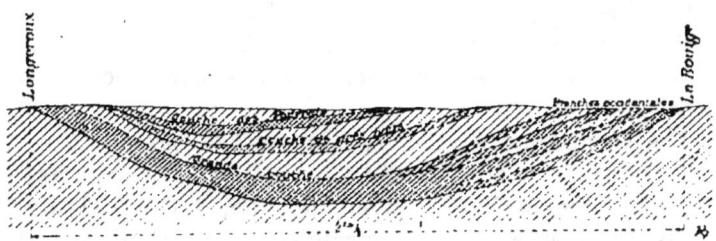

Fig. 98. — Coupe du bassin de Commentry

dans l'Allier, est le plus important de cette série de gisements. Il comprend les concessions de *Commentry*, des *Ferrières*, etc., et, un peu à l'est, celles de *Bézenet*, de *Doyet*, *Montvicq*, etc.

Le gisement de Commentry est encaissé dans les gneiss, au contact de nombreux filons de granite et de porphyre. Il renferme, entre autres, une grande couche de charbon de 20 mètres de puissance environ, qui se subdivise, en certains points, en plusieurs veines. Cette couche, exploitée à ciel ouvert, atteint, en certains points, de 40 à 50 mètres de puissance.

La formation appartient, par sa flore, à l'étage le plus élevé du stéphanien.

La houille extraite est du charbon gras à longue flamme, servant aux générateurs de vapeur, au chauffage domestique, à la forge et à la fabrication du coke et du gaz d'éclairage.

La production des mines de Commentry et Montvicq a été, en 1896, de 571.816 tonnes.

Bassin houiller de l'Aveyron. — Le bassin houiller de l'Aveyron, aux environs d'Aubin, semble formé de trois faisceaux distincts.

Le faisceau inférieur, qui existe dans les concessions d'*Auzits* et de *Rulhe*, a été formé dans un delta spécial, au sud-est du bassin, avec des conglomérats.

Le faisceau moyen a été engendré par un delta, à l'époque des calamodendrées ou du stéphanien supérieur (concessions de *Cransac*, etc.).

Le faisceau supérieur ne contient plus de conglomérats ; il s'est déposé, après un mouvement du sol, en discordance sur les assises plus anciennes. Ce faisceau, dit faisceau de Bourran, se retrouve vers Decazeville et Saint-Roch, au nord du bassin.

La Compagnie de Campagnac possède, près de Cransac, les concessions de *Lavernhe* et du *Mazel* ; elle exploite une houille demi-sèche à longue flamme, tenant 35 0/0 de matières volatiles et 8 0/0 de cendres. Ce charbon est surtout employé pour la forge et les verreries. Il sert aussi à la fabrication du gaz, au chauffage domestique et au chauffage des générateurs.

La production a été, à Campagnac, de 275.000 tonnes en 1896.

La Société des Aciéries de France, qui exploite, près d'Aubin, les concessions de *Cransac*, de *Combes* et des *Issards*, produit annuellement, en moyenne, 350.000 tonnes de houille, 40.000 tonnes de briquettes et 15.000 tonnes de coke.

Le charbon extrait est du demi-sec flambant, employé principalement pour la fabrication du gaz, le chauffage des générateurs, la céramique et la métallurgie.

Les *mines de Decazeville* ont une partie de leur exploitation à ciel ouvert. Elles renferment une couche de houille qui atteint 60 mètres d'épaisseur. Cette puissance énorme complique l'exploitation et occasionne des incendies dans la couche, par suite d'éboulements et de frottements de la houille, surtout au voisinage des travaux anciens non remblayés, dont les boisages desséchés facilitent l'inflammation spontanée. Cette inflammation est provoquée par l'oxydation des limets de pyrite de fer qui se trouvent intercalés dans la couche de houille.

La production a été, en 1896, à Decazeville de 426.713 tonnes de houille grasse à longue flamme servant à la fabrication du coke et du gaz et au chauffage domestique.

Les mines de Decazeville, exploitées par la Société de Commentry-Fourchambault, comptent six concessions mesurant ensemble 2.140 hectares.

Le département de l'Aveyron (16 concessions exploitées) a produit, en 1898, 1.083.000 tonnes de houille, en augmentation de 64.000 tonnes sur la production de l'année précédente.

Bassin houiller du Tarn. — Dans le Tarn, les houillères de *Carmaux* et d'*Albi* exploitent un bassin qui contient plus de grès que de schistes. On y retrouve la flore de la base du stéphanien avec cinq couches exploitables mesurant ensemble 16 mètres de charbon. Le bassin s'enfonce à l'ouest, sous les grès bigarrés.

Les *mines de Carmaux* produisent annuellement près de 500.000 tonnes de houille grasse, bonnes pour la forge, le chauffage domestique et le chauffage industriel. Ces mines sont exploitées depuis le commencement du xixe siècle et comprennent sept puits, répartis entre quatre sièges, qui ont produit 557.000 tonnes en 1898.

Les *mines d'Albi*, dont l'exploitation ne date que de 1886, exploitent, par an, en moyenne, 100.000 tonnes de charbon gras à longue flamme, tenant 30 à 32 0/0 de matières volatiles. Ce charbon est employé pour la forge, la fabrication du gaz et du coke. La production des mines d'Albi tend à augmenter (143.000 tonnes en 1898).

Bassin houiller de l'Hérault. — Le bassin houiller de

l'Hérault contient sept concessions dont les quatre principales ont été réunies par la *Société de Graissessac*. Les trois autres sont exploitées par la Compagnie houillère de l'Hérault.

Le charbon extrait est anthraciteux, maigre et demi-gras, et sert à la fabrication de la chaux et des briques; il est aussi employé pour le chauffage domestique et la fabrication du coke.

Les mines de Graissessac produisent annuellement 200.000 tonnes de houille environ (195.753 tonnes en 1898).

Bassin du Cantal. — Dans les mines de *Champagnac*, dans le Cantal, on exploite de la houille grasse maréchale propre au chauffage industriel et domestique.

Production annuelle, 80.000 tonnes de houille et 30.000 tonnes d'agglomérés.

Bassin du Puy-de-Dôme. — La Société de la Haute-Loire exploite dans quatre concessions situées à la limite du Puy-de-Dôme, entre *Sainte-Florine* (Haute-Loire) et *Brassac* (Puy-de-Dôme), une houille tenant de 17 à 24 0/0 de matières volatiles, employée pour le chauffage domestique, la forge et divers usages industriels (180.000 tonnes par an environ).

Les houillères de *Saint-Éloy* exploitent dans le Puy-de-Dôme un charbon flambant à très longue flamme tenant de 36 à 40 0/0 de matières volatiles, employé dans les brasseries, les fabriques de porcelaine, etc. (environ 250.000 tonnes par an).

La Compagnie de Commentry-Fourchambault exploite, près de *Brassac*, trois concessions qui fournissent annuellement environ 80.000 tonnes de houille grasse, demi-grasse et maigre au moyen de quatre puits d'extraction.

Des recherches sont faites actuellement par diverses Sociétés, pour retrouver le prolongement du bassin, au sud-ouest.

Bassin de la Creuse et de la Corrèze. — Le bassin houiller de la Creuse et de la Corrèze renferme un certain nombre de lentilles houillères.

Le plus important des gisements de la région occidentale est celui d'*Ahun*, dans la Creuse. On y exploite des houilles maigres et demi-grasses, propres à la cuisson de la chaux, des ciments et de la porcelaine, au chauffage domestique et à la fabrication des agglomérés.

La production est d'environ 200.000 tonnes de houille et de 60.000 tonnes d'agglomérés par an.

Bassin de la Haute-Saône. — On peut citer encore les mines de *Ronchamp* (Haute-Saône), qui s'enfoncent sous des grès rouges permiens. Il est possible que le terrain houiller de Ronchamp aille rejoindre en profondeur le bassin de Sarrebruck. On exploite, à Ronchamp, trois veines principales, mesurant ensemble près de 10 mètres de charbon (121.490 t. en 1898). Une autre concession de houille exploitée par la même Compagnie dans la Haute-Saône, celle d'*Eboulet*, a produit 95.451 tonnes en 1898.

Gisements du massif armoricain. — Dans l'ouest de la France il existe quelques lambeaux houillers, peu importants d'ailleurs.

Normandie. — On connaît, en Normandie, ceux de *Littry* dans le Calvados et du *Plessis* dans la Manche, qui appartiennent au stéphanien supérieur. Les couches y sont recouvertes en stratification concordante par des sédiments de l'époque permienne. Elles ont été exploitées sur une longueur de 1.500 mètres et une largeur de 300 mètres.

Basse Loire. — Dans la Mayenne et la basse Loire, les gisements de combustibles contiennent généralement des anthracites et ont été étudiés au début de ce chapitre.

A l'ouest du bassin de la basse Loire, on trouve, dans les concessions de *Languin*, de *Montrelais-Mouzeil* et des *Touches*, des houilles qu'on a souvent assimilées aux anthracites; mais des analyses faites à l'École des mines de Paris ont permis de les classer parmi les houilles grasses.

Leur teneur en matières volatiles est, en effet, de 20 à 28 0/0. Mais ces charbons sont généralement assez chargés en cendres (10 à 30 0/0) et ne pourront être exploités avantageusement qu'après un traitement dans les lavoirs à charbon.

Il existe encore en France un certain nombre de petits bassins, dans la Nièvre (Decize), l'Aude, etc.

La production totale de la houille, en France, a été, en 1896, de 28.750.500 tonnes; en 1898, la production a été de 30.172.000 tonnes, dont 20 millions de tonnes environ ont été fournies par le Nord et le Pas-de-Calais.

En 1880, la France ne produisait que 19 millions de tonnes de houille.

GISEMENTS HOUILLERS DE LA GRANDE-BRETAGNE

La Grande-Bretagne produit annuellement environ 200 millions de tonnes de houille, alors que le monde entier ne produit que 660 millions de tonnes environ. C'est donc le pays de la houille, par excellence.

On peut diviser la Grande-Bretagne en cinq zones principales de production, pour les combustibles minéraux :

La *zone du Nord* ou de l'Écosse ;

La *zone du Nord-Est* ou de Newcastle ;

La *zone du Centre et de l'Ouest*, Lancashire, Derbyshire, Yorkshire, Staffordshire, etc. ;

La *zone du Sud-Ouest*, ou du Pays de Galles du Sud ;

Les *gisements houillers de l'Irlande*.

On étudiera successivement chacune de ces régions :

Bassin du Nord ou d'Ecosse. — On trouve, dans l'étage carbonifère, en Écosse, la succession suivante, en partant de la surface :

50 mètres de grès rouges et d'argiles de Bothwell ;

350 mètres de terrain houiller supérieur, ou *flat-coal* (avec grès, schistes, argile et minerai de fer ou *black-band*), contenant onze veines de houille, mesurant ensemble une puissance de 12 mètres environ (le *black-band* est du minerai de fer carbonaté qui fournit les fontes d'Écosse si estimées).

Lits de schistes avec minerai de fer, dit slaty-band ;

110 mètres de grès de Roslin ou *Moor Rock* ;

90 mètres de calcaire (calcaires de Garnkirk) ;

Terrain houiller inférieur (avec schistes et black-band), contenant dix-sept couches de houille reconnues avec une puissance totale de 16 mètres de charbon ;

160 mètres de calcaire de Gilmerton ;

Grès calcifère.

La constitution de cet étage est sensiblement différente

de celle des autres bassins carbonifères de la Grande-Bretagne.

Les gisements houillers de l'Écosse sont divisés en quatre bassins séparés par des pointements dévoniens. Ce sont les bassins de *Glascow* ou de la Clyde, d'*Edinburg*, du *Fifeshire* et de l'*Ayrshire*. Les exploitations se font actuellement entre 160 et 300 mètres de profondeur.

La houille d'Ecosse a une couleur d'un noir rougeâtre et elle renferme des veines mates d'aspect schisteux; elle est plus tenace que celle de Newcastle. Elle donne environ 70 0/0 de gros morceaux.

Les couches de houille ont toutes, en Écosse, une puissance supérieure à 0^m,60 ; l'une d'elles atteint, dans le Fifeshire, 6 mètres d'épaisseur ; une autre, le *Great-Seam*, se poursuit sur 20 kilomètres, avec une puissance constante de 2^m,50. Enfin le houiller inférieur renferme la veine dite *parrot-coal*, qui fournit la houille à gaz appelée *cannel-coal* et le *boghead* (Voir le chapitre des *Hydrocarbures*).

La puissance moyenne des veines est de 0^m,75 à 1 mètre ; elle est très favorable à une exploitation économique du gisement. En dehors du cannel-coal, la production de l'Écosse en houille grasse est d'environ 27 millions de tonnes, dont 5 millions environ sont exportés par Glasgow et Edimbourg, 7 millions de tonnes seulement en 1854.

Bassin houiller de Newcastle ou du Nord-Est. — Le bassin de Newcastle appartient à la partie supérieure du système carboniférien anglais. On peut rappeler, à ce propos, les principaux termes dont se compose, d'après M. Hull, la série carboniférienne en Angleterre.

Ce sont, en descendant :

Le *terrain houiller supérieur* (Upper coal measures), avec argiles, brèches, grès rougeâtres, lits calcaires et veines de houille généralement minces (Newcastle et Lancashire);

Le *terrain houiller moyen* (Middle coal measures), avec argiles, schistes, grès jaunes et veines de houille nombreuses (bassins du centre et Pays de Galles du Nord);

Le *terrain houiller inférieur* (Lower coal measures), avec schistes et couches de houille à toit siliceux dur (Ganister) (bassin du Centre-Sud);

Le *Millstone grit*, avec dalles, schistes, grès grossiers et quelques minces veines de houille (bassins du Centre et Pays de Galles);

Série d'Yoredale, schistes et grès remplacés, en profondeur, par des schistes foncés et des calcaires terreux (Centre);

Calcaire carbonifère massif, avec intervalles de grès et de schistes (s'étendant à peu près à la base de tous les bassins anglais).

Les principaux districts du bassin de Newcastle sont le *Durham* et le *Northumberland* à l'est; on peut rattacher à ce bassin le district du *Cumberland* qui s'étend à l'ouest, contre le canal du Nord.

Le bassin de Newcastle est sillonné par de nombreuses failles (slip troubles) et par un grand nombre de dykes basaltiques (whin troubles); au voisinage de ces dykes, les couches ont subi des altérations profondes. L'étendue du bassin est de 2.000 kilomètres carrés environ.

Le combustible extrait est un charbon gras à longue flamme, un peu bitumineux, qui est employé comme charbon à gaz (gaz coal), comme charbon à coke (coking coal), comme charbon à vapeur (steam coal), quand il n'est pas trop collant, et quelquefois aussi comme charbon pour foyers domestiques (house hold coal), lorsqu'il est bien dur et qu'il laisse peu de cendres en brûlant.

Les houilles les plus riches en gaz sont fournies par les couches supérieures, au sud du bassin (Durham), tandis que les houilles à vapeur se rencontrent plutôt au nord (Northumberland). On compte dans le bassin plus de soixante couches de houille, dont une vingtaine sont fructueusement exploitables et présentent une puissance totale moyenne de 18 mètres.

La production du bassin de Newcastle dépasse annuellement 40 millions de tonnes, dont 10 millions environ sont exportées par les ports de la Tyne (Newcastle) et par Sunderland, Hartlepool, etc. La production n'était que de 16.500.000 tonnes en 1854.

Bassins houillers du Centre et de l'Ouest. — Les bassins houillers du Centre comprennent le *Lancashire*, le *Derbyshire*, le *Staffordshire*, le *Nottinghamshire*, le *Yorkshire*, le *Leicestershire*, le *Pays de Galles du Nord*, etc.

On y rencontre le houiller moyen, le houiller inférieur et le millstone grit.

Ce bassin a une superficie de plus de 2.000 kilomètres carrés. Il plonge légèrement vers l'est où il est recouvert par les formations triasiques ; la chaîne Pennine, formée par un soulèvement du calcaire carbonifère, sépare le bassin en deux parties. A l'ouest de cette chaîne, la série carbonifère affleure. La houille produite est de la houille grasse, qui sert au chauffage des foyers domestiques, à la fabrication du coke et à celle du gaz. On y trouve aussi de la houille sèche employée pour la métallurgie. Ces houilles sont très peu exportées, par suite de l'éloignement des côtes.

Les couches sont très nombreuses, peu inclinées, épaisses de $0^m,75$ à $1^m,50$ et souvent grisouteuses. Dans le Staffordshire on rencontre la plus puissante des veines de houille exploitées dans la Grande-Bretagne : c'est le *Thick coal*, dont l'épaisseur moyenne est de 9 mètres. La production annuelle est d'environ 87 millions de tonnes pour les districts houillers du centre.

Bassin houiller du Sud-Ouest. — Le bassin du Sud-Ouest ou Pays de Galles du Sud comprend les districts de *Clamorganshire*, de *Monmouthshire*, de *Pembrokeshire*, de *Camartenshire*, de *Somersetshire*, de *Gloucestershire*, etc., que l'on a déjà étudiés en partie, à propos de l'anthracite.

La zone houillère y est limitée, au nord, par une arête de terrains siluriens et dévoniens ; elle comprend une série de vallées dirigées du nord au sud. Le bassin a une superficie de 2.500 kilomètres carrés environ. Sa partie centrale a été soulevée par un pli anticlinal qui s'étend de l'est à l'ouest entre Risca et Swansea, de telle sorte que les couches de houille profondes de la partie centrale ont été remontées près de la surface, ce qui facilite leur exploitation.

On extrait de la région centrale une houille très dure qui est le type du combustible pour la production de vapeur, et qu'on appelle *houille de Cardiff*, du nom de son principal port d'exportation.

La partie occidentale du bassin contient de l'anthracite et des charbons anthraciteux. La région Nord fournit du charbon de forge, que l'on retrouve aussi le long de la lisière sud avec d'excellents charbons à coke.

La partie orientale du bassin donne une houille assez riche en bitume, intermédiaire entre les houilles pour forge et les houilles demi-grasses.

La production du bassin du Sud-Ouest dépasse annuellement une moyenne de 32 millions de tonnes. Le prix moyen de vente a été de 17 francs par tonne en 1899 (charbon à vapeur, première qualité, sur bateau); il avait été également de 17 francs en 1890, mais il était descendu jusqu'à 12 francs en 1893.

Irlande. — En *Irlande* on trouve les formations carbonifériennes, avec un peu de houille, dans le calcaire carbonifère, à *Tyrone* et à *Antrim*, vers le Nord; dans les comtés de *Tipperary* et de *Castlecomer*, on rencontre le terrain houiller inférieur avec quelques mines de houille, et, en dessous, les formations du millstone grit. Le houiller moyen et le houiller supérieur n'existent pas en Irlande.

La production de la houille, en Irlande, a atteint 130.000 tonnes en 1898.

Recherches vers Douvres. — Il y a quelques années, un sondage entrepris près de Douvres, à l'extrémité sud-est de l'Angleterre, a recoupé quelques veines de houille dont la découverte a ouvert des horizons nouveaux à l'hypothèse d'un raccordement possible entre les gisements houillers du sud de la Grande-Bretagne et le bassin franco belge.

Jusqu'à présent aucun indice nouveau n'est venu éclairer d'une façon précise cette hypothèse, bien que de nombreux forages aient été exécutés pour arracher au sol, dans cette région, ses secrets et ses richesses.

La production totale des combustibles minéraux en Grande-Bretagne a été de 198.487.000 tonnes en 1896, représentant une valeur de 1.429.754.000 francs. En 1897, la production totale de la Grande-Bretagne s'est élevée à 205.353.100 tonnes, et la valeur de la houille s'est accrue considérablement à partir de 1898, à la suite d'une grève prolongée des mineurs du Pays de Galles. La production n'était que de 150 millions de tonnes en 1880.

GISEMENTS HOUILLERS DE LA BELGIQUE

Le bassin franco-belge a été étudié plus haut, à propos des gisements houillers du Nord de la France; le bassin belge en forme le prolongement vers l'est, en se relevant un peu, de sorte que la houille vient généralement y affleurer sans morts-terrains, ce qui a singulièrement facilité l'exploitation et a évité les recherches longues et coûteuses qui ont retardé si longtemps la mise en exploitation du bassin français. Les houillères de Belgique ont été divisées administrativement en trois districts : *Hainaut*, *Namur* et *Liège*, qui sont loin d'avoir tous trois la même importance, le premier étant de beaucoup le plus considérable et produisant 15 millions de tonnes par an, alors que le district de Liège n'en produit que 5 millions, et celui de Namur, 1/2 million environ.

La bande houillère s'étend en Belgique sur une longueur est-ouest de 170 kilomètres et sur une largeur de 10 kilomètres environ. Les couches ont été déhouillées à partir de leur affleurement, et la moyenne actuelle du niveau d'exploitation en Belgique est de 600 mètres environ. Quelques puits ont une profondeur qui dépasse 1.000 mètres. Il s'ensuit que le bassin belge tend à s'épuiser, et, en tout cas, en admettant que le terrain houiller ait une épaisseur de 2 à 3.000 mètres, il est certain que l'exploitation devient de jour en jour plus difficile et plus coûteuse.

District du Hainaut. — Le district du Hainaut se divise en trois parties : *Borinage*, ou couchant de Mons, *Centre* et *Charleroi*.

1° *Mines du Borinage*. — En suivant le gisement houiller belge à partir de la frontière de la France, on rencontre d'abord, dans le district du Hainaut, le bassin appelé Borinage, au couchant de Mons. Ce bassin renferme surtout des charbons flambants, dits *flénus*, du nom d'une localité à l'ouest de Mons. On y recoupe aussi des veines de charbons à coke et demi-gras. Quant aux charbons à courte flamme, ils sont très rares dans cette région.

Le Borinage compte dix-huit concessions en exploitation.

Les principales sont :

Grand-Hornu : 242.000 tonnes en 1897. Le charbon est du flénu sec employé pour métallurgie, navigation, fours à gaz et verreries ;

Produits : la production a été de 520.800 tonnes, en 1897, de flénu sec et demi-sec, de charbons à gaz et de charbons gras à longue flamme ;

Rieu-du-Cœur, dont le nord vient d'être repris par une Compagnie française qui espère y retrouver en profondeur le beau faisceau demi-gras qui vient d'être reconnu par le puits des Produits, près de Jemmapes. La production du Rieu-du-Cœur a été de 476.000 tonnes en 1897 (charbon sec et gras à gaz) ;

Levant du flénu : 705.000 tonnes en 1889 et 497.400 tonnes seulement en 1897.

La production totale du Borinage ou bassin de Mons a été de 4.536.640 tonnes en 1896 et de 4.341.170 tonnes en 1897 ; le prix de vente moyen à la mine, des gailleteries grasses, était de 31 francs en 1890 ; il s'est abaissé à 22 francs en 1896, mais il atteignait 29 francs au début de 1900.

Les charbons flénus et à gaz, qui sont les plus voisins de la surface, ont été les premiers exploités. Actuellement leur extraction diminue beaucoup, et la production des houilles demi-grasses et grasses à coke se développe, au contraire, à mesure que les travaux deviennent plus profonds.

2° *Mines du bassin du Centre*. — Les mines du Hainaut central produisent surtout des houilles demi-grasses ; un tiers de la production est représenté par les houilles à coke, 3 0/0 seulement par des houilles flambantes. Les veines de houille exploitées sont assez minces, $0^m,60$ en moyenne ; mais elles sont assez rapprochées, et les étages d'exploitation (400 mètres en moyenne) ne sont pas encore aussi profonds que ceux du reste de la Belgique, de sorte que le bassin du Centre est, en Belgique, celui qui a le plus d'avenir.

Sur vingt-six concessions accordées dans le bassin du centre, vingt sont en exploitation. Les principales sont :

La Louvière et Saint-Vaast : 377.830 tonnes en 1897.

Charbon gras à courte flamme (charbon dur), pour verreries, coke et fines forges;

Bascoup : 589.710 tonnes en 1897. Charbon demi-gras à courte flamme, pour générateurs tubulaires et chauffage domestique;

Mariemont : 453.860 tonnes de charbon demi-gras à courte flamme et de charbon gras à courte flamme;

Ressaix : 446.080 tonnes de charbon gras à courte flamme, pour la fabrication du coke et pour les verreries et forges.

La production totale du bassin du Centre a été de 3.370.646 tonnes en 1896 et de 3.376.640 tonnes en 1897.

3° *Mines du bassin de Charleroi*. — Les mines de Charleroi forment l'extrémité orientale du bassin du Hainaut.

On y exploite, à l'ouest de Charleroi, des couches à courte flamme appelées *demi-grasses pour usines et foyers domestiques*. Au sud de la Sambre, on trouve les houilles grasses et maréchales (coke et forge); vers l'est et au nord, on rencontre les couches de houille maigre et d'anthracite, inférieures aux précédentes et étudiées plus haut au chapitre des *Anthracites*. La profondeur moyenne des exploitations est à peu près la même que dans le bassin de Mons

Les principales exploitations sont celles de :

Marcinelle-Nord : 445.350 tonnes en 1897, charbon gras à longue flamme et à courte flamme et charbon demi-gras;

Courcelles-Nord : 458.400 tonnes de charbon quart-gras, employé pour chaudières à vapeur et chauffage domestique;

Grand-Conty : 139.300 tonnes de quart-gras, du type dit de Gosselies, pour chauffage domestique et générateurs;

Monceau-Fontaine : 589.200 tonnes de charbon demi-gras, pour générateurs tubulaires et foyers domestiques;

Sacré-Madame : 300.600 tonnes de charbons gras et demi-gras;

Charleroi (charbonnages réunis) : 493.800 tonnes de charbon gras à longue flamme et de demi-gras à courte flamme. Le bassin de Charleroi a la spécialité des charbons pour foyers domestiques.

Il a produit, en 1896, 7.527.250 tonnes de combustibles de diverses catégories et 7.698.000 tonnes en 1897

District de Namur. — A la suite et à l'est du bassin de Charleroi, le gisement houiller se rétrécit et disparaît même, au levant de Namur.

Le combustible exploité dans cette région se rapproche des houilles de Charleroi; il est employé par les glaceries de la région, les foyers domestiques, etc. Il est généralement friable et donne une forte proportion de menu.

Les veines de houille, exploitées autrefois aux affleurements, y sont reprises en profondeur depuis une vingtaine d'années.

Sur trente-huit concessions accordées dans la province de Namur, quatorze seulement sont exploitées.

Les principales sont :

Ham-sur-Sambre (140.000 tonnes, en 1897), *Arsimont* (120.000 tonnes), *Falisolle* (105.000 tonnes), *Hasard* (95.000 tonnes), etc.

La production totale a été de 511.450 tonnes en 1896 et de 533.580 tonnes en 1897.

District de Liège. — C'est seulement vers Liège que le bassin s'élargit.

Dans le bassin de Liège on exploite des houilles grasses et demi-grasses donnant un bon coke, et aussi des houilles maigres dans la partie nord du bassin. Sur les plateaux de Herve on exploite des charbons demi-gras, spéciaux pour les générateurs à vapeur.

Les couches reconnues sont au nombre de cinquante. Leur puissance moyenne est de $0^m,40$.

On pense que le terrain houiller doit avoir environ 2 kilomètres d'épaisseur dans le centre du bassin; mais les exploitations ne descendent guère qu'à 400 mètres jusqu'à présent.

Les charbonnages les plus importants sont :

Marihaye : 459.720 tonnes en 1897. Charbon à gaz, charbon gras à longue flamme, charbon gras à coke, charbon demi-gras pour générateurs;

Gosson-Lagasse : 324.000 tonnes en 1897;

Horloz : 409.913 tonnes;

Kessales-Artistes, à Jemeppe : 355.800 tonnes;

Selessin, à Ougrée : 325.000 tonnes;
La Haye, à Liège : 349.250 tonnes.

La production totale du bassin de Liège a été de 5.256.191 tonnes en 1896 et de 5.533.747 tonnes en 1897.

Les bassins houillers de la Belgique, comme le bassin du Nord de la France, ont été affectés par le ridement du Hainaut, qui a repoussé la crête du Condros contre le bord méridional du bassin de Namur ; mais les dislocations postérieures qui ont donné naissance à la faille Limite et au cran de retour (Voir *Bassin du Nord de la France*) n'ont affecté que la partie occidentale de la zone houillère, à partir de Charleroi jusqu'au Boulonnais.

La production totale des combustibles minéraux en Belgique a été, en 1896, de 21.252.400 tonnes, représentant une valeur de 40.402.000 francs. En 1898, la production a été de 22.088.000 tonnes. Elle était de 16.886.698 tonnes seulement en 1880.

GISEMENTS HOUILLERS D'ALLEMAGNE

Au-delà de la Meuse, le bassin franco-belge se relie au bassin de la Westphalie par le gisement houiller souterrain du *Limbourg*. Depuis quelques années, un certain nombre de recherches et d'exploitations ont été entreprises dans le Limbourg allemand et hollandais, et quelques-unes ont été couronnées de succès.

Dans le riche bassin de la Westphalie on retrouve la composition du terrain houiller franco-belge, avec une régularité beaucoup plus grande. Mais, à l'est de ce bassin, au voisinage des massifs du Harz, de la Bohême et de la Saxe, les terrains se modifient sans discontinuité apparente, et le dépôt carbonifère cède la place à des assises argileuses ou gréseuses. On retrouve bien, dans la Thuringe et dans la Saxe, des dépôts houillers, mais ce n'est que vers les frontières de la Russie, en Silésie, que le calcaire carbonifère reparaît avec une formation houillère régulière et abondante, qui se dirige probablement vers l'important bassin houiller russe du Donetz.

BASSINS DE LA WESTPHALIE. — Près de la frontière belge, et dans le prolongement du bassin de Liège, on rencontre, en Allemagne, les deux bassins houillers de la *Wurm*, près d'Aix-la-Chapelle, et d'*Eschweiler*, sur l'Inde.

Gisements d'Aix-la-Chapelle. — Ces bassins profonds, mais parfois tourmentés, renferment des houilles à gaz, des houilles grasses à longue flamme et des houilles demi-grasses.

Les houilles les plus maigres seules affleurent; les couches plus grasses sont masquées, comme en Belgique et en France, par le terrain crétacé.

Le calcaire carbonifère de la base débute, vers Aix-la-Chapelle, jusqu'à Dusseldorf, par un calcaire cristallin qui devient dolomitique en hauteur, où il est surmonté par les schistes alunifères du culm (schistes à posidonies).

Le houiller de base qui repose sur ces schistes est formé d'un grès stérile (*flötzleerer sandstein*), équivalant au millstone grit d'Angleterre.

Les couches de charbon, assez régulières, qui se trouvent dans le terrain houiller productif, fournissent annuellement, dans la région d'Aix-la-Chapelle, 1 million et demi de tonnes.

Gisements de la Ruhr. — Le bassin de la Ruhr, relié au bassin franco-belge par les gisements de la Wurm et de l'Inde, en forme le prolongement au nord-est. Il s'étend dans la province de Westphalie et dans la province Rhénane. Les terrains de base sont sensiblement les mêmes depuis Dusseldorf jusqu'à Iserlohn; mais, à l'est de ce point, un échange complet se produit entre le culm et le calcaire carbonifère : il consiste tout d'abord en intercalations de schistes siliceux et alunifères dans le calcaire; peu à peu le calcaire disparaît, mais les schistes qui le remplacent renferment encore des espèces dinantiennes [*Streptorhynchus (orthis) crenistria* et *Cladochonus Michelini*].

La formation houillère qui surmonte ces terrains de base semble avoir une épaisseur de 2.500 mètres; elle renferme cent trente-deux couches de charbon, dont soixante-quinze sont exploitables et mesurent ensemble une puissance de près de 80 mètres.

Le bassin de la Ruhr est beaucoup plus régulier que le

bassin franco-belge; les couches de houille y sont moins bouleversées et bien plus économiquement exploitables. Le bassin a la forme d'une lentille longue de 100 kilomètres, du nord-est au sud-ouest, et large, en son milieu, de 35 kilomètres environ.

Dans les gisements de Westphalie, les couches du centre et du sud sont assez fortement plissées, et il est à noter que les failles que l'on rencontre dans cette région coupent les veines suivant des angles très aigus et contrairement à la règle de Schmidt, qui est presque toujours vérifiée dans le bassin franco-belge.

Dans la région de *Dortmund* on exploite des veines grasses à longue flamme, correspondant à celles des faisceaux de Bruay et de Marles (Voir *Bassin du Nord de la France*); dans la région de *Bochum*, au sud-ouest, on exploite un faisceau gras à gaz, analogue à celui de Lens et de Liévin; et enfin, à l'ouest, vers *Essen*, on exploite des charbons gras de forge que l'on peut assimiler à ceux de Douchy, de Denain et d'Anzin. Les charbons maigres affleurent au sud du bassin, le long de la Ruhr.

La production annuelle du bassin de la Ruhr atteint environ 40 millions de tonnes, alors qu'elle n'était que de 23 millions de tonnes en 1881.

D'après les études du Dr Runge, le bassin westphalien contiendrait une richesse houillère que l'on peut évaluer à 30 milliards de tonnes.

11 milliards de tonnes jusqu'à 700 mètres;
7 milliards de tonnes entre 700 et 1.000 mètres;
12 milliards de tonnes au-dessous de 1.000 mètres.

BASSIN D'OSNABRUCK. — Au nord-est de Dortmund, près d'Osnabruck, on retrouve un lambeau houiller qui est exploité à *Piesberg* et à *Ibbenburen* et qui produit environ 250.000 tonnes par an.

BASSIN DE HANOVRE. — En s'éloignant vers l'est, on rencontre un gisement de houille exploité au sud de la ville de Hanovre, à *Deister* et à *Osterwald*. Ce gisement appartient au terrain wealdien et produit près de 800.000 tonnes par an.

Bassin de Saarbruck. — Dans le Palatinat, au sud des provinces Rhénanes et de la chaîne du Hunsrück, on exploite autour de Saarbruck, Saarlouis et Ottweiler, un gisement houiller assez important, qui produit près de 9 millions de tonnes par an. Le bassin occupe une superficie de 3.000 kilomètres carrés environ. Les veines plongent de 15° en moyenne vers le sud-ouest et sont formées de charbons maigres, demi-gras et gras à longue flamme. La flore des couches de Saarbruck se rapproche de celle des charbons à gaz de Grenay (Pas-de-Calais).

On estime que le bassin renferme encore 14 milliards de tonnes de houille, dont 3 milliards au-dessus de 700 mètres de profondeur, et qu'il mesure 6.000 mètres de profondeur, avec 164 couches de houille, dont 77 exploitables représenteraient une puissance de 70 mètres environ.

De nombreux sondages ont permis de retrouver le prolongement du bassin, au sud-ouest de la Saar, dans la Lorraine annexée.

Il est probable qu'on retrouvera un jour, vers le Rhin, des gisements houillers se rattachant aux formations de Saarbruck.

Les charbons de Saarbruck, très riches en matières volatiles, ne donnent, par calcination, que 50 0/0 de coke; on emploie cependant une assez grande quantité de menus pour faire du coke. Le reste de la production est employé pour la métallurgie et les industries locales. Le charbon de Saarbruck se vendait en moyenne 13 fr. 50 à la mine en 1890; le prix de la tonne est descendu à 11 fr. 80 en 1895; il est remonté à 13 fr. 30 à la fin de 1899.

Les principales mines sont celles d'Heinitz, 1.200.000 tonnes; de König, 800.000 tonnes; de Gerhard-Luisenthal, 700.000 tonnes; etc.

Bassins de la Franconie. — A l'est du Palatinat, entre la Franconie et la haute Bavière, il existe plusieurs bassins houillers, auxquels le voisinage de la ville de Munich a donné une certaine importance. On peut citer ceux de *Penzberg*, de *Unter-Freissemberg* et de *Miesberg*, qui produisent annuellement environ 1 million de tonnes de houille.

Bassin de la Saxe. — Le centre de l'Allemagne contient

quelques gisements de houille, outre les bassins lignitifères, que l'on examinera plus loin. La formation carboniférienne franco-belge, qui disparaît à l'est de la Westphalie, ainsi qu'on l'a indiqué plus haut, se retrouve en Saxe, où le culm représente tantôt l'assise des ampélites de Chokier, tantôt le calcaire carbonifère proprement dit.

Le carboniférien est généralement constitué dans cette région par des grès et des conglomérats.

En certains points, il renferme des lits de houille, comme à *Ebersdorf*, à *Potschappel* et à *Hainichen* près de Dresde et des mines de Freyberg; ailleurs, il est surmonté de gîtes houillers, comme à *Plauen* et à *Zwickau-Chemnitz*. Les mines de *Plauen* ont une production assez faible : 600.000 tonnes environ; quant à celles de *Zwickau*, elles atteignent près de 4 millions de tonnes. Le bassin de Zwickau s'étend sur 30 kilomètres de long et 10 de large.

BASSIN DE LA BASSE-SILÉSIE. — Le bassin de la Basse-Silésie est situé près de Waldenbourg, non loin de la frontière de la Bohême et de la Saxe; son développement a été favorisé par la facilité d'écoulement de ses produits, à cause du voisinage de la région industrielle très active de l'Oder et de la proximité de l'importante ville de Breslau.

Le culm, qui se présente en Saxe sous un facies spécial, se retrouve en Basse-Silésie. Il renferme des couches contenant des fossiles du calcaire carbonifère. Ainsi on y rencontre des couches de calcaires à *Productus giganteus*, qui indiquent un dépôt marin littoral. La Basse-Silésie renferme 31 veines, tenant ensemble 40 mètres de charbon.

Le terrain houiller de la Basse-Silésie comprend deux faisceaux de couches : les couches de *Waldenbourg*, qui appartiennent à la partie supérieure du culm, dont elles contiennent encore la flore, et, au-dessus, les couches de *Schatzlar*, qui correspondent au westphalien. La production de la Basse-Silésie est d'environ 4 millions et demi de tonnes de houille en Saxe, et de 3 millions et demi en Prusse.

BASSIN DE LA HAUTE-SILÉSIE. — Le bassin de la Haute-Silésie est le plus important de l'Allemagne après le bassin de la Ruhr. Il est situé au sud-est de l'Allemagne, à cheval sur la Hongrie et la Russie, de sorte qu'on exploite les mêmes couches de houille dans trois pays différents. La superficie exploitable reconnue est de 5.600 kilomètres carrés environ.

Le culm atteindrait, dans la Haute-Silésie, une épaisseur de 14.000 mètres, d'après M. Stur. Le terrain houiller qui repose sur le culm a pris également un développement considérable. On y compte, dans la partie occidentale de la Silésie et en Moravie, 104 couches de houille mesurant ensemble 154 mètres de houille. On rencontre, à la base, les couches d'*Ostrau* (Moravie), qui contiennent des spécimens de la flore du culm, dont elles représentent la zone supérieure; au-dessus on trouve les couches de *Schwadowitz*, qui représentent le sommet du westphalien, et les couches de *Radowenz*, qui appartiennent au stéphanien.

Dans la Pologne russe, vers Dombrowa, on rencontre une veine de houille principale de 20 mètres de puissance (houille demi-grasse à longue flamme, impropre à la fabrication du coke). Près de la frontière de la Prusse, cette couche se divise en deux, par l'interposition d'un lit de schistes; le charbon devient plus gras et peut fournir du coke. A mesure qu'on avance vers l'ouest, les couches se divisent de plus en plus, et leur puissance totale augmente rapidement.

A 15 kilomètres à l'ouest de la frontière russe, on recoupe déjà cinq couches principales, donnant ensemble près de 30 mètres de houille.

Cette houille est employée à la fabrication du coke dans la Silésie centrale, entre Zabrze et Beuthen; elle est utilisée pour la métallurgie du fer et du zinc, et elle entre en grande partie dans la consommation de la ville de Berlin.

La production du bassin de la Haute-Silésie est de 17 millions de tonnes environ en Allemagne; elle atteint près de 26 millions de tonnes au total, réparties entre l'Allemagne, la Russie et l'Autriche-Hongrie.

La production totale de l'Allemagne a été, en 1897, de 91.007.600 tonnes de houille.

GISEMENTS HOUILLERS DE RUSSIE

La Russie contient trois bassins houillers principaux : celui du Donetz, celui de Moscou et celui de l'Oural.

BASSIN DU DONETZ. — Le bassin du Donetz peut être considéré comme le prolongement de celui de la Haute-Silésie, en passant par les gisements de la Pologne, à *Milowicé*, *Zagorzé* et *Dombrowa*, et, en se continuant en profondeur vers *Niemcé* et *Slawkov*; il possède une flore qui caractérise le faciès habituel du westphalien moyen.

La houille, maigre et anthraciteuse à la base et plus grasse en hauteur, où elle donne jusqu'à 74 0/0 de coke vers *Makéevsk*, se trouve au contact de schistes à *Spirifer mosquensis* et est surmontée par des argiles, des psammites, et des calcaires à fusulines. A la base de la cuvette houillère, se trouve un calcaire à *Productus giganteus* et en dessous des grès, des conglomérats et des schistes. Le bassin du Donetz, qui s'étend dans le gouvernement d'Ekaterinoslaw, entre le Don et le Dniéper (gisements de Nikitskoié, de Korsounsk, de Nerovka, de Mikhaïlovka, de Bielaïa, de Makeevsk, de Lissitchansk, etc.), contient environ 22.000 kilomètres carrés de terrain houiller où l'on a déjà reconnu plus de deux cents veines de houille de bonne qualité.

BASSIN DE MOSCOU. — Le bassin de Moscou s'étend entre la partie sud du gouvernement de Nijni-Novogorod et la région d'Arkhangel en traversant les gouvernements de *Riazan*, *Toula*, *Moscou* et *Olonetz*. C'est le bassin carbonifère le plus vaste de la Russie; il renferme des couches de houille exploitables dans sa partie inférieure : les veines de charbon se trouvent intercalées dans des grès et des sables quartzeux avec lits calcaires à *Productus giganteus*. Elles renferment de 10 à 40 0/0 de cendres, sont parfois très pyriteuses et se rapprochent souvent plus, comme composition, du lignite que de la houille.

Le houiller du bassin de Moscou appartient à la base du westphalien et à la partie supérieure du culm dont on retrouve la flore dans les couches de houille aux environs de Kharkoff. Les principales exploitations sont celles de *Malevka*, de *Novoselebnoé*, de *Mouraevnia* et de *Tchoulkow*.

BASSIN DE L'OURAL. — Le bassin de l'Oural est formé du même système de terrains, contenant à la base quelques couches de houille à allures irrégulières et en chapelet. Ces couches sont recouvertes, dans la partie profonde du bassin, par 1.500 mètres de calcaires fétides à silex, de couleur foncée, surmontés par le calcaire moscovien brun et gris avec silex. L'ouralien de la partie supérieure est masqué en certains points par les couches d'Artinsk à ammonitidés, que leur flore semble rattacher à la base du permien.

Les gisements principaux sont ceux de *Lounwa*, de *Goulakha*, de *Korchounowsk* et d'*Ilimsk*, le long de la Tchoussowaia et entre Perm et Ekaterinbourg, et ceux d'*Egorchinsk* et de *Fadinsk*, sur le versant oriental de l'Oural.

Il existe de plus, en Russie, quelques petits gisements houillers, à *Thwiboule*, près de Kutaïs, au sud du Caucase et à *Samara*, près de Stavropol, entre le Caucase et le Volga.

La Russie a produit, en 1897, 8.235.000 tonnes de houille, contre 7.750.000 tonnes en 1896 et 4.272.000 tonnes seulement en 1885. Depuis quelques années, l'industrie minière et métallurgique se développe d'une façon considérable en Russie, et de nombreuses recherches permettent d'espérer que de nouvelles richesses houillères pourront être mises en exploitation et faciliter l'éveil industriel de ce grand pays.

GISEMENTS HOUILLERS D'ESPAGNE

En Espagne, la formation houillère est peu abondante.

On trouve quelques gîtes houillers dans les Pyrénées, à *Sare*, près d'Ibantelli, et à la descente de la *Rhune*. Ces gîtes appartiennent à la partie supérieure du stéphanien.

Il existe aussi quelques gisements houillers à *Belmez* et à *Villa-Nueva* près de Cordoue et près de *Peñarroya* dans la province de Badajoz. Dans la province de Ciudad-Real, se trouve un autre bassin houiller, à *Puertollano*; ce bassin été déposé dans une dépression des terrains siluriens. Il doit correspondre, d'après les végétaux fossiles que renferment ses couches, à la tête du stéphanien.

L'Espagne n'a produit que 1.883.500 tonnes de combustibles en 1897. Elle est en progression, puisqu'en 1880 sa production n'atteignait que 850.000 tonnes.

GISEMENTS HOUILLERS D'AUTRICHE-HONGRIE

En Autriche-Hongrie, la houille est assez rare, et les combustibles minéraux que l'on rencontre sont principalement des lignites de diverses qualités, sauf en Bohême, en Silésie autrichienne, en Moravie et en Galicie où se trouvent des exploitations houillères dont on a parlé à propos des bassins de la Haute et de la Basse-Silésie.

La métallurgie est réduite, dans certaines régions de la Hongrie, à employer pour la production de la fonte, des hauts-fourneaux au bois ou d'avoir recours aux houilles de la Silésie ou de la Bohême.

Cependant, dans le *Banat*, on trouve de bons gisements de houille liasique et primaire propre à la carbonisation.

La production de la houille, en Autriche-Hongrie, a été la suivante en 1898 : Bohême, 4.043.394 tonnes ; Silésie, 4.548.344 tonnes ; Moravie, 1.509.378 tonnes ; Galicie, 794.132 tonnes ; et Basse Autriche, 51.871 tonnes ; soit, au total, 10.947.119 tonnes, dont 1.650.000 tonnes ont été transformées en coke.

AUTRES GISEMENTS D'EUROPE

On peut citer encore en Europe, comme pays producteurs de houille : la *Suède*, qui a produit, en 1896, 225.848 tonnes de combustibles minéraux, près de *Gothembourg*.

Quant à l'*Italie*, elle renferme quelques schistes à végétaux avec des conglomérats renfermant des veines minces de charbon, en *Toscane* et en *Sardaigne*.

En *Turquie*, on a aussi reconnu quelques lambeaux houillers sur les bords de la mer de *Marmara* et de la mer *Noire*.

En *Roumanie*, il existe des gisements de houille anthraciteuse, à *Skela*, à *Drâgoesti* et à *Larga-Stancesti*, et de houille ligniteuse (schwarzkohle), à *Brandûșa*, à *Piscu-en-Bradi*, à *Bacau*, à *Buzeu*, à *Putna*, etc.

GISEMENTS HOUILLERS D'ASIE

Il est probable que la mer carbonifériennne allait de l'Oural jusqu'au Pacifique, en passant au-dessus de la région de l'Himalaya, car on retrouve dans l'Asie centrale la flore du culm.

GISEMENTS DE L'ASIE-MINEURE. — A *Héraclée* ou *Eregli*, sur la côte méridionale de la mer Noire, on vient de reprendre, il y a quelques années, l'exploitation d'un petit gisement houiller qui avait été exploité activement à l'époque de la guerre de Crimée.

GISEMENTS DE LA CHINE. — La mer carbonifériennne recouvrait la Chine et s'étendait jusqu'au Tonkin, en passant par les provinces de *Chan-Si* et de *Hunan*. Dans ces provinces, on retrouve, au-dessus du calcaire marin, des bassins houillers qui, par leur flore, correspondent à l'étage stéphanien.

Ces bassins donnent de la houille propre à faire du coke métallurgique, de même que quelques gisements situés au nord de *Shanghaï*, vers le cours supérieur du Yong-Tse-Kiang et dans la province de *King-hua*.

Les gisements houillers de la Chine occupent une surface qu'on peut estimer à 500.000 kilomètres carrés; mais ils sont à peine exploités.

GISEMENTS DU TONKIN. — Au *Tonkin*, le houiller repose sur le calcaire carbonifère, à la base duquel on retrouve des grès dévoniens visibles aux environs de *Thaï-Nguyen*.

Les gisements exploités à *Kebao*, *Hongay* et *Dong-Trieu* fournissent un combustible maigre anthraciteux généralement friable, dont la teneur en matières volatiles augmente à mesure qu'on s'éloigne de la mer (matières volatiles $= 8$ à 12 0/0; cendres $= 2$ à 4 0/0). L'exploitation de ces gisements n'a pas, jusqu'à présent, donné de très bons résultats, par suite des difficultés qu'on éprouve à se procurer la main-d'œuvre; cependant *Hongay* a produit, durant ces dernières années, une centaine de mille tonnes par an, et les charbonnages du Tonkin semblent appelés à devenir prospères, grâce au développement rapide de notre colonie d'Extrême-Orient.

A *Thaï-Nguyen*, la houille est un peu plus grasse et plus dure; elle n'est pas encore exploitée, les gisements de cette région n'en étant qu'à la période des recherches. A *Yen-Bay*, on trouve une houille oxygénée, à longue flamme, donnant un coke friable, impropre à la métallurgie. Près de la frontière nord-est du Tonkin, il existe, à *Pak-hoï*, un charbon flambant d'assez bonne qualité.

GISEMENTS DU JAPON. — La houille que l'on trouve au Japon est bitumineuse et de formation géologique relativement récente; elle est sujette à la combustion spontanée. Les principaux gisements sont ceux de l'île *Kiousiou* qui fournissent 87 0/0 de la production totale du Japon (mine de *Mike*). La production du Japon, qui était de 2 millions de tonnes en 1888, a atteint 6 millions de tonnes en 1897.

GISEMENTS DE L'INDE. — Il existe encore en Asie des gisements de combustibles minéraux qui s'étendent à l'ouest de *Calcutta* jusqu'aux plaines du Gange, au nord, dans l'Inde : 3.909.581 tonnes en 1897, valant 12.309.845 francs. Tous les gisements d'Asie sont, en somme, peu connus, et leur production est assez peu considérable : 9 millions de tonnes au total en 1896.

GISEMENTS HOUILLERS D'AFRIQUE

En Afrique, on ne peut guère citer que les gisements houillers du *Zambèze* (22 0/0 de matières volatiles et 18 0/0 de cendres), qui s'étendent aux environs de *Téte*, le long du Muaraze, et qui contiennent la flore du stéphanien d'Europe, ceux de la côte du nord-ouest de Madagascar qui semblent assez importants et qui renferment une houille de bonne qualité et ceux de la *colonie du Cap* et du *Transvaal*, qui prennent une certaine importance par suite de la mise en exploitation des gîtes aurifères du Transvaal. La production de la houille au Transvaal a atteint 1.907.808 tonnes en 1898, représentant une valeur de 16.875.000 francs. La production n'était que de 548.000 tonnes en 1893.

GISEMENTS HOUILLERS D'AMÉRIQUE

Amérique du Nord. — L'Amérique du Nord comprend trois grands bassins houillers : celui de la Nouvelle-Écosse, ou du Canada, celui des Apalaches et celui de l'Illinois.

Bassin de la Nouvelle-Écosse. — Le bassin de la Nouvelle-Écosse comprend 1.000 mètres de terrain houiller supérieur ; 1.200 mètres de houiller moyen (coal measures) et 1.500 mètres de grès et schistes (millstone grit) reposant sur les calcaires de Windsor. Les formations houillères se rapprochent beaucoup de celles de l'Angleterre ; elles s'étendent dans le *Nouveau-Brunswick*, le *Canada* et la *Colombie britannique*. Le gisement du *Nouveau-Brunswick* semble se prolonger à Terre-Neuve, où l'on a observé plusieurs couches de houille.

La production du Nouveau-Brunswick a été de 7.000 tonnes en 1897. La Colombie britannique a produit, la même année, 896.980 tonnes, valant 13.242.810 francs, et la Nouvelle-Écosse, 2.500.000 tonnes.

Bassin des Apalaches. — Le bassin des Apalaches s'étend en *Pensylvanie* et dans le *Tennessee*, l'*Alabama* et la *Virginie*.

Il renferme principalement des anthracites et des houilles anthraciteuses et, dans la région occidentale, des houilles bitumineuses (15 couches donnant ensemble 12 mètres de houille).

Il a été étudié au chapitre des *Anthracites*.

La production de ce bassin en tonnes de $907^{kg},2$ de combustibles minéraux, et la valeur moyenne en francs ont été :

	En 1897		En 1899	
	tonnes	francs	tonnes	francs
Pensylvanie.........	54.434.655	3 35	73.563.800	3 40
Tennessee..........	2.902.300	3 90	2.763.900	4 00
Alabama	5.868.300	4 40	7.559.000	4 75
Virginie...........	1.418.700	3 10	1.387.000	3 20
Virginie occidentale.	13.762.100	3 25	19.000.000	2 95

Bassin de l'Illinois. — Le bassin dit de l'Illinois se trouve dans la grande vallée du *Mississipi*. Il s'étend dans l'*Illinois*, l'*Indiana* et le *Kentucky*, et se prolonge à l'ouest dans le *Missouri*, le *Texas*, l'*Arkansas*, le *Nebraska* et l'*Iowa*. Ce bassin contient une épaisseur de 400 mètres de terrain houiller productif séparé en deux grandes assises : *upper coal measures* (avec huit couches de houille) et *lower coal measures* (avec neuf couches de houille), par le calcaire de Carlinville et de Shoalcreek. Chacune des deux assises contient des intercalations de calcaire marin fossilifère, en lits de 10 mètres environ. Ces lits, au nombre de neuf, dans les lower coal measures, et de treize dans les upper coal measures, renferment une faune marine, constante de la base au sommet de la formation ; les schistes houillers, au contraire, renferment une flore qui varie des sigillaires aux fougères.

La production en tonnes de 907^{kg},200 des principales mines du bassin de l'Illinois et la valeur moyenne en francs ont été :

	En 1897		En 1899	
	tonnes	francs	tonnes	francs
Illinois.........	20.072.800	3 60	23.434.400	3 95
Indiana.........	4.228.100	4 60	6.305.600	4 50
Kentucky.......	3.283.800	3 70	4.160.000	3 65
Missouri........	2.429.400	5 50	3.191.800	5 60
Texas...........	599.000	8 05	935.840	8 05
Arkansas.......	826.300	5 05	913.000	6 75
Iowa............	4.560.000	5 60	5.400.000	5 75
Ohio............	14.000.000	3 80	14.967.000	4 »

Bassin des montagnes Rocheuses. — Le calcaire, qui se trouve seulement en intercalation dans le bassin houiller de l'Illinois, finit par occuper, dans le Missouri et le Nebraska, presque toute la hauteur de la formation houillère. Dans cette région, les veines de houille deviennent moins nombreuses et diminuent de puissance.

Enfin, en avançant vers l'ouest, dans la région des montagnes Rocheuses, on ne peut plus distinguer les calcaires intercalaires houillers de ceux du carbonifère.

On trouve, en résumé, dans la région occidentale des États-

Unis, autour des montagnes Rocheuses, les mêmes dépôts calcaires marins que dans l'Oural et dans l'Asie, tandis que la région orientale des États-Unis se rattache aux bassins houillers et aux sédiments côtiers de l'Europe occidentale.

La production, en tonnes de 907^{kg},200, des principales exploitations de la région des montagnes Rocheuses et la valeur en francs ont été les suivantes :

	En 1897		En 1899	
	tonnes	francs	tonnes	francs
Colorado.......	3.501.600	6 70	4.768.531	8 75
Californie.......	87.500	11 20	154.936	14 »
Orégon.........	111.000	11 60	78.400	15 60
Utah...........	506.500	6 »	882.496	9 »
Washington.....	1.489.800	11 15	1.400.000	10 »
Montana........	1.603.200	8 95	1.400.000	7 40
Wyoming.......	2.744.500	6 25	3.600.000	6 25

Les houilles de l'Amérique du Nord sont généralement bitumineuses. Le Colorado, comme la Pensylvanie, renferme des anthracites; mais l'exploitation annuelle de ces houilles au Colorado n'est que de 35.000 tonnes environ, alors qu'elle dépasse 50 millions de tonnes en Pensylvanie.

La production totale de la houille aux États-Unis a été de 170.410.000 tonnes métriques en 1899.

AMÉRIQUE DU SUD. — Dans l'Amérique du Sud, la formation carbonifèrienne est très peu développée. L'étage inférieur est représenté par des grès sans fossiles. On retrouve cependant la flore du culm dans la République Argentine.

On peut citer les exploitations du Chili, d'où l'on a extrait, en 1896, 208.100 tonnes de houille. Ces exploitations sont donc loin d'être comparables à celles de l'Amérique du Nord.

GISEMENTS HOUILLERS D'OCÉANIE

En Océanie, on connaît des gisements houillers dans les *îles Malouïnes* (Falkland) et dans la *Nouvelle-Zélande* (provinces de Nelson, Canterbury, Otago et Auckland); la houille bitumineuse de bonne qualité est facile à exploiter.

AUSTRALIE. — En Australie, on trouve dans la Nouvelle-Galles du Sud un bassin houiller correspondant à l'étage stéphanien avec une série marine et des veines de houille intercalées; ce terrain est surmonté par les couches de Newcastle, avec une flore spéciale à genres marins, sans sigillaires ni lepidodendrons.

Dans la colonie de Victoria, le carboniférien est représenté par les grès d'Avon à *Lepidodendron-Australe* dans la partie inférieure. Dans le Queensland, il est représenté par des grès à *Bornia radiata* et *Lepidodendron-Veltheimianum*. Les grès du culm y sont surmontés par des grès à *Productus Cora*.

Le charbon de la Nouvelle-Galles du Sud est de très bonne qualité; celui du Queensland est friable, mais donne de bon coke.

Le tableau ci-après donne, pour l'année 1896, la production de l'Australie en combustibles minéraux (tonnes de 907^{kg},200), ainsi que sa valeur en francs :

	Tonnes	Francs
Nouvelle-Galles du Sud..	3.972.068	28.132.025
Queensland.............	377.032	3.874.675
Tasmanie..............	44.286	433.850
Victoria...............	230.187	2.845.300
Western Australia......	15.095	163.325

PRODUCTION DE LA HOUILLE DANS LE MONDE ENTIER

Le monde entier a produit, en 1896, 538.400.000 tonnes de houille, savoir :

Europe, 350.000.000; Asie, 8.250.000; Afrique, 1.500.000; Amérique, 174.000.000; Océanie, 4.650.000.

En 1885, c'est-à-dire environ dix ans auparavant, la production totale du monde entier avait été seulement de 391.000.000 tonnes :

Europe, 285.000.000; Amérique, 100.650.000; Australie, 3.650.000; Asie, Afrique et divers, 1.700.000.

La superficie houillère reconnue dans les diverses régions de la terre serait, d'après Amstead, de 414.000 kilomètres carrés. Plus récemment, Levasseur a porté à plus de 700.000 kilomètres carrés la superficie probable des terrains renfermant de la houille. Cette superficie, selon nous, en tenant compte des découvertes faites depuis l'époque de cette évaluation de M. Levasseur, dans diverses régions (Transvaal, Tonkin, Russie, etc.), doit être approximativement de 1.300.000 kilomètres carrés, savoir :

Chine et Japon, 520.000; Amérique du Nord, 500.000; Indes, 90.000; Russie, 70.000; Grande-Bretagne, 23.000; Allemagne, 10.000; France, 5.000; Divers, 82.000.

III. — LIGNITES

Caractères physiques et chimiques. — Le lignite, du mot latin *lignis* (bois), est un combustible intermédiaire entre la houille et la tourbe. Il est formé de couches d'une matière jaunâtre, brune ou noirâtre, à cassure conchoïdale, ou d'une substance terreuse mate d'un brun jaunâtre, dont l'aspect et la texture diffèrent suivant l'époque de sa formation. Sa densité varie de 0,5 à 1,25.

Ce combustible ne fond pas, et ses fragments ne s'agglutinent pas, comme cela arrive pour les houilles grasses. En brûlant, il donne une flamme longue avec de la fumée et une odeur piquante se rapprochant un peu de celle du caoutchouc brûlé. La combustion se fait un peu comme pour la braise, c'est-à-dire que la flamme apparaît avant même que le lignite ne soit entièrement rouge, ce qui provient d'un dégagement de gaz à une faible température. Lorsque la flamme est éteinte et que le lignite se trouve recouvert d'une cendre blanchâtre, il continue à brûler, contrairement à ce qui se passe pour la houille.

Le lignite se fendille facilement à l'air lorsqu'il a été exposé à la chaleur du soleil et s'altère à l'air humide, en perdant une partie de ses propriétés. Par distillation il fournit du gaz, du bitume, des huiles lourdes et de l'eau acide, et il laisse un résidu charbonneux inconsistant. Ce combustible contient généralement du soufre (de 1,5 à 7 0/0).

Les lignites ont la composition élémentaire suivante :

Carbone, 57 0/0 à 80 0/0; Hydrogène, 4 0/0 à 8 0/0; Oxygène et azote, 12 0/0 à 37 0/0.

Le lignite est souvent chargé en eau (jusqu'à 55 0/0). Il tient en général de 2 à 20 0/0 de cendres. Il peut être aggloméré, mais après dessiccation seulement. L'agglomération est un moyen avantageux d'utiliser les lignites facilement pulvérulents.

Géogénie. — Les lignites doivent leur existence à la végétation si abondante de l'époque tertiaire et de la fin de l'ère secondaire, favorisée et par la douceur de la température et par l'humidité de l'air et du sol. Les végétaux et les mousses qui tapissaient la surface des vallées se sont trouvés noyés et entraînés par des inondations successives, avec des branchages et des troncs déjà décomposés qui, peu à peu, se sont accumulés dans certaines basses vallées, ou dans des estuaires. Ils ont été recouverts par des sables et des argiles ou des cailloux roulés, lorsque les mouvements du sol ont provoqué l'affaissement des terrains.

Des lits de végétation, dont la puissance pouvait atteindre parfois plusieurs centaines de mètres, se sont trouvés ainsi ensevelis, et, lorsque de nouveaux mouvements du sol ont provoqué le relèvement de ces couches au-dessus du niveau des eaux, il s'est produit une dessiccation lente et un écrasement des végétaux, dont la texture s'est peu à peu modifiée sous l'action de la chaleur et de la compression.

C'est ainsi que se sont formés les lignites que l'on exploite aujourd'hui et qui n'ont pas encore subi, comme la houille, une dessiccation ni une transformation complètes. On les rencontre sous divers aspects, selon leur état de carbonisation plus ou moins ancien.

DIVERSES VARIÉTÉS DE LIGNITES. — On peut les distinguer en *lignite bitumineux*, *lignite noir*, *lignite brun* et *lignite xyloïde*.

Lignite bitumineux. — Les lignites gras ou bitumineux tiennent jusqu'à 8 0/0 d'hydrogène ; ils se ramollissent et se gonflent par la combustion. Tous les autres lignites, au contraire, se fendillent et souvent même se réduisent en poussières nécessitant des grilles spéciales pour l'utilisation dans les générateurs.

Lignite noir ou Schwarzkohle. — Les lignites de formation ancienne (ère secondaire et base du tertiaire) ont un aspect noirâtre et une texture bien compacte. Ils constituent ce qu'on appelle le schwarzkohle ou encore le lignite sec, qui développe 5.500 à 6.000 calories ; ce sont ceux qui se rapprochent le plus de la houille (sèche à longue flamme). Dans l'éocène et la base de l'oligocène, on trouve généralement des lignites moins complètement formés (*glanz-*

kohle ou *pechkohle*) qui développent de 4.500 à 5.500 calories. Ils ont un aspect brun noirâtre et une cassure brillante et conchoïdale.

Lignite brun ou Braunkohle. — Les lignites proprement dits, qui sont aussi les plus répandus dans la nature, sont les lignites bruns (braunkohlen), qui appartiennent généralement aux formations oligocène et miocène. Ils donnent de 2.500 à 4.500 calories. Ils contiennent en grande quantité des feuilles de graminées, des mousses, des aiguilles de conifères, des grains de pollen, des diatomées, des débris d'insectes et des spicules d'éponges. Les éléments ligneux y existent sous forme de rameaux brisés, altérés il est vrai, mais encore parfois visibles au microscope. Le braunkohle a un aspect brun rougeâtre et une cassure terne, en général conchoïdale, bien que quelquefois irrégulière ; à cette catégorie, se rattachent les lignites dits terreux, à cause de leur aspect pulvérulent et terne. On les emploie généralement en les agglomérant avec ou sans brai, après les avoir séchés.

Lignite xyloïde ou ligneux. — Dans les lignites de formation plus récente (pliocène et base du quaternaire), la texture fibreuse est très visible, et il est même quelquefois possible de déterminer la nature des végétaux d'où ils proviennent. Ces combustibles, dits lignites xyloïdes ou bois fossile, crépitent au feu comme du bois. Ils sont d'une couleur brun jaunâtre et parfois noirâtre. Leur densité est très faible : 0,5 à 1.

GISEMENTS DE LIGNITE EN FRANCE

En France, les gisements lignitifères les plus importants sont ceux de la Provence, exploités à *Fuveau* dans la vallée de l'Arc.

Bassin des Bouches-du-Rhône. — Ces gisements, qui ont été longtemps considérés comme appartenant à la base de l'éocène, font en réalité partie de la tête du crétacé (danien) et surmontent le sénonien. Les couches à lignites que l'on rencontre à *Beausset*, à la *Cadière*, à *Gardanne*, à *Trets* et à *Fuveau* reposent sur des bancs de calcaires lacustres et marneux remplis de petites coquilles blanchâtres et sont recouverts par des calcaires marneux très peu fossilifères.

A Fuveau et à Gardanne, on compte dix-sept couches de

lignite, dont sept sont fructueusement exploitables et mesurent de 1 mètre à 1m,50 de puissance chacune. Ces veines sont séparées par des bancs stériles de 8 à 60 mètres d'épaisseur.

Les couches sont formées d'un lignite sec, dur, noir et résistant, à cassure lisse et peu brillante; ce combustible tient un peu de soufre et s'altère facilement à l'air; il brûle avec une longue flamme fumeuse. Il donne du coke friable.

L'exploitation est rendue assez difficile par les infiltrations d'eau très abondantes que l'on doit pomper continuellement pour arriver jusqu'au lignite. On enlève, en moyenne, 30 mètres cubes d'eau par tonne de combustible.

D'un autre côté, la présence du soufre dans le lignite favorise les échauffements et les incendies souterrains dans les parties où la circulation de l'air est insuffisante.

Les couches de Fuveau, bien qu'affectées de nombreux accidents locaux, présentent une continuité remarquable.

La production du bassin de Fuveau a atteint 415.000 tonnes en 1890 et 450.316 tonnes en 1898. Les prix de vente de ces lignites étaient les suivants en 1898 :

Gros ou roches, 17 fr. 25 à 18 fr. 25 ; grelassons, 10 francs à 14 francs; terre grosse, 9 francs à 10 fr. 50; terre fine, 4 fr. 50 à 6 francs; poussiers, 1 fr. 50 à 2 francs.

Les prix sont en progression marquée sur ceux qui étaient pratiqués il y a quelques années.

Gisements du Gard. — A *Saint-Paulet*, près du Pont-Saint-Esprit dans le Gard, on trouve des gisements de lignite dans les grès verts de la série supra-crétacée.

La formation fluvio-marine de Saint-Paulet, puissante de 40 mètres, renferme des grès, des marnes, des sables et des calcaires avec des couches d'argile à lignites; elle est surmontée de 5 à 10 mètres de bancs à *Ostrea columba* et à *Ostrea flabella*.

Dans le Gard, huit mines de lignite étaient en exploitation en 1898 : celle de *Saint-Julien-de-Peyrolas* (13.046 tonnes en 1898), celle de *Barjac* (2.543 tonnes en 1898), celle de *Gaujac* (2.505 tonnes en 1898); etc. Ces lignites sont employés pour le chauffage domestique, pour les usines de produits réfractaires et pour les magnaneries de la région.

Gisements des Causses. — Dans le bassin des Causses, qui touche à celui du Languedoc, on exploite des lignites à la *Cavalerie* et à la *Liquisse*, dans l'arrondissement de Millau. Ces lignites font partie du bathonien de la série médiojurassique. A la base on rencontre un calcaire marneux gris clair, avec traces de lignite pourri. Au-dessus, on trouve des lignites dans l'argile, recouverts de calcaires marneux à faune saumâtre.

Gisements du Lot et de la Dordogne. — Près du massif cristallin du Rouergue, sur les bords du Lot, des cours d'eau ont apporté dans la mer bathonienne les débris de la végétation continentale qui ont formé des dépôts lignitifères.

A *Cadricu*, le lignite a été rencontré au milieu de calcaires et de marnes feuilletées.

A *Borrèze* (Dordogne), le bathonien supérieur renferme un horizon à végétaux terrestres, avec des lignites formés dans des couches lithographiques et coralligènes.

Dans le *Sardalais* (Dordogne) on exploite des lignites appartenant à la base du crétacé et reposant en stratification transgressive sur le jurassique (3.882 tonnes en 1898).

Gisements du Dauphiné. — Dans le Dauphiné, à *Saint-Didier-en-Dévoluy*, on trouve un gisement de lignite appartenant à l'éocène. La formation de Saint-Didier comprend, à la surface, des sables ferrugineux, des argiles bigarrées, et, en dessous, des marnes à lignite, reposant sur des grès verdâtres à empreintes végétales. Près de La Tour-du-Pin (Isère), dans la concession de *Ratassière*, on exploite un lignite se rapprochant de la variété xyloïde (en 1898, 157 tonnes vendues au prix de 15 francs la tonne).

Gisements divers en France. — A *Manosque* (Basses-Alpes), on exploite un lignite gras bitumineux assez rare en France (53.269 tonnes en 1898). Dans l'*Ain*, on rencontre des gisements de lignite xyloïde.

Dans le *Soissonnais* on exploite un lignite pyriteux et terreux reposant sur une argile plastique et gypsifère. Ce lignite forme une couche de 2 à 4 mètres et est exploité pour la fabrication de l'alun et de la couperose.

Aux environs de Paris, à Sérincourt, on connaît des lignites éocènes, entre la craie et le calcaire grossier. Près de Nanterre, on trouve une couche de lignite dans le banc vert du calcaire grossier.

Dans l'Aisne et dans l'Oise, on trouve dans les sables du Suessonnien, des couches de lignite mélangé à de l'argile, du calcaire et du sable, qui constituent ce qu'on appelle des *cendrières* et qui sont utilisées en agriculture (gisements de Noyons, de Muirancourt, etc.).

On connaît également quelques gisements lignitifères appartenant au trias (*Wasselonne, Soultz-les-Bains*, diverses localités du Var, etc.).

La production totale des lignites en France a été, en 1896, de 439.448 tonnes, valant 3.884.690 francs.

Le tableau ci-dessous indique quelles sont les exploitations lignitifères de la France, avec leur production en 1898 (d'après le *Journal officiel* du 17 mars 1899) :

		Tonnes
Provence (483.585 tonnes)	Fuveau [Aix] (Bouch.-du-Rhône et Var)	450.316
	Manosque (Basses-Alpes)............	33.269
	La Cadière (Var)....................	(inexploité)
Comtat (21.435 tonnes)	Bagnols, Orange, etc. (Gard, Vaucluse).	17.516
	Banc-Rouge, Vagnas (Ardèche)......	(inexploité)
	Barjac et Célas (Gard).............	2.543
	Méthamis (Vaucluse)................	1.376
	Montoulieu (Hérault)................	(inexploité)
Vosges (9.681 tonnes)	Gouhenans (Haute-Saône)..........	8.895
	Gemonval (Haute-Saône)..........	(inexploité)
	Norroy (Vosges)....................	786
Sud-Ouest (11.183 tonnes)	Millau et Trévézel (Aveyron, Gard)...	5.314
	Le Sardalais (Dordogne)............	3.882
	Estavar (Pyrénées-Orientales).......	1.757
	Larquier, Orignac, Saint-Lon (Landes, Hautes-Pyrénées)...................	(inexploité)
	La Caunette (Hérault)	210
	Mural (Cantal).....................	20
Haut-Rhône (6.140 tonnes)	La Tour-du-Pin (Isère)	157
	Hauterives (Drôme).................	183
	Montélimar (Drôme)................	(inexploité)
	Vercia, Douvres (Ain, Jura).........	(inexploité)
	Chambéry (Savoie)..................	5.800
	Entrevernes (Haute-Savoie).........	(inexploité)
Yonne (71 tonnes)	Joigny (Yonne).....................	71
	Total.............	532.095

GISEMENTS DE LIGNITE EN SUISSE

En *Suisse*, près de Lausanne, on trouve une mollasse à lignite surmontant une mollasse rouge dans l'aquitanien (oligocène).

La mollasse lignitifère se retrouve à *Rivaz* et à *Monod*, dans le canton de Vaud. On la rencontre aussi dans les cantons de *Saint-Gall* et d'*Appenzell* où elle couronne les bancs de *nagelfluh* du *Kronberg* et du *Stockberg*, qui forment la base de l'aquitanien.

De plus, on rencontre, en Suisse, des gisements interglaciaires formés entre deux périodes de progrès des glaciers des Alpes. Ces gisements contiennent des lignites feuilletés, brillants, en couches puissantes, intercalées dans le glaciaire aux environs de Zurich, notamment à *Utznach*, à *Dürnten*, à *Wetzikon*, etc. On retrouve encore dans ces lignites, d'après M. Heer, des restes de pin des montagnes, de sapin, d'if, de noisetier, etc., et d'essences essentiellement tempérées.

GISEMENTS DE LIGNITE EN ALLEMAGNE

En *Allemagne*, la production des lignites forme un contingent important de l'exploitation des combustibles minéraux.

Les dépôts lignitifères de l'Allemagne du Nord ont été formés durant l'ère tertiaire : une grande partie, dans la période oligocène, bassins de *Cologne*, de la *Saxe*, de *Brandebourg* et de la *Thuringe;* le reste, dans la période miocène, bassins du *Siebengebirge*, de *Neuwied*, de *Limburg-sur-Lahn*, du *Wester-wald* (burdigalien), de la *Wetteravie*, du *Vogelsgebirge* et de la *Poméranie* (tortonien). Les gisements sont tantôt lenticulaires, tantôt sous forme de couches de 3 à 6 mètres, avec des renflements atteignant 30 mètres, comme au *Meissner*, 50 mètres, comme à *Zittau*, 56 mètres comme au sud de *Frechen*, et 89 mètres, comme près d'*Horrem*.

Dans la *Thuringe*, aux environs de *Halle*, où se trouvent les exploitations de lignite les plus importantes d'Allemagne, la formation repose directement sur les terrains porphyriques. Le lignite se trouve intercalé dans des couches généralement meubles de galets quartzeux roulés, de sables siliceux et de schistes argileux gris souvent fossilifères. Il est surtout formé de conifères et de cupressinées. Sa texture et sa composition sont très variables.

C'est généralement du braunkohle que l'on rencontre en Allemagne; on exploite cependant à *Weissenfels* une variété de lignite hydrocarburé appelée pyropissite, qui est employé pour la fabrication de la paraffine. En allant de l'ouest à l'est, on rencontre d'abord, en Allemagne, les gisements lignitifères des provinces rhénanes, vers *Bruhl*, entre Bonn et Cologne. Ces gisements appartiennent aux formations oligocènes du golfe Rhénan; on les connaît sur une longueur de 25 kilomètres et sur une largeur moyenne de 5 kilomètres. On y exploite un lignite terreux assez friable, qui sert au chauffage des générateurs sur des grilles à gradins. Ce lignite est employé aussi pour la fabrication des briquettes sans addition de brai, par simple compression, après broyage et dessiccation partielle. Sa teneur en eau est ramenée avant la compression, de 50 0/0 à 15 0/0.

Les briquettes de lignite constituent presque exclusivement le chauffage domestique de la région de Cologne. La couche de lignite exploitée a une allure en chapelet et varie de quelques mètres à une cinquantaine de mètres de puissance; on l'exploite à ciel ouvert, avec un prix de revient excessivement faible. Ces gisements, qui produisaient environ 120.000 tonnes de lignite en 1880, ont atteint une production de 586.000 tonnes en 1890, et, en 1898, de 2.666.743 tonnes de lignite brut, représentant une valeur marchande de 7.721.000 francs.

Plus à l'est, les exploitations principales de lignites sont groupées autour du massif de l'Erzgebirge et de la Thuringe.

On peut citer, parmi les principaux pays producteurs du lignite :

La *Haute-Hesse*, 225.000 tonnes par an; et la *Hesse*, 265.000 tonnes;

Les *vallées de l'Erzgebirge* dépendant du royaume de Saxe, 865.000 tonnes;

Le *Brunswick*, 600.000 tonnes;

Lé *Brandebourg*, aux environs de Francfort-sur-l'Oder, 4.000.000 de tonnes ;

La *Thuringe* et les environs de *Magdebourg*, 10.000.000 tonnes environ par an.

La *Silésie prussienne*, dont les gisements, qui s'étendent de Gorlitz à Liegnitz, entre la frontière de la Bohême et l'Oder, produisent 450.000 tonnes de lignite par an, et la *Prusse*, dont les gisements, situés au nord de Posen, près de Bromberg, fournissent une trentaine de mille tonnes de lignite par an.

La production totale de l'Allemagne en lignites a été, en 1897, de 29.432.432 tonnes, représentant une valeur de 82.895.510 francs.

GISEMENTS DE LIGNITE EN AUTRICHE-HONGRIE

En *Autriche-Hongrie*, il existe de nombreux gisements de lignite d'autant plus appréciés que la houille est peu abondante dans le centre et le sud de ces contrées.

Gisements de Transylvanie. — Dans la partie orientale de la Hongrie, en Transylvanie, on trouve un gisement de lignite schwarzkohle, dans la vallée de la *Zsily*. Les exploitations de *Petroszany* y fournissent un lignite qui est très apprécié et qui se rapproche, en somme, beaucoup de la houille.

C'est un gisement aquitanien oligocène, comprenant plusieurs couches de combustible, d'une puissance totale de 31 mètres, au milieu de grès, de schistes et de psammites avec lits calcaires.

Gisements divers d'Autriche-Hongrie. — Dans le sud de la vallée de la Gail, on exploite les gisements de *Laibach* et de *Villach*, au milieu de calcaires et de schistes, avec une flore et des lignites semblables à ceux de Petroszany.

Au sud-ouest de Leoben, les gisements de *Fohnstof*, près de *Judenburg*, appartiennent à la base du tertiaire. Leur salbande supérieure contient des conglomérats que M. le conseiller des mines Fœtterle croit pouvoir ranger dans le murzthale. Ils fournissent un schwarzkohle de très bonne qualité.

Au pied du massif de la Kor-Alpe on trouve des couches lignitifères de glanzkohle et de braunkohle, dans l'oligocène et le miocène inférieur, à *Brennberg*, à *Vortsberg*, à *Koflach* et à *Wies*.

A *Eibeswald* et à *Sotzka*, on rencontre des lignites dans des terrains supposés éocènes par M. le géologue Frantz-Ritter von Hauer.

Dans la baie tertiaire de Graz, on rencontre des couches de braunkohle et, en profondeur, de glanzkohle, qui viennent affleurer au-dessus des terrains cristallins encaissants, près des bords de la baie, entre des couches à cérithes et des conglomérats miocènes, à *Thalheim-Schreibersdorf*, à *Hartberg* et aux environs de *Freidberg, Mariasdorf, Grafendorf, Kroisbach, Pinggau, Sinnersdorf, Ayka, Ostrau, Szabalis* et *Sankowitz*, ainsi qu'à *Trifail*, dont les exploitations ont une assez grande extension.

A *Trifail* (Styrie), la couche exploitée a une puissance de 20 à 25 mètres. Elle est affectée de quelques plissements sans importance. Elle fournit un combustible donnant de 4.000 à 4.500 calories et contenant 10 à 15 0/0 de cendres.

A *Thalheim*, près de Pinkafo, la principale couche reconnue a une puissance de 4 à 7 mètres en deux sillons, dont le sillon principal situé au mur mesure de 3 à 5 mètres. Ce gisement contient un braunkohle qui donne à peine 3.000 calories en affleurement, mais qui, en profondeur, dépassera probablement 4.000 calories. On a rencontré dans le voisinage de Thalheim des affleurements qui semblent appartenir à des couches que l'on pourra retrouver en profondeur à Thalheim et qui seraient formées de glanzkohle. Les couches de Thalheim plongent au Sud-Ouest, sous un angle de 12° environ. L'exploitation, actuellement à son début, ne donne que quelques milliers de tonnes par an. Les couches de Thaleim, d'après M. Briart, appartiennent au miocène supérieur.

Dans la vallée de la Murz, le leithakalk du néotertiaire renferme des couches lignitifères à *Leoben, Parschlag, Kruglach*, etc.

Dans le Tyrol, à *Hæring*, il existe un dépôt lignitifère qui a dû se former dans une baie saumâtre de l'oligocène, dont les rives étaient couvertes d'une végétation analogue à celle des swamps de la Louisiane. Les lignites y sont intercalés dans des marnes marines accompagnées de couches calcaires.

En Bohême, à *Dux*, le dépôt lignitifère exploité doit être rattaché à la période éocène; il s'étend entre les contreforts du sud de l'Erzgebirge et le Mittelgebirge, sur plus de 100 kilomètres de longueur, entre Eger et Bœmisch-Kœmnitz, et sur 8 kilomètres de largeur en moyenne. La principale couche exploitée a une puissance variant entre 10 et 20 mètres avec des renflements locaux atteignant 40 mètres. Elle est formée de lignite gras bitumineux. Elle est généralement assez peu inclinée, mais est affectée de quelques plis avec dressants. Le lignite repose directement sur le terrain crétacé de base, sauf en certains points où il est en contact avec des pointements de gneiss. Le combustible affleure en quelques points; mais généralement les terrains de recouvrement atteignent 100 à 300 mètres d'épaisseur. Il existe, de plus, en Bohême, quelques gisements de lignite xyloïde.

Les lignites de ces divers gisements sont vendus à des prix qui varient suivant leur qualité et suivant leur éloignement des pays importateurs de houille (l'Autriche importe environ pour 50 millions de francs de combustibles).

La production de l'Autriche-Hongrie a été, en 1896, de 22.656.265 tonnes de lignite, ayant valu ensemble: 121.750.935 francs, soit une valeur moyenne de 5 fr. 40 par tonne, en comptant les lignites des diverses qualités, dont les prix varient de 3 fr. 50 à 15 francs par tonne.

En 1898, la production de lignite a été de 21.083.362 tonnes, dont 17.375.180 pour la Bohême, 2.509.001 pour la Syrie et le reste pour la Haute-Autriche, la Carniole, la Styrie, etc. On a fabriqué environ 58.000 tonnes de briquettes de lignite, vendues 11 fr. 50 la tonne en moyenne.

GISEMENTS DE LIGNITE EN ESPAGNE

On rencontre, dans le nord de l'Espagne, des argiles ligniteuses à la base des terrains de la série infracrétacée, notamment dans la province de *Santander*. Les exploitations y sont peu importantes.

Dans la province de Téruel, à *Utrillas*, il existe un dépôt de lignites alternant avec des couches marines appartenant au rhodanien.

A *Alcoy*, on trouve des lignites à hipparion contemporains du tortonien de Concud, dans le miocène. Il existe aussi quelques gisements de calcaire marneux à lignites dans le danien, et des couches lacustres lignitifères dans le campanien du nord de l'Espagne.

Les exploitations de l'Espagne ont produit en 1896 :
55.413 tonnes de lignite, valant 301.305 francs.

GISEMENTS DE LIGNITE EN ITALIE

L'Italie ne renferme pas de gisements houillers. Les seuls combustibles minéraux qu'on y exploite sont les lignites xyloïde, brun ou bitumineux, et la tourbe. Les principaux gisements de lignites xyloïdes de l'Italie sont les suivants :

San-Giovanni-Valdarno (province d'Arezzo). — A San-Giovanni, on trouve dans des argiles de la fin du pliocène, 23 mètres de couches de lignites alternant avec des lits argileux; le sillon supérieur, de 14 mètres de puissance, est seul exploitable. Le combustible, extrait en partie à ciel ouvert, est utilisé pour générateurs; on l'emploie aussi pour alimenter les locomotives qui desservent la mine. La production annuelle est de 150.000 à 200.000 tonnes. La mine de San-Giovanni est entourée d'un certain nombre de mines de moindre importance (*Monte-Termini, Francolini, Tegolaia*, etc.). On estime que le bassin renferme encore plus de 30 millions de tonnes de lignite exploitable, en tenant compte des pertes occasionnées par les incendies dans les mines.

Spoleto (province de Perugia). — Le bassin de Spoleto appartient au pliocène; il renferme un banc de lignite de 5 à 7 mètres, employé pour des fonderies et pour l'aciérie de Terni (mines de *Morgnano* et de *Sant'Angelo*).

On estime que ce bassin renferme encore 10 millions de tonnes de lignite exploitable.

Leffe (province de Bergame). — A Leffe, il reste encore 5 millions de tonnes de lignite xyloïde environ à exploiter.

Castelnuovo (Massa Carrara). — 1 million 1/2 de tonnes de lignite exploitable.

Casino (Sienne). — A Casino, l'on rencontre une couche de lignite de 2 mètres, entre des argiles marneuses miocènes et des sables pliocènes. Exploitation en partie souterraine avec un puits de 12 mètres et un autre de 26 mètres.

Ligliano (Sienne). — Exploitation par puits de 30 mètres à 50 mètres : 4 millions de tonnes encore exploitables.

Udine. — Vers Udine, à *San-Daniele*, on rencontre des lignites xyloïdes pliocènes, en couches minces de $0^m,60$ environ. Ce gisement s'étend depuis la Vénétie, à travers la province de Trévise jusqu'en Autriche, à *Schalthal*.

Le lignite xyloïde d'Italie renferme de 1.400 à 2.800 calories (lignite sortant de la mine), 20 à 40 0/0 d'eau, 2 à 10 0/0 de cendres, de 0,20 à 3 0/0 de soufre.

La production totale annuelle est de 350.000 tonnes par an pour le lignite xyloïde en Italie ; on estime qu'il doit en rester environ 70 millions de tonnes à extraire, sans compter les parties inexploitables ou insuffisamment reconnues.

Les principaux gisements de lignites brun, noir et bitumineux de l'Italie sont les suivants :

Monte Pulli (province de Vicence). — Le gisement de Pulli, dans la commune de Valdagno, renferme sept couches de lignite, dont quatre exploitables, dans des calcaires nummulitiques éocènes, reposant sur un tuf basaltique. On en extrayait, durant ces dernières années, environ 20.000 tonnes par an. Le gisement est presque épuisé aujourd'hui.

Ce gisement est entouré par quelques lentilles de lignite à *Zovencedo, Monteviale, Monte-di-Malo*, etc.

Le lignite de Pulli est un lignite bitumineux dont les couches alternent avec des lits de schistes bitumineux d'où l'on extrait de l'huile minérale et de la benzine.

Monterufoli (province de Pise). — Lignite brun miocène exploité par un puits de 110 mètres et par des galeries, entre une argile noire reposant sur de la serpentine et des conglomérats de calcaire siliceux. Tonnage reconnu exploitable : 200.000 tonnes.

Murlo (Sienne). — Lignite schisteux miocène, à fracture non conchoïdale (30.000 tonnes par an), employé pour chaudières à vapeur et fours à chaux hydraulique. La chaux est fournie à ces fours par le banc de calcaire blanchâtre sur lequel repose le lignite.

Tatti et Montemassi (Grossetto). — Lignite noir, brillant, compact, à cassure conchoïdale, employé pour les générateurs, les locomotives de la Sudbahn, etc. Le gisement, appartenant au miocène supérieur, repose sur de la serpentine et du gabbro; il renferme une couche de 6 à 8 mètres de lignite et, en dessus, une autre couche de 1 mètre inexploitée.

Le puits d'exploitation, profond de 440 mètres, a rencontré la première couche à 115 mètres et la seconde à 125 mètres. En dessous, il a recoupé, sous des calcaires fétides, des couches de combustible noir, se rapprochant de la houille.

Le gisement de Tatti et Montemassi paraît renfermer encore plus de 6 millions de tonnes de lignite exploitable.

Agnana (province de Reggio-Calabria). — Lignite noir gras, éocène, en trois faisceaux de couches de $0^m,20$ à $1^m,50$, peu exploitable à cause des fractures qui sillonnent le gîte (700.000 tonnes reconnues).

Cadibona (Gênes). — Deux bancs de lignite de $0^m,75$ et de $2^m,50$. Lambeau de formation miocène reposant sur les roches cristallisées. Gisement peu exploitable et, en partie, épuisé.

Garbenne et Coppellette (Cuneo). — Lignite brun et bitumineux. Ce gisement a produit jusqu'à 100 tonnes de lignite par jour et a alimenté une fabrique d'agglomérés et une verrerie. Il est abandonné aujourd'hui.

Sardaigne. — A *Gonnesa*, en Sardaigne, on trouve des lignites alternant avec des bancs de calcaire et d'argile éocène. A *Bacu-Abis*, on trouve douze couches de bon lignite avec un peu de soufre et 11 0/0 de cendres, donnant 5.800 calories. On exploite quatre de ces couches, de $0^m,75$ à $1^m,10$ de puissance. Les autres gisements de Sardaigne sont *Terras-de-Collu*, *Caput-Acquas*, etc.

On estime que la Sardaigne peut contenir, à elle seule, 14 millions de tonnes de lignite. Elle renferme aussi quelques couches minces de lignite noirâtre jurassique, reposant sur des poudingues et des calcaires quartzeux et recouvertes par des calcaires magnésiens et marneux.

Le lignite brun, exploité en Italie, appartient généralement au miocène et possède un pouvoir calorifique de 3.000

à 4.300 calories (rendement : 1/3 de celui de la houille). Il se vend de 4 à 5 francs la tonne, pour le menu, et de 12 à 14 francs pour le gros. Le lignite noir ou bitumineux possède un pouvoir calorifique de 4.300 à 5.800 calories et donne un rendement de 50 à 66 0/0 de celui du charbon de Cardiff. Il se vend de 6 à 7 francs la tonne pour le menu et de 14 à 17 francs pour le gros, selon l'éloignement des ports d'importation de charbon anglais.

La production des lignites bruns et noirs atteint à peine 50.000 tonnes par an. Le tonnage reconnu exploitable est de 8 millions de tonnes, sans compter les gisements de la Sardaigne. De nombreuses études ont été faites, notamment par M. Toso, ingénieur en chef des Mines à Florence, pour l'emploi des lignites d'Italie, à la fabrication des agglomérés et du coke ; le coke un peu résistant ne peut être obtenu avec ces lignites qu'à condition qu'ils soient desséchés et mélangés à de la houille demi-grasse dans la proportion de 50 0/0 environ.

GISEMENTS DE LIGNITE EN ALGÉRIE

L'Algérie ne s'est pas montrée jusqu'à présent bien riche en gîtes de combustibles minéraux. En dehors des gisements à peu près inexploitables de houille anthraciteuse à *Fedj M'zala*, près de Constantine, et de lignite à *Bou-Saada*, on ne connaît que le gîte lignitifère de *Marceau* près de Gouraya, à une vingtaine de kilomètres du port de Cherchell. — Le lignite se rencontre à Marceau dans le miocène supérieur (sahélien). Il a été déposé à l'embouchure d'un ancien estuaire qui recevait ses eaux de l'ouest, et qui était limité au nord et au sud par deux bandes de terrains éruptifs.

Le lignite est intercalé dans des sables sous forme de lentilles allongées. On a reconnu à Marceau trois couches principales présentant ensemble une puissance utile de 5 mètres. Le lignite exploité est noir mat, compact, à cassure parallélipipédique, avec filets brillants ; il tient 31 0/0 d'eau et 13 0/0 de cendres. Son pouvoir calorifique est de 4.200 calories environ ; on peut estimer à 350.000 mètres cubes le volume de lignite exploitable reconnu à Marceau.

GISEMENTS DE LIGNITE EN AMÉRIQUE

Dans le *Colorado*, ainsi que dans le *Wyoming* et dans les contreforts orientaux des montagnes Rocheuses, on trouve un gisement lignitifère très important appelé groupe de *Laramie* ou *Lignitic group*.

Les lignites de cette région appartiennent à la tête du crétacé et sont recouverts par des couches éocènes.

En *Colombie*, on a trouvé des gisements de lignite, à *Santa-Fé de Bogota*, dans le crétacé.

Dans le sud du *Chili*, entre Topocatina et Magellan, on a trouvé du lignite dans les formations tertiaires, à *Lota*, Lebu, etc.

GISEMENTS DIVERS DE LIGNITE

On peut citer encore : les gîtes lignitifères de la *Grèce* : 20.018 tonnes, en 1897, valant 200.000 francs ;

Ceux de la *Turquie*, 9.525 tonnes en 1896-1897 ;

Ceux de la *Roumanie*, dans les formations du Sarmatien, entre Séverin et Toscani (*Margineanca, Sotanga, Doicesti*), 70.000 tonnes par an depuis 1878 ;

Ceux du *Portugal*, 8.000 tonnes en 1896, représentant une valeur de 91.530 francs ;

Ceux de la *Bosnie*, 222.784 tonnes en 1896, valant 1.174.185 francs ;

Ceux de la *Russie*, gouvernements de Kiew (mine d'Ekaterinopol), de Volhyme (mine de Gebiak), de Minsk (mine de Mazire), etc. ;

Ceux de la *Norwège* (île d'Ando), du Danemark et de la Suède ;

Ceux de l'*Islande* (gisements du Vapna-Fiordur et d'Avammur) ;

Ceux du *Turkestan* (gisements de Kouldja et Sir-Daria) ;

Ceux du *Japon*, 15.000 tonnes en 1891 ;

Ceux de *Victoria* (Australie), 5.908 tonnes en 1896, valant 53.525 francs.

IV. — TOURBE

Propriétés physiques et chimiques. — La tourbe est une substance combustible, d'un brun noirâtre. Elle est produite par la décomposition de petits végétaux aquatiques, qui se développent dans des eaux calmes et peu profondes.

Ce combustible représente le premier degré de décomposition des végétaux, tandis que l'anthracite en serait le dernier degré. On peut presque toujours reconnaître dans la tourbe la nature des plantes qui l'ont formée.

La structure de la tourbe est fibreuse ou papyracée dans les parties supérieures des dépôts, tandis qu'elle est plutôt compacte et limoneuse dans les parties inférieures. Son tissu est ligneux et spongieux. Sa densité est de 1 environ.

Fig. 99. — Bloc de tourbe.

La tourbe brûle facilement avec une flamme courte, en dégageant une odeur caractéristique ressemblant un peu à celle des herbes sèches brûlées.

Dans le matras, elle dégage les produits volatils du bois en conservant sa forme, sous un volume réduit des deux tiers environ. La tourbe renferme de 2 à 10 0/0 de cendres et 60 à 75 0/0 d'eau, lorsqu'elle vient d'être extraite. Séchée à l'air, elle tient encore 20 0/0 d'eau en moyenne.

Sa composition élémentaire est la suivante : Carbone, 55 à 65 0/0 ; hydrogène, 4 à 8 0/0 ; oxygène, 25 à 36 0/0 ; azote, 1 à 2 0/0.

Elle présente cette composition, cendres déduites, lorsqu'elle est débarrassée complètement de l'eau hygrométrique, après dessiccation à 110°. Par distillation, on obtient avec la tourbe à peu près les mêmes produits qu'avec le bois (acide pyroligneux, paraffine, ammoniaque, etc.); l'acide acétique cependant y est moins abondant.

Usages. — La tourbe n'est, en somme, qu'un médiocre combustible, et on ne l'emploie que dans les contrées où manquent houille, lignite et bois. On l'utilise en briquettes séchées au soleil ou comprimées; quelquefois on l'emploie après carbonisation, sous forme de coke.

Les fibers végétales qui composent la tourbe conservent une partie de leur eau, même après dessiccation; et après compression, elles reprennent presque toute l'eau abandonnée. C'est pourquoi les briquettes de tourbe éclatent sur les grilles et sont difficilement utilisables. On peut remédier à cette difficulté en égouttant sommairement la tourbe, puis en la réduisant à l'état de pulpe, ce qui détruit les fibres végétales. La tourbe peut alors se sécher et se condenser sous un volume quatre fois moindre.

La tourbe, ne contenant ni soufre ni phosphore, pourrait être employée comprimée, pour la fabrication d'un fer de qualité supérieure et aussi pour les fours électriques et pour la fabrication du carbure de calcium. Mélangée à de la houille, la tourbe condensée diminue notablement la quantité de fumée dégagée par cette dernière.

Dans certains pays elle sert à la couverture et même à la construction des chaumières, et elle est quelquefois utilisée comme une sorte de selle qui s'adapte sur le dos des chevaux, grâce à sa grande flexibilité. Soumise à la distillation sèche, la tourbe fournit des produits qui peuvent servir à l'éclairage, comme les huiles de schiste. Elle tient, en moyenne, 15 0/0 d'huile brute, avec 40 0/0 de charbon de tourbe et 35 0/0 d'eaux ammoniacales. La tourbe condensée donne par tonne 400 mètres cubes d'un gaz sans soufre et d'un pouvoir éclairant très élevé.

Le pouvoir absorbant et désinfectant de la tourbe est assez considérable; on l'utilise pour divers usages hygiéniques.

La tourbe séchée est employée pour les litières des chevaux et pour le sol des logements humides (Russie et Allemagne du Nord). La tourbe qui a été desséchée gonfle très fortement lorsqu'on l'imbibe d'eau. On utilise cette propriété pour l'étanchéité des canaux et des étangs, en bouchant les fissures avec de la tourbe.

Certaines tourbes mousseuses contiennent des fibres grossières qu'on a cherché à utiliser pour la fabrication de tissus.

Enfin les cendres de la tourbe contiennent du sulfate et du phosphate de chaux et sont quelquefois employées pour l'amendement des terres.

Géogénie. — Les tourbières existent dans les parties basses des continents, en dehors des régions tropicales; il n'existe pas de tourbières en dessous du quarante-cinquième parallèle; leur principale zone de développement est le cinquante-sixième parallèle; une chaleur trop élevée hâterait la décomposition des végétaux avant que leur transformation en tourbe ne soit commencée.

La tourbe se forme dans les régions recouvertes d'une couche d'eau assez faible pour que les plantes puissent prendre racine et assez calme pour que les substances antiseptiques, résines, gommes, acide ulmique, acide gallique, etc., ne soient pas entraînées trop rapidement. Ces substances préservent les végétaux d'une trop brusque décomposition.

En général, les tourbières sont formées de plusieurs sortes de plantes. A la base, on constate la présence de *sphaignes* ou mousses d'eau très abondantes, avec feuilles verdâtres, brunes ou blanchâtres. Ces plantes se développent par la partie supérieure et finissent par mourir par la racine. Elles relèvent ainsi le niveau du sol et, par suite, diminuent l'épaisseur de la couche d'eau superficielle.

Sur ces terrains rendus moins aquifères et recouverts d'un feutrage de sphaignes, se développent des mousses, des joncs, des saules nains, etc.

Ces plantes meurent à leur tour, et le sol exhaussé se recouvre de végétaux appartenant à des terrains moins humides, mélampyres, prêles, etc., puis saules, bouleaux, etc.

Ces divers végétaux forment des couches qui se renouvellent constamment. Dans certaines régions, la végétation des sphaignes est tellement touffue que le niveau des eaux se trouve soulevé au-dessus de ces plantes et donne naissance à d'autres dépôts aquatiques plus élevés que le niveau moyen du sol. On compte que la tourbe peut croître de $0^m,30$ à 3 mètres par siècle. On a pu calculer approximativement la rapidité de croissance de la tourbe, d'après des pièces de monnaie ou des ustensiles divers, qu'on a retrouvés à diverses profondeurs dans des couches de tourbe.

Le phénomène de la formation de la tourbe a dû commencer à la fin du tertiaire; il s'est surtout développé dans le quaternaire et continue encore de nos jours dans un grand nombre de régions, ce qui a permis de mettre quelques tourbières en coupe réglée comme des forêts.

GISEMENTS DE TOURBE

Les plus anciennes tourbières connues sont celles de *Dirten* et d'*Utznach*, en Suisse. La couche exploitée a près de 4 mètres de puissance; mais elle a dû être fortement comprimée, ainsi que l'indiquent les troncs d'arbres aplatis qu'on y rencontre. Elle repose sur une assise de limon surmontant la molasse. La couche est recouverte, à Utznach, par le diluvium de la seconde période glaciaire, et à Dirten, par des cailloux roulés et du sable contenant des ossements d'*Elephas primigenius*.

En France, il existe de nombreuses tourbières:

Les principales sont celles de la *vallée de la Somme*, dont l'établissement a coïncidé avec le retour du régime humide, interrompu pendant l'âge du renne.

Il existe aussi des gisements de tourbe dans les vallées de l'*Ourcq*, de l'*Essonne*, du *Thérain*, de l'*Aisne* et de l'*Oise*.

Dans le *Jura*, on trouve des tourbières sur des pentes assez raides et dans des parties élevées: cela tient à ce que le sol est continuellement humecté par des suintements qui sont retenus par les mousses aquatiques et les sphaignes qui se développent même sur les hauteurs.

Les plateaux granitiques à faible pente, entourant le Plateau Central de la France, renferment aussi un certain nombre de tourbières, ainsi que les départements de l'Isère (Morestel, Bourgoin), de la Loire-Inférieure (Montoire), de la Manche (Carentan), de l'Ariège (Vicdessos), etc.

La production annuelle de la tourbe en France varie de 225.000 à 300.000 tonnes en moyenne.

On trouve aussi de la tourbe sur le *Blogsberg*, le mont le

plus élevé de la Saxe, et sur le *Broken*, le sommet le plus haut du Harz. La Bavière produit annuellement 500.000 tonnes de tourbe environ.

On peut citer encore les tourbières de la *Flandre*, de la *Hollande* (aux environs de *Rosendal* et de *Rotterdam*) et de l'*Allemagne du Nord*, pays bas et marécageux. Dans l'Allemagne du Nord, on rencontre de nombreux dépôts de tourbe, en *Westphalie*, en *Hanovre*, en *Prusse* et en *Silésie*.

En *Irlande*, plus d'un million d'hectares sont couverts de tourbières qui appartiennent à la dernière phase de l'époque pleistocène, ainsi que le montrent les restes de mégaceros hiberniens trouvés à la base de quelques couches de tourbe. Cette espèce de cerf, éteinte aujourd'hui, caractérise les premiers développements de la civilisation néolithique.

En *Islande*, les gîtes de tourbe sont également très répandus. Ils sont d'un grand secours aux habitants pour le chauffage, ainsi que pour la construction des cabanes.

En *Lithuanie* se trouvent des tourbières qui se sont surelevées peu à peu, jusqu'à une quinzaine de mètres de hauteur, par suite de la vigueur de la végétation.

La *Hamme* renferme aussi quelques tourbières surélevées, mais dans lesquelles le renflement a été produit par des infiltrations d'eau qui ont formé des nappes liquides au-dessous d'une croûte de tourbe plus ou moins puissante.

On trouve des tourbières dans différentes parties du *Danemark*, de l'*Italie*, de la *Russie* (Néva, Finlande), du *Canada* (Ontario), des *îles Malouines*, etc. En Italie, on exploite la tourbe à *Codigoro*, près de Ferrare : 10.000 tonnes par an, à *Orentano* et à *Santa-Croce-Sull'Arno* (5.000 tonnes), dans la province de Florence, ainsi que vers *Udine* à *San-Daniel*, *Majano*, etc. (8.000 tonnes par an), et dans la province de Brescia, à *Isco*, *Timolino* et *Provaglio* (9.000 tonnes par an); on en trouve aussi près de Turin (*Trana*, *Avigliana*, *Bollengo*, etc.), près de Milan (*Renate*, *Casale-Litta*), près de Côme (*Varano*, *Mombello*, *Valganna*, etc., etc.) L'extraction annuelle en Italie ne dépasse guère 40.000 tonnes.

Résumé sur les combustibles minéraux. — Si l'on considère la composition des divers combustibles minéraux que l'on vient de passer en revue ; anthracite, houille maigre, houille demi-grasse, houille grasse, houille sèche, lignite sec, lignite xyloïde et tourbe, on voit que l'analyse élémentaire indique une augmentation de richesse en carbone, à mesure que le combustible est plus ancien, tandis que la teneur en oxygène diminue depuis la tourbe jusqu'à l'anthracite (de 36 jusqu'à 3 0/0).

De plus, on peut constater que la proportion de carbone fixe, qui est de 90 à 94 0/0 pour l'anthracite, descend jusqu'à 55 0/0 environ pour la tourbe, tandis que les matières volatiles s'élèvent de 6 0/0 pour l'anthracite, jusqu'à 45 0/0 pour la tourbe. On voit donc que plus un combustible est ancien, plus il est appauvri en matières volatiles.

La densité de ces combustibles, bien secs et débarrassés de leurs cendres, s'abaisse continuellement de l'anthracite jusqu'aux combustibles fossiles les plus récents. Le pouvoir calorifique ne dépend pas seulement des proportions de carbone et d'hydrogène, mais aussi de la constitution intime du combustible et, s'il augmente de la tourbe (1.800 à 3.000 calories) jusqu'à la houille demi-grasse (9.300 à 9.600 calories), il diminue ensuite jusqu'à l'anthracite (9.000 calories).

Quant à la valeur marchande de ces divers combustibles, elle dépend non seulement de la catégorie à laquelle appartient chacun d'eux, mais encore de la dureté et de la teneur en cendres, et surtout de la rareté de chaque combustible, relativement au lieu et aux conditions de son emploi.

BIBLIOGRAPHIE DES COMBUSTIBLES MINÉRAUX

1857. Gruner, *Bassin anthracifère du Roannais. — Description géologique du département de la Loire* (Imp. Nat.).
1867. E. Dormoy, *Topographie souterraine du bassin houiller de Valenciennes* (Imprimerie Impériale, Paris).
1871. Hartt, *La faune carbonifèrienne du Missouri* (Neues Jahrb., p.63).
1873. Dawson, *Le carbonifèrien de la Nouvelle-Écosse et du Nouveau-Brunswick* (Geol. Survey of Canada, Montreal).
1875. Stache, *Étude géologique du carbonifèrien dans la vallée de la Gail* (Neues Jahrb, p. 99).

1876. Nordenskjoeld, *Formation carboniférienne du Spitzberg* (*Geol. Mag.*, p. 16 et 63).
1876. L'abbé Boulay, *Le terrain houiller du Nord de la France et ses végétaux.*
1877. Toula, *La flore houillère des Alpes-Orientales* (*Nerh. d. k. k. g. R.*, n° 14, p. 240).
1878. Derby, *Le carboniférien au Missouri* (*Neues Jahrb.*, p. 663).
1879. L'abbé Boulay, *Étude de la flore houillère des Vosges* (*Bulletin de la Société historique nationale de Colmar*).
1882. Barrois, *Recherches sur le carbonifère des Asturies et de la Galice* (1882).
1883. Stur, *Les graphites de Pressnitz en Syrie* (*Jahrb.*, k. k. g. R., XXXIII, p. 189).
1883. Zeiller, *La flore du bassin du Zambèze, massif houiller de Tête* (*Annales des Mines*, novembre-décembre).
1885. Urbain et Stanislas Meunier, *Les combustibles minéraux* (*Encyclopédie chimique de Frémy*, t. II, chez Dunod).
1886. A. Olry, *Étude du bassin houiller de Valenciennes, département du Nord* (chez Quantin, Paris).
1890. Toso, *Étude sur les lignites d'Italie* (*Revue des Mines d'Italie*).
1891. Potanin in Venukow, *Le carboniférien en Mongolie* (*Neues Jahrb.*, II, p. 462).
1891. Steinmann, *Formation carboniférienne au Brésil* (*Americ. Naturalist*, octobre).
1894. Bertrand, *Le bassin houiller de Valenciennes* (*Annales des Mines*, 1er volume, 6e livraison, p. 569, 635).
1895. Chapuy, *Constitution du midi du bassin houiller de Valenciennes* (*Annales des Mines*, livraison d'août).
1895. A. Soubeiran, *Bassin houiller du Pas-de-Calais* (Baudry).
1898. Dusaugey, *Étude du gisement de lignite de Marceau (Algérie)* (*Bulletin de la Société de l'Industrie minérale*, 3e série, t. XII, p. 501).
1898. H. Charpentier, *Étude sur les lignites de Hongrie, Thalheim Schreibersdorf* (édité chez Alcan-Lévy, Paris).
1899. Delas, *Les lignites du Sarladais* (*Bulletin de la Société de l'Industrie minérale*, 3e série, t. XIII, p. 605).
Barrois, *Le bassin carbonifère de la Basse-Loire et du Morbihan* (*Annales de la Société géologique*, n° 11, p. 279).
Bureau, *Les anthracites de la Basse-Loire, de la Vendée et du Poitou* (*Bulletin de la Société géologique de France*, 2e série, XII, p. 165). — *Le système carboniférien en Espagne* (*Bulletin de la Société géologique de France*, 2e série, XXIII, p. 846).
Gosselet, *Étude du bassin houiller du bas Boulonnais.* — *L'Ardenne belge.* — *Esquisse géologique du Nord de la France*)
Grey, *Terrain houiller de la colonie du Cap* (*Géologie sociale*, London, XXVII, p. 49).
    H. Charpentier, *Rapport sur les gisements lignitifères des Provinces Rhénanes* (Brochure imprimée chez Havermans, à Bruxelles. 1899).

Nikétin, *Composition du système carboniférien en Russie* (*Mémoire Com. Géol. Russe*, V).

Potier, *Bassin carboniférien du Reyran (contre l'Esterel* (*Bulletin de la Société géologique de France*, 3ᵉ série).

Le Reydellet, *Bassin houiller de Ciudad-Real* (*Bulletin de la Société géologique de France*, 3ᵉ série, III, p. 160).

HYDROCARBURES

Les hydrocarbures ou carbures d'hydrogène sont très abondants dans la nature à l'état libre ; on les trouve aussi mélangés ou chimiquement incorporés à des roches.

On distingue les *hydrocarbures gazeux* (gaz naturels d'Italie, d'Amérique, etc.), les *hydrocarbures liquides* (huiles de naphte et pétroles d'Amérique, du Caucase, de Roumanie, de Galicie, etc.), les *hydrocarbures visqueux* (bitumes) et les *hydrocarbures solides*, libres ou mélangés à des roches (asphaltes, schistes bitumineux, ambre, ozokérite, bogheads, etc.).

On décrira ci-dessous les principaux gîtes d'hydrocarbures, en suivant cette classification.

I. — Hydrocarbures gazeux

Les hydrocarbures gazeux se rencontrent partout où se décomposent des matières organiques et souvent dans les régions où se produisent des phénomènes volcaniques.

Gaz des marais. — Dans les eaux stagnantes, on voit continuellement se former, à la surface, des bulles de gaz qui contiennent, outre de l'acide carbonique, de l'hydrogène protocarboné et, parfois, de l'azote et de l'oxygène. Ces dégagements proviennent de la décomposition de végétaux au fond des eaux. Ils constituent ce qu'on appelle le *gaz des marais* (C^2H^4).

Grisou. — Ce même gaz se rencontre, avec une composition un peu différente, dans les mines de houille où les végétaux, ainsi qu'on l'a vu plus haut, ont subi une décomposition et une transformation complètes. Il y est connu sous le nom de *grisou*.

Gaz combustible. — D'autre part, les salses, les volcans de boue et les gisements de pétrole laissent dégager un gaz hydrocarburé qui est presque exclusivement formé de gaz des marais et de bicarbure d'hydrogène ou gaz oléfiant (C^4H^4).

Ces divers hydrocarbures gazeux sont éminemment combustibles.

Le gaz des marais s'enflamme parfois spontanément à l'air et produit le phénomène bien connu des *feux follets*.

Le grisou s'enflamme malheureusement trop souvent dans les exploitations houillères et produit des *explosions* épouvantables en faisant parfois de nombreuses victimes.

Les salses et les volcans de boue donnent quelquefois naissance à des jets de gaz qui, enflammés, forment ce qu'on appelle des *fontaines ardentes*.

Enfin les régions pétrolifères laissent souvent dégager des jets de gaz très considérables, qui s'enflamment au contact d'un foyer ou d'une lampe et qu'il est très difficile d'éteindre.

Usages. — Ces derniers hydrocarbures gazeux sont les seuls qui soient utilisés industriellement.

Ils sont employés pour le chauffage domestique, le chauffage industriel et l'éclairage.

Le prix de revient, à puissance égale, n'est que le cinquième de celui du charbon ; mais les difficultés de transport de ces gaz à de grandes distances limitent leur emploi à leur lieu de production et aux régions voisines, susceptibles d'être reliées au lieu de dégagement par une canalisation étanche.

Gisements. — En France, des dégagements de carbure d'hydrogène gazeux, peut-être en relation avec un gisement pétrolifère, ont pu être captés et utilisés pour l'éclairage à *Châtillon*, dans la Haute-Savoie, et à *Nyons*, dans la Drôme.

En Hollande, on a découvert, il y a une quinzaine d'années à *Oudendyjk*, sur la ligne d'Amsterdam à Enkhuisen, dans des puits artésiens, à la profondeur de 30 mètres environ, des gaz hydrocarburés qui sont recueillis maintenant, dit-on, dans des cloches recouvrant les réservoirs d'eau, et utilisés par les habitants pour leur éclairage et leur chauffage.

En Italie, dans l'Émilie, près de *Sassuno*, des fontaines ardentes ont été utilisées autrefois pour le chauffage et l'éclairage (*Barigazzo, Porretta*, etc.).

En Chine, dans la province de *Setchouan*, les gaz naturels, qui se rencontrent à faible profondeur, sont utilisés pour le chauffage depuis plusieurs siècles.

En Amérique, c'est seulement depuis 1820 qu'on a songé à utiliser les hydrocarbures gazeux, dont l'existence était cependant connue depuis longtemps.

Les gisements de la *Pensylvanie occidentale* et du *Canada* donnent des quantités considérables de gaz. Les premiers essais d'éclairage furent faits à Fredonia et à Barcelona (lac Érié); depuis, Leechburg, Murrayville et Pittsburg ont employé les gaz naturels pour l'éclairage et pour le chauffage domestique et industriel (générateurs, verreries, chaux, briques, fours à puddler, etc.).

Une soixantaine de Compagnies de gaz fournissaient, en 1887, environ 50 millions de mètres cubes d'hydrocarbures gazeux remplaçant 30.000 tonnes de houille; mais, depuis cette époque, un grand nombre de forages se sont taris et la production a beaucoup diminué.

Les gaz hydrocarburés exploités en Amérique contiennent environ 70 0/0 de protocarbure d'hydrogène, 1 0/0 de bicarbure, 20 0/0 d'hydrogène, 5 0/0 d'hydrure d'éthyle et de faibles quantités d'oxygène, d'acide carbonique et d'oxyde de carbone

Les gisements de gaz, concentrés autour de *Pittsburg* (Pensylvanie) et de *Findlay* (Ohio), se retrouvent au Canada dans la vallée du *Saint-Laurent*, entre Québec et Montréal.

Les puits riches se trouvent sur les lignes anticlinales des plissements du terrain. Ils sont en relation avec les pétroles de ces régions, dans le carbonifère inférieur (*Pensylvanie*), dans les calcaires (*Findlay, Ohio*); dans le silurien inférieur (calcaires de *Trenton*, schistes d'*Hudson-River*, grès de Mediana à *Louisville, Trois-Rivières, Maisonneuve*, etc.).

BIBLIOGRAPHIE DES GAZ NATURELS

1876. Smith, *Puits de gaz en l'ensylvanie* (Annales de Chimie et de Physique, 5ᵉ série, t. VIII, p. 566; *Bulletin de la Société de Physique et de Chimie*, 1877, n° 3).

1885-1886-1887-1888. Obalski, *Rapport sur les gaz combustibles du Canada* (contient une bibliographie antérieure).

1889. Obalski, *Sur l'épuisement des gaz à Pittsburg* (Nature, 28 décembre).

Fouqué et Gorceix. *Étude sur les gaz inflammables* (Annales des Sciences géologiques, t. II).

II. — Hydrocarbures liquides (pétrole)

Propriétés physiques et chimiques. — Les hydrocarbures liquides sont connus sous les noms d'huile minérale, de pétrole ou de naphte.

Tels qu'ils se rencontrent à l'état naturel, les pétroles sont des mélanges de diverses combinaisons de carbone et d'hydrogène, d'où leur nom général d'hydrocarbures.

Les pétroles sont tantôt épais et sirupeux, tantôt fluides et légers.

Ils sont facilement reconnaissables à leur odeur caractéristique et à leur couleur jaune verdâtre, passant quelquefois au brun goudronneux, mais avec un reflet toujours verdâtre. Ils sont très facilement inflammables.

La densité du pétrole varie de 0,765 à 0,970, selon le lieu d'origine.

Le pouvoir calorifique du pétrole varie de 9.950 à 10.800 calories.

Peu soluble dans l'alcool, soluble dans l'éther et les huiles essentielles, le pétrole a, comme composition chimique, 80 à 85 0/0 de carbone, 1 à 3 0/0 d'oxygène et 12 à 15 0/0 d'hydrogène.

Il est constitué principalement par des hydrocarbures de la série forménique de la formule C^nH^{2n+2}.

Le gaz des marais, CH^4, est le premier de cette série.

Usages. — Les plus importantes applications du pétrole sont l'éclairage, le graissage et le chauffage. On ne citera que pour mémoire les usages médicinaux, désinfectants, etc., du pétrole et de ses dérivés.

Depuis quelques années, le pétrole et les huiles minérales lourdes ont trouvé un débouché important dans le chauffage des automobiles et des générateurs soit à l'état liquide, soit à l'état pulvérisé (procédés Adolphe Seigle, Holden, etc.).

Pour convenir à l'éclairage, les huiles de pétrole doivent être bien fluides, afin de pouvoir s'élever dans les mèches des lampes par capillarité. Pour le graissage, au contraire, elles doivent être visqueuses, afin de ne pas être dispersées autour des organes à lubrifier.

Les huiles de pétrole, avant d'être employées à leurs divers usages, doivent être traitées par distillation et débarrassées des impuretés qu'elles peuvent contenir.

La partie des huiles brutes qui, à la distillation, se volatilise au-dessous de 150°, constitue l'essence de pétrole, la benzine et l'éther de pétrole (D = 0,720 à 0,760), qui sont employés pour la teinturerie et divers autres usages. Entre 150 et 300°, les parties volatilisées constituent les huiles lampantes bonnes pour l'éclairage (khérosènes, D = 0,760 à 0,875). Ce qui passe au-dessus de 300° est employé comme matière lubrifiante et comme combustible (astakis et mazouts: pouvoir calorifique, de 33 0/0 plus élevé que celui de la houille; vaporisation = $16^{kg},2$ d'eau par kilogramme de mazout).

Les résidus de la distillation sont des goudrons visqueux et noirâtres qui donnent, au rouge, des carbures éthyléniques et des carbures pauvres en hydrogène.

Après ces diverses opérations, qui se font dans de grandes cornues sphériques, il reste au fond du récipient un coke boursouflé noir et cassant.

Sainte-Claire Deville et d'Engler ont observé, à la suite d'un grand nombre d'expériences, que les huiles brutes les plus propres à la fabrication du pétrole d'éclairage, sont aussi les plus légères. Ce sont principalement celles que l'on recueille dans l'Italie septentrionale, la Pensylvanie, la Galicie, la Virginie occidentale, la Circassie et l'île de Java.

Les huiles de pétrole du Hanovre, du Caucase et de l'Alsace donnent de meilleurs rendements au-dessus de 300° et, par suite, sont plus avantageusement employées pour la fabrication des produits lubrifiants.

Géogénie. — De nombreuses hypothèses ont été imaginées au sujet de la formation et du mode de gisement du pétrole. Elles peuvent se réduire à trois principales : origine organique, origine chimique, origine volcanique.

Chacune de ces hypothèses est applicable à un certain nombre de gisements pétrolifères, mais est inadmissible pour les autres.

Il est impossible de se faire une opinion exacte sur l'origine et les conditions d'exploitabilité d'un gisement pétrolifère, si l'on a limité ses observations à un champ d'exploitation restreint, et ce n'est qu'après avoir étudié un grand nombre de gisements, dans des contrées différentes, que nous avons pu déduire de nos observations personnelles et des recherches de praticiens, de géologues et de chimistes, une théorie pouvant s'appliquer aux diverses formations pétrolifères.

La similitude des huiles minérales exploitées dans les diverses parties du globe confirme la possibilité d'une origine semblable pour toutes; les différences de densité ou de composition qui sont observées entre les pétroles des diverses contrées n'infirment pas plus cette théorie unique, quoi qu'on en ait dit, que les différences que l'on trouve dans la composition ou la densité des diverses houilles (de la houille maigre à la houille sèche) ne détruisent la théorie d'un mode de formation identique pour les houilles de toutes les contrées.

Selon nous, on doit admettre pour les pétroles une origine chimico-organique, que l'on peut expliquer en reprenant en partie chacune des principales théories émises jusqu'à ce jour.

Formation chimico-organique. — Les hydrocarbures doivent probablement leur origine au dégagement des gaz et à la formation des sels d'origine interne, qui ont métamorphisé les dépôts organiques, si considérables, durant certaines époques géologiques.

Ceux de ces dépôts qui se sont trouvés dans des régions où les fractures de l'époque tertiaire ne se sont pas fait sentir ou n'ont pas été profondes, ont donné de l'anthracite, de la houille ou du lignite (Voir le chapitre des *Combustibles minéraux*).

Ceux, au contraire, qui ont été affectés par des bouleversements profonds à l'époque des éruptions et des dislocations tertiaires, ont été transformés par les émanations, en hydrocarbures, pétroles, schistes bitumineux, asphaltes, etc.

L'existence de régions volcaniques, près de certains gisements de pétrole, a donné naissance à l'hypothèse de la formation volcanique des hydrocarbures; mais ce voisinage s'explique par la simple raison que les volcans se sont produits, comme les hydrocarbures, le long des fractures profondes qui ont amené au jour les roches éruptives, les dégagements gazeux et les filons métallifères.

L'époque tertiaire qui a été admise par quelques auteurs, comme l'époque de formation des carbures d'hydrogène, n'a été, dans certains cas, que la période de leur arrivée au jour. Il est probable que quelques gisements de pétrole, considérés comme tertiaires, d'après les terrains où on les rencontre, sont, en réalité, originaires de terrains beaucoup moins récents, et que le tertiaire n'est que le réceptacle d'hydrocarbures plus anciens qui se sont fait jour à travers des failles et des fissures profondes. Ces carbures d'hydrogène ont dû venir, à l'état de gaz, se condenser dans des couches supérieures plus froides ; quelquefois même ils se sont élevés à l'état liquide sous la pression des gaz qui les accompagnaient, ou simplement par suite de leur faible densité et de leur tendance à monter toujours au-dessus des couches aquifères.

On peut se rendre compte du mode de formation des pétroles, d'après ce qui se passe actuellement, sur une moins vaste échelle, il est vrai, dans les zones littorales au voisinage de marais salants : les animaux de la zone littorale, polypiers, seiches, poissons divers, qui se trouvent au contact des eaux-mères provenant, par des fissures, des marais salants naturels (lesquels contiennent des chlorures, iodures, bromures, etc.) peuvent, en effet, produire de l'huile minérale par la décomposition lente de leurs matières organiques grasses.

Au laboratoire on obtient, d'ailleurs, des huiles minérales (très oxygénées, il est vrai) par distillation, sous pression, de cette même matière. Les amas de végétaux ont pu donner un résultat analogue, au contact de divers sels d'origine interne ; il est également possible que, dans certains gisements, des dégagements de carbures et d'acétylures minéraux aient rempli exceptionnellement le rôle des matières organiques dans la formation des hydrocarbures.

Supposons qu'aux époques où la faune et la flore étaient le plus abondantes, une fracture du sol ait provoqué l'irruption de chlorures, d'iodures et de gaz d'origine éruptive, près d'un littoral, dans un lac ou une mer intérieure. Les poissons détruits par ces dégagements se sont accumulés au fond de l'eau, et il s'est formé une agglomération de matières organiques qui, avec le temps, a produit un dépôt d'hydrocarbures dans cette sorte de laboratoire interne; ce dépôt a été successivement recouvert par des sédiments plus récents et, notamment, par la vase argileuse et imperméable qui a été entraînée le long de la même fracture que les dégagements gazeux. La couche de vase imperméable a favorisé l'accumulation de quantités considérables d'hydrocarbures, en empêchant leur dégagement en gaz ou en huile, au fur et à mesure de leur formation, et en retenant au fond les poissons qui, décomposés, auraient eu tendance à remonter à la surface de l'eau.

Les principales réactions chimiques qui ont pu provoquer la formation des hydrocarbures sont les suivantes :

Combinaison des sels provenant des fractures cosmiques, avec les gaz (ammoniac et acide carbonique), dégagés par la putréfaction des matières organiques. Cette combinaison a dû retenir les gaz et éviter l'agitation de la vase protectrice en lui conservant ainsi son imperméabilité.

D'autre part, les sulfates de chaux et de magnésie en présence des gaz dégagés, ont fourni le soufre et l'hydrogène sulfuré nécessaires aux diverses réactions. C'est ce qui explique la présence presque constante de gisements importants de sel, de soufre et même de gypse à moitié décomposé, près des formations hydrocarburées.

Les dépôts d'huile minérale ont pu se former ainsi dans les terrains les plus divers, micaschistes (Vénézuéla), silurien (Canada), dévonien et carbonifère (Pensylvanie), houiller (Virginie), trias (Caroline du Sud), crétacé et éocène (Colorado, Galicie, Hanovre), tertiaire inférieur (Caucase), pliocène (Californie, Italie). Ils sont répartis le long des fractures profondes de la croûte terrestre, généralement au voisinage des chaînes de montagnes, qui ont été formées en même temps que les grandes fractures; ils sont, par suite, souvent en relation avec les grands cercles du réseau pentagonal.

HYPOTHÈSES DIVERSES IMAGINÉES SUR LA FORMATION DES HYDROCARBURES

La théorie qui vient d'être exposée se trouve confirmée à la fois par les observations et les hypothèses de la plupart des auteurs qui ont étudié la question des hydrocarbures. Rappelons que les théories les plus connues et les plus admissibles sont les suivantes :

La *formation chimico-inorganique* : Daubrée, Crafts, Berthelot, Mendéléef, Byasson, Cloez, Landolph, Friedel, ainsi que la plupart des chimistes admettent cette théorie ;

La *formation volcanique*, origine exclusivement interne en relation avec les grands cercles du faisceau pentagonal : de Chamcourtois, Sainte-Claire Deville, Humboldt, Fuchs, Foncou, de Launay et la plupart des géologues théoriciens ;

Et enfin la *formation chimico-organique*, qui réunit les conditions les plus générales des deux autres hypothèses :

P. Wall, J.-P. Lesley, Dr Hunt, Gauldrée-Boileau, Lapparent, Fotterlé et la plupart des ingénieurs spécialistes et praticiens.

C'est à cette dernière théorie que nous nous sommes rallié, en y introduisant quelques modifications que nos observations personnelles sur un grand nombre de gisements pétrolifères nous ont amené à présenter.

Recherche du pétrole. — On rencontre généralement le pétrole emprisonné à l'état d'imprégnation, dans des couches perméables, entre des assises argileuses ou compactes et imperméables.

Les roches imprégnées sont principalement les grès poreux, et quelquefois les schistes, les calcaires et les marnes.

Les couches pétrolifères exploitées se rencontrent surtout dans les terrains plissés et brisés ; il est évident que l'on ne peut connaître que par le plus grand des hasards les couches imprégnées d'hydrocarbures qui s'étendent horizontalement, masquées par une assise imperméable et puissante.

Dans les régions plissées et fissurées, au contraire, les

hydrocarbures signalent leur présence par des suintements qui arrivent à la surface à travers les cassures du sol.

Ces suintements peuvent avoir été produits soit par une émanation gazeuse qui serait venue se condenser à la surface, soit par un dégagement liquide.

Les indices d'huile minérale se rencontrent dans les ravins où le sol a été dénudé par les pluies, et surtout à la surface des ruisseaux et des flaques d'eau où les hydrocarbures, en quantité même très faible, produisent une irisation tout à fait semblable à celle du fer. Les irisations des hydrocarbures se distinguent de ces dernières en ce qu'elles ne se séparent pas en fragments, mais au contraire s'étirent et se déforment lorsqu'on les agite avec un bâton.

Les zones de concentration de l'huile minérale se rencontrent vers le sommet des selles anticlinales, et les points les plus favorables pour rechercher le pétrole se trouvent dans les vallées anticlinales, telles que A, B (*fig.* 100), au voisinage de plis synclinaux.

Lorsque, par suite de poussées latérales, les formations pétrolifères (couche I) sont soulevées, déformées et affectées de plis et de cassures, le pétrole se trouve comprimé dans les plis synclinaux (MN), et, par suite de sa tendance à s'élever, il vient s'accumuler vers le sommet des plis anticlinaux voisins. Il monte ainsi le long des fissures produites, jusqu'à ce qu'il rencontre des terrains perméables dans lesquels il s'emmagasine (couche III).

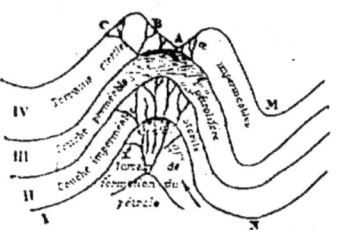

Fig. 100.
Schéma d'un gisement pétrolifère.

On doit donc rechercher, parmi les points où les suintements de pétrole se produisent, ceux qui sont le plus voisins des selles anticlinales; mais il est souvent fort difficile de bien déterminer ces selles, des érosions ultérieures ayant pu leur donner une apparence de vallée.

Dans la figure ci-dessus, le point C, où l'on pourrait trouver des traces de pétrole, donnerait des puits stériles du moins jusqu'à une grande profondeur. Les points A et B, au contraire, seraient bien choisis pour l'établissement d'un forage.

La direction générale des plissements et des failles pétrolifères est, dans son ensemble, parallèle au système de soulèvement qui a donné naissance à ces accidents.

Dans l'Amérique du Nord, les zones pétrolifères riches sont disposées en bandes rigoureusement parallèles à la fracture du Saint-Laurent. En Galicie, elles sont parallèles à l'axe des Carpathes, en Italie aux Apennins, etc.

Les points les plus riches en pétrole sont ceux qui se trouvent à la rencontre de deux failles : la principale, parallèle au soulèvement général de la région; la secondaire, transversale, formant souvent avec l'autre un angle de 90°.

Ce n'est qu'avec une grande expérience et la connaissance de divers indices locaux qu'on peut éviter en partie les recherches infructueuses qui grèvent tant d'exploitations pétrolifères. Quelques premiers sondages heureux dus au hasard entraînent trop souvent les exploitants à se priver du concours d'un ingénieur spécialiste pour déterminer l'emplacement des autres forages. La facilité des découvertes du début de quelques exploitations et les magnifiques résultats qu'on a quelquefois obtenus sans difficultés ont été ainsi la cause des insuccès et des déboires si fréquents dans cette industrie qui pourrait être cependant très rémunératrice.

Sondages de recherches. — Jusqu'en 1878, on faisait encore en Europe (Galicie, Italie, etc.) l'exploitation du pétrole au moyen de petits puits carrés de 1 mètre de côté, creusés à la main. Les puits ne dépassaient pas une centaine de mètres de profondeur et ne permettaient pas d'atteindre les couches pétrolifères inférieures. Ce procédé a été abandonné à cause des nombreux accidents (éboulements et asphyxie causée par les émanations d'hydrocarbures) survenus aux ouvriers qui travaillaient dans les puits.

Le pétrole s'accumulait au fond et était recueilli au moyen de seaux descendus à l'aide d'un treuil.

Aujourd'hui, le pétrole est exploité au moyen de forages à faible diamètre, qui sont approfondis jusqu'à ce qu'ils fournissent, soit par pompage, soit par jaillissement naturel, de l'huile minérale en quantité appréciable.

Le plus souvent, il arrive que les sondages sont arrêtés à la rencontre d'une fissure des terrains supérieurs (terrains IV de la figure ci-dessus, par exemple). Cette fissure donne du pétrole pendant un certain laps de temps ; mais le pompage finit par entraîner du sable et de l'argile, qui viennent obstruer la faille et aveugler la venue pétrolifère.

Faute de diamètre initial suffisant, il est, la plupart du temps, impossible d'approfondir alors le forage, et on doit l'abandonner improductif avec son matériel de tuyaux qu'il est généralement difficile d'arracher.

On recommence alors, à côté du précédent, un sondage analogue, qui est également arrêté avec un diamètre insuffisant, à la première fissure de terrains imperméables, qui fournit de l'huile.

Bien rares sont les exploitants assez prévoyants ou entreprenants pour commencer un forage avec un diamètre suffisant, en vue d'atteindre de grandes profondeurs.

Cela tient le plus souvent à ce que les sondages sont entrepris comme forages de recherches et ne deviennent qu'éventuellement des forages d'exploitation. Si la recherche semble couronnée de succès et laisse suinter un peu de naphte, immédiatement on installe une pompe et on arrête le fonçage.

Un ingénieur prévoyant devrait, au début d'une exploitation sérieuse et avant d'établir les nombreux puits de pompage que nécessite le pétrole, entreprendre un sondage de recherches, qui, à très grand diamètre au début, $0^m,65$ au minimum, serait susceptible d'être poussé très loin. A chaque venue pétrolifère recoupée, le fonçage devrait être suspendu durant huit ou quinze jours ; la puissance de la venue serait exactement calculée, sa profondeur soigneusement notée. Un tubage étanche aveuglerait alors la venue d'huile, et le fonçage serait repris jusqu'à la rencontre d'une nouvelle trace de pétrole. On arriverait ainsi à bien connaître la puissance des venues pétrolifères aux divers niveaux, et on aurait chance d'atteindre en profondeur des terrains donnant en abondance de l'huile minérale, jaillissante le plus souvent. — Les forages subséquents seraient alors entrepris avec des données sérieuses, et l'on éviterait la période ruineuse des tâtonnements.

Nous insistons sur les grandes dimensions à donner au diamètre initial des sondages, car il faut prévoir la nécessiter de télescoper le trou en cas de rencontre de terrains ébouleux, ou de venues d'eau à aveugler, sous peine de voir le pétrole retenu dans les fissures des terrains ou dans les couches perméables, par la pression de l'eau qui envahirait le forage.

On évitera d'employer, pour les recherches du pétrole, les nouveaux procédés de sondage à courant d'eau, qui ont l'avantage d'aller très vite, mais qui masquent souvent les venues pétrolifères recoupées.

Les sondages de recherches, profonds de plus de 100 mètres, doivent être faits avec moteur à vapeur, chauffé, si l'on peut, au moyen des gaz dégagés par les couches pétrolifères. Un réservoir placé à l'abri du feu recevra l'huile pompée ou jaillissante.

La figure 101 indique la disposition d'un derrick (installation de sondage).

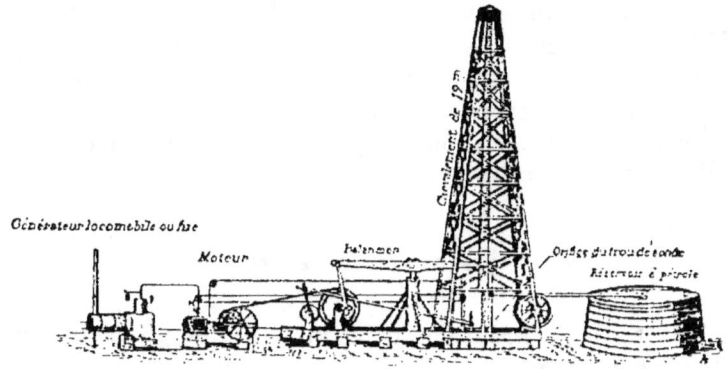

Fig. 101. — Installation d'un sondage pour la recherche du pétrole.

Historique du pétrole. — Le pétrole était connu des Grecs et des Romains, ainsi que l'indiquent Hérodote, Pline et divers auteurs; mais son emploi était très limité. Pline signale cependant l'utilisation des huiles d'Agrigente pour l'éclairage, sous le nom d'*huile de Sicile;* plus tard le *feu grégeois*, composé de bitume, de poix et de pétrole, fut employé pour la destruction des navires des Sarrazins par l'ingénieur syrien Callicinus.

Les sources de l'Inde fournirent au xviii° siècle un peu de pétrole à l'Europe; celles de la Galicie ont servi depuis le commencement du xix° siècle, jusqu'en 1878 presque uniquement au graissage des roues des chariots.

Enfin en 1858, le colonel Drake découvrit en Amérique à Titus-Ville, dans la vallée de l'Oil-Creek près d'Oil-City, des sources de pétrole jaillissantes, et, depuis cette époque, des recherches sérieuses furent faites dans diverses contrées.

Les recherches du Canada, de la Virginie, de la Caroline, du Colorado et de l'Ohio, en Amérique, et celles de l'Alsace, de la province de Parme, de la Galicie, de la Roumanie et du Caucase, en Europe, furent les premières couronnées de succès.

L'exploitation rationnelle des gisements du Caucase et de la Galicie ne date que de 1879, et l'industrie du pétrole s'y développera à mesure que l'usage des huiles minérales se généralisera pour le chauffage et pour la production de force motrice, surtout si le rendement des puits de pétrole en Amérique commence à diminuer comme cela semble se produire par l'épuisement des couches exploitées.

En 1899, la production du pétrole brut dans le monde entier a atteint environ 20 millions de tonnes.

GISEMENTS DE PÉTROLE EN EUROPE

France. — En France on ne connaît pas de gisements de pétrole exploitables.

Hérault (Gabian). — Des recherches ont été faites à *Gabian* (Hérault), où il existe dans les terrains tertiaires des suintements d'hydrocarbures liquides; mais ces recherches faites principalement par galeries en partant des suintements observés, n'ont donné aucun résultat appréciable.

L'huile recueillie à Gabian possède une couleur brun foncé

et une odeur désagréable : elle est utilisée pour des usages médicinaux (affections de la gorge).

Limagne (puits de la Poix). — Dans la Limagne, des écoulements de bitume très liquide, au *puits de la Poix*, près de Pont-du-Château, ont donné l'idée à quelques exploitants de rechercher en profondeur si l'on ne trouverait pas dans les arkoses de la base du tertiaire, au milieu des sables et des marnes oligocènes, un réservoir de pétrole d'où proviendrait le bitume de la surface.

Vers 1896, un sondage a été poussé à 1.000 mètres de profondeur environ près de Clermont-Ferrand. Ce forage, entrepris avec un système allemand à courant d'eau pour chasser les boues du trépan, a rencontré des émanations gazeuses assez vives, mais n'a donné aucune trace d'huile minérale. Il est probable que le gîte pétrolifère qui a donné naissance au bitume de la surface doit être en grande partie oxydé actuellement et transformé en bitume et en asphalte, car on n'en trouve aucun indice dans les eaux minérales chaudes du pays qui sont amenées cependant par des fissures profondes en relation avec les diverses formations géologiques de la région.

Landes (Bastennes, Gaujeac). — Dans les Landes, on fait actuellement des recherches au moyen de sondages profonds au voisinage de filons de quartz et d'ophites, près des gisements bitumineux de *Bastennes*, à *Gaujeac*, dans un pointement éocène. Le sondage de Gaujeac, jusqu'à 300 mètres, n'a rencontré que quelques traces huileuses qui peuvent provenir de poches de bitume enfermées dans des calcaires, comme on en rencontre à la surface.

Cependant non loin de là, à Bastennes, d'importants gisements de sables bitumineux, qui ont été exploités il y a une cinquantaine d'années, font supposer qu'il a dû exister en profondeur une formation d'huile minérale importante dont tout ou partie se serait transformé en bitume, par oxydation en arrivant au voisinage de la surface du sol.

Les recherches faites à Gaujeac et dans les derniers contreforts des Pyrénées vers *Dax* ont pour but de reconnaître s'il reste dans cette région quelque réservoir pétrolifère non oxydé et exploitable.

La découverte d'un gisement pétrolifère important en France nous permettrait de n'être plus tributaires de l'Amérique et de la Russie, pour ce produit dont nous consommons annuellement environ 250.000.000 kilogrammes. L'importation du pétrole en France n'atteignait que 58.000.000 kilos en 1888; elle a donc quadruplé en dix ans.

ITALIE. — Les gisements d'hydrocarbures en Italie sont répartis dans trois zones bien distinctes :

1° L'Italie du Nord avec les gisements de l'Emilie (provinces de Parme, de Milan, de Bologne, etc.);

2° L'Italie du Centre (Abruzzes, Terre de Labour, entre la province de Rome et celle de Caserte);

3° L'Italie du Sud avec la province de Naples, la Basilicate et la Sicile.

1° *Région de l'Emilie.* — Dans le nord de l'Italie les couches pétrolifères se trouvent le long de plissements parallèles aux Apennins, au Nord de la chaîne, au contact des affleurements du miocène avec ceux du pliocène.

La ligne pétrolifère suit une direction sensiblement constante de N.120°O. ; les zones riches se trouvent à l'intersection de cette ligne de fracture parallèle aux Apennins, avec une série de failles secondaires dirigées N.30°O.

Les principaux gisements de l'Emilie sont, en allant du nord-ouest au sud-est :

Rile dell'Ollio, près de Rivanazzano, d'où l'on a extrait quelques barils de pétrole par des forages de 100 à 400 mètres;

Montechino, dans la province de Plaisance, où l'on recueille une huile blanche à reflets azurés;

Velleia, à 28 kilomètres au sud de Plaisance; c'est la plus grande exploitation de l'Emilie; on y a foré près de soixante puits. L'huile extraite est légère; on la mélange avec des huiles d'asphalte des Abruzzes, dans l'usine de Fiorenzuola;

Salso-Maggiore et *Salso-Minore* (province de Parme), où quelques forages ont donné du pétrole à une faible profondeur;

Miano de Medesano, Neviano dei Rossi, Savigno, Sassuno Montcrenzio renferment des traces de pétrole; quelques travaux y ont été entrepris; mais, exécutés sans méthode ni persévérance, ils n'ont donné que des résultats insignifiants;

l'huile de cette région tenait 41 0/0 de benzine incolore, 45 0/0 de pétrole lampant, 6 0/0 d'huile lubrifiante et 8 0/0 de paraffine.

Au sud de cette bande pétrolifère, se trouvent quelques gisements alignés suivant la même direction que les précédents, parallèlement aux Apennins. Parmi les gisements de cette seconde ligne pétrolifère, on peut citer ceux de *Romanaro* (province de Modène), *Monte-Forte*, près de Barigazzo, *Riola*, *Casale*, *Porretta*, *Sassonegro* (province de Bologne), où l'on trouve des traces de pétrole et des dégagements gazeux inflammables ; mais aucune recherche sérieuse n'a été effectuée en vue de retrouver en profondeur le pétrole d'où proviennent ces dégagements hydrocarburés.

La production du pétrole dans l'Emilie atteint 3.000 tonnes environ par an.

2° *Italie centrale*. — *Les Abruzzes*. — Dans les Abruzzes, la vallée de la Pescara (province de Chieti) renferme des gisements hydrocarburés qui doivent être contemporains de ceux de l'Emilie. Il est possible que la zone pétrolifère se prolonge sans interruption en profondeur entre Bologne et Chieti.

Les principaux gisements d'hydrocarbures, connus dans les Abruzzes, sont : *Tocco di Casauria, Manoppello, San Valentino, Letto Manoppello, Rocca Morice, Valle Romana, Colle d'Oro* et *Serramonacesca*. On a extrait de Tocco un pétrole noir, très dense et d'une odeur forte, qui donnait 1/3 d'huile lampante et 2/3 d'huile lourde chargée en soufre, avec une densité de 0,910 à 0,980.

L'huile de Letto Manoppello était sensiblement plus légère. Aujourd'hui on fait quelques travaux de recherches dans les Abruzzes où un certain nombre de concessions ont été accordées. A Colle d'Oro et en quelques autres points, l'huile recueillie est très pure. Il est possible qu'on rencontre au-dessous des asphaltes des Abruzzes un gisement pétrolifère fructueusement exploitable.

En 1894, les Abruzzes ont produit 20 tonnes d'huile bitumineuse légère, provenant des forages, et 4 tonnes d'huile bitumineuse lourde provenant des sources, représentant en tout une valeur de 6.000 lires.

Province de Caserte. — Dans la région occidentale de l'Italie centrale, on rencontre des gisements d'hydrocarbures dans les vallées du Liri et de l'Amaseno entre les massifs volcaniques des provinces de Caserte et de Rome. Ce voisinage a conduit certains auteurs à assigner une origine volcanique aux pétroles de cette région.

Les gisements les plus connus sont ceux de *San Giovanni Incarico* où l'on a foré un certain nombre de puits de recherches, dont quelques-uns ont donné du pétrole jaillissant vers 100 et 200 mètres. Un des sondages, poussé jusqu'à 400 mètres, n'a plus donné que des gaz. A *Castro dei Volsci*, on rencontre quelques dégagements bitumineux au milieu de calcaires en contact avec une couche de lignite. Il est possible qu'en profondeur on découvre un gîte pétrolifère en relation avec les bitumes et les asphaltes de Castro. A *Ripi*, près de Ceccano, on a recueilli un peu de pétrole dans des couches pliocènes.

On a extrait, dans la province de Caserte, 64 tonnes de pétroles en 1881, valant 12.840 lires; en 1890, la production était tombée à 23 tonnes, valant 5.083 lires. Actuellement, la production est insignifiante.

3° *Italie méridionale et Sicile*. — A Monte-Calvo, situé au nord-est de Naples, à une vingtaine de kilomètres à l'est de Bénévent, on a reconnu, au voisinage d'affleurements éocènes importants, quelques indices de la présence du pétrole; mais les recherches effectuées n'ont donné que du bitume en petite quantité. A *Frigento* (province d'Avellino), une série de recherches ont fourni quelques barils d'huile minérale, tenant 65 0/0 d'huile lampante, 30 0/0 d'huile lubrifiante et 5 0/0 de résidus. On rencontre aussi quelques traces d'hydrocarbures dans la *Basilicate* sur des affleurements éocènes et miocènes.

En *Sicile*, on a trouvé de l'huile bitumineuse à Agrigente, et actuellement on exploite dans la province de Girgenti, et surtout entre *Caltanissetta* et *Syracuse*, des gisements d'asphalte qui semblent provenir d'imprégnations pétrolifères que l'on retrouvera peut-être en profondeur.

La production totale de l'Italie a été, en 1896, de 2.524 tonnes de pétrole brut valant 644.470 francs, et 9.734 tonnes de pétrole raffiné valant 1.480.735 francs.

ALLEMAGNE. — On trouve du pétrole dans le Hanovre où il s'est formé dans le trias et au-dessous : à *Limmer* (pétrole dans des sables néocomiens), à *Vorwohle* (asphalte dans le Jurassique, Jura blanc); à *Kœnigsen*, près de Colle, à *Adesfe* et à *Oberg*, près de Peine et à *Ælheim* (pétrole dans les grès tertiaires et jurassiques). Dans le Brunswick, il existe, à *Wintjenberg* et à *Holzmunden*, des gisements d'asphalte importants (Jura blanc) formant le prolongement des gîtes pétrolifères du Hanovre. On a trouvé aussi du pétrole aux environs de *Carlsruhe* (duché de Bade).

Alsace. — On rencontre en Alsace, au voisinage de gîtes de sel et de sources salines (chlorures, bromures), des grès et des sables bitumineux tertiaires à *Pechelbronn*, en veines de $0^m,80$ à 4 mètres (avec grisou); des asphaltes existent dans les calcaires d'eau douce de *Lobsann* en couches de 1 mètre à $2^m,50$ alternées. Ces bitumes et ces asphaltes sont accompagnés de pyrite de fer. Enfin, depuis quelques années, la région de Pechelbronn produit du pétrole provenant de puits jaillissants. Les premiers sondages profonds datent de 1883 (M. Lebel).

On peut encore citer les gîtes pétrolifères de *Schwabweiller* sur le Bas-Rhin.

La production de l'Alsace, en 1896, a été de 18.834 tonnes métriques. Quatre nouveaux puits donnant de 50 à 120 barils ont été ouverts en 1897.

L'Allemagne a produit en 1897, en tout, 23.303 tonnes de pétrole valant 1.745.555 francs.

AUTRICHE-HONGRIE. — *Galicie*. — On trouve du pétrole le long du versant nord des Carpathes, en Galicie, à *New-Sandec, Dukla, Rowne, Krosno, Kroscienko, Potok, Ropianka, Sanok, Lodyna, Steinfels, Bandrow, Schodniça, Boryslaw*, etc. Le pétrole est concentré dans les fractures, comme en Amérique et en Russie, au voisinage des crêtes des plis anticlinaux, dans des grès tendres à hiéroglyphes, intercalés entre les schistes néocomiens inférieurs de Ropianka et les grès de Libutza, au-dessous des schistes éocènes à mélinite et des argiles miocènes. Les selles pétrolifères productives sont larges de 50 à 300 mètres, selon les régions. A Boryslaw, le pétrole est associé, dans des argiles salifères (salztongruppe), à de l'ozokérite qui renferme du gypse et du sel ; on rencontre, dans ce même gisement, de la galène, de la blende, de la calamine et du soufre.

Le pétrole que l'on pompe est mélangé d'eau et doit subir une décantation. En profondeur la densité diminue et le rendement augmente (50 0/0 d'huile lampante en moyenne). Le débit moyen, rapporté au nombre total des puits et des sondages, est faible (250 kilogrammes par jour). La faiblesse de la moyenne de production des forages en Galicie tient au grand nombre de puits et de sondages stériles creusés au hasard. La Galicie compte au total près de 2.000 sondages et 1.150 petits puits carrés creusés à la main. Il existe cependant des forages, comme à *Potok*, entre Rowne, Bobrka et Krosno, qui ont recoupé à de faibles profondeurs (50 à 100 mètres) des couches pétrolifères jaillissantes fournissant des centaines de barils par jour (1.500 barils de 150 kilogrammes environ par jour, pendant plusieurs mois).

La moyenne de rendement d'un puits productif foré sur l'une des lignes de fractures dirigées parallèlement à la chaîne des Carpathes, est de 50 à 10 barils par jour pendant une année ou deux, 5 barils par jour pendant cinq ans, puis 1 ou 2 barils pendant quelques années encore. La profondeur moyenne des couches exploitées jusqu'à ce jour est de 250 à 500 mètres. Il est probable que les forages, poussés jusqu'à 600 ou 800 mètres et même au-delà, donneront un rendement plus considérable.

L'exploitation du pétrole en Galicie ne date guère que de 1878 et est faite en grande partie au moyen de sondages canadiens (tiges en bois et trépan primitif) ; quelques sondages récents ont été faits avec des tiges en fer et des trépans à chute libre. Avant 1878, on n'avait creusé que des petits puits carrés de 1 mètre de côté, à faible profondeur.

A l'extrémité orientale de la chaîne des Carpathes, en *Bukowine* et particulièrement à *Kolomea*, à *Sloboda* et à *Sergie-Putilla*, on rencontre des traces très probantes de la présence du pétrole (D $=$ 0,823 à 17° C. d'après Engler). Des recherches importantes sont entreprises dans cette région.

La production de l'Autriche dépasse 3 millions de quintaux métriques (300.000 tonnes) de pétrole léger, riche en paraffine (D = 0,770 à 0,870), valant de 7 à 12 francs par baril. — Les exploitations de la Galicie s'étendent sur une bande longue de 500 kilomètres et large de 30 kilomètres environ.

ROUMANIE. — Les gisements de la Roumanie se trouvent, comme ceux de la Galicie, à l'extérieur de la courbe formée par le plissement de la chaîne des Carpathes; mais cette chaîne ayant la forme d'un **U**, dont les branches sont dirigées au nord-ouest et au sud-ouest, les gisements pétrolifères de Roumanie se trouvent au sud-est des Carpathes; ils ont dû être amenés au jour par la même poussée que ceux de la Galicie.

En Roumanie, les pétroles (densité = 0,810, en moyenne) sont localisés, le long des Carpathes, dans les fractures du Salzthongruppe (couches gypseuses néogènes en relation avec des gisements de sel). L'industrie du pétrole commence à se perfectionner dans ce pays par l'introduction des méthodes américaines. Les centres de production, situés surtout dans le terrain à paludines, sont *Tergowitz, Kampina, Dimbovitza, Baicoi, Prahova, Buzeu, Monesti*, etc.

La production longtemps faible, à cause du manque de moyens de transport et de l'imperfection des méthodes d'exploitation, atteint actuellement environ 16.000 wagons de 10.000 kilogrammes par an, qui se vendent seulement de 200 à 400 francs par wagon, à cause du développement rapide de l'extraction et de la difficulté de trouver des débouchés, faute de moyens de transport. Il existe en Roumanie 175 exploitations, 70 avec sondages productifs, et 56 sondages sans production ou épuisés, 882 puits à la main productifs, et 586 puits sans production ou épuisés. Les puits sont peu profonds : ils ont servi à exploiter le niveau pétrolifère supérieur, situé entre 70 et 110 mètres de profondeur. Les sondages plus récents servent à l'exploitation du second niveau reconnu, situé à 300 mètres environ.

RUSSIE. — On trouve des gisements de pétrole dans les terrains tertiaires supérieurs, tout le long du Caucase (Bakou dans la presqu'île d'Apchéron sur la Caspienne, Grosny,

Taman dans le Kouban, près de la mer Noire, Kertsch en Crimée, etc.) et dans le Jurassique (Koutaïs).

Bakou. — Les gisements de Bakou sont connus depuis la plus haute antiquité (Temple du feu). Depuis la suppression du monopole de l'Etat (1801-1877), la construction du chemin de fer transcaucasien (Batoum à Bakou) et des pipe-lines, les sociétés d'exploitation de pétroles russes (Nobel, Rothschild, etc.) font une grande concurrence aux pétroles américains.

Les principales exploitations se trouvent au milieu du plateau central de la presqu'île d'Apchéron (*Surakhany, Sabountchi, Balakhany, Souvakhany*) dans des couches perméables, sables ou grès oligocènes (ou néogènes comme à Sabountchi). Il n'y a aucune régularité dans les couches, qui sont à des profondeurs très variables. On constate actuellement dans les exploitations une tendance générale à l'approfondissement des puits par suite de l'épuisement des réservoirs supérieurs. On distingue, comme en Amérique, les puits jaillissants (flowing wells) et les puits ordinaires, où l'on puise le naphte (pumping wells). On sonde à la tige ou à la corde ; les puits, qui ont de $0^m,23$ à $0^m,38$ de diamètre, sont tubés en tôles de 5 millimètres. Le tube supérieur (en fonte) est muni d'un chapeau de fermeture ; mais souvent le jet des flowing wells est assez puissant pour chasser le tubage hors du puits. Il vient beaucoup de sable avec le pétrole, ce qui use rapidement les tubages. Quand les puits cessent de jaillir, on extrait le pétrole avec des pompes ou avec des seaux, fixés à des câbles enroulés sur les bobines de petites machines d'extraction ; le jaillissement est souvent intermittent, il s'arrête et reprend après curage. Les puits durent environ deux ans, avec un débit de 5 tonnes en moyenne ; quelques forages ont un rendement énorme, au moins pendant quelques mois ; mais les productions énormes sont dangereuses surtout à cause des incendies. La fameuse fontaine des Ingénieurs russes (août 1887) donnait 500 tonnes par jour avec un jet de 60 à 80 mètres de hauteur qui entraînait beaucoup de sable et de gaz ; elle produisit des dégâts considérables sur les terrains avoisinants, parce qu'on ne put la fermer qu'au bout de six semaines.

Le pétrole russe, dont la densité est de 0,820 en moyenne, est transporté par des pipe-lines à Bakou, où on le distille dans des chaudières de 16 tonnes, avec brassage à la vapeur; on transporte le pétrole au moyen de navires-citernes (tank steamers), que l'on remplit avec des pompes et que l'on vide ensuite de même dans des wagons-citernes ou dans les grands réservoirs des ports de mer (Hambourg, Amsterdam, Anvers, etc.). Les mazouts, ou huiles lourdes, sont très employés en Russie par la marine et par les chemins de fer pour le chauffage des chaudières et des locomotives.

Taman. — Les pétroles du Kouban (*Taman, Caucase occidental*), également connus depuis fort longtemps, sont exploités surtout depuis 1883. Ces pétroles sont situés dans le tertiaire (du miocène au pliocène), sur le versant nord de l'arête centrale du pays. Il existe, dans la région, de nombreux volcans de boue. Le principal centre d'exploitation est *Illsk* (Ilskaïa), où l'on trouve trois niveaux que l'on exploite par des puits de 30 à 150 mètres, avec tubages perforés.

La durée de rendement d'un forage est de quatre mois au minimum, avec une production moyenne de 3.500 à 4.000 litres par jour. La densité varie de 0,865 à 0,960 : on a installé, posée sur le sol, une pipe-line pour 4.250 hectolitres par jour, avec relais de pompes, d'Ilskaïa jusqu'à Novorrossisk sur la mer Noire, où il y a d'immenses réservoirs de dépôt.

La production du pétrole, en Russie, a été de : 7.056.330 tonnes en 1895, valant 57.454.000 francs.

En 1897, le port de Batoum a expédié les quantités suivantes de pétrole russe :

Pétroles bruts et résidus......	11.247.820 gallons
Huiles de graissage..........	34.012.645 —
— d'éclairage.........	39.246.950 —
Pétroles raffinés.............	248.649.825 —

(Un gallon mesure $4^{lit},543$.)

En 1899, la Russie a produit environ 100 millions d'hectolitres de pétrole brut.

AUTRES GISEMENTS PÉTROLIFÈRES EN EUROPE. — Les autres gisements pétrolifères que l'on rencontre en Europe sont moins importants et moins connus.

En *Angleterre*, certaines houillères du Lancashire et du Shropshire, ainsi que les tourbières de Down-Holland près d'Ormskirch, sur la côte nord de la Mersey, renferment du pétrole et des sources de bitume, mais en quantités insuffisantes pour alimenter une exploitation industrielle.

En *Espagne*, on trouve quelques suintements de pétrole, particulièrement aux environs de Cadix, à *Conil*, et dans la région de *Grazalema*.

En *Portugal*, on exploite l'huile minérale dans le crétacé (district du Leira), non loin de Monte-Real.

En *Dalmatie* et en *Albanie*, on connaît des gisements pétrolifères, ainsi que dans l'*île de Zante* et à *Nymphaum*.

En *Croatie*, des gisements existent aux environs d'Agram (*Koprenitz*), mais n'ont pas d'importance industrielle.

GISEMENTS DE PÉTROLE EN ASIE

Chine. — En Chine il existe de nombreux gisements de pétrole ; mais ils sont peu exploités ; les Chinois recueillent simplement l'huile minérale, qu'ils rencontrent dans les puits qu'ils forent pour exploiter le sel.

La province de *Setchouan* renferme plusieurs milliers de ces puits ; dans la province de *Chan-Si*, il existe d'importantes traces de pétrole avec dégagement de gaz combustible (Ho-tsing = puits à feu) ; une Compagnie française s'est formée pour exploiter les gisements de cette région.

Japon. — Au Japon il existe des exploitations de pétrole dans plusieurs districts. Près de *Nagaoka*, 60 puits de 180 à 450 mètres de profondeur ont donné, en 1894 et en 1895, environ 1.200 hectolitres par jour ; mais leur production s'est abaissée depuis lors à 400 hectolitres. La plupart des puits ont, au Japon, un débit lent et peu abondant. Le pétrole japonais est, en général, peu éclairant et doit être mélangé avec de l'huile américaine. Une raffinerie pouvant traiter 320 hectolitres par jour a été construite à Nagaoka. Les autres districts pétrolifères sont ceux d'*Idzumosaki* et d'*Amasemaki*, connus depuis l'an 615 après Jésus-Christ, dans la province d'*Echigo*. La profondeur des puits varie de 120 à 720 mètres; leur débit est faible. Au Japon, les autres régions pétrolifères sont celles de *Migohaji* et de *Kusodzu*, où l'on compte près de deux cents puits d'exploitation.

Le Japon a produit, en 1895, 270.000 hectolitres de pétrole.

Iles de la Sonde. — A Java il existait, en 1897, dans les districts de *Lidah*, de *Sourabaya*, de *Koetéi* et de *Panolan*, une soixantaine de puits; quelques-uns ont un débit journalier de 2.400 barils. A *Sumatra*, des sociétés récemment constituées exploitent des gisements pétrolifères dans les résidences de *Samarang* et de *Palembang*.

Indes. — Aux Indes, la Burmah Oil C° exploite les gisements de la Birmanie supérieure. Les anciens puits, à *Arracan* et à *Kodaung*, dans le district de *Yenangyoung* sur l'Iraouaddy, avaient 150 mètres de profondeur et donnaient de 5 à 20 barils par jour; ces puits ont atteint 300 à 360 mètres. A *Yenankyet* (15 kilomètres de Padang), également sur l'Iraouaddy, la Société des pétroles de Burmah a ouvert 25 puits de 300 mètres environ, donnant de 15 à 20 barils par jour. Cette société possède, près de *Rangoon*, deux raffineries pouvant traiter ensemble plus de 6.000 tonnes de pétrole par mois. Dans la Birmanie inférieure on trouve du pétrole dans le district d'Assam, à *Pathar*, à *Digboi* et à *Makum*, où la Assam Railways and Trading C° a ouvert de nombreux puits.

Il existe aussi des gisements de pétrole au nord-ouest de l'Hindoustan, dans le *Pendjab*; mais l'éloignement de cette province, la difficulté des communications et le climat ont empêché la mise en exploitation de ces pétroles.

La production du pétrole aux Indes a atteint 15.057.094 gallons de $4^{lit},543$, en 1896, représentant une valeur de 1.793.350 francs.

Perse, Asie Mineure et Palestine. — La Perse renferme plusieurs gisements pétrolifères, dont quelques-uns ont été cités par Hérodote . on peut noter ceux d'*Ardericca*, près de Suze, de *Herbuck* et de *Tuzkurmeti*, au sud d'Arbela, sur le plateau d'Iran près de Burr, dans la *vallée de Jérabi*, et à *Chusistan*.

Dans la *Judée* et dans l'*Arabie Pétrée*, on rencontre aussi des manifestations pétrolifères. Enfin, les formations asphaltiques de la *mer Morte* doivent être en relation avec un gisement pétrolifère, voisin de la chaîne des monts du *Khorassan* qui relie la région pétrolifère de l'Himalaya à celle du Caucase.

On peut citer aussi les gisements de *Zaho* dans le Kurdistan, près de Bagdad, et ceux de *Mossoul* dans la vallée du Tigre.

GISEMENTS DE PÉTROLE EN AFRIQUE

Égypte. — En Afrique, on a trouvé du pétrole dans quelques terrains de l'Égypte, au pied du mont *Djebelzeit*, près du canal de Suez, et dans la presqu'île de *Samsah*, au sud de Suez. Les recherches entreprises dans ces gisements n'ont donné lieu, jusqu'à présent, à aucune exploitation.

Algérie. — Il existe aussi quelques gisements pétrolifères en Algérie dans l'arrondissement de Mostaganem (province d'Oran), sur le versant du Dahra : celui d'*Aïn-Zeft*, découvert il y a une vingtaine d'années et exploité depuis 1895 à l'extrémité de la plaine du Chéliff, entre la mer et le chemin de fer d'Oran à Alger (profondeur du niveau pétrolifère = 400 mètres); celui de *Lhillil*, à 70 kilomètres de Mostaganem, exploité depuis 1898. Le premier niveau pétrolifère y a été rencontré à une cinquantaine de mètres de profondeur. L'huile extraite a une densité de 0,790 et renferme 77,5 0/0 d'huile lampante. Le pétrole semble se trouver dans des marnes calcaires, avec bancs de grès intercalés.

Congo. — Il existe au Congo quelques sources de pétrole oxydé, dans la province d'*Angola*, sur le *Bas Ogooué*, sur les bords du lac *Isanla*, et dans la région de *Fernand Vaz*. Aucune recherche sérieuse n'a été faite dans ces régions qui mériteraient cependant d'être étudiées avec soin.

Afrique Australe. — On assure qu'il existe dans la région

du Cap, près de *Rainbow Flake*, des traces de pétrole, avec dégagement de gaz inflammables. Nous n'avons pas pu vérifier cette indication.

GISEMENTS DE PÉTROLE EN AMÉRIQUE

Les pétroles d'Amérique se trouvent dans des terrains d'âge divers, affleurant le long des chaînes de montagnes : terrains anciens (permocarbonifère, dévonien, silurien) de l'Ohio, de la Pensylvanie et du Canada le long des Alleghanys ; pliocène de la Californie ; crétacé du Colorado et du Névada le long des Montagnes Rocheuses. Les nappes de pétrole sont emmagasinées sous pression dans des réservoirs souterrains d'où elles jaillissent vers le sol quand on vient à percer les couches imperméables supérieures. Les gisements de pétrole de la Pensylvanie, de l'Ohio et du Canada sont les plus importants de l'Amérique.

Amérique du Nord. — *Pensylvanie.* — En Pensylvanie, les gisements sont concentrés à l'est et au sud de Pittsburg, notamment dans le bassin de l'Alleghany, affluent de l'Ohio (districts de *Crawford*, de *Bradford*, de *Forest*, de *Venango*, de *Warren*, de *Parker*, d'*Armstrong* et de *Butler*). On trouve le pétrole dans des couches de schistes régulières, mais partout plissées, depuis le dévonien de Portage Chemung jusqu'au houiller de Pensylvanie, le long de la chaîne des Alleghanys. La formation pétrolifère paraît appartenir au permien ; mais elle a été amenée au jour par un soulèvement du début du tertiaire qui a provoqué un mouvement de bascule avec relèvement vers l'est. La Pensylvanie avait été affectée auparavant par un soulèvement post-carbonifère suivi d'une érosion et d'un dépôt de terrains triasiques en discordance sur le permien. Le trias a été recouvert, après une érosion jurassique, d'un dépôt crétacé qui masque ces diverses formations.

Près de *Pittsburg*, il existe trois niveaux de sables et de grès pétrolifères, séparés par des couches de 100 mètres de schistes argileux stériles ; le troisième niveau (200 à 400 mètres de profondeur environ) est le plus productif. Les grès pétrolifères de *Butler* appartiennent à l'anthracifère inférieur ; ils sont moins riches que les grès dévoniens de *Venango*, de *Warren* et de *Mac Kean*. Partout les parties inclinées des plis sont les moins favorables pour les recherches.

Tantôt le pétrole jaillit, tantôt il faut le pomper. On le transporte au moyen de tuyaux de $0^m,15$ de diamètre, résistant à 140 kilogrammes de pression par centimètre carré, qui traversent des États entiers (ligne de Rixford à Williamsport = 168 kilomètres) et dans lesquels des pompes refoulent le pétrole.

La Pensylvanie avait produit, en 1889, 35 millions de barils provenant surtout du troisième niveau pétrolifère. Aujourd'hui la production a sensiblement diminué, et un dixième des puits foncés est stérile. Le forage des trous est généralement fait par le système de sondage à la corde, que l'on peut employer facilement, grâce au peu d'inclinaison des terrains. On peut compter qu'un puits productif dure deux ans, en donnant 1.500 litres d'huile par vingt-quatre heures. Le pétrole pensylvanien est verdâtre et donne à la distillation 70 à 85 0/0 d'huile lampante. Les propriétaires des terrains pétrolifères touchent un droit variant de 10 0/0 à 50 0/0 de l'huile extraite et une indemnité de 1.000 à 5.000 francs l'acre, suivant les districts.

Le pétrole de Pensylvanie a une densité de 0,800 à 0,825.

Californie. — En Californie, les puits de *Los Angeles* (miocène de la Sierra Nevada) ont produit, en 1897, 1.070.000 barils; les puits moyens débitent de 5 à 50 barils de 159 litres par jour; les meilleurs puits donnent 75 barils.

Texas. — On a découvert du pétrole dans le *Texas*, à 500 mètres de profondeur; la qualité de l'huile est intermédiaire entre celles des huiles de la Pensylvanie et de l'Ohio.

Ohio. — Dans l'Ohio (*Washington Duck creek*) on trouve du pétrole aux environs de *Mecca* (comté de Trumbull, dans le Washington, et près de *Balden* (comté du Lorrain).

Tennessee, Kentucky, Illinois, Michigan, Colorado. — Les autres gisements des Etats-Unis, les plus importants, sont ceux de *Columbiana*, de *Slippery-Rock*, de *Smith's-Ferry*, de *Montirello* (pétrole lourd employé comme lubrifiant), de la rivière du *Cumberland* (rendement considérable), de *Chicago*, de *Saint-Louis* (pétrole très dense), de *Canon City*, dans le Colorado (argiles schisteuses crétacées très riches en pétrole), etc...

Aux États-Unis, la production de pétrole, en 1897, en barils de 159 litres, a été :

Région des Apalaches........ { Ohio (Lima excepté). New-York.......... Pensylvanie........ Virginie occidentale. }	34.724.700	barils
Ohio (district de Lima seul)............	15.307.376	—
Californie............................	1.070.000	—
Colorado............................	650.000	—
Indiana..............................	4.353.138	—
Kansas..............................	90.000	—
Wyoming............................	15.000	—
Autres États........................	8.000	—

soit un total de 8.938.696.026 litres représentant un poid de 7.972.579 tonnes et une valeur de 224.024.810 francs.

Canada. — Les pétroles du Canada, légers (D = 0,795) et de couleur sombre, sont accumulés dans des calcaires siluriens ou cambriens (d'âge mal déterminé) surmontés par des schistes, le long d'un pli anticlinal voisin de *Dereham.* Ils contiennent beaucoup de débris de mollusques et de crustacés. Le centre des exploitations se trouve dans le comté de Lambton, principalement près de *Petrolia* sur le territoire d'Enniskillem. L'huile est recueillie entre 80 et 150 mètres de profondeur, dans des couches de schistes et de marnes appelées *soapstone* dans le pays. Le pétrole du Canada est mélangé d'eaux sulfureuses; l'odeur qui s'en dégage a été un obstacle à son exploitation, pendant longtemps; aujourd'hui le raffinage permet de l'employer pour l'éclairage.

Au Canada, la province d'Ontario a produit 608.490 barils en 1897; les principaux districts producteurs sont, avec ceux de Petrolia (Ontario), ceux de *Gaspé Basin* (Québec) et des provinces du nord-ouest. — La production totale du Canada a été, en 1897, de 709.857 barils de pétrole brut valant 5.057.730 francs.

Les puits du district de *Kootenay* dans la Colombie britannique prennent beaucoup de développement ainsi que ceux de la vallée de *Mackenzie* dans le territoire du nord-ouest.

Mexique et Terre-Neuve. — On connaît encore en Amérique des gisements pétrolifères à *Oaxaca* (Mexique), et le long de la mer, à *Terre-Neuve*, où l'on recueille de l'huile de très bonne qualité.

Antilles. — Aux *Antilles* il existe des fontaines de pétrole dans l'*Île de Cuba*, à l'est de la Havane, à *Casualidad*. L'huile jaillit de fissures qui se trouvent dans la serpentine.

L'île de *Saint-Domingue* renferme du pétrole, près d'Azua, le long de la rivière *Agua Hediondo* (Stinking-water).

AMÉRIQUE DU SUD. — De même que les gisements pétrolifères de l'Amérique du Nord longent les Alleghanys (Pensylvanie, Virginie, Illinois, Tennessee, Kentucky, etc.) et les Montagnes Rocheuses (gisements de la Sierra Nevada, Californie, Névada, Colorado, Mexique); ceux de l'Amérique du Sud sont concentrés le long de la Cordillière des Andes, depuis le Vénézuéla jusqu'au Chili, en s'étendant dans la Colombie, le Pérou et la Bolivie.

Depuis quelques années de nombreuses recherches ont été entreprises le long des Andes sur la côte du Pacifique. Il est certain que, la découverte de centres d'exploitation importants, sur les bords de l'Océan Pacifique, créerait une concurrence redoutable pour les pétroles de Pensylvanie qui sont grevés de frais de transport considérables pour atteindre, par chemin de fer, les contrées occidentales de l'Amérique; mais les gisements pétrolifères des Andes se trouvent en général dans des contrées très accidentées et peu fréquentées, dépourvues de population ouvrière et nécessitent des dépenses considérables pour être mis en exploitation (création de voies de communication, de maisons d'habitation, transport des appareils de sondage et des matériaux de construction au milieu de terrains bouleversées et à de grandes distances, installation de ports ou de quais d'embarquement sur le Pacifique, achat de bateaux-citernes, etc.), et jusqu'à présent les tentatives d'exploitation n'ont pas donné les résultats qu'on est en droit d'espérer dans une région où le pétrole existe en abondance et souvent à de faibles profondeurs.

Vénézuéla. — Les gisements pétrolifères des Antilles se

continuent à partir de l'île de la Trinité, dans le Vénézuéla, le long de la chaîne de Caracas qui va rejoindre, au lac Maracaïbo, la branche nord-est de la Cordillère des Andes.

Il existe quelques gisements pétrolifères qui semblent présenter une certaine importance, à l'ouest du lac Maracaïbo dans l'État de Zulia, à *Encontrado* (district de Colon). Les imprégnations pétrolifères se trouvent dans les grès dévoniens, à une profondeur de 300 à 400 mètres, et probablement aussi dans le calcaire silurien (limestone) que l'on rencontre, comme en Pensylvanie, à la base du dévonien.

Plus près du lac Maracaïbo, on rencontre entre le Rio-Teca et le Rio-Zulia, un banc sableux d'une cinquantaine de mètres de longueur, qui laisse jaillir du pétrole par diverses fissures. Les habitants du pays emploient ce pétrole pour s'éclairer, pour graisser les roues de leurs voitures et pour goudronner leurs bateaux.

Pérou. — Le Pérou contient de grandes quantités d'hydrocarbures, principalement dans les terrains tertiaires de sa partie septentrionale, entre la Cordillère des Andes et l'Océan Pacifique ; on peut évaluer la superficie des terrains pétrolifères du Pérou à plus d'un million d'hectares, répartis le long d'une bande de 250 kilomètres de longueur et de près de 100 kilomètres de largeur, entre le cap Blanc et le Rio-Tumbez, depuis l'Océan jusqu'aux monts d'Amotape. Cette région renferme des argiles parfois bitumineuses, avec des veines de gypse; on y rencontre deux niveaux pétrolifères : l'un, à 60 ou 80 mètres de profondeur, est connu à *Grau* et à *Tucyllal;* l'autre, entre 200 et 300 mètres, est exploité à *Zorrito;* il a été recoupé également à Grau et à Tucyllal. Il est probable qu'en profondeur on rencontrerait encore d'autres horizons pétrolifères.

Bolivie. — Le sud de la Bolivie renferme des gisements pétrolifères qui paraissent importants, mais qui sont peu connus. A *Plata*, à *Cuarazuti* et à *Piguerenda*, le pétrole coule en ruisseaux de 2 mètres de largeur et de 0^m,20 de profondeur. Aucune exploitation sérieuse n'est venue jusqu'à présent explorer ces gisements, et il est difficile de se prononcer sur leur avenir.

Dans la *République de l'Équateur* et dans la *République*

Argentine, on retrouve des traces d'hydrocarbures qui indiquent une certaine continuité dans la bande pétrolifère des Andes.

L'étendue considérable des terrains imprégnés d'hydrocarbures dans l'Amérique du Sud permet d'espérer que l'on trouvera dans ce pays des ressources abondantes en pétrole.

GISEMENTS DE PÉTROLE EN OCÉANIE

Australie. — On peut citer en Australie les gisements du nord-est de *Jéricho* en Tasmanie, et ceux de la Nouvelle-Galles du Sud à *Narrabem*, près de Sydney, où le pétrole est accompagné d'un dégagement abondant de gaz.

Nouvelle-Zélande. — En Nouvelle-Zélande, on connaît les gisements de *Manutahi* et ceux de *Waiapu* sur la côte ouest de la région d'Auckland. Le pétrole de la Nouvelle-Zélande se recueille à une profondeur de 200 à 300 mètres et fournit 70 0/0 environ d'huile lampante.

BIBLIOGRAPHIE DU PÉTROLE

1870. Fouqué et Gorceix, *Recherches sur les sources de gaz inflammables des Apennins et des lagoni de la Toscane* (*Annales des Sciences géologiques*, t. II, p. 1).

1870. Baumhauer, *Recherches sur les huiles du pétrole dans les Indes et l'Orient* (*Moniteur scientifique*, p. 53).

1871. Byasson, *Sur l'origine du pétrole* (*C. R.*, t. LXIII).

1872. Dupaigne, *le Pétrole, son histoire, sa nature* (Paris, in-18).

1872. Fuchs et Sarazin, *Sources de pétrole de Kampina* (*B. S. G.*, 3ᵉ série, t. I, p. 251).

1877. Mendeléeff, *Sur l'origine du pétrole* (*B. S. C. P.*, t. I; *Revue scientifique de la France et de l'Étranger*, 2ᵉ série, 7ᵉ année)

1877. Henry, *Sur le pays de l'huile dans l'Amérique du Nord* (*Industrie minérale*; *Comptes Rendus*, août).

1877. Bidou, *Gisement des bitumes, pétroles, etc., des provinces de Chieti et de Frosinone, et traitement à Lello-Manoppello* (in-4°, à Sienne).

1877. Weil, *Travail analytique et industriel fait sur un pétrole d'Égypte* (*Moniteur scientifique*, t. VII, p. 295).

1878. Henry, *Note sur le pays de l'huile de l'Amérique du Nord* (*Bulletin de la Société de l'Industrie minérale*, 2ᵉ série, t. VII, p. 135, Saint-Étienne).

1878. Coquand, *Pétrole de Taman* (B. S. G., 3ᵉ série, t. VI, p. 86).
1879. L. Favre, *Gisements de bitume de Lobsann et de Pechelbronn* (Bulletin de la Société des Sciences naturelles, t. XI, p. 122, Neufchâtel).
1880. Schützenberger, *Recherches sur les pétroles du Caucase* (Bulletin de la Société de chimie, p. 67).
1883. Tournier, *Les pétroles de Bakou* (Nature, novembre, p. 38).
1885. Nobel frères, *L'industrie du pétrole à Bakou* (Saint-Pétersbourg, chez Trenké).
1885. Syroczinski, *Pétroles de Galicie* (Revue universelle de Liège).
1886. Le Bel, *Notice sur les gisements de pétrole de Pechelbronn* (Bulletin de la Société d'histoire naturelle de Colmar, année 1885, p. 445).
1887. Stewart, *Les pétroles du sud-est de la Russie* (Annales de Cuyper, t. XXI).
1889. Piedbœuf, *Gisements pétrolifères de l'Europe centrale* (Revue universelle de Liège, t. XIII).
1891. Deutsch, *Le pétrole et ses applications*. 1 vol. in-8°, chez Quantin.
1892. A. Leproux, *État actuel de l'industrie du naphte dans la province d'Apschérou* (Annales des Mines, 9ᵉ série, t. II, p. 117).
1893. J. de Launay, *Découverte de terrains pétrolifères dans la Limagne* (Génie civil, t. XXII, p. 102).
1893. De Clercy, *L'industrie des pétroles en Galicie* (Génie civil, t. XXIII, p. 149).
1893. G. Chesneau, *L'industrie des huiles de schiste en France et en Écosse* (Annales des Mines, 9ᵉ série, t. III, p. 617).
1893. L.-D. Launay, *Les richesses minières de Cuba* (Bulletin des Annales des Mines, 9ᵉ série, t. III, p. 548).
1893. A. Clavier, *Le Pétrole de Zante (Grèce)*, chez Barlatier et Barthelet (Marseille).
1894. De Longe, *Les Gisements de pétrole au Pérou* (Génie civil, t. XXVI, p. 167).
1894. Riche et Roume, *L'industrie du pétrole aux États-Unis* (Annales des Mines, 9ᵉ série, t. V, p. 67).
1896. Redwood Holloway and Others, *Treatise on the geographical distribution and geological occurence of petroleum and natural gas*, etc. (Griffin and Cᵒ, London).
1896. A. Evrard, *Les recherches de pétrole dans la province d'Oran* (Génie civil, t. XXXIII, p. 235).
1897. F. Miron, *Les huiles minérales (pétroles, schistes, etc.)*. 1 vol. Masson, Paris.
1898. Pantukoff (traduction Kouindjy), *L'industrie du naphte en Galicie* (Bulletin de la Société d'Encouragement, juillet, p. 870 à 878).

III. — Hydrocarbures visqueux

Il est rare de rencontrer les hydrocarbures visqueux (bitumes) à l'état pur ; ils sont la plupart du temps mélangés à des terres dont on doit les débarrasser.

Bitume, propriétés et usages. — On donne le nom de bitume à des carbures d'hydrogène visqueux, renfermant, outre le carbone et l'hydrogène, de l'azote, du soufre et de l'oxygène : ce sont des pétroles condensés ou oxydés au contact de l'air (le bitume de Judée ne contient cependant pas d'oxygène). On emploie le bitume pour la fabrication des vernis, du caoutchouc industriel, des couleurs (les couleurs au bitume ont l'inconvénient de noircir à l'air). On introduit généralement 7 à 8 0/0 de bitume dans les asphaltes. On appelle *pissasphalte* un bitume glutineux et sableux.

Gisements. — On trouve les bitumes, mélangés à des terres : filons nets du lac de *Brai*, de la *Havane*, de *Ritchie* en Turquie, de la *mer Noire*, de la *Judée*, et nappes interstratifiées de *Guaracaro* (Trinité), du *Kurdistan*, de *Senelitza* (Albanie), ou mélangés à des sables : *Bugey*, *Chamalières* et *Lussat* en Auvergne, *Chézery* et *Seyssel* dans l'Ain et *Bastennes* dans les Landes, d'où on les a extraits par simple lavage à l'eau chaude. Ces derniers gisements n'ont qu'une faible importance industrielle et sont d'ailleurs en partie épuisés. Les calcaires et les schistes bitumineux n'abandonnent le bitume que par une distillation ou un traitement chimique.

FRANCE. — *Sables bitumineux de l'Ain.* — On trouve, dans le département de l'Ain, des imprégnations bitumineuses, soit dans les sables qu'on lave pour extraire le bitume simplement mélangé, soit dans les calcaires kimmeridgiens auxquels la matière bitumineuse s'assimile pour former un corps spécial (asphalte). Citons les concessions de sables bitumineux de *Chézery*, les gisements de *Confort*, de *Pyrimont-Seyssel* (Voir le chapitre de l'*Asphalte*), d'*Orbagnoux* (calcaires kimmeridgiens à texture schisteuse contenant 4 0/0 de bitume) et de *Saint-Champ-Chatonod* (teneur : 8 0/0). On trouve aussi du bitume dans le Puy-de-Dôme, où il suinte près de Clermont-Ferrand, au puits de la Poix, à travers une pépérite basaltique. — La production des bitumes et des matières bitumineuses a été, en France, de 225.784 tonnes en 1896, valant 1.740.935 francs.

A *Lussat* et à l'*Escourchade* (Puy-de-Dôme), on a trouvé des amas bitumineux au milieu de sables arkosiques bréchiformes. A Lussat, les sables tenaient 7 à 8 0/0 de bitume qu'on extrayait par lavage à l'eau bouillante ; on obtenait de l'huile minérale par distillation. A la *Bourrière*, il existe un gisement de nodules à 10 0/0 de bitume, disséminés dans des argiles. A *Malintrat*, le bitume suinte d'une roche pépéritique.

Gisements divers en Europe. — On connaît, en Europe, quelques autres gisements de bitume : en *Portugal*, à Granja, près de Monte-Real ; en *Russie*, près de Sisran (Volga), etc. Enfin on trouve, en Albanie, à *Selenitza*, au milieu de grès et de poudingues (pliocène supérieur), du bitume noir brillant compact homogène très combustible *en amas lenticulaires* avec étranglements et renflements épais de 3 mètres, ou en brèches bitumineuses, dans des couches d'argile grise compacte, entre les argiles bleues et les grès. On y trouve aussi des *stockwerks* bitumineux constitués par des argiles grises, contenant une infinité de filets ramifiés, et des *amas-couches* réguliers avec nerfs de grès. L'allure du gîte fait supposer que le bitume s'est répandu par des fissures du sol, dans les réservoirs supérieurs où s'est concentrée la matière bitumineuse.

Asie. — *Bitume de Judée.* — On recueille le bitume de Judée, sur les bords de la mer Morte, où viennent s'échouer les fragments qui flottent à la surface de la mer ; on suppose que ce bitume est apporté de la profondeur par des sources thermales débouchant au fond du lac.

Lors des tremblements de terre, d'énormes masses de bitume montent à la surface.

Les autres gîtes bitumineux de la Judée sont : ou des filons bréchiformes au milieu de calcaires crétacés, ou des asphaltes imprégnés qui s'étendent entre la mer Morte et les sources du Jourdain (Wady-Sebbeh, Wady-Mahawat, Nebi-Musa, Hasbeya, Tibériade).

A *Wady-Sebbeh*, on trouve des calcaires dolomitiques imprégnés de bitume et traversés par un torrent.

A *Wady-Mahawat*, près du gîte de sel de Djebel Usdom, le bitume, imprégnant des calcaires crétacés et des poudingues adossés à ces calcaires, coule en stalactites.

Le gîte de *Nebi-Musa*, plus important, fournit un bitume bleu noir imprégnant des calcaires crétacés, blancs, crayeux, très fossilifères (inocérames, pectens, etc.).

Le gîte d'*Hasbeya*, analogue au précédent, est moins riche (bitume brun).

Kurdistan. — Parmi les gîtes sédimentaires de bitume, on peut citer ceux du *Kurdistan*, en couches de $0^m,20$ dans des lits d'argile.

Amérique. — *Bitume de la Trinité*. — On peut distinguer dans l'île de la Trinité, située le long de la côte du Vénézuéla, le gisement miocène du lac de *Brai*, d'allure filonienne, où le bitume affleure à la surface du sol, et les couches pliocènes de *Guaracaro*.

1° *Lac de Brai*. — On trouve, au milieu des terrains miocènes (calcaires, schistes, conglomérats, argiles), occupant l'ouest de l'île, à 40 kilomètres au nord de Port of Spain, le gisement bitumineux du lac de Brai (Pitch-Lake). Ce lac est formé de bitume solide, bien que légèrement plastique, parcouru par des ruisseaux pleins d'une eau sulfureuse colorée. Le bitume paraît arriver au jour par deux ou trois points d'émission, sans que le fait ait été nettement vérifié. Le gîte de bitume est affermé par l'État pour 75.000 francs à une Compagnie qui extrait par an 16.000 tonnes de bitume rougeâtre à l'état brut (densité, 1,3); on épure cette matière par fusion ou par dissolution dans de l'huile de schistes bitumineux.

2° Le gîte de *Guaracaro*, dans le district du mont Serrat, est situé dans des terrains argilo-marneux, compris entre deux falaises tertiaires érodées; le bitume de Guaracaro ne donne que 9,5 0/0 de cendres (au lieu de 47 0/0 au lac de Brai). Solide et dur à la température ordinaire, il fond à 300° ($D = 1,33$); il contient 10 0/0 de soufre, 1 0/0 d'azote et 2 0/0 d'eau.

On connaît encore, en Amérique, les bitumes de *Cuba*

situés autour de Casualidad à l'est de la Havane, associés à des serpentines (*Guanabacoa*, *Bajurabayo*, *Banes*); les gites filoniens de *Ritchie* (Virginie occidentale), d'*Hillsborough* (comté d'Albert dans le Nouveau Brunswick), recoupant des grès et des schistes houillers et les gîtes sédimentaires du *Vénézuéla*, à *Rio-Tara* (pliocène), et de la *Colombie*.

IV. — Hydrocarbures solides incorporés a des roches

Les hydrocarbures solides, incorporés à des roches, se distinguent en schistes bitumineux et en asphaltes selon qu'ils imprègnent des schistes ou des calcaires.

Schistes bitumineux. — On donne en pratique le nom de pyroschistes ou de naphtoschistes à des schistes qui donnent par distillation un goudron analogue au bitume, alors que les schistes bitumineux proprement dits renferment des bitumes tout formés qu'on extrait par un traitement à la benzine. A part les schistes bitumineux du *Mansfeld*, que l'on traite pour cuivre, et ceux d'*Idria*, qui donnent du mercure, les schistes bitumineux fournissent en général des huiles de schistes par distillations successives dans des cornues verticales, avec traitement à l'acide sulfurique et à la soude.

Les schistes bitumineux sont employés pour la fabrication des huiles de schiste et du gaz d'éclairage.

Gisements en France. — *Autun (Saône-et-Loire)*. — Le bassin d'Autun forme une dépression limitée par une ceinture de terrains anciens (orthophyres et tufs du culm, granulites et gneiss) s'étendant entre Epinac, Verrière et Igornay.

Cette cuvette est remplie par le houiller et le permien représenté par des schistes bitumineux et des grès rouges. Les schistes bitumineux se divisent en trois étages :

1° L'étage inférieur (concessions d'*Igornay*, de *Lally* et de *Saint-Léger-du-Bois*), à la base duquel existe une couche schisteuse (75 mètres) associée à des calcaires magnésiens et renfermant trois bancs bitumineux exploités (3 mètres, $1^m,80$ et $2^m,50$ d'épaisseur; rendements d'huile brute : 4,50 0/0,

4,25 0/0 et 3,75 0/0 en volume). On y trouve la faune permienne; mais la flore est nettement houillère;

2° L'étage moyen, riche en bois silicifié et nettement permien (concessions de *la Comaille*, du *Ruet*, de *Dracy-Saint-Loup*, des *Abots*, etc.), formé de grès renfermant, dans le haut et au centre, des couches minces de schistes bitumineux et, à la base, une autre couche très importante (grande couche : rendement, 5 à 9 0/0); on y rencontre quatre lits de schistes, séparés par des barres d'argile blanche de $0^m,01$ à $0^m,03$ d'épaisseur;

3° L'étage supérieur schisteux (*Millery, Surmoulin, Hauterive*), très riche en bois silicifié, qui renferme des couches minces de schistes bitumineux et une couche de boghead de $0^m,25$, exploitée pour gaz d'éclairage; le gaz fourni a un pouvoir éclairant double de celui du gaz ordinaire.

Ce bassin n'est exploité qu'à une faible profondeur jusqu'à présent (60 mètres environ).

Buxières (Allier). — Il existe, près de Buxières-la-Grue, un bassin permien, limité par des terrains anciens, qui comprend, à la base, des schistes bitumineux (rendement, 5 à 7 0/0) reposant sur une formation houillère et recouverts par des grès et des schistes noirâtres avec silex noir et calcaire fétide. Le tout est surmonté par l'étage des grès de Bourbon (grès blancs, argiles colorées) et par celui des grès rouges. On trouve aux environs de Buxières un grand nombre de poissons fossiles.

Les centres principaux d'exploitation sont : Buxières et Saint-Hilaire (concessions des *Plamores*, de la *Sarcelière*, de *Buxières*, de la *Courolle* et de *Saint Hilaire*).

Saint-Amand (Cher). — Dans le lias, on peut citer les couches à poissons avec schistes bitumineux de *Saint-Amand*.

Menat (Puy-de-Dôme). — On trouve à Menat un dépôt lacustre miocène renfermant des schistes bitumineux noirâtres, feuilletés, qui donnent du noir animal par calcination en cornues, et des cendres, utilisées comme tripoli, quand on les calcine à l'air libre.

On trouve aussi, en France, des schistes bitumineux dans le Var (Fréjus), dans la Vendée (Vouvant), dans l'Ardèche (Vagnas), etc.

ALLEMAGNE. — On connaît en Allemagne les schistes bitumineux houillers et permiens de *Rokonitz, Weissig, Pilsen* et *Kladno* (Saxe et Bohême), et ceux du zechtein marin du *Mansfeld* (schistes bitumineux cuprifères très riches en poissons) dont il a été parlé au chapitre du *Cuivre*. On exploite des schistes bitumineux liasiques à *Reutlingen* (Wurtemberg).

Il existe aussi des gisements de schistes bitumineux à *Domanick* sur la Petschora (Oural), appartenant au dévonien, à *Steyerdorf* (Banat), appartenant au lias, en Italie, au contact des lignites du Vicentin et du Véronais, et en Amérique (pyroschistes à graptolites) dans le silurien inférieur d'Utica, sur les bords de l'Hudson et du lac Huron, et dans le dévonien à *Genessee* et à *Athabasca*, ainsi qu'en Australie, dans les couches supérieures du terrain carbonifère de la Nouvelle-Galles du Sud.

BIBLIOGRAPHIE DU BITUME ET DES SCHISTES BITUMINEUX

1870. Lartet, *Essai sur la géologie de la Palestine*, etc. (*Annales des Sciences géologiques*, t. I, p. 5).
1870. Jules Jaffre, *Recherches sur les huiles minérales de Buxières* (*Comptes Rendus*, t. XIX, n° 12).
1875. Mongel, *Note sur les gisements de bitumes fossiles des environs de Zaho (Kurdistan)* (*Annales des Mines*, p. 85).
1877. Lartet, *Exploration géologique de la mer Morte* (chez Arthur Bertrand).
1880. Aymard, *Schistes bitumineux d'Autun* (*Comptes Rendus de la Société de l'Industrie Minérale*, p. 171).
1888. De Launay, *Terrain permien de l'Allier* (*Bulletin de la Société géologique*, 3ᵉ série, t. XVI, p. 298).
1888. De Launay, *Schistes bitumineux de Buxières* (*Revue scientifique du Bourbonnais*).
1892. De Morgan, *Pétrole et bitume de Kondé-Chirin (Perse)* (*Annales des Mines*, 9ᵉ série, t. I, p. 227).

Hydrocarbures imprégnant des calcaires. — Asphalte. — L'asphalte est un calcaire brun imprégné de matières bitumineuses, dont la dureté croît en raison inverse de la température. La chaleur réduit ce calcaire en une poussière qui, comprimée dans un moule et refroidie, reprend sa dureté première. Cette propriété est utilisée pour le pavage des chaussées : l'asphalte broyé en poudre très fine est étendu tout chaud sur un lit de béton de ciment, puis pilonné et comprimé au rouleau. On emploie aussi le mastic asphaltique obtenu en chauffant de l'asphalte avec 7 0/0 de goudron de schistes bitumineux. Ce mastic est coulé en pains de 25 kilogrammes ; il est ensuite mélangé et chauffé avec 10 0/0 de bitume de la Trinité et 6 0/0 de sable de rivière, puis étendu sur un lit de béton pour recouvrir les chaussées ou les trottoirs.

GISEMENTS EN FRANCE. — *Seyssel*. — On exploite à *Pyrimont*, sur les deux rives du Rhône entre Bellegarde et Seyssel, des couches horizontales superposées de calcaires urgoniens imprégnés de bitume. Les calcaires sont surmontés de sables verts (molasse marine) également imprégnés de bitume, avec brèche à galets d'asphalte à la base ; dans ces sables, on observe une alternance de bancs verts et de bancs noirs.

Auvergne. — Les principaux gîtes d'Auvergne sont ceux de *Pont-du-Château* et des *Roys*, près de Clermont-Ferrand où l'on exploite des calcaires bitumineux, appartenant à l'oligocène (calcaire à *Helix Ramondi*) ; la teneur varie de 4 à 12 0/0 et augmente en profondeur.

Ardennes. — Il existe aussi des gisements de calcaire asphaltique aux environs de *Givet*, dans les Ardennes ; on les exploite en blocs que l'on vend 60 francs le mètre cube ; ils sont employés comme matériaux de construction.

Gard. — On trouve dans le Gard deux bancs d'asphalte éocène très chargé de bitume, aux *Fumades*, à *Saint-Jean-de-Marvejols* et au *Mas-Chabert*. La production de l'asphalte en France a été de 17.717 tonnes, en 1896, valant 751.315 francs.

Suisse. — Le canton de Neufchâtel (Suisse) renferme de nombreux gisements de calcaires bitumineux dont quelques-uns sont pauvres (*Saint-Aubin, Vallorbes, Chavamay, Orbe*). Les plus importants sont : celui des *Epoissats*, celui de *Saint-Aubin*, celui de *Noraigue* et surtout celui du *Val Travers* qui est exploité activement depuis vingt ans. Au Val Travers, l'urgonien est représenté par le calcaire jaune inférieur à échinodermes et par le calcaire à caprotines riche en bitume, situé au contact de marnes aptiennes, qui le séparent de calcaires glauconieux aptiens légèrement imprégnés. Le calcaire à caprotines a une teneur de 8 à 12 0/0. A Saint-Aubin, c'est le calcaire à échinodermes qui est riche en bitume; le bitume se trouve dans une fissure du calcaire oolithique inférieur, aux Epoissats, et dans le bathonien, à Noraigue.

Italie. — On rencontre des gisements d'asphalte en Italie, dans les Abruzzes, dans la province de « la Terre de Labour » et en Sicile.

Les gisements des Abruzzes les plus importants sont ceux de *Tocco-de-Casauria*, de *Lettomanoppello*, de *San Valentino* et de *Rocca Morice*, où l'on exploite, à ciel ouvert, un banc de calcaire asphaltique de 30 mètres de puissance, dans le tertiaire. Il existe d'autres couches plus profondes; mais leur exploitation nécessiterait des travaux très coûteux relativement au prix de la matière à extraire.

La roche de Rocca Morice donne 5 0/0 de bitume. Le prix de revient d'une tonne d'asphalte est de 9 francs environ.

Les Abruzzes ont produit, en 1874, 7.600 tonnes de roche asphaltique valant 11 francs la tonne.

Dans la « Terra di Lavoro », on connaît les gisements d'asphalte de *Monticello* et de *Castro dei Volsci*.

En Sicile, on exploite l'asphalte dans le miocène, près de Raguse à *Tabuna*, *Leporino*, *Mafita* et *Materazi*. L'extraction a atteint, en 1894, 52.400 tonnes vendues 23 francs la tonne (exploitation par galeries et piliers abandonnés).

Allemagne. — Les principaux gisements d'asphalte de l'Allemagne sont ceux du *Hanovre* (jurassique), de la *Westphalie* (crétacé) et de l'*Alsace* (tertiaire). Production : 61.552 tonnes en 1896, valant 566.740 francs.

Russie. — En Russie, à *Lisran*, il existe des calcaires tenant jusqu'à 30 0/0 de bitume, et des sables bitumineux. La production de l'asphalte en Russie a été de 160.544 tonnes en 1894.

Autriche-Hongrie. — En Autriche-Hongrie, on exploite de l'asphalte à *Seelfed* (jurassique), à *Hæring* (tertiaire); dans le *Tyrol*, etc... La production de l'Autriche-Hongrie a atteint, en 1894, 4.548 tonnes d'asphalte.

Amérique. — Dans l'île de Cuba on rencontre en abondance de l'asphalte dans la *baie de la Havane*. Cet asphalte, connu sous le nom de « chapapote », est très apprécié.

Dans la *Californie*, dans l'*Utah* et dans le *territoire indien*, on exploite aussi un peu d'asphalte.

BIBLIOGRAPHIE DE L'ASPHALTE

1869-1870. Jauard, *Description géologique du Jura Vaudois et Neufchâtelois* (Berne). — *Etudes sur l'asphalte et sur le bitume au val Travers dans le Jura et la Haute-Savoie.*
1880-1881. Pommerol, *Age des tufs bitumineux et basaltiques de la Limagne* (B. S. G., 3ᵉ série, t. IX, p. 282, Paris).
1888. Malo, *L'asphalte.*

V. — Hydrocarbures solides libres

Les deux principaux hydrocarbures solides que l'on trouve non incorporés à des roches sont l'ambre jaune ou succin et l'ozokérite.

Ambre. — L'ambre jaune ou succin est une résine fossile employée pour la fabrication de colliers, de tuyaux de pipes, de fume-cigares et de fume-cigarettes.

Le succin brûle avec flamme et fumée en répandant une odeur de résine. Il est électrisé par simple frottement.

Gisements de la Baltique. — On trouve de l'ambre en Allemagne, le long du littoral de la Baltique entre *Memel* et *Königsberg* (Samland), dans des couches de sables glauconieux ($1^m,50$ environ) de l'éocène supérieur, recouvertes de sable glauconieux stérile (23 mètres), d'argile, de sable et de lignite oligocène. L'ambre qui contient de nombreux insectes (myriapodes, arachnides) est extrait par lavage. La production est de 125.000 kilogrammes par an en moyenne.

Russie. — On trouve, en *Courlande*, le prolongement des gisements de la Prusse orientale. La production y est de 2.000 kilogrammes par an, environ.

Sicile. — Les environs de *Catane* et les marnes tertiaires de *Gianetta* (Sicile) produisent de l'ambre fluorescent.

On trouve aussi de l'ambre en petits grains dans les formations ligniteuses des environs de Paris, à Soissons (Aisne), à Genvry (Oise), etc., dans les lignites lacustres du Gard, à Mézérac et à Carsan, dans les lignites de Lobsann, en Alsace, etc.

La production totale de l'ambre dans le monde entier ne dépasse pas 200 tonnes par an.

Ozokérite. — L'ozokérite (ou ozocérite, appelée aussi paraffine naturelle ou erdwach) est un pétrole solidifié vert brun, jaune ou rougeâtre, possédant une odeur aromatique particulière ; sa cassure est conchoïdale. L'ozokérite, qui contient de 32 à 50 0/0 de paraffine, sert à fabriquer la cire minérale (cérésine) qui tend à remplacer la cire d'abeilles et la gutta-percha.

Le principal gisement d'ozokérite est celui de *Boryslaw*, en Galicie. On a trouvé de l'ozokérite à *Truskawice*, *Starunia*, *Dwiniacz*, en Galicie, à *Slanick* en Moldavie, à *Urpeth* en Angleterre, à *Libisch* en Moravie, dans l'île *Tscheleken* (Caucase), dans l'*Emilie* (Italie) et dans l'*Utah* (Amérique).

Le production annuelle de l'ozokérite dans le monde entier varie de 15.000 à 20.000 tonnes, valant en moyenne 500 francs la tonne.

Galicie. — A *Boryslaw*, on exploite des filons d'ozokérite de 0^m,01 à 4 mètres, dans des schistes et des grès miocènes bitumineux. L'exploitation est gênée par des dégagements gazeux et des suintements de pétrole. En profondeur, l'ozokérite diminue de consistance et semble tendre vers le pétrole liquide.

L'ozokérite fondue, distillée et blanchie à l'acide sulfurique ou au sulfure de carbone, donne de la cire blanche, ou cire minérale.

Un syndicat possède la plupart des puits, dans les districts de Boryslaw, Truskawice, Dwiniacz et Starunia. On comptait en Galicie, à la fin de 1896, quarante-quatre mines donnant une production de 7.200 tonnes, au moyen de trois cents puits.

La composition moyenne de l'ozokérite de Boryslaw est la suivante :

Huile légère, 6 0/0 ; huile lourde, 32 0/0 ; huile paraffine, 55 0/0 ; impuretés et matières diverses, 7 0/0.

Moldavie. — A *Slanick* (Moldavie), on exploite l'ozokérite dans des grès bitumineux, non loin de couches de houille et de sel gemme.

Caucase. — On trouve à *Tscheleken* (Caucase) l'ozokérite en grains, dans des sables et des argiles pétrolifères.

Italie. — Dans les terrains tertiaires qui s'étendent au Nord des Apennins, dans la région pétrolifère de l'Emilie, on a trouvé quelques gisements d'ozokérite. Les plus importants sont situés dans la province de Bologne, près de *Savigno*.

L'ozokérite y existe en affleurements, associée à du pétrole et intercalée dans des bancs de marne et de calcaire qui ont été amenés au jour à travers l'argile écailleuse. C'est de l'ozokérite blanche, pure et cristalline (hatchettina).

Au *Mont-Falo*, près du ravin de Lavina, on trouve aussi de l'ozokérite déposée en grumeaux et en lamelles sur les roches voisines de la surface, à peu de distance de failles qui livrent passage à des émanations d'hydrocarbures.

Amérique. — En Amérique (Utah), on exploite une ozokérite brun foncé formant une couche de 6 mètres d'épaisseur sur 30 kilomètres de large et 100 kilomètres de long, dans des bancs de craie.

BIBLIOGRAPHIE DE L'OZOKÉRITE ET DE L'AMBRE

1870. *Exploitation de l'ambre en Prusse* (Annales de Cuyper, t. XXVII, p. 413).
1871. Heurteau, *Sur le pétrole et l'ozokérite de Galicie* (An. des Mines).
1884. Hassempfug, *Sur l'ozokérite* (Annales de la Société géologique du Nord, t. XI, p. 253, Lille).
1885. Siroczinski, *Revue universelle de Liège.*
1887. Rateau, *Sur l'ozokérite de Boryslaw* (An. des Mines, p. 147).
1888. Balen, *Sur l'ozokérite de Boryslaw* (Annales des mines, p. 162).
1888. Przibilla et Syroczinski, *Sur l'ozokérite de Boryslaw* (Cuyper, t. IV, p. 16).
1894. J. de Clercy, *L'industrie de l'ozokérite en Galicie* (Génie civil, t. XXIV, p. 106).

HYDROCARBURES HOUILLERS

On peut classer parmi les hydrocarbures solides le *cannel-coal* et le *boghead*, qui se trouvent généralement au milieu de gisements houillers; les premiers sont employés comme combustibles; ce sont, en réalité, des charbons très chargés en hydrocarbures; les bogheads sont plutôt des schistes bitumineux. Les schistes bitumineux houillers portent quelquefois le nom de *cannel-coal* quand leur teneur en cendre est faible.

Cannel-coal. — Le *cannel-coal* (de candle-coal, mot à mot charbon-chandelle) est ainsi appelé à cause de sa richesse en gaz qui permet de l'allumer facilement, comme une chandelle.

Une tonne de *cannel-coal* fournit 330 mètres cubes de gaz.

Le *cannel-coal* a été formé par des débris végétaux, où dominent des fructifications de cryptogames, des spores de fougères, des grains de pollen, etc... Ces restes divers, plus ou moins désorganisés, sont réunis par une substance amorphe qui paraît avoir joui d'une certaine fluidité. Les principaux gisements connus sont ceux de *Commentry* et du *Lancashire*.

Boghead. — Le *boghead* forme des couches de quelques centimètres à 1 mètre, dans le terrain houiller; il se rencontre depuis l'étage du culm jusque dans le permien.

C'est un charbon noir, à cassure conchoïdale, élastique sous le choc et difficile à pulvériser.

Les bogheads sont très recherchés à cause des huiles et du gaz très éclairant qu'ils donnent à la distillation. Le gaz du boghead a un pouvoir éclairant triple de celui du gaz ordinaire.

Ce combustible est formé d'algues microscopiques houillifiées, dont l'espèce varie avec le gisement.

Gisements d'Ecosse. — Le bassin houiller écossais est caractérisé par la présence de certaines couches très riches en matières volatiles, formées : les unes, de cannel-coal combustible tenant 86 0/0 de carbone, qui donne des cokes compacts, plus ou moins boursouflés; les autres, de bogheads, schistes bitumineux, servant à la fabrication des hydrocarbures (goudrons, naphtaline, etc.).

Les hydrocarbures houillers d'Écosse, exploités à *Torbane-Hill*, *Boghead*, etc., atteignent une production annuelle d'environ 5 millions de tonnes; mais l'importation des pétroles d'Amérique et de Russie tend à faire disparaître d'Écosse, l'industrie des schistes bitumineux et, d'autre part, le perfectionnement de l'industrie du gaz rend de plus en plus difficile la vente du cannel-coal, qui, de 40 francs la tonne, en 1890, est tombé à 20 francs en 1895.

Gisements divers. — On trouve du cannel-coal, en France, à *Commentry*, où il tient 7 à 12 0/0 de cendres.

On en rencontre aussi dans le bassin de l'Illinois, dans le *Kentucky*. La production du cannel-coal aux États-Unis a atteint 56.500 tonnes en 1897; le prix de vente était, en moyenne, de 18 fr. 75 par tonne.

On trouve du boghead à *Commentry;* on en rencontre également dans le sud du Pays de Galles, où il renferme des *Reinschia australis*, sortes d'algues microscopiques houillifiées. On exploite aussi du boghead en *Nouvelle-Écosse*, à *Fraser* et à *Hillsborough*, et en Russie, dans le *bassin de Moscou* où les bogheads du culm renferment des algues rameuses (*Cladiscothallus*).

Les gisements de boghead et de cannel-coal sont, en somme, assez rares, et la production de ces matières est relativement restreinte.

CHAPITRE V

MINÉRAUX EMPLOYÉS DANS L'AGRICULTURE

En dehors des produits artificiels, tels que les engrais chimiques, les scories basiques, etc., un grand nombre de minéraux sont employés en agriculture à l'amendement des terres, pour leur rendre l'azote ou l'acide phosphorique enlevé par les végétaux, ou pour leur procurer les éléments dont elles peuvent être dépourvues. Pour qu'un corps puisse être employé à ces usages, il faut qu'il soit répandu en grandes quantités dans la nature, qu'il soit exploitable à peu de frais, et que ses éléments soient parfaitement assimilables à ceux du sol à enrichir. Les phosphates et les nitrates sont les minéraux, utiles à la culture, qui remplissent le mieux ces conditions.

PHOSPHORE ET PHOSPHATES

Emplois du phosphore et de ses composés. — Outre son emploi à l'état de phosphore blanc ou rouge pour la fabrication des allumettes, le phosphore est utilisé, sous forme de phosphate de chaux, pour la déphosphoration des fontes peu phosphoreuses et pour la métallurgie du cuivre (procédé Manhès) et du nickel. Mais l'application du phosphore la plus étendue est actuellement son emploi en agriculture, pour restituer au sol l'acide phosphorique enlevé par les végétaux ou pour fournir de l'acide phosphorique aux terres qui en manquent. On trouvera, dans les traités spéciaux d'agronomie, les détails relatifs à l'application pratique du phosphate de chaux ou des superphosphates à l'amendement des terres.

Les phosphates employés dans l'industrie ou dans l'agriculture sont : les phosphates de chaux naturels, que l'on rencontre en abondance dans un grand nombre de terrains, et les phosphates artificiels, que l'on obtient par le traitement des os et surtout que l'on extrait des scories métallurgiques de déphosphoration (qui tiennent 17 0/0 d'acide phosphorique en moyenne).

Au point de vue commercial, l'état de division et l'état chimique des phosphates ont une grande importance. Plus le phosphate est divisé, plus son assimilation est facile et complète ; aussi emploie-t-on des moulins pour moudre les phosphates en farine aussi fine que possible. La richesse d'un phosphate en acide phosphorique s'évalue en phosphate tribasique, soluble dans le citrate d'ammoniaque, l'acide citrique étant considéré comme analogue aux acides contenus dans les racines des plantes.

Les phosphates qui contiennent du fer et de l'alumine en quantité notable sont dépréciés, car les phosphates de fer et d'alumine sont insolubles dans le citrate d'ammoniaque ; de plus, le fer et l'alumine provoquent la transformation des superphosphates en phosphate bicalcique insoluble.

Les *phosphates sédimentaires* sont les plus solubles dans le citrate ; les *phosphorites* (ou phosphates à texture cristalline, spéciaux aux gîtes filoniens) le sont moins ; enfin les *apatites* (ou phosphates cristallisés spéciaux aux roches éruptives) en poches ou en filons sont presque insolubles.

GISEMENTS

Les gisements de phosphate de chaux peuvent se diviser en trois catégories, selon leur mode de formation :

1° *Gîtes sédimentaires*. — Les gîtes sédimentaires sont les plus importants : ils fournissent des phosphates en nodules. La gangue d'argile, de glauconie, de sable ou de calcaire est éliminée par lavage ; mais ces phosphates, dont la teneur varie de 20 à 60 0/0, contiennent des impuretés (silicates de chaux, d'alumine et de fer). Les gîtes dans lesquels on trouve ces nodules (30 à 40 kilogrammes par mètre carré) sont très étendus (*Ardennes, Argonne, Auxois, Caroline du Nord, Russie,* etc...).

On exploite beaucoup, aujourd'hui, les craies phosphatées pauvres que l'on enrichit par lavage et au milieu desquelles on trouve des poches de sables phosphatés très riches, tenant jusqu'à 37 0/0 d'acide phosphorique (*Beauval* dans la Somme, *Hardivilliers* dans l'Oise).

2° *Gisements dans les roches éruptives.* — On trouve le phosphate de chaux à l'état d'apatite, soit concentré en masses importantes dans les amphibolites, soit sous forme de cristaux isolés dans les gneiss, les micaschistes et les trachytes. Ces gîtes sont peu nombreux (*Canada, Norwège, Espagne*); ils n'ont qu'une importance secondaire, bien que les apatites contiennent 70 0/0 de phosphate tribasique soluble et soient très pures ; mais il est impossible d'isoler mécaniquement l'apatite, du quartz, ou de l'amphibole auxquels elle adhère. De plus, les gîtes sont peu étendus et ne sont susceptibles que d'une exploitation toujours restreinte.

3° *Gisements en filons, amas ou poches.* — Les gisements en filons contiennent du phosphate de chaux à l'état de phosphorite, souvent très riche en phosphate tricalcique et mélangé à du quartz rubanné ; dans les amas et les poches, l'assimilation a été favorisée par des phénomènes de dissolution, et le mélange de phosphorite et de quartz porte le nom de terre phosphatée. On trouve exceptionnellement l'apatite en filons à *odde-garden,* en Norwège. D'ailleurs, il faut, dans les recherches, tenir compte de ce que les gîtes de cette catégorie sont étendus et riches surtout aux affleurements ; le quartz augmente rapidement en profondeur, et l'appauvrissement en minerai est, en général, très rapide, ce qui limite beaucoup la durée du gisement. On ne peut donc en proposer l'exploitation que s'il existe un certain nombre de filons à proximité les uns des autres, comme, par exemple, dans le *Quercy,* le *Nassau* et la province de *Cacérès.*

4° GÎTES SÉDIMENTAIRES

Le phosphate est aussi abondant que l'oxyde de fer dans les terrains sédimentaires. Les couches de nodules phosphatés, qui se sont déposées le long des rivages des anciens bassins marins, sont souvent très riches en coquilles fossiles autour desquelles le phosphore s'est concentré ; certains dépôts de craie phosphatée sont dus à la phosphatisation d'os, d'écailles et d'autres débris de poisson et de moules de foraminifères. Quant au phosphore, il proviendrait soit de la décomposition de corps d'animaux, soit de sources thermales, soit de la dissolution de l'apatite des roches éruptives.

En passant en revue les gisements de phosphate de chaux sédimentaires connus, dans les divers pays, on insistera particulièrement sur les gisements français, dont quelques-uns ont une réelle importance.

Gisements sédimentaires de phosphate en France. — On trouve, en France, des gisements de phosphate dans la plupart des étages géologiques.

Carbonifère. — Dans le carbonifère on a trouvé le phosphate de chaux à l'état de rognons, associé à du fer carbonaté lithoïde, dans les argiles et les schistes argileux de *Fins* (Allier).

Trias. — On a signalé aussi la présence de nodules phosphatés dans les grès bigarrés (trias inférieur) du Var à *Poujet* et à *Fréjus*, et de coprolithes, dans le trias de *Lunéville*.

Lias. — Le lias est très riche en phosphates, qui ont donné lieu à des exploitations importantes sur plusieurs points du territoire français.

On connaît dans une partie du Morvan, entre *Semur* et *Avallon* (Auxois), sur une superficie de 5.000 hectares, des bancs de nodules phosphatés de 40 centimètres d'épaisseur, que l'on a rencontrés dans les assises inférieures du lias moyen et dans le lias inférieur (zone à *Ammonites Bucklandi*). Ces nodules concrétionnés sont cimentés par un limon ferrugineux provenant de la décomposition du calcaire à gryphées arquées du lias inférieur. Leur teneur en phosphate est de 60 0/0 en moyenne (soit 16 0/0 d'acide phosphorique). L'exploitation se fait à ciel ouvert. La production annuelle était de 20.000 tonnes en 1880 ; elle a été de 10.000 tonnes seulement en 1890. Le prix de revient d'une tonne de phosphate, abatage, transport, traitement des nodules et frais généraux compris, est de 55 à 60 francs, et le prix de vente, qui était autrefois de 100 francs, est descendu, dans ces dernières années, à 60 ou 70 francs, par suite de la concurrence.

Des gisements analogues existent dans le calcaire à gryphées arquées dans la Haute-Marne, à *Chalindrey*; dans la Meurthe-et-Moselle, à *Neufchâteau* et *Tomblaine*, et dans les Vosges, à *Saudoncourt*.

Dans la Haute-Saône, aux environs de *Pomoy* et de *Vitrey*, on exploite à ciel ouvert deux lits de nodules phosphatés, d'un blanc jaunâtre, atteignant jusqu'à 30 centimètres d'épaisseur; ces lits sont situés immédiatement au-dessus du calcaire à gryphées arquées. Les nodules, qui contiennent 30 0/0 d'acide phosphorique, sont séchés au soleil, puis au four, et moulus.

Sinémurien. — Dans le Cher, le sinémurien contient également des nodules phosphatés à *Germigny*, gisement analogue à celui qui est exploité à *Argenton*, dans l'Indre. Dans ce dernier département, on exploite, près de *Neuvy-Saint-Sépulcre*, des nodules appartenant soit à la base du lias supérieur (zone à *Ammonites communis*), soit aux couches moyennes (zone à *Ammonites radians* de Thouars et de Saint-Maixent), soit aux couches supérieures (zone à *Ammonites opalinus*). Le phosphate riche est blanc et poreux; la couche a une épaisseur de 15 à 20 centimètres et fournit de 60 à 100 kilogrammes de nodules par mètre carré de découvert.

Jurassique. — Les phosphates du jurassique sont inexploitables, à cause de leur état de dissémination (bajocien du *Calvados* et de l'*Anjou*, oxfordien de la *Nièvre* et du *Cher*, kimmeridgien du *Calvados*, etc.).

Crétacé. — Le crétacé est riche en phosphates; cependant les gisements du néocomien et de l'aptien sont très peu importants (nodules à 15 0/0 d'acide phosphorique dans les sables à lignites de *Fouchères*, dans l'Aube).

Dans l'albien, au contraire, on exploite en France les phosphates des *sables verts*, de la base au sommet, ainsi que ceux du *gault* et de la *gaize*, dont les affleurements entourent le bassin de Paris et se retrouvent dans le Pas-de-Calais et le pays de Bray.

Dans les Ardennes et la Meuse, les sables verts, formant une couche horizontale, sont exploités sur beaucoup de points (*Montréville, Neuvilly, Dombasles, Grandpré, Saulce, Monclin*, etc.). Les exploitations, qui datent de 1855, se font soit à ciel ouvert, soit en galeries. Les rognons compacts et grisâtres forment un et quelquefois deux bancs de 10 à 20 centimètres, dans les sables, qui ont de 20 à 50 mètres d'épaisseur ; la teneur moyenne est de 18 0/0 d'acide phosphorique. Dans la Meuse, le poids du mètre cube de nodules lavés est, en moyenne, de 1.500 kilogrammes, avec un rendement à l'hectare qui varie de 800 à 1.300 tonnes.

La production des Ardennes est de 10.000 tonnes par an environ, et celle de la Meuse, de 1.000 tonnes seulement.

Dans la Drôme et dans l'Ardèche, les nodules de l'albien forment une série de lits assez minces au milieu des sables verts (*Saint-Paul-des-Trois-Châteaux, Clansayes, Saut-de-l'Egue*). Les nodules des sables verts du Bas-Boulonnais (*Fiennes, Audicthun*), aujourd'hui abandonnés, produisaient, avant l'ouverture des gisements concurrents de la Somme et de la Belgique, 20.000 tonnes par an environ.

On exploite depuis 1877, à *Pernes*, en Artois, à la base de la craie glauconieuse, des phosphates noduleux en couches de 10 centimètres à 1 mètre. Ces couches reposent sur un lit d'argile (gault) et supportent un banc de sables verts glauconieux, qui sont eux-mêmes recouverts par une marne compacte, équivalent local de l'argile glauconieuse du tourtia. Le minerai, très recherché, est poreux et friable ; il contient 27 0/0 d'acide phosphorique, de la potasse et de l'azote. La production était, dans ces dernières années, d'environ 15.000 tonnes. Le gisement, étendu de plus de 200 hectares, doit contenir encore près de 400.000 tonnes de phosphate.

Turonien. — Les nodules du turonien ne sont pas exploités en France, parce qu'ils sont ou pauvres ou peu abondants. On les rencontre dans la Sarthe, à *Connerré* (haut turonien) et au *Mans*; on en rencontre aussi à la *Ferté-Bernard*, dans les Ardennes, à *Maure* (base du turonien), et dans le nord, à *Lezennes*, près de Lille.

Sénonien. — On exploite, depuis 1886, de très nombreux gisements sénoniens de phosphate de chaux dans les départements du Pas-de-Calais (*Auxi-le-Château, Bachimont, Haravesnes, Buire-au-Bois, Orville, Nœux*), de la Somme (*Doullens, Beauquesne, Beauval, Terramesnil*, etc.), de l'Oise (*Hardivilliers*) et de la Sarthe (*Dissay, Saint-Paterne, Château-du-Loir*). On insistera seulement ici sur le gisement type de Beauval.

A Beauval, M. le géologue Mesle découvrit, en mai 1886, des sables phosphatés à 78 0/0 de phosphate de chaux, remplissant des cavités, ou tapissant les parois de poches en forme d'entonnoirs plus ou moins réguliers, creusés dans la craie supérieure, à la base de la craie à *Belemnitella quadrata* et au-dessus de la craie à *Micraster coranguinum* (santonien); les minerais sont recouverts d'une argile à silex rougeâtre. L'argile provient de la dissolution des parties calcaires de la craie argileuse à silex, qui surmontait la craie à *Belemnitella quadrata*.

L'action de l'acide carbonique des eaux superficielles sur le carbonate de chaux a enrichi la matière phosphatée, qui s'est déposée dans les dépressions créées par l'érosion des couches crayeuses. Quant à l'origine de la craie phosphatée, elle est très discutée. Les phosphates sableux riches de Beauval contiennent 40 0/0 d'acide phosphorique.

Les gisements d'Orville et d'Hardivilliers sont tout à fait analogues à celui de Beauval.

La production des phosphates de chaux naturels, en France, a atteint 568.000 tonnes en 1898, représentant une valeur de 15 à 16 millions de francs.

Gisements sédimentaires de phosphate en Belgique (Ciply). — Le gîte très connu de *Mesvin-Ciply*, découvert en 1874, consiste en une masse de craie brunâtre grossière, stratifiée en bancs réguliers; le banc de craie contient, sur une hauteur de 5 à 12 mètres, une infinité de grains bruns arrondis, de la grosseur d'une tête d'épingle et constitués par du phosphate et du carbonate de chaux, avec oxyde de fer et matières organiques. Ces grains forment environ 75 0/0 de la craie brune, qui tient de 25 à 30 0/0 de phosphate tribasique.

La craie brune phosphatée de Ciply est recouverte par un cailloutis d'épaisseur variable à nodules phosphatés brunâtres avec ciment calcaire (poudingue de la Malogne), qui se trouve dans les poches creusées à la partie supérieure de la craie brune; quelques-unes de ces poches sont remplies d'un sable brun ferrugineux tenant 60 0/0 de phosphate tribasique et provenant d'un enrichissement local par les eaux, comme à Orville. Le poudingue de la Malogne est recouvert par un calcaire friable, blanc jaunâtre, peu phosphaté (tuffeau de Ciply).

Le tout repose sur la craie à *Belemnitella micronata*. La craie de Ciply, qui ne tient, au maximum, que 30 0/0 de phosphate tribasique, subit un enrichissement à 50 0/0 dans des usines de lavage. L'installation d'une de ces usines, pouvant traiter 200 tonnes par jour, coûte environ 100.000 francs. La craie brute revient, rendue à ces usines, à 1 fr. 50 par tonne. Le sable, après traitement, vaut de 20 à 40 francs par tonne.

Gisements sédimentaires de phosphate en Allemagne. — On exploite, aux environs de *Weilbourg* et de *Limbourg*, dans le Nassau, sur les bords de la Lahn, des nodules phosphatés d'origine thermale, disséminés dans des schistes argileux (kramenzel inférieur), qui s'étendent au-dessus de dolomies et de calcaires dévoniens. Le minerai se trouve à l'état d'imprégnation dans les schistes (5 0/0), comme à *Eckholshausen*, ou dans des poches du calcaire à stringocéphales (comme à *Cubach*), ou dans un limon tertiaire ayant une épaisseur de 8 à 10 mètres (comme à *Frauenfels*). Ces derniers gisements sont les plus importants; ils proviennent de la concentration des rognons existant dans les schistes et les calcaires. Les rognons bruns venant des schistes tiennent 50 à 55 0/0; et les rognons blancs ou roses des calcaires, 70 0/0 de phosphate.

On trouve aussi en Allemagne des phosphates appartenant au carbonifère, dans les argiles noires schisteuses de *Sprockhörel* (Ruhr) et dans les argiles à limonite de *Baelen* (Limbourg), qui surmontent le calcaire carbonifère.

Gisements sédimentaires de phosphate en Russie. — La Russie possède d'immenses gisements de phosphate de chaux, dont l'importance commerciale pourra devenir considérable à un moment donné. Les uns (zone orientale), qui se rapportent aux grès verts ou aux sables glauconieux de l'albien, consistent en nodules, dalles ou roches, recouverts par les steppes et répandus dans les gouvernements de *Tambow* et de *Saratow*, et à *Sparsk*; la teneur en phosphate tribasique varie de 30 à 50 0/0; le rendement à Tambow atteint 60.000 tonnes à l'hectare.

Les autres gisements (zone centrale) se rapportent à la

craie glauconieuse (cénomanien); le phosphate s'y trouve en nodules gris, bruns ou noirs, en dalles ou en blocs (Samorod) qui servent pour le pavage et l'empierrement des routes, et dont les boues, répandues sur les champs, produisent un excellent effet.

Ces gisements couvrent une zone longue de 600 kilomètres et large de 150 kilomètres, au sud-ouest de Moscou, dans les gouvernements d'*Orel*, de *Koursk* et de *Woronège*, à *Roslawl*, *Briansk*, etc. Le rendement atteint 25.000 tonnes à l'hectare, et la teneur en acide phosphorique varie de 15 à 30 0/0.

On peut citer encore les gisements jurassiques des gouvernements de *Nijni-Novgorod*, de *Kiew*, ceux de *Grodno*, de la *Podolie*, de *Yaroslaw*, etc.

La Podolie renferme aussi des nodules de phosphate dans les schistes siluriens des bords du Dniester. Ce gisement est d'ailleurs peu important au point de vue industriel.

La Russie a produit, en 1895, 6.327 tonnes de phosphorites, valant 93.420 francs. En 1893, la production avait atteint 13.706 tonnes.

Gisements sédimentaires de phosphate en Angleterre. — On trouve du phosphate de chaux dans les grès siluriens de *Llanfyllin* (North Wales), à l'état de nodules noirâtres concrétionnés, tenant 30 0/0 d'acide phosphorique et réunis par un ciment dont la teneur est de 15 à 20 0/0.

Le grès vert inférieur, le gault et le grès vert supérieur (néocomien anglais ou weald) renferment, dans les comtés de *Sussex*, de *Bedford* et de *Cambridge*, à *Sandy*, *Ely*, etc., des bancs de nodules phosphatés verts, avec nombreux fossiles. Les phosphates de *Suffolk*, très durs et contenant beaucoup d'oxyde de fer, sont exploités au-dessus de l'argile de Londres (London Clay).

La production, autrefois très importante, n'était plus que de 2.032 tonnes en 1897.

Gisements de phosphate en Portugal et en Suisse. — Parmi les autres gisements de phosphate en Europe, on peut citer ceux de *Monte-Real* (Portugal), dans le néocomien inférieur.

On trouve aussi du phosphate en Suisse (*Appenzell*, *Vaud*, etc.), dans l'albien.

Gisements sédimentaires de phosphate en Tunisie. — Il existe, entre la mer Méditerranée et le Sahara, deux bandes phosphatées très étendues : l'une traverse le sud du *Tell* et quelques hauts plateaux, l'autre se trouve dans la région de l'*Aurès*, de *Tébessa* et de *Gafsa*. Ces deux bandes, qui se relient d'ailleurs entre elles, marquent les rivages de la mer suessonienne (éocène inférieur). Les calcaires phosphatés de la base du suessonien recouvrent des marnes ou limons argileux noirs imprégnés de sel et de gypse, avec silex caractéristiques, qui contiennent des nodules phosphatés.

La formation phosphatée est recouverte, dans le sud de la Tunisie, par un calcaire à lumachelles ostréennes, quelquefois sensiblement phosphaté (17 0/0 d'acide phosphorique). Ce calcaire est remplacé dans le nord par une puissante formation de calcaires nummulitiques.

Dans le sud, le terrain phosphaté est redressé et enchâssé entre de hautes murailles ; dans le nord, au contraire, les bancs sont horizontaux.

Les principaux gisements tunisiens sont ceux de *Gafsa*, qui s'étendent sur 50 kilomètres de longueur, avec une puissance de 50 à 60 mètres ; la teneur du minerai brut, en phosphate tribasique, est de 57 0/0 environ ; le cube des calcaires les plus riches représente 5 millions de tonnes de phosphate enrichi par lavage. On ne tient pas compte, dans ce tonnage, des marnes et des parties calcaires ayant une teneur inférieure à 50 0/0 de phosphate tribasique.

Ces gisements, situés à 250 kilomètres de la mer, ont été rendus exploitables par la création du port de Sfax et par la construction d'une voie ferrée qui relie Sfax à Gafsa.

Les autres gisements intéressants de la Tunisie sont ceux de *Djebel-Jellabia* et de *Djebel-Schib* (52 0/0), à 30 kilomètres au sud de l'Oued-Seldja (Gafsa), de *Djebel-Nasser-Allah* (45 0/0), au sud-ouest de Kairouan ; de *Thala* et de *Guelaat-es-Senam* entre Tebessa et Tunis, où le calcaire à nummulites forme une immense table rectangulaire à pans verticaux ayant 50 mètres de hauteur. On peut citer encore les gîtes de *Sidi-Ayet* dans la vallée de l'Oued-Siliana, à 55 kilomètres de la ligne de Tunis à Ghardimaou ; ceux de *Kef* et de *Teboursouk* sur la rive droite de la Medjerdah.

On doit noter aussi l'existence de filons d'apatite ou de

phosphorite concrétionnée, aux environs de *Tunis* et à *Zaghouan* (Vieille-Montagne).

Gisements sédimentaires de phosphate en Algérie. — Les gisements algériens de phosphate appartiennent à l'éocène inférieur; ils se relient sans discontinuité à ceux de la Tunisie; on les retrouve, au sud, près de ceux de Djebel-Seldja ; au centre, près de Tébessa, ils font suite à ceux de Guelaat-es-Senam ; au nord, on les rencontre près de Soukahras, à la suite de ceux de *Ghardimaou*, sur la haute Medjerdah. Ces derniers se poursuivent du côté de *Constantine*, de *Sétif*, d'*Aïn-Fakroum*, de *Bou-Arreridj*, de *Mont-Sila* (Bordj-R'dir), de *Birin*, au sud de Boghari dans la province d'Alger.

On trouvera sur ces gisements, à la fin de ce chapitre, des indications bibliographiques complètes.

On se bornera à rappeler ici que les gisements aujourd'hui si connus de Tebessa, dans la province de Constantine, présentent la succession suivante de couches : marnes noires ostréennes à la base, puis alternance de calcaires tendres à lits siliceux et de bancs de phosphates, enfin calcaires cristallins durs à nummulites, dont l'épaisseur atteint 120 à 150 mètres. Les phosphates, friables et de couleur grise, sont exploités en bancs dont la puissance varie de 2 à 6 mètres; la catégorie pauvre dose de 58 à 63 0/0 de phosphate tribasique; la catégorie riche en tient de 63 à 69 0/0. Les trois principaux exploitants sont : 1° la Société Crokston, qui exploite par galeries le plateau du *Dyr*, et dont les chantiers sont reliés à la ligne ferrée de Tebessa-Soukahras par un câble aérien ; 2° la Compagnie Jacobsen, qui exploite un prolongement du Dyr appelé *Djébel Kouif;* les couches y atteignent 6 mètres de puissance, et l'absence du manteau de calcaire nummulitique sur une partie des couches permet d'exploiter à ciel ouvert. Un embranchement de 30 kilomètres relie les chantiers à la gare de Tebessa ; 3° la Compagnie française des phosphates de Tebessa, qui exploite à ciel ouvert, à 7 kilomètres au nord de Tebessa, à *Aïn-Dibba*, *Chabet* et *Ouissen*, les rejets du Djebel-Dyr, au moyen d'un embranchement de 9 kilomètres à voie étroite aboutissant à Youks-les-Bains.

La production de l'Algérie, qui avait été de 64.260 tonnes

MINÉRAUX EMPLOYÉS DANS L'AGRICULTURE   465

de phosphates, valant 1.154.440 francs en 1894, est montée à 165.738 tonnes en 1896, valant 2.504.525 francs; elle a atteint 227.000 tonnes en 1897 et 269.500 tonnes en 1898, valant 5.390.000 francs.

L'Algérie a exporté, en 1897, par le port de Bône : 207.082 tonnes de phosphates, dont 96.547 provenant des exploitations de la Société Crockston; 82.145 de celles de la Société des phosphates de Constantine, et 28.390 de celles de la Société française des phosphates. La Société des phosphates de Tocqueville a embarqué 20.102 tonnes à Bougie, en 1897.

Gisements sédimentaires de phosphate aux États-Unis. — Les trois principaux centres d'exploitation de phosphates sédimentaires aux États-Unis sont la Caroline du Sud, la Floride et le Tennessee. L'Ohio et la Caroline du Nord renferment aussi quelques gisements de phosphates, mais beaucoup moins importants.

Caroline du Sud. — Les nodules phosphatés miocènes de la Caroline du Sud proviennent de l'action des eaux superficielles sur les calcaires éocènes très phosphatés de *Wicksburg*,

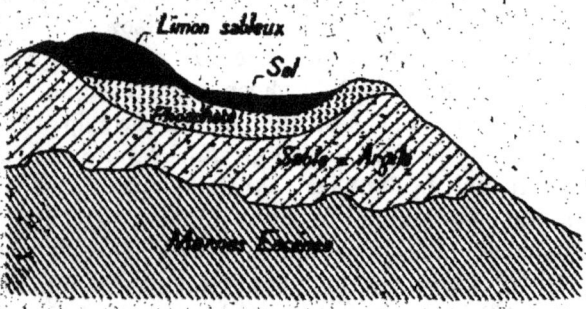

Fig. 102. — Coupe verticale d'un gisement de phosphate de la Caroline du Sud (d'après Davies).

qui s'étendent le long de la côte est de l'Atlantique. Une grande partie du calcaire ayant disparu, les phosphates enrichis et désagrégés par les eaux ont été entraînés dans un estuaire peu profond, pendant la période miocène et ont formé des dépôts argilo-sableux. On distingue les minerais dits *landrocks*, exploités en carrière, et les *riverrocks*, extraits des rivières par dragage.

La teneur en acide phosphorique varie de 25 à 30 0/0.

La production du phosphate dans la Caroline du Sud, qui était de 590.000 tonnes en 1890, est descendue à 515.734 tonnes en 1895 et à 339.000 tonnes en 1897.

Floride. — Les gisements de phosphate de la Floride sont exploités depuis 1890.

Les grands gîtes se trouvent dans la partie occidentale de la presqu'île ; on y a exploité le phosphate, en masses régulières et sans stratification, dans les calcaires éocènes fissurés par les mouvements du sol, ou en bancs horizontaux dans des calcaires miocènes.

Les gisements fournissaient du minerai dur (hard rock) en gros blocs (boulders) de plusieurs tonnes, tenant jusqu'à 75 0/0 de phosphate tribasique, entourés de terre phosphatée tendre à 60 0/0 (soft rock). L'emploi d'excavateurs a permis d'extraire des morceaux de dimensions moindres et de reprendre des gîtes abandonnés dont on lave les produits. L'importance de ces gisements a toutefois beaucoup diminué, et la plus grande source actuelle de phosphate en Floride est la formation pliocène, composée de marnes et d'argiles jaunes ou blanchâtres, où l'on trouve des lits de nodules et de graviers phosphatés, tantôt dans le fond des vallées et des rivières (river pebble), tantôt sur de vastes surfaces en dehors des vallées (land pebble).

Les land pebbles, dont la grosseur varie entre celle d'un pois et celle d'une petite noix, sont contenus dans des couches de 1 à 10 mètres ; ils s'exploitent à ciel ouvert au moyen de dragues ou d'excavateurs, ou bien encore par la méthode hydraulique, très en faveur aux États-Unis ; mais ils doivent subir un lavage.

Les river pebbles forment des bancs de 4 à 6 mètres de puissance dans le lit des rivières, dont les bords sont occupés par des forêts impénétrables ; ils sont exploités au moyen de bateaux portant des dragues suceuses (20 à 80 tonnes par jour) ; on les crible et on les débarque sur la rive où on les calcine.

La Floride a exporté, en 1897, 355.000 tonnes de phosphates; mais la baisse des cours a fait beaucoup de tort aux exploitations.

La production, qui était de 354.327 tonnes en 1892, a atteint 558.990 tonnes en 1894 et 449.000 tonnes seulement en 1897.

Tennessee. — On a trouvé en 1892, dans le Tennessee, au-dessous des schistes dévoniens de *Chattanooga*, des nodules de phosphate, séparés, par des schistes noirs, d'une couche de 1 mètre de phosphate en roche, reposant sur des calcaires; la teneur en acide phosphorique est de 30 0/0. L'exploitation a lieu à ciel ouvert; les chantiers sont reliés par des embranchements au Tennessee-Midland et au Nashville and Tennessee.

La production du Tennessee, qui était de 17.384 tonnes en 1894, est montée à 42.911 tonnes en 1896, et à 123.000 tonnes en 1897.

L'*Ohio* a produit, en 1897, 2.000 tonnes seulement de phosphate ; et la *Caroline du Nord*, 7.000 tonnes.

Les États-Unis ont produit en 1897, au total, 920.577 tonnes de phosphate, représentant une valeur de 13.591.200 francs.

2° GÎTES DANS LES ROCHES ÉRUPTIVES

On trouve l'apatite en cristaux microscopiques, quelquefois visibles à l'œil nu, comme minéral de première consolidation, dans un grand nombre de roches éruptives, notamment dans les granites de *Pargas*, en Finlande, dans les granulites stannifères (la *Villeder*, *Montebras*), dans les kersantites de *Bretagne*, les minettes du *Morvan*, etc. L'apatite de ces gisements est inexploitable.

Espagne (Cap de Gate). — Cependant on trouve au *Cap de Gate*, à l'extrémité sud-est de l'Espagne, une roche à pâte rouge trachytique contenant de nombreux cristaux d'apatite jaunes ou vert clair, exploitables, avec une teneur moyenne de 15 0/0 de phosphate et de 8 à 10 0/0 de potasse.

L'Espagne a produit, en 1895, 1.040 tonnes de phosphates valant 10.405 francs, en comptant les phosphates filoniens.

Norwège. — Entre *Langesund* et *Arendal*, sur la côte sud-est de la Norwège, il existe des gisements constitués par des venues filoniennes d'apatite cristallisée par voie ignée, en relation avec le gabbro; l'apatite est accompagnée de mica noir, d'amphibole et d'enstatite sans quartz ni feldspath (*oddegarden*), de mica noir et d'amphibole (*Ravneberg*) ou d'amphibole seule (*Kragerö*). On trouve l'apatite accompagnée de feldspath à *Valle*, ou de quartz, à *Akeland, Oestre, Kjörrestad*, etc.

A Oddegarden, près du port de Langesund, l'apatite est en relation intime avec le gabbro à wernérite (dipyrdiorite) dans des terrains siluriens (schistes, gneiss, etc.). On trouve, indépendamment de cette roche spéciale, de la granulite et de la porphyrite, postérieures à la venue de l'apatite. Les filons ont des inclinaisons variant de la verticale à l'horizontale, et des épaisseurs très différentes, même dans un seul filon (20 centimètres en moyenne). Les filons renferment, en même temps que de l'apatite (40 0/0), de la hornblende, de l'enstatite et du mica noir (50 0/0). Le remplissage est assez irrégulier; mais on constate presque toujours la présence de lits de mica noir à petits feuillets, au toit et au mur du filon. On a constaté des zones d'enrichissement à l'intersection des filons verticaux et des filons horizontaux; les premiers sont antérieurs aux seconds.

La Norwège, qui avait produit 11.119 tonnes d'apatite en 1890 (valeur = 1.350.945 francs), n'en a plus produit que 2.086 en 1894, avec une valeur de 183.600 francs.

Canada. — Au Canada, dans les provinces de Québec (*Ottawa*) et de Ontario, on trouve des lentilles d'apatite très riches, disséminées irrégulièrement dans des pyroxénites et des cipolins, avec wernérite, calcite et fluorine.

Le minerai, vert ou rouge, est cristallisé ou sableux; il ne contient ni fer ni alumine, et sa teneur atteint 85 à 95 0/0 de phosphorite; la seule impureté est le fluorure de calcium. L'extraction a lieu par tranchées ou par puits peu profonds; les principales mines sont : *Emerald-Mine, North-Star-Mine, Little-Rapid-Mine, Phosphate of Lime*, etc.

La production, qui a été de 6.224 tonnes en 1894 (valeur: 205.830 francs), est tombée, en 1897, à 824 tonnes valant 19.920 francs.

3° GÎTES EN FILONS, AMAS OU POCHES

Les filons de phosphate, à éponges imperméables, renferment du quartz dont la proportion augmente à mesure qu'on s'enfonce; il en résulte un appauvrissement graduel et rapide de ces gîtes en profondeur. Dans les gîtes à éponges perméables, il y a eu dissolution des calcaires par les eaux acides et formation de poches où se sont déposés des amas. Certains amas filoniens se sont développés dans des excavations creusées par les eaux de la surface; mais ces poches filoniennes sont limitées; elles s'appauvrissent en phosphorite en profondeur, et on ne trouve plus, vers le fond, que de la terre phosphatée.

Gîtes filoniens de France. — Dans le *Quercy*, région située à la limite des départements du Lot, du Tarn-et-Garonne et du Lot-et-Garonne, les phosphates remplissent les crevasses du calcaire oxfordien des plateaux (*Causses*). Ces crevasses sont ou des fentes ou des entonnoirs, ayant de 40 à 100 mètres de profondeur et s'amincissant toujours vers le bas. Les phosphates riches sont au contact des calcaires; le centre des poches est rempli par de l'argile ou de la marne (terre phosphatée). Le minerai, qui est une roche grise ou blanche, tient en moyenne 60 0/0 de phosphate tribasique (maximum 80 0/0). Les principaux centres d'exploitation sont *Lamandine, Carjac, Pendaré, Caylus* et *Saint-Antonin*.

La production des phosphates des Causses, qui était de 30.000 tonnes en 1886 (valeur : 960.000 francs), a beaucoup diminué depuis cette époque.

A *Bozouls*, dans l'Aveyron, on trouve le phosphate de chaux à l'état de rognons à structure concrétionnée, dans un basalte, et dans les tufs et les conglomérats qui l'entourent. On attribue à ces phosphorites une origine hydrothermale

Gîtes filoniens divers en France et en Algérie. — On peut citer encore les phosphorites filoniennes du Gard, qui ont un gisement analogue à celui des Causses (*Lirac, Saint-Maximin, Tavel, Quissac*), celles de l'Hérault (*Montagne de Cette*) et celles de l'Oranais (*Djebel-Toumaï, Djorf-el-Amar*, auprès de *Nédromah*, entre Nemours et Lalla-Marnia); on trouve ces dernières dans des filons-poches ouverts au milieu de calcaires compacts (lias moyen ou inférieur); leur teneur est de 35 0/0 d'acide phosphorique en moyenne. Elles sont recouvertes d'une carapace superficielle formée de calcaire et de phosphorite cimentés par de l'argile rouge.

Gîtes filoniens d'Espagne (Estramadure). — Les filons de l'Espagne méridionale et du Portugal occupent une zone de 120 kilomètres de longueur et de 60 kilomètres de largeur.

Les filons de *Zarza-la-Major* (Espagne), qui se trouvent dans des granites, sont très irréguliers (5 centimètres à 3 mètres); ils contiennent de la phosphorite et du quartz; le granite est altéré au contact du minerai.

A *Logrosan*, quatre filons de même direction recoupent les schistes amphiboliques cambriens et pénètrent dans des granites anciens où ils s'amincissent en se chargeant de quartz.

Le principal filon (Costanza), dont la teneur est de 65 0/0 à l'affleurement, s'appauvrit à 50 0/0 à 30 mètres de profondeur; la longueur exploitable était de 1 kilomètre, et la puissance variait de 2 à 11 mètres. L'exploitation est abandonnée.

A *Cacérès* (calcaires dévoniens), la perméabilité des épontes a donné lieu à la formation d'amas considérables. On y trouve quatre filons de phosphorite cristalline riche avec une certaine proportion de quartz augmentant en profondeur; ces filons recoupent des schistes argilo-micacés surmontés par des calcaires cristallins. Les filons, qui présentaient des élargissements remarquables le long de la surface des schistes, ont été exploités jusqu'à 105 mètres de profondeur et abandonnés à cause de venues d'eau considérables, dues à la différence de perméabilité des calcaires et des schistes.

A *Belmès*, on trouve un gisement où le phosphate a remplacé, par substitution hydrothermale, le calcaire carbonifère.

Les autres gisements sont, pour l'Espagne : *Ceclavin*, filons dans le granite; et pour le Portugal, *Marvao* et *Portalègre* (Alemtejo), également dans le granite.

BIBLIOGRAPHIE DES PHOSPHATES

1872. Guillier, *Sur les couches à phosphate de chaux découvertes dans la craie de la Sarthe* (Bulletin de la Société de Géologie, 2ᵉ série, t. XVII, p. 157).

1872. Collenot, *Du phosphate de chaux de l'Auxois* (Bulletin de la Société de Géologie, 3ᵉ série, t. V, p. 671).
1873. Brylinski, *Rapport sur les phosphates de chaux de la Caroline du Sud* (Société de Géologie de Normandie, t. II).
1875. Daubrée, *Phosphorites du Quercy* (Bulletin de la Société de Géologie, 3ᵉ série, t. III, p. 399).
1875. Rey-Lescure, *Sur les phosphatières du Tarn-et-Garonne*, (Bulletin de la Société de Géologie, 3ᵉ série, t. II, p. 398).
1875. Nivoit, *Sur les phosphates de chaux de Ciply* (Comptes Rendus, t. LXXIX; Cuyper, t. XXXVIII, p. 236).
1878. P. Guyot, *Sur deux gisements de chaux phosphatée dans les Vosges* (Comptes Rendus, t. LXXXVII, p. 333, Paris).
1878. Badoureau, *Chaux phosphatée de l'Estramadure* (Société centrale d'Agriculture, t. XXXVIII, p. 80).
1879. Wickersheimer, *Note sur un gîte de phosphate de chaux situé près de Cette* (Annales des Mines, 7ᵉ série, t. XVI, p. 283, Paris).
1879-1880. Jeannol, *Note sur la présence des phosphates dans le lias des Ardennes et de la Meuse* (Annales de la Société de Géologie du Nord, t. VIII, Lille).
1879. Petermann, *Note sur la phosphorite de Cacérès* (Annales de la Société de Géologie de Belgique, t. VI, Liège).
1880. Nivoit, *De l'acide phosphorique dans les terrains de transition et dans le lias des Ardennes* (Bulletin de la Société de Géologie, t. VIII, p. 357).
1884. Lasne, *Sur la composition des phosphates des environs de Mons* (Annales de la Société de Géologie du Nord, t. XVII, p. 141, Lille).
1884. Dieulafait, *Origine et mode de formation des phosphates de chaux dans les terrains sédimentaires* (Comptes Rendus, t. XCIX, p. 813, Paris).
1884. Delvaux, *Découverte de gisements de phosphate de chaux appartenant à l'étage Yprésien* (Annales de la Société de Géologie belge, t. XI, p. 279, Liège).
1884. Jeanjean, *Notice géologique et agronomique sur les phosphates de chaux du département du Gard* (in-8°, Nîmes).
1885. De Grossouvre, *Étude sur les gisements de phosphate de chaux du Centre de la France* (Annales des Mines, mai-juin, et Bulletin de la Société de Géologie).
1885. Douvillé, *Phosphates du Cher* (Bulletin de la Société de Géologie, 3ᵉ série, t. II, p. 103).
1886. Stanislas-Meunier, *Les Phosphates de Picardie* (La Nature, n° 712, p. 113, Paris).
1888. Cornet, *Les Gisements de phosphate de chaux de la craie de Mézières* (Annales de la Société de Géologie de Belgique, t. XV, Liège).
1888. Thomas, *Sur les gisements de phosphate de chaux de l'Algérie* (Comptes Rendus, t. CVI, p. 379, Paris).
1889. Stainier, *Étude géologique des gisements de phosphate de*

chaux du Cambrésis (*Mémoires de la Société de Géologie de Belgique*, t. XVI, p. 3, Liège).

1889. Eugène Risler, *Carte géologique et statistique des gisements de phosphate de chaux exploités en France* (Paris).

1889. Ladrière, *Sur les dépôts phosphatés de Montay et de Forest (Nord)* (*Comptes Rendus*, t. CVII, p. 960).

1889. Gosselet, *Les gîtes de phosphate du Nord de la France* (*Bulletin de la Société de Géologie de Belgique*, t. III, p. 287, Bruxelles).

1890. Lasne, *Terrains phosphatés des environs de Doullens* (*Bulletin de la Société de Géologie*, 3e série, t. XVIII, p. 441).

1890. Cayeux, *Sur le crétacé des environs de Péronne* (*Annales de la Société de Géologie du Nord*, t. XVII, p. 227).

1891. Thomas, *Gisements de phosphate de chaux des hauts plateaux de la Tunisie* (*Bulletin de la Société de Géologie*, 2 mars).

1891. De Mercey, *Sur les gîtes de phosphate de chaux de la Picardie* (*Bulletin de la Société de Géologie*, 3e série, t. XIX, p. 854).

1892. Munier-Chalmas, *Origine des phosphates de la Somme* (*Bulletin de la Société de Géologie*, 21 mars).

1895. Jacob, *Note sur les gisements de phosphate de chaux du plateau de Chéria dans le cercle de Tébessa* (*Annales des Mines*, 9e série, t. VIII, p. 237).

1895. Ficheur, *Étude géologique sur les terrains à phosphate de chaux de la région de Boghari, province d'Alger* (*Annales des Mines*, 9e série, t. VIII, p. 248).

1895. Ficheur et Blayac, *Notice sur les terrains à phosphate de chaux de la région de Sidi-Aïssa, province d'Alger* (*Annales des Mines*, 9e série, t. VIII, p. 281).

1895. J. Blayac, *Lambeau suessonien de Birin* (*Annales des Mines*, 9e série, t. VIII, p. 290).

1896. V. Watteyne, *la Floride et ses Phosphates* (*Revue universelle des Mines et de la Métallurgie*, 5e série, t. XXXIII, p. 306).

1897. L. Chateau, *Les Gisements de phosphate de chaux dans les provinces de Constantine et d'Alger* (*Mémoires de la Société des Ingénieurs civils de France*).

AZOTE (NITRATES)

L'azote, ou nitron, qui constitue un des éléments fondamentaux de la nourriture des végétaux, est employé sous forme de nitrate de soude pour l'agriculture. Il sert aussi sous cette forme dans la préparation de certains explosifs.

Les nitrates de soude sont employés en quantités considérables pour fournir à la terre l'azote que l'air ou les fumiers ne suffisent pas à lui procurer.

On peut citer aussi, parmi les utilisations industrielles de l'azote, celle de l'azotate de chaux contenu dans certaines terres nitrées, que l'on emploie, en Amérique notamment, pour la fabrication de la poudre et celle de l'azotate de potasse ou salpêtre et de l'azotate d'ammoniaque employés pour la fabrication d'explosifs.

1° TERRES NITRÉES

On trouve dans les pays tropicaux, et en particulier dans les déserts de l'Amérique du Sud, de vastes dépôts de terres nitrées très riches, dont l'origine est attribuée soit à l'action de l'électricité atmosphérique, soit à l'oxydation de résidus d'animaux antédiluviens ou d'animaux vivants.

Vénézuéla. — Au Vénézuéla notamment, les riches terres nitrées dont les indigènes se servent, depuis de longues années, pour la fabrication de la poudre, proviennent de l'action du ferment nitrique, sur l'azote des dépôts de déjections et de cadavres d'oiseaux de mer ou de chauves-souris; ces dépôts ou guanos, se trouvent réunis en quantités considérables dans des régions d'étendue parfois très restreinte, notamment dans les cavernes des Cordillères.

La transformation des matières azotées en nitrates est très active, grâce à la température élevée et régulière qui règne dans cette contrée; les pluies étant très rares, le nitre formé n'est pas entraîné dans le sous-sol, comme dans nos régions. La nitrification, s'opérant au contact du sol calcaire, donne naissance à du nitrate de chaux.

La teneur des terres nitrées en nitrate de chaux s'élève, surtout au voisinage des cavernes remplies de déjections d'animaux, à plus de 35 0/0.

Ceylan. — A Ceylan, on trouve, dans des roches calcaires renfermant du feldspath, des cavernes servant de refuge à des chauves-souris ; les parois de ces antres sont couvertes de nitre qu'on détache au moyen d'un pic, en même temps que la partie superficielle de la roche délitée. La composition de ces roches salpêtrées est la suivante :

Azotate de potasse	2,4
Azotate de magnésie	0,7
Sulfate de chaux	0,2
Carbonate de chaux	26,5
Eau	9,4
Résidus sableux	60,8
	100,0

Gisements divers. — Dans les *Indes*, dans le *Bengale*, en *Arabie*, en *Egypte*, en *Perse*, en *Chine*, en *Espagne*, etc., de vastes étendues de terres se recouvrent d'efflorescences peu épaisses de salpêtre, que l'on ramasse, après la saison sèche, pour les traiter en vue de la production du nitrate de potasse.

2° NITRATE DE SOUDE

PROPRIÉTÉS ET COMPOSITION. — Le nitrate de soude, à l'état pur, est un sel blanc qui cristallise en rhomboèdres transparents anhydres. La grosseur des cristaux dépasse rarement celle d'un pois ; ces rhomboèdres tronqués ressemblent à des cubes, d'où le nom de salpêtre cubique. Le nitrate de soude possède une saveur âcre et fraîche ; il est déliquescent, et l'eau à 15° peut en dissoudre 84 0/0 de son poids. Sous l'action de la chaleur il fond, puis se décompose.

Il est essentiellement formé d'acide azotique et de soude (NaO, AzO^5) et contient :

Soude.......... 34,47
Acide azotique.. 65,53 (correspondant à : azote. 16,47)

Les nitrates du commerce sont toujours mélangés d'une certaine proportion d'impuretés ; ils sont ordinairement brunâtres et légèrement humides.

Les produits commerciaux contiennent, en général, de 94 à 97 0/0 de nitrate pur. On peut admettre, comme moyenne, le chiffre de 95,50, correspondant à 15,7 0/0 d'azote.

La quantité d'impuretés contenue dans les sels commerciaux ne dépasse pas 5 à 6 0/0.

Le nitrate de soude, par lui-même et par les impuretés qui l'accompagnent, est très hygrométrique ; les sacs dans lesquels on l'expédie s'imprègnent de sa dissolution ; et il est arrivé quelquefois que ces sacs vides, mis en tas, se sont enflammés ; aussi doit-on conserver le produit dans des magasins secs et bien clos.

Falsifications. — Le nitrate de soude contient souvent de grandes quantités de chlorure de sodium ou de sulfate de soude, qu'on y a laissés dans le cours de la fabrication ou qu'on a introduits après coup. L'apparence extérieure ne suffit pas pour reconnaître les produits adultérés ; seul le dosage de l'azote, dont la teneur doit être supérieure à 15 0/0, garantit contre les fraudes.

Gisements. — L'agriculture et l'industrie emploient surtout le nitrate de soude ou *salpêtre du Chili*, dont il existe de vastes gisements dans l'Amérique du Sud, sur les côtes du Pacifique, au voisinage de l'Équateur. Le Pérou, le Chili et la Bolivie renferment des gisements dont l'exploitation, qui remonte à 1825, est très active aujourd'hui. Les produits étaient, à l'origine, expédiés principalement du Chili, d'où le nom de salpêtre du Chili, qui leur a été conservé.

Les principaux gisements se trouvent dans les déserts de Pampa-Negra (province de Tarapaca) (Pérou) et d'Acatama (Bolivie).

Pérou. — Le plateau de *Pampa-Negra*, dans la province de

Tarapaca, situé à une altitude moyenne de 1.000 mètres au-dessus du niveau de la mer, est limité à l'est par les Andes et, à l'ouest, par une chaîne de montagnes côtières formées de granite, de porphyre et de trachyte. Ces gisements sont caractérisés par l'absence des phonolithes, qui recouvrent les autres parties du plateau. Sur le versant oriental, s'étendent d'immenses gisements de salpêtre (environ 116.000 hectares), connus sous le nom de *calicheros* ou *salitrales*, qui occupent les hauts plateaux au milieu du désert.

Bolivie. — Les gisements du désert d'Acatama (Bolivie) sont placés dans des conditions identiques.

Dans les calicheros, le nitre forme des amas irréguliers et discontinus dont l'épaisseur, quelquefois très faible, peut atteindre 5 mètres, mais ne dépasse pas 1 mètre en général. Le minerai est ordinairement recouvert d'une couche de sable et d'un ciment d'argile (*costra*); en certains points, il existe plusieurs couches superposées. Les diverses variétés de calicheros offrent des aspects différents ; leur richesse est plus ou moins grande, suivant leur teneur en chlorure de sodium ; leur dureté et leur coloration sont également variables. Les parties cristallisées, qui sont plus faciles à exploiter, sont aussi les plus riches ; les parties dures sont d'une extraction plus difficile et contiennent plus de chlorure de sodium.

L'origine de ces gisements a été attribuée tantôt à l'électricité atmosphérique, tantôt à la nitrification de produits azotés d'origine animale ou végétale.

On a vu plus haut, à propos des terres nitrées, que les déjections d'oiseaux et de chauves-souris, réunies dans certaines localités par millions de mètres cubes, ont fourni l'azote dont la transformation en acide nitrique s'est effectuée sous l'influence du ferment de la nitrification, au contact de sols calcaires ; il en est résulté des terres très riches en nitrate de chaux. L'intervention du sel marin, abondant dans les gisements et dans les terrains avoisinants, a opéré une double décomposition du nitrate de chaux, qui a produit du nitrate de soude et du chlorure de calcium ; grâce à sa déliquescence, ce dernier sel s'est enfoncé à l'état liquide dans les profondeurs du sol et a ainsi été éliminé. Le nitrate de soude, mélangé de chlorure de sodium en excès, est resté dans les couches superficielles.

Le nitre ne paraît pas s'être formé dans les endroits ou on le trouve ; en effet, la matière animale nitrifiée abandonne de grandes quantités de phosphate, dont l'absence prouve que le nitre dissous par les eaux s'est concentré par évaporation dans les gisements actuels à une certaine distance des centres de formation.

La teneur des caliches en nitrate de soude varie de 20 à 80 0/0; on n'exploite en général que les parties contenant au moins 40 0/0 de nitrate de soude. Ces caliches renferment, outre le chlorure de sodium (15 à 40 0/0), du sulfate de soude, extrêmement abondant dans certains gisements du Chili, et des matières terreuses, des sels de chaux et de magnésie, etc.; enfin, de petites quantités d'iode qu'on y trouve à l'état d'iodates prouvent l'intervention d'éléments marins.

On trouve, dans les mêmes régions, des gisements de nitrates beaucoup plus riches en potasse et dont, par suite, la valeur est plus grande. Ces produits contiennent, en moyenne, 60 0/0 de nitrate de soude et 30 0/0 de nitrate de potasse tenant 15 0/0 d'azote et 16 0/0 de potasse. Certains nitrates de potasse de Bolivie contiennent très peu de sels de soude.

Chili. — Les caliches du Chili sont ordinairement beaucoup moins riches que ceux du Pérou.

Pour exploiter le caliche, dont la dureté exige l'abatage à la mine, on perce la couche au moyen d'un trou de sonde pouvant recevoir une forte charge de poudre grossière (mélange de nitrate de soude, de charbon et de soufre), brûlant lentement. La masse, soulevée sans projection et divisée en gros morceaux, est ensuite concassée et débarrassée des fragments terreux. Les morceaux sont traités par l'eau bouillante, qui dissout une grande partie des nitrates ; ceux-ci se déposent par refroidissement sous forme de cristaux, tandis que le sel marin, aussi soluble à froid qu'à chaud, reste en dissolution. On obtient ainsi, du premier coup, un produit titrant 90 à 95 0/0 de nitrate pur. Les sels, cristallisés au soleil, sont mis en sacs pour être expédiés ; ils sont transportés à dos d'âne aux ports d'embarquement (Iquique, pour la région du centre).

L'exportation du salpêtre du Chili, dont la découverte remonte à 1825, a été, pendant longtemps, très peu élevée; elle atteignait par an:

Entre 1825, et 1830.................. 1.000 tonnes
En 1850, elle atteignait........... 26.000 —
Entre 1860 et 1870, elle était restée
   inférieure à.................... 100.000 —

En 1875, l'exportation approchait de 300.000 tonnes.
De 1880 à 1890, elle a oscillé autour de 500.000 tonnes.
En 1893, elle atteignait 947.023 tonnes, valant 196.069.565 francs.
En 1895, elle s'est élevée à 1.220.427 tonnes, avec une valeur de 227.642.550 francs.
Enfin, en 1897, l'exportation a atteint 1.380.000 tonnes.

On évalue généralement la quantité de nitrate de soude existant dans les gisements du Chili, à 73 millions de tonnes. Avec l'extraction actuelle, ces gisements pourraient être épuisés dans une cinquantaine d'années.

Pays d'importation. — L'Amérique emploie une partie des nitrates de soude qu'elle produit; mais sa consommation est de beaucoup inférieure à celle de l'Europe; elle n'atteint pas ordinairement le dixième de sa production totale. L'Amérique, en effet, exploite un sol vierge qui ne nécessite pas, en général, l'apport d'engrais azotés.

L'Europe, au contraire, a de grands besoins en engrais chimiques et particulièrement en azote. C'est elle qui emploie la presque totalité du nitrate exporté du Pérou. Les centres d'importation les plus importants sont: Liverpool et Londres pour l'Angleterre, Hambourg pour l'Allemagne, Dunkerque pour la France, Anvers pour la Belgique, Rotterdam pour les Pays-Bas. D'autres ports en reçoivent des quantités relativement peu élevées.

Prix des nitrates. — Les prix des nitrates de soude ont beaucoup varié depuis que l'emploi de ces produits est devenu général; ils dépendent de l'importance des stocks sur le marché européen et de l'importance de la demande.

Après être monté jusqu'à 51 francs les 100 kilogrammes,

en 1870, le prix est graduellement redescendu à 36 francs environ, en 1876. Il s'est maintenu entre 30 et 36 francs jusqu'à l'année 1883. A partir de ce moment il a fléchi constamment.

Le prix moyen, à Dunkerque, n'était plus que de 23 francs en 1885, et de 20 francs environ en 1896.

BIBLIOGRAPHIE DES NITRATES

1877. Gormaz, *Salpêtres et guanos du désert d'Atacama.*
1885. Müntz et Marcano, *Formation des terres nitrées dans les régions tropicales* (Comptes Rendus, 6 juillet 1885).
1885. Berthelot, *La fixation de l'azote atmosphérique* (Revue scientifique).
1886. Favier, *L'Azote et le Phosphore* (Revue scientifique du 18 juillet 1886).
1887. Dehérain, *Sur la valeur des engrais et particulièrement sur la valeur des phosphates et des sels ammoniacaux* (Revue scientifique du 2 avril).
1890. Grandeau, *De l'emploi du nitrate de soude en agriculture.*
1890. Winogradski (Annales de l'Institut Pasteur, avril et mai).
1894. A. Gauthier, *Sur la genèse des nitres et des phosphates naturels* (Annales des Mines, 9ᵉ série, t. V, p. 5).

PIERRE A CHAUX (CHAULAGE)

En dehors des phosphates et des nitrates, un certain nombre d'autres minéraux sont employés sous diverses formes à l'amendement des terres, bien que dans des proportions plus modestes.

Parmi ceux-ci, on peut citer, en premier lieu, la pierre à chaux.

Outre son emploi dans la construction, la chaux est encore d'une réelle utilité en agriculture. La chaux est nécessaire dans les terrains privés de l'élément calcaire ou qui contiennent trop d'acide carbonique, comme les terres tourbeuses. Dans les terrains argileux, la chaux agirait, d'après M. Liebig, en séparant la silice de l'alumine; la silice à l'état naissant pourrait alors être absorbée par les racines des végétaux.

Quand on introduit dans le sol, de la chaux calcaire, l'opération s'appelle *chaulage;* elle s'appelle *marnage* quand elle est faite avec du calcaire mélangé d'argile, c'est-à-dire de la *marne.*

Saupoudrée sur les plantes, la chaux détruit les œufs et les larves des insectes nuisibles.

(Pour les gisements, voir le chapitre des *Calcaires.*)

MARNE (MARNAGE)

La marne est un calcaire argileux qui se distingue par un caractère spécial : le calcaire et l'argile y sont mélangés d'une façon si intime qu'il serait impossible de l'imiter par des procédés mécaniques. On met cette propriété en lumière en attaquant à l'acide un peu de marne placée sous l'objectif d'un microscope; l'effervescence produite par l'attaque du calcaire se manifeste autour des moindres grains, et le résidu d'argile est formé de grains si fins que les plus forts grossissements ne permettent pas d'en apprécier les dimensions.

C'est à cause de ce mélange intime que les marnes se délitent comme le calcaire et bien mieux que les calcaires argileux. Les marnes sont blanches, grises, bleues, vertes, rouges, brunes ou noires. Elles offrent aussi des colorations bigarrées de vert et de brun, ou de rouge et de jaune. Elles servent à la fabrication de briques et de poteries grossières; mais leur principale application est le marnage, c'est-à-dire l'amendement des terres destinées à la culture. Les marnes agissent d'abord par leur teneur en calcaire et aussi par la forte proportion d'éléments organiques qu'elles contiennent généralement.

Les marnes se rencontrent en abondance dans la nature; il en existe des dépôts considérables en amas, en couches ou même en filons. Leurs gisements sont les mêmes, en général, que ceux des argiles et des calcaires, qui ont été étudiés au chapitre des *Minéraux employés à la construction*.

PIERRE A PLATRE (PLATRAGE)

Le plâtre, qui a été étudié avec les pierres à plâtre, dans le chapitre II, est aussi très employé comme engrais. Son action sur les végétaux, mise en évidence au XVIIIe siècle, a été d'abord bien exagérée. Le plâtre est aujourd'hui à peu près réservé (comme engrais) aux plantes fourragères sur lesquelles il a une influence considérable : luzerne, trèfle, sainfoin, et aussi colza, lin, chanvre, etc.; ces plantes prospèrent par le plâtrage; mais les céréales n'en ressentent, quoi qu'on en ait dit, aucun effet appréciable.

SABLE CALCAIRE

Parmi les minéraux calcaires, employés en agriculture, on peut encore citer les sables calcaires.

Lorsque ces sables sont fins et tendres, et surtout lorsqu'ils renferment des débris de polypiers ou de coquilles, ils sont utilisés pour l'amendement des terres.

Les faluns de la Touraine sont éminemment propres à cet usage.

SABLE GLAUCONIEUX

Les sables glauconieux sont utilisés aussi pour l'agriculture.

On les étale sur le sol comme amendement. La glauconie qu'ils contiennent se décompose et fournit de la potasse aux terres arables.

En *Amérique*, cet emploi des sables glauconieux est assez répandu.

ARÈNE GRANITIQUE

Le sable qu'on rencontre souvent à la surface des massifs de granite altéré (arènes granitiques) donne des pouzzolanes qui sont employées en agriculture, en raison des alcalis et du phosphate de chaux qu'elles apportent aux terres arables. L'action de ces arènes granitiques est d'autant plus forte que la décomposition des granites est plus avancée.

ARÈNE DIABASIQUE

La diabase qui est une roche éruptive grenue formée d'argile et de feldspath donne, en se désagrégeant, une arène diabasique très appréciée en agriculture et qui sert aussi comme pouzzolane. Elle introduit dans le sol la chaux et la magnésie dont il peut avoir besoin. Elle est utilisée pour cet usage en *Bretagne* notamment, et à *Domfront* dans l'Orne.

Les variétés très feldspathiques sont les plus estimées, surtout lorsqu'elles contiennent du phosphate de chaux.

TALCSCHISTE

Dans le *Valais*, on étend dans les vignes des morceaux de talcschistes auxquels on donne le nom de *brisés*; mais leur action paraît surtout physique ; ils conservent l'humidité du sol et renvoient sur les raisins les rayons de soleil.

AMPÉLITE

L'ampélite (de αμπελος, vigne) est un schiste carburé appelé aussi schiste graphiteux, mélangé de matières charbonneuses qui lui donnent une couleur noire.

On l'utilise pour la fabrication de l'alun ; on en fait aussi des crayons de charpentier ; mais son usage principal et le plus ancien est l'amendement des vignobles, d'où vient son nom.

L'ampélite active la végétation des vignes en leur fournissant du sulfate d'alumine et du sulfate de fer produits par l'efflorescence de cette roche à l'humidité.

On trouve des ampélites dans le silurien de la *Bretagne* et des *Pyrénées*, et dans le terrain houiller.

CENDRES NOIRES

Les *lignites terreux*, appelés aussi *cendres noires*, contiennent parfois une forte proportion de pyrites, qui s'oxydent facilement à l'air. Ils sont alors employés en agriculture comme engrais. Ils peuvent aussi servir à la préparation du sulfate d'alumine. Il en existe un gisement assez important près de *Soissons*.

Enfin le *chlorure de sodium* et les *sels de potasse*, qui seront étudiés dans le chapitre suivant, sont également très employés en agriculture.

CHAPITRE VI

MINÉRAUX EMPLOYÉS DANS LES INDUSTRIES DIVERSES

(Chimie, pharmacie, teinturerie, arts industriels, etc.)

Le chapitre vi comprend l'étude des principaux minéraux qui sont employés dans les industries diverses et qui ne peuvent entrer dans aucune des catégories comprises dans les autres chapitres de cet ouvrage.

Il traite notamment des minéraux utilisés pour les industries chimiques ou pharmaceutiques, la teinturerie, la céramique, les arts décoratifs, etc...

Quelques minéraux, tels que ceux du bismuth et du cobalt, bien qu'ils soient des minerais métalliques, ont été compris dans ce chapitre, car ils ne sont généralement pas utilisés pour la préparation des métaux dont les minerais ont été étudiés au chapitre iii de ce *Traité*.

ARSENIC

Propriétés physiques. — L'arsenic est un corps solide, cassant, doué d'un éclat métallique gris de fer; chauffé dans une cornue de verre, il ne fond pas, mais se sublime vers 300°, et sa vapeur se condense en cristaux rhomboédriques sur les parois supérieures de la cornue. En le chauffant dans un tube en verre scellé à la lampe, on obtient de l'arsenic fondu en un liquide transparent. La densité de ce corps est de 5,7.

Propriétés chimiques. — Exposé à l'air, l'arsenic se ternit et se couvre d'une poussière noire; il se volatilise en répandant une forte odeur alliacée, lorsqu'il est projeté sur des charbons ardents, et sa vapeur, en s'oxydant, se transforme en acide arsénieux. Il devient d'abord phosphorescent quand on le chauffe dans l'oxygène, et à une température plus élevée il brûle avec une flamme verdâtre.

Il brûle avec une flamme blanche, en formant du chlorure d'arsenic, quand on le projette en poudre dans un flacon de chlore.

Il se combine avec le chlore, le brome, le soufre, et avec la plupart des métaux. Chauffé dans une cornue avec de l'acide azotique, l'arsenic s'oxyde et se change en acide arsénique.

Usages. — L'arsenic est un poison violent; mais c'est à l'état d'acide arsénieux, et surtout d'acide arsénique, qu'il devient un toxique redoutable.

On prépare, avec l'arsenic réduit en poudre, un papier appelé tue-mouches, dont le nom indique l'usage. Ce papier étant humecté avec de l'eau, l'arsenic produit de l'acide arsénieux; son emploi est donc dangereux. Il en est de même, du reste, de la plupart des préparations arsenicales.

Alliages. — L'arsenic entre dans la composition de l'alliage du tain des miroirs de télescopes (arsenic, platine, cuivre et étain).

Fondu avec partie égale de cuivre, il constitue le cuivre blanc, dont on fabrique, en Allemagne, des ustensiles d'ameublement et des objets de décoration.

On désigne aussi, sous le nom de cuivre blanc, un métal des Chinois appelé *pack-fong*, ou *toutenague*, qui est un alliage d'arsenic, de cuivre et de nickel.

C'est à l'addition de 2 à 3 millièmes d'arsenic qu'est due la forme sphérique des grains de plomb de chasse.

Acides. — L'acide arsénique sert dans la fabrication des toiles peintes, pour faire des enlevages; il est employé dans la fabrication du rouge d'aniline.

A faible dose, c'est un remède contre l'asthme.

L'acide arsénieux, appelé aussi oxyde d'arsenic, arsenic blanc, ou mort-aux-rats, est connu dans le commerce sous le simple nom d'arsenic et est employé dans les arts, dans les manufactures de toiles et de papiers peints, dans la fabrication du verre, dans la préparation de l'orpiment artificiel, du vert de Scheele, du vert de Mitis et de celui de Paul Véronèse; il sert aussi à détruire les rats et les souris.

L'acide arsénieux est utilisé à faibles doses dans une foule de préparations pharmaceutiques. Il entre dans la liqueur de Fowler, la liqueur de Pearson, la pâte caustique du Frère Côme ou de Rousselot, la pâte arsenicale de Dubois, les pilules asiatiques. Il est surtout usité comme antipériodique dans le traitement des fièvres intermittentes.

Sulfure. — Le protosulfure d'arsenic, désigné sous le nom de réalgar, orpin rouge, arsenic rouge, rubis arsénieux, poudre rouge de volcans, s'emploie en peinture; mais il altère les couleurs blanches du plomb.

Les artificiers s'en servent pour produire les brillants feux blancs, dits feux indiens ou feux chinois.

Iodure. — L'iodure d'arsenic est employé en médecine.

Minerais. — Bien que l'on rencontre de l'arsenic natif, dans quelques filons, le principal minerai d'arsenic est le *mispickel*, ou sulfo-arséniure de fer (Fe.As.S), couleur blanc d'argent, fusible sur le charbon, soluble dans l'acide azotique; il est fréquemment un peu aurifère et contient de 45 à 75 0/0 d'arsenic. Parmi les minéraux qui renferment de l'arsenic, on peut encore citer le *réalgar* (As.S), la *nickeline* (Ni.As), le *cobalt gris* (Co.As.S) et le *nickel gris*. Il faut d'ailleurs noter que, pour beaucoup de minerais, pour la pyrite, par exemple, la présence de l'arsenic est une cause de dépréciation, par suite des difficultés de leur traitement. On recueille une certaine quantité d'arsenic dans des chambres de condensation placées à la suite des fours de grillage où l'on fait passer les minerais de nickel, de cobalt ou d'argent et les pyrites arsenicales.

Principaux gisements. — *Angleterre.* — La mine de *Greenhill*, dans le Cornwall, et le *Devon Great Consols Copper Mine*, dans le Devonshire, fournissent des mispickels contenant 43 0/0 d'arsenic, que l'on extrait par grillage et sublimation.

Le principal centre de production de l'arsenic, en Angleterre, est le Cornwall.

La production totale de l'Angleterre avait été, en 1894, de 4.878 tonnes de produits arsenicaux valant 1.215.350 francs.

En 1897, la production, sensiblement constante, était de 4.232 tonnes.

Les pyrites arsenicales exploitées en Grande-Bretagne atteignaient 3.341 tonnes, valant 95.575 francs, en 1894. En 1897, la production des pyrites arsenicales a atteint 13.347 tonnes.

Allemagne. — Autriche-Hongrie. — On traite également des mispickels à *Joachimsthal*, en Bohême. Dans le *Harz* et surtout à *Freiberg*, l'on trouve du sulfure d'arsenic et du mispickel et aussi de l'arsenic natif à 4 0/0 d'argent. L'usine de Freiberg fournit, chaque année, en moyenne, 1.000 tonnes de produits arsenicaux (882 tonnes en 1896). Le réalgar et l'orpiment se rencontrent fréquemment à *Nagyag*, à *Felsobanya* et à *Tayoba*, en Transylvanie.

L'Allemagne a produit, en 1894, 2.906 tonnes de minerai d'arsenic. En 1896, sa production a atteint 3.691 tonnes.

Les produits arsenicaux d'Allemagne ont atteint, en 1897, un tonnage de 2.989 tonnes, avec une valeur de 1.354.745 francs.

Scandinavie. — Outre les pyrites arsenicales cobaltifères de *Skutterud* (Norwège), on peut citer les mispickels de *Falun* et ceux de *Gladhammar*, qui accompagnent les minerais de cobalt.

Gisements divers. — L'arsenic natif se trouve encore à *Sainte-Marie* (Lorraine française), en *Sibérie* et aux *États-Unis* à *Jackson* et *Haver-Hill*. Dans la vallée de *Gistain* (Pyrénées espagnoles), certains minerais de cobalt sont accompagnés d'oxyde d'arsenic; on trouve, à *Oviedo*, du réalgar accompagné de cinabre.

L'Espagne a produit, en 1896, 271 tonnes de produits arsenicaux, représentant une valeur de 135.500 francs.

On trouve encore de l'arsenic, sous forme de sulfure, dans la *Turquie d'Asie*, en *Chine* et au *Japon*.

La production du Japon a été, en 1895, de 7.343 kilogrammes d'arsenic.

L'arsenic dans les sources thermales. — Beaucoup de sources thermales contiennent d'assez fortes proportions d'arsenic; celle de *Saint-Nectaire* (Puy-de-Dôme) donne lieu à des dépôts de réalgar.

BISMUTH

Propriétés physiques. — Le bismuth est un métal blanc jaunâtre, dur, cassant, de structure lamelleuse, qui fond à 264° et se volatilise au rouge blanc. Il augmente de volume en se refroidissant et forme alors de beaux cristaux rhomboédriques que l'on peut mettre à nu, en décantant la masse avant solidification complète. Ces cristaux sont couverts d'une pellicule irisée d'oxyde. La densité du bismuth est de 9,82. Sa chaleur spécifique est de 0,03084. Il est très mauvais conducteur de la chaleur et de l'électricité.

Propriétés chimiques. — Inaltérable à l'air froid, le bismuth, à température élevée, brûle avec une petite flamme bleue, en émettant des fumées jaunâtres et en donnant de l'oxyde. Il décompose très lentement les acides sulfurique et chlorhydrique, mais il se dissout rapidement dans l'acide azotique.

Usages. — L'industrie n'emploie le bismuth qu'en alliages remarquables par leur fusibilité, d'autant plus grande que la proportion de ce métal y est plus élevée.

Alliages. — Les plus connus de ces alliages sont : l'*alliage de Newton* (huit parties de bismuth, cinq de plomb et trois d'étain), qui fond à 94°,5 ; — l'*alliage appelé métal fusible de Darcet* (deux parties de bismuth, une de plomb, une d'étain), qui fond à 93° ; — l'*alliage de Wood* (sept parties de bismuth, deux d'étain, deux de cadmium), qui fond à 65°.

On se sert de ces alliages pour clicher des médailles et pour faire des rondelles fusibles de sûreté pour chaudières à vapeur. Les dentistes les emploient pour le plombage des dents.

Chlorure. — Le chlorure de bismuth sert à la préparation du blanc de fard (blanc de perle) et entre dans la confection de la cire à cacheter.

Sels. — Le sous-nitrate est le principal composé du bismuth employé en médecine. Ce sel entre aussi dans la préparation des fards.

Minerais. — On trouve le bismuth natif accompagné de tellure, de sélénium, de soufre et surtout d'arsenic ; le principal minerai du bismuth est la *bismuthine* ou sulfure de bismuth (Bi^2S^3), couleur gris de plomb. On peut citer, en outre : la *bismuthite* (hydrocarbonate de bismuth $H^2Bi^6CO^{12}$, vert jaunâtre et amorphe); l'*eulytine* (silicate de bismuth $Bi^4Si^3O^{12}$), cristallisée en petits cristaux tétraédriques pyramidés.

Gisements. — Les minerais de bismuth, dont la gangue est le quartz (quelquefois la calcite ou la barytine), se trouvent dans des filons de fracture (Saxe) ou dans des amas de contact (Banat) recoupant des granites (Meymac dans la Corrèze et Wittichen dans la Forêt Noire), ou des gneiss et des schistes cristallins (Erzgebirge). Le bismuth est, en général, associé à l'or (Resbanya), à l'argent, au plomb, au cobalt et au nickel (Schneeberg, Joachimsthal en Bohême), au fer, au cuivre et à l'étain (Cobar et Chorulque en Bolivie, presque au sommet des Andes) ou à l'étain seul (Bohême, Tasmanie).

France. — *Meymac.* — On a exploité autrefois à Meymac (Corrèze) un filon quartzeux recoupant des granites porphyroïdes, dans lequel le bismuth natif, accompagné de bismuthine et surtout de bismuthite avec du bismuth oxydé, a remplacé, en profondeur, les minéraux de l'affleurement (wolfram, mispickel). Le bismuth natif contenait, d'après M. A. Carnot, qui a découvert le gisement, 99 0/0 de bismuth pur.

Allemagne. — A *Schneeberg* (Saxe), on trouve le bismuth natif avec de la bismuthine et de la bismuthite, dans des filons cobaltifères recoupant des roches anciennes. Ces minerais accompagnent l'argent et le plomb à *Anneberg* et à *Johanngeorgenstadt*, l'argent et le cobalt à *Wittichen* (Forêt Noire); le fer, le nickel et le cuivre du dévonien à *Schutzbach* (Siegen).

Autriche-Hongrie. — On trouve le bismuth dans les filons argentifères de *Joachimsthal* (Erzgebirge), à *Cziklova* dans le Banat, et dans les tellurures d'or et d'argent de *Resbanya* (Transylvanie).

La production de l'Autriche, en 1894, a été de 570 tonnes de minerai de bismuth, représentant une valeur de 31.907 fr. 40.

Scandinavie. — En Scandinavie, on peut citer les mines de

Blekå et de *Gzellebach* (Norwège) et de *Fahlun* (Suède) : bismuth avec or natif, quartz, pyrites, etc.

Amérique. — Outre les mines de *San-Antonio-del-Potrero Grande* (Chili) et de *Morococa* (Pérou), les principales mines de l'Amérique du Sud sont celles de la Bolivie (*Chorulque*, à 5.600 mètres d'altitude, *Oruro, Tazna*, à 5.100 mètres d'altitude, *Guaiana, Potosi*). Le bismuth (23 à 30 0/0) est associé à du fer et à du cuivre. A Chorulque, les filons sont au contact de porphyres et de schistes dévoniens ; à Tazna, les filons recoupent les schistes ; on y trouve de l'étain.

Dans l'Amérique du Nord, le bismuth accompagne l'or et le tellure (*Virginie, Georgie, Caroline du Nord*), ou le tungstène (*Lane* dans le Connecticut). Les calcaires siluriens du *Colorado* contiennent de puissants filons de bismuth.

On a fait, en 1897, quelques découvertes nouvelles de minerai de bismuth dans l'*Utah* et dans le *Colorado*.

Australie. — En Australie, on trouve le bismuth associé à l'or (Queensland) ou dans les alluvions stannifères, ou encore en filons, comme à *Silent Grove, Glen Innes, Elsmore* dans la Nouvelle-Galles du Sud et au mont *Ramsay* dans la Tasmanie. Les minerais de *Tenterfield* contiennent 60 0/0 de bismuth avec du molybdène et de l'or; ceux de *Cobar* contiennent seulement 2,50 de bismuth avec du cuivre.

BIBLIOGRAPHIE DU BISMUTH

1874. *Métallurgie du bismuth* (Annales de Chimie et de Physique, t. V, p. 1, 397).
1874. A. Carnot, *Découverte d'un gisement de bismuth en France* (Annales de Chimie et de Physique et Comptes Rendus 19 janvier).
1874. Valenciennes, *Métallurgie du bismuth* (Annales de Chimie et de Physique).
1876. Domeyko, *Gisements de bismuth au Chili* (Annales des Mines, p. 7, 10 et 15).
1877. *Sur les minéraux de bismuth de Bolivie* (Comptes Rendus)
1883. Godefroy, *Encyclopédie chimique*, t. III, 13° cahier, 1re partie).
1894. Wiener, *Mines de bismuth, d'antimoine et d'argent d'Oruro en Bolivie* (Annales des Mines, 9° série, t V, p. 511).
1897. P.-L. Burthe, *Note sur les travaux de recherches exécutés à Meymac* (Annales des Mines, 9° série, t. XII, p. 5).

COBALT

Propriétés chimiques et physiques. — Le cobalt est un métal gris clair, dur, cassant et peu malléable, dont la densité est de 8,6.

Ses propriétés physiques et chimiques ont de nombreuses analogies avec celles du fer; mais il est inaltérable à l'air à froid et ne s'oxyde qu'au rouge; sous ces divers rapports, il se rapproche encore plus du nickel que du fer.

Usages. — Le métal pur est encore trop rare et d'un prix trop élevé pour qu'il puisse avoir un emploi industriel étendu: il sert comme alliage pour les instruments d'optique. Ses composés sont utilisés comme matières colorantes.

Alliages. — Le cobalt communique une certaine dureté au bronze, auquel on l'allie quelquefois pour faire des coussinets. Toutefois, même employé en faibles proportions, il rend le cuivre difficile à travailler.

Oxyde. — L'oxyde de cobalt sert à colorer en bleu le verre et la porcelaine. Purifié, il est employé pour la préparation de l'*azur* de qualité supérieure.

Chlorure. — Le chlorure de cobalt, comme le chlorure de nickel, sert à préparer une encre sympathique. Les caractères tracés avec cette encre apparaissent en bleu lorsqu'ils sont chauffés.

Sels. — Le cobalt trouve sa véritable application industrielle dans la préparation d'un silicate double de potasse et de cobalt, avec lequel on fabrique le smalt ou azur, appelé aussi bleu de cobalt, employé pour la peinture sur porcelaine.

Le bleu le plus beau est celui d'*Eschel*, qui sert aussi pour azurer le linge.

Le bleu Thénard, qui s'obtient en calcinant ensemble un mélange d'alumine et de phosphate de cobalt, est plus opaque et couvre mieux que l'azur.

En calcinant ensemble un mélange d'oxyde de zinc et de phosphate de cobalt, on obtient un vert très solide appelé vert de Rinnmann.

Minerais. — On peut diviser les minerais de cobalt en deux catégories :

1° Les minerais non oxygénés ;
2° Les minerais oxygénés.

1° *Minerais non oxygénés.* — Les principaux minerais non oxygénés sont le *cobalt natif*, la *jaipurite* ou sulfure de cobalt (CoS), teneur $= 65$ 0/0 de cobalt ; la *smaltine*, arséniure de cobalt souvent ferrifère ($CoFeAs^2$), teneur $= 28$ 0/0 ; la *chloantite*, arséniure de cobalt et de nickel ($CoNiAs^2$), teneur de 0 à 28 0/0 ; la *skutterudite* ($CoAs^2$), teneur $= 21$ 0/0 ; la *cobaltine*, arsénio-sulfure de cobalt ($CoAs.S$), teneur $= 35,5$; le *glaucodot*, arsénio-sulfure de cobalt et de fer ($CoFeAs.S$).

2° *Minerais oxygénés.* — Les principaux minerais oxygénés sont l'*hétérogénite* ($Co^5O^7 + 6Aq$), teneur $= 57$ 0/0 ; l'*érythrine* $= Co^3(AsO^4)^2 + 8Aq$, teneur $= 29,5$ 0/0, et l'*asbolane*, minerai noir contenant du cobalt et du manganèse, qui rentre dans la catégorie des wads.

Gisements. — On a vu plus haut l'analogie qui existe entre le nickel et le cobalt au point de vue de leurs propriétés. Cette analogie se retrouve dans les gisements, qui sont la plupart du temps à la fois cobaltifères et nickélifères ; ils se présentent soit sous forme d'inclusions dans les péridotites, les serpentines et les paléopicrites avec minerais oxydés superficiels (paléopicrite de *Dillenburg* dans le Nassau, tenant de 0,16 à 0,67 de nickel, associé à du cobalt, du cuivre et du bismuth), soit à l'état de sulfure et d'arsénio-sulfure en contact avec les gabbros ou les diorites (gîtes de la *Nouvelle-Calédonie* et de *Dobsina* en Hongrie), soit encore sous forme de remplissage dans des filons complexes souvent argentifères.

Allemagne. — Le cobalt se présente parfois à l'état de smaltine et de mispickel cobaltifère, associés à des sulfures (chalcosine, phillipsite, etc.) avec gangue de barytine ou de calcite dans des filons-failles (rücken) recoupant des schistes cuivreux. On rencontre des gisements de ce genre au Mansfeld (*Gerbstadt sangerhaüser*) et au Thuringerwald (*Riechelsdorf*), où la smaltine est accompagnée de cobaltine et de chloantite. A *Gluchsbrunn* et à *Camsdorf*, on trouve la smaltine et la cobaltine dans les grès blancs du mur, et le cobalt oxydé noir, dans les calcaires du toit. Dans la Hesse, à *Bieber*, les micaschistes et le zechstein renferment des filons et des nids de cobaltine et de smaltine avec bismuth natif, etc.

On trouve dans les granites et dans les gneiss de l'Erzgebirge saxon (*Schneeberg, Marienberg, Annaberg* et *Joachimsthal*) des filons à gangue quartzeuse ou barytique; ces filons sont peu puissants et s'appauvrissent en profondeur; ils contiennent de la smaltine, de la nickeline et du bismuth natif, associés à des minerais d'argent (argent rouge, argyrose, argent natif).

La production de l'Allemagne a été, en 1894, de 4.524 tonnes de minerai de cobalt avec nickel et bismuth. En 1897, la production est tombée à 3.356 tonnes, avec une valeur de 1.457.595 francs.

Espagne. — On trouve des oxydes noirs de cobalt à 15 0/0 en filons dans le trias (dolomies) et dans le calcaire carbonifère aux confins des provinces de *Leon* et d'*Oviedo*. A *Gistain*, province de Huesca, on a exploité des arséniosulfures de nickel et de cobalt à 12 0/0 de cobalt, avec gangue de calcite, dans des filons peu étendus, situés au contact de schistes siluriens et de calcaires dévoniens en relation avec des porphyres. On peut citer encore les minerais de cobalt de *Guadalcanal* (Andalousie) et ceux de la *Sierra Cabrera* (milliérite et nickéline, dans le calcaire carbonifère.

Angleterre. — On a exploité autrefois, dans le Cornwall, le cobalt associé au bismuth (*Gwennap*) ou au cuivre (*Wheal Trugo*). Aujourd'hui, on exploite encore des oxydes noirs de cobalt en grains (à 1 0/0 de cobalt) accompagnés d'oxyde de fer et de manganèse, dans des poches de calcaire carbonifère, à *Voel Hiraddog*, dans le Flintshire.

Russie. — En Russie, on connaît les gisements de cobalt de *Nijni-Taguil* (Oural) et de *Daschkessan* près d'Ielisawetpol (Caucase), où l'on trouve le cobalt dans des lentilles au milieu de magnétite.

Scandinavie. — *Norwège*. — Le principal gîte de Norwège est celui de *Skutterud*, au nord de Drammen, où l'on exploite, depuis plus d'un siècle, du cobalt gris souvent cristallisé, à 33 0/0, et de la cobaltine à 6 ou 7 0/0. Ces minerais sont mélangés à des sulfures de fer et de cuivre à l'état d'imprégnations lenticulaires au milieu de quartzites, de schistes amphiboliques et de micaschistes. On trouve là des fahlbandes cobaltifères analogues à celles de Kongsberg et aux brandes de Schladming; la puissance de ces fahlbandes varie de 100 à 200 mètres, sur plusieurs kilomètres de longueur. Ce sont des gisements anciens traversés par des filons de granulite.

La production de la Norwège a été, en 1890, de 2.600 kilogrammes de cobalt métal, représentant une valeur de 36.430 francs.

En 1893, cette production s'est élevée à 5.000 kilogrammes, valant 81.000 francs.

Suède. — Près de la mer Baltique, à *Tunnaberg*, au sud de Nyköping, on a exploité des nids de cobaltine à 37 0/0, avec pyrrhotine, smaltine et pyrite de cuivre; le gisement se trouve dans un banc de calcaire saccharoïde, au milieu des gneiss gris.

A *Gladhamar*, au sud de Westerwik, le cuivre et le cobalt sont associés dans des couches ramifiées, que l'on trouve dans des leptynites, sur une longueur de 2 kilomètres; les principales mines sont celles de *Bonde* (cobalt, nickel, blende et galène), *Svensk*, *Odelmark* (cobalt blanc et sulfure de cobalt). On peut citer encore, en Suède, les mines de *Vehna* près d'Örebro, celles de *Knut* et la mine *Baggen*.

La production de l'oxyde de cobalt, en Suède, a atteint 1.580 kilogrammes en 1894.

Indes. — On trouve aux Indes de nombreux gîtes de cobalt dans les mines de cuivre de *Rabai* et de *Bagor;* le minerai exploité dans ces mines est de la cobaltine, qui sert à la coloration en bleu des émaux d'Orient.

Afrique. — On exploite du cobalt en veines lenticulaires au contact d'un porphyre et d'une dolérite, au Transvaal (fleuve Oliphant).

États-Unis. — Aux États-Unis, on exploite les gîtes de *Finksburg*, *Mineral Hill* (Maryland), de *Chatam* (Connecticut), etc., qui se trouvent au milieu de micaschistes, et ceux de la *Motte* (Missouri), de *Camden* (New-Jersey) et ceux du *Colorado*, situés dans les rhyolites.

La production du cobalt, aux États-Unis, a été, en 1896,

de 5.817 kilogrammes d'oxyde, valant 86.570 francs, et, en 1897, de 8.754 kilogrammes valant 164.050 francs.

Nouvelle-Calédonie. — La Nouvelle-Calédonie produit, en même temps que du nickel, une certaine quantité de cobalt.

En 1894, elle a produit 4.112 tonnes de minerai de cobalt, associé au manganèse dans des vasques argileuses, ce qui représente une valeur de 287.840 francs.

En 1896, la production a été de 4.823 tonnes de minerai de cobalt.

Les exploitations de cobalt les plus importantes de la Nouvelle-Calédonie sont celles de *Nakety*, de là *baie d'Uqué*, de la *baie Laugier* et de l'*île Belep*.

Le minerai exploité est un oxyde manganésifère, dont la teneur en cobalt n'est que de 5 0/0 environ.

Gisements divers. — A *Markirch* (Vosges) et à *Schiltback* (Forêt Noire), on trouve des gisements analogues à ceux de la Saxe. A *Rewdansk*, près d'Ekatérinenbourg (Oural), on exploite des filons quartzeux, contenant du cobalt associé à du nickel et à du bismuth (*Schladming* en Styrie, le *val d'Annivier* dans le Valois, le *pas de Paschietto* sur la Sarda, et *Cruvin* dans le Piémont).

BIBLIOGRAPHIE DU COBALT

1876. Lœw, *On the erupt rocks of Colorado* (Geological Survey, p. 269).

1881. Mallet, *On Cobaltite and Danaite from the Khetri mine* (Records of the Geological Survey of India, t. XIV, p. 190; Calcutta).

1882. Le Neve Foster, *On the occurence of Cobalt ore in Flintshire* (Trans. R. G. S. of Cornwall).

1888. Schmidt, *Neues Jahr. f. Min.*, p. 45.

POTASSIUM ET SELS DE POTASSE

Propriétés physiques. — Le potassium est un métal d'un blanc d'argent éclatant, se ternissant rapidement à l'air. Solide, cassant à 0°, mou et malléable comme la cire à 15°, il fond à 62°,5 et distille au rouge en émettant des vapeurs de couleur verte.

Propriétés chimiques. — Le potassium s'oxyde à froid dans l'air sec et s'altère rapidement dans l'air humide, en se couvrant d'une couche blanche d'hydrate alcalin et en s'échauffant jusqu'à pouvoir s'enflammer, s'il est en lames minces.

Chauffé au contact de l'air, il brûle avec une flamme violette. Son extrême altérabilité oblige à le conserver dans de l'huile de naphte.

Usages. — Le potassium, en raison de sa grande affinité pour l'oxygène, est employé pour la réduction d'un grand nombre de composés oxygénés, tels que les acides carbonique, borique et silicique, etc. Dans les laboratoires, il sert à l'analyse de plusieurs gaz composés contenant de l'oxygène, ainsi qu'à la décomposition de l'eau. La violence avec laquelle ce corps réagit rend son maniement dangereux et lui fait préférer le sodium, dont l'équivalent est plus faible et le prix moins élevé.

Composés. — *Hydrate de potasse.* — *Potasse caustique.* — Le corps, appelé dans le commerce *potasse à la chaux*, et en médecine, lorsqu'il est coulé en bâtons, *pierre à cautères*, est un caustique énergique qui ramollit la peau et la dissout peu à peu. On l'utilise pour établir des cautères, et, dans les laboratoires, il est employé pour précipiter les oxydes insolubles.

Pentasulfure de potassium. — Le pentasulfure, appelé *foie de soufre*, est employé en médecine. On l'administre en bains, sous le nom de bains de Barèges artificiels, pour le traitement des maladies de la peau.

Chlorure de potassium. — Ce chlorure est employé dans l'industrie pour la fabrication de l'azotate de potasse. Il sert également à préparer le sulfate de potasse. L'agriculture l'emploie avantageusement comme engrais pour la culture des céréales.

Bromure de potassium. — Le bromure est utilisé en médecine contre les fièvres, la migraine, et comme sédatif du système nerveux.

Iodure de potassium. — L'iodure est très employé en médecine dans le traitement des maladies scrofuleuses et syphilitiques.

On l'emploie aussi en photographie.

Cyanure de potassium. — Le cyanure est employé en grandes quantités dans la galvanoplastie.

Carbonate de potasse. — Le carbonate de potasse est la potasse du commerce. Il est employé à l'état brut pour la transformation de l'azotate de chaux en azotate de potasse. Raffiné, il sert à la fabrication de la verrerie de Bohème, de la cristallerie et des verres d'optique; il entre dans la préparation du bleu de Prusse, des cyanures et des silicates. Rendue caustique, sa solution sert au blanchiment des toiles, au dégraissage des tissus, au nettoyage du bois des planchers et des peintures sur le bois et sur les murailles ; elle entre aussi dans la fabrication des savons mous, de l'eau de javel et du chlorate de potasse.

Sulfate de potasse. — Le sulfate est utilisé pour la préparation du carbonate de potasse et pour celle de l'alun.

Azotate de potasse. — L'azotate, appelé aussi nitre ou salpêtre, est surtout employé pour la fabrication de la poudre, et entre dans la plupart des mélanges usités pour les feux d'artifice.

Chlorate de potasse. — Le chlorate entre, comme le sel précédent, dans la composition des feux employés en pyrotechnie ; il forme des poudres qui sont trop brisantes pour être employées dans les armes de guerre, mais qui sont utilisées dans les mines. Il sert à la fabrication des allumettes à phosphore amorphe et il entre aussi dans la pâte des allumettes sans phosphore. Il sert à la confection des amorces. Enfin, en médecine, on l'administre en solution ou en pastilles contre les affections de la bouche et de la gorge.

Hyposulfite de potasse. — L'hyposulfite est employé comme

décolorant et désinfectant énergique. Il entre dans la composition de l'eau de javel.

Silicate de potasse ou verre soluble. — Les bois et les tissus imprégnés d'une dissolution bouillante de silicate de potasse se consument lentement et sans flamme, si on les allume.

Cette précieuse propriété a été mise à profit dans quelques théâtres pour empêcher la propagation des incendies.

La même dissolution peut être employée pour la conservation des statues et des ornements taillés dans les pierres tendres, ainsi que pour la réparation, par le collage, du marbre, de la porcelaine et même des verres et des cristaux.

La pâte résultant d'un mélange à froid de craie en poudre, délayée avec une dissolution de silicate de potasse, constitue un excellent ciment hydraulique, qui adhère fortement à la surface des pierres.

Minerais. — On trouvera ci-dessous la liste des principaux minerais de potassium que l'on rencontre à l'état naturel. Ces minéraux complexes coexistent dans les gisements, avec des composés de métaux alcalins et alcalino-terreux, et peuvent difficilement être séparés les uns des autres.

1° *Polyhalite.* — Sulfate triple de chaux, de magnésie et de potasse hydraté [$(Ca.Mg.K^2) O.SO^3 + 1/2H^2O$].

2° *Carnallite.* — Chlorure double de magnésium et de potassium ($K.Cl, Mg.Cl^2, 6H^2O$); on y trouve du cæsium, du rubidium et du thallium.

3° *Kaïnite.* — Mélange de sulfate de magnésie et de chlorure de potassium hydraté ($KCl + 2MgO.SO^3 + 6H O$).

4° *Sylvinite.* — Chlorure de potassium pur (KCl); on y trouve du rubidium et du cæsium.

5° *Schönite.* — Sulfate double de potasse et de magnésie ($KO.SO^3 + MgO.SO^3 + 6HO$).

Gisements. — Laissant de côté les composés du potassium tirés des végétaux et des matières animales par incinération et le lessivage (potasse d'Amérique et de Russie), on étudiera le célèbre gisement de Stassfurt, en Allemagne, qui fournit, avec les eaux de marais salants (procédé Balard) une quantité considérable de produits potassiques et magnésiens.

On a parlé, au chapitre précédent, des gisements d'azotate de potasse du Pérou; on ne reviendra pas ici sur cette étude.

Gisements de Stassfurt. — Les minerais de potassium se trouvent associés au chlorure de sodium et à divers autres minéraux, dans les mines de sel de Stassfurt (Allemagne). Le célèbre gisement salifère de *Stassfurt-Anhalt* se trouve dans la partie supérieure du zechstein, entre Magdebourg et Halberstadt, au nord du Mansfeld. Le sondage de *Sperenberg*, près de **Potsdam**, est parvenu, dans ce gisement, à une profondeur de 1.270 mètres, sans rencontrer le mur d'une couche de sel atteinte à 90 mètres de profondeur.

Le bassin de Magdebourg-Halberstadt est constitué par des grès, des calcaires et des schistes bitumineux qui appartiennent au permien (zechstein supérieur). A Stassfurt, au-dessous d'une couche de sel récent et de schistes bitumineux avec calcaires oolithiques bitumineux (rogenstein), on trouve une couche de gypse et d'anhydrite; puis on traverse trois zones de sel gemme chargé de sulfates et de chlorures (170 mètres). On arrive enfin, en profondeur, au sel gemme pur ancien (qui a plus de 330 mètres d'épaisseur). En quelques points les couches se succèdent moins régulièrement; certaines d'entre elles disparaissent dans des accidents.

Zone profonde. — *Groupe du sel gemme*. — On n'a pas atteint le mur de la zone profonde, qui est composée de sel gemme pur (densité : 2,16), contenant, à Stassfurt, 97 0/0 de chlorure de sodium avec de minces filets d'anhydrite, et de l'hydroboracite; le sel gemme pur est incolore; on le trouve en masses compactes, cristallines, non stratifiées. On rencontre, comme variétés, le sel fibreux et le sel gemme coloré en jaune par du chlorure de fer. On trouve, dans la masse, des carbures d'hydrogène gazeux inflammables.

La présence de cristaux d'anhydrite en veines souvent bitumineuses rend ce sel impropre aux usages domestiques malgré sa pureté.

A la surface de cette zone, on trouve des aiguilles d'hydroboracite.

Zone de la polyhalite. — La zone moyenne renferme de la *polyhalite* et du chlorure de magnésium (35 mètres de puissance). On passe insensiblement de la première zone, dont la partie supérieure renferme déjà du sel très magnésien déliquescent et amer, à la seconde zone, où la polyhalite remplace l'anhydrite. La polyhalite, en petites couches de 2 à 3 centimètres d'épaisseur, est grise ($D = 2,62$). L'anhydrite et la polyhalite représentent 7,3 0/0 de la masse du sel impur (91 0/0 de NaCl), qui est inutilisable, de même que la polyhalite, d'où l'on ne peut pas extraire le sulfate de potasse (30 0/0).

Zone de la kiésérite. — La zone supérieure contient de la kiésérite (25 mètres de puissance) ($MgOSO^3 + HO$). A la base de cette zone, on trouve du sel magnésien, puis de la kiésérite qui, plus haut, se mélange à de la carnallite; enfin, au dessus, on trouve des rognons de stassfurtite. La kiésérite, en couches de 25 à 30 centimètres d'épaisseur, alternant avec les couches de sel gemme, est ou amorphe, ou cristallisée (prismes clinorhombiques); elle est à demi transparente et d'une couleur grisâtre; elle ternit à l'air, puis devient déliquescente et se transforme en epsomite (sulfate de magnésie hydraté).

Zone supérieure. — Le groupe supérieur est le gisement principal des minerais de potasse; il contient de la carnallite avec de la kaïnite et de la sylvinite (42 mètres). La carnallite, ou kalisalz ($D = 1,68$), est un chlorure double de potassium et de magnésium à texture grenue; elle est blanche et transparente à l'état pur; mais elle est, en général, colorée en jaune ou en rouge brique. On la trouve en couches stratifiées (2 mètres au maximum), qui alternent avec le sel gemme et la kiésérite. Elle se dédouble en présence de l'eau, et le chlorure de magnésium se dissout seul. On trouve, dans la carnallite, de l'oxyde de fer, du rutile, de la boracite, de l'alun, de la pyrite et de l'anhydrite en cristaux microscopiques. La carnallite est accompagnée d'autres minéraux, parmi lesquels on peut citer : 1° la kaïnite, employée comme engrais potassique, substance jaune, transparente ($D = 2,13$), qui est fréquente surtout dans la mine d'Anhalt et qui se dédouble à l'air humide en chlorure de magnésium et en sulfate double de magnésie et de potasse; — 2° la sylvine (chlorure de potassium), que l'on trouve à Anhalt en rognons et à Stassfurt en druses ($D = 2$); — 3° la stassfurtite, sel double de borate de soude et de chlorure de magnésium, que l'on trouve en cristaux cubiques ou en rognons de plusieurs kilogrammes, entourés de sel gemme et de tachydrite; — 4° la tachydrite (chlorure double de calcium et de magnésium), très déliquescente et très soluble, qui est une carnallite dans laquelle le calcium est substitué au potassium.

Enfin, à la partie supérieure (toit) du gisement, au-dessus des argiles salifères de l'anhydrite et du gypse, on trouve une puissante couche de sel gemme, elle-même recouverte d'argiles salifères, avec du sel gemme impur coloré, et parfois avec de la glaubérite.

Dans le *Traité des gîtes minéraux* de MM. Fuchs et De Launay, l'on trouvera, exposée en détail, la théorie de la genèse du bassin de Stassfurt, d'après Dieulafait, Bischof et Ochsenius.

On peut admettre que la formation du bassin est due à l'évaporation lente d'une immense lagune, restée longtemps en communication avec la mer par un canal étroit, qui a amené des quantités énormes de chlorure de sodium (analogie avec la mer Caspienne et les étangs du delta du Rhône). La fermeture accidentelle, puis la réouverture du canal, combinées avec l'érosion des falaises argileuses, servent à expliquer les dépôts de sulfate de chaux et la formation des argiles salifères. En réalité, on ne peut qu'émettre, sur cette formation, une série d'hypothèses vraisemblables, appuyées sur des observations pratiques et sur des expériences de laboratoire; le mécanisme véritable de la formation du bassin re e jusqu'à présent énigmatique.

Produits de Stassfurt. — Le sel gemme de Stassfurt, étant mélangé d'anhydrite, est surtout vendu pour les usages industriels (Fabriksalz), pour le bétail (Vichsalz) et comme engrais (Leckstein).

La *kaïnite*, qui renferme de la potasse, sert d'engrais. On en extrait du sulfate de potasse.

Le *hartsalz* (mélange de sylvinite, de kiésérite, de sel gemme et d'anhydrite) est vendu comme engrais.

La *carnallite* sert à l'extraction du chlorure de potassium et à la fabrication du sulfate de soude.

Les résidus de triage sont vendus comme engrais ou comme réfrigérants.

La *kiésérite* est vendue, en général, à l'état de mélange avec la carnallite.

La *stassfurtite* fournit de l'acide borique et du borax. Des eaux mères traitées par le chlore, on extrait du brome. Les engrais potassiques de Stassfurt, riches en sel marin, employés à la dose de 200 à 300 kilogrammes par hectare, sont d'un bon effet, pourvu qu'ils soient débarrassés du chlorure de magnésium, qui est dangereux pour la végétation.

L'Allemagne est à peu près le seul pays producteur de la potasse extraite de gisements minéraux. La Russie et l'Amérique en produisent de grandes quantités, mais qui sont extraites du lessivage des cendres de bois.

Production de Stassfurt. — Kaïnite, 995.821 tonnes valant 17.481.020 francs.

Autres sels de potasse, 950.367 tonnes valant 15.099.240 fr.

BIBLIOGRAPHIE DU POTASSIUM

1865. De Selle, *De la saline de Stassfurt* (*Cuyper*, t. XVII, p. 34).
1865. Fuchs, *Mémoire sur Stassfurt* (*Annales des Mines*, 6ᵉ série, t. VIII).
1872. *Exploitation d'un gisement de chlorure de potassium à Kalut en Galicie* (*Cuyper*, t. XXXI, p. 174).
1888. Janet, *Sur le traitement industriel des sels de Stassfurt* (*Annales des Mines*, 8ᵉ série, t. XIV, p. 479).

SODIUM

Propriétés. — Le sodium est un métal blanc et brillant comme l'argent, mais dont l'éclat s'altère rapidement à l'air humide, par la formation d'une couche blanche et terne d'hydrate de soude. A la température ordinaire, il est mou et malléable comme de la cire; au-dessous de 0°, il durcit et devient cassant. Sa densité est de 0,970. Il fond à 95°,6 et distille au rouge vif.

Il cristallise en octaèdres quadratiques; à une température élevée, il brûle avec une flamme jaune caractéristique, en donnant du protoxyde et du peroxyde de sodium. Le sodium est bon conducteur de la chaleur et de l'électricité; ses réactions sont moins énergiques que celles du potassium, et il est plus facile à manier que ce métal.

Usages. — On emploie le sodium comme réducteur dans la métallurgie de l'aluminium et du magnésium et dans la préparation du bore et du silicium.

La *soude caustique*, ou hydrate de soude, est employée dans la fabrication des savons. Elle ramollit la peau et la dissout. On la désigne sous le nom de soude à la chaux ou soude à l'alcool, suivant son mode de préparation.

Production du sodium métallique. — On produit le sodium métallique principalement aux États-Unis, dans les usines hydro-électriques de la Niagara Electro-Chemical C°, à Niagara Falls; en Angleterre, à Oldbury (Aluminium C°); et dans trois usines allemandes dans lesquelles on emploie le procédé électrolytique Castner. Le prix du sodium métallique, à New-York, variait de 4 à 5 francs la livre anglaise de 450 grammes, en 1897. Pour de grosses commandes, on traitait à 2 fr. 60.

Alliages. — Au-dessus de 300°, le sodium absorbe l'hydrogène et forme avec lui un alliage (Na^2H), mou à la température ordinaire, plus fusible et plus brillant que le sodium.

Avec le mercure, le sodium forme un amalgame appelé amalgame de sodium, très employé comme réducteur en chimie organique.

Les alliages de potassium et de sodium sont extrêmement fusibles.

Le sodium peut encore former des alliages avec l'antimoine, l'arsenic, le bismuth, l'étain, le fer et le plomb.

Composés. — *Chlorure de sodium (sel).* — Le chlorure de sodium est un des corps les plus répandus dans la nature; il existe, en couches abondantes dans le sein de la terre (sel gemme), ou en dissolution dans les sources salées et dans l'eau de mer (lacs salés, marais salants). Il est employé dans la préparation des aliments et pour la conservation des viandes et autres denrées. On l'emploie aussi en agriculture et pour l'élevage des bestiaux.

L'industrie en consomme de grandes quantités pour la fabrication de l'acide chlorhydrique, du sulfate et du carbonate de soude, pour le vernissage des poteries et des grès, etc.

Hypochlorite de soude. — En mélangeant, à équivalents égaux, de l'hypochlorite de soude et du chlorure de sodium, on obtient la *liqueur de Labarraque*, analogue à l'eau de Javel et utilisée, de même que ce produit, comme désinfectant et comme décolorant.

Carbonate de soude. — Les carbonates impurs ou soudes du commerce sont désignés, suivant leur provenance, sous le nom de *soudes naturelles* ou de *soudes artificielles*.

Les soudes naturelles proviennent de l'incinération des plantes marines (salicornes, salsola, barilles), qui contiennent de la soude, combinée à des acides organiques. Sous l'action de la chaleur, les cendres de ces végétaux à demi fondues se transforment en une masse brune, qui contient de 15 à 25 0/0 de carbonate de soude sec.

Les soudes artificielles qui, aujourd'hui, ont presque entièrement remplacé les soudes naturelles, sont préparées soit d'après le procédé Leblanc (sulfate de soude, craie et charbon chauffés ensemble), soit d'après le procédé à l'ammoniaque.

Le carbonate de soude est employé à l'état brut dans la fabrication de la verrerie commune. Raffiné, il sert à la fabrication des glaces et de la verrerie fine. Les cristaux de soude servent dans le blanchiment, dans la teinture.

dans la préparation des sulfites et des hyposulfites de soude, dans la transformation de l'acide borique en borax. Rendue caustique par la chaux, la soude brute est employée à la fabrication des savons durs.

Bicarbonate de soude. — Le bicarbonate de soude, qui existe dans certaines eaux minérales (Vichy, Carlsbad, etc.) et que l'on peut préparer en faisant passer un courant d'acide carbonique sur des cristaux de soude concassés en fragments, est utilisé en médecine contre la gravelle et diverses autres affections; il facilite les digestions acides. Il est employé pour la préparation de l'eau de Seltz par les particuliers.

Sulfate de soude. — Il existe, en Espagne, de vastes mines de sulfate de soude naturel. On trouve aussi ce sel dans certaines eaux minérales et dans les eaux-mères des marais salants.

On prépare le sulfate de soude artificiellement, en décomposant le chlorure de sodium par l'acide sulfurique. On l'emploie pour la fabrication de la soude artificielle et pour celle du verre ordinaire. On s'en sert en chimie et en médecine.

Hyposulfite de soude. — L'hyposulfite de soude est un réducteur énergique, qui dissout le chlorure, le bromure et l'iodure d'argent, propriété à laquelle il doit son emploi en photographie.

Borate de soude. — Le borate de soude fondu dissout les oxydes métalliques; on s'en sert pour opérer la soudure des alliages d'or ou d'argent et pour enlever les oxydes qui se forment sur les surfaces à souder.

On l'utilise pour reconnaître, à l'aide du chalumeau, la nature du métal que contient un oxyde. Il est employé pour la fabrication de certains verres, pour la peinture sur porcelaine et pour l'émail de la porcelaine anglaise.

Arséniate de soude. — L'arséniate de soude est utilisé en médecine contre les fièvres intermittentes et les maladies scrofuleuses. La liqueur de Pearson est formée de 5 centigrammes d'arséniate neutre de soude pour 30 grammes d'eau.

Minerais. — Le sodium existe en grande quantité dans la nature, sous forme de *sel gemme* (chlorure de sodium) et d'*azotate de soude* ; on le trouve aussi à l'état de cryolite ou fluorure double d'aluminium et de sodium (Voir le chapitre de l'*Aluminium*).

On connaît encore les minerais de sodium suivants :

Le *glaubérite*, sulfate double de soude et de chaux ;

Le *borax*, ou borate de soude, qui sert surtout à l'extraction du bore et de l'acide borique, et le *sesquicarbonate de soude* ($2NaO.3CO^2 + 3HO$) ou *natron*. On peut citer aussi, malgré sa rareté, la *gaylussite*, carbonate de soude et de chaux que l'on trouve surtout en Amérique (*Nevada*, lac *Maracaïbo*).

On ne s'occupera ici que du sel gemme, de la glaubérite et du natron.

SEL GEMME

Usages. — Le sel gemme est indispensable à la vie de l'homme et des animaux. De plus, il sert d'engrais, et il a des applications industrielles importantes pour le tannage des peaux, le vernissage des poteries et surtout pour la fabrication du carbonate de soude par les procédés Leblanc et Solvay. Le sel pur est réservé à l'alimentation. Le sel industriel, de même que celui qu'on donne aux bestiaux, est dénaturé par mélange avec de la naphtaline, de l'absinthe ou de l'oxyde de fer, pour éviter l'impôt considérable qui frappe le sel propre à l'alimentation.

On laissera de côté l'industrie des marais salants, qui fournit en France une grande partie du sel consommé (salines de l'Ouest, de la Provence et de l'Algérie), pour étudier uniquement le sel gemme des étages géologiques, que l'on exploite soit comme un minerai ordinaire, par abatage en blocs (Wieliczka, en Galicie, Maros Ujvar et Marmaros, en Hongrie), quand le terrain est solide, soit par dissolution, en traçant au préalable des galeries dans la couche (Salzkammergut). Enfin on peut encore faire un sondage dans les couches salifères, y introduire de l'eau et pomper l'eau salée (Lorraine, Cheshire, Se-Tchouan).

Gisements. — Les gisements de sel se sont formés par l'évaporation de lagunes maintenues pendant longtemps en communication avec la mer par un canal étroit. Ce phénomène a pu surtout se produire lors de plissements et de dislocations qui ont déplacé les eaux sur la surface des continents.

Quand il y a évaporation d'eau de mer, il y a d'abord dépôt de gypse ; aussi trouve-t-on le sel au-dessus de couches de gypse ; on rencontre des gisements de sel principalement dans les terrains contemporains des dislocations qui ont mis les minerais métalliques en mouvement : cambrien (Chine), silurien (Indes et Amérique du Nord), permo-trias (Russie, Tyrol, Lorraine, etc.), miocène (Carpathes), époque actuelle (Caspienne, Algérie et Chotts de Tunisie). C'est également dans ces terrains que l'on rencontre les gisements d'hydrocarbures, souvent au voisinage du gypse et du chlorure de sodium, et cette décomposition de l'eau de mer est un des facteurs de la formation des pétroles. Nous avons pu étudier tout particulièrement, et même découvrir et exploiter, dans diverses contrées, un certain nombre de gisements de pétrole ; nous avons été ainsi amené à présenter, dans le chapitre des *Hydrocarbures*, une explication de ces phénomènes qui ont été jusqu'ici incomplètement étudiés, et au sujet desquels de nombreuses hypothèses ont été imaginées. Cette question est une des plus passionnantes de la géologie, à cause de l'obscurité qui entoure les conditions si diverses de formation, de dépôt et de déplacement des hydrocarbures, et aussi à cause des emplois multiples de ces produits dans l'industrie moderne.

Les sources thermales salées empruntent leur salure aux couches qu'elles traversent ; un grand nombre de géologues prétendent même que le sel a été déposé, dans les terrains où on le trouve, par des sources chlorurées. Il se peut que certains gisements de sel aient été formés de cette façon ; mais les phénomènes actuels, très nets et parfaitement constatés, de l'évaporation des mers, et la nature de la plupart des gisements de sel rendent peu probable cette dernière hypothèse, au moins dans un grand nombre de cas.

Les principaux gisements connus sont décrits ci-dessous successivement d'après leur situation géographique : France, Europe, Asie, Afrique, Amérique.

Gisements de sel en France. — Lorraine. — Le tableau ci-dessous rend compte de la succession des couches salifères du keuper en Lorraine, près de Nancy, dans les vallées de la Meurthe et du Sanon :

Marnes, argiles bariolées............	
Bancs de dolomie jaune.............	Keuper supérieur.
Gypse non salifère.................	
Dolomie...........................	
Grès fin micacé....................	Keuper moyen.
Marnes avec gypse et sel...........	
Dolomie...........................	
Couches charbonneuses............	Keuper inférieur.
Lentilles de gypse sans sel gemme..	
Dolomie inférieure poreuse.........	
Muschelkalk.	

On y exploite des couches lenticulaires de sel, aplaties, régulières et peu inclinées, séparées par des bancs d'argile gypseuse salée et réparties en deux niveaux : le niveau supérieur, qui est le seul exploité, comprend à *Varangeville* onze couches de sel (63 mètres), dont une de 20 mètres d'épaisseur, et quatre seulement à *Einville-au-Jard* (10 mètres au total); le sel, grisâtre et translucide, contient un peu d'argile et d'anhydrite; les couches n'affleurent nulle part; elles diminuent rapidement de puissance vers l'est et le sud-est et se raccordent probablement au nord avec celles de Dieuze et de Vic. Les principales mines sont celles de *Rosières* et de *Saint-Nicolas* à Varangeville, de *Saint-Laurent* à Einville où l'on exploite par chantiers souterrains à piliers abandonnés.

Dans les autres mines (*Pont-de-Saint-Phlin, les Aulnois, la Madeleine à la Neuveville, Dombasle, Portieux,* etc.), on exploite par dissolution. Les tubages perforés des trous de sonde mettent en communication les couches de sel avec diverses nappes d'eau douce; ils se remplissent d'eau salée marquant 21 à 25° Baumé (240 à 320 kilogrammes de sel par mètre cube), que l'on pompe, et d'où l'on extrait le sel par évaporation dans des poêles en tôle de $8^m,00 \times 20^m,00 \times 0^m,50$; l'eau trouble et chargée de gaz est d'abord décantée dans des bassins de repos, puis elle est traitée par la chaux, qui précipite l'oxyde de fer, ainsi que le chlorure de magnésium qui rendrait le sel déliquescent.

Les terrains s'éboulent peu à peu par suite des vides intérieurs créés par cette méthode d'exploitation, qui les réduit à l'état de boue.

Les quatorze salines de la région et les deux soudières où l'on fabrique le carbonate de soude, ont produit environ 100.000 tonnes de sel gemme et 150.000 tonnes de sel raffiné en 1885. La production du carbonate de soude était de 77.000 tonnes en 1885. En 1898, ces exploitations ont fourni 304.000 tonnes de sel brut ou raffiné; en y ajoutant la quantité de sel tenue en dissolution dans les eaux salées consommées pour la fabrication directe de la soude, on arrive à un total de 550.000 tonnes de sel pour cette région.

Angleterre. — Le gisement salifère du *Cheshire*, situé dans le voisinage de Liverpool, est le plus important du monde entier. On exporte le sel, comme lest, par les nombreux navires qui partent de Liverpool pour chercher des chargements de coton et d'autres matières aux Indes, en Amérique ou en Australie. On fabrique aussi, en Angleterre, une grande quantité de carbonate de soude avec le chlorure de sodium extrait du Cheshire.

Le gisement, situé dans le keuper inférieur et le keuper moyen, comprend, à *Northwich*, deux couches de sel gemme de 25 mètres de puissance chacune : *top bed*, ou lit supérieur (49 mètres de profondeur), et *bottom bed*, ou lit inférieur (84 mètres de profondeur). Ces deux couches sont séparées par des marnes dures, sur lesquelles on assceoit les cuvelages des puits. Entre la couche supérieure (*top bed*) et la couche des marnes dures et imperméables (*flag*) qui la surmonte, circule une nappe d'eau qui dissout le sel du *top bed*.

L'eau pénètre par les affleurements, comme dans le bassin de Paris. Il y avait, autrefois, des sources salées jaillissantes que l'on obtenait en perçant les flags; mais le trop grand nombre des forages a diminué actuellement la charge des eaux.

La couche de sel a une superficie de $32^{km} \times 24^{km}$ et une épaisseur moyenne de 45 mètres, dont 25 situés au-dessus de la mer sont exploitables. Il y a donc près de 40 milliards de tonnes de sel en réserve dans cette région.

L'exploitation se fait, en général, par dissolution ; cependant on exploite en certains points le bottom bed par mines souterraines (méthode des piliers abandonnés), en réservant 1 mètre de plancher et 18 mètres de plafond ; les 6 mètres de hauteur exploités sont partagés en deux étages de 2 et de 4 mètres, abattus l'un au pic et à la mine, le second (étage inférieur) à la mine seulement.

L'exploitation par dissolution se fait au moyen de puits, par lesquels on épuise la nappe d'eau salée (10 à 100 mètres); la saumure, à 25 0/0 de sel, est évaporée dans des poêles de $8^m \times 20$ mètres. L'épuisement est fait par des Compagnies qui possèdent des pipe-lines en fonte ou en bois, et qui livrent la saumure aux usines, moyennant un prix déterminé au mètre cube. L'exploitation par dissolution produit dans le Cheshire des effondrements et des excavations considérables, qui ruinent les propriétaires de champs et d'immeubles ; mais les exploitants sont protégés par la loi anglaise contre toute réclamation.

Il existe également des couches de sel gemme dans le *Durham* (keuper) et au sud de la *Tyne*, ainsi qu'en *Irlande* (keuper de Carrickfergus).

La production de la Grande-Bretagne a été au total, en 1897, de 1.934.039 tonnes de sel représentant une valeur de 15.522.450 francs. En 1894, elle avait atteint 2.271.687 tonnes, représentant une valeur de 19.090.725 francs.

Espagne. — On exploite à ciel ouvert par tranches horizontales, près de *Cardona*, un gisement de sel rougeâtre, constitué par un plateau éocène que coupe la vallée du Cardonero, affluent du *Llobregat*. On peut citer encore le gîte de *Caparosa*, couche de sel de $1^m,60$, entre le gypse et l'argile ; celui de *Posa*, près de Burgos, et les salines de *San-Fernando* (200.000 tonnes) et de *Fuente Piedra* (300.000 tonnes), dans le sud de l'Espagne.

La production du sel, en Espagne, a été, en 1892, de 682.634 tonnes et, en 1897, de 508.606 tonnes valant 5.796.470 francs.

Roumanie. — Le mouvement de recul (époque du schlier)

de l'ancienne Méditerranée qui couvrait autrefois une grande partie de l'Europe centrale, a laissé, le long des Carpathes, en Roumanie, ainsi qu'en Transylvanie et en Galicie, des dépôts considérables d'argile salifère gris bleu, provenant de lagunes restées en communication avec la mer.

Les argiles salifères de Roumanie (argiles rougeâtres, schistes gréseux ou argileux, micacés) appartiennent au salzthon-gruppe, qui comprend des couches à paludines pétrolifères recouvertes par des grès et des sables à congéries (pliocène inférieur). Les collines renfermant ces couches surplombent la plaine d'alluvions du Danube et sont dominées par des montagnes de grès. Les schistes gréseux micacés renferment du sel, du soufre et du gypse. Les gîtes, de forme lenticulaire, ont subi des plissements complexes et sont répartis sur trois lignes de plissements; ils sont exploités par grandes galeries; les principales mines sont : *Slanic, Doftana, Tirgu-Ocna, Grandes-Salines, Kampina, Telega, Baïcoï*, etc.

Transylvanie. — Les gisements de Transylvanie sont répartis dans une zone orientée nord-sud, parallèle aux plissements des schistes crétacés et primitifs.

A *Maros-Ujvar*, où le gîte a une apparence éruptive, on trouve, dans des argiles tertiaires non fossilifères, un sel très pur (99 0/0 de sel), contenant des traces d'anhydrite, de gypse et de carbures d'hydrogène. Les parois argileuses ont une surface polie comme une glace, et la masse saline augmente de largeur en profondeur, en même temps que les couches d'argile se rapprochent de l'horizontale. Les autres mines principales de cette région se trouvent à *Parayd*, à *Dees* et à *Visakna*.

On exploite, aujourd'hui, en creusant dans le sel d'immenses chambres rectangulaires, éclairées à l'électricité (les anciennes chambres avaient la forme de cloches). A cet effet, on mène des galeries qui ont 2 mètres de hauteur sur 110 à 120 mètres de longueur, et 11 mètres à 15 mètres de largeur; puis on élargit en menant des galeries transversales à droite et à gauche des premières. Quand on atteint 45 mètres de largeur, on attaque les parois en réservant des piliers de 6 à 8 mètres entre les chambres et en enlevant le sel par tranches horizontales de $0^m,25 \times 1^m,00 \times 2^m,00$, que l'on débite en morceaux de 40 à 50 kilogrammes.

Le groupe des salines de *Marmaros*, aux confins de la Galicie et de la Bukowine, appartient à une bande salifère continue, parallèle à la Theiss. La couche de sel qui renferme les fossiles du schlier (faune méditerranéenne miocène), et dont l'épaisseur dépasse 150 mètres, est surmontée d'argiles noires bleuâtres (40 mètres); ces salines, déjà connues du temps des Romains, sont réparties en trois groupes autour de *Marmaros*, *Szlatina*, *Ronaszek* et *Szukatak*.

Galicie. — Les salines de *Wieliczka* et de *Bochnia*, en Galicie, sont situées au nord des Carpathes et font suite à celle de Marmaros. Le gisement, exploité depuis plusieurs siècles, a une étendue de 3.000 à 4.000 mètres en longueur et en largeur; il comprend deux formations superposées :

1° La partie inférieure avec trois groupes de couches bien stratifiées sur près de 150 mètres (fossiles marins); on exploite les couches à partir de $1^m,10$ d'épaisseur. Le sel comprend trois variétés : le sel alimentaire (szybikersalz), à 99 0/0 de sel pur et 1 0/0 de gypse, le sel industriel (spizasalz) contenant du sable, et le sel vert ou gris verdâtre (grünsalz), dont on emploie la partie la plus pure ;

2° La partie supérieure non stratifiée, où les couches argileuses miocènes contiennent des amas irréguliers de sel gemme atteignant souvent 50 mètres de puissance.

On recueille, outre le sel gemme, des argiles plus ou moins salées, telles que le *zuber*, qui contient jusqu'à 50 0/0 de sel ; on exploite, comme à Marmaros, par grandes chambres ; on dépile par tranches successives de $2^m,20$ de haut avec piliers abandonnés, et on ne prend qu'une tranche sur deux pour obtenir plus de sécurité, la mine étant située sous la ville de Wieliczka.

Tyrol et Salzkammergut. — Le Salzkammergut renferme des gisements salifères triasiques importants, exploités depuis le viiie siècle, et situés dans le keuper inférieur, en relation avec des couches marines de dolomie et de calcaire. Les gisements sont surmontés, au nord des Alpes, par des marbres colorés (niveau de Saint-Cassian), de 300 mètres d'épaisseur. Au sud, les tufs de porphyre augitique, avec

MINÉRAUX EMPLOYÉS DANS LES INDUSTRIES DIVERSES 513

marnes, sont recouverts par des dolomies (dolomies du Schlern). Les amas de sel, colorés en rouge ou en noir et mélangés d'argile, sont tantôt verticaux, tantôt horizontaux (lentilles). Les principales mines sont celles d'*Hallein*, d'*Hallstadt*, d'*Ausse*, etc. On les exploite par dissolution, en faisant séjourner de l'eau, successivement, pendant trois semaines, dans plusieurs chambres souterraines superposées, d'où l'on enlève d'abord des blocs de sel en réservant des piliers. (Voir, pour les détails de cette industrie, le *Traité d'exploitation des mines* de M. Haton de la Goupillière, et le *Traité de géologie appliquée* de MM. Fuchs et de Launay, t. I, p. 480 et 481).

La production du sel a été, au total, pour l'Autriche-Hongrie, de 492.795 tonnes en 1897, comprenant 250.000 tonnes environ de sel provenant des marais salants de la Dalmatie et de l'Istrie.

Russie. — Le dévonien renferme, en Russie, des sources salées accompagnées de gypse et de naphte : salines de *Senoska* (mer Blanche), d'*Ouske-Lousk* et de *Vladitchensk*, dans le gouvernement d'Arkangelsk.

Les salines du gouvernement de Perm, le long de la Kama (*Deduckhine, Lenvensk, Ousolié, Solikamsk, Béresnine*), exploitées depuis le vi^e siècle, sont situées dans le zechstein, de même que celles de *Thosma et Ledengsk* (gouvernement de Vologda) et de *Seregowsk*, sur la rivière Vym. La production des salines du zechstein russe dépasse 200.000 tonnes.

La production de la Russie a été de 1.347.352 tonnes de sel, en 1896, valant 15.130.000 francs.

Région de la mer Caspienne. — Les eaux du bassin de la mer Caspienne se réunissent dans des lacs sans écoulement, qui s'évaporent complètement en été; un certain nombre de ces lacs sont permanents, leur masse d'eau étant très considérable. Les principales régions où il existe des groupes de lacs sont les bords de la mer Noire (*Kouialnic, Kissbourn et Hadjibei*), production 50.000 tonnes par an, et les bords de la mer d'Azov (*Jasensk, Tamane, Otchouevsk*) ; dans la Crimée, il existe des marais salants près de *Perekop, Eupatoria, Theodosia*, etc.; enfin, dans les environs d'Astrakan, on trouve sur les bords du Volga, plus de 2.000 lacs; les plus importants sont ceux d'*Eltone* (23.000 hectares), dont on exploite les couches inférieures (les couches récentes sont amères), et celui de *Baskountchak* (18.000 hectares), qui s'évapore en été, et qui fournit près de 100.000 tonnes de sel gris par an.

Algérie. — Sur la route d'Alger à Laghouat, au sud de Boghar, on trouve le gîte du *Rhang-el-Melah*, constitué par un massif crétacé cénomanien conique, dû sans doute à une éruption. Ce massif s'élève dans une plaine d'alluvions; au centre se trouve un amas de sel très pur, à profil déchiqueté, ressemblant à des ruines. L'Oued-Melah délave les affleurements et dépose, sur ses bords, une quantité de sel considérable. Le cube du gisement est évalué à 250 millions de tonnes.

Province d'Oran. — Le lac d'Arzew près d'Oran (1.500 hectares) reçoit, dans la saison des pluies, les eaux qui se sont chargées de sel en lavant les terrains environnants; en été, il se dessèche, et on recueille à la pelle une croûte de sel de $0^m,35$ environ, dont la partie inférieure est très blanche.

L'Algérie a produit, en 1896, 19.658 tonnes de sel et, en 1897, 23.222 tonnes valant 390.000 francs.

Indes. — On recueille, dans l'Inde, un sel rouge impur fourni par des lentilles interstratifiées dans le silurien (salt-ranges du Pendjab indien, sur la rive orientale de l'Indus).

Au sud de Peshawar, sur la rive occidentale de l'Indus (Pendjab), on exploite des gisements de sel (éocène ou trias) qui se présentent sous forme d'amas en concordance avec l'éocène et surmontés de gypse et de grès à nummulites. Les affleurements, très puissants, forment des collines et des falaises blanches ou grises (60 mètres), à *Bahadur-Khel*.

La production du sel aux Indes est, en moyenne, de 1.000.000 de tonnes par an (937.388 tonnes en 1897).

Perse. — Les gisements de sel de la Perse se rattachent, comme ceux de l'Europe centrale, à la phase du tertiaire connue sous le nom de *schlier*. Les principaux sont ceux de l'*Albur* (miocène), près de *Nichapur*, où on recueille, par la méthode des chambres, du sel dont la couleur varie du blanc au noir; on exploite aussi du sel dans des grès et des marnes tertiaires aux environs du golfe Persique (*Larak, Hormuz, Pohal, Hameran, Jabel*, etc., etc.).

Se-Tchouan (*Chine*). — Dans la partie orientale de la province chinoise du Se-Tchouan, au nord du Yunnam, il existe une région appelée le pays du Feu (Fou Choen); les sources salées y sont alignées au nord d'une chaîne de montagnes carbonifères et sont associées à des hydrocarbures; elles proviennent de plissements et de fractures profondes du cambrien. On exploite par puisage, au moyen de sondages à la corde qui ont de 300 à 600 mètres et même parfois 1.100 mètres de profondeur; les sources, rarement jaillissantes, fournissent souvent du pétrole mêlé à l'eau salée et des gaz combustibles que l'on emploie pour évaporer l'eau du sel.

La production annuelle du sel dépasserait, dit-on, 800.000 tonnes en Chine.

Amérique. — On exploite, en Amérique, des sources salées associées à du gypse dans le silurien supérieur (Syracuse, Salina, Ohio). Citons encore les sources et les lacs salés du Mississipi, du Kentucky, de la région des Lacs salés et du Nevada. Dans ces mêmes régions, ainsi que dans l'Utah, l'Orégon, la Californie et le Canada, on trouve des lacs salés qui donnent du sel par concentration. Ce sel est employé principalement par l'industrie des mines d'or (chloruration).

La plus grande partie du sel produit aux États-Unis provient de l'exploitation des sources salées, au moyen de pompes. Il existe une mine de sel gemme à la *Louisiane*, deux dans le *Kansas* (Kanapolis), et un groupe de mines (*Lehigh, Livonia, Greigsville*), exploitées par une seule Compagnie, dans l'ouest de l'État de New-York, à Geddes, au sud de Syracuse (Genesee et Wyoming Valleys).

Les États-Unis ont produit, en 1897, 2.000.000 tonnes de sel.

Au Canada, on a produit, en 1896, 39.880 tonnes de sel valant 848.465 francs et, en 1897, 46.584 tonnes valant 1.128.650 francs.

NATRON

Parmi les autres minéraux du sodium, on étudiera le natron et la glaubérite.

Le natron est du sesquicarbonate de soude ($2NaO, 3CO^2 + 3 HO$). Il a été longtemps employé pour produire la soude du commerce. Il peut servir pour la fabrication du verre. Le natron se trouve dans le *Fezzan* et en *Égypte* (Afrique), à *Lagunella* (Vénézuéla), dans le *Wyoming*, dans le *Churchill County* (Nevada) et en *Californie*. On en a trouvé récemment un dépôt dans le district d'*Altar* (État de Sonora, Mexique), près du golfe de Californie; ce minerai contient 76 0/0 de carbonate et 5 0/0 de sulfate de soude.

Gisements du Wyoming. — Dans le Wyoming, les principaux gisements de natron sont ceux des groupes de *Natrona County* (Morgan Independance, Rock et Gill), de *Carbon County* (Bothwell et Rankin), d'*Albany County* (Union Pacific, Downey et Roch Creek). Ces gisements tertiaires ou triasiques couvrent une superficie d'environ 480 hectares et représentent au moins 425.000 mètres cubes. Malheureusement, l'exploitation est enrayée par le manque de moyens de transport; il est certain que ces districts prendront une grande importance, quand les capitaux s'y porteront.

GLAUBÉRITE

La glaubérite (sulfate double de soude et de chaux) contient 45 0/0 de sulfate de soude anhydre; elle peut être employée pour la fabrication du carbonate de soude et du verre.

Gisements d'Aranjuez (Espagne). — Elle se trouve en couches puissantes dans le miocène, aux environs d'Aranjuez, à *Cien-Pozuelos*, en Espagne. Le minerai, surmonté d'argiles rouges et grises et de calcaires d'eau douce, est exploité, à flancs de coteaux, par piliers abandonnés; on traite le minerai par dissolution dans de grandes excavations creusées dans l'argile, et on recueille dans des cristallisoirs à fond bitumé la solution chargée de sulfate de soude; ce sel se dissolvant le premier, il ne reste plus, comme résidu, dans les excavations, que du sulfate de chaux.

Le manque de combustible rend difficile le séchage du sel qu'on utilise dans les savonneries de Séville. On ne peut pas l'exporter, à cause des frais de transport.

La production est de 10.000 tonnes environ par an.

Autres gisements. — On trouve également du sulfate de soude pur, en Espagne, à *Alcanadre*, vallée de l'Ebre et à *Andosilla*, près de Burgos. Il existe aussi des gisements de glaubérite au *Chili*, au *Pérou* et dans le *Colorado*, en efflorescences sur le bord des lacs salés.

BIBLIOGRAPHIE DU SODIUM

1862. Keller, *Sur l'exploitation de l'argile salifère et le traitement du sel dans le Salzkammergut* (Annales des Mines, 6ᵉ série, t. II, p. 1).

1872. Boué, *Sur les gîtes de sel de Valachie* (Bulletin de la Société de Géologie, 2ᵉ série, t. XXIX).

1874. Boué, *Sur les gîtes de sel de la Roumanie* (**Bulletin de la Société de Géologie**, 3ᵉ série, t. III, p. 52).

1874. Coquand, *Sur l'âge des sels gemmes de la Moldavie* (Bulletin de la Société de Géologie, 3ᵉ série, t. II, p. 365).

1877. Lartet, *Sur les dépôts salifères des Petites Pyrénées, de la Haute-Garonne et de l'Ariège* (Mémoires de l'Académie des Sciences, Inscriptions et Belles-Lettres de Toulouse, 8ᵉ série, t. V, p. 260).

1877. Grad, *Mines de Wieliczka* (Société d'histoire naturelle de Colmar, p. 259).

1881. Duboul, **La mine de sel gemme de Cardona dans la Haute-Catalogne** (Bulletin de la Société Hispano-Portugaise, t. II, n° 1).

1881-1882. Labat, *Observations sur les mines de sel gemme et sur les eaux salées de Salzburg* (Bulletin de la Société de Géologie, 3ᵉ série, t. X. p. 265, Paris).

1886. Pellé, *Les salines de Roumanie* (**Annales des Mines**, 8ᵉ série, t. X, p. 270).

1888. Gruner, *Industrie du sel dans le Donetz*.

1891. Coldre, *Salines du Se-Tchouan* (**Annales des mines**, 8ᵉ série, t. XIX, p. 441).

1891. Calderon, *Sur la concomitance du sel gemme et de la matière organique dans les mêmes gisements* (Bulletin de la Société géologique de France).

1897. Buttembach, *Les dépôts salins des plaines du nord de l'Allemagne* (Revue universelle des Mines et de la Métallurgie, 5ᵉ série, t. XXXX, p. 37).

SOUFRE ET PYRITES

Propriétés physiques. — A la température ordinaire, le soufre natif est un corps solide, d'un jaune citron, insipide et inodore. Par le frottement il s'électrise négativement et répand une odeur spéciale. Il est insoluble dans l'eau; mais il se dissout facilement dans la benzine, dans les huiles essentielles et surtout dans le sulfure de carbone.

Le soufre cristallise en prismes ou en octaèdres. On obtient la forme prismatique en laissant cristalliser par refroidissement le soufre fondu. La forme octaédrique est obtenue en laissant évaporer à froid une dissolution de soufre dans le sulfure de carbone. En cristaux prismatiques, le soufre fond à 117°, et sa densité est de 1,96 à 1,99. En cristaux octaédriques, il fond vers 113°, et sa densité est de 2,7.

A 440°, il entre en ébullition et distille; ses vapeurs, condensées dans un récipient froid, reproduisent le soufre ordinaire jaune citron. Le soufre est mauvais conducteur de la chaleur et de l'électricité; une faible chaleur, celle de la main, par exemple, produit dans ce corps une dilatation superficielle, qui détermine la séparation des cristaux peu adhérents, indiquée par des craquements appelés *cri du soufre*. Un morceau de soufre, soumis brusquement à une température élevée, se casse aussitôt.

Propriétés chimiques. — Chauffé au contact de l'air, le soufre devient phosphorescent; vers 200° à 250°, il s'enflamme et brûle avec une flamme bleue. Il brûle vivement dans l'oxygène et produit de l'acide sulfureux en se combinant avec ce gaz.

Il est *électro-positif* vis-à-vis de l'oxygène, du chlore, du brome et de l'iode, et il joue le rôle d'*électro-négatif* vis-à-vis du phosphore, du carbone, de l'hydrogène et des métaux. Il s'oxyde lentement, et se transforme en acide sulfurique au contact de l'acide azotique concentré, en ébullition.

Usages. — Le soufre est employé, à l'état brut, pour la préparation de l'acide sulfureux, de l'acide sulfurique et du sulfure de carbone.

Le raffinage, qui consiste à vaporiser et à condenser dans un récipient le soufre débarrassé, par une première fonte, des matières terreuses et autres qu'il contient à l'état brut, donne le *soufre en canons* et en *bâtons* et la *fleur de soufre*.

Le soufre raffiné entre dans la composition de la poudre de chasse des feux d'artifice, du mastic de fer et dans la fabrication des allumettes. Il sert pour la vulcanisation du caoutchouc et pour la prise des empreintes de médailles, etc.

La fleur de soufre est employée au soufrage des vignes envahies par l'oïdium, jusqu'à 150 kilogrammes de soufre par hectare de vigne, et, en médecine, c'est un remède contre les maladies de la peau.

Composés du soufre. — Parmi les composés du soufre employés dans l'industrie, on peut citer :

L'*acide sulfureux*, qui sert au blanchiment des étoffes, de la paille, etc., et qui est employé comme désinfectant.

L'*acide sulfurique*, ou huile de vitriol, qui sert à la préparation de divers acides volatils, des aluns et des sulfates. L'acide sulfurique, par réaction sur le sel marin, donne, en même temps que de l'acide chlorhydrique, du sulfate de soude, employé à la fabrication de la soude artificielle.

Le *bisulfure de carbone*, qui sert pour la vulcanisation du caoutchouc et pour la destruction du phylloxera (combiné avec le sulfure de potassium), et qui est employé aussi pour retirer le suint, des laines, et les corps gras, de tous les résidus qui peuvent en contenir.

Minerais. — Les deux principaux minerais de soufre sont :

1° Le *soufre natif*, provenant soit des émanations volcaniques (solfatares), soit de couches interstratifiées dans le zechstein de Russie (permo-trias), dans les calcaires tertiaires (*Alais, Apt, Sicile, Padovic* en Croatie), ou dans les marnes miocènes (*Murcie, Romagne, Grèce*) ;

2° La *pyrite de fer*, qui abonde dans la nature (*Chessy Sain-Bel*, etc.).

I. — Gisements de soufre natif

La plupart des gisements de soufre natif se rencontrent dans des terrains tertiaires (France, Italie, Grèce, Espagne). En Russie, on connaît des gisements permiens.

Il se produit encore du soufre, à l'époque actuelle, dans les solfatares.

France. — En France, on exploite le gisement tertiaire de *Manosque*, où le soufre semble avoir été produit par l'action des lignites sur des eaux imprégnées de sulfate de chaux.

Il existe aussi en France une mine de soufre dans le *Vaucluse*, dans des marnes tertiaires. La production annuelle variait, dans ces dernières années, de 3.000 à 6.000 tonnes. Le soufre du Vaucluse est utilisé, en Algérie, pour le traitement de la vigne.

Espagne. — A *Lorca*, près d'Aguilas, on exploite des marnes solfifères du miocène supérieur, qui se présentent en couches de 5 mètres de puissance environ, avec quelques amas de soufre. La production de Lorca, qui était de plus de 20.000 tonnes en 1860, est tombée, dans ces dernières années, à 4 ou 5.000 tonnes seulement; elle tend encore à diminuer.

Près de *Cadix* et de *Teruel*, il existe d'autres gisements de soufre, d'où l'on extrait quelques milliers de tonnes par an.

En 1896, la production de l'Espagne a été de 26.204 tonnes de soufre brut, valant 227.165 francs, et de 1.800 tonnes de soufre raffiné valant 180.020 francs.

Grèce. — On exploite, dans le tertiaire, les marnes gypseuses solfifères de *Milo*, de l'isthme de *Corinthe* et de *Kamalaki* (Grèce). La Grèce a produit, en 1897, 358 tonnes de soufre raffiné, valant 37.590 francs.

Russie. — En Russie, on connaît les gisements tertiaires de *Tzarkow* (Pologne), où le soufre se rencontre dans des couches de marnes de 5 à 15 mètres, tenant 10 0/0 de soufre à la partie supérieure, et 50 0/0 en profondeur.

On trouve des gisements permiens de soufre, en Russie, à

Sukéevo notamment (Volga), dans des calcaires et des marnes du zechstein.

En Russie, il y a trois groupes de gisements de soufre non encore exploités, au nord-est du Caucase : le premier s'étend jusqu'à la ville de *Petrowsk*, sur la Caspienne, le long de la chaîne de Salatan et Gimry ; le second se trouve au sud de Petrowsk, dans le *Daghestan*, et le troisième est situé au sud de *Grosny*.

Italie. — *Sicile.* — Les gisements de soufre natif de la Sicile sont de beaucoup les plus importants. Ces gisements, qui paraissent d'origine sédimentaire, s'étendent au sud de la chaîne centrale des monts Madoine, entre Girgenti et le mont Etna, sur une longueur de 150 kilomètres et sur une largeur de plus de 50 kilomètres du nord au sud. On y trouve des couches et des amas importants de minerai de soufre, à la partie supérieure du miocène.

Les gypses, et les calcaires magnésiens, imprégnés de soufre, et les bancs d'argile schisteuse noire (tufi) ou de grès fins micacés (arenazzoli), reposent sur une assise de tripoli et de marne siliceuse et sont recouverts par des couches pliocènes (calcaires blancs marneux à foraminifères, marnes, sables et grès). Le soufre est toujours accompagné de calcaire et de gypse.

Le minerai, qui contient le soufre amorphe en veinules, est un calcaire renfermant en moyenne 24 0/0 de soufre (exactement le rapport des équivalents du soufre et du carbonate de chaux). Le minerai, pour être d'un traitement facile, ne doit pas contenir trop de gypse.

Les terrains qui contiennent du soufre (*solfares*) renferment également du pétrole, du bitume, des asphaltes et des hydrocarbures gazeux (grisou), ainsi qu'on l'a vu au chapitre des *Hydrocarbures*. Les principales mines (solfatares) sont les mines de *Santa-Teresa, San-Paolo, Juncio-Stretto, Giordano* (province de Caltanissetta), exploitées par puits, à 160 mètres de profondeur ; *Muglia, Virdilio, Falsirotta-Favara, Licata, Racalmuto-Pernice* (province de Girgenti), où le bitume coule dans les galeries ; *Lercara, Colle-Croce, Sartorio* (province de Palerme) ; *Agira, Torcetta, Gianguzzo, Assoro, Raddusa* (province de Catane). La puissance des couches varie de 2 à

15 mètres, et la profondeur des exploitations atteint jusqu'à 160 mètres.

Malgré l'abondance du minerai, l'industrie du soufre en Sicile est peu prospère, à cause du morcellement trop grand de la propriété; les gîtes sont gaspillés, mal exploités par des propriétaires manquant d'argent; les mines sont louées pour des laps de temps très courts, à des prix qui représentent 25 0/0 du produit brut. On exploite sans méthode nette, par galeries étroites (piliers abandonnés). Les accidents sont fréquents; le rendement des piqueurs est faible, et, dans la plupart des mines, on sort le minerai à dos d'homme; les porteurs sont appelés *carruzzi;* il faut de deux à trois carruzzi pour remonter au jour la production journalière d'un seul mineur (1.500 kilogrammes), travaillant à une profondeur de 50 mètres environ. On manque de pompes pour épuiser les mines, qu'on abandonne, si l'on rencontre une venue d'eau trop forte.

On fondait autrefois le minerai en meules ou *calcaroni* (entre 115 et 160°), en en sacrifiant une partie, qui servait de combustible. Aujourd'hui, on emploie des hauts-fourneaux ou des fours à vapeur d'eau (Ruiz Gil). Les calcaroni avaient l'inconvénient de diminuer le rendement, déjà très faible, et de produire une quantité considérable d'acide sulfureux, qui détruisait la végétation environnante.

On transporte le soufre aux ports d'embarquement au moyen de mulets et de charrettes. Il y a sept qualités de soufre; les plus chères sont le soufre en fleurs et le soufre raffiné en canons.

La production de la Sicile qui était, en 1888, de 322.000 tonnes de soufre, valant 21.500.000 francs, s'est élevée, en 1892, à 374.000 tonnes, valant 35.000.000 francs, soit une valeur moyenne de 90 francs par tonne de soufre.

Le prix de revient du soufre est de 50 francs par tonne, en moyenne. La production de 1892 a été obtenue au moyen de 1.373.065 tonnes de minerai, dont le prix de revient à la mine était de 5 francs environ. L'exportation a atteint, cette même année, 327.362 tonnes de soufre (France, Amérique du Nord, etc.).

En 1896, une Société anglo-sicilienne a été organisée en

Sicile, par un groupe de banquiers anglais et italiens, pour acheter la production entière des mines de soufre.

En 1897, la Sicile a exporté 410.538 tonnes de soufre, dont 118.137 aux États-Unis et 84.895 en France.

Romagne. — En Romagne (Italie), on exploite également à *Cesena*, près de Rimini, des lentilles de soufre un peu bitumineux, interstratifiées dans des marnes tertiaires (épaisseur = 1 à 3 mètres). Le minerai impur contient du sulfate et du carbonate de chaux (teneur en soufre = 22 0/0). On le traite au four à chaux, en brûlant du minerai comme combustible.

Production annuelle : 20.000 tonnes environ, valant 120 francs la tonne.

Province de Rome. — Dans la province de Rome, la mine de *Latera*, exploitée par la Société civile des soufres romains, a produit, en 1892, 129 tonnes de soufre d'origine probablement volcanique, valant 80 francs par tonne. La mine de *Scrofane* a donné également un peu de soufre natif, trouvé dans les fissures d'un silicate d'alumine, calciné par les laves et tenant 13 0/0 de soufre.

Province de Naples. — La province de Naples (*Pouzzoles*, au pied du Vésuve) a produit, en 1892, 22.668 tonnes de soufre, représentant une valeur de près de 2 millions de francs. Le soufre est, dans cette province, d'origine volcanique, comme dans la province de Rome.

L'Italie a produit au total, en 1896, avec la Sicile, 426.353 tonnes de soufre brut, valant 55 francs la tonne, en moyenne, et 71.072 tonnes de soufre raffiné, représentant une valeur de 5.992.235 francs.

Islande. — En Islande, on rencontre de nombreuses sources sulfureuses dans la région volcanique voisine de Reykjavik. Ce sont ou des solfatares ou des volcans de boues (*maccalubes*) rejetant une eau noircie par le sulfate de fer.

Mexique. — Les principales solfatares connues sont celles du volcan du *Popocatepelt*, au Mexique, qui produisent, par jour, une tonne de soufre brut (82 à 87 0/0 de soufre pur), provenant du dépôt des vapeurs du volcan sur le bord des orifices de sortie (*respiradores*).

Au Mexique, la Mexican Sulphur C° a commencé à exploiter des dépôts de soufre à 38 kilomètres de l'embouchure du *Rio-Colorado*, sur la côte de la basse Californie. On a découvert des dépôts de soufre près du pic d'*Orizaba*. Ceux du Popocatepelt ne sont exploités que pour la consommation locale, faute de moyens de transport.

II. — Pyrites de fer

On a étudié plus haut quelques gisements de pyrites, très importants, que l'on exploite pour cuivre (*Rio-Tinto, San-Domingo, Röros, Fahlun,* le *Rammelsberg, Agordo,* etc.), ou pour zinc (*Ammeberg*), et où l'on abandonne le soufre. Les pyrites abondent dans la nature; on ne décrira ici que les gisements exploités en vue de la fabrication de l'acide sulfurique (*Chessy, Sain-Bel, Saint-Julien-de-Valgalgues, le Soulier,* etc.).

Une bonne pyrite doit être exempte d'arsenic; sa gangue doit être pauvre en calcaire et ne doit pas contenir de fluorine.

Gisements de Chessy et de Sain-Bel (Rhône). — Le gisement de Sain-Bel se compose en réalité de deux gîtes : celui de Chessy, sur la rive gauche de la Brévenne, affluent de la Saône, et celui de Sain-Bel, ou de Sourcieux, sur la rive droite de cette rivière.

Le gite de Chessy (10 kilomètres de longueur) est formé par des filons de pyrite de quelques mètres de puissance, dans des schistes argilo-siliceux (cambrien).

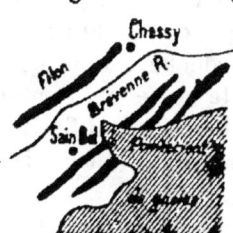

Fig. 103. — Plan schématique du gisement de Chessy-Sain-Bel.

Toute l'activité de l'exploitation est concentrée aujourd'hui à Sain-Bel. Ce gite est coupé en deux par un pointement de gneiss. Au nord de cette barrière, on distingue trois groupes de filons dans les micaschistes (chloritoschistes) : l'un, à l'ouest, avec deux filons d'une puissance totale de 10 mètres, avec cuivre et blende; un, au centre, qui contient du sulfure de fer pur (masse du Pigeonnier, 20 mètres de puissance) à gangue de silice et de sulfate de baryte; l'autre, à l'est, qui compte deux filons fournissant du minerai impur (filons Marcel et Francisco).

La partie sud du gîte comprend un filon conique très étendu et très puissant (25 à 40 mètres d'épaisseur, 500 mètres de longueur, 120 mètres de hauteur), composé de sulfure de fer pur très friable, à gangue siliceuse; ce filon est appelé *filon tendre*, par opposition à un filon voisin dit *filon dur*, moins pur que le précédent (5 à 10 mètres). Les minerais de Sain-Bel, qui ne contiennent ni chaux, ni arsenic, sont traités dans les usines de la Société de Saint-Gobain, propriétaire des concessions.

Les gisements du Rhône, dont la masse est évaluée à 10 millions de tonnes, fournissent la presque totalité de la production du soufre en France, production qui a été, en 1895, de 9.720 tonnes.

Gisements du Gard. — Les gisements du Gard sont moins importants que ceux du Rhône. A 7 kilomètres d'Alais, à *Saint-Julien-de-Valgalgues*, la pyrite, recouverte d'un chapeau de fer hydroxydé, est exploitée à ciel ouvert et par puits, dans l'oolithe inférieure.

Le minerai, qui s'appauvrit en profondeur, est d'une dureté moyenne; il a pour gangue de la chaux carbonatée et du fluorure de calcium, et se rencontre près d'un calcaire à encrines.

Au *Soulier*, on exploite un filon de minerai à 40 0/0, dans la dolomie infraliasique, et des amas à teneur variable dans le trias supérieur; la gangue est défavorable (calcaire magnésien).

Gisements de l'Ardèche. — Dans l'Ardèche, à *Soyons*, on exploite, par galeries, des amas de pyrite dure en rognons avec gangue argilo-siliceuse. Ce minerai, interstratifié dans le trias, contient de l'antimoine, de l'arsenic et du fluorure de calcium.

On importe, en France, des pyrites provenant des mines de *Theux* et *Védrin* (Belgique), de *Vigsnaes* (Suède), de *Bilbao* (Espagne). Des gîtes, non exploités, ont été reconnus à *Vic-Dessos*, *Olux*, *Miclos* (Ariège) et à *Framont* (Vosges).

Gisements divers. — Au Japon, les mines de l'île de *Yeso* ont produit, en 1896, 16.213 tonnes de soufre, dont 7.992 tonnes ont été exportées par le port de Hakodate.

La pyrite exploitée dans les divers autres pays a donné en 1896 : pour les États-Unis, 2.845 tonnes de soufre ; pour l'Allemagne, 2.263 tonnes ; pour la Hongrie, 138 tonnes ; et pour la Suède, 77 tonnes.

La production du soufre dans le monde entier a atteint, en 1896, 460.749 tonnes.

BIBLIOGRAPHIE DU SOUFRE ET DES PYRITES

1874. Brunfaut, *De l'exploitation du soufre* (Lefèvre, Paris).
1875. Ch. Ledoux, *Mémoire sur les mines de soufre de Sicile* (*Annales des Mines*, 7ᵉ série, t. VII, p. 1).
1875. G. Bruzzo, *Les mines de soufre de Lercara en Sicile* (*Annales de Cuyper*, t. XXXVIII, p. 567).
1876. Aimé Girard et Morin, *Étude des pyrites employées en France* (*Annales de Chimie et de Physique*, 5ᵉ série, t. VII).
1876. Paul Manthés, *Gisements de pyrite des environs d'Alais*.
1877. Petitbon, *Note sur la formation du soufre à Calamaki, en Grèce* (Liège).
1879. Gascogne, *Les Dépôts de soufre d'Islande. Soufre des Topets près Apt (Vaucluse)* (*Revue de Géologie; Annales des Mines*, 7ᵉ série, t. XVII, p. 289).
1881. Mottura, *Formation solfifère de la Sicile* (*Bulletin de l'Industrie minérale*, 2ᵉ série, t. X, p. 147).
1888. *La crise du soufre en Sicile* (*Annales de Cuyper*, p. 303).
1892. Spezia, *Sull' origine del solfo nei giacimenti* (Condeletti, Torino).
1894. L. Bidou, *Le soufre en Italie* (*Génie civil*, t. XXIV, pp. 375 et 390).
1895. *Production du soufre au Japon* (*Génie civil*, t. XXVII, p. 31).
1897. Gounot, *Contribution à l'étude de la formation du soufre en Italie* (Virzi à Palerme).
1898. *Note sur les conditions de vente des soufres de Sicile* (*Bulletin des Annales des Mines*, 9ᵉ série, t. XIII, p. 317).

MAGNÉSIUM ET MAGNÉSIE

Propriétés. — Le magnésium est un métal qui accompagne presque toujours le calcium avec lequel il a beaucoup d'analogie; mais il est moins fréquent. Les principaux minéraux qui renferment du magnésium sont : la *dolomie* qui tient environ 20 0/0 de magnésie, le *péridot*, les *amphiboles*, les *pyroxènes* et la *giobertite*. Les eaux marines tiennent de la magnésie en dissolution.

Usages. — Le magnésium métallique n'est guère utilisé que sous forme de fils ou de lamelles qui produisent en brûlant une lumière très vive. — La magnésie est employé comme garniture réfractaire de creusets et de soles; elle absorbe et retient l'acide phosphorique et rend de grands services pour la métallurgie des minerais de fer phosphoreux.

Elle est employée aussi dans la verrerie, dans les sucreries, dans les fabriques de papier à pâte de bois, dans l'apprêt des étoffes et dans la fabrication des eaux minérales artificielles.

On obtient le magnésium, surtout sous forme de magnésie, en évaporant soit des eaux-mères qui contiennent du chlorure de magnésium comme celles de Stassfurt, soit de l'eau de mer ou des eaux minérales contenant du sulfate de magnésie (Pullna, Hunyadi-Janos); mais ces procédés coûtent très cher. L'attaque de la dolomie par l'acide sulfurique donne des magnésies impures ou pulvérulentes.

Gisements. — Enfin on exploite des gisements de carbonate de magnésie ou *giobertite* ($MgOCO^2$). Minéral translucide, brun jaunâtre, infusible, soluble dans les acides), que l'on trouve en Italie, en Silésie (*Grochau*), en Styrie (*Kraubath* et *Oberdof*), au Canada et en Eubée (*Mandoudi*), et d'où l'on extrait de la magnésie caustique.

Eubée. — A *Mandoudi* (Eubée), on a exploité, dans des schistes talqueux et magnésiens, deux filons très puissants de giobertite, le filon du Cerf et le filon Kalamaki. La région, qui contient des serpentines, est parcourue par des eaux thermales très magnésiennes. Le minerai contient 47 0/0 de magnésie. L'exploitation, qui avait lieu en galeries, est arrêtée aujourd'hui.

SILICATE DE MAGNÉSIE (ÉCUME DE MER)

La magnésite, ou *écume de mer*, est un silicate de magnésie hydraté dont la densité varie de 0,8 à 1 ; elle sert à fabriquer les pipes et autres articles pour fumeurs ; on la tire de l'Orient où l'on en trouve des gîtes dans des roches en général très dures. Les principales mines connues sont celles d'*Eski-Scheir* (*Kemikli, Karadjouk, Sarisu, Nemli, Sare-Sou*) en Asie Mineure, d'*Angora* en Caramanie, et celles de la Grèce, de la Bosnie et de la Moravie.

BIBLIOGRAPHIE DE LA MAGNÉSIE

1871. Bender, *Agglomérés magnésiens* (*Bulletin de la Société de Chimie*, t. XV, p. 42).
1874. Gorceix, *Tertiaire de l'île d'Eubée* (*Bulletin de la Société de géologie*, 3ᵉ série, t. II, p. 401).
1883. Rigaud, *Note sur les emplois industriels de la magnésie*.

STRONTIUM ET STRONTIANE

Usages. — Le strontium (métal grisâtre et brillant) est utilisé, sous forme de strontiane (oxyde de strontium), pour la fabrication du sucre par le procédé Déssaux, concurremment avec la chaux, la magnésie et la baryte.

Minerais et gisements. — Les minerais du strontium sont la strontianite (carbonate de strontium $SrO.CO^2$, transparent, translucide, jaunâtre, soluble dans les acides) et la célestine (sulfate de strontium $SrO.SO^3$, transparent, translucide, bleu ou rougeâtre, inattaquable aux acides).

STRONTIANITE. — Le principal gîte de strontianite est celui d'*Ahlen*, en Westphalie, où l'on trouve des filons très ramifiés, longs, mais peu profonds, dans des argiles marneuses. On peut citer aussi les filons, peu importants d'ailleurs, de strontianite de l'*Ardèche*, du *Gard* et de la *Lozère*, et ceux de *Strontian* (Écosse), de *Braunsdorf* (Saxe), de *Warwick* (New-York), etc.

A *Girgenti* (Sicile), la strontianite existe en lentilles et en filets minces dans des marnes du miocène supérieur.

On trouve encore de la strontianite à *Montmartre* (Paris), à *Saint-Béat* (Haute-Garonne), à *Conilla* (Espagne), à *Kingston* (Canada), à *Frankstown* (Pensylvanie), etc. Un géologue allemand en a découvert un gisement, en 1880, à *Put-in-Bay* (Ohio).

CÉLESTINE. — La célestine, plus répandue dans la nature que la strontianite, se trouve surtout dans les marnes tertiaires, où elle est accompagnée de gypse et de soufre natif. On en trouve en *Sicile* principalement, et aussi au *Rouet*, à *Condorcet*, près de Nyons (Drôme), où le minerai, pur et très blanc, se rencontre dans un filon plombeux avec blende, au milieu des marnes oxfordiennes, ou quelquefois en veines avec calcite (talcschistes du toit); on le rencontre aussi dans des boules géodiques de marne (célestine fibreuse).

BIBLIOGRAPHIE DU STRONTIUM

1874. De Lapparent, *Sur l'âge des marnes strontianifères de Meudon* (Bulletin de la Société de Géologie, 3ᵉ série, t. II, p. 593).
1881. Lachat, *Sur le filon de célestine de Nyons, dans la Drôme* (Annales des Mines, t. XX, 6ᵉ livraison).
1891. Gayon et Blarez, *Sur l'emploi des sels de strontiane en médecine* (Comptes Rendus).
1892. Michel, *Sur quelques minéraux de Condorcet, dans la Drôme* (Bulletin de la Société de Minéralogie, 11 février).

BARYUM ET BARYTE

Usages. — Le baryum, métal ressemblant au strontium, est utilisé principalement comme sulfate de baryte (procédé Kuhlmann), dans la préparation des papiers de tenture et dans la peinture à la détrempe.

Il est aussi employé pour la falsification de diverses substances blanches, à cause de la densité élevée de la baryte, qui permet d'augmenter leur poids à peu de frais.

Minerai et gisements. — Le seul minerai de baryum exploité est la *barytine* (sulfate de baryte BaO, SO^3). Transparent, translucide, jaune brunâtre, insoluble dans les acides, que l'on trouve comme gangue des filons de plomb, ou bien associé au quartz et à la fluorine dans des filons de divers âges. La barytine est inconcessible, et c'est le plomb qui sert de prétexte aux demandes de concession (*Brioude, Aurouze, Massiac*, en France). A part les gîtes de *Freiberg*, où l'on trouve la barytine en grande quantité (Voir le chapitre du *Plomb*), on peut citer le filon de barytine pure de *Fleury* (Belgique), situé dans le calcaire carbonifère. Ce gîte, qui est très irrégulier, est estimé à 200.000 tonnes. On doit citer aussi la barytine de l'Ariège (calcaires dévoniens de *Castelnau*, grès bigarrés de *Bouich*, calcschistes liasiques de *Caumont*).

On trouve également de la barytine à *Almaden* (Espagne), à *Dufton* (Cumberland), dans le *Staffordshire* et le *Derbyshire*, à *Hatfield* (Massachusetts), dans le *Connecticut*, en *Pensylvanie*, dans la mine d'or d'*Eldrige* (Virginie), au *Kentucky*, au *Canada* et au *Nouveau-Mexique*.

La production de la barytine a atteint, en Angleterre, en 1895, 21.509 tonnes, valant 576.475 francs, et aux États-Unis, 24.781 tonnes, en 1897, valant 546.320 francs.

BIBLIOGRAPHIE DU BARYUM

1868. Mussy (*Annales des Mines*, 6ᵉ série, t. XIV, p. 579).
1879. Revue de Géologie (*Annales des Mines*, 6ᵉ série, t. XVII, p. 132).

L'ALUMINE ET SES COMPOSÉS

En dehors de la préparation de l'aluminium (voir chapitre des *Minerais métallifères*), les composés de l'alumine sont employés à divers usages industriels.

BAUXITE. — La bauxite, qui sert à la préparation de l'aluminium, est employée aussi comme argile réfractaire, et l'on s'en sert pour la fabrication de l'alun et du sulfate d'alumine.

ALUMINE PURE. — L'alumine pure, qui a beaucoup d'affinité pour les matières colorantes, forme la base de la fabrication des laques.

SULFATE D'ALUMINE. — Le sulfate d'alumine sert pour la préparation des papiers et des étoffes. — L'Allemagne en a produit, en 1896, 20.553 tonnes valant 1.815.730 francs; et l'Italie, 2.390 tonnes valant 205.100 francs.

ALUN

On donne dans le commerce le nom d'aluns à des sulfates d'alumine, de potasse et d'ammoniaque ($KO.SO^3 + Al^2O^3,3SO^3 + 24HO$ ou $AzH^4O,SO^3 + Al^2O^3,3SO^3 + 24HO$), employés dans la papeterie, la mégisserie, en teinture, en médecine (comme astringent et comme caustique); on emploie aussi les aluns pour clarifier les liquides, les suifs, etc. On peut produire l'alun soit en traitant du kaolin ou de la bauxite par l'acide sulfurique et en y ajoutant du sulfate de potasse, soit en grillant des schistes alumineux pyriteux (Picardie, Suède, Belgique); l'acide sulfurique produit par le grillage forme du sulfate d'alumine, auquel on ajoute du sulfate de potasse.

ALUNITE. — Enfin, on trouve en Italie, et en Hongrie, une pierre naturelle insoluble : l'*alunite* [$KO.SO^3 + 3(Al^2O^3.SO^3) + 6HO$], qui est un sous-sulfate d'alumine et de potasse.

Pour la transformer en alun, on calcine l'alunite, puis on lessive le produit et on l'additionne de sulfate de potasse.

L'alunite est un corps cristallin blanc (densité = 2,75), qui se trouve dans des trachytes en *Hongrie*, dans le *Caucase* et à la *Tolfa* dans la campagne de Rome.

Gisement de la Tolfa. — Les Romains faisaient venir l'alunite d'Asie Mineure et ne connaissaient pas le gîte de la Tolfa, découvert en 1453, dans les trachytes, au nord de Civita-Vecchia; l'alunite y est souvent accompagnée de kaolin. Les filons ont de 1 à 15 mètres de puissance et forment quatre groupes; la couleur du minerai varie du blanc au rouge, suivant la couleur du mica contenu dans le trachyte. On calcine l'alunite après pulvérisation, et on l'attaque ensuite par l'acide sulfurique, puis on ajoute du sulfate de potasse et de l'acide sulfurique. On recueille ainsi 2 tonnes d'alun cristallisé en employant : 1.000 kilogrammes d'alunite, 200 kilogrammes de sulfate de potasse et 1.000 kilogrammes d'acide sulfurique. La production diminue, d'abord parce que le gîte s'épuise, et aussi parce que l'on obtient maintenant, au moyen de la kaïnite de Stassfurt, du sulfate de potasse naturel, qui donne de l'alun contenant moins d'acide sulfurique que l'alun provenant de l'alunite.

La production de l'alunite a été, en 1896, en Italie, de 6.000 tonnes seulement; cette production avait été de 200.000 tonnes en 1891.

Il existe d'autres gisements d'alunite, à *Montioni*(Toscane), au *Mont-Dore* et sur les versants du *pic du Sancy* (Auvergne), ainsi qu'à *Musay* et à *Bereghszasz*, en Hongrie (production : 171 tonnes, en 1896, valant sur place 8.550 francs) à *Milo*, à *Nevis* et à *Argentiera* (archipel grec), et dans les masses trachytiques, au voisinage de volcans actifs ou éteints.

BIBLIOGRAPHIE DE L'ALUN

1848. Coquand, *Sur les alunières de la Toscane* (*Annales des Mines*, 2ᵉ série, t. VI, p. 91).
1848. *Revue de Géologie* (*Annales des Mines*, 7ᵉ série, t. XVII, p. 116 et 290).
1880. Vialla (*Bulletin de l'Industrie minérale*, 2ᵉ série, t. IX, p. 799).
1886. Guyot, *L'Alunite* (*Cuyper, Bulletin*, t. XIII).

ARGILES

Les argiles sont des silicates d'alumine hydratés. L'argile pure ($Al^2O^3, 2SiO^2 + 2HO$) est blanche, compacte, douce au toucher et peu fusible; calcinée, elle absorbe rapidement l'eau et happe à la langue; elle est plastique, c'est-à-dire qu'elle forme avec l'eau une pâte liante, qui se pétrit et se façonne facilement, mais qui, à la chaleur, se contracte et se fendille.

Les argiles proviennent de la décomposition du feldspath, silicate double d'alumine et de potasse ($KO, Al^2O^3, 6SiO^2$) qui, sous l'influence prolongée de l'eau, se dissocie en silicate de potasse soluble, en silice et en silicate d'alumine. Dans la pratique, on distingue les argiles d'après leurs propriétés : en argiles plastiques, argiles smectiques, argiles figulines, ocres et kaolins.

ARGILE PLASTIQUE. — Les argiles ordinaires contiennent, outre de la silice et de l'alumine, de petites quantités d'oxyde de fer et de manganèse, ainsi que de la chaux et des alcalis; elles sont souvent mélangées de sable et de calcaire. Elles sont colorées en jaune, en rouge ou en vert, et sont d'autant plus fusibles qu'elles contiennent plus de chaux ou d'oxyde de fer. Les argiles plastiques, en général assez pures, sont douces et onctueuses au toucher; elles forment avec l'eau une pâte liante et durcissent, sans fondre, sous l'influence de la chaleur. On les emploie pour la fabrication des poteries et des briques réfractaires; mélangées avec deux parties de plombagine, elles servent souvent à faire des creusets à fondre l'acier [*Breteuil* (Eure), *Angleur* (Belgique), etc.]

Quand les nuances de l'argile sont dues à des matières organiques, elles s'atténuent par la cuisson; mais des traces d'oxyde de fer l'empêchent d'atteindre le blanc du kaolin. Les argiles plastiques bien réfractaires sont rares en France;

on en trouve à *Forges-les-Eaux*, en Normandie, à *Bollène*, près d'Avignon, à *Cahors*, etc. Quant aux argiles communes, elles sont si répandues qu'on ne peut pas en indiquer les gisements.

ARGILE SMECTIQUE (*terre à foulon*). — Les argiles smectiques, moins pures que les précédentes, forment avec l'eau une pâte peu liante et fondent à une température élevée ; elles prennent bien l'huile et servent pour le dégraissage et le foulonnage des draps ; dans l'eau, elles se délitent en une poudre fine, aussi quittent-elles facilement les étoffes. [pierre à détacher de *Montmartre*, terre à foulon d'*Issoudun* dans l'Indre et de *Villeneuve* dans l'Isère, argiles smectiques de *Reigate* (Angleterre), de *Styrie*, etc.].

ARGILE FIGULINE (*terre glaise*). — Les argiles figulines (*Vanves, Vaugirard*) contiennent beaucoup de chaux (5 à 6 0/0) et d'oxyde de fer, ce qui les rend très fusibles ; elles servent aux sculpteurs (terre glaise) pour les maquettes et sont employées aussi à la fabrication des poteries grossières, des briques, des tuiles et des terres cuites.

OCRES JAUNE ET ROUGE. — Quand l'argile est très ferrugineuse, elle n'est plus du tout réfractaire ; l'oxyde de fer hydraté la colore en jaune ; le peroxyde la colore en rouge. Elle constitue, suivant les cas, l'*ocre jaune* ou l'*ocre rouge* (sanguine ou rouge de mars) utilisés en peinture. On trouve des ocres de bonne qualité contenant 35 0/0 de peroxyde de fer dans l'*Yonne* et des argiles ocreuses à *Sienne* (terre de Sienne).

Les argiles peuvent être calcaires, ce qui n'empêche pas leur emploi dans les arts céramiques ; mais, quand la proportion de calcaire dépasse 50 0/0, on n'a plus qu'un calcaire argileux dont les propriétés plastiques disparaissent.

KAOLIN

Le kaolin est une argile pure, qui est la base de la fabrication de la porcelaine. Il était connu anciennement des Chinois ; il fut découvert en Saxe, en 1710, près de *Meissen* (Manufacture royale de porcelaine). En France, on ne découvrit le kaolin qu'en 1760, quatre ans après la fondation de la manufacture de Sèvres. Le kaolin de *Saint-Yrieix* fut découvert en 1768. Pour la fabrication de la porcelaine, on mélange le kaolin avec du feldspath fusible (dégraissage), du quartz et de la chaux, et l'on glace (couverte) avec du feldspath quartzeux pur ou mélangé de quartz.

On tire le kaolin des gisements français suivants : les *Colettes* (Allier), *Coussac, Marcognac, Cubertafou,* dans le Limousin, près de Saint-Yrieix, les *Eyzies* (Dordogne), *Decize* (Nièvre), etc.

On importe des kaolins anglais de *Saint-Austell* pour la fabrication des produits secondaires. La *Chine* renferme d'abondants gisements de kaolin, dans des pegmatites.

Ces divers gisements peuvent se diviser en deux catégories :

1° Les gisements dans les granulites stannifères : les Colettes, Saint-Yrieix, Saint-Austell (Cornouailles);

2° Les gisements stratifiés (Decize, les Eyzies).

1° GISEMENTS DE KAOLIN DANS LES GRANULITES

Gisement des Colettes (Allier). — Le gîte de kaolin des Colettes est situé dans de la granulite environnée de micaschistes stannifères (cassitérite contenant de la lithine et de la turquoise). Le feldspath de cette granulite est transformé en kaolin au contact des filons de quartz très nombreux qui la recoupent. On exploite en tranchées ; la roche est lavée à l'eau courante, puis dans des bassins de décantation où le kaolin se dépose en dernier ; on le passe au tamis très fin, pour enlever les dernières paillettes de mica qui ont échappé au lavage et à la décantation.

Région de Saint-Yrieix (Coussac). — Les veines de kaolin des environs de Saint-Yrieix se trouvent dans des filons de granulites (pegmatite) encaissés dans des micaschistes (quelquefois dans des leptynites ou des diorites). Outre le *kaolin pur*, on rencontre, à Saint-Yrieix, la *granulite sablonneuse* (feldspath décomposé), qui contient des grains très fins de quartz et de feldspath, la *granulite entièrement décomposée* ou caillouteuse (kaolin mélangé de quartz et de mica blanc), la *granulite à demi décomposée*, que l'on broie avant de la vendre, et la *granulite non décomposée* (caillou à émail).

Les filons de pegmatite de Saint-Yrieix se divisent en deux groupes : celui de *Coussac* et celui de *Marcognac-Bois-Vicomte* (abandonné).

A Coussac, les principales carrières sont celles de *Saint-Bonnet*, de la *Londe*, de *Grand-Bois*, de *Sainte-Valérie* et de *Saint-Antoine*. Le kaolin brut est broyé à la meule ; puis la matière sortant de la meule est filtrée et séchée ; on la mélange ensuite à d'autres matières pour obtenir la *barbotine*.

Le kaolin pur de Saint-Yrieix se vend environ 10 francs les 100 kilogrammes. — Les granulites décomposées se vendent seulement de 2 à 5 francs les 100 kilogrammes.

2° GISEMENTS SÉDIMENTAIRES DE KAOLIN

Gisements de la Nièvre (Decize). — On exploite dans la Nièvre des sables, dits « sablons », formés de quartz en grains empâtés dans de l'argile kaolinique (15 à 25 0/0) ; on lave les sablons pour en extraire l'argile ; ces sables sont interstratifiés, en couches de 4 à 5 mètres, entre des grès micacés avec argiles rouges (trias), et des calcaires hettangiens.

Les principaux points où ces sables sont exploités sont *Vaux*, *Decize*, *Chantenay*, *Azy-le-Vif*, etc.

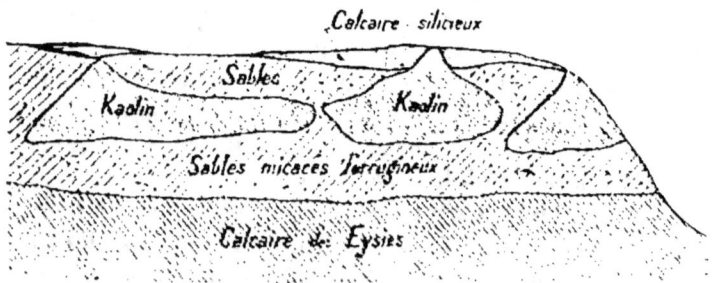

Fig. 104. — Coupe schématique du gisement de kaolin des Eyzies.

Gisements de la Dordogne (les Eyzies). — On exploite dans la Dordogne des amas de kaolin compact, blanc et très fin, sans retrait, qu'on emploie pour la papeterie et pour la fabrication du savon.

Ces amas remplissent des poches au milieu de sables micacés ferrugineux très fins, reposant sur le calcaire des Eyzies, notamment à *Queylou*; le banc de sable est surmonté en certains points, par du calcaire siliceux dur.

La production du kaolin, en France, a été la suivante en 1895 :

Allier..........................	18.000 tonnes
Creuse.........................	2.400 —
Dordogne.......................	1.680 —
Drôme..........................	6.100 —
Nièvre..........................	10.200 —
Haute-Vienne	7.000 —
Total	45.380 tonnes

Gisements divers. — On peut citer aussi, en Thuringe, des gisements de kaolin plus ou moins blanc et plus ou moins fin, à *Martinrode*, à *Eisenberg* et à *Weissenfels*.

Il existe, en outre, divers autres gisements de kaolin peu importants ou inexploités, dans les *Landes*, les *Ardennes*, la *Lombardie*, l'*Amérique* (Ottawa), etc.

BIBLIOGRAPHIE DU KAOLIN

1874. Schlœsing, *Sur la constitution des argiles et kaolins* (Comptes Rendus, t. LXXIX, pp. 376 et 473).

1877. A. de Lapparent, *Kaolins du Lot-et-Garonne, de Lombardie, de Thuringe; Kaolinisation* (Revue de Géologie, Annales des Mines, 7ᵉ série, t. XIII, p. 364).

1880-1881. Fontannes, *Terrains des environs de Bollène* (Bulletin de la Société de Géologie, 3ᵉ série, t. IX, p. 438).

1888. L. de Launay, *Le kaolin des Colettes dans l'Allier* (Bulletin de la Société de Géologie, p. 1669).

1889. Hinstin, *Notice sur les kaolins de l'Allier et les blancs de Meudon* (Bibliothèque de l'École des Mines de Paris).

1891. *Journal officiel de juillet. Discussion à la Chambre des tarifs de douane sur le kaolin.*

1898. *Kaolin des Colettes* (Bulletin de l'industrie minérale de Saint Etienne, t. XI, p. 441).

CRYOLITE

La cryolite est aussi un composé de l'aluminium; sa formule est : $6NaFl + Al^2Fl^6$.

On la rencontre en masses lamellaires, clivables : c'est un corps généralement blanc de neige, quelquefois jaune rougeâtre ou même noir.

La cryolite est employée pour la fabrication de la soude et pour la préparation des lessives alcalines dans les savonneries. On a vu plus haut qu'elle servait aussi à la préparation de l'aluminium.

Gisements d'Evigtok. — Les mines d'*Evigtok*, dans le Groenland, sont situées par 68° 10 de latitude Nord et 48° 10 de longitude Ouest, dans le fiord d'Arksut; elles appartiennent au Gouvernement Danois, qui les afferme à une Compagnie dont le siège est à Copenhague; l'exportation des minerais en Amérique est monopolisée par la Pensylvania Salt Manufacturing C°, de Philadelphie. La mine est exploitée à ciel ouvert sur 90 mètres de longueur, 45 mètres de largeur et 36 mètres de profondeur. On extrait deux qualités de minerai : l'une à 99 0/0, l'autre à 92 0/0; l'exploitation se fait d'avril à novembre (140 ouvriers). On expédie les minerais de qualité inférieure (10.500 tonnes en 1897), à Philadelphie, et les autres à Copenhague. L'extraction totale a été de 13.000 tonnes en 1897.

Les autres gisements de cryolite sont ceux de la *Californie* (inexploités) et de *Miask* (Oural).

Le prix de la cryolite, en France, est d'environ 600 francs par tonne.

MICA

On donne le nom de *micas* à diverses substances alumineuses, qui offrent de grandes analogies dans leurs caractères extérieurs, mais dont la composition chimique présente des dissemblances notables.

Les principales variétés sont la *muscovite*, la *biotite* et la *lépidolite*, qui contiennent toutes trois de fortes proportions d'alumine avec silice, oxyde ferrique, magnésie, chaux et potasse.

Le mica se présente en petits cristaux ou en grandes feuilles transparentes, ayant jusqu'à plusieurs mètres carrés de surface, inaltérables à l'eau et au feu.

On emploie le mica à de nombreux usages en métallurgie, et on en fait des lanternes, des écrans, etc.

Outre les gisements de la Norwège (pegmatites de l'*île de Quen*) et de la France (*Tulle, Saint-Yrieix*), les principaux gîtes de mica sont ceux de la province de *Québec* (Canada), d'où l'on tire la muscovite (mica très blanc). Les mines de *Villeneuve et Leduc* (Ottawa) fournissent du mica en cristaux, dans des pegmatites dures, et du kaolin très blanc. Dans les mines *Jonquière et Berthier-Maisonneuve*, le mica est accompagné de quartz et d'émeraude, soit avec molybdénite, soit avec grenat et samarskite.

Il existe aussi des gisements de mica aux *Indes*, à *Ochotzk* (Sibérie), etc.

La production du mica a été aux Indes, en 1897, de 450.000 kilogrammes ; aux États-Unis, elle a été, en 1898, de 49.800 kilogrammes de mica en feuilles valant 458.000 francs, et de 3.200 tonnes de mica en petits fragments valant 199.000 francs ; et au Canada, en 1898, de 250.000 kilogrammes, valant 410.000 francs.

[Voir, sur les micas, le *Rapport* de M. Obalski *sur la province de Québec* (1886).]

ÉMERI

L'émeri est de l'alumine colorée en noir par de l'oxyde de fer ; on l'emploie, mélangé à de l'eau ou à de l'huile, pour polir ou user les verres et les métaux (toile et papier d'émeri).

L'émeri se rencontre à *Éphèse (Gumuch Dach)* et à *Apcrathos* dans l'île de *Naxos* (Grèce), dans des calcaires et dans des dolomies saccharoïdes ; il contient 80 0/0 d'alumine, 4 0/0 de fer et 3 0/0 de silice. Aux États-Unis, l'émeri de *Chester* (Massachusetts) se présente en un banc de 1 à 3 mètres d'épaisseur sur 7.000 mètres de longueur, dans des schistes talqueux. On connaît encore le gîte d'*Ochsenkopf* (micaschistes), en Saxe; celui de *Ronda*, en Espagne; celui de *Kulah*, près de Smyrne, etc.

[Voir une étude sur l'émeri de **Naxos** (*Annales des Mines*, t. I, p. 604, et t. II, p. 609, 1852).]

Il existe encore d'autres composés de l'alumine, tels que la *tourmaline*, employée en physique pour les expériences de polarisation des rayons lumineux; le *feldspath-orthose*, silicate d'alumine et de potasse employé comme couverte ou émail pour les porcelaines; et divers autres minéraux d'un emploi très restreint, dont le cadre de cet ouvrage ne permet pas d'aborder l'étude. Quelques-uns cependant seront passés en revue au chapitre des *Pierres précieuses*.

AMIANTE

L'amiante est une amphibole à base de chaux et de magnésie, exempte d'alumine ; elle se présente en fibres malléables à éclat soyeux, blanches, grises ou vertes, infusibles, sauf au chalumeau, et insolubles dans les acides.

On distingue deux sortes d'amiantes : le *chrysolite* et la *trémolite*. On emploie l'amiante, qui est incombustible, pour faire des joints de machines, des filtres, des isolants pour l'électricité, etc.

Le principal gisement se trouve dans les serpentines de la province de *Québec*, qui renferment un chrysolite soyeux très fin et très estimé.

Dans le Saint-Gothard, le *val Trémola* fournit de la trémolite.

BIBLIOGRAPHIE DE L'AMIANTE

1877-1878. De Konink, *Asbeste d'Ottré (Annales de la Société de Géologie de Belgique*, t. V, LXXXIII, Liège.)
1887. *Annales des Mines*, p. 149.
1888. Obalski, *Rapport sur le Canada*.
1890. *La Nature*, du 13 décembre 1890.

SABLES QUARTZEUX

Dans le chapitre des minéraux employés pour la construction, on a étudié, parmi les roches siliceuses meubles, les sables quartzeux, au point de vue de leur emploi pour la confection des mortiers; les sables quartzeux sont aussi utilisés en grandes quantités dans les verreries et dans les fonderies.

Sable de verrerie. — Suivant le degré de blancheur que l'on veut obtenir dans la fabrication des verres blancs et des glaces, on introduit dans les bains des proportions variables

MINÉRAUX EMPLOYÉS DANS LES INDUSTRIES DIVERSES 543

de sables quartzeux blancs, très fins (tamis 25), qui doivent ne pas contenir d'oxyde de fer.

Gisements de Nemours (Seine-et-Marne). — Les sables les plus purs sont ceux de *Nemours*, jusqu'à présent sans rivaux, qui sont employés dans les verreries, les glaceries et les cristalleries principales de la France et de l'Étranger.

Les carrières de Nemours produisent actuellement par an plus de 150.000 tonnes de sables, dits sables de Fontainebleau.

La composition moyenne de ces sables est la suivante :

Silice...............................	98,74
Alumine.............................	0,80
Chaux...............................	0,03
Magnésie............................	traces
Peroxyde de fer.....................	0,03 à 0,00
Eau de combinaison.................	0,40
Total..................	100,00

Les couches inférieures ne contiennent pas de fer ; elles conviennent à tous les usages de la cristallerie, de la verrerie et de la glacerie, ainsi que les sables des gisements beaucoup moins importants de *Rilly-la-Montagne* (Marne).

SABLE DE FONDERIE. — Les couches supérieures, qui contiennent des traces de fer provenant de l'infiltration des eaux superficielles, sont exploitées pour le service des usines de fonderie (confection des moules dans lesquels on coule le bronze, la fonte et l'acier).

Gisement de Fontenay-aux-Roses. — Le sable de fonderie doit être un peu argileux. Celui qu'on exploite à *Fontenay-aux-Roses* jouit d'une grande réputation, à cause de sa plasticité, qu'il doit à la présence de matières organiques.

CRAIE ET BLANC D'ESPAGNE

La craie est un calcaire très pur, de couleur très blanche et de faible résistance à l'écrasement.

Elle appartient presque uniquement à l'étage sénonien, qui a reçu le nom d'étage de la craie blanche.

Usages. — Taillée en bâtons allongés, elle sert de crayon pour les ardoises; on l'emploie aussi à la fabrication du blanc d'Espagne. Pour cela, la roche est écrasée et délayée dans l'eau, pour permettre à la craie de se séparer des impuretés qu'elle contient; la craie est ensuite moulée en forme de pains et séchée à l'air. Le blanc d'Espagne est utilisé pour la peinture à la détrempe, la préparation des couleurs, le nettoyage des vitres et de l'argenterie, la fabrication du mastic de vitrier, etc.

Gisements. — Le blanc d'Espagne porte encore, dans le commerce, les noms de *blanc de Bougival*, *blanc de Meudon*, *blanc de Dieppe*, *blanc de Champagne* ou de *Troyes*, qui indiquent suffisamment les endroits où la craie est exploitée.

ALBATRE CALCAIRE

L'albâtre calcaire est un marbre à texture fibreuse, diaphane et d'une blancheur éclatante; il vient de Grèce et d'Italie.

Les anciens tiraient de l'Asie Mineure, de la Syrie et de l'Égypte, l'*albâtre oriental*, dont les raies rappellent celles de l'agathe.

Gisement d'Ysser (Oran). — On exploite aujourd'hui, près d'*Ysser*, dans le département d'Oran, un albâtre auquel on a donné le nom impropre d'onyx d'Algérie; il a une texture rubannée, et ses veines sont vertes, rouge vif, jaune d'or ou brunes. Il résiste bien à l'action de l'air; mais, comme il est assez tendre, on s'en sert surtout pour faire des objets d'art, coupes, coffres, etc., en le mariant au bronze.

SCHISTE COTICULAIRE

Le *schiste coticulaire* est une pierre très dure, dont on se sert pour aiguiser les rasoirs. On le connaît aussi sous le nom de novaculite (de *novacula*, rasoir). Au Canada, on en trouve une espèce particulière, colorée en rouge par le peroxyde de fer, que les Indiens appellent pierre à calumets, et dont ils se servent pour faire des pipes et autres objets.

SCHISTE GRAPHIQUE

Le schiste graphique, ou alunifère, est un schiste assez noir pour servir à la confection des crayons de charpentier ; on le rencontre dans le silurien de la Bretagne et des Pyrénées et dans le terrain houiller. Sous le nom d'ampélite (αμπελος, vigne), il sert, depuis un temps immémorial, à l'amendement des vignobles. On l'utilise aussi pour la fabrication de l'alun.

TERRE D'OMBRE

On trouve, dans les gisements lignitifères des environs de Cologne, exploités comme combustibles minéraux, ainsi qu'on l'a vu au chapitre des *Carbures*, une certaine variété de lignites friables, terreux, onctueux au toucher, d'une densité voisine de 1 et d'une couleur brun clair, qui a reçu le nom de *terre de Cologne* ou *terre d'Ombre*. Cette variété de lignite est utilisée comme couleur.

SOURCES THERMOMINÉRALES

Définition. — Les sources thermominérales sont des sources d'eau dont la température est sensiblement plus élevée que celle du point de leur apparition au jour.

La chaleur qu'elles possèdent et quelquefois l'action de phénomènes volcaniques leur permettent de contenir des minéraux en dissolution. L'emploi des eaux minérales en médecine facilite dans certaines maladies l'absorption de diverses matières, fer, arsenic, etc., qui seraient difficilement assimilables, prises sous une autre forme.

Formation des sources minérales. — *Filons.* — Le jaillis-

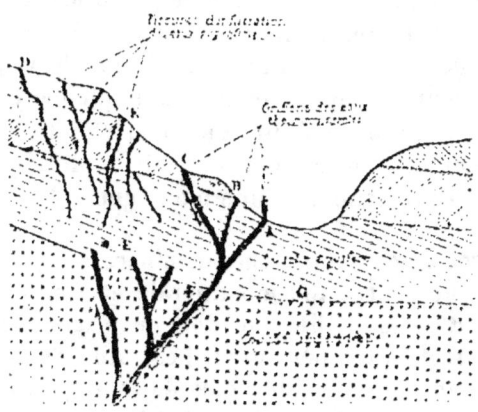

Fig. 105. — Coupe verticale schématique d'une source thermominérale.

sement des sources chaudes minérales est provoqué par un phénomène analogue à celui des éruptions volcaniques.

Les eaux minérales arrivent souvent au jour à travers des fissures du sol, tandis que les eaux des sources ordinaires sont généralement amenées le long d'une couche imperméable, par infiltration dans un terrain perméable.

Un certain nombre de sources thermominérales déposent, sur les parois des fissures qui leur livrent passage, une partie des principes minéraux qu'elles contiennent. L'examen de quelques-uns de ces dépôts a fait connaître nettement le mode de formation des filons métallifères, qui proviennent, pour la plupart, de sources chaudes abondantes et très chargées en minéraux.

Les sources thermominérales sont très nombreuses dans les régions où l'écorce terrestre est le plus disloquée ; l'activité de ces sources est d'autant plus grande que les dislocations du sol sont plus récentes. Lorsque les sources minérales sont en relation avec des phénomènes volcaniques, elles peuvent présenter l'apparence de volcans d'eau, et constituent alors ce qu'on appelle des « geysers ».

Les eaux minérales proviennent de cavités ou de couches perméables profondes (EG), dans lesquelles se sont accumulées, par infiltration, les eaux de la surface (DK) (*fig.* 105).

Ces eaux sont soumises à une température d'autant plus élevée que leurs réservoirs sont plus profonds. Elles sont ensuite poussées de bas en haut, de F en A, B, C, par la pression des vapeurs dégagées, ou même simplement par la pression de la colonne d'eau d'infiltration, si le point d'émergence A, ou *griffon*, se trouve dans une vallée, alors que les eaux d'infiltration proviennent d'une montagne (DK).

Caractères d'une source thermominérale. — Lorsqu'on a à étudier une source thermominérale et à en examiner les conditions d'exploitabilité, on doit envisager son débit, sa composition et sa température ; il est utile de bien étudier aussi les conditions climatériques de la région où l'on doit capter la source, ainsi que l'aspect et les ressources du pays, et la possibilité d'y installer une station thermale.

Débit. — Le débit d'une source est le volume d'eau qu'elle est susceptible de fournir en vingt-quatre heures.

On doit indiquer à quel niveau ce débit a été observé, car le rendement d'une source augmente en raison inverse de l'altitude du point d'émergence.

Le débit augmente avec le nombre de puits forés autour de la source ; mais l'accroissement n'est pas proportionnel au nombre de puits, le rendement de chaque puits diminuant sensiblement quand le nombre des forages augmente.

On peut encore augmenter le débit en tubant la source, ce qui diminue le frottement de l'eau sur les terrains traversés. Chaque source thermominérale a un débit constant et indépendant des variations météorologiques; mais le débit est très variable d'une source à une autre; les unes sourdent en petits filets à peine exploitables; les autres, au contraire, s'élancent en puissants torrents d'eau chaude. On peut citer, par exemple :

Les eaux de *Cauterets* (Hautes-Pyrénées), qui débitent 400 mètres cubes par vingt-quatre heures;

Alors que celles de *Royat* (Puy-de-Dôme) donnent 1.300 mètres cubes par vingt-quatre heures.

Celles de *Bourbon-l'Archambault* (Allier) donnent 2.400 mètres cubes par vingt-quatre heures ;

Et celles de *Teplitz* (Croatie) donnent 15.000 mètres cubes par vingt-quatre heures.

Composition des eaux. — Les eaux thermominérales renferment principalement du carbone, à l'état d'acide carbonique libre et quelquefois à l'état d'hydrocarbures, des carbonates alcalins, du soufre, du sulfure d'hydrogène et des sulfates, de la soude, de la chaux, de la magnésie, de l'oxygène, de l'hydrogène (geysers), du chlore, de l'iode et du chlorure de sodium, du fer, du lithium, du cuivre, du zinc, etc.

Ces eaux sont diversement colorées : soit en rouge, lorsqu'elles contiennent du sesquioxyde de fer, soit en jaune, lorsqu'elles renferment de l'argile. Elles sont parfois opalines (dépôt de soufre), bleuâtres ou verdâtres.

Température des eaux. — La température des eaux thermales varie avec la profondeur de leur dépôt; mais le degré géothermique varie sensiblement d'un lieu à un autre.

Ainsi, dans les terrains volcaniques, on ne doit descendre que de quelques mètres pour trouver une élévation de température de 1° C. En Toscane, tous les 13 mètres, on gagne 1° (13 est alors le degré géothermique). A Grenelle, le degré géothermique est de 31^m,90.

Des expériences récentes, faites dans des sondages profonds, ont montré que le degré géothermique n'est pas

MINÉRAUX EMPLOYÉS DANS LES INDUSTRIES DIVERSES 549

toujours constant en un même lieu, et qu'il augmente assez rapidement à mesure qu'on s'enfonce sous terre.

Il est donc difficile de déduire, de la température d'une source, la profondeur de laquelle elle provient.

Parmi les sources thermales connues, quelques-unes atteignent jusqu'à 80° à leur sortie de terre.

Hammam-Meskoutine (Algérie) atteint........	95°
Chaudes-Aigues............................	81°
Dax.......................................	70°
Bagnères..................................	55°
Mont-Dore.................................	45°
Vichy.....................................	43°
Châtel-Guyon..............................	35°

Captage des sources. — Selon la disposition des terrains et l'importance des sources, le captage est fait par différents procédés.

On peut faire une galerie à flanc de coteau, comme à *Gilesnowodsk* (Caucase), jusqu'aux cassures qui ont donné naissance aux suintements.

Si les griffons sont visibles, et s'ils se trouvent dans un terrain solide, on les entoure d'un mur en béton, lié d'une façon étanche à la roche ; on forme ainsi un réservoir où l'eau vient s'accumuler, et qu'on peut recouvrir d'une toiture pour éviter le mélange avec l'eau de pluie.

Lorsque l'eau suinte d'une fente de rocher, recouverte d'alluvions, il est nécessaire de rechercher la fente et d'aller rejoindre la roche au moyen d'un puits, comme à *Bourbon-l'Archambault*, à *Néris*, etc. (fig. 106).

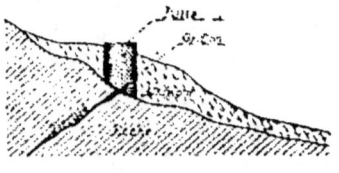

Fig. 106. — Captage d'une source (Bourbon-l'Archambault).

Lorsque les griffons sont très nombreux et disséminés dans une vallée, on peut recouvrir le fond de la vallée avec une couche de béton et couper le thalweg par des murs verticaux, ainsi que l'ont fait les Romains à *Plombières*, où des trous ont été ménagés en des points convenablement choisis pour la sortie de l'eau. La même disposition se retrouve à *Luchon*.

On peut aussi faire reposer la couche de béton sur pilotis, afin d'éviter la détérioration du béton par les alluvions du fond, ainsi que cela s'est fait à *Bourbonne-les-Bains*.

On a quelquefois déterminé une pression hydrostatique capable de favoriser l'arrivée de l'eau, en recouvrant les terrains avoisinant les griffons par une nappe d'eau superficielle, au milieu de laquelle on ménage un tube d'accès pour l'eau thermominérale.

A *Enghien-les-Bains*, l'eau des griffons sort au milieu d'un lac dans les boues du fond. On a desséché le lac et on a établi au milieu une cuve en bois avec garnissage étanche en mousse. Le fond du lac a été recouvert d'un lit de silex anguleux, recouvert par une feuille de plomb dont il est séparé par de la mousse; ce lit forme filtre pour les eaux minérales. Le tuyau d'appel ne va pas jusqu'au fond; il est percé de trous dans sa partie inférieure, en dessous de la feuille de plomb, pour livrer passage aux eaux minérales filtrées.

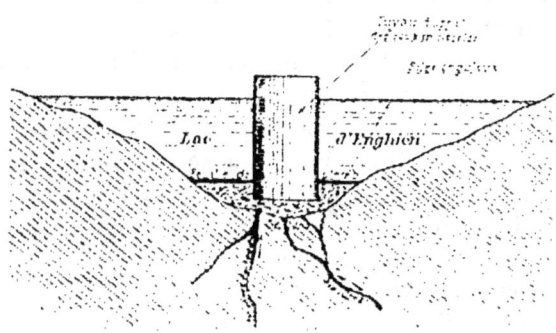

Fig. 107. — Captage des eaux à Enghien.

Lorsque l'eau minérale se trouve en nappe, on la rejoint au moyen d'un puits étanche, afin d'éviter le mélange avec l'eau de la surface. Ce procédé a été employé à *Saint-Yorre*.

Quand les sources sont captées, on est souvent gêné par les gaz qui s'accumulent, comme à *Châtel-Guyon*, dans les réservoirs et dans les appareils hydrothérapiques. On remédie à cet inconvénient en ménageant, au-dessus de chaque griffon, un tuyau qui sert spécialement au dégagement des gaz.

Lorsque les eaux captées se trouvent à une température trop élevée pour être employées immédiatement, on peut les laisser séjourner à l'air, si elles ne renferment pas de gaz susceptibles de se dégager ; on peut aussi faire circuler les eaux dans un réseau de tubes passant dans un réservoir d'eau froide.

Quand les eaux thermominérales ont un ralentissement dans leur débit, cela peut provenir de ce que les fissures d'arrivée des eaux ont été peu à peu obstruées par des matières sableuses ou argileuses entraînées par la source.

L'introduction d'une cartouche de dynamite à une certaine profondeur, au voisinage des fissures d'accès suffit souvent alors pour rétablir le débit primitif.

Ce procédé est employé avec succès en Amérique pour activer les venues pétrolifères, qui diminuent pour les mêmes raisons que les venues hydrothermales.

PRINCIPALES SOURCES HYDROTHERMOMINÉRALES. — Les sources hydrothermominérales sont très répandues sur la surface de la terre. On en compte 1.027 exploitées, rien qu'en France. Ces sources se trouvent généralement au voisinage de régions montagneuses, où les terrains ont été profondément plissés et fissurés. Elles ont, sous ce rapport, une grande analogie avec les sources d'hydrocarbures qui se rencontrent près des fractures profondes de la croûte terrestre, ordinairement le long de chaînes montagneuses importantes.

FRANCE. — En France, on trouve des sources minérales près du Plateau Central, dans le massif montagneux de l'Auvergne, dans les Pyrénées, les Alpes et le Jura.

Les principales sources minérales de la France sont celles de *Plombières, Vichy, Vals, Bourbonne, le Mont-Dore, Enghien, la Bourboule, Royat, Bagnères, les Eaux-Bonnes, Vittel, Contrexéville, Aix-les-Bains*, etc.

Sources de Plombières. — Les sources de Plombières sortent du granite où elles traversent des veines de quartz et des filons de spath-fluor. Elles sont alignées suivant une zone de fractures N.-E.-S.-O

La température des diverses sources varie, à Plombières, de 16 à 70°. Les sources les moins chaudes renferment un hydrosilicate d'alumine provenant des filons minéraux de la région et donnant à l'eau une apparence savonneuse.

Les eaux de Plombières sont alcalines et chargées de fluorure de calcium et de silicate d'alumine (environ 3 décigrammes de matières étrangères par litre d'eau).

Les Romains avaient capté ces sources au moyen d'un recouvrement de béton formé de grès bigarré et de briques sans sable avec un ciment de chaux. Ces divers matériaux ont été métamorphisés par l'eau minérale et ont formé des silicates d'alumine et de chaux et du carbonate de magnésie.

La transformation du béton qui s'est accomplie à Plombières, et qui a été étudiée par M. Daubrée, a pu évidemment se produire dans des proportions plus considérables en d'autres lieux et dans des circonstances un peu différentes et elle peut servir d'explication à l'origine de certaines formations géologiques.

En 1857, les sources de Plombières donnaient un débit assez faible par suite des dégradations survenues aux travaux anciens, et on dut les rechercher au moyen de galeries en direction, qui ont permis de rejoindre les griffons et d'augmenter le débit des eaux.

Sources de Bourbonne-les-Bains. — Les sources de Bourbonne sortent d'argiles bariolées de la partie supérieure du grès bigarré et doivent provenir de failles en relation avec le pointement granitique de Châtillon-sur-Saône.

Elles contiennent par litre environ 7 grammes de chlorures, de bromures, de sulfates de chaux et de magnésie, de carbonates de chaux, de fer et de manganèse, et des traces d'iode, de cuivre, de soufre et d'hydrogène sulfuré.

La température des eaux est de 60° environ. Le captage a été fait au moyen d'une couverture de béton sur pilotis.

En nettoyant le fond du puisard établi sur le principal griffon de Bourbonne, en 1874, on a retiré 4.700 pièces de monnaies romaines et gauloises en or, argent et bronze. Une partie de ces médailles avaient été décomposées par l'eau minérale, et on a retrouvé, dans le puisard, des fragments de grès et de silex agglomérés par une pâte à éclat métallique, avec de la chalcosine, de la chalcopyrite et diverses espèces minérales formées aux dépens du bronze des monnaies et de nombreux objets retrouvés dans le puisard. Les espèces minérales formées à Bourbonne, par le métamorphisme des divers métaux sous l'action des eaux thermales, ont été étudiées spécialement par M. Daubrée, qui a assimilé leur formation à celle des filons métallifères.

Sources minérales diverses. — En dehors des sources minérales de la France, il en existe un grand nombre dans les diverses contrées :

En *Algérie*, on connaît celles de *Hammam-Meskoutine* (Constantine) : débit = 24.000 hectolitres par vingt-quatre heures ; température = 95°. Ces eaux sont chargées en sels calcaires ;

Dans le *Nassau*, les eaux de *Seltz*, chargées en acide carbonique ;

En *Bohême*, celles de *Carlsbad*, qui donnent, par an, 600 tonnes de carbonate de soude, 10.000 tonnes de sulfate de soude, du carbonate de chaux et du chlorure de sodium ;

Dans le *Caucase*, les eaux de *Gilesnowodsk*, exploitées par galeries à flanc de coteau ;

En *Galicie*, les eaux iodées d'*Iwonicz*, au contact de formations pétrolifères importantes ;

A *Ischia*, les eaux thermales sont en relation intime avec des phénomènes volcaniques, ainsi qu'à l'île de *la Réunion* et au *Mexique*.

Dans le voisinage de la mer Morte, à *Zara*, les eaux sortent très chaudes entre deux coulées de basalte ; à *Callirhoë*, elles sortent près d'une coulée de lave, avec traces de soufre et d'alun ; et à *Emmaüs*, les eaux, contenant de l'hydrogène sulfuré, sont en relation avec un épanchement basaltique.

En *Italie*, à *San Filippo*, près de Rome, les eaux thermales ont déposé, en vingt ans, une couche de travertin de 9 mètres d'épaisseur.

A *Sedlitz* et à *Epsom*, l'on rencontre des sources salines contenant des sulfates de magnésie et de soude et du chlorure de sodium, etc., etc.

GEYSERS

Les geysers sont des sources thermales très actives qui jaillissent, poussées avec violence par les gaz et la vapeur d'eau formés dans les couches profondes où la température est très élevée.

L'échappement des eaux et de la vapeur est intermittent, en général.

L'explication de l'intermittence des geysers est la suivante :

Explication de l'intermittence des geysers. — Supposons une source thermale dont le griffon se trouve en A (*fig.* 108); elle s'écoulera régulièrement sans phénomène particulier, si rien ne vient troubler sa marche. Mais, si elle est en relation, par des fissures telles que DB, avec des vapeurs chaudes provenant de couches profondes, ces vapeurs, au lieu de se dégager librement comme elles pourraient le faire par des fissures communiquant avec la surface du sol, s'accumulent en EB, au contact de la colonne d'eau AC, qu'elles tendent à soulever; elles échauffent l'eau de B jusqu'à l'ébullition, et, lorsque leur tension est suffisante, elles soulèvent de 1 à 2 mètres cette eau qui, en arrivant en F, où la température d'ébullition est inférieure, se volatilise brusquement et projette, en A, une gerbe bouillante avec une partie des vapeurs de DE.

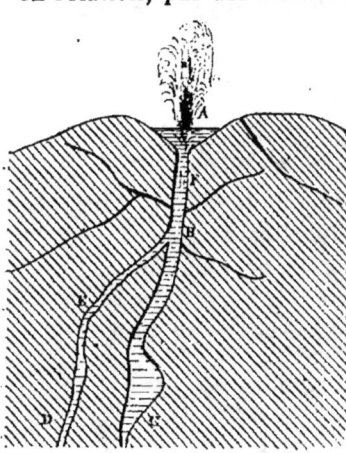

Fig. 108. — Coupe théorique d'un geyser.

La période et l'intensité des projections varient avec la position des fissures telles que EB, la température des gaz et les dimensions de la cheminée AB.

On trouve, dans l'eau des geysers, des silicates alcalins, des carbonates, et quelquefois du fer et du manganèse; les dégagements gazeux sont formés de vapeurs sulfureuses et d'acide carbonique.

Les principaux pays où l'on rencontre des geysers sont : l'*Islande*, la *Nouvelle-Zélande*, l'*Amérique du Nord*, les *Açores*.

L'*Islande* est la région des geysers la mieux connue.

Les plus importants geysers d'Islande sont :

Le *Grand-Geyser*, au nord-ouest de l'Hecla, entouré d'un cône de 70 mètres de diamètre et de 10 mètres de hauteur, comme un volcan.

La température de l'eau est, à la surface, de 80°, et, à $22^m,50$ de profondeur, de 127° avant les éruptions et de 122° après.

Les intervalles des éruptions sont de trente heures, en moyenne, et leur durée est de dix minutes. Le volume d'eau rejeté à chaque éruption est de 160 mètres cubes environ.

Près du Grand-Geyser, on trouve le *Strokkr*, geyser moins important, et divers autres plus petits.

La *Nouvelle-Zélande* renferme aussi un grand nombre de geysers, près du volcan de *Tongarvio*.

L'*Amérique* compte un certain nombre de geysers plus importants que ceux de l'Islande et de la Nouvelle-Zélande. Le principal geyser est celui du *Géant*, qui donne des jets d'eau de 60 mètres de haut; on le trouve dans le parc de *Yellowstone* dans les montagnes Rocheuses, près d'un massif éruptif. Parmi les autres, on connaît surtout la *Ruche d'Abeilles* (gerbes de 70 mètres) et le *Vieux-Fidèle* (gerbes de 40 mètres toutes les heures).

Dans les *Açores*, on trouve des geysers dans l'île de *San-Miguel*.

On doit noter que la puissance des geysers va toujours en diminuant, ce qui semble indiquer un ralentissement dans l'activité des phénomènes cosmiques, ou tout au moins une obstruction ou une solidification des fissures profondes de la croûte terrestre.

BIBLIOGRAPHIE DES SOURCES THERMOMINÉRALES ET DES GEYSERS

Daubrée, *Eaux souterraines anciennes et modernes.*
Elie de Beaumont, *Notes sur les émanations volcaniques et métallifères (Bulletin de la Société géologique de France,* 2ᵉ série, t. IV, p. 1272).
De Lapparent, *Géologie,* 1ᵉʳ volume, p. 455 et 471.
Nivoit, *Géologie appliquée,* t. I, p. 95.
Truchot, *Annales du Club alpin,* 10ᵉ année, 1884 (*Sources thermominérales*).
Voisin, *Annales des Mines,* 7ᵉ série, t. XVI, p. 488 (*Sources thermales de Vichy*).
De Gouvenain, *Comptes Rendus de l'Académie des Sciences,* t. LXXX, p. 1297 (*Sources de Bourbon-l'Archambault*).
L. Lartet, *Bulletin de la Société géologique de France,* 2ᵉ série, t. XXIII, p. 719 (*Sources thermales au voisinage de la mer Morte*).
Des Cloizeaux, *Annales de Chimie et de Physique,* 3ᵉ série, t. XIX (*Geysers d'Islande*).
Labonne, *Comptes Rendus de la Société géographique,* 1886 (*Geysers d'Islande*).
Fouqué, *Comptes Rendus de l'Académie des Sciences,* t. LXXXI (*Sources geysériennes des Açores*).
Stanislas-Meunier, *Lithologie pratique,* 1872, p. 117 (*Geysers*).
Geological Survey of the territories, reports for 1871, 1872, 1878 (*Geysers d'Amérique*).
American Journal, 3ᵉ série, t. XXVI, p. 241 (*Geysers du Yellowstone*).
1892. Schweitzer, *A report on the mineral waters of Missouri* (*Geological survey of Missouri*).
1894. Jacquot, *Les Eaux minérales de France* (Baudry).

CHAPITRE VII

MÉTAUX RARES

L'ARGENT ET SES MINERAIS

Propriétés physiques. — L'argent est un métal d'un blanc très pur, qui acquiert un vif éclat par le poli. Il est assez mou, très ductile, très malléable et doué d'une grande ténacité.

On peut l'étirer en fils très fins et le réduire en feuilles n'ayant pas plus de 2 millièmes de millimètre d'épaisseur. Sa densité est 10,47. Il fond à 1.000° et se volatilise vers 1.500°, en émettant des vapeurs bleues. Parfaitement pur et à l'état liquide, il peut dissoudre jusqu'à vingt-deux fois son volume d'oxygène. Au moment où le métal commence à se solidifier, une partie du gaz occlus se dégage brusquement en soulevant la couche déjà prise, et forme, en projetant du métal, une sorte de champignon à la surface. On dit alors que l'argent *roche*. On extrait le reste du gaz dissous dans l'argent, par le vide à la température de 500 à 600°. L'argent est très bon conducteur de la chaleur et de l'électricité. Sa chaleur spécifique est de 0,057.

Propriétés chimiques. — Ce métal ne s'oxyde pas à l'air, à la température ordinaire. Il se combine directement avec la plupart des métalloïdes.

Il décompose à froid l'acide azotique et l'acide bromhydrique. Il n'agit sur l'acide sulfurique que lorsque celui-ci est concentré et bouillant, et il n'attaque l'acide chlorhydrique que vers 550°.

Au contact de l'acide sulfhydrique, l'argent noircit, même à la température ordinaire. Il attaque rapidement cet acide à 550°.

Alliages. — L'argent s'allie avec plusieurs métaux, tels que le cuivre, le platine, l'or et le mercure. Combiné au cuivre dans certaines proportions, il conserve sa couleur et acquiert une plus grande dureté.

L'alliage employé pour la fabrication de la vaisselle d'argent est au titre de 950 millièmes d'argent et de 50 millièmes de cuivre. Pour les monnaies d'argent, on emploie un alliage qui est, pour les pièces de 5 francs, de 900 millièmes d'argent et de 100 millièmes de cuivre ; et pour les pièces divisionnaires de 2 francs et au dessous, de 835 millièmes d'argent et de 165 millièmes de cuivre.

Pour les objets de bijouterie, le titre de l'alliage est fixé à 800 millièmes.

La soudure pour alliage d'argent au titre de 950 millièmes est composée de 66,66 0/0 d'argent, 23,33 0/0 de cuivre et 10 0/0 de zinc.

Le plaqué ou doublé d'argent sur cuivre se fait avec un alliage au titre de 900 millièmes. Enfin on pratique quelquefois l'argenture de divers métaux, du bois, du carton et du papier, en faisant adhérer à ces substances de l'argent en feuilles.

MINERAIS DE L'ARGENT

On peut diviser les minerais d'argent en deux catégories : les minerais d'argent proprement dits et les minerais complexes où l'argent accompagne le cuivre, le plomb, l'or, etc.

Minerais d'argent proprement dits. — Les principaux minerais d'argent proprement dits sont : l'argent natif, les minerais sulfurés, l'argent noir, l'argent rouge, les chlorures et les bromures d'argent, etc.

L'*argent natif* se rencontre au Konsberg, au lac Supérieur, etc.

L'*argyrose* est un sulfure d'argent (Ag^2S) (Mexique, Chili, Pérou, Comstock); l'*acanthite* est aussi un sulfure d'argent (Freiberg); la *stromeyérine* et la *jalpaïte* sont des sulfures d'argent et de cuivre.

L'*argent noir* est un sulfoantimoniure dont les types principaux sont : la *polybasite* (Ag^5SbS^6), tenant de 72 à 74 0/0 d'argent (Freiberg, Przibram, Schemnitz, Mexique, Nevada); la *psaturose* ou *stéphanite* (Ag^5SbS^4), tenant 68 0/0 d'argent (Comstock, Zacatecas, Przibram).

L'*argyrythrose* ou *pyrargyrite* est un argent rouge antimonial (Ag^3SbS^3), tenant 60 0/0 d'argent (Andreasberg, Schemnitz, Przibram, Chanarcillo au Mexique), et la *proustite* est un argent arsenical (Ag^3AsS^3), tenant 65 0/0 d'argent (Chanarcillo).

Les *chlorures*, *bromures*, etc., sont des minerais de surface que l'on trouve dans les parties hautes des filons. Ils comprennent : l'argent corné ou *cérargyrite* (AgCl); la *bromargyrite* (AgBr); l'*embolite*, chlorobromure d'argent; l'*iodargyrite* (AgI).

Minerais complexes. — Les principaux minerais complexes sont la *galène* (0 à 0,72 0/0 d'argent) et surtout les *cuivres gris* (tétraédrites tenant jusqu'à 29 0/0 d'argent).

Les *pyrites de cuivre* et la *blende* sont moins argentifères. Enfin on trouve l'argent associé à l'or, surtout dans les tellurures, tels que la *petzite*, tenant 40 0/0 d'argent au Colorado et en Californie, la *calavérite* tenant environ 3 0/0 d'argent, et la *hessite* tenant jusqu'à 63 0/0 d'argent, mais très peu d'or.

Gisements. — Pour faciliter l'étude des gîtes d'argent, nous les diviserons en trois catégories :

1° Filons contenant des minéraux d'argent proprement dits ;

2° Gîtes de cuivre gris argentifère ;

3° Gîtes de blende, de galène et de pyrites de cuivre argentifères dont la plupart ont été étudiés dans le chapitre III.

1° MINERAIS D'ARGENT PROPREMENT DITS EN FILONS

Gisements de la France. — *Chalanches et le Grand-Clos (Isère)*. — On a exploité autrefois à *Chalanches* (Isère) des filons complexes, au nombre de six, recoupant des calcaires jurassiques et contenant des minerais de cobalt et de nickel avec de la stibine argentifère, du chlorure et du sulfate d'argent. Ces filons sont assimilables à ceux de la venue argentifère récente de Freiberg.

A *Grand-Clos* (Isère), on a également exploité des filons de galène argentifère recoupant les gneiss (*fig.* 109).

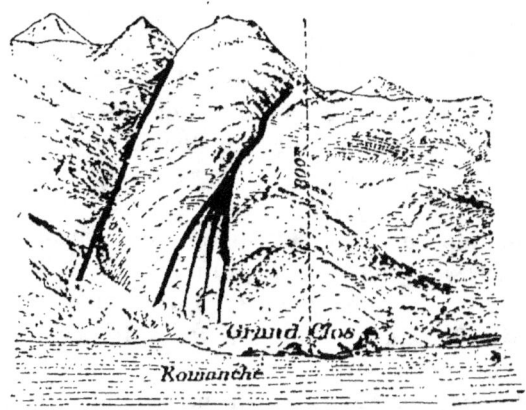

Fig. 109. — Filons argentifères de Grand-Clos.

La Croix-aux-Mines (*Vosges*). — La mine de la Croix-aux-Mines, découverte en 1315, fut exploitée activement pendant plusieurs siècles. On vient de reprendre, en 1899, l'exploitation abandonnée depuis la Révolution.

On y a trouvé de la galène argentifère, des minerais d'argent proprement dits et, en quelques points, un mélange de galène et de cuivre gris argentifère. La gangue est un détritus de granite décomposé, quelquefois avec schistes, stéatite, quartz et hématite.

Le filon principal est orienté N.N.E.-S.S.O. et incliné vers l'est ; il recoupe des gneiss métamorphisés par les granites. Il se poursuit sur une longueur de près de 5 kilomètres, avec une puissance de 30 à 40 mètres.

Sainte-Marie-aux-Mines (*Alsace*). — On doit rattacher à ce gisement français de la Croix-aux-Mines celui de Sainte-Marie situé sur le versant oriental des Vosges.

On y trouve, dans des filons recoupant les gneiss, de l'argent natif, de l'argent rouge, du cuivre gris et du cobalt. Ces mines ont été exploitées dès le xe siècle sur des longueurs considérables et jusqu'à une grande profondeur. Elles sont actuellement l'objet de travaux importants.

Giromagny (près Belfort). — Au sud de ces mines on a exploité, à diverses reprises, à Giromagny, entre Belfort et le Ballon d'Alsace, de la galène argentifère, habituellement disposée en colonnes riches, avec quelques minerais d'argent proprement dits (filons *Saint-Louis*, *Solgat*, *Pfenningturm*), et du cuivre gris avec de la pyrite cuivreuse (filon *Saint-Daniel*)

Vialas (Lozère). — Il y a lieu de citer aussi les mines de Vialas, déjà étudiées au chapitre du *Plomb*. On y rencontre des filons argentifères à gangue de calcite et de barytine, renfermant aussi de la galène argentifère.

La production de l'argent métal, qui avait été, en France, en 1894, de 96.955 kilogrammes, d'une valeur de 10.665.050 francs, est tombée, en 1896, à 70.479 kilogrammes, valant 7.964.425 francs. Elle est remontée, en 1898, à 80.000 kilogrammes environ.

Espagne (*Guadalcanal*). — En Espagne, les principaux gisements d'argent filonien se trouvent à : *Guadalcanal*, *Cazalla*, *Hien de la Encina*, *Sierra de Almagrera*. La mine de *Guadalcanal* (près de Séville), exploitée par les Carthaginois, a été reprise au milieu du xvi⁰ siècle et en 1768, puis abandonnée. On y trouvait de l'argent sulfuré, de l'argent rouge et de l'argent natif, avec gangue spathique. En certains points, on y rencontrait des pyrites cobaltifères avec de l'argent sulfuré et rouge en filons très ramifiés et rejetés à une faible profondeur par une faille argileuse. A *Cazalla*, près de Guadalcanal, on a exploité des minerais d'argent arsenicaux et de l'argent rouge en mouches dans de la blende, avec gangue de barytine; le minerai trié contenait de 5 à 6 kilogrammes d'argent à la tonne.

Hien de la Encina. — A *Hien de la Encina*, dans la sierra de Guadalajara, trois filons principaux recoupent des gneiss et des micaschistes (argent natif, argyrose, chlorures et bromures avec quartz, barytine et sidérose).

Sierra de Almagrera. — On a étudié au chapitre III de ce Traité, les gîtes espagnols de galène argentifère de Linarès et de Carthagène; mais il existe aussi en Espagne des filons de galène argentifère (0,0036 à 0,005 de teneur en argent) avec sulfures, arséniures, sulfo-arséniures et chlorures d'argent, pyrites et minerais de cuivre; ces filons, à gangue de baryte et de calcite, recoupent les schistes argileux et les micaschistes cristallins de la *Sierra Almagrera*. A *Cabezo de las Herrerias*, l'argent natif est associé à des minerais de fer recoupant des trachytes (mines de *Autrevida* et de *Milagro de Guadalupe*).

La production de l'argent en Espagne a été de 229.000 kilogrammes en 1898, valant 21.718.930 francs.

SARDAIGNE (*Sarrabus*). — L'exploitation active des mines du *Sarrabus* (Sardaigne), près de Campidano, ne remonte qu'à 1870, bien que la mine soit connue depuis le commencement du XVIIe siècle. On exploite des filons irréguliers, mais très nombreux, qui sont parallèles aux strates est-ouest des schistes et des quartzites de cette région ; ces filons comportent une venue plombeuse et une venue argentifère plus récente correspondant à des réouvertures des filons. Les filons récents, dont l'épaisseur varie de quelques centi-

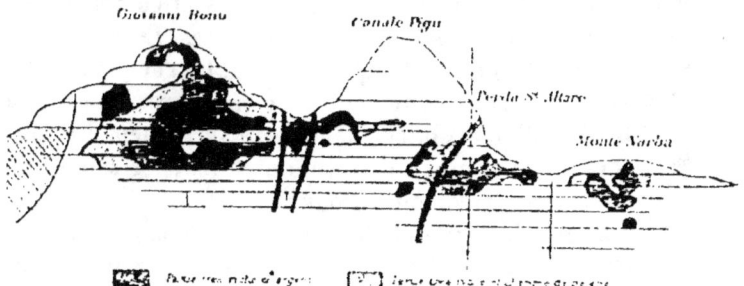

FIG. 110. — Coupe ouest-est des mines du Sarrabus (d'après M. Traverso).

mètres à près de 2 mètres, renferment de la barytine, de la calcite, de la fluorine, de la galène riche avec argent natif, du chlorure d'argent (à l'affleurement), de l'argyrose en cristaux ou en filaments, de la stéphanite (surtout en profondeur), de la pyrargyrite et de la proustite. Les parties riches forment des amas irréguliers ou des colonnes comme à Kongsberg. Parmi ces amas, on peut citer celui de *Sarcilone* ($8^m,00 \times 5^m,00 \times 0^m,06$), trouvé dans un filon stérile aux affleurements; le minerai de cet amas, avec gangue de calcite, tenait jusqu'à 30 0/0 d'argent.

La production de l'argent, en Italie, a atteint 45.313 kilogrammes en 1897, ce qui représente une valeur de 4.355.000 francs.

Norwège (*Kongsberg*). — Le gisement de *Kongsberg* (étendue du district = 400 kilomètres carrés environ), exploité depuis le commencement du xviie siècle, est encore aujourd'hui très important. Les filons de calcite et d'argent natif y recoupent des gneiss et des schistes cristallins et présentent des enrichissements à la rencontre des zones d'imprégnations pyriteuses appelées fahlbandes (zones heureuses) et composées de sulfures (pyrites de fer et de cuivre). L'imprégnation est surtout forte dans le gabbro et dans les schistes micacés. Il existe à Kongsberg huit fahlbandes dont les deux principales sont l'*Overberg* (puissance : 300 mètres) et l'*Underberg* (puissance : 60 mètres).

Ces fahlbandes paraissent dues, d'après Kjérulf et Dahll, à la pyritisation, par des venues sulfurées, des roches schisteuses cristallines de Kongsberg plissées et comprimées lors du soulèvement des gabbros et des granites. Les roches spongieuses (schistes) ont été imprégnées; et les roches compactes (gneiss) ont résisté à cette action. Les fractures de Kongsberg ont une direction est-ouest et plongent verticalement; la puissance des filons atteint au maximum $0^m,20$; les zones argentifères forment des colonnes dans ces filons.

L'Overberg, la seule région encore florissante, comprend une trentaine de mines et environ deux cent cinquante filons. Les deux seules exploitations prospères aujourd'hui sont *Kongensgrube* (650 mètres de profondeur) et *Hülfe-Gottes*.

Le minerai exploité est de l'argent natif, en petites veines ou en cristaux isolés, et du sulfure d'argent amorphe, accompagné de chaux carbonatée spathique.

On rencontre, en profondeur, des zones d'enrichissement alternant avec des zones pauvres.

Les mines des districts de *Vinoren* et de l'*Underberg* sont abandonnées aujourd'hui.

La production de la Norwège a été de 4.720 kilogrammes d'argent en 1897, soit une valeur de 453.650 francs.

Suède (*Sala*). — Dans les gisements de galène argentifère de *Sala*, en Suède, on rencontre aussi de l'argent natif et du sulfure d'argent. On traite le minerai par le sulfate de cuivre dans une dissolution d'hyposulfite de soude, et on obtient de l'hyposulfite double d'argent et de soude qu'on attaque par le sulfure de sodium; on recueille ainsi du sulfure d'argent avec une certaine quantité d'or et de mercure.

La production de l'argent, en Suède, a atteint, en 1897, 2.218 kilogrammes valant 213.195 francs.

SAXE (*Himmelfahrt*). — On a étudié, à propos du plomb, les champs de filons de la Saxe et de la Bohême, et on y a signalé les minerais d'argent en relation avec une venue calcaire ou dolomitique postérieure à la venue quartzeuse; on a cité, à Freiberg, la mine de *Himmmelfahrt* qui renferme, dans un amas d'une cinquantaine de mètres, de l'argent natif, de l'argent rouge antimonial et arsenical, et de l'argent sulfuré en relation avec une dolomie récente. On y trouve aussi des druses d'argent rouge dans l'edlequartz.

Annaberg. — L'argent rouge et l'argent sulfuré ou natif se trouvent encore, avec de la dolomie, à *Annaberg* (Voir le chapitre du *Plomb*).

BOHÊME (*Joachimsthal*). — **On connaît aussi, à *Joachimsthal* (en Bohême), des gisements argentifères à gangue dolomitique, dans les micaschistes. Les minerais exploités sont de l'argent natif et de l'argentite (sulfure d'argent) à l'état d'imprégnations; ils sont souvent disposés en colonnes isolées.

La production totale de l'argent, en Allemagne, a été, en 1898, de 480.578 kilogrammes, valant 45.578.740 francs

HONGRIE (*Schemnitz, Kremnitz*). — Les mines de Schemnitz, situées au nord de la Hongrie, au sud-ouest des monts Tatra, sont exploitées depuis la plus haute antiquité. Elles fournissent des minerais d'argent proprement dits (argent natif, argyrose, polybasite, argent rouge), des minerais de cuivre argentifère, des galènes argentifères et des pyrites argentifères. Les filons, à gangue de quartz, sont en relation soit avec des grünsteins ou propylites, qui sont des andésites amphiboliques miocènes, soit avec des syénites et des schistes anciens. Les filons, encaissés dans les propylites, sont dirigés S.-O.-N.-E. et sont formés d'un ensemble de fentes très ramifiées; ils renferment des minerais en colonnes enrichies aux points de rencontre; la gangue est quartzeuse; les autres filons, beaucoup moins ramifiés, ont un remplissage de calcite.

Les filons en relation avec les propylites (*Schemnitz* et *Windschach*) forment en réalité des groupes de fentes occupant quelquefois une largeur de 40 mètres; le remplissage est formé de silice (quartz, améthiste, jaspe et sinople); les parties riches en argent sont accompagnées de calcite et de quartz hyalin.

Les filons encaissés dans les syénites (*Hodritsch, Eisenbach*) sont moins importants; ils forment des veines puissantes contenant des minerais d'argent avec calcite ou quartz. Il y a souvent altération des roches encaissantes sous l'influence d'émanations solfatariennes, comme au Comstock (Voir plus loin).

A *Kremnitz*, on exploite des filons argentifères et aurifères (pyrites avec psaturose, argyrose, cuivre gris, etc.), dans des propylites encaissées dans des trachytes gris.

La production de la Hongrie a été, en 1897, de 26.790 kilogrammes d'argent, valant 2.575.355 francs.

AMÉRIQUE. — *Nevada (Comstock).* — Le filon argentifère découvert par le mineur Comstock, en 1859 (Comstock lode), dans le district de Washoe (Nevada), est long de 7 kilomètres; c'est un des plus grands filons connus : il a produit plus de 2 milliards d'or et d'argent, grâce à la découverte de *bonanzas* d'une richesse considérable. Les trois principaux centres d'exploitation sont ceux de *Gold Hill*, de *Virginia* et d'*Ophir*.

Le Comstock lode est un filon de quartz situé au contact des diorites du mont Davidson et d'un grand filon de diabase, au-delà duquel on trouve un massif d'andésite amphibolique. Entre la surface et l'étage de 300 mètres, le filon s'élargit considérablement et forme un V dont l'ouverture, est orientée vers la surface. Les branches du V sont constituées par du quartz pauvre; l'intérieur renferme un mélange de quartz métallifère, d'argile, de fragments de roches et de calcite. Ce remplissage a été produit par la chute des roches encaissantes dans la fracture du filon. Au-dessous de 300 mètres, le filon se réduit à une fente à parois parallèles de 20 mètres de puissance. On trouve, disséminés dans ce filon : de l'argent sulfuré (argentite), de la galène riche, de l'argent rouge avec argent et or natifs; au contact de la diorite, les minerais aurifères dominent et le quartz est très argentifère. Dans la région centrale, près de *Virginia City*, le filon présente, en coupe transversale, l'aspect indiqué par la figure 111.

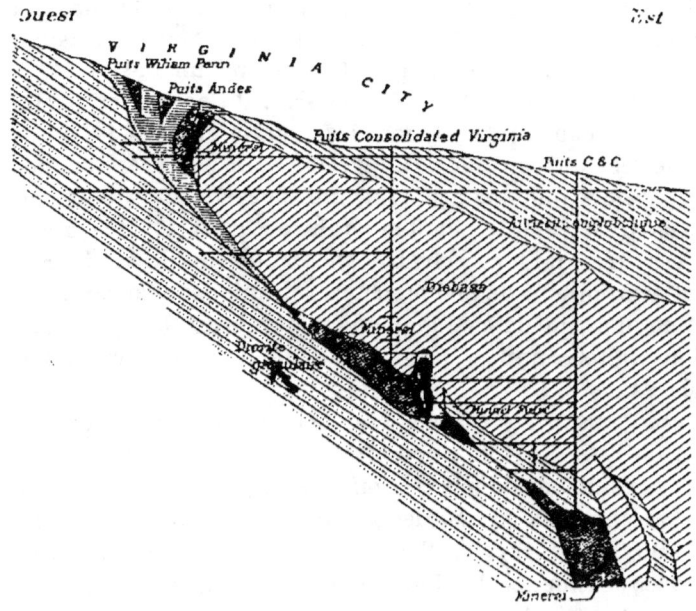

Fig. 111. — Coupe du gîte de Comstock (d'après Becker).

On a trouvé au Comstock de nombreuses *bonanzas*, c'est-à-dire d'énormes lentilles irrégulières formées par des massifs altérés de la roche encaissante devenue spongieuse, argileuse et injectée de minerai; les bonanzas de surface contiennent de l'argent natif et des chlorures; les bonanzas de profondeur fournissent des sulfures, des sulfo-antimoniures, etc. (argyrose, stéphanite, polybasite, proustite, pyrargyrite, tétraédrite). Les plus célèbres sont les bonanzas de *Crown-Point* (54 millions de francs de 1870 à 1873), de *Potosi* (75 millions; valeur du minerai, 400 à 620 francs la tonne) et d'*Ophir* (215 millions; valeur du minerai, 600 à 4.000 francs la tonne). Les bonanzas sont épuisées; mais elles ont donné 1.500 millions d'or et d'argent. Malheureusement, même dans les grandes mines (Consolidated, Virginia, California, Ophir, Chollard, Potosi, etc.), les travaux sont rendus impossibles, au-delà de 450 mètres, par suite de l'abondance des eaux et de la température très élevée qui règne dans les fronts de taille. On a cependant construit un tunnel de drainage et d'aération de 7 kilomètres, qui débite 5 millions de mètres cubes d'eau par an; la température est néanmoins de 49° à 450 mètres, et atteint 60° à 670 mètres. On arrose les fronts de taille à l'eau froide; et, dans les chantiers profonds (800 et 900 mètres), on distribue 20 kilogrammes de glace par homme, aux ouvriers qui, malgré tout, ne peuvent travailler que trois heures de suite. La température élevée est due à des sources très chargées d'hydrogène sulfuré, qui atteignent 76° et proviennent de phénomènes volcaniques. Le remplissage du filon, qui date de l'époque miocène, est dû à des émanations solfatariennes, qui ont précédé et suivi l'arrivée des andésites.

Nevada (Austin). — On peut encore citer, dans le Nevada, les filons d'*Austin*, à 158 kilomètres de Battle Mountain. Ce sont des veines de quartz très minces (0ᵐ,25 à 0ᵐ,45 dans les parties riches), au milieu des granites; les minerais sont la proustite, la pyrargyrite, l'argyrose, la polybasite, la stéphanite, avec abondance de chlorures et de bromures d'argent, à la profondeur de 25 mètres (teneur moyenne : 0,004 à 0,005); la gangue est du quartz, avec silicate rose de manganèse. On trouve aussi de l'argent natif et des sulfures à *Silversandstone*, dans des trachytes triasiques du comté de Washington.

Le Nevada a produit, en 1897, 46.650 kilogrammes d'argent, valant 4.484.250 francs.

Le comté de Washington a produit, la même année, 7.548 kilogrammes d'argent, valant 725.795 francs.

Montana (Butte City). — Depuis que le Comstock lode s'appauvrit et devient difficile à exploiter, les mines d'argent et de cuivre du district de *Butte-City* (Montana) ont pris une importance considérable; on y exploite des filons contenant soit des galènes avec sulfures d'argent à gangue de quartz et de silicate de manganèse (mines de *Lexington*,

Granite-Mountain, Moulton, etc.), soit des filons à gangue manganésifère (*Blue-Bird*), soit des filons de cuivre argentifère (*Anaconda*). La Société française des mines de Lexington exploite deux filons, dans cinq concessions : Lexington, Atlantic, Wild-Pat, Allie-Brown et Mill-Site. Les mines les plus productives du Montana sont celles de Granite-Mountain et de Blue-Bird.

La production du Montana a atteint, en 1897, 522.791 kilogrammes, valant 50.243.560 francs.

Colorado (Leadville). — Au Colorado, l'important gisement de Leadville renferme des filons de galène argentifère à gangue quartzeuse; on y rencontre aussi des minerais d'argent proprement dits et quelques sulfosels d'argent.

La teneur des minerais y varie de 0,002 à 0,008.

La production du Colorado a été, en 1897, de 661.745 kilogrammes d'argent, valant 63.611.135 francs.

Mexique. — Les riches mines d'argent du Mexique : *le Carmen, Catorce, Real-del-Monte, Pachuca, Guanajato, Chihuahua, Zacatecas, Fresnillo*, exploitées par les Espagnols dès la conquête (1520), avaient beaucoup diminué d'importance, par suite du prix élevé du mercure et du sel, surtout au moment des guerres civiles et étrangères. Depuis quelques années, le Mexique a repris sa place comme producteur d'argent, et il vient immédiatement après les États-Unis.

D'une manière générale, les filons d'argent du Mexique sont en relation avec des diorites, qu'ils recoupent, et sont, à leur tour, recoupés par des trachytes de venue postérieure. Cependant, en certains points (*San-Francisco de Morelos* et la *Sonora*), les filons sont concentrés dans des trachytes.

Au Mexique, il existe une succession bien marquée et constante dans l'ordre des minerais contenus dans un filon. On y constate cependant des *bonanzas* ou zones riches, comme dans beaucoup de filons, bien qu'ici ces zones paraissent localisées à une profondeur à peu près constante.

On trouve la succession suivante, en partant de la surface : 1° argent natif avec oxydes de fer ou de manganèse et gangue de quartz carié; 2° bromures et chlorures d'argent avec argent natif et oxydes de fer et de manganèse (zone peu riche); 3° argent sulfuré prédominant avec sulfure antimonié noir (zone très riche, bonanzas); 4° argent antimonié sulfuré noir, puis argent rouge; 5° minerais cuivreux, blende, pyrite de fer et quartz, à 450 ou 500 mètres.

La zone moyenne est la plus riche, et on arrive sûrement à un appauvrissement en profondeur. L'existence des chlorures aux affleurements, que l'on retrouve à Leadville, à Huelgoat, au Chili et au Pérou, s'explique par l'existence de lagunes salées, dont le sel provient, par lavage, des terrains volcaniques qui abondent dans le pays. Les minerais d'argent du Mexique sont toujours accompagnés d'un quartz cristallin violet, qui prédomine. On trouvera ci-dessous quelques détails sur les principaux gisements mexicains.

Mines du Carmen (Sonora mexicaine). — Le district du Carmen, longtemps troublé par les incursions des Apaches, est redevenu prospère. On y exploite surtout les filons à gangue purement quartzeuse du Carmen, qui recoupent les trachytes verdâtres de la Sierra-Madre.

Les plus importants sont *Santa-Maria* (filon d'incrustation net, tantôt unique, tantôt en veinules) et *Puertecito*. Leur orientation est nord-est-sud-ouest (160°); leur remplissage est très complexe (proustite, argyrose, polybasite riche en arsenic et en antimoine, avec galène et pyrite de cuivre). L'argent est associé avec un peu d'or.

Catorce. — A *Catorce*, des filons de diorite et de porphyre amphibolique (toscas) traversent un pli anticlinal de calcaires, de marnes et de schistes.

Ces filons ont 4.000 mètres de longueur et 10 mètres de puissance. Le principal est le filon *San-Agustin*, rempli de minerais poreux et cristallins très variés.

Chihuahua. — Les principales mines du district de *Chihuahua* sont celles de *Santa-Eulalia* et de *Batopilas*, qui ont produit plus d'un milliard d'argent.

Fresnillo et Zacatecas. — Les districts de *Fresnillo* et de *Zacatecas* renferment plus de cinquante filons d'argent, recoupant un conglomérat rouge à ciment argileux, avec fragments de syénite. On y distingue trois catégories de minerais : 1° Colorados (argent natif, chlorures, bromures) ou minerais d'affleurements à gangue de quartz rouge ; 2° Negros à gangue de quartz (argent sulfuré, arséniures, antimoniures); 3° AZULAQUES, minerais consistant en imprégnations des terrains encaissants (minerais particuliers au district de Fresnillo).

Les minerais de Fresnillo sont pauvres, mais très abondants. A Zacatecas, où la zone riche commence à 30 mètres de profondeur, le filon *la Veta-Grande* a produit pour plus de 3 milliards d'argent.

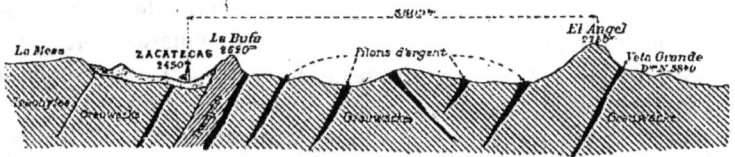

Fig. 112. — Coupe du gîte argentifère de Zacatecas, d'après M. Laur.

Pachuca et Real del Monte. — Les mines de *Real del Monte* et de *Pachuca*, autrefois très riches, ont donné lieu à des découvertes de bonanzas considérables (*Veta-Madre de Real del Monte*). On y trouve de l'argent natif avec 0,2 0/0 d'or et de l'argyrose avec gangue de quartz.

Guanajuato. — Le célèbre filon de *Veta-Madre*, du district de *Guanajuato*, recoupe un conglomérat rouge avec des fragments de syénite et des schistes talqueux injectés de diorite (rocaverde); ce filon, orienté nord-ouest-sud-est, présente un pendage de 45° vers le sud-ouest; il est rempli d'or et d'argent natifs et d'argyrose avec argent rouge et cuivre gris. La gangue est du quartz avec sidérose et fluorine.

On a trouvé, en 1701, dans ce filon, une bonanza de 150 mètres de large (mine de Valenciana), qui a fourni pour plus de 1.500 millions d'argent.

Cette mine, ainsi que celle de *Rayaz* du même district, est encore exploitée aujourd'hui.

On peut citer encore, au sud du Mexique, les mines de *Zacualpan*, de *Guadalupe del Oro*, de *Sultepec*, de *Temascaltepec*, etc. (filons *Capulin*, *Pascual*, *Concepcion*, *Veta Nueva*, etc.).

La production du Mexique a été, en 1897, de 1.681.212 kilogrammes, valant 161.500.398 francs.

Pérou. — Les mines du Pérou ont fourni des quantités considérables de minerais d'argent très riches, provenant des provinces de *Cajamarca*, de *Choca* et surtout des fameuses mines de la montagne du *Cerro de Pasco* qui ont produit plus de 2 milliards d'argent. Le Cerro de Pasco présente la même succession de minerais que les mines du Mexique. Ces minerais sont, à partir des affleurements : 1° les *pacos* ou *cascajos*, minerais rouges tenant environ 500 grammes à la tonne; 2° les *bronzes*, minerais contenant des pyrites de fer et de cuivre; 3° les *pavonados*, sulfosels donnant de 8 à 10 kilogrammes d'argent à la tonne; 4° les *minerais plombeux* donnant de 1 à 5 kilogrammes à la tonne. On trouve dans les pavonados, de la tétraédite très riche (malinowskite), tenant 25 kilogrammes à la tonne. La gangue est quartzeuse; les minerais forment des veines ou des colonnes comme au Mexique; mais les *bonanzas* portent ici le nom de *tajos*.

La production du Pérou a été, en 1897, de 58.368 kilogrammes d'argent, valant 5.605.065 francs.

République Argentine. — Japon. — On peut citer aussi les filons argentifères à gangue quartzeuse de la République Argentine (*Cerro de Famatina* et *Cerro de Cacheuta*), et ceux du Japon : filons de quartz argentifère de l'*île de Sado* et des provinces d'*Ugo* (Innaï) et de *Tajima* (Ikuno).

La production de ces dernières contrées a été, en 1897, pour la République Argentine, de 10.210 kilogrammes d'argent, valant 982.540 francs; et pour le Japon, de 78.009 kilogrammes d'argent valant 7.497.900 francs.

Australie. — En Australie, on découvrit, en 1883, dans le district de *Silverton* (Nouvelle-Galles du Sud), le fameux filon de *Broken-Hill*, où le minerai tient 1.275 grammes d'argent à la tonne. Malgré le prix élevé du combustible (coke à 137 francs en 1890) et de la main-d'œuvre, cette mine a donné jusqu'à 100 francs de bénéfice par tonne de minerai. Les terrains encaissants sont des gneiss, des quartzites, des micaschistes et des talcschistes en relation avec des porphyres, des diorites et des eurites. Le filon, orienté nord-est-sud-ouest, est incliné vers le nord-ouest; sa puissance varie de 10 à 30 mètres. Il existe sur les affleurements, un chapeau de fer; la succession des minerais, étudiée spécialement par M. Pélatan, est la même qu'au Comstock dont on retrouve les lentilles d'enrichissement sous forme de poches de chlorure, de chlorobromure et d'iodure d'argent riches (*Kaolin-Ore* et *Garnet-Ore*). Ces sels imprègnent des feldspaths kaolinisés, avec petits grenats.

On trouve de la galène avec argyrose dans la même province, à *Bathurst*, à *Copper-Hill* et à *Pell-Wood*.

Les sulfures et les chlorures, de teneur variable, sont exploités dans les filons de *Boorook*.

La production de l'argent en Australie, en 1897, a été de 500.097 kilogrammes, valant 48.066.985 francs.

2° CUIVRES GRIS ARGENTIFÈRES

Les cuivres gris (panabase, tétraédrite) contiennent souvent une très forte proportion d'argent, qui atteint 30 0/0 dans les cuivres gris d'*Habacht* (Freiberg), et 9 0/0 dans ceux de *Clausthal* (Harz). On a déjà décrit, au chapitre du *Cuivre*, un certain nombre de gîtes du Mexique, du Harz, etc.; on étudiera ici ceux de la Bolivie, du Chili et du Pérou.

Bolivie. — La Bolivie contient les mines fameuses de *Potosi*, d'*Oruro* et de *Huanchaca*, près d'Antofagasta.

L'exploitation active des mines de *Potosi*, qui date de 1571, a déjà produit plus de 6 milliards d'argent, malgré l'abandon de plusieurs mines. Les filons, au nombre de 60, recoupent un porphyre quartzifère formant un dyke au milieu de phyllades siluriens dans lesquels les filons s'appauvrissent (Veta-Mendieta, Veta-Rica, Veta-Estana). Le remplissage est formé de *pacos*, puis de *mulatos* et de *negrillos* avec une gangue quartzeuse et, en certains points, avec de la cassitérite. La teneur, qui atteignait autrefois 3 et même 5 0/0, a beaucoup diminué.

A *Oruro*, entre la Paz et Potosi, on trouve, dans un gisement analogue, de l'argent rouge et de la psaturose avec cuivre gris argentifère, stibine et cassitérite; c'est ce dernier minerai qui est surtout exploité aujourd'hui.

La région d'*Huanchaca* renferme des mines encore activement exploitées par une Compagnie française. Les filons y recoupent des trachytes décomposés compris entre des andésites et un tuf d'andésite avec poudingue. Le filon principal (est-ouest), qui a une puissance de 1 à 3 mètres, est reconnu sur 1 kilomètre de longueur et 500 mètres de hauteur. On y a rencontré trois colonnes riches : *Clavo de Uyuni, Clavo de Delfina, Clavo de Julia*. Le remplissage, barytique dans le haut, est quartzeux en profondeur. On trouve surtout, à Huanchaca, du cuivre gris tenant jusqu'à 10 0/0 d'argent, de la galène (2 kilogrammes d'argent à la tonne), de la blende (1 kilogramme d'argent à la tonne), avec argyrose, argyrythrose, chalcopyrite, etc. On traite sur place les minerais tenant de 5 à 10 kilogrammes à la tonne ; les minerais d'une teneur supérieure sont vendus pour l'exportation ; les minerais les moins riches sont réservés pour un traitement ultérieur.

La production de la Bolivie a été, en 1897, de 326.584 kilogrammes d'argent, valant 31.389.750 francs.

Les mines de Huanchaca ont produit, à elles seules, 262.930 kilogrammes d'argent. En 1896, elles n'en ont produit que 76.450 kilogrammes, et ont perdu, cette même année, plus de 4 millions. Cette perte est due à des venues d'eau énormes qui ont limité la profondeur des travaux à 105 mètres. De plus, la teneur en argent est tombée de 6 kilogrammes, en 1891, à 2 kilogrammes par tonne, en 1896.

Chili. — Les principaux gîtes d'argent du Chili : *Chañarcillo, Tres-Puntas, Caracoles, Guantajara*, se trouvent sur le versant oriental de la Cordillère de la côte. Ces gîtes postjurassiques, à gangue de calcite, sont encaissés dans des calcaires et sont en relation avec des diabases et des mélaphyres pyroxéniques dont les dykes déterminent des zones d'enrichissement dans le sens vertical. Les filons se rétrécissent en profondeur, en même temps que la teneur du minerai diminue. Dans le groupe occidental des gisements, le long de la côte, les chlorures riches dominent ; dans le groupe oriental, on trouve surtout du sulfure d'argent, de la galène, des sulfo-arséniures de fer, de nickel et de cobalt. La succession des minerais en profondeur est sensiblement la même qu'au Mexique. Aux affleurements se trouvent les *metales calidos*, qui s'unissent facilement au mercure et qui sont constitués par l'argent natif en parcelles ou en masses (reventones), les chlorures (pacos), les bromures et chlorobromures (plata verde), accompagnés de cérargyrite, de bromite, d'embolite et d'arquérite (amalgame d'argent). Après les *metales calidos* viennent les *metales frios* qui comprennent les sulfures (mulatos), les sulfoarséniures et sulfoantimoniures (negrillos); les principaux sont la proustite (rociclair), l'argyrose (plomo-ronco), la polybasite et l'argyrythrose. Les gisements les plus importants sont ceux de Chañarcillo et de Caracolès.

Gîte de Chañarcillo. — Le gîte de *Chañarcillo*, relié à Copiapo par un chemin de fer de 80 kilomètres, est encaissé dans des calcaires avec nappes de diabases et de mélaphyres pyroxéniques (panisso-verde). On y exploite, depuis 1832, trois filons : *Descubridora*, reconnu sur 1 kilomètre et demi de longueur, *Colorada* (2 kilomètres), *Candelaria* (800 mètres). Au voisinage des filons, des couches de calcaires (mantos pintadores) sont imprégnées de minerais d'argent sur 10 mètres de largeur de part et d'autre; il existe des zones très riches (20 à 350 kilogrammes d'argent par tonne) à l'intersection des mantos pintadores avec les filons de diabase (chorros).

Gîte de Caracolès. — La mine de *Caracolès*, découverte en 1870, est située au nord-est d'Antofagasta sur le Pacifique, à 2.750 mètres d'altitude, dans le désert d'Atacama. Les filons verticaux, de 0^m,50 à 4 mètres d'épaisseur, ont une gangue de barytine et de calcite, et sont encaissés dans des calcaires jurassiques, contenant de nombreux gastropodes fossiles (*caracolès* = coquilles). Les principales mines sont : *Descada, Diaz et Rivière*.

En 1897, le Chili a produit, au total, 151.500 kilogrammes d'argent valant 14.061.030 francs.

Pérou. — A *Recuay* (Pérou), il existe deux groupes de filons (E.-O. et N.-S.) de cuivre gris argentifère (pavonados), avec galène argentifère, pyrites, bournonite et argent rouge. Ces filons recoupent des strates jurassiques avec mélaphyres intercalés. On exploite maintenant surtout la galène argentifère, que l'on ne savait pas traiter autrefois dans les Andes, où l'amalgamation des cuivres gris était le seul procédé connu pour la production de l'argent. Les deux filons principaux sont orientés est-ouest; ce sont : le *Collaracua* et le *Tarujos* (6 kilogrammes d'argent à la tonne et une forte proportion de plomb).

La production de l'argent au Pérou a été indiquée plus haut à propos des minerais d'argent proprement dits.

3° GALÈNES, BLENDES ET PYRITES ARGENTIFÈRES

On a parlé, aux chapitres du *Plomb*, du *Zinc* et du *Cuivre*, des gisements compris dans cette catégorie. On se bornera à rappeler ici les gîtes de galène argentifère de *Pontpéan* (teneur en argent : 800 grammes à 1 kilogramme par tonne de minerai) et de *Pontgibaud* (teneur en argent : 1 kilogramme par tonne de minerai), en France;

Celui de *Bottino* (teneur : 500 grammes par tonne de minerai), en Italie;

Celui de *Montevecchio* (teneur : 700 grammes par tonne de minerai), en Sardaigne;

Ceux de *Mazarron*, de *Linarès* (teneur : 200 grammes par tonne de minerai après un premier enrichissement) et de la *Romana* (5 kilogrammes par tonne de plomb produite), en Espagne;

Ceux de *Freiberg*, *Schneeberg*, etc., en Saxe;

Ceux de *Przibram* et de *Mies*, en Bohême;

Ceux de *Saint-Andreasberg* et de *Clausthal*, dans le Harz;

Celui de *Sala*, en Suède (teneur : 6 kilogrammes par tonne de plomb produit);

Celui d'*Eureka* (carbonate de plomb, dans les calcaires siluriens, tenant 850 grammes d'argent et 50 grammes d'or par tonne de minerai fondu), dans le Nevada;

Le gisement de *Bingham* (galène à 1 kilogramme d'argent à la tonne), dans l'Utah;

Et enfin les gisements de pyrite de cuivre argentifère du *Mansfeld* (tenant 4 kilogrammes d'argent par tonne de cuivre produite).

PRODUCTION DE L'ARGENT DANS LES DIVERSES PARTIES DU MONDE

La production de l'argent dans les diverses contrées a été, pour 1897, de 5.576.532 kilogrammes ayant une valeur totale de 535.491.705 francs et se décomposant comme suit :

Europe	739.722	kilogr. d'argent
Asie	78.009	—
Amérique du Nord	3.660.602	—
Amérique du Sud	598.102	—
Australie	500.097	—

BIBLIOGRAPHIE DE L'ARGENT

1867. Mines d'argent de Potosi (*Cuyper*, t. XXII, p. 421).
1873. Zeiller et Henry, *Mines de Schemnitz en Hongrie* (Annales des Mines, 7ᵉ série, t. III, p. 307).
1874-1875. Simonin, *Mines d'argent aux États-Unis* (Revue des Deux Mondes).
1875. Fuchs et Mallard, *Rapport inédit sur les mines d'Agua-Amarga* (Vallenar).
1876. Domeyko, *Mines d'argent du Chili* (Comptes Rendus, p. 83, 445 ; Annales des Mines, p. 14).
1877. Rolland, *Mémoire sur les mines de Kongsberg* (Annales des Mines, 7ᵉ série, t. XI, p. 301).
1883. Fuchs, *Rapport sur les mines de Carmen (dans la Sonora mexicaine), de Malacate et de San-Francisco (Morelos).*
1890. Friedel (Sardaigne), *Journal de voyage manuscrit à l'Ecole des Mines.*
1890. Lastarria Washington, *L'Industrie minière au Chili.*
1891. L. de Launay, *Histoire de l'industrie minière en Sardaigne* (Annales des Mines).
1891. Pelatan, *Mines de Broken-Hill en Australie* (Génie civil, 7 février).
1894. De Launay, *Les minerais d'argent de Milo* (Dunod).
1894. Elléré, *Les Mines du Goldberg au moyen âge* (Génie civil).
1895. O. Haupt, *La Mine de Huanchaca et l'avenir de l'argent* (Paris).
1896. Babu, *Gîte d'argent de Broken-Hill dans la Nouvelle-Galles du Sud* (Annales des Mines, 9ᵉ série, t. IX, p. 315).

OR

Propriétés physiques et chimiques. — L'or est un métal qui, pur et à l'état compact, paraît d'une belle couleur jaune orange; il semble rouge lorsqu'il a réfléchi plusieurs fois la lumière. Si on place une mince feuille d'or devant la lumière du jour et si on l'examine par transparence, elle paraît verte L'or est le plus malléable et le plus ductile de tous les métaux; on peut le réduire en feuilles minces de 1/10000 de millimètre d'épaisseur par le battage, et on produit, par étirage à la filière, des fils d'or dont 1 kilomètre pèse 3 décigrammes. L'or est mou, offre peu de ténacité et manque d'élasticité et de sonorité. Il fond à 1.250°, et le métal en fusion paraît vert bleuâtre. En se volatilisant, il colore la flamme en vert. Il possède la propriété de se souder à lui-même. La densité de l'or fondu est de 19,26; elle atteint 19,50 par le laminage. Sa chaleur spécifique est de 0,03244. L'or est bon conducteur de la chaleur et de l'électricité.

Inaltérable à l'air, à toutes les températures, et inattaquable à froid par les acides sulfhydrique, sulfurique, azotique et chlorhydrique isolés, l'or est attaqué, même à froid, par le chlore et par le brome; il se dissout dans l'eau régale. L'arsenic et l'antimoine se combinent avec lui à une température élevée. L'or se dissout dans le mercure à toutes les températures.

Usages. — L'or est un métal trop mou pour être employé à l'état pur par l'industrie; on l'allie au cuivre et à divers métaux pour augmenter à la fois sa dureté et sa fusibilité.

Alliages. — Les monnaies et les bijoux d'or sont des alliages d'or et de cuivre.

L'alliage des monnaies est fixé au titre de 900/1000.

L'alliage des médailles contient 916/1000 d'or et 84/1000 de cuivre.

L'alliage est de trois titres pour la fabrication des bijoux 920/1000, 820/1000, 750/1000. C'est ce dernier titre que l'on utilise le plus dans la bijouterie courante. La tolérance au-dessus et au-dessous du titre légal a été fixée à 2/1000 pour les monnaies et les médailles, et à 5/1000 pour les bijoux.

Composés. — Le chlorure double d'or et de sodium est employé dans le traitement de diverses maladies.

La dissolution du sesquichlorure d'or dans l'éther, dans l'alcool, dans l'eau et dans les huiles essentielles, constitue ce qu'on appelle l'*or potable*.

L'*or fulminant* est une poudre grise obtenue au moyen de l'hydrate de sesquioxyde d'or mis en présence de l'ammoniaque. Cette poudre, dangereuse à manier, détone violemment soit par le choc, soit quelquefois par le plus léger frottement, soit même spontanément.

Le composé appelé *pourpre de Cassius*, employé dans la peinture sur porcelaine et dans la coloration des verres en rose et en grenat, s'obtient en faisant agir une dissolution faible et neutre de sesquioxyde d'or sur de la grenaille ou sur des lames d'étain, ou encore sur une dissolution à équivalents égaux de protochlorure ou de bichlorure d'étain. D'après M. Debray, ce composé serait une laque formée de bioxyde d'étain hydraté, colorée par de l'or pulvérulent.

Dorure. — La dorure a pour objet de recouvrir d'une couche d'or plus ou moins épaisse, pour leur donner une couleur riche et brillante et les préserver de l'oxydation, des objets d'ornement et des pièces d'orfèvrerie. On dore les métaux, les bois, le carton, etc.

La *dorure au mercure*, qui n'est plus employée que très rarement, à cause des dangers d'intoxication qu'elle présente, consiste à frotter les objets à dorer, après décapage, avec une brosse en fils de laiton trempée dans de l'azotate de sous-oxyde de mercure, puis avec une autre brosse enduite d'un amalgame composé de 1 partie d'or et de 8 parties de mercure; on chauffe les pièces; le mercure se volatilise, et l'or reste adhérent au métal.

La *dorure au trempé* s'exécute en trempant pendant quelques minutes la pièce à dorer bien décapée, dans une dissolution bouillante, composée de 1 partie de chlorure d'or, de 7 parties de carbonate de potasse et de 130 parties d'eau.

Pour la *dorure galvanique*, l'objet à recouvrir d'or (cathode), vigoureusement décapé et déroché, est fixé au pôle négatif d'une pile et plongé dans un bain formé de 1 partie de cyanure d'or, de 10 parties de cyanure de potassium et de 100 parties d'eau. Le pôle positif (anode) est formé d'une lame d'or, qui se dissout au fur et à mesure que l'or du bain se dépose sur la pièce.

Minerais. — L'or est surtout exploité à l'état d'or natif : en général, l'or natif contient d'autres métaux rares avec lesquels il forme des alliages, tels que l'*électrum* (alliage d'or et d'argent contenant environ 20 0/0 d'argent), la *porpézite* (alliage d'or et de palladium), la *rhodite* (alliage d'or et de rhodium, contenant environ 40 0/0 de rhodium), et l'*auramalgame* (amalgame de mercure et d'or, contenant jusqu'à 60 0/0 de mercure).

En dehors de l'or natif, pur ou à l'état d'alliages, on n'a guère à citer, comme minerais d'or, que les tellurures d'or, qui se rencontrent surtout au Colorado et en Transylvanie et dont les principaux sont :

1° La *sylvanite* (tellurure d'or et d'argent [(Au.Ag)^{2}Te^3] tenant de 25 à 30 0/0 d'or et dont les variétés sont le *schrifterz*, le *weisstellur* ou *gelberz* (8,5 0/0 d'antimoine et 14 0/0 de plomb), et la *millerite* (19 0/0 de plomb).

2° La *calavérite*, tellurure d'or et d'argent (7AuTe^2 + AgTe^2), tenant environ 40 0/0 d'or ;

3° La *krennérite*, tellurure d'or et d'argent (AuAgTe^2), tenant de 25 à 29 0/0 d'or ;

4° La *nagyagite*, minerai mal défini, d'or, de cuivre et de plomb, avec soufre, antimoine et tellure, contenant de 6 à 12 0/0 d'or (sulfotellurure) ;

5° La *petzite*, tellurure d'or et d'argent (Au^{2}Te + 3Ag^{2}Te), contenant environ 25 0/0 d'or;

6° La *coloradorite*, qui est un tellurure de mercure aurifère.

D'autre part, la pyrite de fer est fréquemment aurifère, de même que le mispickel, et plus rarement la galène.

En général, la classification des minerais d'or s'établit sur une base beaucoup plus importante, au point de vue industriel, que la composition chimique : c'est la facilité plus ou moins grande avec laquelle l'or peut être isolé soit par lavage à la *batée* ou au *sluice* (or des placers et des parties supérieures des filons de quartz), soit par amalgamation (pyrites des quartz aurifères); les parties profondes des filons de quartz donnent, en général, des minerais qui échappent à l'amalgamation, et que l'on doit concentrer et traiter ensuite par fonte plombeuse ou cuivreuse, ou bien par une méthode chimique (grillage et chloruration, lixiviation, etc.).

Les minerais d'or et d'argent sont extrêmement difficiles à traiter et sont souvent abandonnés pour cette raison; quant aux tellurures d'or, on les concentre en les mélangeant avec d'autres minerais d'or.

Bien que l'on trouve dans les terrains anciens un certain nombre de gisements aurifères importants, on ne peut définir d'une façon précise l'âge exact des venues de ce métal. En effet les gisements des alleghanys, ainsi que les itacolumites aurifères du Brésil, appartiennent au terrain primitif (huronien); ceux de Sibérie, au silurien; les poudingues du Transvaal, au dévonien, etc. A côté de ces gisements anciens, d'autres très importants sont de l'époque tertiaire; tels sont les trachytes aurifères du Dakota (blackhills), les trachytes de la Nouvelle-Zélande, les gisements de la Hongrie et la plupart des gîtes californiens.

Gisements. — On peut distinguer trois catégories principales de gisements :

1° Les gisements dans les filons au voisinage des roches mères, telles que les granites de la Californie, les trachytes du Comstock et de la Hongrie, et les diorites de l'Amérique du Sud. Ces roches contiennent encore parfois des traces d'or en inclusion; mais c'est assez rare, et généralement l'or inclus dans les roches est inexploitable;

2° Les gisements d'alluvions de la Guyane, de la Californie, de l'Australie, etc. (placers);

3° Les gisements sédimentaires tels que ceux des conglomérats dévoniens du Transvaal (rares).

On ne peut rien dire de précis au sujet de la limite d'exploitabilité des gisements : tel gîte pourra être exploité jusqu'à une teneur de 10 et même de 7 grammes, tandis que, dans une autre région, les difficultés du traitement ou la cherté de la main-d'œuvre, du combustible, etc., forceront l'exploitant à adopter une teneur limite beaucoup plus élevée.

On peut affirmer cependant, comme pour beaucoup de filons métallifères, que la diminution de richesse en profondeur est constante, et que l'on doit en tenir toujours le plus large compte dans l'estimation de la richesse d'un gisement, sous peine de s'exposer à des déboires, si fréquents dans l'exploitation des mines d'or.

1° FILONS D'OR

Cette première catégorie de gisements comprend les filons à gangue quartzeuse avec minerais sulfurés en profondeur et concentration aux affleurements, les filons contenant des pyrites de fer, des chalcopyrites aurifères ou des galènes aurifères, les filons de mispickel aurifère et les filons de tellurure d'or à gangue généralement quartzeuse, qui contiennent souvent de la pyrite de fer.

GISEMENTS FILONIENS D'EUROPE

Alpes Occidentales. — On exploite dans les Alpes quelques filons de pyrite aurifère encaissés soit dans des gneiss à grains fins (*Gondo*, en Suisse), soit dans des schistes talqueux du Piémont (*val Toppa et Pestarena*) près du Mont-Rose, dans le val Anzasca : teneur, 13 à 17 grammes d'or environ à la tonne. On peut encore citer les pyrites aurifères de *Gressoney*, de *Valtournanche*, de *Brissogne*, etc. D'après M. Becker, les filons les plus riches de l'Italie se trouveraient dans les montagnes qui séparent la vallée de Gorzente de celle de la Piotta ; ils sont contenus dans des roches serpentineuses à fissures parallèles remplies par une gangue formée de fragments de cette roche, soudés par du quartz ; leur puissance est de $0^m,25$, et leur richesse varie de 60 à 175 grammes d'or par tonne de minerai. Mais, d'après un certain nombre d'essais faits dans la concession de Frasconi, la teneur pratique serait un peu moindre. L'amalgamation donne 25 grammes par tonne.

La production totale de l'or en Italie a été, en 1894, de 349 kilogrammes représentant une valeur de 1.260.285 francs, et, en 1897, de 316 kilogrammes seulement, valant 1.050.000 francs, y compris les alluvions exploitées dans les rivières du Piémont.

Espagne. — En Espagne, on exploite dans la province de *Guadalajara,* près des célèbres mines d'argent de *Hien de la Encina,* des filons de quartz aurifère à forte teneur en or, mais dont la puissance très irrégulière rend l'exploitation peu rémunératrice.

Dans la province de *Tolède,* il existe des filons quartzeux tenant jusqu'à 10 grammes d'or à la tonne (mine de la *Nava de Ricomadillo*). Ces filons, qui ont été exploités par les Romains, sont abandonnés aujourd'hui.

Grande-Bretagne. — Le district de *Merionetshire,* dans le Pays de Galles, où l'on exploite également du manganèse, renferme un certain nombre de filons de quartz aurifère assez riche, tenant jusqu'à 1 once 25 d'or à la tonne (*Gwynfyndd, Clogau, Berkllwyd*); on peut signaler encore les veines de quartz aurifère du *Cornouailles* (dans les schistes métamorphiques au voisinage de la granulite et celles de quartz pyriteux aurifère de *Ballymurtagh* (Irlande). Les alluvions de *Ballinvalley* (Irlande) et de *Crawford* (Écosse) contiennent aussi de l'or.

La production de l'Angleterre a été, en 1895, de 13.478 tonnes de minerai d'or représentant une valeur de 414.600 francs; en 1897, l'Angleterre a produit seulement 42 kilogrammes d'or valant 139.825 francs.

Autriche. — Il existe des exploitations de mines d'or en Autriche près de *Gastein* (pyrite aurifère avec chalcopyrite galène, dans les micaschistes), et à *Brandholz* (Fichtelgebirge), où l'on trouve de la pyrite aurifère avec mispickel, stibine et or natif. La production de l'Autriche n'a atteint que 69 kilogrammes en 1896, avec une valeur de 247.282 francs.

Transylvanie (Hongrie). — On exploite, en Hongrie, des

filons où le quartz aurifère est accompagné de sulfures complexes et de pyrites, notamment à *Vulkoy-Botes*, *Vöröspatak*, *Nagybanya*, de même qu'à *Felsobanya* et *Kapnik*, où interviennent l'antimoine et l'arsenic (on étudiera plus loin les filons tellurés de *Nagyag* et d'*Offenbanya*). Les filons, répartis le long de la courbure interne des Carpathes, remplissent des fissures de retrait continues ou radiées.

A *Vöröspatak*, l'or est disséminé dans un stockwerck; des propylites altérées, encaissées dans des grès éocènes, sont recoupées par des veinules contenant du quartz avec or natif, pyrite, blende, cuivre gris et galène. A *Nagybanya*, les filons, mal délimités et sans salbandes, recoupent des trachytes amphiboliques ; on y trouve des pyrites aurifères, de

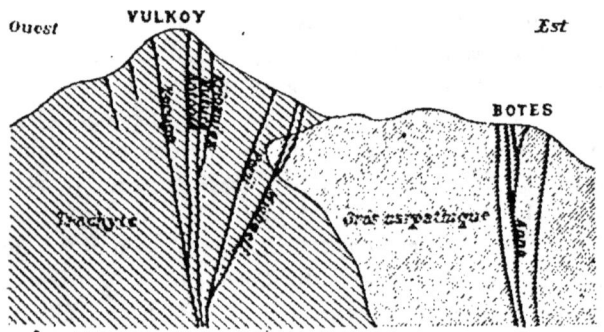

Fig. 113. — Coupe Ouest-Est du gisement de Vulkoy-Botes.

la chalcosine, de l'argent rouge et du cuivre gris argentifère sans autres sulfures. Les filons de *Felsobanya*, également encaissés dans les trachytes, renferment de la pyrite et de la galène aurifères avec blende, chalcopyrite, stibine et réalgar. A Felsobanya, de même qu'à *Kapnik*, où le gisement est analogue, le réalgar et la stibine dominent quand le quartz manque (il manque totalement à Kapnik). Tous les minerais sont traités soit par amalgamation près des mines, soit dans l'usine de Zalathna, exploitée par le Gouvernement. A Zalathna, on extrait l'or et l'argent, des minerais complexes et des schlichs.

La production de l'or en Hongrie a été, en 1894, de

2.687 kilogrammes; en 1897, la production a été de 3.200 kilogrammes environ, y compris l'or provenant des filons tellurés et des graviers aurifères trouvés dans quelques cours d'eau.

Norwège. — On a exploité à *Bömmelö*, en Norwège, des filons de quartz aurifère, et à *Eiswold*, au nord de Christiania, des filons de pyrite de fer et de chalcopyrite avec hématite et or natif.

La Norwège n'a produit que 16 kilogrammes d'or en 1897, soit 51.675 francs.

GISEMENTS FILONIENS D'ASIE

Oural. — A *Berezowsk*, près d'Ekatérinenbourg, dans l'Oural, les filons de quartz aurifère sont en relation avec des schistes chloriteux, des talcschistes et une roche particulière : la *bérézite* (quartz, mica blanc et orthose), analogue aux granulites stannifères.

L'exploitation est limitée à une faible profondeur (40 mètres) par l'appauvrissement des filons et souvent par des venues d'eau considérables. La teneur est de 10 grammes par tonne ; on lave, dans des *sluices*, les minerais bocardés à *Miask* et sur le territoire des cosaques d'Orenbourg (sur la rivière Ditachra).

La production de l'or en Sibérie et en Russie, y compris l'or extrait des alluvions, que l'on étudiera dans la deuxième partie de ce chapitre, a été de 41.000 kilogrammes en 1895, et, en 1897, de 32.408 kilogrammes représentant une valeur de 107.692.750 francs pour tous les districts réunis de l'Oural, de Tomsk, d'Irkoutsk, y compris les mines du Cabinet de l'Empereur.

Indo-Chine. — On exploite dans l'Annam, non loin de Tourane, à *Bong-Mieû*, des pyrites aurifères tenant environ 10 grammes d'or à la tonne. Ces gîtes, à remplissage de quartz, sont interstratifiés dans des schistes cristallins dirigés nord-ouest et inclinés de 10° à 35° vers le nord.

Dans le bas Laos, à *Rutherville*, on exploite des filons de pyrite contenant de l'or en grains parfois visibles. Ces gîtes sont à remplissage de quartz, avec minéralisation de pyrite et de galène aurifères.

Siam. — Dans le massif de *Chantaboun*, au Siam, on trouve des gîtes aurifères filoniens. Près de la baie de *Bang-ta-phan*, il existe aussi quelques gîtes filoniens aurifères à minéralisation de pyrite de fer, orientés nord-nord-est et encaissés dans des schistes métamorphiques.

A *Kabin*, près de Pékim, on exploite des filons aurifères donnant 5 grammes d'or à la tonne et dont la teneur augmente en profondeur.

Péninsule Malaise. — Dans la partie orientale de la presqu'île de *Malacca*, on trouve des filons aurifères exploités par la Raub-A'lian C° et la Punjon Mining C°, qui ont produit 622 kilogrammes d'or en 1895.

GISEMENTS FILONIENS DE L'AMÉRIQUE DU NORD

Californie. — Les filons aurifères de la Californie, qui ont une grande importance (l'un d'eux, le *Mother-Lode*, peut être regardé comme le plus grand filon connu), sont situés sur le versant occidental de la Sierra Nevada, dans les comtés de Placer, Butte, Eldorado, Mariposa, etc. La contrée est traversée par un certain nombre d'affluents du Sacramento, sur les bords desquels ont été bâties des villes importantes par les chercheurs d'or (Sonora, Mariposa, Auburn, Placerville, etc.).

Il existe en Californie deux faisceaux de filons de quartz aurifère, dont l'épaisseur varie de 1 à 40 mètres et dans lesquels l'or, accompagné de pyrites de fer et d'autres sulfures, se présente, près des affleurements, à l'état natif sous forme de grains très divisés; les sulfures apparaissent rapidement en profondeur.

Le principal de ces filons est le *Mother-Lode*, faisceau de veines reconnu sur plus de 150 kilomètres de longueur et exploité en certains points jusqu'à 70 mètres de profondeur. Les fissures y sont en relation avec des schistes ardoisiers noirâtres; le mur est constitué par des roches très diverses (granite, diabase, serpentine, diorite). Le remplissage est formé de quartz rubanné avec or natif et pyrite. Ce filon est exploité dans les comtés d'Eldorado (mines de *Woodside, Taylor, Mount-Pleasant*), de Placer (mines *Crater, San-Patrick, Auburn, Buckeye*), de Nevada et de Butte. La plupart de ces mines fournissent de l'argent, surtout en profondeur. La teneur d'or est très variable ; elle est de 150 à 400 francs par tonne, pour les quartz encaissés dans des schistes à la mine de Taylor ; elle descend à 38 francs pour la mine de Gold-Blossom (comté de Placer).

On a fait, vers l'année 1897, beaucoup de prospections heureuses en Californie, dans les districts de *Kern-County*, de *Fresno* et de *Madera*. On a repris d'anciennes mines, durant cette même année, dans le *Tuolumne-County*, le long du Mother-Lode, et au nord d'*Angel-Camp*, où l'on a installé un transport d'énergie électrique pour les exploitations de la région.

La Californie a produit, en 1897, 22.849 kilogrammes d'or, valant 75.000.000 de francs.

Arizona. — Dans l'Arizona, les deux mines principales sont : la *Pearce-Mine*, exploitée par la Common-wealth Mining C°, dans le comté de Cochise, et la *Fortuna-Mine*, dans le comté de Yuma, à 21 kilomètres au sud de Blaisdell-Station. La première renferme une veine de quartz aurifère exploitée sur 120 mètres de long, à 90 mètres de profondeur ; l'épaisseur varie de 4^m,80 à 18 mètres. Le minerai ferrugineux contient de l'or natif, du chlorure d'argent, du bromure d'argent, etc. La teneur à la surface est de 2,5 d'argent pour 1 d'or ; en profondeur, on a sensiblement 1 d'argent pour 1 d'or.

La production de l'Arizona, en 1898, a été de 4.200 kilogrammes, valant 14.000.000 francs.

Nevada. — La principale mine d'or du Nevada est la mine de *Lamar*, dans le comté de Lincoln ; elle a produit, en 1897, 8.592.000 francs d'or. La mine a 420 mètres de profondeur et produit par mois 9.000 tonnes de minerai, que l'on traite par la cyanuration.

Dans les mines de Comstock et de Lyon, on fait beaucoup de prospections intéressantes, jusqu'à plus de 900 mètres de profondeur, qui promettent un développement de l'extraction de l'or dans cet État.

Le Nevada, en 1897, a produit 4.572 kilogrammes d'or, valant 15.000.000 de francs.

Orégon. — Les mines *Eureka* et *Excelsior* (comté de Baker) traitent par concentration sans amalgamation, des pyrites arsenicales contenant de l'or finement divisé; le même genre de minerai est traité par cyanuration aux usines de *North Pole* (Eastern Oregon Mining C°), après un grillage préalable dans des fours Brückner.

La production de l'Orégon a été, en 1897, de 2.064 kilogrammes d'or, valant 6.773.000 francs.

Dakota. — Dans le Dakota, la principale mine d'or est celle de *Homestake*, où l'on exploite un filon de 150 mètres de large, à une profondeur de 200 mètres. On peut citer aussi les mines *Father de Smet* (Deadwood) et *Caledonia*.

La production du Dakota a été, en 1898, de 8.580 kilogrammes d'or, valant 28.600.000 francs.

La production totale de l'or aux États-Unis a été, en 1898, pour les divers États, de 98.000 kilogrammes, représentant une valeur de 325.000.000 francs.

Mexique. — Il existe au Mexique des filons de quartz aurifère et de galène argentifère à gangue de quartz et de calcite, et des filons de phillipsite et de chalcopyrite aurifères. La production, très considérable autrefois, a beaucoup diminué (mines de *Guarisamey* et de *San-Juan-de-Rayas*, etc...). Elle était encore, en 1898, de 12.300 kilogrammes d'or, valant 41.000.000 francs.

Klondike. — Au Klondike, on a découvert récemment des filons de quartz aurifère qui tiennent en moyenne 55 grammes à la tonne, avec des poches riches, dont la teneur atteint jusqu'à 200 grammes à la tonne. On assure que les filons sont très nombreux et qu'ils s'enrichissent en profondeur.

Le Canada a produit, en 1897, pour 31 millions de francs d'or et 5.758.446 onces d'argent, en grande augmentation sur la production des années précédentes, par suite de la découverte de l'or au *Klondike* (presqu'île d'Alaska), dans l'*Ontario* et dans le nord du *Minnesota*. L'Alaska a produit, en 1897, 4.115 kilogrammes d'or, valant 13.500.000 francs.

GISEMENTS FILONIENS DE L'AMÉRIQUE DU SUD

Brésil. — On rencontre, au Brésil (*Minas-Geraes*), soit des filons de quartz aurifères avec minerais sulfurés, soit des filons aurifères avec sulfures dominants (mispickel, pyrrhotine, bismuth), soit encore des couches de grès imprégnés de sulfures où le minerai d'or est accompagné de fer oligiste provenant de la décomposition des pyrites.

Les filons de quartz aurifères recoupent des micaschistes, notamment à *Carapatos* et à *Caété;* le quartz grenu contient de l'or visible; la richesse varie de 15 à 30 grammes par tonne.

A *Passagem* (Ouro-Preto, province de Minas-Geraes), on exploite un filon où les sulfures dominent, et qui est encaissé entre des micaschistes et des itabirites; l'or y est accompagné de mispickel, de galène et de bismuth. On peut citer encore les mispickels aurifères de *Pary*, où un filon-couche recoupe les schistes amphibolifères, ceux de *Morro-Velho*, et les galènes argentifères avec quartz de *Varado*.

A *Maquiné*, près de Marianna, l'or s'est concentré en veinules ou en grains dans des ocres et des itabirites renfermant des masses d'oxyde de fer produites par des sulfures décomposés. A *Bugres*, on trouve des argiles ferrugineuses tenant 30 grammes d'or environ à la tonne. A *San-Joao-da-Barra*, les limonites ainsi produites tiennent de 25 à 250 grammes d'or à la tonne.

La production du Brésil a été de 3.800 kilogrammes d'or en 1898, représentant une valeur de 12.600.000 francs; sur cette quantité, la province de Minas-Geraes a fourni 1.800 kilogrammes d'or fin.

Vénézuéla. — Parmi les nombreux filons d'or que l'on a trouvés dans la partie Nord de l'Amérique du Sud (isthmes de Panama et de Darien, Guyanes, Vénézuéla) un seul groupe, celui du *Callao*, sur les bords de la rivière Yuruari (affluent du Rio-Cuyuni), a eu une réelle importance. Le filon principal, encaissé dans une roche dioritique bleuâtre très compacte, est rempli de quartz gras très blanc veiné de noir dans les parties riches, où l'on trouve également des mouches de pyrite. La diorite bleue décomposée donne, dans les salbandes, une argile bleue appelée *cascao*. Le filon, dont l'épaisseur varie de 0^m,35 à 3 mètres sur une profondeur reconnue de 220 mètres, contient, dans une cheminée centrale riche, de l'or soit invisible, soit en taches ou en grains. La teneur a varié de 75 à 160 grammes par tonne. Le gîte, dont l'exploitation a donné au début de très beaux résultats, s'appauvrit en profondeur. On trouve, dans les environs de Callao, les filons de *Corinna* et d'*American Company*, encaissés dans des schistes, et le filon quartzeux de *Chile*, dans des schistes talqueux.

La production de l'or au Vénézuéla a été de 1.225 kilogrammes en 1897, représentant une valeur de 4.070.800 francs.

Chili. — Dans la province de *Coquimbo*, au voisinage de la Cordillère des Andes (Chili), on rencontre un grand nombre de filons dans des granites ou dans des schistes métamorphiques formant des fractures nettes remplies de quartz et de pyrites de fer ou de cuivre (teneur : 40 grammes d'or à la tonne). On y rencontre aussi des veinules où l'or se présente en filaments très ténus. L'exploitation est, en général, assez rudimentaire.

On traite aussi, au Chili, des mattes de cuivre pour en extraire l'or.

La production totale du Chili, en 1897, y compris l'or des placers de *Talca*, de *Alhue*, *Petorca*, *Tamayo* et *Inca*, a été de 2.118 kilogrammes, valant 7.037.720 francs.

Pérou. — Au Pérou, on peut citer les filons de quartz aurifère dans le granite de la région de la *Costa* (mines de *Saint-Thomas* et de *Montes-Claros*).

Production en 1898, 310 kilogr., valant 1.030.000 francs.

Uruguay. — Les filons de quartz aurifère de *Tacuarembo* (Uruguay) recoupent des terrains anciens (schistes chloritiques, avec diorites siluriennes). Le quartz riche est blanc d'albâtre et veiné de gris ou de bleu ; il est quelquefois vitreux ; l'or y est accompagné de pyrite de cuivre et de galène ; le rendement est de 100 grammes environ à la tonne dans la partie supérieure des filons (filon *San Pablo* dans la province de Santa-Ernestina).

La production de l'Uruguay a été, en 1897, de 214 kilogrammes, valant 723.000 francs.

Colombie. — En Colombie, on exploite des filons aurifères à *Cauca* et à *Antioquia.*

Les filons de quartz aurifère rouge de *Sardanilla* (Emperador Mining Cº of Columbia) sont encaissés dans des quartzites.

La Colombie a produit, en 1897, 5.869 kilogrammes d'or, d'une valeur de 19.500.000 francs, y compris l'exploitation des placers de *Cauca* (El-Choco), de *Porce* et de *Nechi.*

GISEMENTS FILONIENS D'OCÉANIE

Australie. — On exploite, en Australie, outre les alluvions que l'on étudiera plus loin, un grand nombre de stockwerks et de filons-couches, de 10 centimètres à 15 mètres de puissance, avec colonnes verticales d'enrichissement. Ces gîtes sont en relation avec des roches siluriennes ou dévoniennes, avec des granites amphiboliques, des dykes de diorite, etc. La teneur est très variable (6 à 36 grammes d'or par tonne); mais on peut exploiter, en Australie, des filons de quartz d'une teneur de 6 grammes à la tonne, tandis que, dans d'autres régions aurifères, la teneur limite varie de 16 à 60 grammes.

La province de Victoria, qui est la plus importante au point de vue des gisements aurifères, comprend plus de trois mille filons, répartis dans les districts d'*Arara*, de *Ballarat*, de *Gipsland*, de *Beechworth* et de *Sandhurst.*

L'or est accompagné, dans ces gisements, de quartz, de pyrite de fer, de cuivre gris, de blende et de calcite.

Dans la Nouvelle-Galles du Sud on exploite les mines d'*Hawkins-Hill*, de *Mitchell's-Creek*, etc.

Dans le Queensland, les filons de *Charters-Towers* recoupent des schistes siluriens et sont souvent en contact avec des dykes de porphyre; les autres districts aurifères de cette province sont ceux de *Gympie*, de *Marengo* et de *Normanby.*

La production de l'or en Australie, en 1896, a été la suivante, en comptant les alluvions aurifères que l'on étudiera plus loin :

	Kilos	valant
Nouvelle-Galles du Sud	9.221	26.834.000 fr.
Queensland	19.917	56.033.685 »
Tasmanie	1.947	5.939.350 »
Victoria	25.041	80.503.750 »
Ensemble	56.126	169.310.785 fr.

La production, en 1898, s'est élevée à 93.732 kilogrammes valant 314.472.000 francs.

Nouvelle-Zélande. — Dans la Nouvelle-Zélande on exploite des filons-couches dans des schistes (quartz blanc, pyrite de fer cuprifère et or natif), et des filons dans des grès (quartz et sulfures d'antimoine et d'arsenic, avec blende, chalcopyrite et cuivre gris).

FILONS TELLURÉS

On a énuméré, au début de ce chapitre, les principaux minerais d'or tellurés. Les gisements les plus importants se trouvent en Transylvanie et au Colorado.

Transylvanie. — Les filons tellurés de Transylvanie sont exploités à *Nagyag*, à *Offenbanya* et à *Rodna*.

A *Nagyag*, les filons, variant de $0^m,01$ à 2 mètres de puissance, recoupent des trachytes amphiboliques, ou bien sont disséminés dans des conglomérats. On y trouve de l'or natif accompagné de nagyagite, de sylvanite, d'argent telluré avec gangue de quartz et de jaspe. Dans les conglomérats, la sylvanite domine avec le quartz et le cuivre gris.

L'appauvrissement en profondeur ne s'est fait sentir qu'à partir de 400 mètres.

A *Offenbanya*, les filons de tellurures, très peu puissants ($0^m,025$), recoupent des trachytes amphiboliques très métamorphisés. On y trouve de l'or natif et de la sylvanite avec quartz, calcite, pyrite, galène, argent natif et argent rouge.

A *Rodna*, le gisement est le même ; on trouve les amas de pyrite de fer, de galène, de blende, de mispickel, argentifères et aurifères, au contact d'andésites recouvrant des schistes cristallins et des calcaires grenus.

Siam. — Dans le *Siam* on connaît un gisement de tellurure d'or à gangue calcaire près de *Nam-ko*, dans le bassin du Ménam.

Colorado. — On exploite au Colorado (comté de *Boulder*) des filons de tellurures formant un système très étendu de fractures avec remplissage de quartz ; ces filons renferment de la sylvanite, de la hessite et de la petzite avec blende, galène et pyrite (mines de *Magnolia* et de *Malvina*). Les filons ne sont avantageux à exploiter que sur de faibles épaisseurs, de $0^m,01$ à $0^m,06$, et les minerais doivent subir un enrichissement par une préparation mécanique compliquée, avant d'être traités dans les usines de la région.

La production du Colorado a été, en 1897, de 29.838 kilogrammes d'or valant 97.898.195 francs.

2° ALLUVIONS AURIFÈRES

ALLUVIONS AURIFÈRES D'EUROPE

France. — On ne citera que pour mémoire les gisements aurifères de la France. En dehors des filons de mispickel aurifère de *Bonnac*, dans le Plateau Central, filons dans lesquels on a fait quelques grattages, il y a peu d'années, quelques filons détruits ont donné naissance à des alluvions aurifères dans les vallées des rivières originaires des Cévennes (Gardon, Ardèche, Hérault), des Pyrénées (Ariège, Salat et Garonne) et des Alpes (Rhin, Rhône, Arve). Il est certain que, dans l'antiquité, on a exploité l'or activement chez les Gaulois, notamment dans le Rhin, d'où l'on en retirait encore, vers 1850, surtout près de Carlsruhe, entre *Daxland* et *Kehl*.

Italie. — Les graviers des lits de la *Doria*, de la *Sesia*, de l'*Orco* et d'autres rivières du Piémont contiennent de l'or difficilement exploitable. On a tenté, sans grand succès, d'exploiter aussi des falaises d'alluvions que l'on trouve dans les contreforts des Alpes.

Espagne. — Dans les provinces espagnoles de Galice et de Léon on trouve les graviers aurifères, et les conglomérats du *Rio-Sil* et de la *Duerna* reposant sur des schistes siluriens et sur des granites contenant des veines de quartz aurifère.

Ces graviers, exploités dès l'époque romaine, contiennent de l'or en pellicules très minces (60 grammes d'or à la tonne à Cabrera et 150 grammes à Albano).

On a essayé d'exploiter à la lance hydraulique les alluvions du *Cerro del Sol* et de la *Lancha*, dans la vallée du Genil (province de Grenade); leur teneur en or est de $0^{gr},5$ au mètre cube.

ALLUVIONS AURIFÈRES D'ASIE

Sibérie. — Les placers de l'Oural sont exploités très activement principalement sur le versant oriental; les alluvions aurifères pléistocènes ont, en certains points, une épaisseur exploitable de 1 mètre, sur 20 mètres de largeur et sur plusieurs kilomètres de longueur. La teneur, qui varie de $0^{gr},5$ à $2^{gr},5$ par tonne, est surtout élevée au contact des schistes cristallins et des amphibolites. Les couches minces sont exploitables jusqu'à $0^{gr},5$ par tonne, à condition de n'être recouvertes que par une couche stérile très faible, ne nécessitant pas de transport éloigné pour les déblais.

Les principaux centres d'exploitation sont *Berezowsk*, *Bogoslovsk*, *Tchernoïa*, *Nijni-Taguil*, le territoire des cosaques d'*Orenbourg*, etc. Les recherches doivent surtout porter sur les anfractuosités des lits rocheux, dans les couches inférieures desquels l'or est concentré, et sur les points où les couches stériles ne sont pas trop épaisses (3 mètres en moyenne).

La région de l'*Altaï* (montagne de l'or) comptait autrefois de nombreuses exploitations d'or et d'argent, notamment dans le groupe de Kolivan, à *Sméinogorsk* (mines de plomb argentifère). Ces mines, autrefois très productives, sont aujourd'hui en partie abandonnées.

C'est sur les bords des grands fleuves sibériens, l'*Yenisseisk*, la *Lena*, l'*Amour*, que s'est concentrée aujourd'hui toute l'activité des exploitations. L'or des alluvions de l'Yenisseisk et de ses affluents, provient de veines de quartz recoupant des granites et des micaschistes; il est souvent accompagné de magnétite et de zircon. On exploite aussi les placers de *Minusinsk* et ceux d'*Olekminsk*, au confluent de l'Olekma et de la Lena; enfin, on a découvert des gisements importants dans la *Transbaïkalie* et dans la province de l'*Amour* (Nertschinsk).

En Sibérie, on a trouvé, en 1897, de nouveaux placers à *Apschoumoukau* et à *Ayau*, sur la rivière Ditachra.

Inde. — Dans l'Inde, l'or des alluvions de *Godavery* et de la *Kistna* provient de filons quartzeux et de chloritoschistes d'âges divers. Les principales mines sont celles de la *province de Mysore*, que les indigènes exploitent à la batée.

Le district de Colar compte de nombreuses mines, dont les principales sont, avec celles de *Mysore* qui ont produit, en 1897, environ 12 millions de francs d'or, 110 0/0 de dividende (12 puits, dont un de 500 mètres), celle d'*Ooregum*, qui a produit 5.250.000 francs en 1897 (8 puits, dont un de 372 mètres), celles de *Nundydroog* (5 puits, dont un de 372 mètres), de *Champion-Reef* et de *Coromandel*. La teneur moyenne des minerais du district de Colar était de 110 francs par tonne.

Les Compagnies de Mysore, de Champion-Reef et de Nundydroog ont installé, au voisinage de leurs mines, de grands ateliers de cyanuration. La production totale du district a atteint 37 millions en 1897, pour un capital autorisé de 65 millions.

Sumatra et Bornéo. — Les exploitations d'alluvions du nord de *Bornéo* sont peu importantes. A Sumatra, on exploite des filons quartzeux avec pyrites de fer et de cuivre, à *Mandehling* et à *Soupayang*.

La production totale des Indes a été, en 1896, de 10.662 kilogrammes d'or, valant 24.758.470 francs.

Indo-Chine. — Il existe, dans le *pays Khas*, entre Rulheville au sud, et la parallèle de Tourane au nord, une région d'alluvions aurifères récentes, exploitées à la batée par les indigènes.

On trouve aussi quelques gîtes d'alluvions aurifères dans l'*Annam*.

Siam. — Les rois de Siam ont exploité longtemps les alluvions aurifères de *Bang-ta-Pham*, au nord-est de l'isthme de Krà. Ces alluvions, situées au voisinage de gîtes filoniens aurifères sans importance, sont formées par un gravier argilo-sableux aurifère de 0ᵐ,30 à 0ᵐ,70 de puissance, recouvert par un lit stérile de terre et de sable de 3 mètres d'épaisseur. L'exploitation, qui avait été continuée par une Société européenne, est abandonnée depuis quelques années.

Japon. — Au Japon, les gîtes d'alluvions du *Transur*, à Formose, sont exploités, paraît-il, par plus de trois mille ouvriers.

La production du Japon a été, en 1895, de 900 kilogrammes d'or.

Chine. — En Chine, on commence à faire des recherches dans le *Chien-Chang*, où l'on a découvert des alluvions aurifères et quelques filons dans les monts *Ma-ha*, entre Yueh-Hsi et Mien-Ning.

ALLUVIONS AURIFÈRES D'AFRIQUE

Il existe en Afrique de nombreuses régions contenant des alluvions exploitables; mais, en général, le manque de main-d'œuvre limite les exploitations. On connaît notamment les alluvions de la *Tunisie*, à *Sidi-Boussaïb*, près de Carthage, où l'on trouve des conglomérats aurifères avec fer titané et magnétique, celles du *haut Sénégal* (*Bambouk*, *Bambara*, *Sangara* dans le Soudan français), celles des collines de *Farquah*, sur la *côte d'Or* anglaise et celles du *Rio Lombigo*, dans le royaume d'Angola, où les graviers aurifères de la base contiennent, dit-on, 50 grammes d'or à la tonne.

ALLUVIONS AURIFÈRES D'AMÉRIQUE

Californie. — Les alluvions aurifères de Californie qui ont donné lieu, vers le milieu du xixᵉ siècle, à un exode considérable de chercheurs d'or, sont des alluvions recouvertes par des formations plus récentes. On peut les classer en trois catégories : *a*) alluvions des plateaux; *b*) alluvions des hautes vallées ; *c*) alluvions modernes des vallées.

a) Alluvions des plateaux. — Les gîtes de plateaux se trouvent, en réalité, dans les chenaux ou vallées des rivières de l'époque pliocène (comtés de *Placer*, de *Plumas*, de

Nevada, etc.); la présence de quartz aurifères et de serpentines dans les roches qui encaissent ces chenaux est un indice sérieux de la présence de l'or dans les alluvions, car les éléments des alluvions anciennes n'ont subi que des transports à faible distance. Il faut noter aussi que le poids des paillettes et des pépites les a entraînées dans les anfractuosités du fond, souvent schisteux, des rivières. Une coupe de ces terrains montre à la base des galets bleuâtres, riches en or (blue gravel), contenant une forte proportion de pyrite de fer cristallisée en cubes très nets (épaisseur très variable). Au-dessus de ces cubes, on trouve une seconde couche de galets rougeâtres, très riches (red gravel), et enfin, au-dessus, des sables contenant un peu d'or très divisé (top gravel) et souvent exploitables. Le tout est généralement recouvert d'une forte épaisseur de lave, qui atteint, en certains points, 40 mètres. Les couches sont traversées par un grand nombre de puits et de tunnels.

b) Alluvions des hautes vallées. — Les alluvions anciennes des hautes vallées (deep leads) présentent d'épaisses couches de *gravels*, qu'on a abattues en partie par la méthode hydraulique, après les avoir disloquées par des coups de mines. Les jets d'eau employés débitaient plus de 6.000 mètres cubes à l'heure, avec une vitesse de 50 mètres à la seconde; les boues produites étaient réunies dans des tunnels placés à la partie inférieure, et l'or y était amalgamé avec du mercure dans des sluices; mais on a interdit, depuis 1886, l'emploi de la méthode hydraulique, sur les plaintes des agriculteurs (bassin de *Yuba-River*, du *Tuolumne*, etc.), parce que les débris obstruaient le cours des rivières et recouvraient les terrains cultivables. Le tonnage important qu'il reste à exploiter devra être enlevé par une autre méthode.

Les points intéressants à explorer sont les coudes brusques et les barrages des rivières où les matières pondéreuses se sont déposées plus abondamment.

c) Alluvions modernes. — Les alluvions modernes (Shallow-placers) sont peu exploitées, parce que les couches ne sont pas régulières, comme dans les alluvions anciennes.

Les exploitations hydrauliques s'effectuaient anciennement au moyen de tunnels de plusieurs centaines de mètres de longueur ; la consommation d'eau était parfois très élevée, à cause de la dureté des roches (10 à 40 mètres cubes d'eau par mètre cube de *gravel*). Les principales mines étaient situées à *Smartsville* (mines Pactolus, Blue-Gravel, Blue-Point etc.), à *North-San-Juan* (Nebraska-Mine), à *North-Bloomfield*, etc.

La production de la Californie a été indiquée plus haut, à propos des gisements filoniens.

Dakota. — On peut citer aussi, en Amérique, les exploitations d'alluvions aurifères de *French-Creek*, de *Castle-Creek* et de *Spring-Creek*, dans le Dakota

Guyanes. — Le lit des rivières de la Guyane française, le *Maroni*, la *Mana*, le *Sinnamari*, contient de l'or; il existe, de plus, dans la Guyane, des alluvions modernes sur une surface très étendue, et des filons encore peu connus du côté de *Cayenne*. Le pays est recouvert d'épaisses forêts qui rendent les recherches fort difficiles; on trouve, comme en Californie, dans des criques et des coudes formés par les rivières, les dépôts d'or qui se sont concentrés dans les couches inférieures voisines du *bedrock*. Les principaux placers de la Guyane française sont *Saint-Élie*, sur le Sinnamari, à 100 kilomètres de la mer, *Dieu-Marie* et *Pas-Trop-Tôt*.

Il existe également des placers dans les régions voisines des limites de la colonie que l'on appelle le Contesté, et dans les Guyanes anglaise et hollandaise.

Les Guyanes ont produit, en 1897, 6.122 kilogrammes d'or. Des usines de traitement ont été installées à Arikaka-Creek et à Mount-Everare, sur le Demerara. Les alluvions aurifères de *Carsowene*, dans le Contesté brésilien, ont fourni, en deux ans, pour 25 millions d'or. En 1897, la Guyane hollandaise a fourni à elle seule 1.030 kilogrammes d'or.

ALLUVIONS AURIFÈRES D'AUSTRALIE

Les formations des placers australiens sont analogues à celles des placers californiens. On trouve en effet, en Australie, des alluvions récentes et des alluvions anciennes présentant les mêmes chenaux et les mêmes phénomènes d'enrichissement dans les schistes du fond (bedrock) qu'en Californie ; de même, les graviers sont souvent recouverts d'épaisseurs considérables de basaltes.

Les placers australiens ont été autrefois célèbres par la grosseur de leurs pépites (pépite de 90 kilogrammes trouvée à Ballarat) et ont donné lieu à des émigrations considérables de chercheurs d'or. On a cité plus haut les principaux districts aurifères d'Australie et leur production en 1896 et en 1897.

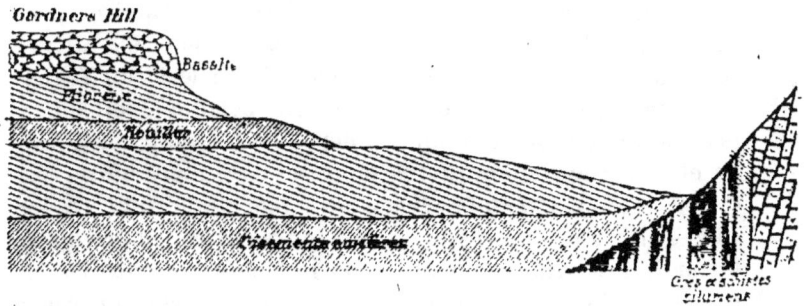

Fig. 114. — Coupe verticale d'un gisement aurifère de la Nouvelle-Galles du Sud.

Dans la Nouvelle-Galles du Sud, on drague la rivière *Macquarie* avec des dragues à vapeur. Les mines de *Broken-Hill* ont produit à elles seules, en 1897, avec 5.563 ouvriers, 44 millions de francs d'argent, d'or, de zinc et de cuivre. Les principaux centres de production sont les districts de *Bathurst*, de *Lachlan*, de *Tumut* et de *Mudgee*.

La Nouvelle-Zélande a produit, en 1897, pour 24 millions de francs d'or. La Waihi Gold Mining C° a extrait 39.564 tonnes de minerai ; d'autres mines moins importantes sont en activité dans les districts de *Coromandel*, de *Kuaotunu* et de *Great-Barrier*. Dans l'île du Sud il y a une cinquantaine de dragues en activité dans le lit de la rivière *Clutha (Otago)*.

Dans le Queensland, la mine de *Mount-Morgan* a traité, en 1897, 127.108 tonnes de minerai ayant donné 168.453 onces d'or. Les nouveaux dépôts d'alluvions de *Clermont* ont fourni, en 1897, 22.000 onces (une once-troy pèse 31^{gr},1035).

Les mines de la province de Victoria ont produit 822.632 onces en 1897. Le district de *Bendigo* (Sandhurst) a produit 203.208 onces, et celui de *Ballarat* 75.816 onces.

Dans l'Australie occidentale, la production s'est élevée, en 1897, à 19.000 kilogrammes d'or fin valant plus de 62 millions, provenant surtout des districts d'*Hannans* et de *Coolgardie*.

3° GISEMENTS D'OR SÉDIMENTAIRES

Il existe d'importants gisements d'or sédimentaires provenant soit du remaniement de terrains anciens très divers (alluvions aurifères, grès et conglomérats aurifères du Transvaal, de l'Australie et de la Nouvelle-Zélande), soit d'une précipitation contemporaine du dépôt des terrains; on trouve en effet des pyrites aurifères en cubes très bien conservés, qui se sont certainement formés sur place. On trouvera des renseignements intéressants sur les théories relatives à la formation de ces gisements dans le *Traité des gîtes métallifères*, de MM. Fuchs et de Launay, et dans divers ouvrages indiqués dans l'appendice bibliographique ci-après.

GISEMENTS SÉDIMENTAIRES DE L'AMÉRIQUE DU NORD

Alleghanys. — On trouve, le long de la chaîne des Alleghanys, des gisements dans lesquels l'or est concentré soit dans des schistes amphiboliques, comme à *Randolff* (Caroline du Nord), ou dans des talcschistes, comme à *Haile* (district de Lancaster, Caroline du Sud), soit encore dans des chloritoschistes feuilletés bleuâtres avec quartz et tétradymite (bismuth telluré), comme à *Dahlonega* (Georgie) et dans les mines de *Whitehall* et de *Tellurium* (Virginie).

GISEMENTS SÉDIMENTAIRES DE L'AFRIQUE DU SUD

Transvaal. — Bien que la présence de l'or dans le Sud africain soit connue depuis longtemps (plus de deux siècles), l'exploitation des gisements du Transvaal, par des mineurs australiens et californiens, ne remonte qu'à l'année 1873;

à cette époque, on recueillait déjà de gros lingots dans le district de *Lydenburg*, dont les gisements avaient été signalés, en 1868, par le géologue Karl Mausch, le même qui avait découvert, en 1864, ceux du Matabeleland. L'exploitation, gênée par la guerre que les Boers eurent à soutenir en 1880 contre les Anglais, reprit avec plus de vigueur en 1884, date de l'ouverture de la mine de *Sheba* dans le district de *Kaap* et surtout en 1886, date de la découverte des gisements du *Witwatersrand*, dont la production a atteint 270 millions en 1897. La nouvelle guerre qui vient d'éclater entre les Anglais et les Boers (octobre 1899) va arrêter pendant quelques mois le travail aux mines du Transvaal; mais il est probable que l'exploitation reprendra ensuite un nouvel essor, soit sous l'administration des Anglais, soit sous celle des Boers, si ces derniers arrivent à conquérir et à assurer leur indépendance.

Les principaux centres d'exploitation actuels de l'Afrique du Sud sont situés dans les districts du *Witwatersrand* (à 65 kilomètres au sud de Prétoria), de *Kaap*, de *Schoonspruit*, (Klerksdorp), de *Lydenburg*, de *Pelgrimrust* et de *Heidelberg*.

Au nord du Transvaal, il existe, dans la Rhodesia, des exploitations aurifères dans le *Matabeleland*, le *Mashonaland*, et à l'est, dans le *Zwazieland* et le *Charterland*.

Le plus important de tous ces districts est le Witwatersrand (montagne des Eaux-Blanches).

Formations aurifères du Sud africain. — La partie méridionale du continent africain est constituée par des plateaux (Karoo), formés de couches horizontales très épaisses dépourvues de fossiles marins, et dont l'âge varie, d'après le géologue Suess, du permien à l'infralias; ces couches s'appuient en stratifications discordantes sur des assises qui ont subi des plissements et des érosions très caractéristiques et qui appartiennent au silurien, au dévonien et au carbonifère. Au-dessous, se trouvent des gneiss et des granites qui forment la base de cette partie du continent africain. Les conglomérats aurifères du Transvaal se trouvent dans les assises de terrains anciens; les couches du Karoo renferment, en outre, d'importants gisements de houille.

Ne pouvant décrire en détail, dans un cadre aussi restreint, tous les districts aurifères de l'Afrique méridionale, on se limitera, dans cet ouvrage à l'étude du Witwatersrand; ce que l'on en dira pourra s'étendre, à quelques détails près, aux autres centres de production du Sud africain.

District aurifère du Witwatersrand. — Les gisements du Witwatersrand s'étendent autour de Johannesburg, entre les montagnes d'où ils tirent leur nom et les montagnes d'Heidelberg. La coupe du plateau, située à 2.000 mètres d'altitude, montre d'abord en surface des granites et des gneiss, puis des quartzites alternant avec des schistes argileux et des grès à magnétite et à fer oxydé, qui jouent ici le rôle du chapeau de fer de Rio-Tinto. Les couches forment, entre Johannesburg et Heidelberg, un fond de bateau qui a été l'objet d'études toutes particulières.

Filons ou reefs. — Les quartzites forment le mur d'une série de conglomérats composés d'éléments quartzeux soudés par un ciment siliceux et dans lesquels se trouve l'or. Ces conglomérats sont interstratifiés dans des grès et des schistes fortement plissés et érodés. Les couches de conglomérats portent le nom de *reefs* (filons).

La série des reefs est très complexe, et leur richesse en or est très variable : quelques-uns même sont stériles. En s'élevant de bas en haut, la succession des reefs est la suivante : *Rietfontein-Reef* (ou du Preez-Reef), *Main-Reef* (composé de cinq couches : South-Reef, Middle-Reef, Main-Reef-Leader, Main-Reef-Proper et North-Reef), *Elsburg-Reef* (ou de Paaz-Reef), *Bird-Reef* (ou Monarch-Reef), *Kimberley-Reef* (ou Battery-Reef) *Black-Reef*, *Nigel-Reef* et *Buffelsdoorn-Reef*. Le principal reef est le Main-Reef avec ses cinq couches sur lesquelles sont situées toutes les grandes mines (Robinson, Simmer and Jack, Geldenhuis, City and Suburban, Crown-Reef, Lanlaagte, Main-Reef, etc.).

Il est rare de trouver dans la même concession les cinq couches du Main-Reef; beaucoup de concessions n'en possèdent que deux ou trois. L'importance de ces couches est la suivante :

	Épaisseur	Teneur à la tonne
South-Reef	0^m,20 à 1^m,00	10 à 12 onces-troys
Middle-Reef	0^m,10 à 0^m,60	— —
Main-Reef-Leader	0^m,15 à 0^m,60	2 à 6 —
Main-Reef-Proper	2^m,00	0 à 1 —
North-Reef	0^m,30 à 1^m,00	0 à 1 —

Le district où les reefs offrent la plus grande régularité est celui de Johannesburg. Ailleurs les reefs sont discontinus en direction, et on constate de nombreuses failles qui amènent, dans le prolongement l'un de l'autre, des reefs différents. Bien que ces reefs aient beaucoup d'analogie entre eux, on arrive à dégager quelques caractères distinctifs qui permettent de les reconnaître.

Ces caractères sont les suivants pour quelques-uns des reefs principaux :

Black-Reef. — Masses de pyrites, teneurs très élevées, mais très irrégulières ;

Kimberley-Reef. — Galets de fortes dimensions ;

Bird-Reef. — Galets ayant la dimension d'un œuf d'oiseau de petite taille ;

Main-Reef. — Galets arrondis de la dimension d'une noix ;

Main-Reef-Leader. — Argiles avec veines de quartz ;

South-Reef. — Veines minces de galets plats.

Par suite de la disposition des couches en cuvette, les concessions sont, en général, très étroites dans le sens de l'inclinaison, et les reefs passent rapidement d'une concession à une autre. C'est ce qui a conduit les propriétaires des mines à envisager l'exploitation (d'abord regardée comme désavantageuse) des parties profondes des reefs, parties que l'on appelle des *deep levels*.

Les zones riches et pauvres alternent dans les reefs, sans que l'on puisse assigner, à ces variations de teneur, des lois précises.

L'or des conglomérats n'est visible à l'œil nu, dans le minerai que très rarement, quand il est cristallisé. On peut cependant voir au microscope de l'or libre en lamelles minces dans le minerai.

La présence de l'or est un indice certain du voisinage de

la pyrite de fer; mais la réciproque ne serait pas vraie.

On ne peut guère juger la valeur d'une mine d'or au Transvaal que par une série de prises d'échantillons, avec broyage en grand, car la teneur varie beaucoup d'un endroit à un autre, et il est impossible d'apprécier ces variations sans faire de nombreux essais de minerai.

On exploite l'or au Transvaal par puits inclinés afin de rester dans la couche et de supprimer les travers-bancs inutiles; la solidité du toit réduit la dépense de bois à très peu de chose; l'eau est maintenant suffisamment abondante, et la houille du pays revient à 10 francs environ par tonne, aujourd'hui, sur le carreau des mines. Les crises qui ont sévi à plusieurs reprises sur les mines d'or du Transvaal proviennent toutes de la rareté de la main-d'œuvre. Le nombre de personnes employées, en 1897, dans les mines d'or de l'Afrique australe, était de 80.000 environ, dont 70.000 Cafres et Zoulous. Les travailleurs noirs sont difficiles à recruter et refusent de travailler aux mines plus de cinq à six mois par an; il en résulte que le prix de la main-d'œuvre varie beaucoup et tend à s'élever à mesure que le nombre des filons exploités augmente.

Traitement du minerai. — Le minerai abattu est trié sommairement, puis concassé et enfin broyé en poussière fine, de manière à libérer l'or contenu dans le quartz et dans la pyrite.

Ce mode de traitement du minerai est aussi celui qui peut être employé pour les essais qu'aurait à faire un ingénieur prospecteur; il entre donc bien dans le cadre de cette étude.

Les concasseurs employés sont du type à mâchoires ou à excentriques. Le broyage se fait hydrauliquement au moyen de pilons dont le poids varie de 250 à 600 kilogrammes et qui sont disposés par batteries de cinq. L'eau est fournie par des retenues artificielles dont les barrages emmagasinent dans les vallées les eaux des pluies. Le broyage à sec, imaginé par M. Périer de La Bathie, permet de supprimer cette dépense d'eau, qui a été, surtout au début des exploitations, une grosse difficulté dans ce pays très sec; en même temps il permet d'éviter la production des boues fines (slimes). Ces boues entraînent 6 grammes d'or par tonne (pour les minerais de

30 grammes à la tonne aux essais) et représentent 20 0/0 du nombre des tonnes broyées.

Quant aux produits du broyage à sec, ils passent directement à la cyanuration, sans amalgamation.

Au début de l'exploitation des mines du Transvaal, on faisait passer le minerai, au sortir du mortier, sur des plaques de cuivre amalgamé où il rencontrait du mercure; il se produisait un amalgame d'or représentant 60 0/0 environ de la teneur totale du minerai.

Les résidus de l'amalgamation (tailings), tenant 35 à 45 0/0 de l'or des minerais, d'abord abandonnés, ont été plus tard repris et soumis à une concentration dans des *frues vanners;* on obtenait ainsi des concentrés (pyrites tenant 6 0/0 de l'or total), que l'on traitait par l'amalgamation ou par la chloruration.

Aujourd'hui la cyanuration directe des minerais broyés tient la plus large place parmi les méthodes de traitement. Le principe de la méthode est de former un cyanure double d'or et de potassium dans des cuves (*leaching vats*) et de précipiter l'or par le zinc (Mac-Arthur-Forrest) ou par l'électrolyse sur des couples plomb et fer (Siemens et Halske). La cyanuration réussit bien, grâce à l'absence d'impuretés dans les minerais du Transvaal, et cette méthode permet de retirer 85 0/0 de l'or total. Grâce à ce procédé, on peut traiter les *tailings* d'abord abandonnés, et certaines Compagnies ont réalisé des bénéfices considérables, en achetant les slimes riches des autres mines, pour les soumettre à la cyanuration.

Teneur des minerais du Transvaal. — La teneur en or des minerais du Transvaal a varié, depuis 1890, de 48 fr. 95 à la tonne jusqu'à 61 fr. 55.

En 1898, la teneur moyenne a été de 51 fr. 50.

Quant aux frais de production de l'or, qui s'élevaient à 50 fr. 40 en 1890, ils sont considérablement réduits; en 1895, ils n'étaient plus que de 41 fr. 05, et, en 1898, de 35 fr. 50 par tonne de minerai.

Production de l'or dans le Sud africain. — Au Transvaal, il a été produit, en 1898, au moyen de 5.260 pilons et avec 7.330.000 tonnes de minerai, 4.555.000 onces d'or, valant 377.500.000 francs.

On a distribué, en 1898, 117.500.000 francs de dividende, soit 16 francs par tonne broyée.

Le Witwatersrand a produit à lui seul, la même année, 4.295.609 onces d'or.

Les dividendes distribués l'année précédente, en 1897, au Witwatersrand, avaient atteint 68.012.074 francs pour une production de 252.880.050 francs d'or.

Madagascar. — Dans l'île de Madagascar, quelques explorations sont effectuées dans les gisements aurifères récemment découverts. L'exploitation de l'or à Madagascar a produit, en 1897, 602 kilogrammes d'or valant 2.000.000 francs.

PRODUCTION DE L'OR DANS LE MONDE ENTIER EN 1897

Au total, la production de l'or a été la suivante dans les diverses parties du monde, en 1897 :

Europe	39.254	kilogrammes
Asie	24.063	—
Afrique	86.700	—
Amérique du Nord	110.000	—
Amérique du Sud	18.623	—
Océanie	80.399	—
Total	359.039	kilogrammes

représentant une valeur de 1.193.080.840 francs.

BIBLIOGRAPHIE DE L'OR

1868. Debombourg, *Étude sur les alluvions aurifères de la France* (Lyon).
1869. Whitney, *Metallic wealth of the United States* (New-York).
1875. Poszepny, *Uber das vorkommen von gediegenem gold in den Mineralschalen von Vöröspatak* (Jahrb. der k.-k. geol. Reichs., p. 97).
1876. V. Rath, *Mines d'or de Vöröspatak* (Annales des Mines, 7ᵉ série, t. XIII, p. 400).
1878. Daintree, *Note on certain modes of occurrence of gold in Australia* (The Quarterly Journal of the Geological Society, t. XXXIV, n° 3, p. 431).

1878. Rolland, *Tellurures d'or du comté de Boulder (Colorado)* (*Annales des Mines*, 7ᵉ série, t. XIII, p. 159).
1880. Del Mar, *A history of the precious metals from the earlier times to the present* (London).
1880. John Munday, *Gold mines of the west of Sumatra* (*Mining Journal*, t. I, p. 732).
1881. Fuchs, *L'Or en Australie* (Bulletin des *Annales des Mines*).
1882. Foot, *Goldfields of Mysore* (*Geol. survey of India*, t. XV, n° 4).
1884. Noguès, *Gisement d'or en Andalousie* (*Comptes Rendus*, t. XCVIII, p. 760).
1884. Desbans, *Or à la Guyane française* (*Industrie minérale*, 2ᵉ série, t. XII, p. 217).
1886. Gonnard, *Sur les minerais aurifères des environs de Pontgibaud* (*Bulletin de la Société française de Minéralogie*, t. X, p. 243, Paris).
1888. *Causerie scientifique du « Temps » sur l'or de la Grande-Bretagne*, 17 janvier.
1890. Laurent, *Industrie de l'or dans l'Oural* (*Annales des Mines*, décembre).
1891. Chaper, *Notes sur Bornéo* (*Bulletin de la Société de Géologie*, 3ᵉ série, t. XIX, p. 877).
1892. Bel, *Les Mines d'or au Transvaal* (*Economiste français* du 15 octobre).
1893. De Launay, *Découverte de nouveaux gisements d'or, à Coolgardie en Autriche* (*Annales des Mines*).
1893 Ferrand, *L'Or de Minas-Geraes au Brésil* (*Ouro-Preto*).
1894 Becker, *Goldfieds of the southern appalachians* (*Report of the geological Survey*).
1896 De Launay, *Les Mines d'or du Transvaal* (Baudry à Paris).
1898 Cumenge et Robellaz, *L'Or dans la Nature* (Dunod à Paris).
1898 Ballivian et Zarco, *El oro en Bolivia* (La Paz).
1899 Collet, *L'Or aux Indes-Orientales Néerlandaises* (Kolff, éditeur à Batavia).

PLATINE

Propriétés physiques. — Le platine est un métal d'un blanc grisâtre, dont la couleur rappelle celle de l'argent; il est mou, très ductile et très malléable et il possède une ténacité considérable, qui égale presque celle du fer; comme ce métal, il peut se forger et il a la précieuse propriété de se souder à lui-même. Fondu, il a une densité de 21,15, qui peut être élevée à 21,70 par le martelage. Il est assez bon conducteur de la chaleur et de l'électricité (la résistance électrique d'un fil de platine de 1 mètre de longueur et de 1 millimètre carré de section est, à $0°$, de 0,1166 ohm).

La température de fusion du platine est voisine de $1.900°$. On ne peut donc pas le fondre dans les fourneaux ordinaires. On le fond facilement, et il se volatilise même sensiblement, quand on l'expose, dans un creuset de chaux vive, à la flamme d'un chalumeau à gaz hydrogène et oxygène. Ainsi que l'argent, le platine fondu absorbe l'oxygène et *roche*, s'il est refroidi brusquement.

Propriétés chimiques. — Très poreux, le platine a la propriété d'absorber et d'*occlure* les gaz. La mousse, ou éponge de platine, et surtout le noir de platine jouissent de propriétés catalytiques remarquables; ce dernier corps peut absorber jusqu'à 740 fois son volume d'hydrogène (ou 250 fois son volume d'oxygène). Une pression de plus de 1.000 atmosphères serait nécessaire pour amener l'hydrogène à une semblable contraction. Dans cette condensation, l'hydrogène cède au métal le calorique qui le maintenait dilaté; le platine devient incandescent et prendrait feu, en se combinant avec l'oxygène, si le gaz hydrogène continuait à arriver. On se sert de cette propriété de la mousse de platine pour l'allumage automatique des becs de gaz.

A toutes les températures, le platine est inattaquable par l'air, par l'oxygène et par les acides sulfurique, azotique et chlorhydrique isolés; mais il se combine directement avec le chlore, le soufre, le phosphore, l'arsenic, l'antimoine, le bore et le silicium, ainsi qu'avec les métaux très fusibles. En raison de ces affinités, on doit éviter de chauffer des ustensiles de platine directement avec du charbon, car il se formerait, avec la silice des cendres, un siliciure de platine fusible, et il se produirait des trous dans le métal.

Usages. — Le platine, très mou et encore plus ductile que l'or, est peu utilisé à l'état pur. Mélangé à de petites quantités d'iridium, métal auquel il est presque toujours associé dans les mines, il devient dur, et sa ténacité est augmentée, ainsi que sa résistance à l'action de la chaleur et des acides énergiques. Il reçoit alors de nombreuses applications, énumérées ci-dessous.

Alliages. — Les ustensiles de laboratoire, tels que creusets, cornues, capsules, tubes, etc., destinés à supporter de hautes températures ou à contenir des acides énergiques, et les alambics employés par l'industrie pour la concentration de l'acide sulfurique, sont généralement construits avec un alliage de 90 0/0 de platine et 10 0/0 d'iridium.

Le fil de platine iridié est employé comme conducteur dans les lampes à incandescence; il forme l'élément électro-positif de diverses piles.

Les dentistes se servent, pour le plombage des dents, d'un alliage appelé *platine dur* du commerce, formé de 95 0/0 de platine et de 5 0/0 de cuivre.

Pour la fabrication des bijoux, on fait varier les proportions des métaux suivant la nuance et les propriétés désirées; ainsi, un alliage à poids égaux de platine et de cuivre est ductile et possède la couleur et la densité de l'or; on emploie aussi, en bijouterie, un alliage blanc composé de 35 parties de platine et de 65 parties d'argent ou de 17,5 de platine et de 82,5 d'argent; on fabrique des plumes inoxydables avec un alliage de 4 parties de platine, 3 parties d'argent et 1 partie de cuivre.

Un alliage de 1 partie de platine, de 100 parties de nickel e de 10 parties d'étain est utilisé pour fabriquer des ustensiles de ménage.

Chlorure. — On emploie le chlorure de platine pour produire un dépôt de ce métal sur des objets, soit pour les préserver de l'oxydation, soit pour les orner (platinisation).

Par les méthodes galvaniques, on platinise les objets en fer, en acier et en cuivre (plumes en acier, pointes de paratonnerre, etc.). Une simple immersion dans un bain de chlorure platinique recouvre le laiton et le bronze d'une couche de platine protectrice.

Le chlorure de platine est aussi employé pour la préparation des papiers photographiques.

A l'état de tétrachlorure, le platine entre dans la composition de peintures sur verre et sur porcelaine.

Minerais. — Le platine se trouve à l'état natif, en grains et quelquefois en pépites, associé avec les métaux de la même famille (iridium, osmium, palladium, ruthénium, rhodium) également très rares (mine de platine).

Le platine ferrifère, qui contient de 12 à 13 0/0 de fer, est fortement magnétique.

Le platine polyxène est un alliage contenant du platine, du palladium, du rhodium, du ruthénium et de l'osmium avec du fer et du cuivre.

Les minerais de platine contiennent de l'osmiure d'iridium en tablettes ou en grains très durs. Le platine est souvent accompagné par de l'or, du fer chromé ou du titane.

Géogénie. — On trouve le platine et les métaux de la mine de platine dans les alluvions en rapport avec des roches à péridot plus ou moins transformées en serpentines (placers de Nijni-Taguil); on l'a trouvé quelquefois aussi associé à l'or dans des filons de quartz aurifère (Berezowsk, Amérique du Sud, Colombie).

Les roches à péridot peuvent être regardées comme les roches mères du platine, bien qu'il y ait des exemples de roches serpentines non platinifères.

Gisements. — Le platine est un métal rare, dont la production est assez limitée. Le principal pays producteur est la Russie (Oural).

On trouve aussi du platine en Colombie, au Canada, au Congo (Rivière Uelle), dans la Nouvelle-Galles du Sud (Fifield), à Bornéo, dans la Nouvelle-Zélande, etc.

Russie (Sibérie). — Le platine existe principalement sur le versant oriental de l'Oural, à *Nijni-Taguil*, dans des sables platinifères en rapport avec la péridotite et la serpentine; on y a trouvé des pépites dont la plus grosse pesait 9^{kg},5. Le centre d'exploitation le plus important est *Avrorinski*, sur la Martiane, où la couche platinifère, recouverte par 25 mètres de terrains stériles, a 5 mètres de puissance, avec une teneur moyenne de 6 grammes à la tonne.

Les gisements abandonnés de *Goroblagodatsk*, sur les bords de la Toura et de la Barantcha, contenaient à la fois de l'or et du platiné ; ils reposaient sur du calcaire accompagné de serpentine.

Aux sources de la *Miass*, dans les serpentines des monts Narali, les sables aurifères sont assez riches en platine, ainsi que dans la région de *Miask*.

A *Berezowsk*, on a trouvé du platine dans du quartz aurifère.

L'extraction du platine était, en Russie, en 1890, de 2.834 kilogrammes, représentant une valeur de 2.768.000 fr

En 1894, elle a atteint 5.209 kilogrammes, valant 4.452.000 francs.

Amérique (Colombie). — Dans la province de *Choco* et à *Barbacoas* (Colombie), on a également trouvé, dans des filons de quartz aurifère recoupant des syénites, du platine associé à de l'or natif et du fer chromé. Ces minerais contiennent souvent du rhodium. La production du platine en Colombie a atteint 364 kilogrammes en 1897.

Bornéo. — A *Bornéo*, le platine, accompagné d'osmiure d'iridium et d'or, existe dans des alluvions en rapport avec des roches serpentineuses.

Nouvelle-Zélande. — Le platine et l'osmiure d'iridium ont été découverts dans la rivière *Tayaka*, au voisinage de roches à péridot. Ce gisement est analogue à ceux de l'Oural.

BIBLIOGRAPHIE DU PLATINE

1875. Daubrée, *Association, dans l'Oural, du platine natif à des roches à base de péridot* (Bulletin de la Société de Géologie, 3e série, t. III, p. 311).

1881. Chaper, *Note sur le nord de l'Oural* (Bulletin de la Société de Géologie, 3e série, t. VIII, p. 130).

1890. Laurent, *Sur l'industrie de l'or et du platine dans l'Oural* (Annales des Mines, novembre).

1892. *Les gisements de platine de la Russie* (Génie civil, t. XXI, p. 323).

VANADIUM

Le vanadium est un métal rare qui a été découvert au commencement du xix° siècle.

Usages. — Il fut tout d'abord peu employé ; ce n'est que vers 1870 qu'il fut appliqué à la teinture en noir des cotons et des laines.

Il rend plus brillantes les matières à teindre ; il fait ressortir les dessins, et il empêche l'attaque des cardes métalliques.

Le vanadate d'ammoniaque sert à oxyder l'aniline, en présence du chlorate de potasse et de l'acide chlorhydrique, et à le transformer en noir d'aniline.

Les sels de vanadium sont employés aussi dans la peinture sur porcelaine.

Minerais et gisements. — Les principaux minerais du vanadium sont la *vanadinite*, vanadate de plomb contenant de 8 à 12 0/0 de vanadium, que l'on trouve dans le *Nouveau-Mexique* et dans l'*Arizona*, ainsi que la *descloizite*, vanadate de plomb et de zinc contenant de 10 à 12 0/0 de vanadium ; la *mottramite*, vanadate de plomb et de cuivre que l'on trouve en Angleterre (*Arderly Edge* et *Mottram*) ; ce minerai contient environ 9 0/0 de vanadium. On peut encore citer, parmi les minerais de vanadium, l'*uranite* de *Joachimstal* (Bohême), la *wulfénite* de *Bleyberg* (Carinthie) et les résidus cuivreux du *Mansfeld*, ainsi que divers minerais de fer (*Mazenay*, 1 0/0) et des charbons anthraciteux du Pérou (*Yauli*), qui en contiennent 0,45 0/0. Au Creusot, on fabrique par an 60.000 kilogrammes d'acide vanadique par le procédé Osmond Witz. A Joachimstal, on extrait le vanadium des minerais d'urane par le procédé Patera.

Le prix du vanadium tend à diminuer depuis l'application du procédé Witz, qui a été inauguré en 1880. A cette époque, le vanadate de soude se vendait encore de 80 à 100 francs le kilogramme.

BIBLIOGRAPHIE DU VANADIUM

1880. Lallemand, *L'urane et le vanadium à Joachimstal (Annales des Mines*, 7ᵉ série, t. XVII, p. 326).
1881. *Minéraux du Chili (Annales des Mines*, 1881, p. 335).
1883. Dieulafait, *Revue scientifique* du 19 mai p. 613.

Il existe un certain nombre d'autres minerais de métaux dits rares, tels que le *cadmium*, le *zirconium*, l'*indium*, le *gallium*, le *tantale*, le *palladium*, l'*iridium*, l'*osmium*, le *rhodium*, le *ruthénium*, etc.; mais leurs gisements sont trop peu étendus et leurs usages trop restreints pour qu'ils figurent dans le cadre de cet ouvrage. Ils ne sont cités ici que pour mémoire.

CHAPITRE VIII

PIERRES PRÉCIEUSES, GEMMES

DIAMANT

Le diamant doit son nom à sa dureté (αδαμας, indomptable); c'est du carbone pur cristallisé. Il existe sous trois états : *diamant, carbon, boort.*

1° DIAMANT PROPREMENT DIT

Propriétés. — Le diamant proprement dit se présente toujours cristallisé, soit en octaèdres réguliers, soit en polyèdres à vingt-quatre ou à quarante-huit faces, dont, le plus souvent, les faces et les arêtes sont courbes et les faces régulièrement striées. Il existe, en outre, des formes hémiédriques, en particulier le tétraèdre, ou certains cristaux dits à deux pointes ou encore des formes maclées.

Les beaux diamants sont d'un blanc qui prend parfois des reflets bleutés; ils sont d'une limpidité parfaite; certains d'entre eux, d'une vive coloration rouge rubis, bleue ou verte, sont aussi très estimés. Les diamants perdent beaucoup de leur valeur lorsqu'ils ont une teinte grise ou jaunâtre qui nuit à leur éclat.

Le diamant se présente généralement en cristaux très petits (ceux dont le poids dépasse 1 gramme sont déjà assez rares). Sa dureté dépasse celle de tous les minéraux connus; sa densité est de 3,50 à 3,55; son indice de réfraction est plus élevé que celui de tous les corps transparents, et, par suite, le diamant présente, d'une façon presque absolue, le phénomène de la réflexion totale; il s'imbibe en quelque sorte de la lumière qu'il reçoit; s'il est placé ensuite dans l'obscurité, il rend une partie de cette lumière et produit une faible lueur. Parfois même on rencontre des diamants phosphorescents ou fluorescents.

Le diamant brûle sans résidu à une température très élevée (courant d'oxygène ou courant électrique).

Usages. — Le diamant est très recherché pour la bijouterie. Il sert aussi à faire des pivots pour l'horlogerie, des pointes d'outils pour percer ou graver des pierres dures, pour couper le verre, pour tourner les bords des verres de montres, pour tréfiler l'or et l'argent, et pour travailler certains métaux trempés.

Taille du diamant. — Avant d'être monté en bijoux, le diamant, pour produire tous les jeux de lumière qui le font rechercher, doit être taillé. Les diamants de peu d'épaisseur sont généralement taillés en roses ; en ce cas, on utilise les formes hémiédriques pour obtenir la base de la rose ; les diamants épais sont taillés en brillants.

 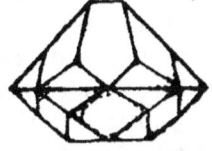

Fig. 115. — Diamants taillés.

Dans la rose, le dessous du diamant est plat ; la partie supérieure forme un dôme à vingt-quatre facettes. Dans le brillant, la face supérieure plane, appelée la *table*, est entourée de facettes obliques, et la partie inférieure ou *culasse*, comprenant les deux tiers du diamant, forme une pyramide dont les facettes correspondent à celles de la partie supérieure. La taille en brillant à trente-deux facettes est aujourd'hui la seule employée pour les diamants réguliers.

Pour tailler un diamant, on commence par le dégrossir, en utilisant le *clivage* qu'il possède, parallèlement aux faces de l'octaèdre et en suivant le fil de la pierre. Ensuite vient le *brutage*, qui consiste à frotter deux diamants l'un contre l'autre, ce qui produit de l'*égrisé*, ou poussière de diamant, que l'on recueille ; enfin on termine par le *polissage* qui s'opère sur une plate-forme d'acier animée d'un rapide mouvement de rotation et recouverte de poussière de diamant humectée d'huile.

L'*égrisé* s'obtient aussi en pulvérisant les éclats qui proviennent du dégrossissement des diamants taillés ou en pulvérisant les diamants défectueux qui ne peuvent se tailler.

La taille diminue souvent de moitié le poids des diamants, dont l'unité de poids est le *carat* qui pèse exactement 205 milligrammes. Les diamants taillés se vendent jusqu'à 300 francs par carat, et leur valeur croît comme le carré de leur poids.

Gisements. — Les principaux gisements de diamants sont ceux du Cap de Bonne-Espérance, ceux du Brésil, ceux des Indes, etc.

Gisements du Cap. — Les gîtes de diamants de la colonie du Cap (cap de Bonne-Espérance) ont été découverts en 1867, et leur exploitation a amené une population considérable autour des principales mines de *Dutoitspan*, *Bultfontein*, *Old-de-Beers* et *Kimberley*. Les diamants se trouvent amenés au jour dans une ophite bréchoïde accompagnée de bronzite hydratée avec veines de calcite et de silice opaline. Cette ophite remplit, comme une boue éruptive, des cavités, en forme d'entonnoirs de 200 à 300 mètres, creusées à la surface de plateaux dont l'altitude varie de 600 à 1.300 mètres (karoo moyen) ; ces plateaux sont constitués par des grès, des argiles bariolées et des schistes noirs ou bruns recoupés par des diorites et des mélaphyres. Les entonnoirs proviennent probablement, d'après M. Daubrée, d'explosions d'hydrocarbures en profondeur, comme le font supposer l'abondance du grisou et l'association du graphite au diamant. Ces sortes de cheminées sont remplies de roches bleues en profondeur (blue ground) et jaunes à la surface (yellow ground), mélangées de débris de grès triasiques dans le haut, d'ophites, de mélaphyres, de granites ou de gneiss dans le bas, débris empruntés aux roches encaissantes ou venus de la profondeur.

Les diamants, octaédriques ou dodécaédriques, sont jaunâtres et tiennent une forte proportion de boort ; ils sont accompagnés de grenats, de fer titané, de zircon, de topazes, etc., minéraux arrachés aux roches traversées par l'éruption de la brèche serpentineuse.

Les quatre mines citées plus haut ont été réunies (de Beers Consolitated C°), et l'exploitation par tranchées et câbles a été perfectionnée par la création de puits (Kimberley : 400 mètres ; de Beers : 300 mètres), reliés au gîte par des travers-bancs.

Le minerai est abandonné à l'air pendant six mois, puis détourbé à la main.

La production était de 1.500.000 carats en 1876, et de 2.800.000 carats en 1890 ; on avait extrait, au total, à cette époque 43.000.000 de carats valant plus de 1 milliard de francs. La teneur est de 3 carats au mètre cube pour les mines syndiquées de De Beers et de Kimberley. — Dutoitspan, qui a fourni les plus beaux diamants, n'est plus exploité. C'est de ce gîte qu'est sortie l'*Etoile de l'Afrique du Sud* (85 carats). La production énorme a fait craindre à un certain moment que les prix du diamant ne s'avilissent. Depuis 1889, la plupart des mines du Cap sont syndiquées, ce qui a permis aux producteurs de relever les cours. Le diamant brut, qui valait 27 francs le carat en 1887, est monté à 40 francs en 1889. Le prix de revient ressort à 35 francs le mètre cube, soit en moyenne à 10 francs par carat extrait. Le prix de revient est grevé par le coût élevé des matières premières et par les vols de diamants, très fréquents dans les *claims* ou carrés d'exploitation de $9^m,45$ de côté.

La De Beers Consolidated C° a produit en 1897 à De Beers et à Kimberley 2.769.423 carats, en moyenne 1 carat 26 par tonne de minerai. Les dépenses ont été de 33.264.975 francs. Les recettes ont été de 93.052.475 francs ; le dividende distribué en 1897 a atteint 39.500.000 francs.

Gisements du Brésil. — Les gisements les plus importants du Brésil sont ceux de *Diamantina*, à 300 kilomètres au nord d'Ouro-Preto (Minas-Geraes) ; on peut encore citer les gisements de *Bagagem*, de *Grao-Mogor*, de *Cincora* et de *Salabro*. Ces gisements se trouvent soit sur un plateau de 1.000 à 1.200 mètres d'altitude, soit dans les rivières qui y prennent leur source ; ces derniers gisements, à la fois aurifères et diamantifères, proviennent de la concentration des gîtes des plateaux après remaniement.

Les alluvions sont en relation avec des quartzites micacées (itacolumites) que l'on trouve en place à Grao-Mogor, associées avec des conglomérats quartzeux. Le diamant y est accompagné de pyrite martiale et de martite.

Sur les plateaux, les diamants des itacolumites et des conglomérats ont été concentrés dans un poudingue de graviers et de terre rouge (*gorgulho*); dans le lit des rivières, les diamants se trouvent dans un mélange d'argile et de graviers quartzeux (*cascalho*) avec des minéraux, tels que le rutile, la brookite, l'anatase, etc.; ils sont souvent concentrés dans des poches (*caldeirões*) formées par le remous des eaux. On exploite en mettant le lit à sec et en lavant le cascalho à la batée après détourbage et traitement au bac.

Les *diamants* du Brésil sont beaux, mais petits (4 carats en moyenne). Le plus célèbre est l'*Etoile du Sud* (254 carats et demi).

La production totale du Brésil est à peu près de 30.000 carats par an.

Gisements des Indes. — Les fameux diamants des Indes (le *grand Mogol*, le *Régent*, etc.), vendus sur le marché de Golconde, provenaient de gisements exploités avant l'ère chrétienne et dont la production actuelle est peu importante: *Randapoli* près de Mazulipatam, *Bellary*, *Karnul*, *Kadapah*, *Sambalpur*, *Panna*, *Majgama*, etc.

A *Bellary*, le diamant, associé à l'or, existe dans des grès siluriens analogues aux itacolumites du Brésil et dans des ravinements produits par les pluies sur un plateau de schistes micacés recoupés par des filons de granulite rose à épidote.

A *Sambalpur*, on trouve, amenés encore aujourd'hui par es crues des rivières, des diamants provenant d'alluvions anciennes.

A *Panna*, le diamant se trouve associé au saphir, au rubis et à la topaze dans des graviers rouges d'alluvion, recouvrant un conglomérat silurien lui-même diamantifère.

A *Majgama*, il existe une boue verte diamantifère analogue à celle du Cap; mais les gisements sont peu importants et ne peuvent être exploités que grâce au bas prix de la main-d'œuvre des Indous.

Gisements de Bornéo. — Les diamants de Bornéo se trouvent dans des graviers ou des alluvions de rivières (*Bandjermassin, fleuve Kapoeas*).

La production annuelle de Bornéo oscille aux environs de 5.000 carats.

Gisements de l'Australie. — On a découvert en Australie des alluvions diamantifères d'ailleurs peu importantes.

Nouvelle-Galles du Sud. — Dans la Nouvelle-Galles du Sud on a exploité les mines de *Boggy-Camp*, à 25 kilomètres de Tingha; la teneur y atteint 13 carats à la tonne; les diamants sont très blancs et de bonne qualité.

2° CARBON

Le *carbon, carbonado*, ou *diamant noir*, se trouve principalement au *Brésil*, en petites boules irrégulières amorphes et noirâtres atteignant parfois la grosseur du poing.

Sa dureté est beaucoup plus grande que celle du diamant proprement dit; mais sa densité est moindre. Il contient un peu de cendres.

On emploie les diamants noirs, enchâssés à l'extrémité d'outils en acier, pour travailler, sur des tours, les blocs de porphyre destinés à former des colonnes ou des vasques. On s'en sert aussi pour creuser des trous de mines dans les roches dures. Ce sont des diamants noirs qui sont employés pour les sondages au diamant.

Leur valeur atteint 25 à 40 francs par carat.

3° BOORT

Le *boort*, ou diamant concrétionné, que l'on rencontre dans tous les gisements de diamants dans la proportion de 2 à 5 0/0, est translucide, mais non transparent. Il se présente en boules cristallines sans trace de clivage et ne peut être taillé. Il est moins pur que le diamant proprement dit. Sa dureté étant supérieure à celle du diamant, on en fait de l'égrisé pour le polissage des diamants.

GEMMES QUARTZEUSES

Le quartz (silice pure) se présente à l'état cristallisé ou à l'état amorphe.

Le *quartz hyalin*, ou silice cristallisée, se distingue en différents types selon sa couleur et sa pureté.

CRISTAL DE ROCHE (CAILLOU DU RHIN)

Le cristal de roche est du quartz hyalin incolore et limpide.

On l'emploie en optique et dans l'orfèvrerie.

Les plus beaux cristaux viennent du *Saint-Gothard*, du *Tyrol*, de *Madagascar* (mont de Befoure), etc... On trouve aussi dans le *Rhin* du cristal de roche roulé, appelé *caillou du Rhin*.

AMÉTHYSTE

L'améthyste est du quartz hyalin violet. On la rencontre sous forme de cristaux isolés ou groupés et quelquefois sous forme de galets.

Elle est employée en joaillerie pour faire des bagues, des colliers et des broches.

On la trouve dans des filons métallifères (*Hongrie* et *Transylvanie*), dans des fentes de roches cristallines anciennes (*Oural*, *Tyrol*); on en trouve une belle variété au *Brésil*.

Au *Vernet*, près d'Issoire, on exploite par galeries un filon de quartz améthyste au milieu de sables aquifères dont les eaux gênent parfois l'exploitation; ce filon donne de très beaux cristaux d'améthyste dont quelques-uns atteignent de grandes dimensions.

CALCÉDOINE (AGATE, ONYX ET CORNALINE)

La calcédoine est du quartz moitié cristallin, moitié amorphe.

Elle porte le nom de *cornaline* quand elle est rouge, et d'*onyx* ou d'*agate* quand elle présente des zones concentriques de diverses couleurs.

Elle est employée pour faire des vases, des cachets, des camées et aussi des mortiers pour porphyriser des matières dures.

Les plus beaux gisements de calcédoine sont ceux de l'Inde (*Barotch*, près de Nimondra). On en exploite aussi en Sibérie (*Nestchinsk* et *Kolivan*), en *Chine*, dans l'*Uruguay*, en *Egypte*, en *Saxe*, en *Islande*, dans le *Tyrol*, etc. — En France, on en rencontre dans les tufs volcaniques de *Pont-du-Château* (Limagne).

Les agates du commerce viennent en grande partie d'*Oberstein* dans le Palatinat.

JASPE (PIERRE DE TOUCHE)

Le *jaspe* est du quartz amorphe (silex) impur et opaque. Il renferme des matières argilo-ferrugineuses.

Il présente des colorations variées et vives qui le font employer pour la fabrication d'objets d'ornement et pour les mosaïques (Florence).

On le rencontre à l'état de rognons dans les calcaires du trias et de la craie.

La *pierre de touche* est un jaspe noir; elle doit sa coloration à la substance charbonneuse qu'elle renferme. Sa cassure présente des petites aspérités qui usent les métaux qu'on frotte sur sa surface. Quand on veut reconnaître si un objet est en **or**, on le frotte sur la pierre de touche et on attaque, par l'acide azotique, les parcelles métalliques qu'il laisse sur la pierre. Si ces parcelles disparaissent, c'est qu'elles ne proviennent pas d'un objet en or; si elles blanchissent, c'est que l'or contient un alliage.

OPALE

L'opale est de la silice hydratée; on la distingue en *opale noble*, irisée, transparente, translucide et laiteuse; en *opale de feu*, compacte, jaune ou rouge, translucide et vitreuse; et en *opale commune*, grise, compacte et peu translucide.

L'*opale noble*, qui est très fragile, se taille, généralement, pour cette raison, en formes sphériques, pour la joaillerie.

On trouve en Hongrie de très belles opales nobles connues dès le temps des Romains, dans des trachytes et des tufs trachytiques (*Gerwenitza*). Les opales du Mexique (*Zimapsan, Queretaro, Lucretaro*) sont très chatoyantes.

Les mines d'opale de *White Cliffs*, dans la Nouvelle-Galles du Sud, ont pris un grand développement et occupent 400 ouvriers. Elles produisent pour 625.000 francs de pierres par an, en moyenne. On a trouvé de très belles opales en Nouvelle-Zélande dans la vallée de *Tairua*, dans la presqu'île de *Cape-Colville*, ainsi qu'au *Mont-Somers* et dans la vallée d'*Ohinenuri*.

L'*opale commune*, ou *résinite*, se trouve en grandes quantités dans les filons métallifères de *Freiberg*, ainsi que dans la serpentine de la *Bohême* et dans les roches amygdaloïdes de l'*Islande* et des *îles Feroë*.

La *ménilite* est une opale commune que l'on trouve en rognons dans les marnes du gypse, notamment à *Ménilmontant* (d'où lui vient son nom), à *Montmartre*, en *Galicie* dans les formations pétrolifères, etc.

L'*opale de feu* se rencontre en nodules au milieu de conglomérats trachytiques, au Mexique (*Villa-Seca*).

GEMMES ALUMINEUSES

L'alumine existe dans un grand nombre de gemmes, soit à l'état d'alumine pure ou hydratée, soit sous forme de phosphate, soit sous forme de silicates simples ou complexes. L'étude de ces derniers fera l'objet d'un paragraphe ultérieur.

CORINDON (SAPHIR, GEMMES ORIENTALES ET RUBIS)

Le corindon est de l'alumine à peu près pure ; il renferme parfois un peu de chaux et d'oxyde de fer. Sa densité est de 4.

Le corindon est une pierre incolore cristallisée dans le système rhomboédrique, en prismes hexagonaux souvent striés.

Lorsqu'il est coloré en bleu, il porte le nom de *saphir;* coloré en jaune, il constitue la *topaze orientale;* en pourpre, l'*améthyste orientale;* en vert, l'*émeraude orientale.*

Le *rubis* est de l'alumine colorée en rouge par du chrome

MM. Sainte-Claire Deville, Ebelmen, Friedel et Stanislas-Meunier ont reproduit du corindon artificiellement par quatre procédés différents. MM. Frémy et Verneuil ont obtenu des rubis en traitant l'alumine par le fluorure de baryum et le carbonate de potasse à $1.350°$. Des traces de bichromate de potasse donnaient la coloration rouge.

Gisements. — Le rubis, le saphir et les gemmes orientales, se trouvent soit dans des granulites comme aux *Indes*, dans le *Kachemire*, en *Chine* et dans l'*Oural*, soit dans des dolomies comme au *Saint-Gothard* et aux *États-Unis*, soit surtout dans des alluvions de rivières.

Parmi ces derniers gisements, on peut citer ceux de *Ceylan* qui renferment des gemmes dans des poches, au milieu de dépôts d'alluvions, formés de galets de granite, de gneiss, etc., cimentés par de l'argile. Les saphirs de choix viennent d'*Ava* et de *Pégu*. En Sibérie, on peut citer les mines de *Kornilowsk* où l'on trouve du corindon, des rubis, des saphirs et des topazes orientales.

TURQUOISE

La turquoise est un phosphate d'alumine hydraté transparent et d'une belle couleur bleue. Cette pierre, propre à la joaillerie, a son principal gisement en *Perse*; les turquoises de la *Silésie* et de *Montebras* (Creuse) sont inutilisables.

L'*odontolite*, ou fausse turquoise de l'*Oural*, est un phosphate de chaux coloré par de l'oxyde de cuivre.

Les turquoises de Perse (*Nichapour*) se trouvent dans un massif de brèche trachytique cimentée par de l'oxyde de fer; cette brèche recoupe le tertiaire. L'exploitation se fait par fouilles à la surface du sol ou par puits et galeries; les mines principales exploitées par le Gouvernement Persan sont *Abdour-Rezagi*, *Kerbelai*, *Kerim*, *Der-i-Kouh*, etc.

Les plus belles pierres sont les *engouchteris* (pierres pour bagues) qui se vendent à la pièce; les *barkhanehs*, dont il existe quatre catégories, se vendent au kilogramme (3 à 5.000 francs, si elles appartiennent aux deux premières catégories) et s'exportent en Europe; les autres sont utilisées par la joaillerie indigène. Les *arabis* sont les turquoises les moins estimées.

D'autres gisements se trouvent dans la vallée du *Mezara* au Sinaï; dans le Turkestan, non loin de *Samarkand*, la turquoise a été exploitée dès les temps les plus reculés dans la limonite.

La turquoise pure et d'un bleu clair parfait est très rare; mais les turquoises tachées, verdâtres et opaques se trouvent en assez grandes quantités. Elles sont appréciées surtout en Orient.

GEMMES SILICATÉES

TOPAZE

Les topazes (silicate d'alumine fluoré $= 3AlSi + Al^2Fl$) sont jaunes (Brésil) ou rouges. On leur donne une teinte brûlée en les chauffant dans un bain de sable ou de cendres.

On trouve la topaze soit dans les granulites (*Alabaschka* près d'Ekaterinenbourg dans l'Oural, monts *Adun-Tschilon* dans la Sibérie, *monts Ilniens, Rozena,* en Moravie, *Mourne-Mountains* en Irlande), soit dans les filons stannifères (*Altenberg, Zinnwald, Geyer*). A *Boa-Vista* (Brésil, province d'Ouro-Preto), on trouve des topazes et des *euclases* (silicate de glucine) avec des émeraudes, dans des schistes micacés. Les alluvions diamantifères de *Minas-Geraes* et les sables aurifères de *Sanarka*, de *Ceylan*, fournissent également de très belles topazes. Les pegmatites contiennent souvent des cristaux microscopiques de topaze (*Montebras*).

ÉMERAUDE

L'émeraude (silicate de glucine et d'alumine $= Al.Si^2 + Gl.Si^3$) est une pierre verte transparente très estimée en joaillerie; elle se taille en table avec facettes à l'entour et au-dessous. On la trouve soit dans les granulites et les gîtes stannifères : pegmatites de la *Vilate* et de *Chanteloube* dans la Haute-Vienne, de l'*Ile d'Elbe*, des *monts Altaï* dans la Sibérie, d'*Ehrenfriedersdorf* en Saxe, et de *Schlaggenwald* en Bohême, soit dans les micaschistes : rivière *Tokowoia* et *mont Sabara* en Sibérie, *Mourne-Mountain* en Irlande, soit encore dans les calcaires, à *Muso* et à *Bogota* dans la Nouvelle-Grenade, dont les superbes émeraudes, très fragiles à la sortie de la mine, durcissent à l'air.

L'émeraude renferme des inclusions aqueuses avec de

l'acide carbonique, et sa genèse se rapproche de celle des minéraux de la famille de l'étain.

Les plus belles émeraudes proviennent de la *Nouvelle-Grenade*. — En France, près de *Limoges*, on trouve de grands cristaux d'émeraude striée et opaque, ou *béryl noble*, qui existe aussi en assez grande quantité dans l'*Oural*, dans l'île d'*Elbe* en *Irlande* et au *Brésil*.

LAZULITE

La *lazulite*, appelée aussi *lapis lazuli*, est un silicate d'alumine qui renferme du soufre, de la chaux et de la soude. Elle possède une belle nuance bleu d'outremer; des cristaux de pyrite de fer et de spath calcaire s'y dessinent souvent en jaune d'or et produisent un très joli effet. On l'emploie dans l'ornementation et la joaillerie.

On trouve le lapis dans des roches granitiques au lac Baïkal (Sibérie), au *Thibet*, au *Chili* et en *Chine*.

Cette pierre, broyée, sert aussi à la fabrication du bleu d'outremer.

JAIS

Le jais, ou *jayet*, est un lignite d'un noir brillant, susceptible de prendre un beau poli et ne présentant aucune trace d'organismes végétaux; il est employé en bijouterie et vaut de 30 à 40 francs le kilogramme.

On le trouve à *Whitby* (Yorkshire), en poches dans des schistes alumineux (lias).

On trouve également du jais en France, dans l'Aude, où les gisements sont à peu près épuisés (*Peyras, Sainte-Colombe, La Bastide*), en Espagne (*Asturies, Galice, Aragon*), en Saxe (*Wittemberg*) et en Prusse, avec de l'ambre jaune.

Il existe encore un certain nombre d'autres gemmes, mais leur emploi est très restreint, et leur examen ne présente que peu d'intérêt au double point de vue géologique et industriel, qui a été envisagé pour l'étude des divers minéraux utiles, dans ce *Traité de Géologie et de Minéralogie appliquées.*

BIBLIOGRAPHIE DES DIAMANTS ET DES PIERRES PRÉCIEUSES

1874. Dieulafait, *Diamant et pierres précieuses* (*Bibliothèque des Merveilles*, Hachette).
1874. Desdemaines Hugon, *Les champs diamantifères du Cap* (*Comptes Rendus*, t. LXXVII).
1877. Stanislas-Meunier, *Sable diamantifère de Dutoitspan* (*Comptes Rendus*, t. LXXXIV).
1879. Fouqué et Michel Lévy, *Sur les roches accompagnant le diamant dans l'Afrique australe* (*Bulletin de la Société minéralogique de France*).
1879. Chaper, *Sur les mines de diamant de l'Afrique australe* (*Bulletin de la Société minéralogique de France*, n° 7).
1879. Chaper, *Sur quelques faits observés dans le massif de l'Oural* (*Bulletin de la Société de Géologie*, t. VIII).
1879. Schafautz, *Découverte du diamant en Bohême* (*Comptes Rendus*, t. LXX).
1880. Jannetaz, *Diamants et pierres précieuses* (*Revue des Deux Mondes*, 15 août).
1881. Gorceix, *Topazes d'Ouro-Preto* (Bulletin des *Annales des Mines* et *Annales da Escola de Minas de Ouro Preto*).
1882. Gorceix, *Sur les gîtes diamantifères de la province de Minas-Geraes au Brésil* (*Bulletin de la Société de Géologie*, 3e série, t. X, p. 134, Paris).
1883. Gorceix, *Gisement de diamants de Grao-Mogor* (*Bulletin de la Société de Géologie*, 3e série, t. XII).
1884. De Bovet, *Note sur une exploitation de diamants près de Diamantina* (*Annales des Mines*, 8e série, t. V).
1884. Chaper, *De la présence du diamant dans une pegmatite de l'Hindoustan* (*Comptes Rendus*).
1885. Moulle, *Sur les mines de diamant de l'Afrique du Sud* (*Annales des Mines*, 8e série, t. VII).
1885. Gorceix, *Note sur l'itacolumite* (*Bulletin de la Société de Géologie*, 3e série, t. XIII, p. 272, Paris).
1886. Chatrian, *Sur le gisement de diamants de Salabro* (*Brésil*) (*Bulletin de la Société française de Minéralogie*, t. IX, p. 302, Paris).
1886. Boutan, *Le diamant* (Dunod). *Les topazes de Boavista* (p. 134).
1888. Toqué, *Etude sur les turquoises de Nichapour* (*Annales des Mines*, p. 564).
1889. Szabó, *Les mines d'opale en Hongrie* (*Bulletin de l'Association française pour l'avancement des sciences*).
1889. Boutan, *Sur les mines de diamants du Cap*.

1890. Daubrée, *Sur les explosions de gaz expliquant la formation des cheminées diamantifères* (*Comptes Rendus*, février, décembre 1890, et *Bulletin de la Société de Géologie*, 1891).
1890. Berthelot, *Les carbones graphitiques* (*Comptes Rendus*, 20 janvier).
1892. Chaper, *Les mines de diamant de l'Afrique centrale* (*Revue scientifique*).
1893. Reunert, *Les mines de diamant du Cap* (traduit de l'anglais par J. de Montmort, impr. Dejussieu à Autun).
1897. L. de Launay, *Les diamants du Cap* (in-8°, 227 pages, Baudry, Paris).
Copland, *Étude sur les agates* (*Bulletin de la Société géologique*, tome XIII, p. 669).

TABLE DES MATIÈRES

PREMIÈRE PARTIE

PRÉCIS DE GÉOLOGIE GÉNÉRALE AVEC ÉLÉMENTS DE MINÉRALOGIE ET DE PALÉONTOLOGIE

	Pages.
Définition	1

CHAPITRE I

PHÉNOMÈNES ACTUELS

§ 1. — Agents géologiques externes

Action de l'atmosphère	2
Action de la mer	3
Action des eaux d'infiltration	4
Action des eaux courantes	5
Action de l'eau solide	7
Action chimique des eaux	9
Action des organismes	10

§ 2. — Agents géologiques internes

Phénomènes volcaniques	12
Phénomènes thermaux	14

§ 3. — Explication des phénomènes éruptifs — 15

CHAPITRE II

FORMATION DE L'ÉCORCE TERRESTRE — 17

§ 1. — Roches ignées — 19

Classification des roches ignées	21
Roches acides	22
Roches basiques	24

	Pages.
§ 2. — Roches sédimentaires	26
§ 3. — Roches métamorphiques	28
§ 4. — Filons	29
§ 5. — Minéralogie et cristallographie	30
Tableau des minéraux quartzeux ; leurs caractères, leur emploi	32
Tableau des minéraux silicatés (silicates alumineux) ; leurs caractères	34
Tableau des minéraux silicatés (silicates peu ou point alumineux) ; leurs caractères	38
Tableau des minéraux calcareux ; leurs caractères, leur emploi	40

CHAPITRE III

§ 1. — Principes de la chronologie géologique

Age des terrains sédimentaires	42
Age des roches éruptives	43
Disposition des terrains formant l'écorce terrestre	44

§ 2. — Grandes divisions géologiques

Terrain primitif	46
Ere primaire ou paléozoïque	47
Ere secondaire ou mésozoïque	55
Ere tertiaire ou néozoïque	65
Ere quaternaire (pleistocène)	71
Tableau résumé de la chronologie géologique	73

DEUXIÈME PARTIE

GÉOLOGIE APPLIQUÉE PROPREMENT DITE

CHAPITRE I

CONSIDÉRATIONS GÉNÉRALES. — ÉTUDE D'UN GISEMENT

	Pages.
Objet de la géologie appliquée	75
Influence de la géologie sur les conditions d'existence des hommes dans les diverses contrées	76
Géologie appliquée à l'étude d'un gisement	76
Préparation d'un voyage d'études minières	77
Matériel de recherches	78
Sondages	78
Emplacement et nombre des trous de sonde	79
Cubage	80
Etude géologique	81
Topographie	82
Etude géographique	82
Hydrologie	83
Recrutement du personnel	83
Considérations économiques. — Prix de revient	84
Prises d'essai	84
Essais sur place. — Laboratoire de voyage	86
Essai au chalumeau	87
Divisions de ce *Traité de Géologie appliquée*	90
Classifications diverses	90
Classification adoptée	92
Divisions des chapitres	92

CHAPITRE II

MATÉRIAUX DE CONSTRUCTION ET ROCHES EMPLOYÉES DANS LES TRAVAUX PUBLICS

Caractères généraux des roches	95

I. — Roches éruptives ou ignées

Roches granitiques	96
A. — Granites employés dans la construction	97
Protogine	98

	Pages.
Leptynite	99
Syénite	99
Diorite	100
Kersantite	100
Euphotide	100
B. — Granites employés dans les travaux publics	100
C. — Granites pour pavages	100
Pegmatite	100
Hyalomicte	101
Minette	101
Feldspath (pétrosilex)	101
D. — Granites pour meules	102
E. — Roches granitiques réfractaires	102
Gneiss et micaschistes	102
Talcschistes	102
Roches porphyriques	103
Porphyre feldspathique	103
Porphyre quartzifère	104
Porphyre pyroxénique	104
Porphyre amphibolique	105
Serpentine	105
Trapp	106
Roches volcaniques ou *laves*	107
Trachytes (ponce, phonolite, obsidienne)	107
Basalte	108
Lave	109

II. — Roches sédimentaires

Roches calcaires. — Caractères généraux	110
A. — Pierres à bâtir	111
Calcaire compact	113
Travertin	113
Liais et cliquart	114
Calcaire carbonifère	114
Calcaire à entroques	114
Calcaire oolithique	115
Calcaire grossier	115
Tuf calcaire	116
Craie tufeau	116
B. — Marbres	117
Marbre blanc	118
Marbre noir	119
Marbre gris	120
Marbre jaune	121

	Pages
Marbre bleu	121
Marbre rouge	122
Marbres composés (campan, portor, cipolin)	122
Lumachelle	123
Marbres brèches (brèche antique, petit antique, brèche d'Alep, brocatelle)	123
C. — Pierres à chaux, à ciment et à plâtre	124
Calcaire argileux	125
Calcaire siliceux	126
Calcaire magnésien	126
Gypse ou pierre à plâtre	126
Plâtre	128
Anhydrite	129
Bibliographie des calcaires, du marbre, de la chaux, etc.	130

Roches siliceuses 131

Roches siliceuses compactes 131
    Silex 131
    Meulière 132
    Gaize 133
Roches siliceuses agglomérées 134
    Brèches 134
    Grès 134
    Quartzite 135
    Grès bigarré 136
    Grauwacke 136
    Grès houiller 137
    Grès calcarifère 137
    Macigno 137
    Arkose 137
Roches siliceuses meubles 137
    Sable quartzeux 137
    Gravier 138

Roches argileuses 139

Argile à briques 139
Pisé 140
Inconvénients des terrains argileux pour les constructions 140
Bibliographie de l'argile 141
Phyllades 141
Ardoises 141
Schistes 145
Bibliographie des ardoises 146

CHAPITRE III

MINÉRAUX EMPLOYÉS DANS LA MÉTALLURGIE

Le fer et ses minerais

	Pages.
Propriétés physiques...	147
Propriétés chimiques...	148
Minerais du fer...	149
Gisements des minerais de fer..	150
I. Gîtes de fer en inclusion dans les roches..................	151
II. Gîtes de contact...	151
III. Gîtes filoniens proprement dits...........................	152
IV. Gîtes stratiformes...	154
Bibliographie du fer...	170

Le cuivre et ses minerais

Propriétés physiques et chimiques, usages.........................	173
Alliages...	173
Composés du cuivre..	175
Minerais du cuivre...	175
Géogénie...	176
Gisements des minerais de cuivre....................................	177
I. Gîtes incorporés à la roche.................................	177
II. Gîtes filoniens...	179
a. Filons de chalcopyrite..............................	179
b. Amas de pyrite de fer cuivreuse.....................	187
c. Cuivre natif.......................................	194
d. Filons de cuivre gris..............................	197
III. Gîtes de départ ou de contact..............................	198
IV. Gisements sédimentaires....................................	201
V. Schistes bitumineux cuprifères...............................	204
Prix du cuivre...	205
Bibliographie du cuivre..	206

Le plomb et ses minerais

Propriétés physiques et chimiques. — Usages. — Alliages..	208
Minerais du plomb..	210
Géogénie..	210
Gisements des minerais de plomb....................................	211

	Pages.
I. Filons et champs de fractures	214
II. Gisements dans les calcaires avec phénomènes de substitution	226
III. Gisements sédimentaires	231
Prix des minerais de plomb	233
Bibliographie du plomb	234

Le zinc et ses minerais

Propriétés physiques. — Usages. — Alliages	236
Composés du zinc	237
Minerais du zinc	237
Gisements des minerais de zinc et géogénie	238
Bibliographie du zinc	251

L'étain et ses minerais

Propriétés physiques et chimiques. — Usages	253
Alliages	254
Composés de l'étain	255
Minerais de l'étain	255
Gisements des minerais d'étain	256
Gîtes stannifères d'inclusion et gîtes filoniens	256
Gîtes d'alluvions stannifères	263
Bibliographie de l'étain	265

Le nickel et ses minerais

Propriétés physiques et chimiques. — Usages. — Alliages	266
Composés du nickel	267
Minerais du nickel	267
Géogénie et gisements des minerais de nickel	268
I. Silicates de nickel	269
II. Pyrites magnétiques nickélifères	272
III. Arséniures et sulfures de nickel	275
Bibliographie du nickel	277

Le manganèse et ses minerais

Propriétés physiques et chimiques. — Usages. — Alliages	278
Composés principaux du manganèse	278
Minerais du manganèse	279
Géogénie	279
Gisements des minerais de manganèse	280
I. Gîtes filoniens	280
II. Gîtes sédimentaires	284
III. Gîtes de concentration	286
Bibliographie du manganèse	289

Chrome et fer chromé

	Pages.
Propriétés physiques et chimiques. — Usages. — Composés.	290
Minerais du chrome	291
Géogénie et gisements	291
Bibliographie du chrome	293

L'antimoine et ses minerais

Propriétés physiques et chimiques. — Usages. — Alliages	294
Composés de l'antimoine	295
Minerais de l'antimoine	295
Géogénie et gisements	296
I. Gîtes filoniens	296
II. Gîtes sédimentaires	299
Bibliographie de l'antimoine	301

Aluminium

Propriétés physiques et chimiques. — Usages	302
Alliages	303
Minerais de l'aluminium	304
Gisements de bauxite	304
Gisements de cryolite	305
Bibliographie de l'aluminium	306

Le mercure et ses minerais

Propriétés et usages, alliages et composés	307
Minerais du mercure	308
Géogénie	308
Gisements	309
Bibliographie du mercure	318

CHAPITRE IV

LE CARBONE ET SES COMPOSÉS
COMBUSTIBLES MINÉRAUX ET HYDROCARBURES

Graphite

Propriétés physiques et chimiques. — Usages	319
Gisements du graphite	321

TABLE DES MATIÈRES 637

Pages.
I. Gisements dans les roches éruptives cristallines 321
II. Gisements dans les gneiss et les micaschistes 322
III. Gisements dans les terrains anciens.............. 323
Bibliographie du graphite............................. 32?

COMBUSTIBLES MINÉRAUX

Géogénie... 324
Rapidité de la formation des dépôts de combustibles....... 324

I. — Anthracite

Propriétés physiques et chimiques de l'anthracite. — Usages... 326
Gisements d'anthracite................................ 327

II. — Houille

Propriétés de la houille............................... 334
Composition de la houille............................. 334
Diverses variétés de houille, leurs propriétés, leurs usages. 335
Classification de la houille par grosseur................ 341
Gisements de houille.................................. 342
Production de la houille dans le monde entier........... 382

III. — Lignite

Caractères physiques et chimiques..................... 384
Géogénie... 385
Diverses variétés de lignites.......................... 385
Gisements de lignite.................................. 386

IV. — Tourbe

Propriétés physiques et chimiques..................... 400
Usages... 401
Géogénie... 402
Gisements de tourbe.................................. 403

Résumé sur les combustibles minéraux.................. 404
Bibliographie des combustibles minéraux............... 405

HYDROCARBURES

I. — Hydrocarbures gazeux

Gaz des marais....................................... 408
Grisou... 408

	Pages.
Gaz combustible.	408
Usages. — Gisements de gaz combustibles	409
Bibliographie des gaz naturels	410

II. — Hydrocarbures liquides (pétrole)

Propriétés physiques et chimiques. — Usages des hydrocarbures liquides	411
Géogénie	412
Formation chimico-organique	413
Hypothèses diverses sur la formation des hydrocarbures	416
Recherche du pétrole	416
Sondages de recherches	418
Historique du pétrole	420
Gisements du pétrole	421
Bibliographie du pétrole	439

III. — Hydrocarbures visqueux (bitume)

Le bitume. — Ses propriétés. — Ses usages	441
Gisements du bitume	441

IV. — Hydrocarbures solides incorporés à des roches

Schistes bitumineux	444
Gisements de schistes bitumineux	444
Bibliographie du bitume et des schistes bitumineux	446
Asphalte	446
Gisements d'asphalte	447
Bibliographie de l'asphalte	449

V. — Hydrocarbures solides libres

Ambre	441
Ozokérite	450
Bibliographie de l'ambre et de l'ozokérite	451

Hydrocarbures houillers

Cannel-coal	452
Boghead	452

CHAPITRE V

MINÉRAUX EMPLOYÉS EN AGRICULTURE

Phosphore et phosphates

	Pages
Emploi du phosphore et de ses composés	454
Gisements du phosphate de chaux	455
1° Gîtes sédimentaires	456
2° Gîtes dans les roches éruptives	467
3° Gîtes en filons	469
Bibliographie des phosphates	470

Azote (Nitrates)

1° Terres nitrées	473
2° Nitrate de soude	474
Propriétés et composition	474
Falsifications	475
Gisements du nitrate de soude	475
Prix des nitrates	478
Bibliographie des nitrates	479
Pierre à chaux (chaulage)	480
Marne (marnage)	480
Pierre à plâtre (plâtrage)	481
Sable calcaire	481
Sable glauconieux	482
Arène granitique	482
Arène diabasique	482
Talcschiste	482
Ampélite	483
Cendres noires	483

CHAPITRE VI

MINÉRAUX EMPLOYÉS DANS LES INDUSTRIES DIVERSES

(CHIMIE, PHARMACIE, TEINTURERIE, ARTS INDUSTRIELS, ETC.)

Arsenic

Propriétés physiques et chimiques. — Usages. — Alliages et composés	484
Minerais de l'arsenic	486
Gisements	486

Bismuth

	Pages.
Propriétés physiques et chimiques. — Usages. — Alliages et composés...	488
Minerais du bismuth..	488
Gisements...	489
Bibliographie du bismuth...................................	490

Cobalt

Propriétés physiques et chimiques. — Usages. — Alliages et composés...	491
Minerais du cobalt...	492
Gisements...	492
Bibliographie du cobalt....................................	495

Potassium et sels de potasse

Propriétés physiques et chimiques. — Usages. — Composés.	496
Minerais du potassium.....................................	498
Gisements...	498
Bibliographie du potassium................................	502

Sodium

Propriétés physiques et chimiques. — Usages. — Alliages..	503
Composés..	504
Minerais du sodium..	505
Sel gemme...	506
Usages du sel gemme.......................................	506
Gisements...	506
Natron..	516
Glaubérite..	516
Bibliographie du sodium...................................	517

Soufre et pyrites

Propriétés physiques et chimiques. — Usages. — Composés.	518
Minerais..	519
I. Gisements de soufre natif....................	520
II. Pyrites de fer...............................	524
Bibliographie du soufre et des pyrites.....................	526

Magnésium et Magnésie

Propriétés. — Usages et gisements..........................	527
Silicate de magnésie (écume de mer)........................	528
Bibliographie de la magnésie...............................	528

Strontium et strontiane

	Pages.
Usages, minerais et gisements	529
Bibliographie de la strontiane	530

Baryum et baryte

Usages, minerais et gisements	531
Bibliographie du baryum	531

L'alumine et ses composés

Alun et alunite	532
Bibliographie de l'alun	533
Argiles	534
Argile plastique	534
Argile smectique	535
Argile figuline	535
Ocres jaune et rouge	535
Kaolin	535
Bibliographie du kaolin	538
Cyolite	539
Mica	539
Emeri	540
Amiante	542
Bibliographie de l'amiante	542
Sables quartzeux	542
Sable de verrerie	542
Sable de fonderie	543
Craie et blanc d'Espagne	543
Usages et gisements	544
Albâtre calcaire	544
Schiste coticulaire	544
Schiste graphique	545
Terre d'ombre	545

Sources thermo-minérales

Définition	546
Formation des sources thermo-minérales	546
Matières d'une source thermo-minérale	547
Débit	547

	Pages.
Composition. — Température des eaux	548
Captage des sources	549
Principales sources hydrothermominérales	551
Geysers	554
Bibliographie des sources thermo-minérales et des geysers.	556

CHAPITRE VII

MÉTAUX RARES

L'argent et ses minerais

Propriétés physiques et chimiques. — Alliages	557
Minerais de l'argent	558
Gisements	559
1° Minerais d'argent proprement dits, en filons	559
2° Cuivres gris argentifères	572
3° Galènes, blendes et pyrites argentifères	575
Bibliographie de l'argent	576

L'or

Propriétés physiques et chimiques. — Usages. — Alliages	577
Composés	578
Dorure	578
Minerais de l'or	579
Gisements	580
1° Filons d'or	581
Filons tellurés	591
2° Alluvions aurifères	592
3° Gisements d'or sédimentaires	599
Bibliographie de l'or	605

Platine

Propriétés physiques et chimiques	607
Usages du platine	608
Composés	608
Minerais du platine et géogénie	609
Gisements	609
Bibliographie du platine	610

Vanadium

Usages du vanadium	611
Minerais et gisements	611
Bibliographie du vanadium	612

CHAPITRE VIII

PIERRES PRÉCIEUSES, GEMMES

Diamant

	Pages.
1° *Diamant proprement dit*...............	613
Usages du diamant.......................	614
Taille du diamant........................	614
Gisements...............................	615
2° *Carbon*................................	618
3° *Boort*.................................	618

Gemmes quartzeuses

Cristal de roche (caillou du Rhin)...............	619
Améthyste..	619
Calcédoine (Agate, onyx et cornaline).............	619
Jaspe (pierre de touche)..........................	620
Opale..	620

Gemmes alumineuses

Corindon (saphir, gemmes orientales et rubis)......	622
Turquoise...	623

Gemmes silicatées

Topaze..	624
Emeraude..	624
Lazulite..	625
Jais ou jayet.....................................	625
Bibliographie des diamants et des pierres précieuses.......	626

Tours. — Imprimerie DESLIS FRÈRES et Cie, 6, rue Gambetta.

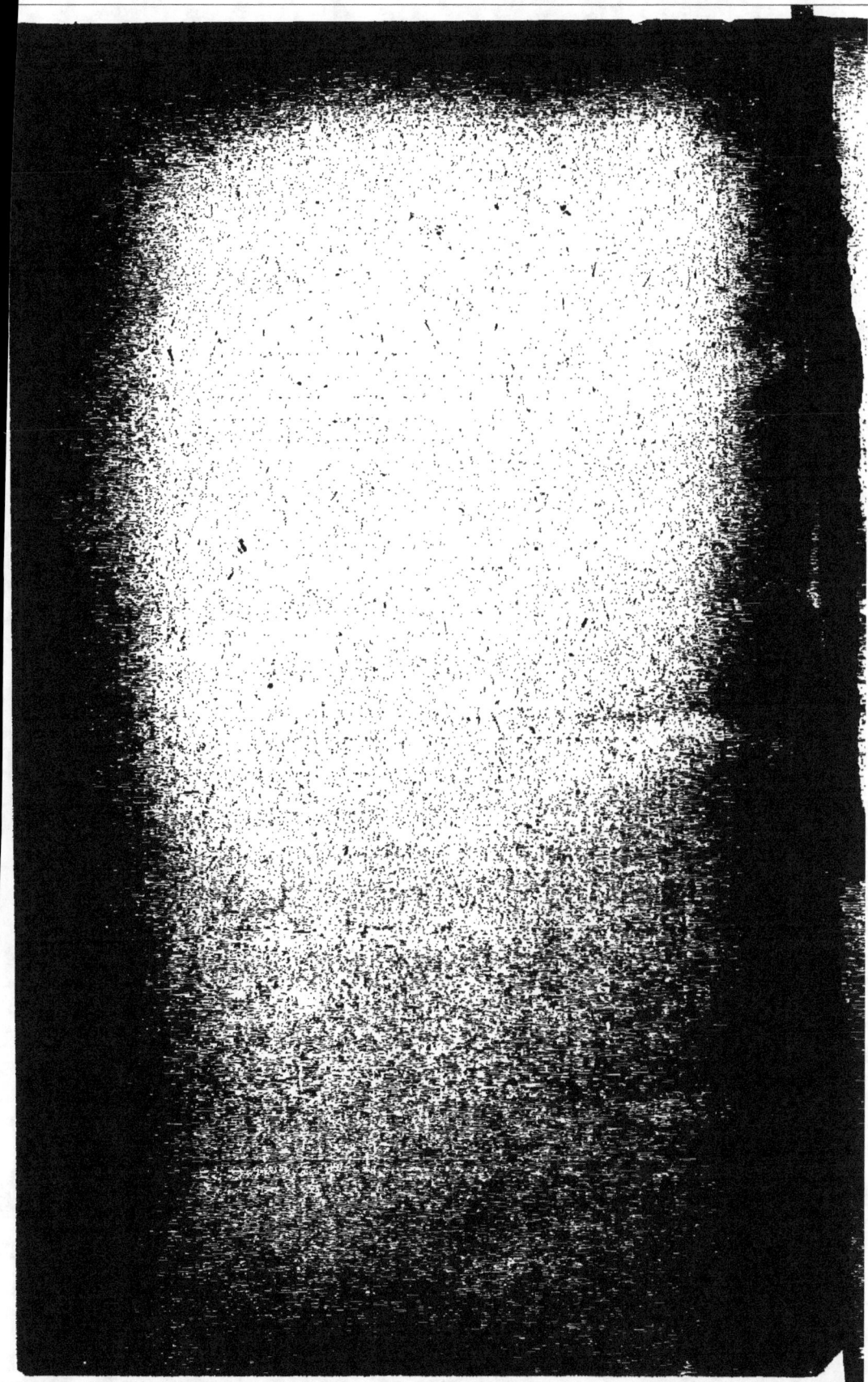